# 电站耐热材料的选择性强化设计与实践

刘正东　著

北　京
冶　金　工　业　出　版　社
2017

## 内 容 简 介

本书总结了电站耐热材料一百余年来的发展脉络，系统介绍了作者根据多年的摸索和工程实践总结出的“选择性强化”设计新观点，针对600℃-630℃-650℃-700℃-750℃不同温度段，开展马氏体耐热钢、奥氏体耐热钢、固溶强化型耐热合金、析出强化型耐热合金的理论探索、实验室研究和工业试制实践情况。

本书可供冶金、机械、电力行业从事电站及其材料技术的工程技术人员参考，也可供大中院校材料、机械专业的本科生和研究生参阅。

**图书在版编目(CIP)数据**

电站耐热材料的选择性强化设计与实践/刘正东著. —北京：冶金工业出版社，2017. 1
ISBN 978-7-5024-7383-9

Ⅰ. ①电… Ⅱ. ①刘… Ⅲ. ①火电厂—耐火材料—研究 Ⅳ. ①TQ175. 4

中国版本图书馆 CIP 数据核字（2016）第 310935 号

出 版 人 谭学余
地　　址 北京市东城区嵩祝院北巷 39 号 邮编 100009 电话 (010)64027926
网　　址 www. cnmip. com. cn 电子信箱 yjcbs@ cnmip. com. cn
责任编辑 卢 敏 美术编辑 吕欣童 版式设计 彭子赫
责任校对 李 娜 责任印制 李玉山
ISBN 978-7-5024-7383-9
冶金工业出版社出版发行；各地新华书店经销；固安华明印业有限公司印刷
2017 年 1 月第 1 版，2017 年 1 月第 1 次印刷
169mm×239mm；22. 25 印张；434 千字；344 页
**65. 00** 元

**冶金工业出版社 投稿电话 (010)64027932 投稿信箱 tougao@cnmip. com. cn**
**冶金工业出版社营销中心 电话 (010)64044283 传真 (010)64027893**
**冶金书店 地址 北京市东四西大街46号(100010) 电话 (010)65289081(兼传真)**
**冶金工业出版社天猫旗舰店 yjgycbs. tmall. com**
（本书如有印装质量问题，本社营销中心负责退换）

# 前　　言

600℃蒸汽参数超超临界燃煤电站是21世纪初期世界最先进商用燃煤电站。通过技术引进，我国2003年开始建设第一台百万千瓦600℃超超临界燃煤发电机组，当时几乎所有高端耐热钢管全部依靠进口，成为我国火电机组建设的瓶颈性制约因素，威胁国家能源安全。在此背景下，2005年11月国家科技部和中国钢铁工业协会在京组建了以钢铁研究总院、宝钢股份公司、攀钢集团公司、哈尔滨锅炉厂、东方锅炉厂、西安热工研究院等为核心单位的中国超超临界火电机组用钢研发战略联盟。2003~2010年，国家科技部持续对我国600℃蒸汽参数超超临界火电机组用高端锅炉钢管研发予以资助。期间，宝钢股份公司与钢铁研究总院签订了超超临界电站用锅炉管产品联合研发和技术攻关协议。截至2010年12月，我国已成功研发了12Cr1MoV、T22、T23、T24、T91、P91、T92、P92、T122、TP347H、TP347HFG、S30432和S31042锅炉钢管，完成了市场准入评审，实现了上述品种的国产化和自主化，并向国内外市场大批量供货。截至2015年底，我国已经建成和在建600℃超超临界燃煤发电机组超过200GW，占世界同类电站的90%以上（但仅占我国同期火电装机的14%左右）。特别是2014年12月17日哈电集团建设的再热温度623℃六十万千瓦级高效超超临界燃煤电站在浙江长兴投运，2015年9月25日上海电气集团建设的623℃两次再热百万千瓦超超临界燃煤电站在江苏泰州投运，以及2016年7月7日哈电集团建设的623℃两次再热百万千瓦超超临界燃煤电站在山东莱芜投运，标志着我国在超超临界燃煤发电技术领域后来居上，已经处于世界领先水平。

尽管我国超超临界燃煤发电技术已经处于世界领先水平，我国在燃煤发电技术创新最前沿没有丝毫停滞。2010 年 7 月 23 日，国家能源局组织成立了“国家 700℃超超临界燃煤发电技术创新联盟”，该联盟由 17 家中央企业和院所组成，在国家能源局的统一领导下，制订长期计划，分工合作，有序开展 700℃超超临界燃煤发电示范工程研制活动。目前，我国 630℃蒸汽参数百万千瓦超超临界电站已完成论证，基本具备开工建设条件，将于近期开始建设，正在开展 650℃蒸汽参数百万千瓦超超临界电站建设可行性研究。700℃蒸汽参数百万千瓦超超临界燃煤发电技术自 2010 年起已纳入国家研发计划，各项研究正在有序展开。我国第一个 700℃蒸汽参数工程试验台架已于 2015 年 12 月 30 日成功投运。2007 年以来，钢铁研究总院联合宝钢股份公司、宝钢特钢公司、抚顺特殊钢公司、太原钢铁公司、内蒙古北方重工业集团公司、上海锅炉厂、哈尔滨锅炉厂、东方锅炉厂、上海汽轮机厂、神华国华电力公司等企业成功自主研制了 630~700℃超超临界燃煤电站整套锅炉管用新型耐热材料（包括 G115、S31035、C-HRA-3、C-HRA-1 等），并成功完成工业化产品研制，具备了向市场供货的条件。目前，钢铁研究总院正在联合上述单位研发 630~700℃超超临界燃煤电站汽轮机高温转子、叶片和紧固件等用耐热材料。

耐热材料技术是支撑超超临界燃煤电站的最重要基础和关键所在。矿物质在相当长的历史时期内都将是人类电力供应的主要来源，因此对燃煤能量的高效、可控、环保利用在相当长的时间内仍将是人类科技探索的主要领域之一。耐热材料技术是燃煤能量高效、可控、环保利用的关键中之关键，因此世界主要工业国家均把电站耐热材料技术的研发列为国家战略性科技计划，我国亦然。在国家科技部、国家能源局、中国钢铁工业协会等的支持和领导下，我国用 15 年的时间完成了超超临界燃煤电站用关键耐热材料技术从仿制跟踪到自主创新的技术飞跃，目前正处于走向超越领先的关键阶段。在过去 15 年间，我国不仅在超超临界燃煤电站用关键耐热材料产品研制方面取得了巨大进展，同时也在超超临界燃煤电站用关键耐热材料的设计理论方面有所创新，发展了“多元素复合强化”设计理论，提出了“选择性强化设计”新观点，并付诸工业实践，历经检验。

本书是2007~2016年间我国600℃-630℃-700℃蒸汽参数超超临界燃煤电站示范工程用新型耐热材料自主化研制和创新过程的阶段性总结，侧重于新型耐热材料的选择性强化设计及新型耐热材料产品的实验室研究和工业规模实践。本书共分为7章。第1章介绍了电站耐热材料的百年发展史，第2章介绍了钢铁研究总院刘荣藻教授创立的电站耐热钢的多元素复合强化设计，第3章介绍了600~650℃铁素体耐热钢的选择性强化设计与实践进展情况，第4章介绍了600~680℃奥氏体耐热钢的选择性强化设计与实践进展情况，第5章介绍了650~700℃固溶强化型耐热合金的选择性强化设计与实践进展情况，第6章介绍了650~750℃时效强化型耐热合金的选择性强化设计与实践进展情况，第7章对600~700℃超超临界燃煤示范电站选材问题进行了简单讨论。由于作者的知识和技术水平有限，书中错误难免，恳请读者批评指正。

作者非常感谢国家科技部2003~2016年间通过2003AA331060、2006AA03Z513、2007BAE51B02、2008DFB50030、2010CB630804、2012DFG51670、2012AA03A501等科技项目对我国超超临界燃煤发电机组用耐热材料技术研究的大力支持！感谢国家能源局通过国家能源应用技术研究及其工程示范项目对我国超超临界燃煤发电机组用耐热材料技术工程化的支持！感谢宝钢集团公司的长期合作和经费支持！

刘正东

2016年7月于北京

# 目　　录

# 1 燃煤电站耐热材料的百年发展史

## 1.1 燃煤电站蒸汽参数

燃煤火电机组的技术水平可按照其蒸汽参数来划分，根据参数的高低可依次分为：低压（<2.5MPa）、中压（3~4MPa/370℃）、次高压（7~8MPa/480℃）、高压（10.8MPa）、超高压（15.7MPa）、亚临界（17.5~19MPa/538℃）、超临界（Super-Critical，SC）和超超临界机组（Ultra-Super-Critical，USC），蒸汽参数越高机组热效率也越高，见表 1-1。

表 1-1 蒸汽参数与火电厂效率、供电煤耗关系[1]

| 序号 | 机组类型 | 蒸汽压力/MPa | 蒸汽温度/℃ | 电厂效率/% | 供电煤耗/g·(kW·h)$^{-1}$ |
|---|---|---|---|---|---|
| 1 | 中压机组 | 3.5 | 435 | 27 | 460 |
| 2 | 高压机组 | 9.0 | 510 | 33 | 390 |
| 3 | 超高压机组 | 13.0 | 535/535 | 35 | 360 |
| 4 | 亚临界机组 | 17.0 | 540/540 | 38 | 324 |
| 5 | 超临界机组 | 25.5 | 567/567 | 41 | 300 |
| 6 | 高温超临界机组 | 25.0 | 600/600 | 44 | 278 |
| 7 | 超超临界机组 | 30.0 | 600/600/600 | 48 | 256 |
| 8 | 高温超超临界机组 | 35.0 | 700 | 57 | 215 |
| 9 | 超 700℃ 机组 | 35.0 | 超 700 | 60 | 205 |

在工程热力学中水的临界点参数是：22.115MPa 和 374.15℃，在此参数之上，水和汽之间没有明显的物理界面，称为超临界状态。在此参数以上运行的机组称为超临界机组。对于超超临界，物理上并没有明确对应的点。对超超临界机组，各国也没有统一的定义。我国国内普遍认为当水蒸气压力≥27MPa 或温度≥580℃时则可称为超超临界机组。一般而言，亚临界机组热效率<39%，超临界机组热效率<42%，超超临界机组热效率根据具体的蒸汽参数和其他影响因素不同在 40%以上，我国建设的第一台超超临界机组（玉环电厂：26.25MPa/600℃/600℃）的设计热效率为 45.01%。

## 1.2 世界各国超超临界燃煤发电技术发展概况

燃煤火电机组的发展已历百年，发达国家超临界机组运用已有 60 年历史，20 世纪 50 年代，苏联、美国、西德、日本相继研制超（超）临界火电机组。由于当时耐热钢性能达不到设计要求，这些机组后来不得不退回到超临界参数运行，经历了痛苦的超超临界-超临界-超超临界过程。70 年代，世界能源危机的发生促使工业发达国家重新对超超临界火电机组发生了兴趣，开始对超超临界火电机组用耐热钢重新进行系统研究。70 年代末，包括 T91 在内的一系列新型耐热钢开发成功，火电机组才由超临界成熟地进入低参数超超临界阶段。90 年代初期，日本和欧洲开始批量建设超超临界火电机组，进一步开发更高参数的超超临界火电机组。

1950~2025 年中国火电机组蒸汽参数发展历史和预测情况绘制于图 1-1。我国从 1992 年开始从国外引进超临界燃煤发电技术，进入 21 世纪以来，开始引进和建设 600℃超超临界火电机组。2006 年 11 月，我国第一台 600℃超超临界火电机组在浙江玉环成功并网发电，从此中国进入超超临界火电机组建设的快车道。截至 2013 年底，我国已经建成 600℃超超临界火电机组 144 台，装机容量达到 122. 24GW，占同期世界同类电站的 80%以上，但仅占我国同期火电装机容量的 14%。600℃超超临界燃煤发电技术是迄今最先进的商业燃煤火电技术，实际上我国已经步入燃煤发电技术先进国家行列。

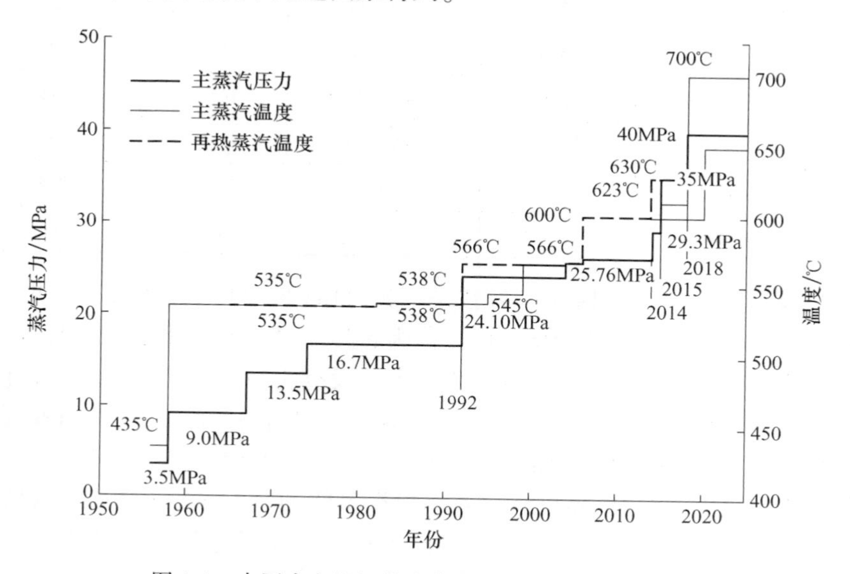


图 1-1 中国火电机组蒸汽参数发展历史和预测情况

近年，我国在大批量建设 600℃ 超超临界火电机组的同时，也开展了超 600℃蒸汽参数超超临界火电机组建设的探索和实践。在充分挖掘现有耐热钢潜力的基础上，哈尔滨锅炉厂在华能集团浙江长兴电厂建设了蒸汽压力 29.3MPa、蒸汽温度 600℃、再热温度 623℃的 660MW 高效超超临界火电机组。该机组已于 2014 年 12 月 17 日投入商业运行。该机组热效率达到 46%，供电煤耗 278g/(kW·h)，比常规超超临界火电机组的热效率高近 2%，发电煤耗减少 9g/(kW·h)，每年可节约电煤 3 万吨，减排 $CO_2$ 约 10 万吨。再热温度 620℃ 等级的高效超超临界火电机组在中国已经进入批量建设阶段。2015 年 4 月神华集团高资电厂计划新建的高效超超火电机组的设计蒸汽压力为 35MPa、蒸汽温度为 610/630/630℃，该参数再次刷新了商用超超临界火电机组运行温度上限。

700℃超超临界燃煤发电技术是欧、美、日、韩、中正在研发的新一代高效清洁燃煤发电技术，耐热合金及其部件研制是该技术的瓶颈问题，是世界性技术难题。700℃超超临界电站较 600℃机组热效率提高 10%（达到 46%以上），进一步降低约 40g/(kW·h) 煤耗，进一步降低 10%以上的 $CO_2$、$SO_2$ 等污染物排放，具有巨大的经济和社会效益。

## 1.3 燃煤发电技术发展对耐热材料的基本要求

发展高效率超临界、超超临界火电机组的关键技术之一就是解决锅炉受热面管、联箱、汽水分离器及蒸汽管道用耐热材料问题。超超临界火电机组锅炉管长期在高温高压腐蚀环境下工作，典型工况时锅炉管内为流动的 600～700℃ 和 25.4～35MPa 高温高压水蒸气，锅炉管外为多种高温煤灰环境（向火面），一般设计要求锅炉管的使用寿命为 30 年。要求电站锅炉材料具有高热强性、抗高温流动超临界蒸汽腐蚀、抗高温烟气氧化腐蚀、良好焊接性和冷热成型工艺性。对电站锅炉材料性能的基本要求如下：

（1）满足部件工作温度的需要；

（2）工作温度下具有高的持久强度、蠕变强度或抗松弛性能；

（3）组织稳定，无常温脆性和长期时效脆性；

（4）抗蒸汽氧化、烟气腐蚀及应力腐蚀；

（5）易于冷、热加工；

（6）异种材料焊接工艺能保证其应有的性能及焊接现场工艺适应性；

（7）相对低的材料价格和制造成本。

超超临界火电机组锅炉耐热材料可分为三大类：铁素体型钢（包括珠光体、贝氏体和马氏体及双相钢）、奥氏体型钢和耐热合金。一般而言，奥氏体型钢比铁素体型钢具有更高的热强性，但奥氏体型钢的线膨胀系数大、导热性能差、抗应力腐蚀能力低、工艺性差，热疲劳和低周疲劳（特别是厚壁件）性能也比不上铁素体型钢，且材料成本相对较高。而当蒸汽温度进一步提升到650~700℃时，锅炉过热器、再热器和集箱等部件将不得不选用昂贵的耐热合金。

电站锅炉用钢的发展已历经百年，其发展过程起伏跌宕、波澜壮阔。由于电站锅炉用钢属于国家的战略性技术，与国民经济发展和国防建设密切相关，美、日、欧等工业发达国家均制订了长期发展规划，并由国家出面组织实施。衡量电站用锅炉材料技术先进性最直接的指标是持久强度。典型锅炉耐热材料的化学成分列于表1-2。

**表1-2　典型锅炉耐热材料化学成分**　　（质量分数，%）

| 耐热材料 | C | Si | Mn | Cr | Ni | Mo | W | Nb | V | Ti | N | B | Cu | Fe |
|---|---|---|---|---|---|---|---|---|---|---|---|---|---|---|
| G102 | 0.08~0.15 | 0.45~0.75 | 0.45~0.65 | 1.6~2.1 | — | 0.5~0.65 | 0.3~0.55 | — | 0.18~0.28 | 0.08~0.18 | — | <0.008 | — | 余 |
| T23/P23（HCM2S） | 0.04~0.10 | ≤0.50 | 0.10~0.60 | 1.9~2.6 | — | 0.05~0.30 | 1.45~1.75 | 0.08~0.20 | 0.20~0.30 | — | ≤0.030 | 0.0005~0.006 | | 余 |
| T24/P24 | 0.05~0.10 | 0.15~0.45 | 0.30~0.70 | 2.2~2.6 | — | 0.90~1.10 | — | — | 0.20~0.30 | 0.05~0.10 | ≤0.012 | 0.0015~0.007 | | 余 |
| T91/P91（HCM9S） | 0.08~0.12 | 0.20~0.50 | 0.30~0.60 | 8.0~9.5 | ≤0.40 | 0.85~1.50 | — | 0.06~0.10 | 0.18~0.25 | — | 0.03~0.07 | — | — | 余 |
| T92/P92（NF616） | 0.07~0.13 | ≤0.50 | 0.30~0.60 | 8.5~9.0 | ≤0.40 | 0.30~0.60 | 1.50~2.00 | 0.04~0.09 | 0.15~0.25 | — | 0.03~0.07 | 0.001~0.006 | — | 余 |
| X20CrMoV121 | 0.2 | 0.5 | 1.0 | 12.0 | 0.5 | 1.0 | — | — | 0.3 | — | — | — | — | 余 |
| T122/P122（HCM12A） | 0.07~0.14 | ≤0.50 | ≤0.70 | 10.0~12.5 | ≤0.50 | 0.25~0.60 | 1.50~2.50 | 0.04~0.10 | 0.15~0.30 | — | 0.04~0.10 | 0.0005~0.005 | 0.30~1.70 | 余 |
| E911 | 0.09~0.13 | 0.10~0.50 | 0.30~0.60 | 8.5~9.5 | 0.10~0.40 | 0.90~1.10 | 0.90~1.10 | 0.06~0.10 | 0.18~0.25 | — | 0.05~0.09 | — | — | 余 |
| TP347H | 0.04~0.10 | ≤1.00 | ≤2.0 | 17.0~20.0 | 9.0~13.0 | — | — | 0.32~1.00 | — | — | — | — | — | 余 |
| TP347HFG | 0.04~0.10 | ≤1.00 | ≤2.0 | 17.0~20.0 | 9.0~13.0 | — | — | 0.32~1.00 | — | — | — | — | — | 余 |
| S30432 | 0.07~0.13 | ≤0.30 | ≤1.00 | 17.0~20.0 | 7.5~10.50 | — | — | 0.30~0.60 | — | — | 0.05~0.12 | 0.001~0.010 | 2.50~3.50 | 余 |
| NF709 | 0.15 | 0.5 | 1.0 | 20 | 25 | 1.5 | — | 0.2 | — | 0.1 | — | — | — | 余 |
| S31042 | 0.04~0.10 | ≤0.75 | ≤2.0 | 24~26 | 17~23 | — | — | 0.2~0.6 | — | — | 0.15~0.35 | — | — | |
| NF707 | 0.08 | 0.5 | 1.0 | 22 | 35 | 1.5 | — | 0.2 | — | 0.1 | — | — | — | 余 |

续表 1-2

| 耐热材料 | C | Si | Mn | Cr | Ni | Mo | W | Nb | V | Ti | N | B | Cu | Fe |
|---|---|---|---|---|---|---|---|---|---|---|---|---|---|---|
| NF12 | 0.08 | 0.2 | 0.5 | 11 | — | 0.2 | 2.6 | 0.07 | 0.2 | — | 0.05 | 0.004 | 2.5Co | 余 |
| SAVE12 | 0.10 | 0.3 | 0.2 | 11 | — | — | 3.0 | 0.07 | 0.2 | — | 0.04 | 0.07Ta<br>0.04Nd | 3.0Co | 余 |
| SAVE25 | 0.10 | 0.1 | 1.0 | 23 | 18 | — | 1.5 | 0.45 | — | — | 0.2 | — | 3.0 | 余 |
| HR6W | 0.08 | 0.4 | 1.2 | 23 | 43 | — | 6.0 | 0.08 | 0.18 | — | — | 0.003 | — | 余 |
| CR30A | 0.06 | 0.3 | 0.2 | 30 | 50 | 2.0 | — | — | — | 0.2 | — | — | 0.03Zr | 余 |
| Inconel617 | 0.06 | 0.4 | 0.4 | 22 | 54 | 8.5 | — | — | — | — | — | 1.2Al | 12.5Co | — |
| Inconel740 | 0.06 | 0.5 | 0.3 | 25 | 余 | 0.6 | — | 2.0 | — | 1.7 | — | 0.9Al | 20Co | 0.7 |

火电机组锅炉关键承压部件主要包括水冷壁、过热器、再热器、联箱和蒸汽管道等，这些承压部件运行在较为恶劣的工况条件下，是设计选材关注的重要部位。水冷壁用钢一般应具有一定的室温和高温强度，良好的抗疲劳、抗烟气腐蚀、耐磨损性能，并要有好的工艺性能，尤其是焊接性能。通常超超临界机组锅炉都采用膜式水冷壁。由于膜式水冷壁组件尺寸及结构的特点，其焊后不可能在炉内进行热处理，故所选用的钢材的焊接性至关重要。要在焊前不预热、焊后不热处理的条件下，满足焊后热影响区硬度不大于 $360HV_{10}$、焊缝硬度不大于 $400HV_{10}$的有关规定（TRD201），以保证使用的安全性。另外，水冷壁管内介质是液-气两相流，管外壁又在炉膛燃烧时煤粉颗粒运动速度最快的区域，积垢导致的管壁温升高和燃烧颗粒冲刷都是选用钢材要考虑的问题。随着超超临界机组锅炉蒸汽压力、温度的升高，水冷壁温也会提高，例如在31MPa/620℃的蒸汽参数下，出口端的汽水温度达475℃，投运初期中墙温度为497℃，而垢层增厚后中墙温度可升至513℃，热负荷最高区域管子壁温可达520℃，管子的瞬间最高温可达540℃。

过热器、再热器在高参数锅炉中所处的环境条件最恶劣，所用钢材在满足持久强度、蠕变强度要求的同时，还要满足管子外壁抗烟气腐蚀及抗飞灰冲蚀性能、管子内壁抗流动蒸汽氧化性能，并具有良好的冷热加工工艺性能和焊接性能。过热器、再热器管的金属壁温一般可比蒸汽温度高出达30~50℃（我国规定为50℃）。由于联箱（末级过热器、末级再热器出口联箱）与管道（主蒸汽管道、导汽和再热蒸汽管道）布置在炉外，没有烟气加热及腐蚀问题，管壁温度与蒸汽温度相近。这就要求钢材应具有足够高的持久强度、蠕变强度、抗疲劳和抗蒸汽氧化性能，还要具有良好的加工工艺和焊接性能。由于铁素体耐热钢的线膨胀系数小、热导率高，在较高的启停速率下，不会造成联箱、管道厚壁部件严重的热疲劳损坏，所以铁素体耐热钢是联箱、管道的首选钢材。随着超超临界机组锅炉蒸汽温度和压力参数的提高，要求选用持久强度高的钢种，这样既可以提高联箱和管道运行的安全性，又可以减少因管壁过厚引起热应力的增加以及给加工工艺带来的困难。表 1-3 和表 1-4 分别列出了典型锅炉钢管的服役状态金相组织、常温力学性能和设计许用应力。

**表 1-3 典型锅炉钢管的金相组织和常温力学性能** (MPa)

| 标准 | ASME SA-213M | | | | | | | | ASME CC2328 | ASME CC2115-1 | 新日铁 |
|---|---|---|---|---|---|---|---|---|---|---|---|
| 钢号 | T23 | T24 | T91 | T92 | T122 | TP304H | TP347H | TP347 HFG | S30432 | S31042 | NF709 |
| 组织 | 贝氏体 | 贝氏体 | 马氏体 | 马氏体 | 马氏体 | 奥氏体 | 奥氏体 | 奥氏体 | 奥氏体 | 奥氏体 | 奥氏体 |
| $R_{p0.2}$ | 400 | 450 | 415 | 440 | 400 | 205 | 205 | 205 | 205 | 295 | 313 |
| $R_m$ | 510 | 580 | 585 | 620 | 620 | 515 | 515 | 550 | 550 | 655 | 637 |
| $A$/% | 20 | 20 | 20 | 20 | 20 | 35 | 35 | 35 | 35 | 30 | 30 |

注：未标明范围者的所有数值均为标准规定的最小值。

**表 1-4 典型锅炉钢管的许用应力** (MPa)

| 钢号 | | T24 | T91 | T92 | TP304H | TP347H | TP347 HFG | T23 | T122 | S30432 | S31042 | NF709 |
|---|---|---|---|---|---|---|---|---|---|---|---|---|
| 技术标准 | | ASME SA-213M | | | | | | CC2199 | CC2180 | 2328 | 2115-1 | 新日铁 |
| 规定温度(℃)许用应力 | 510 | 115.1 | 107 | 132.3 | 99 | | 91.3 | 122.6 | 133.6 | 85.1 | 116.1 | |
| | 538 | 111.0 | 99 | 126.1 | 97 | 99 | 90.2 | 98.5 | 127.5 | 84 | 114.4 | 127.9 |
| | 566 | 77.2 | 89 | 118.5 | 82 | 96 | 89.6 | 77.1 | 115.7 | 82.7 | 112.6 | 121.1 |
| | 593 | 46.2 | 71 | 93.7 | 68 | 93 | 88.2 | 57.9 | 88.9 | 81.3 | 110.9 | 116.1 |
| | 621 | 38.6 | 48 | 70.3 | 55 | 73.5 | 86.8 | 37.9 | 64.1 | 80.6 | 93.7 | 111.6 |
| | 649 | | 30 | 47.5 | 42 | 54 | 66.8 | 9.6 | 42.7 | 78.5 | 69.6 | 91.8 |
| | 677 | | | | | | 50.3 | | | 59.9 | 52.4 | 71.9 |
| | 704 | | | | 26 | 30 | 37.2 | | | 44.8 | 39.3 | 56.9 |
| | 732 | | | | | | 27.5 | | | 32.4 | 29.6 | 43.2 |

## 1.4 铁素体型耐热钢的发展

铁素体型耐热钢的发展历史如图 1-2 所示[2]。铁素体耐热钢 600℃×$10^5$h 持久强度从 60MPa 提升到 180MPa 的过程中主要经历了 4 个阶段，如表 1-5 所示。

以 9%~12%Cr 耐热钢发展为例，在 20 世纪 60~70 年代，主要是向 9%~12%Cr 钢中添加了 Mo、V 和 Nb 元素；在 70~80 年代，优化了钢中 C、Nb 和 V 元素的含量；在 80~90 年代用 W 元素取代了钢中部分 Mo 元素；1995 年以来在最新研发的铁素体型耐热钢中加入了更多的 W 和 Co 元素。

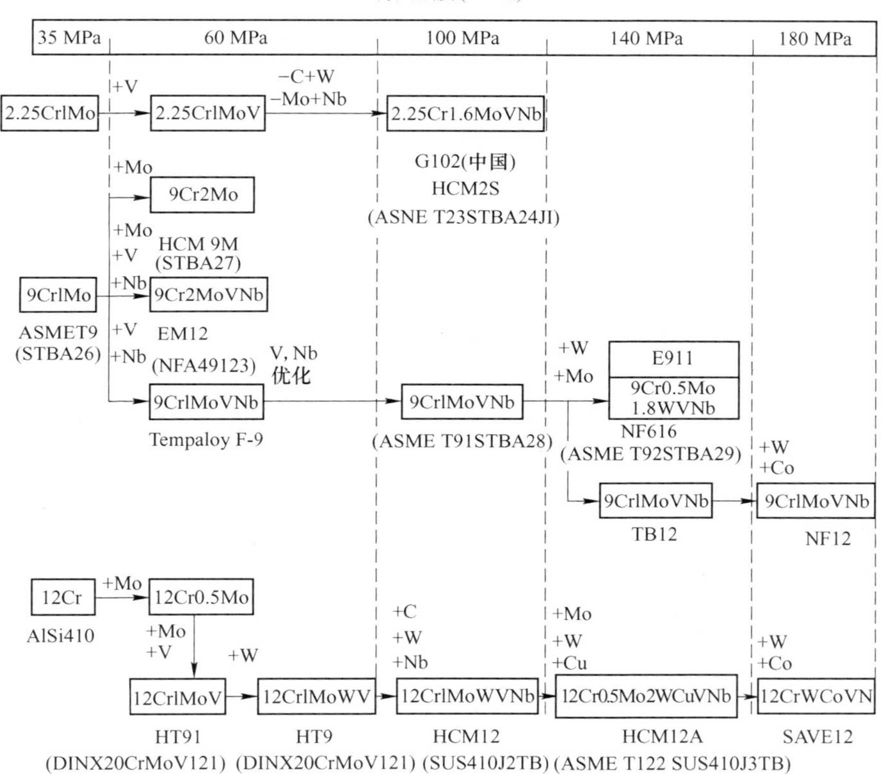


图 1-2 铁素体型耐热钢的发展[6]

在过去的 50 多年中，高温高压条件下铁素体耐热钢的使用温度上限从 560℃逐步提高到 620℃左右。最近十余年，针对 650℃蒸汽条件，国内外已开发了若干新型铁素体耐热钢，如 9Cr-3W-3Co（MarBN）[3]、SAVE12AD[4] 和 G115[5] 等，以及不采用碳化物强化的 18Ni-9Co-5Mo 马氏体时效钢，但是现阶段还不能确认这些新钢种可成功应用于 650℃蒸汽参数电站锅炉的建设，这些新研发耐热钢的性能稳定性以及现场应用相关问题尚需进一步考核，而这些工作才刚刚起步。

**表 1-5　典型 9%~12%铁素体耐热钢的发展**

| 代 | 时间 | 主要合金元素优化 | 典型钢种 | 最高使用温度/℃ |
|---|---|---|---|---|
| 第一代 | 60~70 年代 | 添加 Mo 或 Nb、V | EM12、HCM9M、HT9、F9、HT91 | 565 |
| 第二代 | 70~85 年代 | 优化 C、Nb 和 V | T91、HCM12、HCM2S | 593 |
| 第三代 | 85~95 年代 | 以 W 代 Mo | HCM12A（T/P122）、NF616（T/P92）、E911（T/P911） | 620 |
| 第四代 | 1995 年以来 | 优化 C、N，增加 W，添加 Co | SAVE12AD、G115、9Cr-3W-3Co | 650 |

在铁素体型耐热钢的发展过程中，人们对各种合金元素的作用进行了详细的研究。W，Mo 和 Co 元素主要起固溶强化作用。V 和 Nb 元素主要是通过析出细小的 MX 型碳氮化物起强化作用，而且这两种元素的最佳配比一般为 0.25%V 和 0.05%Nb。Cr 元素一方面可以起到固溶强化作用，另一方面可以提高材料的抗氧化和抗腐蚀性能。Ni 元素可以提高韧性，但是会降低持久强度，用 Cu 元素代替部分 Ni 元素可以缓解持久强度的损失。C 元素作为主要的碳化物形成元素，其含量需要严格控制以保证材料的焊接性能。通过原子探针研究发现，B 元素可以通过在 $M_{23}C_6$ 碳化物和基体界面处富集来降低其粗化速率，从而提高材料的持久寿命。Co 元素主要起推迟马氏体基体在回火过程中回复的作用。

## 1.5　奥氏体型耐热钢的发展

奥氏体型耐热钢的发展如图 1-3 所示。奥氏体耐热钢主要用于高温段过热器和再热器管制造，其对抗蒸汽腐蚀和抗煤灰腐蚀性能要求较高。奥氏体耐热钢根据其 Cr 含量的不同可以分为 15%Cr、18%Cr、18%~25%Cr 和大于 25%Cr 的奥氏体型耐热钢。在奥氏体型耐热钢的发展过程中，首先为了提高其抗腐蚀性能而加入了 Ti、Nb 和 Mo 元素。在保证抗腐蚀性能的前提下，为了提高其持久强度而调低了 Ti、Nb 和 Mo 元素的含量，并提高了 C 元素的含量。此后，Cu 元素作为一种析出强化元素被添加到了奥氏体型耐热钢中（S30432 或 Super340H）。其他的成分改进还包括添加 N 元素以稳定奥氏体基体和添加 W 元素起固溶强化作用等。近年，瑞典 Sandvik 研发了 Sanicro25 新型奥氏体耐热钢，该钢持久强度明显优于 S30432 和 S31042，其使用温度可达 680℃[7]。最近德国 VDM 公司也在研发使用温度可达 700℃的新型奥氏体耐热钢[8]。

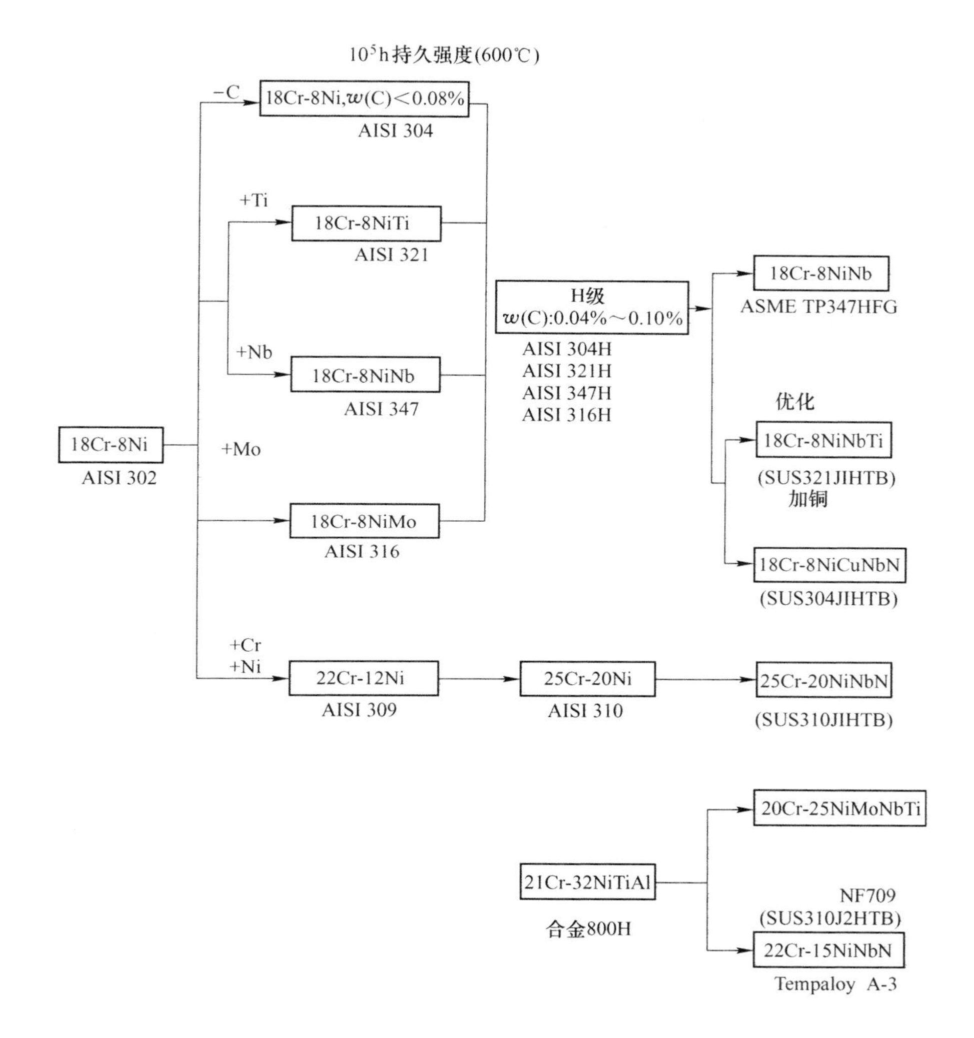


图 1-3 奥氏体型耐热钢的发展过程[6]

# 1.6 耐热合金的发展

当燃煤电站蒸汽参数达到或超过 650℃时，马氏体耐热钢和奥氏体耐热钢均难以满足过热器、再热器及大口径管道和厚壁集箱的制造，将不得不选用昂贵的镍基和铁镍基耐热合金制造过热器、再热器及大口径管道和厚壁集箱等部件。常用的镍基耐热合金的 $10^5$h 持久强度和温度的关系如图 1-4 所示[9]。Inconel 617B 和 Inconel 740H 是比较成熟的可以用于超 650℃蒸汽参数燃煤电站过热器、再热器及大口径管道和厚壁集箱的制造的镍基耐热合金。

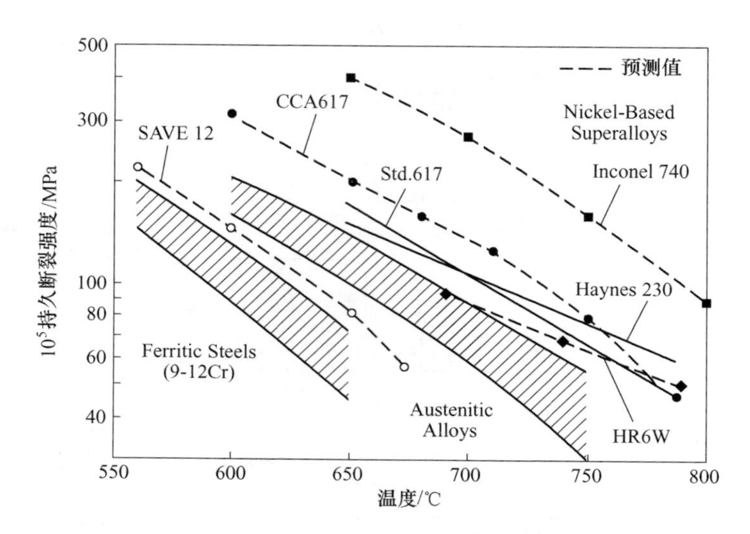


图 1-4　常用耐热合金 $10^5$h 持久断裂强度和温度的关系[9]

## 参 考 文 献


[1] 屠勇. 东方锅炉（集团）股份有限公司技术交流资料，2004.

[2] 刘正东，程世长，王起江，等. 中国600℃火电机组用锅炉钢进展［M］. 北京：冶金工业出版社，2011.

[3] Abe F. Precipitate design for creep strengthening of 9%Cr tempered martensitic steel for ultra-supercritical power plants［J］. Sci. Tech. Adv. Mater. 9（2008），1～15.

[4] Nippon Steel and Sumitomo Metal Corporation［J］. Properties of SAVE12AD（9Cr-3W-3Co-Nd-B），October，2013.

[5] 刘正东，包汉生，徐松乾，等. 用于超600℃蒸汽参数超超临界火电机组的新型马氏体G115耐热钢及其钢管［N］. 世界金属导报，2015-6-16（B12）.

[6] Masuyama F，History of power plants and progress in heat resistant steels［J］. ISIJ Int.，2001，41（6）：612～625.

[7] ASME Code Case 2753，22Cr-25Ni-3. 5W-3Cu Austenitic-Stainless Steel UNS S31035 Section I［J］. ASME，Two Park Avenue，New York，NY，USA 5990～10016.

[8] Spiegel M，Mentz J，Konrad J，Schraven P. Power austenite-A sigma-phase hardened and grain boundary strengthened heat resistant stainless steel［J］. The 1st international conference on advanced high-temperature materials technology for sustainable and reliable power engineering（123HiMAT-2015），Sapporo，Japan，29 June-03 July 2015.

[9] Viswanathan R，Bakker W T. Materials for boilers in Ultra Supercritical power plants，Proc. of 2000 International Joint Power Generation Conferences［J］. Miami Beach，Florida，July，23～26，2000，IJPGC2000-15049，1～22.

# 2　电站耐热钢的多元素复合强化设计

## 2.1　问题的提出

以 12CrMo、12Cr2Mo 和 12Cr1MoV 为代表的 Cr-Mo 及 Cr-Mo-V 低合金热强钢，在电站锅炉建设中一般在蒸汽参数 545℃以下使用，这些贝氏体耐热钢在 20 世纪 60 年代代表着铁素体型耐热钢使用温度的上限。一般情况下，电站锅炉炉内高温短管子的金属壁温比蒸汽参数温度高 30℃左右，即上述贝氏体钢锅炉管使用中的金属壁温可达 575℃。当年在建设高蒸汽参数火电机组时，当金属壁温的上限超过上述贝氏体耐热钢的使用温度上限时，选用奥氏体耐热钢制作过热器和再热器管。在 20 世纪 60~70 年代，与铁素体型耐热钢相比，奥氏体耐热钢是非常昂贵的，且奥氏体耐热钢中含有较高含量的 Ni 元素和 Cr 元素，这两个元素当时在中国属于稀缺金属，纳入国家战略型物资管理。因此，研发一种使用温度更高的铁素体型耐热钢，并在高参数电站锅炉建设中替代部分昂贵的奥氏体耐热钢是非常急迫的。

## 2.2　G102 钢的多元素复合强化设计

G102 钢（12Cr2MoWVTiB，以下简称 102 钢）是钢铁研究总院刘荣藻教授团队在 20 世纪 60~70 年代在 2%Cr-Mo-V 钢的基础上成功研发的，并在当时中国先进燃煤电站锅炉制造中大量应用，解决了当年先进燃煤电站锅炉制造的急需。102 钢是低碳、低合金贝氏体型热强钢，具有优良的综合力学性能和工艺性能，其热强性和使用温度超过当时国外同类钢种，在金属壁温 620℃时其热强性达到某些铬镍奥氏体耐热钢的水平，使我国高参数大型电站锅炉避免使用价格昂贵、工艺性稍差、运行中问题较多的铬镍奥氏体耐热钢。这对降低锅炉成本、减少工艺困难、缩短制造周期和保证锅炉安全运行都有很大意义。典型的 102 钢化学成分范围如表 2-1 所示。

为了大幅度提高热强性，把金属壁温提高到 600~620℃，102 钢首次采用了“多元素少量复合强化方法”[1~3]：即采用钨-钼复合固溶强化、钒-钛复合时效强化和硼的微量强化，同时加入铬和硅以提高其抗氧化性。

表 2-1　典型 G102 钢化学成分范围　（质量分数,%）

| C | Si | Mn | Cr | Mo | W | V | Ti | B | S，P |
|---|---|---|---|---|---|---|---|---|---|
| 0. 08～0. 15 | 0. 45～0. 75 | 0. 45～0. 65 | 1. 60～2. 10 | 0. 50～0. 65 | 0. 30～0. 55 | 0. 28～0. 42 | 0. 08～0. 18 | ≤0. 008 | ≤0. 035 |

### 2. 2. 1　钨钼复合固溶强化

根据 Cr-Mo 钢和 Cr-Mo-V 钢固溶强化机理的研究，当固溶体中存在间隙原子时，钼是有效的固溶强化元素。对 1%铬钢来说，最佳的含钼量是 0. 5%。在 102 钢研发过程中发现，由于钼易于向碳化物富集，特别是在高温长期运行中易形成 $M_6C$ 相，单用钼强化效果并不理想。当钢中的含钼量由 0. 5%提高到 1%时，形成 $M_6C$ 相的倾向就更大，在设计成分范围内，钼的固溶强化效果反而下降。在此之前，钨在锅炉钢中用得很少。为提高固溶强化效果，在 102 钢的设计中，采用了钨钼复合添加（见表 2-1）。对实验钢 620℃持久强度试验表明，当应力较高而断裂时间较短时，钨的强化作用不明显。当应力较低而断裂时间较长时，由于钨的添加，使持久曲线下降较为缓慢，持久强度显著提高。该实验证实了 102 钢用钨钼复合强化效果比单用钼强化的效果更显著。

这种复合强化也是交互作用的固溶强化。由于钨钼复合加入，固溶体的贫钼过程进行得较为缓慢。在 620℃经 5000h 时效处理后，实验钢碳化物中的钼含量从 30%提高到 60%，而不含钨的实验钢在 620℃经 1000h 时效处理后已有 50%以上的钼进入碳化物。钨大部分在固溶体中，时效过程中贫化缓慢，在 620℃经 5000h 时效处理后仍有 70%的钨在固溶体中。由于固溶体中的含钼量越来越低，钨的强化作用相对来说就明显，即复合强化的优点显示出来了。

国外对低合金耐热钢的研究表明，高达 50%的钼可溶于 $V_4C_3$ 碳化钨中，形成（Mo、V）$_4C_3$。在 102 钢中也有类似的情况，钨钼除有固溶强化作用外，也进入碳化物中，参与碳化物强化。102 钢在正火加高温回火状态下，有 0. 12%～0. 20%的钼和 0. 1%的钨（绝对含量）进入（V、Ti）C 相中，这些钼和钨是在（V、Ti）C 相析出过程中进入的，在 600～620℃时效过程中基本保持不变。这不但增加了强化相的数量，也使强化相的成分复杂化，从而增强了强化效果。

钼和钨在 $M_{23}C_6$ 碳化物中含量很低，它们在固溶体中的贫化主要是析出 $M_6C$ 相，即 $Fe_3Mo_3C$ 或 $Fe_3W_3C$。这种相在时效初期就开始析出，并逐渐成为钢中的主要沉淀相。一般情况下，需经 10000h 时效后，其析出过程才逐渐减慢。

同时，研究了不同回火温度对 102 钢持久强度的影响。在不含钨的钢中，持久曲线斜率随回火温度的升高而增大，而钨钼复合加入的 102 钢在较高温度回火后，长时间持久强度曲线的斜率反而减小，持久强度外推值得以提高。这是采用钨钼复合强化设计的 102 钢的一个主要优点。

### 2.2.2 钒钛复合时效强化

钒在低合金钢中的析出强化作用是众所周知的。通过对 1%Cr-Mo-V 钢的化学成分和性能关系的回归分析发现，钒与碳的比值和含碳量与钢的蠕变强度密切相关。当 V/C=1.5~2.1 和含 0.2%~0.25%C 时，实验钢具有最佳的热强性。一般认为，低合金耐热钢的蠕变强度在根本上受粗大的合金碳化物控制。12Cr1MoV 钢的热强性和组织稳定性比 12Cr2Mo1 钢高，其根本原因在于含钒钢中存在高度弥散析出的含钒碳化物。

在设计 102 钢时，细小弥散的碳化物时效强化也是其主要强化措施之一，选择了钒钛复合添加。102 钢中的主要有益析出相是以 VC 相为代表的 MC 相。MC 相是具有面心立方间隙的固溶体碳化物，晶格常数与 VC 相接近，其中约有 35%~40%的钼钨和 9%~12%的钛。实验结果表明在长期时效过程中，该固溶体碳化物的成分和数量基本保持不变。由于 102 钢中加入了多种强化元素，形成的含钛、钼和钨的 VC 相是 102 钢的主要强化相，其成分、尺寸、数量及粒子间距对钢的热强性有很大的影响。

102 钢中的钒和钛除参与时效强化以外，余下的 10%~30%钒存在于固溶体中，余下的 30%~40%钛有相当一部分是以 TiN 和 $TiC_2S_2$（即 Y 相）夹杂物形态存在。此外，钛与基体原子有相当强的交互作用，可以形成一种稳定的原子簇团，在一定温度及变形范围内与位错应力场交互作用，产生固溶强化作用。这一强化机理经高温长时保持后仍然有效。

根据 102 钢相分析结果，碳化物中的铬主要以 $M_{23}C_6$形式存在，钨和钼除存在于 MC 相以外，主要存在于 $M_6C$ 中。对三个炉次 102 钢在 620℃经 5000h 时效处理后钢中碳化物进行相分析和计算，见表 2-2 和表 2-3。三炉钢中的 MC 相绝对含量大致相同，约为（0.62±0.02)%，但相对含量相差较大。随着 MC 相相对含量的增加，持久强度明显增加。但是，为提高 102 钢的持久强度，仅仅从增加 MC 相的绝对数量来考虑是不够的，还要降低 $M_{23}C_6$和 $M_6C$ 相的相对数量，所以钢中碳和铬的含量都不宜过高。由于钼和钨在 MC 相中溶解度有限，并容易形成 $M_6C$ 相，因而只增加钼和钨的含量也不能增加 MC 的相对含量，反而可能带来不利影响。

**表 2-2 G102 试验钢化学成分** （质量分数,%）

| 炉号 | C | Si | Mn | Cr | Mo | W | V | Ti | B | Al | N |
|---|---|---|---|---|---|---|---|---|---|---|---|
| 3B4-397 | 0.12 | 0.45 | 0.50 | 1.96 | 0.48 | 0.31 | 0.38 | 0.07 | 0.0034 | 0.035 | 0.012 |
| 5B1-227 | 0.09 | 0.66 | 0.57 | 2.00 | 0.47 | 0.42 | 0.37 | 0.09 | 0.0033 | 0.034 | 0.010 |
| 5B1-228 | 0.09 | 0.66 | 0.57 | 1.98 | 0.49 | 0.51 | 0.38 | 0.10 | 0.0043 | 0.031 | 0.014 |

表 2-3 G102 钢 620℃经 5000h 时效后碳化物含量

| 炉号 | 碳化物总量/% | 各种碳化物绝对含量/% | | | 各种碳化物相对含量/% | | |
|---|---|---|---|---|---|---|---|
| | | MC | $M_6C$ | $M_{23}C_6$ | MC | $M_6C$ | $M_{23}C_6$ |
| 3B4-397 | 1.46 | 0.64 | 0.35 | 0.47 | 44 | 24 | 32 |
| 5B1-227 | 1.33 | 0.62 | 0.37 | 0.34 | 46.5 | 27.5 | 26 |
| 5B1-228 | 1.10 | 0.60 | 0.29 | 0.21 | 54.6 | 26.4 | 19 |

提高钒和钛的含量使其与更多的碳结合是增加 102 钢中 MC 相相对含量的有效方法。钢铁研究总院研究了钛对 102 钢热强性的影响，发现把含钛量提高到规范的上限（0.18%，见表 2-1）时，102 钢的热强性显著提高。应该指出，这里还有硼元素同时在起作用。仅仅用增加含钛量的办法也不一定能提高热强性，因为含钛量过高，钢中形成单一的 TiC 相，其固溶温度在 1100℃以上，在规范热处理条件下，起不到析出强化作用，而由于 TiC 占据了一部分碳，使有效强化相的数量反而减少，对热强性不利。此外，含钛量过高还会对钢的相变动力学和其他工艺性带来不利的影响。基本上述分析，钒和钛应与碳成适当的比例。

### 2.2.3 铬和硅的作用

铬在低合金耐热钢中是最主要的抗氧化元素。在 620℃时效处理时，102 钢表面形成多层结构的氧化铁皮，内层为致密的 $CrO_3 \cdot FeO$，中层为 $Fe_3O_4$，外层是较疏松的 $Fe_2O_3$。这种氧化铁皮具有较好的保护性能。同时，铬也是重要的固溶强化元素，主要存在于固溶体中。正火和高温回火处理后的 102 钢中，仅有 5%~10%的铬进入碳化物，形成粗大的 $M_{23}C_6$ 和 $M_7C_3$ 型碳化物，分布在晶界和晶内。这些粗大的碳化物对钢的热强性不利。即使经过长时高温时效，102 钢中的铬在碳化物中的含量也几乎不增加，这与 12Cr1MoV 钢长期运行后固溶体中铬的贫化形成鲜明的对照，反映出 102 钢多元素复合强化的优越性。根据相分析后的粗略计算（见表 2-3），在 620℃经 5000h 时效后，三个炉号的 102 试验钢中 $M_{23}C_6$ 含量分别为 0.47%、0.34%和 0.21%。持久强度测试结果表明，钢中 $M_{23}C_6$ 越少，持久强度越高。

12MoVWBSiRe（无铬 8 号）钢除了无铬和含稀土外，加入的其他合金元素与 102 钢相似，钢中没有各种铬的碳化物，只有 MC 型强化相。该钢在 580℃经 $10\times10^4$h 外推持久强度达到了很高的水平（130~174MPa）。这在低合金热强钢的合金化方面是一个成功创举。一般认为，低合金热强钢随着钢中含铬量增加，其热强性降低。含铬量超过 2%时，持久强度下降很快。根据国内 20 世纪 70 年代的一些研究表明，含 4%~6%铬的热强钢强化是很困难的。对 102 钢化学成分和持久强度的回归分析表明，即使含铬量的 1.81%~2.05%这样小的范围内变化，它对持久强度的影响仍然很大，仅次于硼。在 Cr-Mo-W-V 钢中，铬含量约超过 1.5%时，开始使蠕变强度降低，在 1.5%~8%范围内，铬越高，蠕变抗力越低。这是由于随铬含量的增加，固溶体和碳化物的组成发生连续改变，即铬碳化物的数量通过消耗 VC 而增加，同时使固溶体中富钒。102 钢中的铬主要是为了保证抗氧化性而加入的，对于 600~620℃温度区间用钢来说，看来上限 2%的铬是必不可少的[4]。

硅是 102 钢中另一个抗氧化元素。硅含量在 1%以下时，其对钢的热强性没有明显影响，而其主要作用是增加钢的抗蒸汽氧化性能。通过对长时持久试样表面氧化层的金相观察还发现，抗氧化性的好坏与持久强度高低相一致，持久强度高的炉号其抗氧化性亦较好，而不单是取决于含铬量。可见钢的抗氧化性也受其他合金元素（如硅）综合配比的影响。

### 2.2.4 硼的作用

硼对钢的过冷奥氏体转变动力学有很大影响，它强烈地抑制钢中的铁素体转变，从而确保 102 钢在相当宽的正火温度和冷速范围内得到单一的贝氏体组织。对 102 钢而言，单一的贝氏体组织比铁素体加贝氏体组织具有更高的热强性。从提高钢的淬透性出发，加入 0.002% 硼就足够了，而 102 钢中含硼量为≤0.008%，加入这么多硼还有其他作用。

在高温蠕变条件下，钢的晶界是薄弱环节，强化晶界是很重要的。一般认为，硼是一种强化晶界的元素。研究表明，102 钢在 1030℃高温回火后，硼明显地偏聚于晶界。但在 620℃时效 10868h 后，硼又趋向于均匀分布。

有人认为硼容易在面心立方的碳化物上偏析和集聚，形成碳硼化合物。Keown 等人[5]的研究指出，在含硼的 0.5%钼钢中有 $M_{23}(CB)_6$，硼使 $M_{23}C_6$的晶格常数从 1.0537nm 增加到 1.0584nm，其中约有 25%的碳被硼取代。此外，铬钼钒钢回火处理时硼可进入 $V_4C_3$，使 $V_4C_3$ 的晶格常数从 0.4155nm 增加到 0.4195nm。经持久试验后，硼也不在晶界析聚，而溶于 $V_4C_3$。同期，国内的研究[6]亦提到在含硼的 1%Cr-Mo-V 耐热钢中形成了 $V_4(BC)_3$，硼进入碳化物，改变了沉淀相与母相的界面能，使碳化物复杂化，从而使钢的热强性提高。

硼除了对钢的奥氏体动力学转变曲线发生明显影响外，还通过空位与硼的交互作用及通过硼进入碳化物中形成 $M_{23}(CB)_6$等，从而使其成分、大小、数量及稳定性产生有利的变化。在正火加回火状态下硼优先沿原奥氏体晶界分布，从而抑制沿晶界的扩散过程，并强化晶界，这些都将对持久强度发生有益的影响[4]。

钢铁研究总院采用实验方法研究了硼在 102 钢中的作用及高温时效过程中碳氮化物析出相的演变过程[7]。试验 102 钢的化学成分列于表 2-4，经 620℃高温时效 3000h、5000h、10000h 后钢中碳氮化物析出相的演变过程及定量相分析结果列于表 2-5。可见，含硼钢比无硼钢组织稳定性高，而中硼钢组织稳定性最好。

620℃长期时效后，组织和性能未发生显著变化。在时效过程中，溶有一定数量钨、钼的（V、Ti）C相几乎不变化，它是试验钢中主要沉淀相之一。随时效时间的延长，碳化物相析出类型发生变化，$M_{23}C_6$逐渐减少，以钨、钼为主的$M_6C$相逐渐形成，并成为钢中的主要析出相之一。无硼、中硼和高硼钢620℃时效后，碳化物相中铬元素随时间延长而减少，钨、钼元素随之增加，钒、钛几乎不发生变化。在620℃时效10047h后，碳化物相中元素总量略有增加。无硼钢元素总量增加0.22%，中硼钢增加0.14%，高硼钢增加0.17%。由相分析结果可以得出，含硼钢固溶体中合金元素的贫化与碳化物相中元素含量的增加过程均比无硼钢缓慢，而中硼钢的合金元素稳定性最高。这说明含硼钢有良好的组织稳定性，硼对钢中碳化物相有稳定作用。

**表2-4　G102试验钢化学成分**　（质量分数,%）

| 炉　号 | C | Cr | Mo | W | V | Ti | B |
|---|---|---|---|---|---|---|---|
| 239-1 | 0.10 | 1.90 | 0.56 | 0.32 | 0.32 | 0.11 | |
| 239-2 | 0.10 | 1.79 | 0.52 | 0.32 | 0.34 | 0.11 | 0.0042 |
| 239-3 | 0.10 | 1.75 | 0.48 | 0.34 | 0.36 | 0.11 | 0.0110 |

**表2-5　G102钢620℃时效后化学相分析结果**

| 炉号 | 620℃时效/h | 碳化物转变过程 | 碳化物中相成分含量/% | | | | | | |
|---|---|---|---|---|---|---|---|---|---|
| | | | Fe | Cr | W | Mo | V | Ti | 总量 |
| 239-1 | 原始态 | $VC+TiC+TiN+M_6C$ | 0.036 | 0.052 | 0.09 | 0.13 | 0.18 | 0.12 | 0.63 |
| | 3000 | $M_6C+VC+TiC+M_{23}C_6$ | 0.049 | 0.030 | 0.10 | 0.19 | 0.16 | 0.14 | 0.67 |
| | 5000 | $M_6C+VC+TiC+TiN$ | 0.098 | 0.043 | 0.11 | 0.23 | 0.20 | 0.12 | 0.80 |
| | 10047 | $M_6C+VC+TiC+TiN$ | 0.12 | 0.036 | 0.12 | 0.28 | 0.17 | 0.12 | 0.85 |
| 239-2 | 原始态 | $VC+M_{23}C_6+TiC$ | 0.17 | 0.10 | 0.085 | 0.12 | 0.18 | 0.11 | 0.77 |
| | 3000 | $M_6C+VC+TiC+M_{23}C_6$ | 0.11 | 0.34 | 0.13 | 0.28 | 0.15 | 0.14 | 0.84 |
| | 5000 | $M_6C+VC+TiC$ | 0.13 | 0.048 | 0.14 | 0.28 | 0.18 | 0.12 | 0.90 |
| | 10047 | $M_6C+VC+TiC$ | 0.16 | 0.042 | 0.14 | 0.30 | 0.16 | 0.11 | 0.91 |
| 239-3 | 原始态 | $VC+M_{23}C_6+TiC$ | 0.19 | 0.13 | 0.092 | 0.14 | 0.19 | 0.11 | 0.78 |
| | 3000 | $M_6C+VC+TiC+M_{23}C_6$ | 0.13 | 0.044 | 0.11 | 0.24 | 0.16 | 0.14 | 0.82 |
| | 5000 | $M_6C+VC+TiC$ | 0.15 | 0.044 | 0.13 | 0.29 | 0.19 | 0.12 | 0.92 |
| | 10047 | $M_6C+VC+TiC+TiN$ | 0.17 | 0.038 | 0.14 | 0.31 | 0.17 | 0.12 | 0.95 |

中硼钢中的粗大$M_{23}C_6$相颗粒远比无硼钢细小，在620℃长期时效后，MC相颗粒大小基本保持原状，而无硼钢MC相粒子则显著变大。虽然时效10047h后，无硼、中硼和高硼钢中碳化物相成分总量差别均不大。但是，中硼钢在620℃时

效前后碳化物中元素含量变化最小，组织稳定性最好。与此相对应，中硼钢的持久强度也最高。对 102 钢碳化物的分析表明，$M_{23}C_6$和 VC 都富集了硼。102 钢中的硼主要是通过控制碳化物的分布和生长来起强化作用的。随着含硼量的增加，对（V、Ti）C 和 $M_{23}C_6$相的控制作用加强，有利于热强性的提高。

对析出相进行电解分离时发现，102 钢在正火和正火加回火状态下，都有极少量的 $M_3B_2$型硼化物。在电子显微镜下，正火状态的 $M_3B_2$相为粗大的椭圆形颗粒，而在回火过程中析出的 $M_3B_2$则是细小的弥散相。在含 $40\times10^{-6}$硼的 12%铬钢中有 $M_3B_2$相，它可溶解钼、铌、钒和钛等元素，可见 $M_3B_2$型硼化物也是复杂的。102 钢在正火后，如果冷却速度很慢，钢中的硼分布很不均匀，严重聚集，钢的持久强度和冲击值都明显降低。电解分离实验结果表明，在正火时缓冷，钢中析出的 $M_3B_2$相显著增加，这种硼化物不稳定，在 770℃ 回火过程中会发生分解。钢中的含硼量越高，析出的 $M_3B_2$相也越多。值得指出的是，这种 $M_3B_2$相十分细小，在金相显微镜下观察不到。如为了提高钢的热强性而加入较多的硼，必须确保有足够快的正火冷却速度。因此，要把含硼钢用于厚壁大口径钢管，硼的含量应该限制在合适的范围内。

Viswanathan 等人[8]研究了钛和钛-硼对 1.25%Cr-0.5%Mo 钢的影响。钛和硼都能改善钢的持久塑性。当钢中不加硼时，钛对持久强度的影响是复杂的。当钢中磷是主要杂质时，加入钛反而使持久强度降低。当钢中有大量的磷、铅、锡时，加钛又能改善持久强度。当硼和钛复合加入时，不管在哪种情况，都使钢的持久强度提高。

## 2.3 G102 钢的热处理、组织与性能[1,2]

### 2.3.1 G102 钢奥氏体分解后的金相组织

102 钢小试样水淬时可得到板条状马氏体组织，油淬时形成马氏体加少量粒状贝氏体组织。用硝酸酒精腐蚀试样，这两种组织很难区别。用 Vilella 试剂腐蚀后，再用 2%硝酸酒精擦拭，则贝氏体显得较黑，而马氏体发亮，很容易鉴别。但是，由于 102 钢的贝氏体转变孕育期很短，在大生产中不可能获得单一的马氏体组织，因此，实际上使用的不是板条状马氏体组织。如正火冷却速度低于临界冷却速度，则钢中会出现先析铁素体。随着冷却速度降低，铁素体量增加，晶界上还可能有大块碳化物析出。冷却速度慢到一定程度，贝氏体区可能完全封闭，得到铁素体加碳化物组织。对 102 钢而言，只要正火冷却速度大于 31.4℃/min，就可以得到单一的贝氏体组织。这种冷却速度在大生产中是完全可以做到的。无论是采用长时间等温还是缓慢冷却的方法，试验中都没有发现珠光体组织。

102 钢奥氏体分解后的显微组织基本上有以下 4 种类型：（1）马氏体或马氏体+少量贝氏体；（2）贝氏体；（3）贝氏体+铁素体或铁素体+贝氏体+碳化物；（4）铁素体+碳化物。在大生产中一般只遇到第（2）、（3）类组织，钢的回火组织中也只有回火贝氏体、铁素体和碳化物。

### 2.3.2　G102 钢正火温度和时间的影响

由于化学成分等因素的影响，102 钢的临界点范围较宽，一般情况下 102 钢的 $A_{c3}$ 在 950℃左右，但有的炉次 $A_{c3}$ 高达 1000℃。为保证不同化学成分的 102 钢能充分奥氏体化，标准规定的正火温度为 1020～1050℃。正火温度对 102 钢的持久强度有很大影响，当正火温度低于 970℃时，钢的持久强度水平很低。当正火温度提高到 1100℃时，钢的持久强度水平提高，持久曲线的斜率亦减小。要提高 102 钢的持久强度，提高正火温度是一个有效的途径。

为了研究正火温度对钢的显微组织的影响，用一个 1300℃正火的试样与一般正火的试样作对比。电子显微镜观察发现，提高正火温度除了能使晶粒粗化外，还使贝氏体的板条变得粗大。更重要的是，在一般正火温度下，钢中存在着没有完全回溶的 $M_{23}C_6$、TiC 和 $M_3B_2$ 相。例如，在 1050℃正火的试样中，观察到粗大的球形 TiC 和长条形 $M_{23}C_6$ 以及粗大的 $M_3B_2$ 型硼化物。这些粗大的析出相中钒、钛和硼等强化元素没有得到充分利用。当正火温度提高到 1300℃时，这些析出相大部分都溶解了，只剩少量颗粒不大的析出相。可见提高正火温度可以使未固溶的 TiC、$M_{23}C_6$ 和 $M_3B_2$ 相大大减少，而在回火时重新以弥散形式析出，从而提高了强化效果。

由于钢的化学成分和其他因素影响，不同炉号的钢晶粒长大的温度范围相差很大。在规定的正火温度范围内，可能得到不同的晶粒度，有的是粗晶，有的是细晶，还有混晶组织。比较同一时期冶炼的 7 炉 102 钢的 620℃持久强度发现，持久强度最高的炉号 2 和 1 晶粒最粗，晶粒细但较均匀的炉号 6 和 7 性能亦较好，性能最低的炉号 5 和 4 晶粒既细又有混晶（见表 2-6）。

**表 2-6　G102 钢晶粒度与 620℃持久强度的关系**

| 炉　号 | 1 | 2 | 3 | 4 | 5 | 6 | 7 |
|---|---|---|---|---|---|---|---|
| 晶粒度 | 6～8 | 4～7 | 7～9 | 9～12 | 10～8 | 11～12 | 11～12 |
| $\sigma_{10^5}$/MPa | 101 | 128 | 80 | 65 | 68 | 73 | 77 |

粗晶贝氏体和细晶贝氏体形态上有所区别，粗晶贝氏体有较明显的方向性，经高温回火后在原始奥氏体晶内出现方向性的条纹花样。细晶贝氏体方向性不明显，特别是经高温回火后晶内条纹花样不很显著，有时容易误认为铁素体组织。生产中还可能遇到在 $A_{c1}$ 和 $A_{c3}$ 之间保温后的转变产物，例如奥氏体化温度过低或热校正操作时得到的组织是贝氏体加铁素体，这种铁素体的形态不同于先析铁素

体。在生产中应尽量避免铁素体组织的产生。

正火保温时间在 20~90min 范围内变化对显微组织、晶粒度和室温力学性能没有影响，但保温时间较长到 90min 可提高钢的热强性。保温 20min 和 40min，钢的持久蠕变性能相似，保温 90min 蠕变抗力有所提高。由于实际生产中钢管热处理长时间保温有困难，可以适当地提高加热温度。

### 2.3.3 G102 钢正火后冷却速度的影响

在保证正火温度的前提下，只要冷却速度大于 CCT 曲线上“鼻部”的临界冷却速度，102 钢就可以得到贝氏体组织。不同冷却速度对 102 钢力学性能和持久强度的影响见表 2-7。

**表 2-7 不同正火冷却速度对 G102 钢组织和力学性能的影响**

| 炉号 | 正火处理 | $R_{p0.2}$ /MPa | $R_m$ /MPa | $A$ /% | $Z$ /% | $\alpha_K$ /J · cm$^{-2}$ | 组织 |
|---|---|---|---|---|---|---|---|
| 3B5-93 | 1045℃保温 1.5h，以 4.4℃/min 冷到 880℃，保温 5min，空冷 | 460<br>465 | 610<br>610 | 26.0<br>25.5 | 76.0<br>76.0 | 225<br>188 | 贝氏体 |
| | 1045℃保温 1.5h，以 2.7℃/min 冷到 650℃，空冷 | 320<br>315 | 500<br>500 | 31.0<br>31.5 | 78.0<br>81.5 | 63<br>154 | 铁素体 |
| 3B5-90 | 1030℃保温 1.5h，以 4.8℃/min 冷到 880℃，保温 5min，空冷 | 465<br>470 | 620<br>620 | 24.0<br>24.0 | 74.0<br>76.5 | >252<br>>218 | 贝氏体 |
| | 1030℃保温 1.5h，以 3.5℃/min 冷到 650℃，空冷 | 280<br>275 | 535<br>505 | 300<br>29.0 | 81.5<br>81.0 | 44<br>46 | 铁素体 |
| | 1030℃保温 1.5h，以 5.2℃/min 冷到 660℃，空冷 | 315<br>325 | 505<br>505 | 29.0<br>32.0 | 81.5<br>82.5 | >362<br>>352 | 铁素体+贝氏体 |

注：1. 正火冷却速度是指相应温度范围内的平均值；
2. 试样正火后都经 770℃保温 3h 回火。

成品管热处理时从连续炉中出炉前温度有所下降，为了模拟这种生产情况，试验室采用从奥氏体化温度炉冷到 880℃保温 5min 而后出炉空冷，结果也能得到单一的贝氏体组织，具有良好的综合力学性能。3B5-93 炉次的持久强度比正常热处理时略低，而 3B5-90 炉次却没有降低。这表明 102 钢的持久性能对热处理并不十分敏感，只要在正火时得到贝氏体组织，就可以保证热强性能。从奥氏体化温度缓冷到650℃后空冷，得到铁素体或铁素体加少量贝氏体组织，其室温强度下降，伸长率和断面收缩率增加，单一铁素体组织的冲击值急剧下降。钢的持久强度也明显下降。

电子显微镜观察表明，缓冷试样的基体由低位错密度的先析铁素体和较高位错密度的少量贝氏体组成，基体上面析出了大小不一、分布不均的碳化物（VC 和 $M_{23}C_6$）和 $M_3B_2$型硼化物，硼的分布也不正常。这些因素对钢的性能都有影响。

### 2.3.4　G102 钢回火温度的影响

回火温度对102钢的持久强度的影响很大。钢的回火温度升高，短时高应力点持久强度降低，而长时间低应力点持久强度升高。在620℃进行持久试验时，750℃回火的试样持久强度曲线出现转折，770℃回火时转折基本上可以消除，790℃回火还出现斜率减小现象（见表2-8）。在600℃进行持久试验时，用各种温度回火的试样进行测试，持久强度曲线都不发生转折，但回火温度高的曲线斜率较小。770℃回火就可能出现曲线斜率减小现象（见表2-9）。持久试验温度不论是600℃还是620℃，持久强度的外推值都是高温回火的高。回火温度对102钢600℃持久强度的影响相对来说要小一些。但是必须指出的是102钢经770℃回火后，540℃×$10^5$h 持久强度为210MPa，若将回火温度降到750℃，则其持久强度可大幅提高（见表2-10）。所以当102钢的使用温度较低时，要相应降低回火温度，以充分发挥钢的热强性潜力。

**表 2-8　G102 钢 620℃持久强度**

| 炉　号 | 热处理温度/℃ | | 试样数 | 最长试验时间/h | $\sigma_{10^4}$/MPa（计算） |
|---|---|---|---|---|---|
| | 正火 | 回火 | | | |
| 3B4-397 | 1025 | 750 | 5 | 5258 | 61 |
| | | 770 | 8 | 6663 | 71 |
| | | 790 | 9 | 6279 | 61 |
| 5B1-227 | | 750 | 7 | 14687 | 79 |
| 5B1-227Re | | 770 | 6 | 5830 | 88 |
| 5B1-228 | | 750 | 7 | >8864 | |
| | | 790 | 7 | 2953 | (102) |
| 7B1-110 | | 770 | 9 | >10216 | 134 |
| 7B1-113 | | 770 | 11 | 3283 | (114) |
| 3B5-90 | 1030 | 770 | 6 | 1923 | (80) |
| 3B5-93 | | | 5 | 2060 | (84) |
| 3B5-19 | | | 7 | 1092 | (68) |

**表 2-9 G102 钢 600℃持久强度**

| 炉 号 | 热处理温度/℃ | | 试样数 | 最长断裂时间/h | $\sigma_{10^4}$/MPa（计算） |
|---|---|---|---|---|---|
| | 正火 | 回火 | | | |
| 3B4-397 | 1025 | 750 | 7 | 4464 | 101 |
| | | | 9 | >17900 | 101 |
| 5B1-227 | | | 6 | 13872 | 110 |
| | | 770 | 12 | 13013 | 116 |
| 5B1-227Re | | | 6 | 8294 | 123 |
| 5B1-228 | | 790 | 8 | 19385 | 109 |

**表 2-10 G102 钢 580℃持久强度**

| 炉 号 | 热处理温度/℃ | | 试样数 | 最长断裂时间/h | $\sigma_{10^5}$/MPa（计算） |
|---|---|---|---|---|---|
| | 正火 | 回火 | | | |
| 3B4-397 | 1025 | 750 | 10 | 16248 | 124 |

## 2.4 多元素复合强化设计对后续铁素体型耐热钢研发的指导意义

如前所述，钢铁研究总院刘荣藻教授研究团队在 20 世纪 60~70 年代成功研发了用于电站锅炉高温段小口径锅炉管制造的 G102 低合金耐热钢，首次明确提出和系统总结了电站锅炉钢的“多元素复合强化”设计思想[9]，成功研制的 G102 锅炉管性能优异，其综合性能在当时处于国际同类材料的领先水平。自 1970 年代以来，G102 锅炉管大批量地用于国内高参数燃煤电站锅炉的制造，迄今仍然在大量应用。

从某种意义上说，G102 钢的成功研发和“多元素复合强化”设计思想的提出是电站锅炉耐热钢发展历史上的一个极其重要的里程碑。通过“多元素复合强化”设计，G102 钢的总体合金含量不高，成分匹配控制难度不大，工业生产稳定可控。尤为重要的是 G102 钢的成功研发把铁素体系耐热钢的使用温度上限向上拓展到蒸汽温度 580℃附近（可安全地用到金属壁温 600℃左右），这是一个非常大的进步。“多元素复合强化”设计思想为世界铁素体系耐热钢的进一步发展打开了一扇正确的大门，美国和日本在 20 世纪 70~80 年代成功研发并在电站建设中大量应用的 T/P91、T/P92 和 T23 等重要铁素体系耐热钢均是借鉴 G102 钢研发的成功经验和植根于“多元素复合强化”设计思想。

## 参考文献

[1] 12Cr2MoWVTiB（102）钢资料汇编，第一部分：研发、组织和性能，冶金部钢铁研究院、

哈尔滨锅炉厂、东方锅炉厂、北京钢厂，1976.
[2] 12Cr2MoWVTiB（102）钢资料汇编，第二部分：生产工艺，北京钢厂等，1976.
[3] 102 低合金热强钢可焊性及其焊接材料的试验工作总结，冶金部钢铁研究院，1976.
[4] 刘荣藻，张绍钧，董企铭，等. 影响 102 钢热强性的因素分析 [J]. 钢铁研究学报，1981(1)：79~88.
[5] Keown S R，Metal Science. Some aspects of the occurrence of Boron in alloy steels，Metal Science，1977，11（7）：225~234.
[6] 硼钢生产与使用调查报告，技术资料汇编（8），本溪钢铁公司，1974.
[7] 胡云华，刘荣藻，赵海荣，等. 102 钢中各种强化元素的强化功能研究 [J]. 钢铁研究学报，1985，5（4）：383~390.
[8] Viswanathan R. Metallurgical Transactions. 1977，8（1）：57~61.
[9] 刘荣藻. 低合金热强钢的强化机理 [M]. 北京：冶金工业出版社，1981.

# 3　600～650℃铁素体耐热钢的选择性强化设计与实践

## 3.1　9%～12%Cr 马氏体耐热钢强韧化机制解构[1]

以 T/P91、T/P92、T/P122、E911 为代表的 9%～12%Cr 马氏体耐热钢已经在电站锅炉上获得了大量应用。同时，对它们在高温服役过程暴露出来的问题，国内外学者以上述耐热钢的热力学和动力学为分析基础，以其高温蠕变特性为着眼点，深入系统地分析探讨了钢的化学成分、热处理制度、固态相变过程、位错密度、亚结构等对材料高温蠕变的影响。对马氏体耐热钢在高温长期服役过程中，蠕变断裂机理及蠕变断裂寿命预测也进行了大量研究工作。这些研究工作得出的结论有助于了解这类钢的特性，更好地发挥它们的潜能、控制其不足。

迄今，马氏体耐热钢的强化手段主要有固溶强化、沉淀强化、位错强化、亚结构强化等几种，它们之间相互作用，一种强化手段效果的发挥水平有时依赖于另一种强化手段存在状态。马氏体耐热钢经正火+回火后的组织长期暴露于 550～600℃的高温高压多种腐蚀环境中，必然会发生微观组织的转变，从而导致钢的高温蠕变特性发生变化。在这个过程中，耐热钢微观组织变化的过程是复杂的，用现有的知识和经验是难以准确预知的。这也是以短时蠕变数据外推长时蠕变强度时，外推持久蠕变强度往往偏高的原因。目前通常认为，对马氏体耐热钢长时持久蠕变强度过高估计的原因包括：（1）固溶强化元素以沉淀相的形式析出，使固溶强化效果降低；（2）沉淀相颗粒长大，或者弥散分布的小颗粒被易于长大的颗粒取代，沉淀强化效果降低；（3）原奥氏体晶界处微观组织的优先回复；（4）亚结构的尺寸随着高温服役时间增加而增大，使其强化效果降低。因此，沿晶断裂、原奥氏体晶界的率先回复以及 Z 相的形成和亚晶粒回复长大被认为是 9%～12%Cr 耐热钢长时蠕变阶段强度降低的机制。

### 3.1.1　合金元素在 9%～12%Cr 耐热钢中的作用

#### 3.1.1.1　Cr 元素

Cr 在马氏体耐热钢中，一方面为钢提供抗高温蒸汽和煤灰腐蚀的能力，另一方面和钢中的其他元素形成有益或有害的沉淀相。从提高抗腐蚀性方面，需要提高 Cr 含量，但是，从提高长期高温服役过程中钢的组织稳定性方面，由于 Cr 含量对 Z 相的形成驱动力影响显著，Cr 含量要适当。

Hald 等[2]对 9%~12%Cr 钢中合金元素对 Z 相析出行为的影响进行详细研究，提出了一个 Z 相的热力学平衡模型。该模型表明 Z 相（Cr（V，Nb）N）是含 V、Nb 和 N 的 9%~12%Cr 中最稳定的氮化物。这意味着，9%~12%Cr 钢中最终可能会形成 Z 相，对蠕变强度造成潜在的危害。而 Cr 含量对 Z 相的形核驱动力有显著的影响，即，随着 Cr 含量增加促进 Z 相的形成，并当 Cr 含量超过 10. 5%，显著促进 Z 相的形成，导致长期蠕变强度退化。

Yoshizawa 等[3]的研究也表明，Cr 含量对钢中沉淀相的稳定性有显著影响。由于 P122 钢中 Cr 含量较高，导致其在 600℃以上的蠕变强度稳定性比 P92 钢低，同时，他们还发现，即便在长期暴露于 650℃的环境下，9%Cr 钢中的 MX 相仍然是稳定的，Cr 含量为 10. 5%的钢 650℃时效 10000h，钢中的 MX 颗粒没有明显的粗化，在蠕变第一阶段它们的蠕变速率基本相同，但是，10. 5%Cr 钢的加速蠕变速率大于 9%Cr 钢的，导致 10. 5%Cr 钢的蠕变断裂寿命较低。Yoshizawa 等对 ECCC（欧洲蠕变联合会）的 P122 型钢蠕变数据进行整理，Cr 含量由 7%逐渐加到 12%，蠕变强度先升高后降低，9%Cr 具有最高的蠕变强度，而且 Cr 含量超过 10. 5%，蠕变强度退化出现较早，如图 3-1 所示。

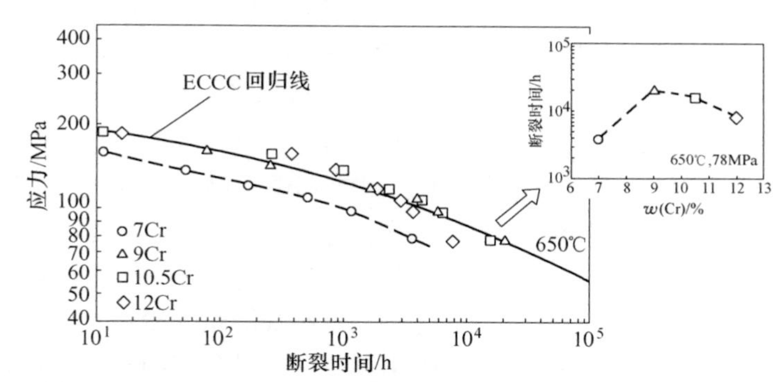


图 3-1　不同 Cr 含量（7%，9%，10. 5%和 12%）的 P122 钢的蠕变强度（650℃）[3]

3. 1. 1. 2　W 和 Mo 元素

W 和 Mo 两种元素是马氏体耐热钢中最主要的固溶强化元素，能够降低基体元素的扩散速率，提高钢的回复再结晶温度，从而提高钢的使用温度。同时，它们在铁素体耐热钢中也是 Laves 相的主要成分，而 Laves 相通常颗粒较大，沉淀强化效果较差，甚至促进蠕变空洞及裂纹的形成。研究表明[4]，为了获得较高 Cr 钢的高温强度，W 和 Mo 在高 Cr 钢中的最佳含量约为 1. 5%Mo 当量（Mo+W/2）；他们还揭示出当使用温度高于 600℃时，W 对提高 Cr 钢的持久强度效果较好，而 Mo 对改善使用温度相对较低耐热钢的持久强度效果较好。用 W 代替 Mo

能够提高2.25Cr-1Mo(or1.6W)-0.2V-0.05Nb钢在650℃蠕变条件下的组织稳定性，显著提高该钢蠕变断裂强度[5]，原因是含W钢中MC相与基体共格，Mo钢中的MC不与基体共格，而与基体共格的MC相强化效果较好。由于W的扩散速度系数小，含W的$M_{23}C_6$相颗粒粗化速度慢，改善了$M_{23}C_6$相对界面的钉扎作用，从而延长钢的蠕变寿命[6]。

3.1.1.3 Nb和V元素

Nb、V是强碳化物形成元素。9%~12%Cr钢中主要的强化手段之一就是通过添加V、Nb，使其与钢中的C或N形成细小的MX相来实现的，在高温服役或蠕变过程中MX相长大速率较小，能够起到较好的强化效果。MX相的稳定性也随着钢中化学成分的变化而改变，随着Cr含量增高，MX的热稳定性降低。为较好地发挥MX相的强化作用，V和Nb在9%~12%Cr钢中一般复合添加。

在9%~12%Cr钢正火奥氏体化处理时，Nb、V在奥氏体和δ铁素体中分布的数量不同。由于不同组织之间合金元素固溶量的不同，在随后回火和服役过程中，导致含Nb和V的MX相颗粒在δ/α相界面上不均析出，势必会影响高温蠕变强度。

V和Nb含量分别为0.20%和0.05%时，在600℃下，高Cr钢可以获得最好的蠕变强度，但是，有些实验数据表明V和Nb使高Cr钢的塑性和韧性降低。Takashi Onizawa等[7]对快中子增殖反应堆用10%Cr材料的研究中发现，随着V和Nb含量的增加，钢的高温强度升高而其塑性降低，如图3-2所示。随着Nb、V含量增加，钢中MX数量的增加是导致其高温强度增加的原因。600℃蠕变实验结果表明，随着V含量增加，蠕变强度增加，Nb也得到相似的结果，但是，当Nb含量超过0.01%（质量分数）时，强化效果即趋于饱和。V含量对$Cr_2$(C，N）有影响，随着V含量增加，钢中的$Cr_2$(C，N）增加，可能因为$Cr_2$(C，N）中含有一定量的V。

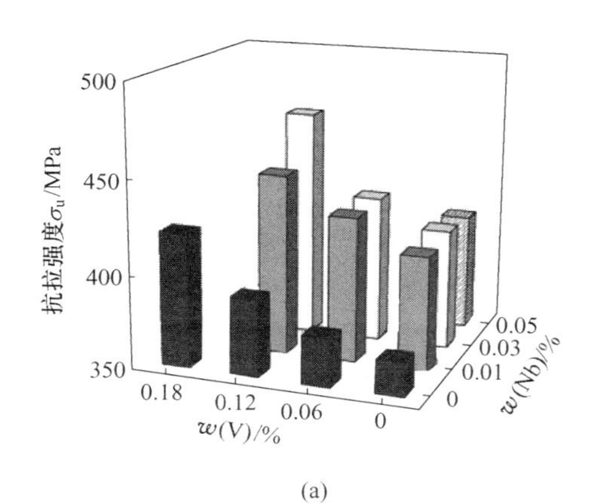

(a)

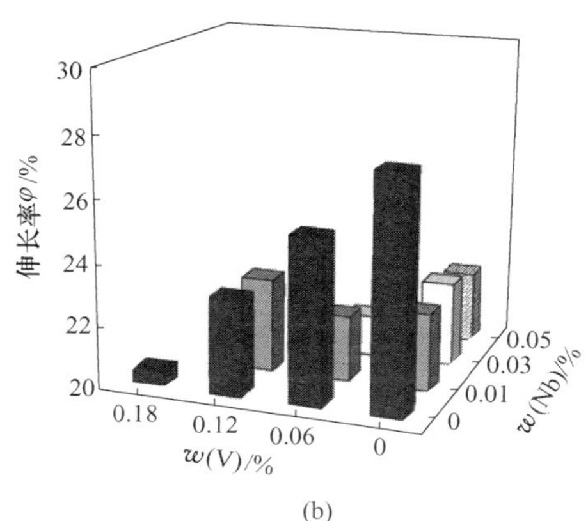

(b)

图3-2 V和Nb对拉伸性能的影响[7]
(a) 抗拉强度（550℃）；(b) 伸长率（550℃）

另外，需要提醒的是，Nb 在铁素耐热钢中的 Nb(C，N) 相通常有两种存在形式，一种是在回火过程析出的细小弥散分布的 Nb(C，N) 颗粒，能起到很好的强化作用，另一种是正火处理时没有固溶于基体的大颗粒的 Nb(C，N)，对位错基本没有阻碍作用。

3.1.1.4　C，N，B 元素

C、N、B 元素虽然在 9%~12%Cr 耐热钢中的含量较低，但由于它们可以与其他合金元素形成复杂的沉淀析出相，或者本身偏聚而影响组织的热稳定性，因此这些元素在耐热钢中起着非常重要的作用。比如，C 含量过高，形成 $M_{23}C_6$ 相数量太多而且长大速度快，沉淀强化效果降低，若含量过低，可能会导致 $M_{23}C_6$ 相数量太少，对界面的钉扎力度不够，影响亚晶结构的稳定性，因此，其含量必须适中。再例如，如果使 B 在钢中有益作用充分发挥，必需严格控制 N 含量，否则，两者会形成大颗粒的 BN，不仅有害于蠕变强度，而且消耗掉 B 和 N，所以，B 和 N 要适当配比才能发挥良好作用。

C 含量对 9%Cr 钢中 $M_{23}C_6$ 相和 MX 型沉淀相的分布形态具有显著影响，其中 C 含量对 $M_{23}C_6$ 相含量影响更加显著（见图 3-3）。Masaki Taneike 等[8] 对 C 含量对 9Cr 钢中 $M_{23}C_6$ 相和 MX 相的析出行为进行了研究，当 C 含量（质量分数）超过 0.05%时，回火后，$M_{23}C_6$ 相分布在原奥氏体晶界和亚晶界处，MX 相主要分布在基体内部，当 C 含量为 0.002%时，回火后，没有 $M_{23}C_6$ 相析出，高密度的、颗粒尺寸为 2~20nm 的 MX 相分布在界面处，当 C 含量为 0.02%时，有少量的 $M_{23}C_6$ 相析出，不过其尺寸较大（由于 C 含量较低，导致能够形成 $M_{23}C_6$ 相位置较少，反而使颗粒尺寸较大，这一点与冷轧态钢临界变形量相似，即，当冷轧变形量正好是其临界变形量，再结晶后晶粒尺寸异常长大），MX 相仍然沿着界面析出。当 C 含量小于 0.02%时，钢中的 $M_{23}C_6$ 相小于 MX 相的量（见图 3-3）。

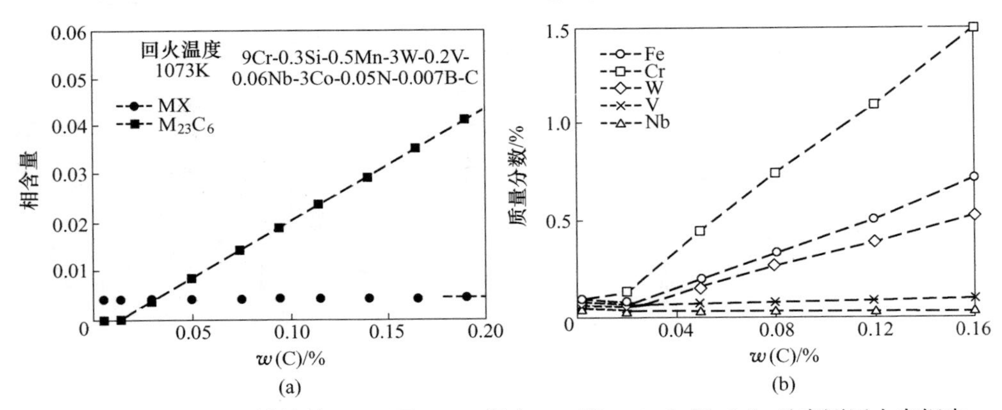


图 3-3　Thermo-Calc 计算的 800℃下 9%Cr 钢中 MX 相、$M_{23}C_6$ 相（a）及实测回火态钢中析出相中各元素含量（b）与 C 含量的关系[8]

其他成分和热处理制度均相同时，C 含量对钢中位错密度和板条的宽度影响不大，如图 3-4 所示。

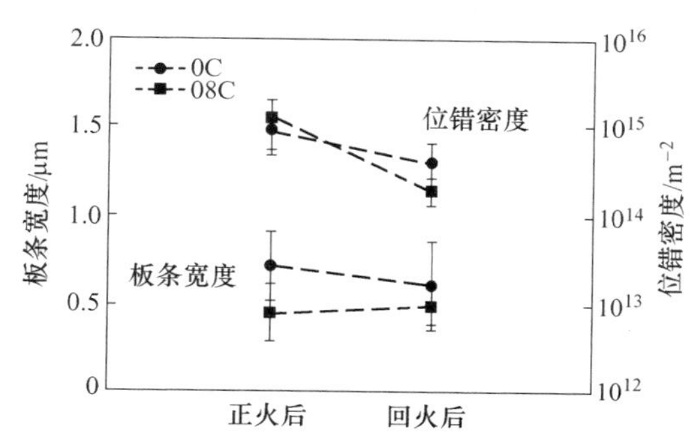


图 3-4 经正火和回火 0.002%C 和 0.08%C 的 9Cr 钢中位错密度和板条宽度对比[8]

### 3.1.2 9%~12%Cr 耐热钢中主要沉淀析出相及其作用

#### 3.1.2.1 $M_{23}C_6$ 相

在 9%~12%Cr 马氏体耐热钢中，$M_{23}C_6$ 相主要分布在原奥氏体晶界、大角度的板条界和板条束界，其在这些大角度界面上的分布密度几乎是低角度界面上的两倍[9]。$M_{23}C_6$ 析出物可阻碍界面迁移，从而强化界面的作用。但是 $M_{23}C_6$ 相在高温服役过程中易粗化。Kaneko 等[10]对 $M_{23}C_6$ 相在 9%Cr 钢中的分布形态进行了研究，经过正火+回火处理的 T/P91 钢中主要有 $M_{23}C_6$ 相和 MX 相，分布于原奥氏体晶界、马氏体板条、马氏体板条束、马氏体块等界面处，其中 $M_{23}C_6$ 相颗粒的尺寸为 20~200nm。在高温蠕变或时效过程中，$M_{23}C_6$ 相的成分并非一成不变。T/P91 钢在 600℃ 70MPa 下蠕变处理过程中 $M_{23}C_6$ 相中 Cr 的含量变化如图 3-5 所示。随着时效或蠕变时间延长钢中 $M_{23}C_6$ 相增加，由于该相主要分布在界面处，这样会导致晶界或亚晶界附近基体中 Cr 含量降低，可能导致钢的抗蒸汽腐蚀性能下降。随着蠕变过程的进行，$M_{23}C_6$ 相颗粒不仅粗化，沉淀强化效果降低，而且在蠕变过程中，大颗粒的 $M_{23}C_6$ 相和基体界面之间容易形成蠕变空洞，使钢的蠕变强度进一步降低。

#### 3.1.2.2 MX 相

马氏体耐热钢中的 MX 相主要由 Nb、V 和 C、N 构成，具有面心立方结构，在尺寸较小或者在形核的初期与马氏体基体共格，是这类钢中的最主要的强化相之一。通常，在蠕变过程中长大速度很慢，具有良好的沉淀强化效果。在马氏体板条内部，MX 相主要沿着位错析出（当 C 含量较低时，MX 相也沿着界面析出，对界面的迁移起到阻碍作用），其尺寸通常为 2~30nm，比沿界面析出的 $M_{23}C_6$ 颗粒小得多，其作用主要是阻碍基体内部位错的运动，即阻碍回复过程的进行。

MX 碳氮化物的主要形成元素 Nb 和/或 V，在基体中固溶度较小，蠕变过程不容易长大。界面上分布有细小 MX 相颗粒的钢，其蠕变强度得到显著改善[11]。

研究发现[8]，在晶界和基体内部析出的 MX 相的成分有明显的差别，晶界处的 MX 相中 V 含量高，Nb 含量低，板条内部的 Nb 含量高，V 含量低，如图 3-6 所示。这可能与富 V 的 MX 相和富 Nb 的 MX 相的晶格与基体晶格的匹配有关。在正火+回火态的 T/P91 钢中，MX 相颗粒细小约 10nm，分布于原奥氏体晶界及马氏体板条界及其内部，如图 3-7 所示[10]。需要指出的是，随着钢中 Cr 含量的增加，MX 相的稳定性降低，最终可能部分或全部转变成大颗粒的 Z 相（如图 3-8 所示），从而失去有效的沉淀强化作用[12]。

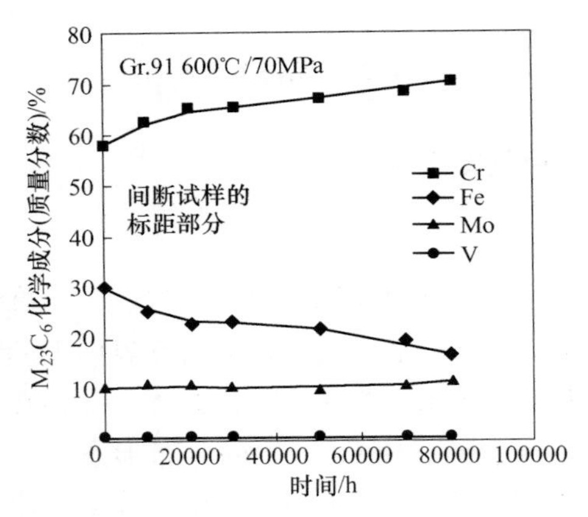


图 3-5 蠕变过程中 T/P91 钢中 $M_{23}C_6$ 相平均成分随时间的变化[10]

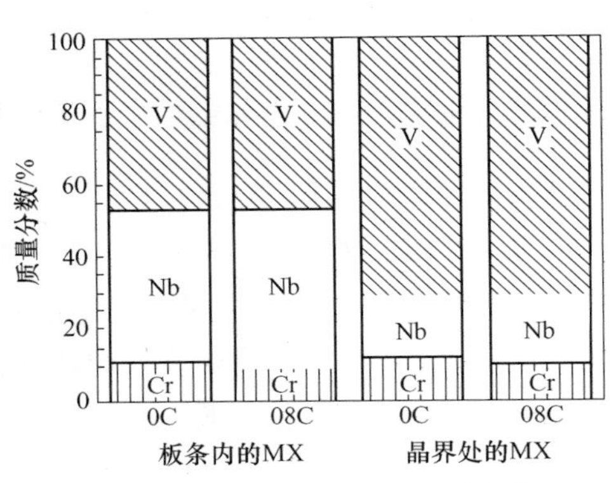


图 3-6 9%~12%Cr 钢 EDX 分析的不同位置处 MX 相成分[8]

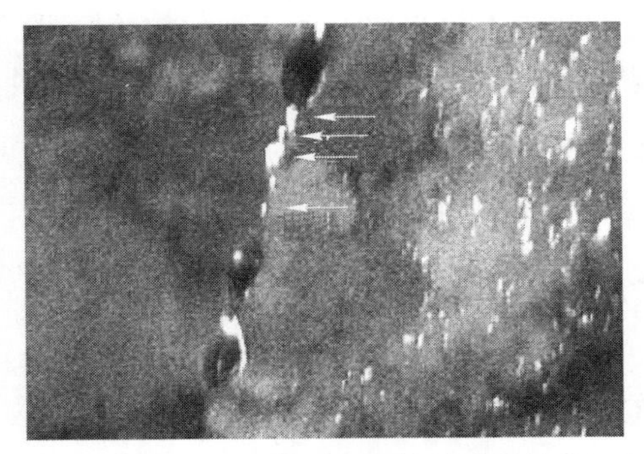

图 3-7 T/P91 钢原奥氏体晶界及晶粒内部细小的 MX 相[10]

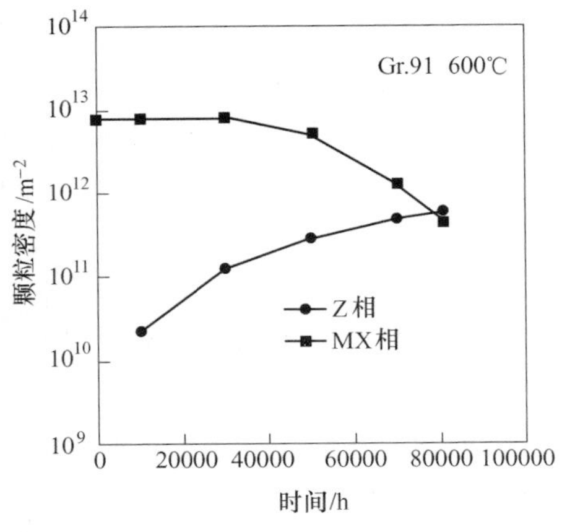


图 3-8 T/P91 钢在 600℃ 70MPa 蠕变过程中 MX 相和 Z 相随时间的变化[12]

#### 3.1.2.3 Z相

Z相是复杂的氮化物，具有四方结构或面心立方结构，可表示为（Cr，Fe）（Nb，V）N。Z相形核初期，颗粒较小，与基体共格，有沉淀强化效果。T/P91钢和T/P92钢中Z相的成分相近，而T/P122钢和12%Cr钢中的Z相Nb含量较低，Z相中Nb含量的不同可能是由Cr含量造成的。在9%~12%Cr耐热钢中，经长期蠕变，很多Z相颗粒分布在原奥氏体晶界和δ铁素体/马氏体界面周围。在原奥氏体晶界和δ铁素体/马氏体界面的部分MX相颗粒由于Z相的形成而消失，降低了MX颗粒对晶界的钉扎作用，导致这些位置的抗蠕变性能降低[13]。已经发现在T/P91、T/P92和T/P122钢中均有Z相出现，一旦Z相在晶界和马氏体板条界出现并快速长大，MX相消失，导致界面附近率先回复造成抵抗蠕变的能力降低，因此很多学者把T/P122钢使用过程中持久强度的大幅度衰减归因于Z相的大量形成。

Sawada等[13]对高温（650℃）蠕变的9%~12%Cr马氏体耐热钢焊接接头中Z相的析出行为进行了研究，P122钢中在细晶的热影响区Z相的数量是相应部位P92钢中的4~5倍，这表明在P122钢中的大量的MX相被Z相取代，而P92钢中这种现象轻微得多（这个结果与Sawada对同种钢600℃蠕变条件下的研究结果一致），而且大颗粒Z相在热影响区沿晶界析出，晶粒内部析出相数量很少。无论在P122钢还是在P92钢中，Z相均在原奥氏体晶界处析出，前者Z相颗粒尺寸70~400nm，后者的约300~400nm，和600℃下所获得尺寸数据有较大差别。对9%~12%Cr耐热钢中Z相形成的动力学曲线（TTP）进行了研究，随着钢中Cr含量增加，Z相形核析出所需时间逐渐缩短。约4000h后，91和92钢中开始有Z相形成，而122和12Cr钢中Z相的析出时间分别为1000h和200h。与随Cr含量钢中Z相的析出顺序相对应，基体材料（12%Cr钢650℃蠕变强度开始降低的时间仅有1000h）与焊接接头的650℃蠕变强度也随着Cr含量的增加呈加速衰减的趋势，如图3-9所示。由此Sawada等推断Z相是导致9%~12%Cr钢蠕变断裂强度快速退化的主要原因。因此，为了推迟或抑制Z相的形核析出，就应该减少钢中的Cr含量。由于Z相对12%Cr钢的蠕变强度的影响显著，Sawada等[13]对Z对蠕变强度的影响规律进行了图示化（图3-10）。当蠕变实验应力小于钢的屈服强度的1/2时，钢蠕变强度就会出现快速下降的现象，而且随着Z相含量升高，强度下降的倾向增大。但也有文献[3]报道，在10.5%Cr钢中蠕变强度的衰减先于Z相的出现，因此，该文献认为Z相并非是蠕变强度退化的必要条件，而认为Cr含量对细小$Cr_2$(C，N）稳定性的影响是重要因素。

由于在T/P122钢中Z相的析出好像不可避免，Hald等人[14]索性把Z相作为一种强化因素来设计钢的化学成分和热处理工艺，使高Cr耐热钢中快速形成弥散细小Z相颗粒，以达到沉淀强化的作用。9%~12%Cr钢经780℃回火，出现

$M_{23}C_6$相和 MX 相，由于这种 MX 相的成分与 Z 相几乎相同，因此 MX 相与 Z 相的形成密切相关。Agamemnnone 等[15]则认为，在 560~600℃回火过程中生成$M_2X$ 相促进 12Cr-2W-5Co 钢中 Z 相的析出。有的学者认为，经 570~650℃回火，10%Cr 钢中生成的 $M_2X$ 相，在 600℃蠕变过程中会溶解而形成 MX 相。目前关于 Z 相的形成机制尚存在争议，有学者认为在高温回火过程中形成的 MX 相转变为 Z 相，有学者认为在低温回火过程中形成的 $M_2X$ 相促进了 Z 相的析出。关于 Z 相的析出机制，之所以学者们得出的结论不同，是因为他们研究的材料虽都是 9%~12%Cr 马氏体耐热钢，但其具体成分还是有比较大不同，这可能导致钢中形成 Z 相的热力学存在差别。

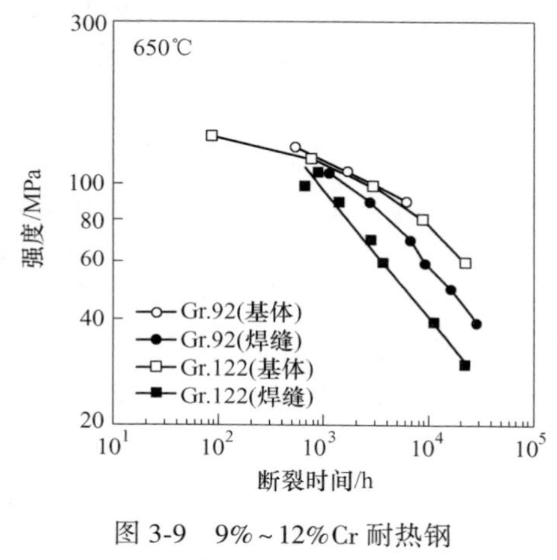


图 3-9 9%~12%Cr 耐热钢蠕变强度曲线

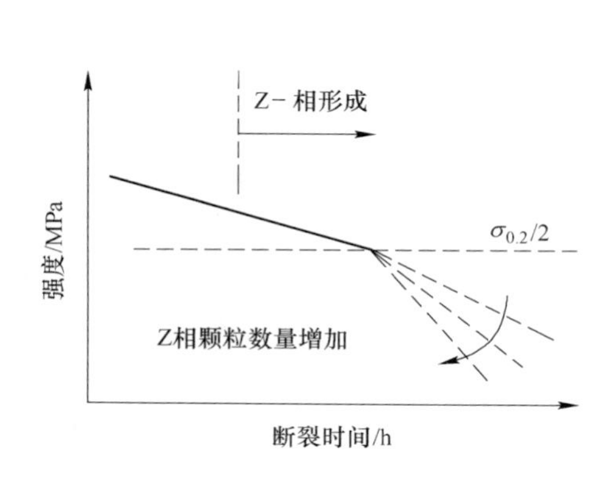


图 3-10 高 Cr 耐热钢中 Z 相的形成对蠕变强度影响

#### 3.1.2.4 Laves 相

Laves 相是密排六方结构金属间化合物，一般可表示为 $A_2B$，A 主要为 Fe、Cr，B 主要为 W、Mo、Nb 等元素。Laves 相在高温环境中服役的 9%~12%Cr 马氏体耐热钢中广泛存在，在含 W、Mo 的马氏体耐热钢中通常为 $[(Fe, Cr)]_2[Mo, W]$。Lee 等[16]对 9Cr-1.8W-0.5Mo-VNb 的研究发现 Laves 相颗粒超过临界尺寸 130nm 会在原奥氏体晶界处形成蠕变裂纹。因此，不仅要关注钢中 Laves 相对蠕变空洞形成乃至蠕变裂纹形成的影响，还要关注在 Laves 相形成过程中，由于固溶态 W 或 Mo 含量的降低对蠕变强度的影响。也就是说，在添加 W、Mo 时，不仅要考虑 Laves 相形成，还要充分发挥出 W 和 Mo 的固溶强化作用。

#### 3.1.2.5 $M_2C$ 相

$M_2C$ 型碳化物具有密排六方结构，$M_2C$ 相是在快冷或高碳条件下形成的一种介稳定相，其长期暴露于高温环境中可能会分解成MC型和$M_6C$型碳化物。亚稳定的$Cr_2(C,N)$相，很可能在时效的初期就已经形成，并在随后的时效过程为MX相提供Cr，促进MX相向Z相转变[12]。金相观察发现，10%Cr耐热钢经600℃时效6000h后仍有$Cr_2(C,N)$相存在，且含V的10%Cr耐热钢中的$Cr_2(C,N)$更加稳定[16]。9%Cr耐热钢经较低温度回火后形成的$M_2X$相有助于改善钢的蠕变断裂强度[17]。应该说到目前为止，对耐热钢中$M_2X$相的演变和作用的认识尚存在很大的局限性。

3.1.2.6 δ相

为了研究δ相对T122钢蠕变特性的影响，文献[3]将单相和双相T122钢的蠕变特性与低位错密度α型铁素体钢的蠕变特性进行了对比(见图3-11)，双相T122钢的蠕变特性曲线与α型铁素体钢的非常相似。在蠕变第一阶段，两种钢的蠕变速率均迅速降低。在加速蠕变阶段，它们的蠕变速率又快速增大，且变形波动大。而单相T122钢在蠕变初始阶段和加速阶段蠕变速率的变化均比较缓慢。α型铁素体钢的位错密度较低，而双相的T122钢的蠕变特性与之相似，可推测双相T122钢中的位错密度较低[18]。当耐热钢中位错密度较低时，蠕变进程较快。耐热钢奥氏体化过程中形成的δ铁素体，在随后的冷却过程中一般不发生马氏体相变，其内部的位错密度也不会因相转变而升高，因此δ铁素体内的位错密度较低，从而抵御蠕变的能力也相对较弱，这可能是导致双相T122钢蠕变强度较低的原因。

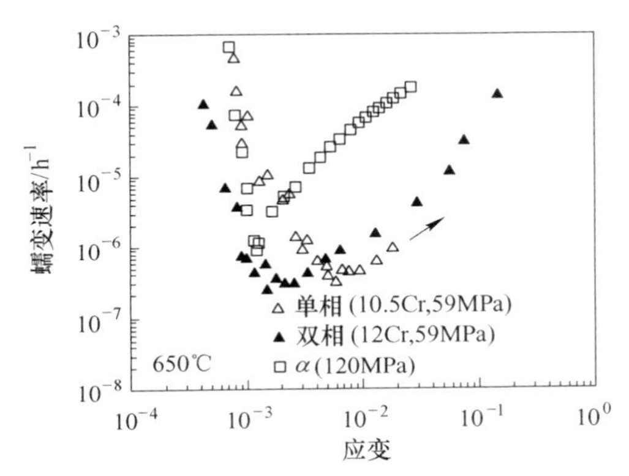

图3-11 T122钢与α型钢在650℃蠕变量和蠕变速率关系

### 3.1.3 影响9%~12%Cr耐热钢持久强度退化的主要因素

马氏体耐热钢服役过程中持久性能的退化，主要取决于回火马氏体组织高温稳定性。回火状态下马氏体耐热钢的主要微观组织结构参数包括：原奥氏体晶粒、马氏体块、马氏体板条束和马氏体板条的尺寸。回火马氏体的这些结构要素必须在较长的时间范围内保持稳定，以提供合适的服役特性。马氏体亚晶结构的回复主要有两种形式：一种是由塑性变形引起的应变诱导回复；另一种是高温条件下的静态回复，这两种回复均能促使蠕变加速。

Kimura等[19]通过大量的实验数据整理和分析发现包括P91钢在内大多铁素体型耐热钢，当蠕变应力为试验温度下条件屈服强度的1/2时，即出现蠕变断裂强度的降低。可以认为，1/2 倍的屈服应力相当于实验温度下耐热钢的屈服极限。基于 9%～12%Cr 耐热钢的这种蠕变特性，可以把蠕变实验分成两个区域或阶段，即高应力短时蠕变区和低应力长时蠕变区。明显地，在这两个区域中后一个区域更接近耐热钢在电站中的服役情况。Ghassemi 等[20]根据对 T/P91、T/P92 和 T/P122 马氏体耐热钢进行研究的结果，也把 9%～12%Cr 钢的蠕变行为分为两个区域（短时蠕变区和长期蠕变区），短时蠕变区的特征是沉淀相和亚结构是稳定的，而长期蠕变区的特征是沉淀相粗化和亚晶粒出现。在短时蠕变区，蠕变过程由细小的沉淀颗粒和热稳定的回火马氏体板条控制。在长期蠕变区，静态回复和应变诱导回复同时存在，而且静态回复加速应变诱导回复，导致过早的蠕变断裂。

T91 钢蠕变特性的退化主要是由原奥氏体晶界处组织的优先回复所致[21]。图 3-12 反映了 T91 钢在实验条件下蠕变特性及微观组织的演变。在 600～650℃实验温度区间，低应力区的蠕变强度快速退化（图 3-12（a）），原奥氏体晶界处发生了非常明显的组织回复（图 3-12（b））。除原始奥氏体晶界处优先回复之外，耐热钢的初始组织形态对其蠕变过程中的回复也有显著影响。Abe 等[22]在对 P122 钢模拟焊接热影响区的研究中发现，经 820℃（P122 钢的 $A_{c1}$ 温度）处理的试样（原奥氏体晶粒尺寸 33μm）具有马氏体板条结构，而经 950℃（P122 钢的 $A_{c3}$ 温度）处理晶粒细小（9μm）且不具有马氏体板条结构，两种试样同样经 650℃×100MPa×200h 处理后，其微观组织的回复却表现出明显的不同，前者组织回复的比较均匀，后者 $M_{23}C_6$ 相颗粒粗化和过量位错的不均匀回复更加显著，如图 3-13 所示，这种组织回复的不均性加速了快速蠕变阶段的出现。

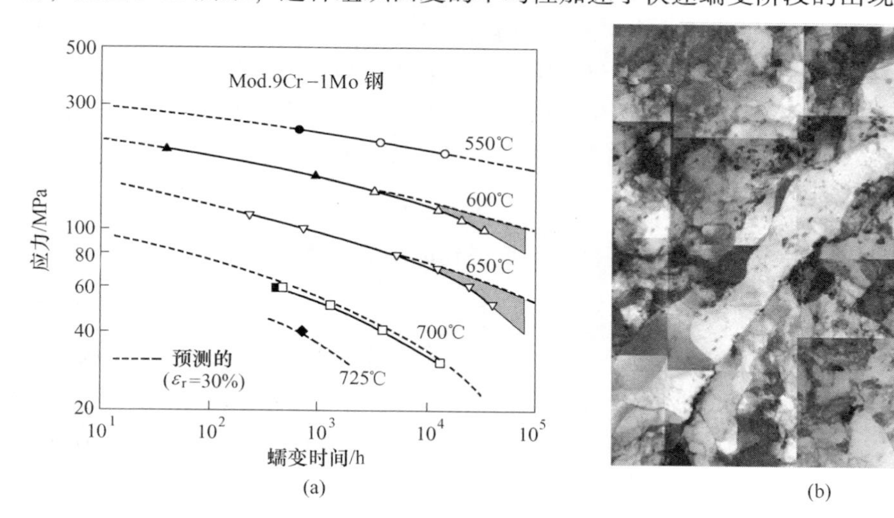


图 3-12　T91 钢应力与蠕变断裂时间关系（a）及 600℃，100MPa 经 34141h 后 T91 试样 TEM 像（b）[21]

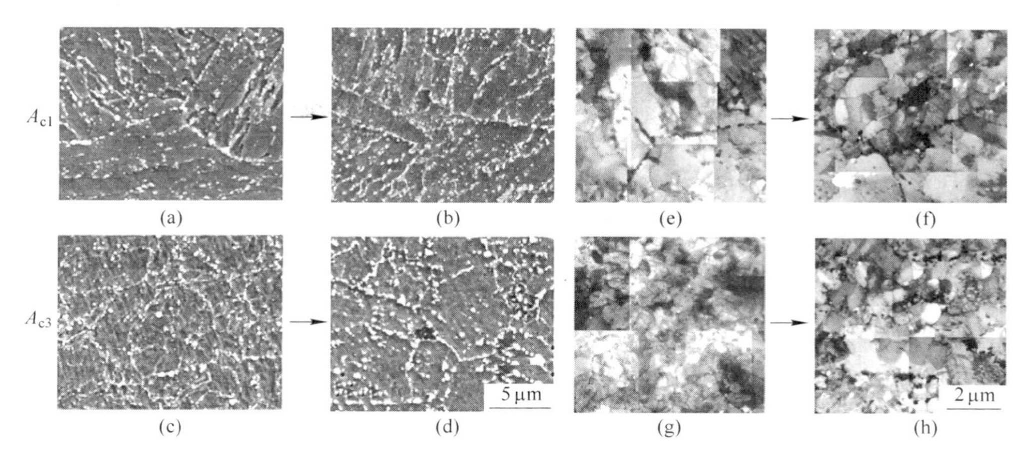


图 3-13 P122 钢 $A_{c1}$ 和 $A_{c3}$ 模拟试样蠕变（650℃×100MPa×200h）前后微观组织的变化[22]

（a），（b）$A_{c1}$ 温度处理后蠕变试验前后金相组织的 SEM 照片；

（c），（d）$A_{c3}$ 温度处理后蠕变试验前后金相组织的 SEM 照片；（e），（f）$A_{c1}$ 温度处理后蠕变试验前后金相组织的 TEM 照片；（g），（h）$A_{c3}$ 温度处理后蠕变试验前后金相组织的 SEM 照片

P911 马氏体钢经 650℃，4000h 蠕变实验后，其试样夹头部分的微观组织仍然保持着马氏体板条结构，板条尺寸由大约 360nm 长大到 450~500nm，整体变化不大（图 3-14（a）），但是该试样颈缩部分的显微组织已完全失去马氏体板条结构（图 3-14（b）），马氏体板条已经完全回复，且在蠕变方向上亚晶粒被拉长。650℃下蠕变后试样夹头端和颈缩端亚晶粒的尺寸分别为 650nm 和 1300nm[9]。

图 3-14 P911 钢 650℃蠕变实验后的微观组织

（a）夹头部分；（b）颈缩部分[9]

Sawada 等[13]对 T/P91 钢在 600℃、700℃低应力蠕变过程中微观组织演变的研究表明：在 0~70000h 时间范围内，钢中亚晶粒尺寸的长大速度比较缓慢，而超过 70000h 亚晶尺寸会迅速长大，原奥氏体晶界附近的亚晶率先发生回复，等试样断裂

时所有的亚晶粒都已经发生回复，实验时间超过 70000h 后，钢中位错密度急剧降低，也就是说在低应力蠕变情况下，由于实验时间较长，沉淀相颗粒长大，对位错的钉扎作用较弱，对亚晶界的迁移阻碍作用减小，这时不光原奥氏体晶界附近区域组织回复，基体其他部分的组织也发生回复。由于微观组织发生了回复和亚晶粒尺寸长大，引起 91 钢在蠕变过程硬度发生明显的变化，夹头部分（相当于时效）硬度的变化不是十分明显，标距部分硬度降低较为明显。这表明，在受力情况下微观组织会加速变化。硬度变化和微观组织结构变化相对应，随着蠕变时间延长，钢中的位错密度降低，亚晶粒尺寸增大，如图 3-15 和图 3-16 所示。

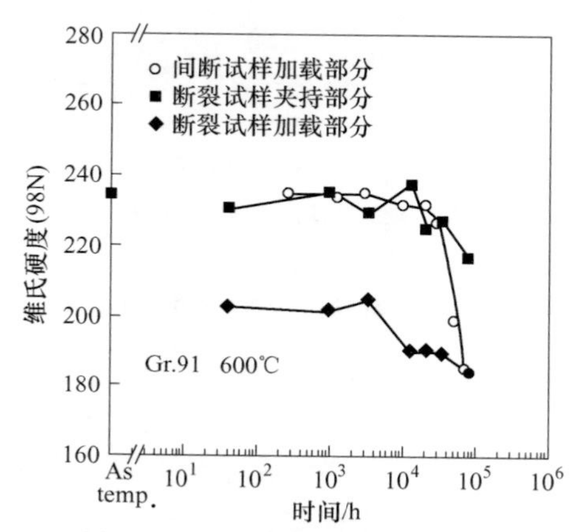


图 3-15　600℃ 70MPa 蠕变过程中 91 钢标距和夹头部分硬度的变化[13]

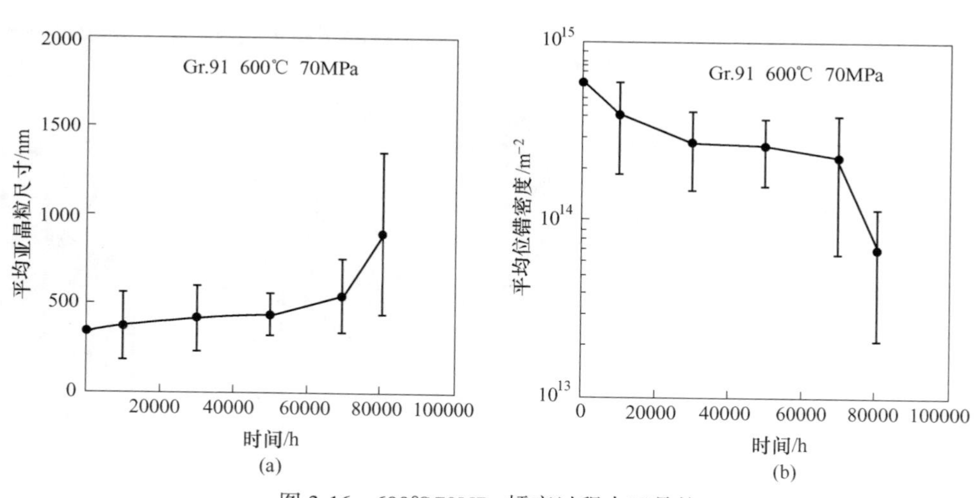


图 3-16　600℃ 70MPa 蠕变过程中亚晶粒尺寸变化（a）和位错密度变化（b）[13]

晶粒尺寸对耐热钢的持久特性有显著影响。Yoshizawa 等[23]研究了单相回火马氏体P122钢和双相（回火马氏体+少量δ铁素体）P122钢晶粒尺寸与蠕变特性之间的关系。实验结果表明，无论是对于单相钢还是双相钢，粗晶组织的蠕变特性均比细晶的蠕变特性优良（图3-17）。尽管Yoshizawa等认为细晶不是导致蠕变强度降低的主要因素，但在化学成分相同基体组织一致的情况下，晶粒尺寸对蠕变强度的影响仍然是非常显著的。

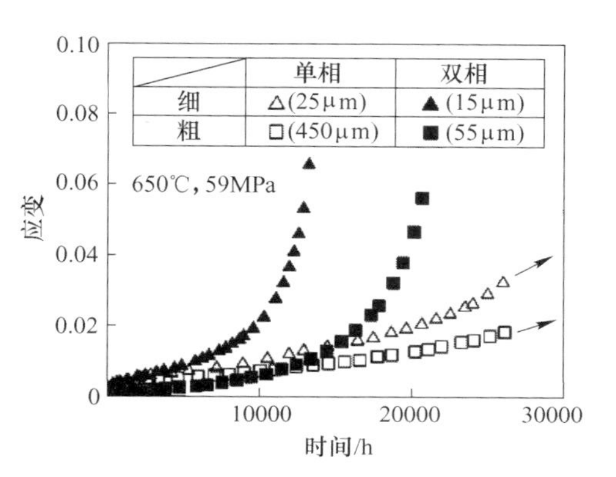


图3-17 T/P122原奥氏体晶粒对蠕变特性的影响[23]

由于耐热钢中合金元素存在偏析，热加工及热处理以后构件各部分的畸变能存在差别，在高温时效或蠕变过程中在部分晶粒的界面附近可能形成无析出带，这种区域由于没有沉淀强化的作用参与，抗变形能力较低，蠕变容易发生，导致蠕变强度降低。石如星[24]在对P92钢蠕变特性的研究过程发现，在δ铁素体/马氏体界面的δ铁素体一侧有明显无析出带，由于没有沉淀颗粒，无析出带中没有沉淀强化作用，加上δ铁素体是由高温区继承过来，未经历过马氏体转变，其内部位错密度较低，位错强化几乎可忽略，因此δ铁素体一侧无析出带部分，强度较低，蠕变变形在这个区域率先开始。由于δ铁素体/马氏体界面两侧合金的含量存在一些不同，δ铁素体中Cr、W、Mo、V、Nb等铁素体形成元素含量较高，而在马氏体中C含量较高，所以在两者的界面上容易形成$M_{23}C_6$相颗粒和Laves相颗粒，这两种颗粒在蠕变过程中容易长大，形成蠕变空洞，导致蠕变强度降低或者过早地断裂失效。

## 3.2 无δ铁素体9%~12%Cr马氏体耐热钢设计

铁素体型耐热钢的Cr含量范围可从2.25%到15%左右，金相组织可为珠光体、贝氏体、马氏体或它们的混合组织。随着Cr含量的升高，耐热钢的抗蒸汽腐蚀性能提高。但同时，随着Cr含量的提高，如果耐热钢中出现了δ铁素体将可能导致耐热钢持久强度下降，因此在一定的化学成分体系中选择合适的Cr含量范围及其他关键元素控制范围对铁素体型耐热钢的性能控制是至关重要的。

9%~12%Cr钢是目前应用最为广泛的铁素体型耐热钢，国内外很多学者都对T/P92、T/P122和E911钢做了许多关于持久强度、时效及抗腐蚀性等方面的研究。然而，ASTM或ASME规范关于T/P92和T/P122的成分设计只是一个宽泛的标准范围，实际生产中仅仅满足ASTM或ASME规范要求并不一定能生产出满足使用要求的锅炉钢管。生产中对成分的控制不当极易出现 δ 铁素体，这对材料的持久强度有很大影响。在预测和考察材料中是否会出现 δ 铁素体时，通常采用如下经验公式计算材料的铬当量和镍当量：

$$Cr_{eq} = Cr + 0.75W + 1.5Mo + 2Si + 5V + 1.75Nb + 1.5Ti + 5.5Al \quad (3\text{-}1)$$

$$Ni_{eq} = 30C + Ni + Co + 0.5Mn + 0.3Cu + 25N \quad (3\text{-}2)$$

表 3-1 给出了典型的 9%～12%Cr 铁素体耐热钢的化学成分，将表中列出的 P92 钢的化学成分上下限代入式（3-1）和式（3-2），分别计算 P92 钢的铬当量和镍当量的上下限，然后把计算得到的 P92 钢的 4 个铬当量和镍当量的上下限值绘制到 Schaeffler 图中（图 3-18）。可见即使 P92 钢的所有化学成分均在 ASTM 或 ASME 规范之内，钢管的组织中也可能出现 δ 铁素体组织，从而可能诱发 P92 钢管服役过程中的早期失效。

**表 3-1 典型 9%～12%Cr 铁素体耐热钢的化学成分**（质量分数，%）

| 钢号 | UNS | C | Mn | P | S | Si | Cr | Mo | V |
|---|---|---|---|---|---|---|---|---|---|
| P91 | K90901 | 0.08～0.12 | 0.30～0.60 | ≤0.020 | ≤0.010 | 0.20～0.50 | 8.0～9.5 | 0.85～1.05 | 0.18～0.25 |
| P92 | K92460 | 0.07～0.13 | 0.30～0.60 | ≤0.020 | ≤0.010 | ≤0.50 | 8.5～9.0 | 0.30～0.60 | 0.15～0.25 |
| P122 | K92930 | 0.07～0.14 | ≤0.70 | ≤0.020 | ≤0.010 | ≤0.50 | 10.0～12.5 | 0.25～0.60 | 0.15～0.30 |
| P911 | K91061 | 0.09～0.13 | 0.30～0.60 | ≤0.020 | ≤0.010 | 0.10～0.50 | 8.5～10.5 | 0.90～1.10 | 0.18～0.25 |

| 钢号 | UNS | Ni | Al | N | Nb | W | B | Cu | Fe |
|---|---|---|---|---|---|---|---|---|---|
| P91 | K90901 | ≤0.40 | ≤0.04 | 0.03～0.07 | 0.06～0.10 | — | — | — | 余 |
| P92 | K92460 | ≤0.40 | ≤0.04 | 0.03～0.07 | 0.04～0.09 | 1.50～2.00 | 0.001～0.006 | — | 余 |
| P122 | K92930 | ≤0.50 | ≤0.04 | 0.04～0.10 | 0.04～0.10 | 1.50～2.50 | 0.0005～0.005 | 0.30～1.70 | 余 |
| P911 | K91061 | ≤0.40 | ≤0.04 | 0.04～0.09 | 0.06～0.10 | 0.90～1.10 | 0.0003～0.006 | — | 余 |

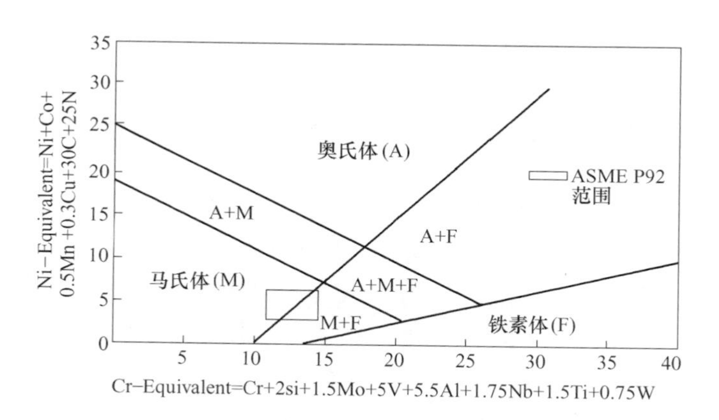


图 3-18 P92 钢 ASME 标准成分在 Schaeffler 图中的位置

过去十几年中钢铁研究总院刘正东教授研究组对 9%-12%-15%Cr 铁素体型耐热钢的成分优化选择问题进行了较为深入系统的研究。在实验室冶炼了多达 58

炉次实验钢，其中T/P92试验钢12炉，T/P122试验钢23炉，12%~15%Cr试验钢23炉，并对上述58炉次试验钢开展了全面热处理试验、常规力学性能测试、微观组织分析和部分长时时效和持久试验研究。

### 3.2.1　T/P92钢中δ铁素体控制

选取了两炉实验材料，其化学成分见表3-2。试验料1号取自钢铁研究总院与国内某厂联合工业试制的生产料，其生产主要工艺流程包括电弧炉+电渣重熔冶炼→浇铸成钢锭→锻造开坯→热轧穿管制成$\phi$298.5mm×33mm（外径×壁厚）钢管。试验料2号为钢铁研究总院实验室冶炼的对比料，采用25kg真空感应炉冶炼钢锭并锻造成$\phi$15mm的圆棒。上述实验材料分别在950℃、1000℃、1030℃、1050℃、1070℃、1090℃、1100℃、1150℃、1200℃温度下保温30min，试样出炉后油冷，研磨抛光试样块面积最大一面，用饱和苦味酸侵蚀1min，利用LeicaMEF4M金相显微镜及Sisc IAS V8.0金相图像分析仪对侵蚀后的试样进行显微组织观察和分析。参照GB/T 13305—1991《奥氏体不锈钢中α相面积含量金相测定法》，测定P92试样中δ铁素体的面积百分含量，检测面积不小于10mm$^2$，其实验观察结果如图3-19和图3-20所示。采用Thermo-Calc热力学软件（R版，采用了全局最小化技术）和TCFE6（TCS Steel/Fe-Alloy Database）数据库，对上述试验钢中可能的δ-铁素体含量及准平衡态相图进行了热力学计算，计算结果见图3-21。

表3-2　设计的P92实验钢化学成分　　（质量分数，%）

| 编号 | C | Si | Mn | P | S | Cr | Ni | W | Mo | Nb | V | B | N |
|---|---|---|---|---|---|---|---|---|---|---|---|---|---|
| 1号 | 0.100 | 0.24 | 0.41 | 0.014 | 0.003 | 8.86 | 0.09 | 1.80 | 0.42 | 0.078 | 0.20 | 0.0043 | 0.044 |
| 2号 | 0.081 | 0.48 | 0.35 | 0.0082 | 0.005 | 9.37 | 0.11 | 1.94 | 0.60 | 0.100 | 0.24 | 0.0031 | 0.057 |

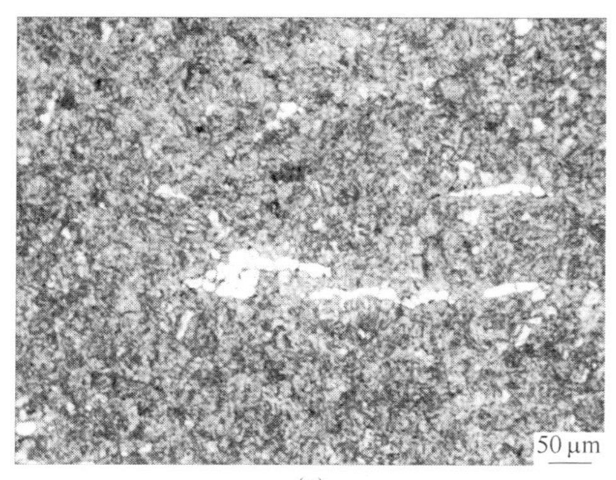


(a)

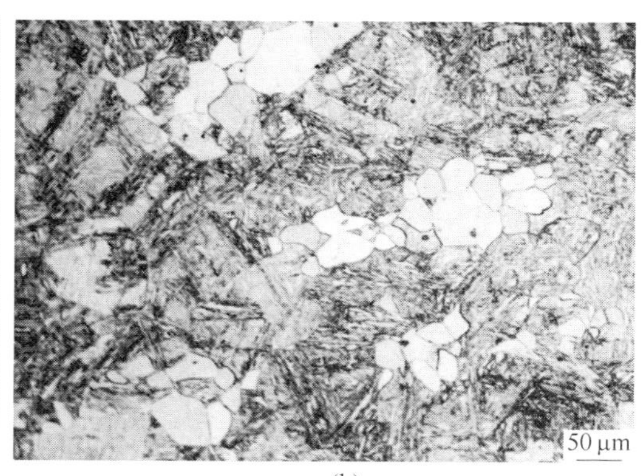


(b)

图3-19　1号试验钢不同加热温度下的δ铁素体形貌

（a）1050℃；（b）1250℃

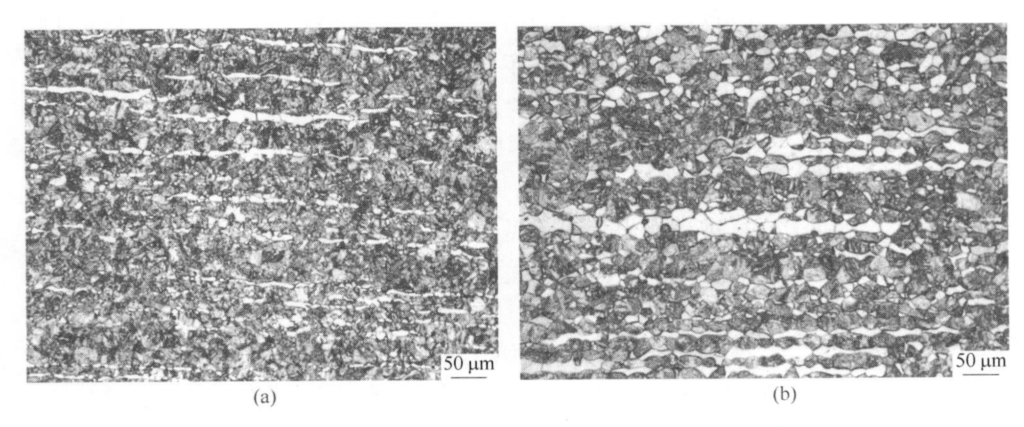


图 3-20　2 号试验钢不同加热温度下的 δ 铁素体形貌

（a）1050℃；（b）1200℃

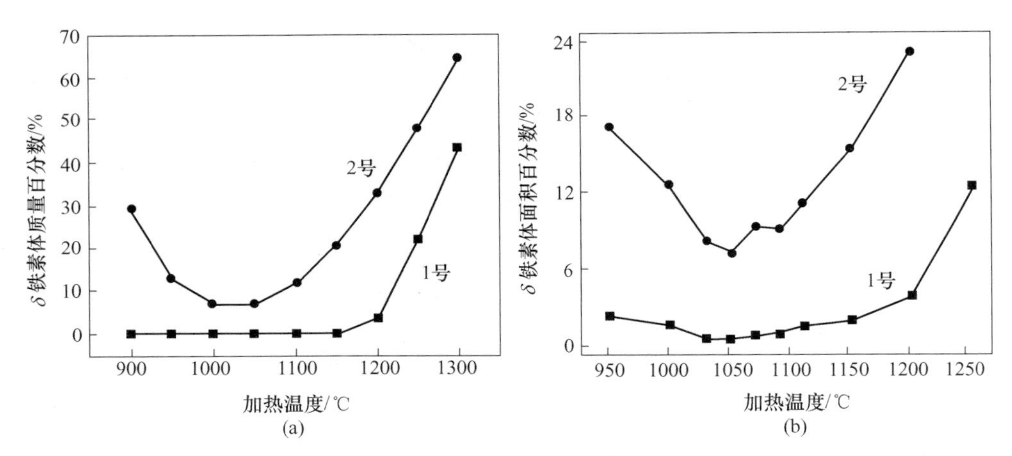


图 3-21　试验钢中 δ-铁素体计算结果（a）与试验钢中 δ-铁素体测定结果（b）对比

热力学软件计算结果表明，2 号试验材料中的 δ 铁素体含量随着加热温度的升高先减少后增多，呈 U 字型，在 1000～1050℃范围内出现一个谷值。而对 1 号试验材料，温度小于 1150℃时，δ-铁素体含量为零，1200℃时 δ-铁素体含量约为 3. 6%，温度大于 1200℃后，随着加热温度的升高，δ-铁素体含量快速增加。实验测量的结果表明，2 号试验料中 δ-铁素体含量随淬火温度的升高先减少后增多，呈 U 型变化规律，在 1050℃附近出现最小值。而 1 号试验材料也略微呈现 U 型规律，δ-铁素体含量在 1050℃左右出现最小值，温度超过 1150℃后，随着加热温度的升高，δ-铁素体含量增加较快（图 3-21）。以上结果表明，P92 钢在生产过程中容易产生 δ 铁素体，ASTM 和 ASME 规范标准不能有效控制 δ 铁素体生成。实践过程中，可以通过热力学软件计算来预测 δ 铁素体的生成，但不能作为标准，只具有参考价值。P92钢热处理过程中，合理控制正火温度能够有效的减少δ铁素体的含量。通过材料对比研究发现，钢中铁素体形成元素含量的增多扩展了铁素体区，使材料在制备热过程中更容易产生δ铁素体。

图3-22（a）、（b）分别为利用Thermo-Calc计算的1号、2号两种试验材料的准平衡态相图，由于P92钢中含有大量的合金元素，其平衡相图为多元相图，较为复杂，Thermo-Calc计算得到的是一个变温垂直截面图。从图3-22（a）、（b）可以看出，相较于Fe-C相图，由于P92钢中含有大量的Cr、V、W、Mo、Nb等铁素体形成元素，其相图中δ（铁素体）相区扩大，而γ（奥氏体）相区缩小。又因2号试验料中的铁素体形成元素含量均明显高于1号试验料，故与图3-22（a）比较，图3-22（b）中的奥氏体相区右移变小，铁素体相区更大。

利用多元相图的变温截面图，一般不能从该截面上分析析出相的成分如何变化，也不能确定相的数量，因为杠杆线（力臂线）不在此截面上，但是，可以分析截面上合金的结晶过程。试验料1号、2号中的碳含量分别与图3-22中竖直的虚线所对应，由图3-22（a）可以看出，碳含量为0.1%的1号试验料在900~1150℃范围内均处于单相γ区，故该温度范围内无δ铁素体存在，高于1150℃后，进入α(δ)+γ两相区，组织中开始出现铁素体。在图3-22（b）中，碳含量为0.081%的2号试验料在900~1300℃温度范围内均不能避开含有铁素体的相区，故组织中也无法避免δ铁素体的存在，这与图3-21中的变化规律相吻合。

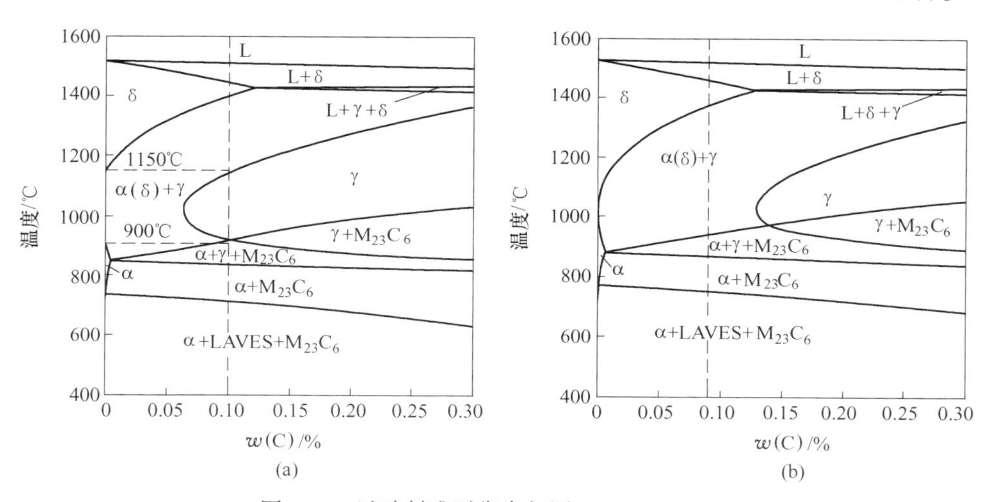


图3-22　试验料准平衡态相图（Thermo-Calc）

（a）1号；（b）2号

分析比较图3-21与图3-22（b），可以看出，图3-21中2号钢中δ铁素体含量随着加热温度升高，先减少后增加呈U形变化规律，而图3-22（b）中2号碳含量对应的合金成分线（图中虚线）与奥氏体相区的水平距离先缩短后增长；

这两种变化规律有明显的对应关系。在1000~1050℃范围内，合金成分线与奥氏体相区水平距离达到最短，相应地，在该温度范围内加热淬火，钢中δ铁素体含量达到最低。1号试验料同样也存在这种对应关系，在900~1150℃范围内，图3-22（a）中1号合金成分线（图中虚线）完全处在全奥氏体区，相应地，图3-21中δ铁素体含量为零，超过1150℃后，随着温度升高，1号合金成分线上的点离γ相区逐渐变远，而图3-21中的δ铁素体含量也快速增加。

由图3-22（a）、（b）还可以得出，随着钢中铁素体形成元素含量的增多，P92钢的准平衡态相图中的奥氏体区缩小，铁素体相区增大，但处于单相奥氏体区内最低碳含量对应的温度值均在1050℃左右，在图3-21中1050℃对应的δ铁素体含量最少。

### 3.2.2 T/P122钢中δ铁素体控制

与T/P92类似，T/P122钢更面临δ铁素体及其含量控制问题。表3-3列出了23炉12%Cr耐热钢的化学成分，用以研究化学成分和热处理工艺对T/P122钢中δ铁素体的影响。表3-3中的No. 8、No. 8A和No. D1试验钢经900~1200℃温度淬火处理后，金相组织如图3-23所示。No. 8和No. 8A钢金相组织为马氏体+δ铁素体（图3-23（a）~（d）），No. D1钢经900~1150℃淬火后金相组织均为单相马氏体（图3-23（e）），当淬火温度升高到1200℃时，No. D1钢的金相组织中出现δ铁素体（图3-23（f））。

**表3-3 12%Cr系试验钢化学成分** （质量分数，%）

| 编号 | C | Si | Mn | Cr | Ni | Mo | W | Nb | V | Ti | B | Cu | N |
|---|---|---|---|---|---|---|---|---|---|---|---|---|---|
| No. 1 | 0. 090 | 0. 35 | 0. 58 | 12. 04 | 0. 31 | 0. 37 | 1. 81 | 0. 060 | 0. 20 | <0. 005 | 0. 0017 | — | 0. 10 |
| No. 2 | 0. 086 | 0. 37 | 0. 58 | 12. 00 | 0. 30 | 0. 35 | 1. 75 | 0. 054 | 0. 20 | <0. 005 | 0. 0017 | 0. 31 | 0. 11 |
| No. 3 | 0. 090 | 0. 36 | 0. 58 | 12. 00 | 0. 30 | 0. 35 | 1. 68 | 0. 054 | 0. 20 | <0. 005 | 0. 0020 | 0. 52 | 0. 10 |
| No. 4 | 0. 088 | 0. 38 | 0. 58 | 11. 91 | 0. 30 | 0. 37 | 1. 80 | 0. 053 | 0. 20 | 0. 0060 | 0. 0022 | 0. 91 | 0. 11 |
| No. 5 | 0. 097 | 0. 38 | 0. 60 | 11. 86 | 0. 30 | 0. 34 | 1. 70 | 0. 051 | 0. 20 | <0. 005 | 0. 0023 | 1. 36 | 0. 096 |
| No. 6 | 0. 100 | 0. 30 | 0. 50 | 11. 85 | 0. 30 | 0. 37 | 1. 74 | 0. 050 | 0. 20 | <0. 005 | 0. 0018 | 1. 76 | 0. 057 |
| No. 7 | 0. 089 | 0. 37 | 0. 59 | 11. 93 | 0. 30 | 0. 38 | 1. 77 | 0. 051 | 0. 14 | <0. 005 | 0. 0020 | 0. 90 | 0. 084 |
| No. 8 | 0. 091 | 0. 37 | 0. 60 | 11. 98 | 0. 31 | 0. 40 | 1. 90 | 0. 050 | 0. 23 | <0. 005 | 0. 0019 | 0. 92 | 0. 098 |
| No. 9 | 0. 095 | 0. 38 | 0. 60 | 11. 98 | 0. 31 | 0. 40 | 1. 90 | 0. 050 | 0. 27 | 0. 0055 | 0. 0020 | 0. 92 | 0. 100 |
| No. 10 | 0. 100 | 0. 39 | 0. 60 | 11. 98 | 0. 30 | 0. 38 | 1. 80 | 0. 050 | 0. 28 | 0. 0064 | 0. 0019 | 0. 89 | 0. 093 |
| No. 1A | 0. 11 | 0. 29 | 0. 50 | 12. 05 | 0. 31 | 0. 36 | 1. 85 | 0. 067 | 0. 19 | 0. 019 | 0. 0036 | — | 0. 062 |
| No. 2A | 0. 12 | 0. 32 | 0. 56 | 11. 97 | 0. 32 | 0. 36 | 1. 84 | 0. 049 | 0. 19 | 0. 034 | 0. 0029 | 0. 32 | 0. 060 |
| No. 3A | 0. 11 | 0. 30 | 0. 50 | 12. 02 | 0. 30 | 0. 37 | 1. 85 | 0. 049 | 0. 19 | 0. 037 | 0. 0030 | 0. 50 | 0. 063 |
| No. 4A | 0. 11 | 0. 29 | 0. 50 | 11. 97 | 0. 31 | 0. 38 | 1. 90 | 0. 050 | 0. 19 | 0. 036 | 0. 0023 | 0. 90 | 0. 058 |
| No. 5A | 0. 12 | 0. 28 | 0. 50 | 11. 88 | 0. 32 | 0. 37 | 1. 87 | 0. 054 | 0. 19 | 0. 034 | 0. 0022 | 1. 32 | 0. 055 |
| No. 6A | 0. 11 | 0. 31 | 0. 43 | 11. 85 | 0. 30 | 0. 38 | 1. 90 | 0. 054 | 0. 20 | 0. 030 | 0. 0031 | 1. 77 | 0. 059 |

续表 3-3

| 编号 | C | Si | Mn | Cr | Ni | Mo | W | Nb | V | Ti | B | Cu | N |
|---|---|---|---|---|---|---|---|---|---|---|---|---|---|
| No. 7A | 0. 11 | 0. 30 | 0. 53 | 11. 96 | 0. 31 | 0. 37 | 1. 86 | 0. 048 | 0. 14 | 0. 030 | 0. 0023 | 0. 90 | 0. 060 |
| No. 8A | 0. 11 | 0. 29 | 0. 53 | 12. 07 | 0. 32 | 0. 37 | 1. 87 | 0. 052 | 0. 23 | 0. 034 | 0. 0025 | 0. 90 | 0. 065 |
| No. 9A | 0. 11 | 0. 30 | 0. 51 | 11. 89 | 0. 32 | 0. 37 | 1. 88 | 0. 051 | 0. 27 | 0. 032 | 0. 0026 | 0. 90 | 0. 067 |
| No. 10A | 0. 11 | 0. 29 | 0. 50 | 12. 19 | 0. 31 | 0. 38 | 1. 86 | 0. 052 | 0. 31 | 0. 030 | 0. 0025 | 0. 90 | 0. 061 |
| No. D1 | 0. 12 | 0. 32 | 0. 56 | 10. 05 | 0. 32 | 0. 39 | 1. 85 | 0. 066 | 0. 19 | <0. 005 | 0. 0029 | 0. 92 | 0. 085 |
| No. D2 | 0. 12 | 0. 34 | 0. 58 | 10. 80 | 0. 32 | 0. 38 | 1. 86 | 0. 058 | 0. 20 | 0. 0098 | 0. 0024 | 0. 92 | 0. 082 |
| No. D3 | 0. 13 | 0. 37 | 0. 59 | 11. 98 | 0. 32 | 0. 38 | 1. 87 | 0. 068 | 0. 19 | 0. 020 | 0. 0036 | 0. 92 | 0. 086 |

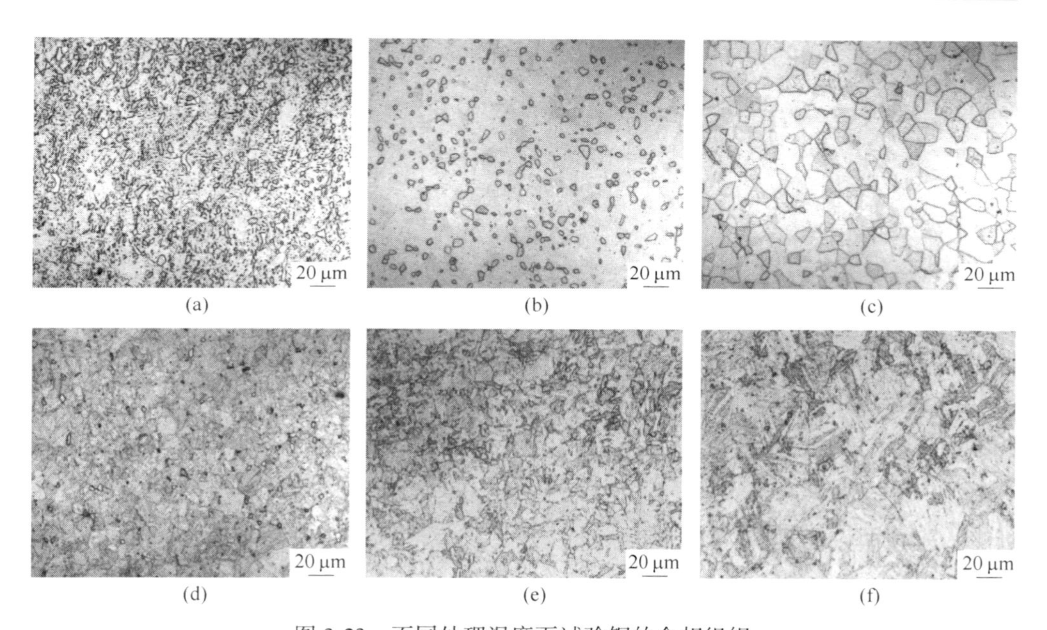


图 3-23 不同处理温度下试验钢的金相组织

（a）No. 8A，900℃（δ-Fe=20. 02%）；
（b）No. 8A，1030℃（δ-Fe=6. 90%）；（c）No. 8A，1200℃（δ-Fe=38. 07%）；
（d）No. 8，1050℃（δ-Fe=0. 97%）；（e）No. D1，1050℃（δ-Fe=0%）；
（f）No. D1，1200℃（δ-Fe=0. 03%）

采用 Thermo-Calc 热力学软件对上述选取的试验钢中可能的δ铁素体含量进行了计算，计算结果如图 3-24 所示。通过热力学计算，得到了上述三炉试验钢在各温度下δ铁素体在钢中所占的质量分数（合金体系为 1mol）。随着温度升高，8 号钢和 8A 号钢中δ铁素体含量都呈 U 形变化，在 1010~1030℃温度附近钢中δ铁素体含量最低。而 D1 钢中δ铁素体开始出现的温度则在 1190℃附近。根据热力学计算结果，D1 钢在低于 1190℃进行处理时，不应含δ铁素体。

与图 3-24 对应，通过试验测试获得的上述三炉钢中的 δ 铁素体绘于图 3-25，图 3-25 表述的是 δ 铁素体在钢中所占的面积百分数与淬火温度之间的关系。随淬火温度升高钢中 δ 铁素体含量呈 U 形变化，从 900℃ 开始，δ 铁素体含量逐渐下降。在 1030～1070℃ 温度区间，8 号和 8A 号钢中 δ-铁素体含量最低。当温度高于 1090℃时，钢中 δ 铁素体含量明显增加。1150℃ 到 1200℃ 淬火处理后，钢中 δ 铁素体含量急剧增加。8A 号钢中 δ 铁素体含量高于 8 号钢（图 3-23（b）和（d））。D1 钢在 900～1150℃ 淬火时，钢中无 δ 铁素体，在 1200℃ 淬火处理后钢中发现少量 δ 铁素体。

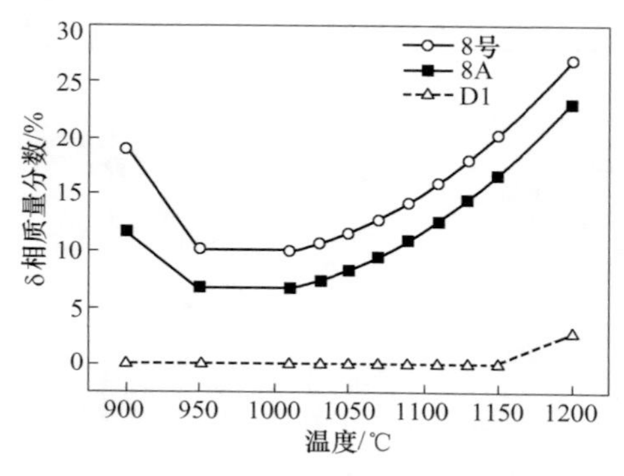

图 3-24　加热温度对钢中 δ 铁素体含量的影响（热力学软件计算结果）

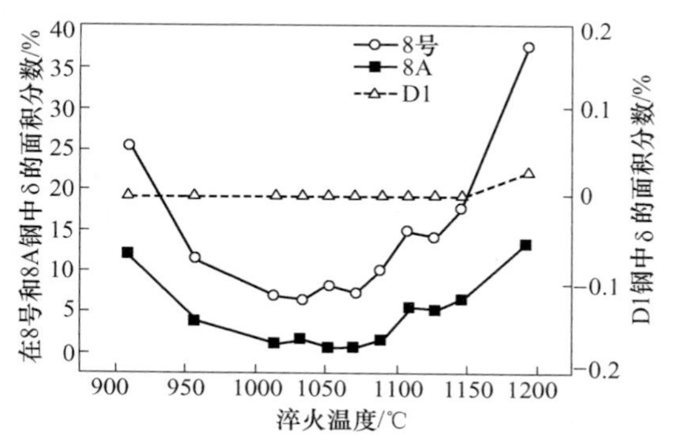

图 3-25　淬火温度对钢中 δ 铁素体含量的影响（试验测试结果）

上述淬火试验观测结果和热力学计算结果均表明热处理温度对钢中 δ 铁素体含量影响明显。8 号和 8A 号钢可代表冶炼过程中形成 δ 铁素体的情况，后续采用的热处理工艺不能消除形成的 δ 铁素体。热处理温度与 δ 铁素体含量呈 U 形关系，在 1030～1070℃ 之间淬火，钢中 δ 铁素体含量较低。D1 钢代表冶炼过程中不形成 δ 铁素体的情况，是热处理时温度过高导致钢中形成了 δ 铁素体。值得注意的是，尽管 Thermo-Calc 热力学软件计算钢中 δ 铁素体含量的趋势与实验测试结果的趋势是吻合的，但计算获得的 δ 铁素体析出的具体温度区间和含量与实际测量值还是有较大差异的。Thermo-Calc 热力学软件可以作为判断钢中 δ 铁素体的一个辅助手段，但其计算结果不应该（也不能）作为制订现场生产控制工艺的主要判据。

根据业已获得的热处理对钢中 δ 铁素体含量影响的研究结果，采用 1050℃淬火热处理工艺，分析试验钢中 δ 铁素体含量的可能影响因素。实验结果表明，合金元素及其含量对钢中 δ 铁素体的含量影响明显。Cr 含量对 δ 铁素体含量的影响见图 3-26（a），当 Cr 含量由 10.05%增至 10.80%时，钢中未发现 δ 铁素体，而当 Cr 含量增加到 11.98%时，钢中发现 4.63%的 δ 铁素体。即当 Cr 含量超过

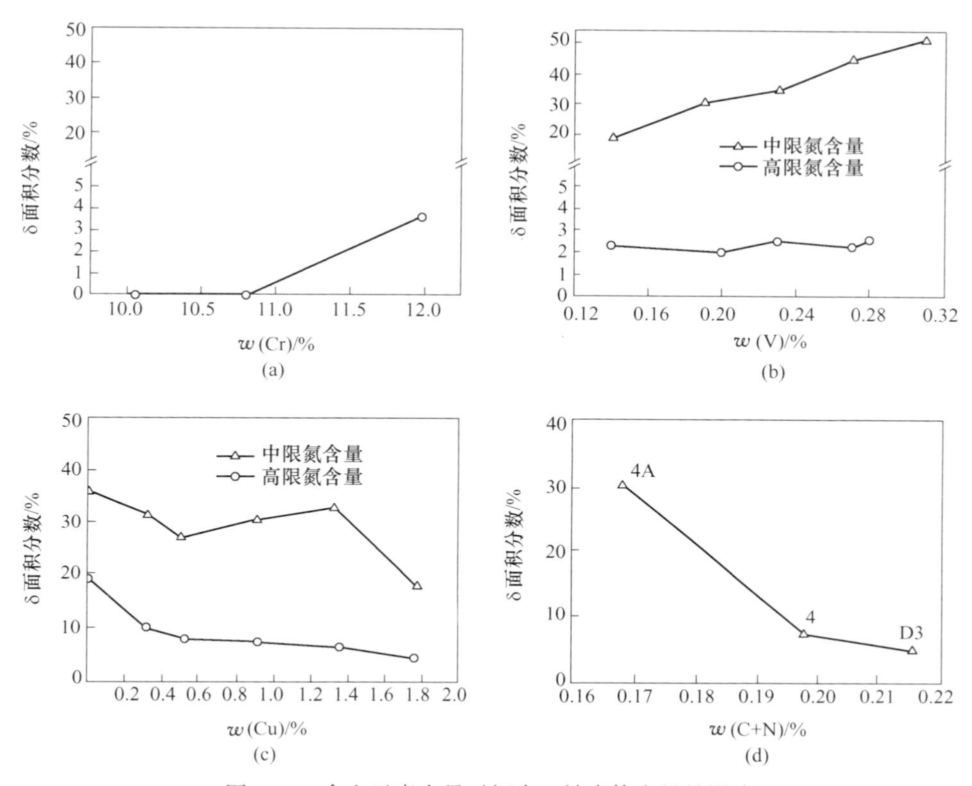


图3-26 合金元素含量对钢中δ铁素体含量的影响

(a) Cr含量; (b) V含量; (c) Cu含量; (d) C+N含量

10.80%时，钢中就可能会出现δ铁素体。

钒含量对δ铁素体含量的影响分为两种情况（图3-26（b）），一是试验钢中限氮含量时，4A号、7A~10A号试验钢中V含量为0.14%~0.31%；二是试验钢上限氮含量时，4号、7~10号试验钢中V含量0.14%~0.29%。试验钢中氮的含量见表3-3。中限氮含量时，随着钒含量增加，δ铁素体含量由20%升至约50%，δ铁素体含量明显增加。上限氮含量时，钒含量变化对δ铁素体含量变化影响较小，δ铁素体含量基本在2%~3%之间波动，变化幅度较小。这两种情况下的试验钢中除V、N外，Cr、W、Mo等铁素体化元素含量接近，由此可见，中限氮含量时，钒含量对δ铁素体含量影响明显。上限氮含量时，钒含量变化对δ铁素体含量影响较小。原因是，氮含量增加使4号、7~10号钢中的δ铁素体含量明显降低，氮含量对δ铁素体影响较大。

铜含量对δ铁素体含量的影响也可分为两种情况（图3-26（c）），一是试验钢中限氮含量时，1A~6A号试验钢中Cu含量0~1.77%；二是试验钢上限氮含量时，1~6号试验钢中Cu含量0~1.76%。中限氮含量时，随Cu含量增加，由

0%增至0.5%，钢中δ铁素体含量下降明显，Cu由0.5%增至1.32%，δ铁素体含量略有增加，但变化值不大，Cu含量再升至1.77%，δ铁素体含量明显下降。上限氮含量时，试验钢中δ铁素体含量随Cu含量增加，逐渐下降。两种情况下的试验钢中除Cu、N外，Cr、W、Mo、V等铁素体化元素含量接近，奥氏体化元素C含量在中限氮含量试验钢比上限氮含量试验钢高0.02%~0.03%，而试验结果是中限氮含量试验钢δ铁素体含量较高，由此可见，Cu、N含量对δ铁素体含量产生影响，高N含量，使钢中δ铁素体含量明显下降（图3-26（b），（c）），N含量增加对δ铁素体影响较大。

除了增加N含量明显降低δ铁素体含量，C含量的影响也是明显的。碳、氮含量对δ铁素体含量影响（见图3-26（d））。4A号（C 0.11%，N 0.058%）到4号钢（C 0.088%，N 0.11%），C含量下降，N增加量弥补了C含量的降低，（C+N）总含量增加，使δ铁素体含量下降，4号到D3号（C 0.13%，N 0.086%），C含量增加弥补了N含量降低，使δ铁素体含量进一步下降。

通常在Fe-C平衡图中，δ固溶体直接从液体中生成，然后或经过包析反应或直接转变为γ固溶体。但是在Fe-M-C三元系合金及高合金钢中，含有如Cr、Mo、W、Si等缩小γ相区的元素，则使δ相区扩大。在Fe-Cr-C三元平衡状态图中（C含量0.10%），随着Cr含量增加，BCC-A2（体心立方）即δ相区右移并不断扩大，FCC-A1（面心立方）即γ-Fe相区左移，面积缩小。由此，γ相区缩小，δ相区扩大，FCC-BCC双相区明显扩大。当Cr含量>13%时，钢中就可能生成δ-铁素体。

对于T/P122、T/P92等高Cr马氏体耐热钢，为保证抗高温蒸汽氧化性能和持久强度，钢中含有Cr、W、Mo、Nb、V等铁素体化元素。T/P122钢中Cr含量在10%~12%之间，再加上W、Mo等铁素体化元素的作用，会使钢的相图发生变化。当T/P122钢中铁素体化元素和奥氏体化元素含量分别处于上限和下限时，平衡态组织为双相组织。当铁素体化元素和奥氏体化元素分别处于下限和上限时，平衡态为单相组织。因此，T/P122钢成分范围内，钢的组织会在双相和单相组织之间变化，若铁素体化元素含量高，就会产生马氏体和δ-铁素体混合组织。

对比分析各种经验公式，利用$Cr_{eq}$、$Ni_{eq}$当量公式（3-1）和式（3-2）来表征$Cr_{eq}$、$Ni_{eq}$当量的变化对δ铁素体形成的影响规律。由图3-27中$Cr_{eq}$和$Ni_{eq}$当量和δ铁素体含量的关系可见，随Cr含量升高，$Cr_{eq}$明显增加。$Cr_{eq}\leqslant 14.68\%$，$Ni_{eq}\geqslant 6.54\%$，钢中不形成δ铁素体（图3-27（a））。Cr含量11.98%时，$Cr_{eq}=15.91\%$，钢中出现约4%δ铁素体。表明$Cr_{eq}$高于14.68%时，会出现δ铁素体，即使$Ni_{eq}$增加，也不能抑制δ铁素体形成。V含量接近的试验钢中$Cr_{eq}$接近（图3-27（b），（c）），随V含量增加，$Cr_{eq}$由15.2%增至16.2%。由于N含量的差异，中限N试验钢 $Ni_{eq}$（5.6%~5.8%）明显低于上限N试验钢 $Ni_{eq}$（6.0%~6.20%）。N含量增加，使 $Ni_{eq}$增加，导致上限N试验钢中δ铁素体含量明显降低。Cu含量变化的试验钢中（图3-27（d），（e）），$Cr_{eq}$接近，随Cu、N含量增加，$Ni_{eq}$增加。中限N试验钢中 $Ni_{eq}$基本都低于5.8%，上限N试验钢中 $Ni_{eq}$增至5.8%以上，使δ铁素体含量明显下降。

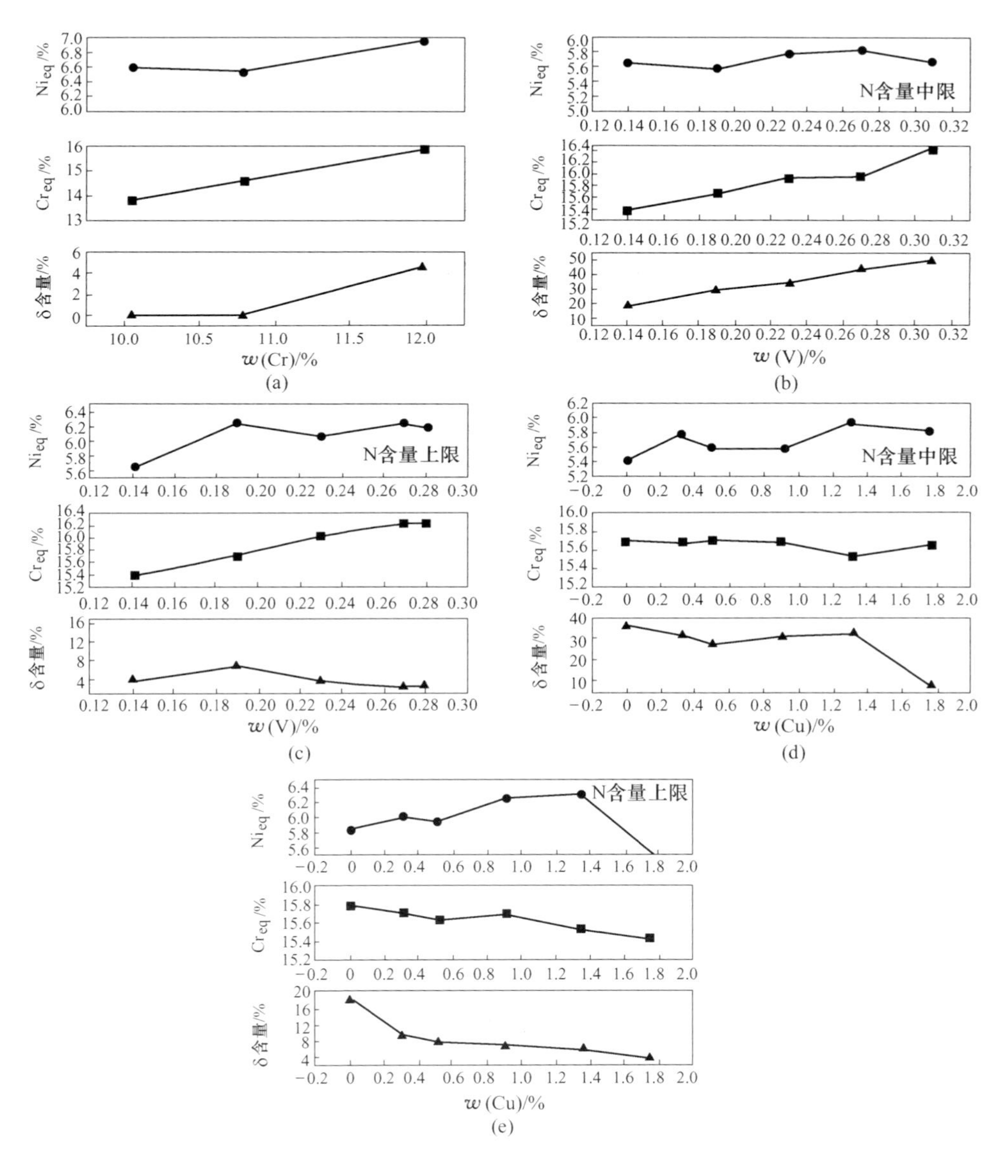


图3-27 合金元素与 $Cr_{eq}$、$Ni_{eq}$及钢中δ铁素体含量的关系

根据试验结果，当 $Cr_{eq}$≥15%时，即使 N 含量取上限，提高 $Ni_{eq}$，也只能使钢中 δ 铁素体含量低于 10%，不能完全抑制 δ 铁素体形成。根据改进型 Schäffler-Schneider 图，$Cr_{eq}$=15%是四个金相组织区域 M-(M+F)-(M+F+A)-(A+M)的临界点，当 $Cr_{eq}$低于 15%时可能获得单相 M 组织，当 $Cr_{eq}$高于 15%时则不可能获得单相组织。因此，对于本研究试验钢，Cr、V 等铁素体化元素含量增加使钢中 δ 铁素体形成，只有控制铁素体化元素含量，使 $Cr_{eq}$低于 14.68%时，才能够避免 δ 铁素体形成。增加 Cu、N 等奥氏体化元素含量，使 $Ni_{eq}$>6.0%，明显降低 δ 铁素体含量，但要抑制 δ 铁素体形成，提高 N 含量的同时也要降低钢的 $Cr_{eq}$。

## 3.3 T/P92 马氏体耐热钢的组织稳定性研究

T/P92 钢是 9%~12%Cr 铁素体耐热钢中的典型钢种，广泛用于超临界、超超临界发电机组大、小口径锅炉管制造。P92 钢是在 P91 的基础上，通过添加元素 W、B，同时减少 Mo 的含量发展而来，相对于 P91，其持久强度提高了近 30%。钢铁研究总以对 T/P92 马氏体耐热钢的基体、析出相及其稳定性问题开展了系统研究，选用的试验材料见表 3-4，其中 65 号试样是从攀钢集团公司成都钢钒有限公司（原 65 厂）工业试制的 P92 钢管上取样。

试验前的热处理制度为：1060℃×20min 油冷+780℃×3h 空冷。时效处理制度为：600℃×(0h、100h、300h、1000h、最长时效点 8000h 以上)。用 $FeCl_3$（5%）+HCl(15%）+$H_2O$(80%）溶液对时效后磨抛过的试样侵蚀约 15s，然后在 Hitachi S-4300 冷场发射高分辨扫描电镜（SEM）下观察试样时效后的组织。进行 TEM 试样制备时，从时效后的试样上切取约 0.5mm 厚的薄片，机械减薄至 30μm 左右，在室温下进行双喷电解减薄，电解液为 6%高氯酸与酒精的混合溶液，电压为 30V，电流为 70mA，双喷电解后的试样再采用离子减薄仪减薄 60min，用 H-800 型透射电镜观察微细组织，电子加速电压为 170kV。化学相分析实验采用 $ZnCl_2$(3.6%)+HCl(5%）+柠檬酸甲醇（1%）混合液作为电解液萃取第二相，将洗净干燥的电解残渣作为样品，采用菲利普 APD-10 X 射线衍射仪进行结构分析。析出相的相分离方法如表 3-5 所示，析出相的结构分析结果列于表 3-6，析出相总量及析出物中关键元素的定量分析结果见表 3-7。在本试验条件下，T/P92 试验钢的析出物主要是 $M_{23}C_6$、MX 和 Laves 相，600℃高温时效过程中，上述 3 种析出相的含量变化及其组成结构式列于表 3-8~表 3-10。

**表 3-4 选用 T/P92 试验钢相分析材料的化学成分 （质量分数,%）**

| 炉号 | C | Si | Mn | P | S | Cr | Ni | W | Mo |
|---|---|---|---|---|---|---|---|---|---|
| 1 号 | 0.097 | 0.34 | 0.50 | 0.0080 | 0.005 | 8.87 | 0.27 | 1.82 | 0.48 |
| 12 号 | 0.081 | 0.48 | 0.35 | 0.0068 | 0.006 | 9.37 | 0.11 | 1.94 | 0.60 |
| 65 号 | 0.1 | 0.24 | 0.41 | 0.014 | 0.003 | 8.86 | 0.09 | 1.80 | 0.42 |
| ASME | 0.07~0.13 | <0.5 | 0.3~0.6 | <0.02 | 0.01 | 8.5~9.5 | <0.4 | 1.5~2.0 | 0.3~0.6 |
| 炉号 | Nb | V | N | B | Al | Ti | Cu | Fe | |
| 1 号 | 0.076 | 0.20 | 0.058 | 0.0032 | <0.005 | 0.0057 | 0.005 | 余 | |
| 12 号 | 0.100 | 0.24 | 0.057 | 0.0031 | 0.0070 | 0.015 | <0.005 | | |
| 65 号 | 0.078 | 0.20 | 0.044 | 0.0043 | 0.019 | 0.01 | 0.07 | As0.023Sn0.009 | |
| ASME | 0.04~0.09 | 0.15~0.25 | 0.03~0.07 | 0.001~0.006 | <0.02 | <0.01 | — | 余 | |

**表 3-5 T/P92 试验钢析出相的分离方法**

| 分 离 方 法 | 溶解相 | 保留相 |
|---|---|---|
| 6%$H_2SO_4$+20%$H_2O_2$水溶液于沸水浴中保温 1.5h，中途补加$H_2O_2$ | MN+Laves | $M_{23}C_6$ |
| 20%HCl 乙醇加热回流 2h | $M_{23}C_6$ | MN+Laves |
| 20%HCl 乙醇加热回流 2h，30%$H_2O_2$加入 10~20mL，加热激烈反应后，离心洗涤，先用 5%NaOH，后用 5%HCl，最后用水洗涤 | $M_{23}C_6$，MN | Laves |

**表 3-6 T/P92 耐热钢析出相的结构分析**

| 样品号 | 样品状态 | 析出相类型 | 晶系 | 点阵常数 |
|---|---|---|---|---|
| 1 号、12 号、65 号 | 原始态 | $M_{23}C_6$ | 面心立方 | $a_0$=1.062~1.064 |
| | | NbN | 面心立方 | $a_0$=0.440~0.441 |
| | | VN | 面心立方 | $a_0$=0.412~0.413 |
| 1 号、12 号、65 号 | 100h、300h | $M_{23}C_6$ | 面心立方 | $a_0$=1.064~1.066 |
| | | NbN | 面心立方 | $a_0$=0.440~0.441 |
| | | VN | 面心立方 | $a_0$=0.412~0.413 |
| | | Laves（少） | 六方晶系 | $a_0$=0.4720~0.4740<br>$c_0$=0.7741~0.7774 |
| 1 号、12 号、65 号 | 1000h、5000h、8000h | $M_{23}C_6$ | 面心立方 | $a_0$=1.064~1.066 |
| | | Laves | 六方晶系 | $a_0$=0.4720~0.4740<br>$c_0$=0.7741~0.7774 |
| | | NbN | 面心立方 | $a_0$=0.440~0.441 |
| | | VN | 面心立方 | $a_0$=0.412~0.413 |

表 3-7 T/P92 试验钢中析出相总量及析出物中关键元素定量演变

| 样品原号 | 总的析出相中各元素占合金的质量分数/% | | | | | | | | |
|---|---|---|---|---|---|---|---|---|---|
| | Fe | Cr | W | Mo | Nb | V | C | N | Σ |
| 1-原始 | 0.459 | 0.863 | 0.274 | 0.056 | 0.070 | 0.126 | 0.082 | 0.030 | 1.960 |
| 1-100 | 0.628 | 0.977 | 0.510 | 0.105 | 0.076 | 0.122 | 0.094 | 0.032 | 2.544 |
| 1-300 | 0.658 | 0.962 | 0.594 | 0.136 | 0.078 | 0.125 | 0.086 | 0.038 | 2.677 |
| 1-1000 | 0.940 | 1.081 | 0.956 | 0.235 | 0.078 | 0.129 | 0.094 | 0.035 | 3.548 |
| 1-5000 | 1.138 | 1.145 | 1.228 | 0.309 | 0.077 | 0.120 | 0.094 | 0.034 | 4.145 |
| 1-8000 | 1.283 | 0.976 | 1.533 | 0.407 | 0.078 | 0.125 | 0.068 | 0.040 | 4.510 |
| 12-原始 | 0.373 | 0.700 | 0.285 | 0.069 | 0.095 | 0.115 | 0.067 | 0.038 | 1.742 |
| 12-100 | 0.797 | 0.834 | 0.866 | 0.211 | 0.099 | 0.129 | 0.072 | 0.040 | 3.048 |
| 12-300 | 0.835 | 0.849 | 0.881 | 0.228 | 0.095 | 0.122 | 0.069 | 0.033 | 3.112 |
| 12-1000 | 1.194 | 0.903 | 1.410 | 0.353 | 0.100 | 0.130 | 0.067 | 0.035 | 4.192 |
| 12-5000 | 1.027 | 1.071 | 1.212 | 0.270 | 0.085 | 0.102 | 0.087 | 0.030 | 3.884 |
| 12-8000 | 1.126 | 1.134 | 1.272 | 0.324 | 0.089 | 0.126 | 0.085 | 0.038 | 4.194 |
| 65-原始 | 0.454 | 0.862 | 0.355 | 0.056 | 0.069 | 0.103 | 0.081 | 0.030 | 2.010 |
| 65-100 | 0.628 | 0.952 | 0.490 | 0.115 | 0.064 | 0.089 | 0.083 | 0.030 | 2.451 |
| 65-300 | 0.660 | 0.937 | 0.551 | 0.127 | 0.065 | 0.098 | 0.084 | 0.039 | 2.561 |
| 65-1000 | 0.873 | 1.052 | 0.781 | 0.187 | 0.073 | 0.101 | 0.088 | 0.035 | 3.190 |
| 65-5000 | 1.241 | 1.023 | 1.178 | 0.422 | 0.079 | 0.128 | 0.071 | 0.040 | 4.182 |
| 65-8000 | 1.126 | 1.166 | 1.132 | 0.274 | 0.076 | 0.104 | 0.085 | 0.031 | 3.994 |

表 3-8 T/P92 试验钢中 $M_{23}C_6$ 组成结构式

| 样品原号 | 相组成结构式 |
|---|---|
| 1-原始 | $(Fe_{0.313}Cr_{0.592}W_{0.073}Mo_{0.022}Nb_{痕}V_{痕})_{23}C_6$ |
| 1-100 | $(Fe_{0.321}Cr_{0.584}W_{0.070}Mo_{0.025}Nb_{痕}V_{痕})_{23}C_6$ |
| 1-300 | $(Fe_{0.307}Cr_{0.599}W_{0.068}Mo_{0.026}Nb_{痕}V_{痕})_{23}C_6$ |
| 1-1000 | $(Fe_{0.308}Cr_{0.592}W_{0.072}Mo_{0.027}Nb_{痕}V_{痕})_{23}C_6$ |
| 1-5000 | $(Fe_{0.299}Cr_{0.604}W_{0.071}Mo_{0.026}Nb_{痕}V_{痕})_{23}C_6$ |
| 1-8000 | $(Fe_{0.275}Cr_{0.623}W_{0.074}Mo_{0.029}Nb_{痕}V_{痕})_{23}C_6$ |
| 12-原始 | $(Fe_{0.313}Cr_{0.586}W_{0.067}Mo_{0.034}Nb_{痕}V_{痕})_{23}C_6$ |
| 12-100 | $(Fe_{0.313}Cr_{0.580}W_{0.075}Mo_{0.032}Nb_{痕}V_{痕})_{23}C_6$ |
| 12-300 | $(Fe_{0.304}Cr_{0.601}W_{0.064}Mo_{0.031}Nb_{痕}V_{痕})_{23}C_6$ |
| 12-1000 | $(Fe_{0.303}Cr_{0.594}W_{0.074}Mo_{0.029}Nb_{痕}V_{痕})_{23}C_6$ |
| 12-5000 | $(Fe_{0.278}Cr_{0.619}W_{0.080}Mo_{0.023}Nb_{痕}V_{痕})_{23}C_6$ |

续表 3-8

| 样品原号 | 相组成结构式 |
| --- | --- |
| 12-8000 | $(Fe_{0.263}Cr_{0.653}W_{0.058}Mo_{0.026}Nb_{痕}V_{痕})_{23}C_6$ |
| 65-原始 | $(Fe_{0.313}Cr_{0.595}W_{0.070}Mo_{0.022}Nb_{痕}V_{痕})_{23}C_6$ |
| 65-100 | $(Fe_{0.299}Cr_{0.621}W_{0.058}Mo_{0.022}Nb_{痕}V_{痕})_{23}C_6$ |
| 65-300 | $(Fe_{0.310}Cr_{0.595}W_{0.068}Mo_{0.026}Nb_{痕}V_{痕})_{23}C_6$ |
| 65-1000 | $(Fe_{0.297}Cr_{0.615}W_{0.066}Mo_{0.022}Nb_{痕}V_{痕})_{23}C_6$ |
| 65-5000 | $(Fe_{0.280}Cr_{0.620}W_{0.067}Mo_{0.032}Nb_{痕}V_{痕})_{23}C_6$ |
| 65-8000 | $(Fe_{0.255}Cr_{0.651}W_{0.066}Mo_{0.028}Nb_{痕}V_{痕})_{23}C_6$ |

**表 3-9 T/P92 试验钢中 MX 析出相含量及其组成结构式**

| 样品原号 | MN 相中各元素占合金的质量百分数/% | | | | | | | |
| --- | --- | --- | --- | --- | --- | --- | --- | --- |
| | Cr | W | Nb | V | Fe | Mo | N | Σ |
| 1-原始 | 0.055 | 0.022 | 0.070 | 0.126 | 痕 | 痕 | 0.030 | 0.303 |
| 1-100 | 0.046 | 0.010 | 0.074 | 0.122 | 痕 | 痕 | 0.032 | 0.284 |
| 1-300 | 0.058 | 0.010 | 0.073 | 0.125 | 痕 | 痕 | 0.038 | 0.304 |
| 1-1000 | 0.059 | 0.010 | 0.067 | 0.129 | 痕 | 痕 | 0.035 | 0.300 |
| 1-5000 | 0.047 | 0.020 | 0.061 | 0.120 | 痕 | 痕 | 0.034 | 0.282 |
| 1-8000 | 0.043 | 0.016 | 0.058 | 0.125 | 痕 | 痕 | 0.040 | 0.282 |
| 12-原始 | 0.049 | 0.020 | 0.095 | 0.115 | 痕 | 痕 | 0.038 | 0.317 |
| 12-100 | 0.053 | 0.020 | 0.092 | 0.129 | 痕 | 痕 | 0.040 | 0.334 |
| 12-300 | 0.053 | 0.010 | 0.087 | 0.122 | 痕 | 痕 | 0.033 | 0.305 |
| 12-1000 | 0.055 | 0.010 | 0.086 | 0.130 | 痕 | 痕 | 0.035 | 0.316 |
| 12-5000 | 0.039 | 0.011 | 0.075 | 0.102 | 痕 | 痕 | 0.030 | 0.257 |
| 12-8000 | 0.043 | 0.011 | 0.077 | 0.126 | 痕 | 痕 | 0.038 | 0.295 |
| 65-原始 | 0.058 | 0.021 | 0.069 | 0.103 | 痕 | 痕 | 0.030 | 0.281 |
| 65-100 | 0.043 | 0.014 | 0.060 | 0.089 | 痕 | 痕 | 0.030 | 0.236 |
| 65-300 | 0.054 | 0.015 | 0.060 | 0.098 | 痕 | 痕 | 0.039 | 0.266 |
| 65-1000 | 0.043 | 0.016 | 0.063 | 0.101 | 痕 | 痕 | 0.035 | 0.258 |
| 65-5000 | 0.045 | 0.010 | 0.058 | 0.128 | 痕 | 痕 | 0.040 | 0.281 |
| 65-8000 | 0.043 | 0.030 | 0.058 | 0.104 | 痕 | 痕 | 0.031 | 0.266 |

| 样品原号 | MN 相组成 |
| --- | --- |
| 1-原始 | $(Cr_{0.240}W_{0.027}Nb_{0.171}V_{0.561}Fe_{痕}Mo_{痕})N$ |
| 1-100 | $(Cr_{0.214}W_{0.013}Nb_{0.193}V_{0.580}Fe_{痕}Mo_{痕})N$ |
| 1-300 | $(Cr_{0.253}W_{0.012}Nb_{0.178}V_{0.556}Fe_{痕}Mo_{痕})N$ |

续表 3-9

| 样品原号 | MN 相组成 |
|---|---|
| 1-1000 | $(Cr_{0.256}W_{0.012}Nb_{0.162}V_{0.570}Fe_{痕}Mo_{痕})N$ |
| 1-5000 | $(Cr_{0.224}W_{0.027}Nb_{0.163}V_{0.585}Fe_{痕}Mo_{痕})N$ |
| 1-8000 | $(Cr_{0.207}W_{0.022}Nb_{0.156}V_{0.615}Fe_{痕}Mo_{痕})N$ |
| 12-原始 | $(Cr_{0.218}W_{0.025}Nb_{0.236}V_{0.521}Fe_{痕}Mo_{痕})N$ |
| 12-100 | $(Cr_{0.219}W_{0.023}Nb_{0.213}V_{0.544}Fe_{痕}Mo_{痕})N$ |
| 12-300 | $(Cr_{0.231}W_{0.012}Nb_{0.212}V_{0.544}Fe_{痕}Mo_{痕})N$ |
| 12-1000 | $(Cr_{0.230}W_{0.012}Nb_{0.199}V_{0.556}Fe_{痕}Mo_{痕})N$ |
| 12-5000 | $(Cr_{0.207}W_{0.016}Nb_{0.223}V_{0.553}Fe_{痕}Mo_{痕})N$ |
| 12-8000 | $(Cr_{0.197}W_{0.014}Nb_{0.198}V_{0.590}Fe_{痕}Mo_{痕})N$ |
| 65-原始 | $(Cr_{0.279}W_{0.028}Nb_{0.186}V_{0.506}Fe_{痕}Mo_{痕})N$ |
| 65-100 | $(Cr_{0.251}W_{0.023}Nb_{0.196}V_{0.530}Fe_{痕}Mo_{痕})N$ |
| 65-300 | $(Cr_{0.281}W_{0.022}Nb_{0.175}V_{0.521}Fe_{痕}Mo_{痕})N$ |
| 65-1000 | $(Cr_{0.231}W_{0.024}Nb_{0.190}V_{0.555}Fe_{痕}Mo_{痕})N$ |
| 65-5000 | $(Cr_{0.213}W_{0.013}Nb_{0.154}V_{0.619}Fe_{痕}Mo_{痕})N$ |
| 65-8000 | $(Cr_{0.226}W_{0.044}Nb_{0.171}V_{0.558}Fe_{痕}Mo_{痕})N$ |

**表 3-10　T/P92 试验钢中 Laves 析出相含量及其组成结构式**

| 样品原号 | Laves 相中各元素占合金的质量百分数/% | | | | | |
|---|---|---|---|---|---|---|
| | Fe | Cr | W | Mo | Nb | Σ |
| 1-100 | 0.090 | 0.021 | 0.115 | 0.033 | 0.002 | 0.261 |
| 1-300 | 0.185 | 0.044 | 0.238 | 0.068 | 0.005 | 0.540 |
| 1-1000 | 0.426 | 0.102 | 0.548 | 0.157 | 0.011 | 1.242 |
| 1-5000 | 0.635 | 0.152 | 0.817 | 0.234 | 0.016 | 1.854 |
| 1-8000 | 0.948 | 0.226 | 1.220 | 0.347 | 0.020 | 2.743 |
| 12-100 | 0.397 | 0.091 | 0.529 | 0.140 | 0.007 | 1.154 |
| 12-300 | 0.460 | 0.106 | 0.613 | 0.162 | 0.008 | 1.349 |
| 12-1000 | 0.834 | 0.191 | 1.112 | 0.294 | 0.014 | 2.435 |
| 12-5000 | 0.594 | 0.136 | 0.792 | 0.209 | 0.010 | 1.720 |
| 12-8000 | 0.727 | 0.167 | 0.969 | 0.257 | 0.012 | 2.132 |
| 65-100 | 0.185 | 0.051 | 0.192 | 0.059 | 0.004 | 0.475 |
| 65-300 | 0.195 | 0.053 | 0.201 | 0.061 | 0.005 | 0.515 |
| 65-1000 | 0.409 | 0.113 | 0.426 | 0.130 | 0.010 | 1.088 |
| 65-5000 | 0.885 | 0.245 | 0.887 | 0.355 | 0.021 | 2.393 |
| 65-8000 | 0.740 | 0.204 | 0.770 | 0.204 | 0.018 | 1.936 |

续表 3-10

| 样品原号 | Laves 相组成 |
| --- | --- |
| 1-8000 | $(Fe_{0.796}Cr_{0.204})_2(W_{0.630}Mo_{0.345}Nb_{0.024})$ |
| 12-8000 | $(Fe_{0.802}Cr_{0.198})_2(W_{0.654}Mo_{0.331}Nb_{0.017})$ |
| 65-8000 | $(Fe_{0.771}Cr_{0.229})_2(W_{0.613}Mo_{0.359}Nb_{0.028})$ |

由析出相的定量分析结果可知，回火态钢中析出相为 $M_{23}C_6$ 和 MX 相，时效过程中析出 Laves 相（表 3-6）。1 号试验钢 600℃时效 0h 到 8000h 范围内 $M_{23}C_6$ 粒度分布及其演变绘制于图 3-28。$M_{23}C_6$ 相在回火时析出，由 1 号试验料粒度分析数据可知，回火态的 $M_{23}C_6$ 相尺寸以 60nm 为主，在 8000h 内，随着时效时间的延长，$M_{23}C_6$ 相尺寸变化不大，其中 60nm 左右的颗粒有所减少，100nm 左右的颗粒略有增加。1 号、12 号、65 号试验料中 $M_{23}C_6$ 相尺寸在时效 8000h 后基本相同。随时效时间的增加，$M_{23}C_6$ 相析出量总体上略呈增加的趋势，1 号试验料

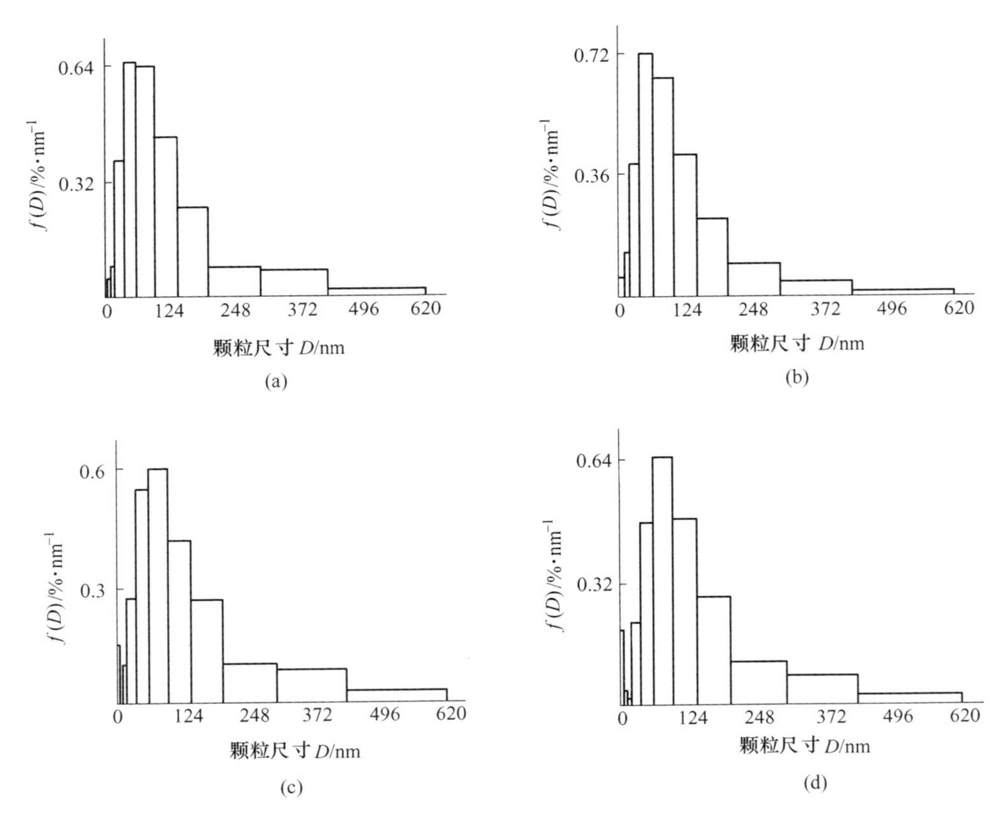


图 3-28 1 号试验钢 600℃时效态 $M_{23}C_6$ 粒度分布

（a）回火态；（b）300h；（c）1000h；（d）8000h

在100h后$M_{23}C_6$相析出量增加了20.6%，12号试验料$M_{23}C_6$相析出量最大增加了32.3%，65号试验料析出量较为平稳，最大析出量增加了约6%。值得注意的是，相分析的数据显示$M_{23}C_6$相析出量受该试验料中Laves相析出量的影响，如图3-29所示，Laves相与$M_{23}C_6$相析出量的总和与合金中总的析出量的变化趋势相同，即$M_{23}C_6$相析出量随时效时间的延长并非完全呈递增趋势，这可能是受Laves相的析出而影响。金相上观测结果显示，$M_{23}C_6$相主要在原奥氏体晶界与亚晶界上析出，见图3-30（SEM）、图3-31（TEM）。另外发现P92钢中通常含有δ铁素体，且δ铁素体与马氏体界面上的$M_{23}C_6$相团簇状颗粒较大，回火态尺寸接近500nm，见图3-32。

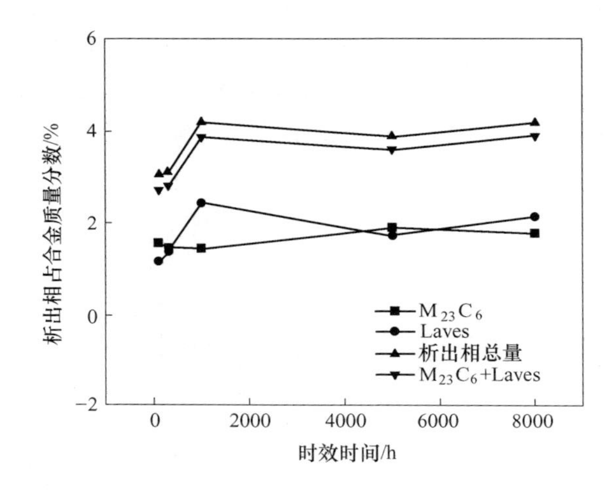


图3-29　12号试验钢时效过程对析出相的影响

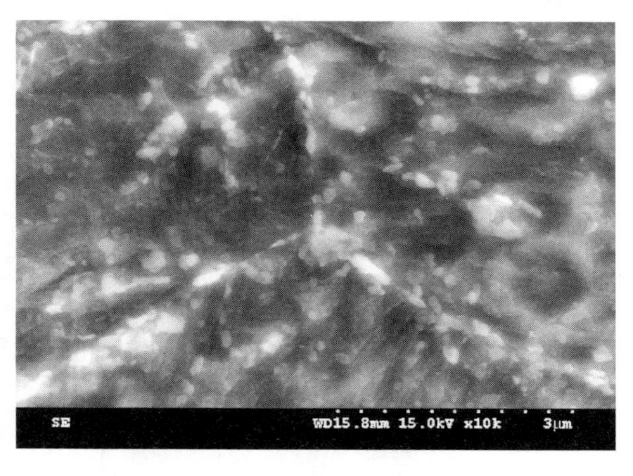


图3-30　65号试验钢回火态组织中的$M_{23}C_6$

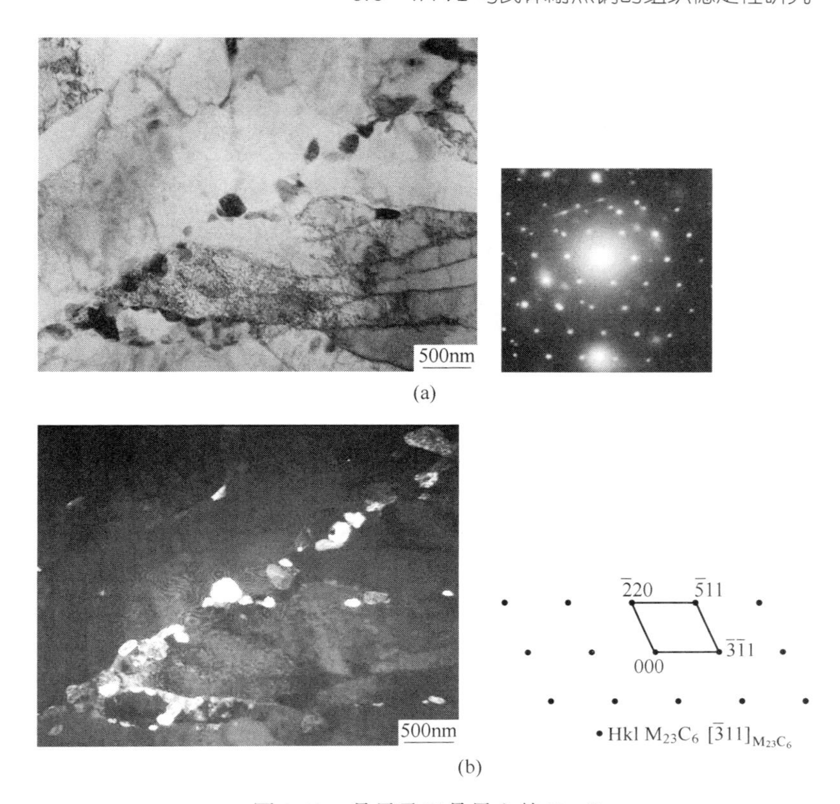


图 3-31 晶界及亚晶界上的 $M_{23}C_6$

（a）明场像与衍射斑点；（b）暗场像及衍射斑标定

图 3-32 65 号试验料回火态 δ 铁素体与马氏体基体界面上的 $M_{23}C_6$

相分析结果显示，P92 中 MX 相的主要元素为 Nb、V、N，含有少量的 Cr、W、C。MX 相在回火态大量析出，主要分布在晶内和亚晶界上，随着时效时间的延长，其含量变化不大。金相观测表明马氏体基体中 MX 相的尺寸受时效时间的影响较小，约有 50nm，呈球形，分布在亚晶内。微观组织观察发现 P92 试验钢中的 δ 铁素体内尚有析出相。经鉴定 δ 铁素体内析出相为 MX 相，呈长杆状，见图 3-33 和图 3-34。

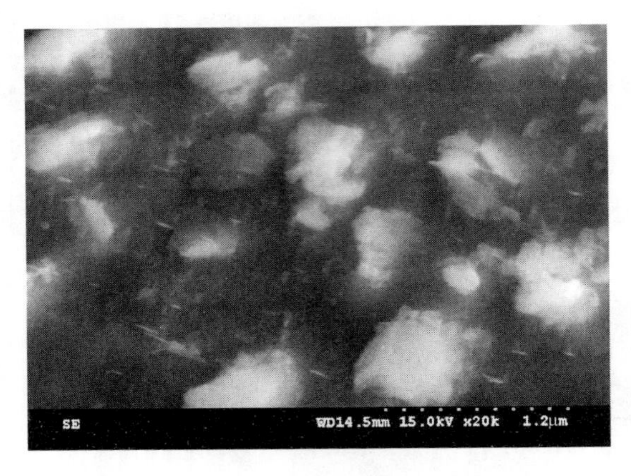


图 3-33　65 号试验钢 8000h 时效后其 δ 铁素体内的长杆状 MX 相（SEM）

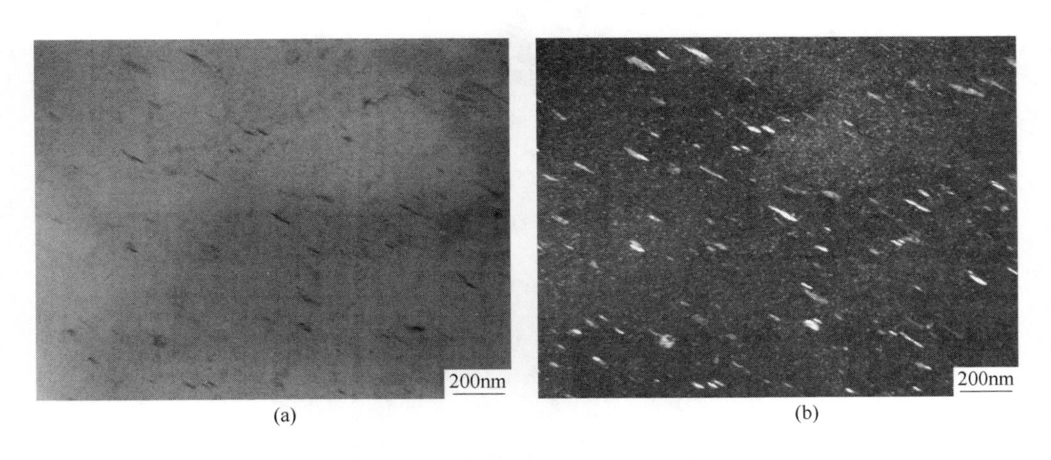


图 3-34　δ 铁素体内的长杆状 MX 相（TEM）
（a）明场像；（b）暗场像

关于 Laves 相的析出问题，可能是由于其颗粒较小，时效 100h 后析出相的 X 射线测试中没有发现明显的 Laves 衍射峰。而定量相分析结果显示 100h 时效状态下有 Laves 相析出。对 1000h 时效试样提取的粉末进行 X 射线分析，发现了 Laves 相衍射峰。金相上明显观察到 Laves 相析出是在 300h 时效后，造成这些差异的原因可能在于 Laves 刚析出时尺寸较小。此外，钢铁研究总院在这些 P92 钢中的 δ 铁素体内，除发现前述的 MX 类析出相外，还发现了 Laves 相，即 Laves 相也会在铁素体晶内析出，如图 3-35 和图 3-36 所示。

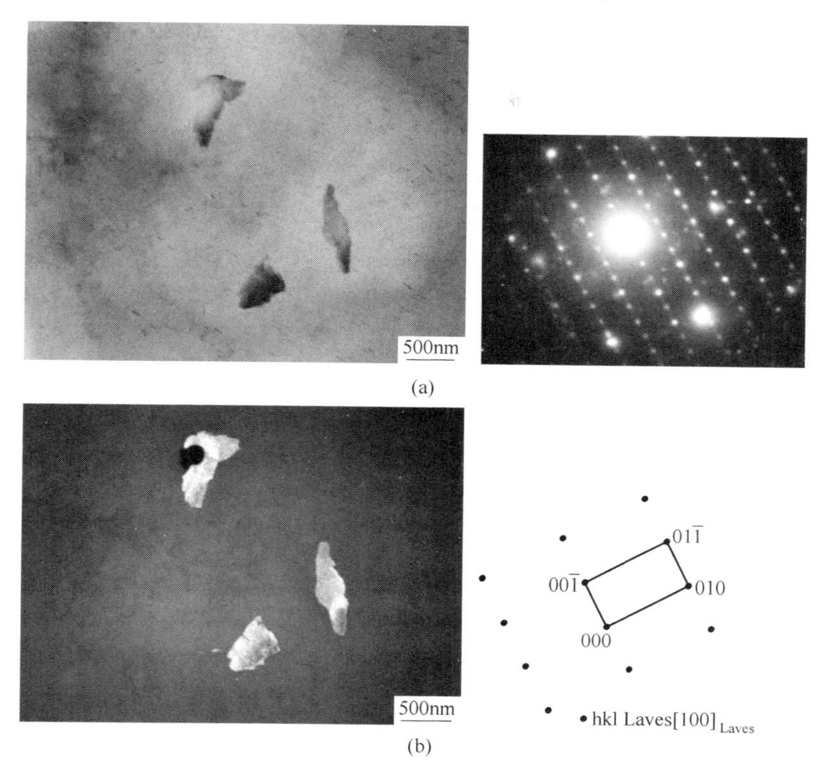


图 3-35　δ 铁素体内 Laves 相

（a）明场像与衍射斑点；（b）暗场像及衍射斑标定

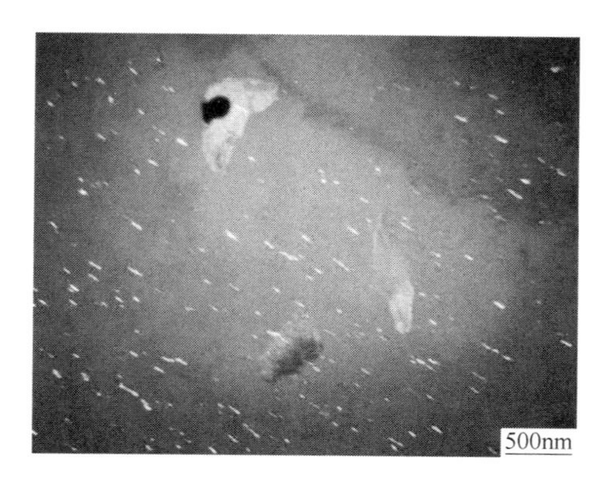


图 3-36　δ 铁素体内的 Laves 相与长杆状 MX 形貌

600℃时效过程中，P92 钢中 δ 铁素体内 Laves 相的演变过程如图 3-37 和图 3-38 所示。为测定上述试验材料中 δ 铁素体内 Laves 相的尺寸变化规律，对每个时效处理状态下的金相组织取 20 个视场，运用 Image-Pro plus 软件计算出每一个

图 3-37 δ 铁素体内 Laves 相形貌

（a）时效 1000h；（b）δ-Fe 内局部放大；（c）时效 100h

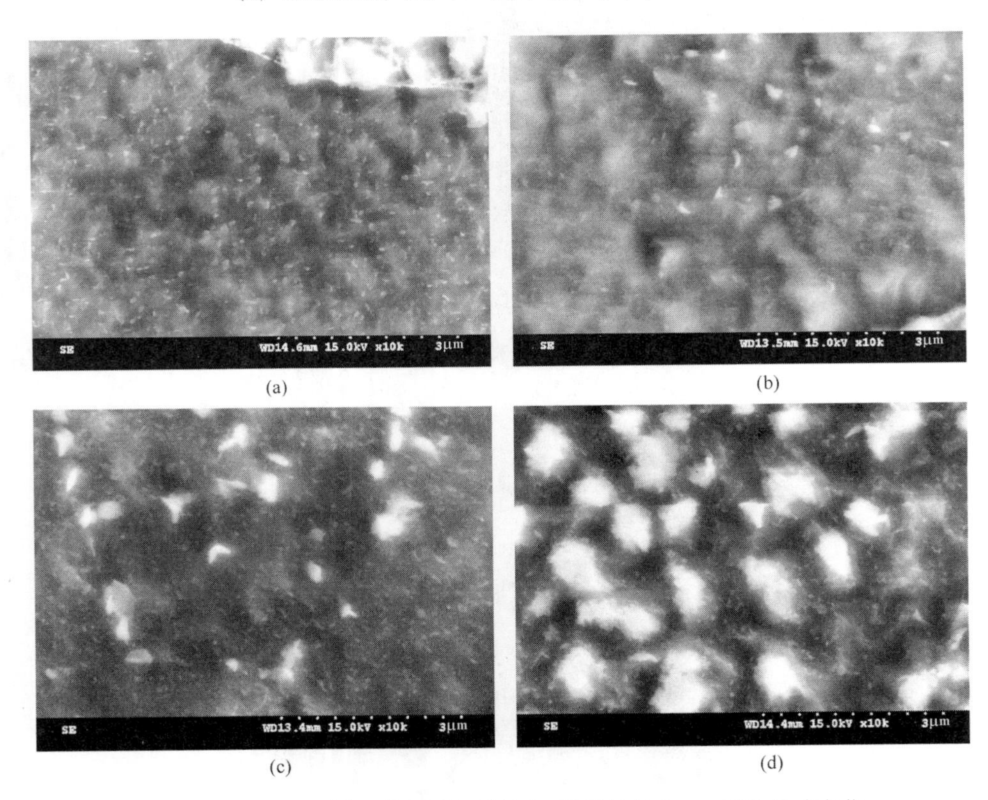


图 3-38 65 号试验钢不同时效时间下 δ 铁素体的 Laves 相的尺寸变化

（a）100h；（b）300h；（c）1000h；（d）8000h

Laves 相颗粒的尺寸，如图 3-39 所示。计算方法为先用图像处理软件对析出物颗粒进行二值分割，然后采用 Image-Pro plus 软件找出不规则的 Laves 相颗粒的平面图形的几何中心，画出一条直径，以几何中心为中心旋转该直径，每旋转 2°取 1

个数值，平均后设为该 Laves 相颗粒的平均直径。图 3-39（b）中的数值即为软件自动计算结果。最后对 20 个视场下的 Laves 相颗粒尺寸进行计算，取平均值，即为该状态下 Laves 相颗粒的平均直径。同时，对试验钢组织中回火马氏体及 δ 铁素体进行了显微硬度测量，如图 3-40 所示，回火状态下，δ 铁素体内的压痕明显大于回火马氏体，8000h 时效后，两者的差值逐渐减小。

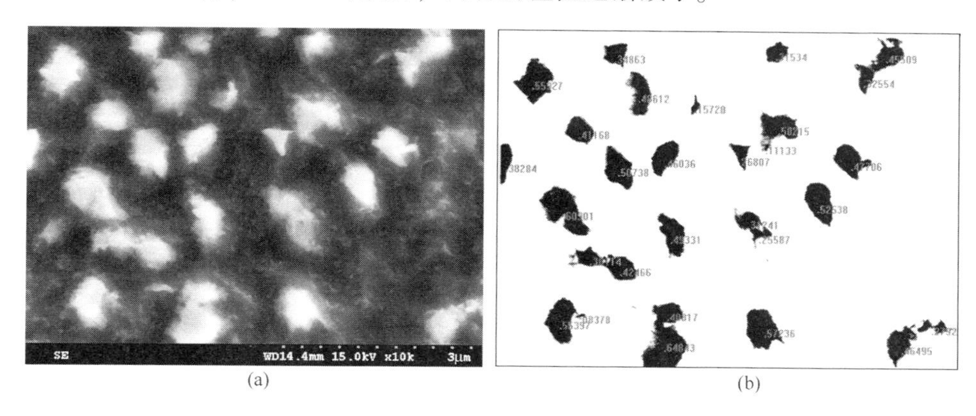


(a) (b)

图 3-39 δ 铁素体内 Laves 相平均直径的测量

（a）SE；（b）Image-Pro

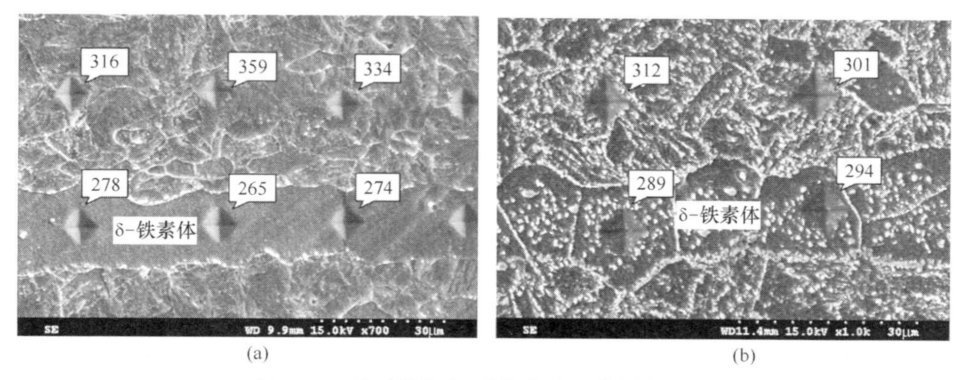


(a) (b)

图 3-40 试验钢组织形貌及其显微硬度测量

（a）回火态；（b）8000h 时效

600℃下在 0~8000h 时效范围内，P92 钢中 δ-铁素体内 Laves 相的长大规律及显微硬度的测量结果如图 3-41 所示。随着时效时间的延长，Laves 相颗粒尺寸逐渐增大，8000h 后其尺寸长大至 400nm。回火态时，马氏体内的位错密度较高，δ 铁素体内没有 Laves 相析出，因此，马氏体内的硬度明显高于 δ 铁素体。随着时效时间的延长，马氏体内的位错密度降低，但第二相的析出量逐渐增加，0~1000h 范围内，位错密度降低占主导作用，硬度总体上呈下降趋势，1000h 后第二相沉淀强化效果逐渐增加，使得 1000~8000h 范围内，马氏体内的硬度变化不大；δ 铁素体内的 Laves 相在时效过程中的大量析出，起到沉淀强化的作用，使其硬度逐渐增加。因此，随着时效时间的延长，马氏体与 δ 铁素体的硬度差逐渐减小，8000h 时效后，二者硬度基本相同。

在 9%~12%Cr 铁素体系耐热钢中，Cr 当量高、成分偏析和较高的加热温度等多因素导致 δ 铁素体的形成。通常认为 δ 铁素体内无碳化物，无亚晶界，位错密度较低，是组织中的弱区，在长时高温蠕变过程中优先回复，导致局部蠕变的发生，从而降低持久强度。P92 主要用作大口径厚壁钢管，成分中 Cr、W、Mo 等元素易偏析，难以控制，较难避免 δ 铁素体生成。业内通常认为，P92 钢中 δ 铁素体含量应控制在 5%以下，但目前缺少理论支持，本研究发现，如果 P92 钢管中已经存在 δ 铁素体，那么在 600℃ 时效过程中，P92 钢中的 δ 铁素体内会有包括 MX 和 Laves 在内的第二相析出，随着时效时间的推移，这些 δ 铁素体内的析出相可强化 δ 铁素体。试验研究的结果还发现在 600℃ 温度下时效 10000h 时间内，试验钢中 δ 铁素体含量对试验钢的强度性能影响不大，但其对试验钢的冲击韧性影响明显，12 号试验钢中含 10%左右铁素体显著降低其冲击韧性，如图 3-42 所示，表明 δ 铁素体的存在不利于材料的冲击韧性。

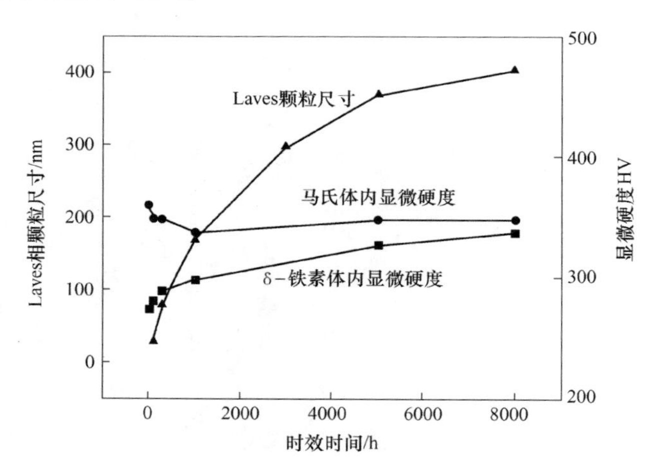


图 3-41 时效时间对 P92 钢中 δ 铁素体与回火马氏体硬度的影响

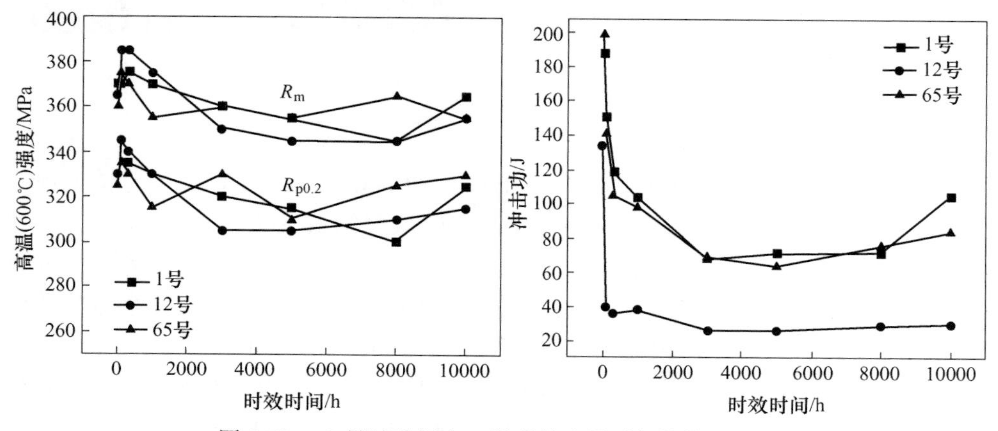


图 3-42 12 号试验钢中 δ-铁素体含量对钢性能的影响

# 3.4　650℃马氏体原型钢的选择性强化设计与实践

## 3.4.1　9%~12%Cr 马氏体耐热钢技术研发历程

T9、T/P91、T/P92 和 9Cr-3W-3Co 耐热钢是 9%~12%Cr 马氏体耐热钢技术研发过程中的重要里程碑，其典型化学成分如表 3-11 所示。T/P91 是在 T9 基础上进行成分优化和改进而得到的，T/P92 是在 T/P91 的基础上进一步进行成分改进而得到的。在蒸汽温度 580~600℃区间，T/P91 和 T/P92 耐热钢因其均衡的持久强度和抗蒸汽腐蚀性能，使其在先进超（超）临界电站建设中获得广泛应用。

**表 3-11　典型 9%Cr 钢的化学成分**　　（质量分数,%）

| 钢　种 | C | Si | Mn | Cr | Mo | W |
|---|---|---|---|---|---|---|
| T9 | <0.15 | 0.25~1.0 | 0.3~0.6 | 8~10 | 0.9~1.1 | |
| T/P91 | <0.15 | 0.2~0.5 | 0.3~0.6 | 8~9.5 | 0.85~1.05 | |
| T/P92 | <0.15 | <0.5 | 0.3~0.6 | 8~9.5 | 0.3~0.6 | 1.5~2.0 |
| 9Cr-3W-3Co | 0.002~0.16 | 0.3 | 0.3~0.6 | 9 | | 3 |
| 钢　种 | V | Nb | N | B | Co | |
| T9 | | | | | | |
| T/P91 | 0.18~0.25 | 0.06~0.10 | 0.03~0.07 | | | |
| T/P92 | 0.15~0.25 | 0.04~0.09 | 0.03~0.07 | 0.001~0.006 | | |
| 9Cr-3W-3Co | 0.2 | 0.05 | 0.002~0.004 | $(0\sim139)\times10^{-6}$ | 3 | |

T9 是典型的 9Cr1Mo 型的 Cr-Mo 钢，受到 G102 多元素复合强化设计思想的影响，20 世纪 70 年代末美国橡树岭国家实验室的科研人员在 T9 钢中添加了 Nb-V-N，优化了 Cr-Mo 等元素的配比，研发成功了 T91 钢。在 T9 钢 Cr-Mo 固溶强化的基础上，T91 钢增加了 Nb-V-N 复合析出强化。在钢中添加 V 和 Nb 的主要目的是形成 MX 相，一般情况下 MX 相细小弥散，在高温长时服役过程中比较稳定，是 9%~12%Cr 耐热钢中重要的强化相。由于 MX 相一般均匀分布于晶内，对钢的基体有显著的强化作用。如图 3-43 所示，大量的试验结果表明在 9%~12%Cr 耐热钢中 0.18%V 和 0.05%Nb 复合添加的强化效果最好[25]。包汉生等[26]研究结果也表明对不同 V 含量（0.14%~0.31%）的 T122 钢进行了详细研究，发现当 V 含量为 0.19%时，材料的综合性能最好。

在 T/P91 钢设计理念中，Cr-Mo 固溶强化、Nb-V-N 析出强化、马氏体板条亚结构强化、和位错-析出颗粒钉扎强化是其主要强化机制，但这些强化机制均与服役过程中该钢组织的演变密切相关。图 3-44 给出了 P91 钢在 600℃长时服役

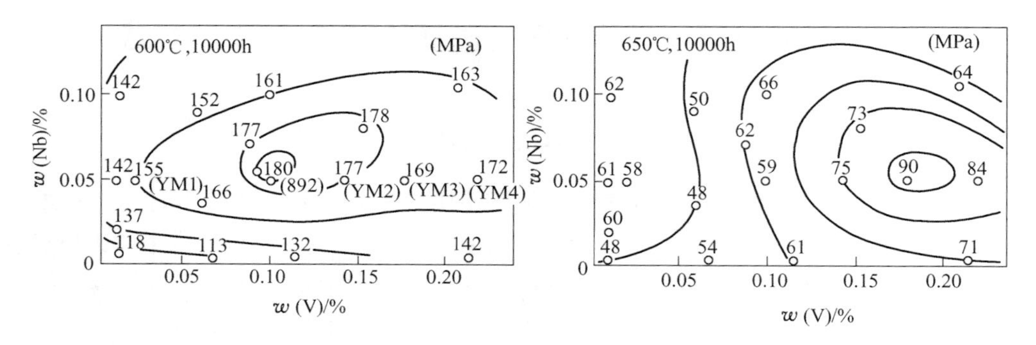


图 3-43 10Cr2Mo 钢钒和铌配比与强度关系图[25]

过程中其金相组织的演变情况[27]。从 P91 钢组织的演变可以归纳分析造成锅炉管服役过程早期失效的原因：第一，高温长时服役过程中，P91 钢基体的马氏体组织发生回复，失去原有的板条结构，亚结构强化效果明显降低；第二，P91 钢组织中的自由位错发生湮灭，位错密度明显下降，位错强化效果明显降低；第三，析出相 $M_{23}C_6$ 长大粗化，其钉扎位错的效果减弱或消失，进一步弱化了位错强化效果。因此，在进行耐热钢成分设计时，既要努力提升强化因素的效果，又要抑制早期失效行为的发生。

图 3-44 P91 钢 600℃组织演变

(a) 回火；(b) 160MPa，971h；(c) 120MPa，12858h；(d) 100MPa，34141h[27]

锅炉钢的成分设计必须考虑其具体应用环境，同时要兼顾化学成分对持久蠕变性能、焊接性、抗蒸汽氧化腐蚀、抗煤灰腐蚀等的影响。关于锅炉钢经济性问题，应有一个全面的观点，即要综合考虑合金元素、加工工艺和服役过程中维护全过程，要从整套设备的全寿期的角度评价锅炉钢的成本问题。材料的经济性绝不是仅仅体现在合金元素的成本上，如果减少合金元素造成了工艺成本大幅增加或者使用过程中存在安全隐患，那这种材料的经济性观点是不可取的。

20世纪80~90年代以来，日本在铁素体耐热钢的研发方面取得了令人瞩目的成就。实际上，日本从20世纪50~60年代开始从海外引进铁素体耐热钢技术。当时考虑铁素体耐热钢的使用温度上限为600℃，高于此温度的则应选用18-8型奥氏体耐热钢。正如太田定雄先生所言“日本在20世纪60~70年代脚踏实地地进行了提高高温强度的基础性研究，带来了80年代的9%~12%Cr钢的大发展”，其结果使日本在耐热钢的材料研究和产业技术方面后来居上，迅速赶超欧美成为世界最强国[28]。T/P92和9Cr3W3Co耐热钢均是在日本首先研发成功。在600℃蒸汽参数锅炉钢开发方面，日本也走在世界前列。

T/P92钢的设计理念是在保留T/P91的Nb-V-N析出强化基础上，通过加W减Mo的W-Mo复合固溶强化来进一步提升钢的持久性能。与Mo相比，W的原子序数大，固溶强化效果比Mo好，且有研究表明耐热钢中W含量的提高对抑制$M_{23}C_6$和马氏体板条的粗化均有明显作用，可以有效提高耐热钢的持久性能。但是由于Mo和W元素属于铁素体形成元素，含量过多会导致材料中产生δ-铁素体，因此要控制其总含量。在T/P92中增加1.8%左右的W，而把Mo含量从1.0%左右减半，9%Cr耐热钢的这种配比的W-Mo复合固溶强化取得了很好的效果。与T/P91相比，T/P92在抗蒸汽腐蚀性能相当的前提下，其持久强度有了较大幅度提升，使T/P92的蒸汽温度使用上限提高到600℃，而T/P91的蒸汽温度使用上限提高到580℃。

在过去的50年中，高温高压条件下铁素体耐热钢的使用温度（蒸汽）从560℃提高到600℃左右。针对650℃蒸汽温度，已开发了若干铁素体耐热钢，如SAVE12、NF12、9Cr-3W-3Co，15Cr-6W-3Co及不采用碳化物强化的18Ni-9Co-5Mo马氏体时效钢等。但是现阶段还不能确认这些新钢种是否可成功应用于电站锅炉的建设，其性能指标及其稳定性尚需进一步考核。从目前已经获得研究结果看，在这些正在研发的新钢种中9Cr3W3Co系马氏体耐热钢是比较有应用潜力的。在强化机制设计方面，9Cr3W3Co耐热钢是在T/P92的基础上从多方面进一步提高固溶强化效果，保持了T/P92钢的析出强化水平，同时增加了B-N复合强化机制。9Cr3W3Co马氏体耐热钢成分设计的主要特点在于以下几个方面：

（1）优化了碳和氮含量及配比。碳易与Cr、Mo、W、V和Nb形成碳化物而可能有助于锅炉钢持久强度的提高。当碳含量低于0.05%时，在一定程度上对钢的强度和韧性都有损害。而当碳含量超过0.20%时（有时超过0.15%时），将使钢的$A_{c1}$点大幅度降低，从而可能导致高温回火进入两相区。另外，过高的碳含量将使钢的加工性和焊接性变差。鉴于此，一般情况下铁素体锅炉钢的碳含量选择在 0.05%～0.15%之间。同时，氮也易与 V 和 Nb 形成化合物从而提高钢的持久强度。当氮含量超过 0.070%时，钢的成形性和可焊性将变差。而当氮含量不足 0.003%时，预期添加氮的作用显现不出来。因此，合适的氮含量应在 0.003%～0.07%之间[29]。

应该注意的问题是高蒸汽参数铁素体锅炉钢中碳和氮是有直接关联的两个元素。Taneike 和 Abe 等人[30]对 9Cr-3W-3Co 钢的研究表明：氮含量为 0.05%时，分别变化碳含量为 0.002%、0.018%、0.047%、0.078%、0.120% 和 0.160%。如图 3-45（a）所示，碳含量变化对蠕变速率有很大的影响。如蠕变时间短于 0.1h，各炉号钢的蠕变速率接近。随着蠕变时间的增加，蠕变第三阶段的起始时间受碳含量影响明显，在碳含量 0.047%～0.160%之间时，蠕变加速起始时间点接近，碳含量为 0.018%和 0.002%时，蠕变加速的起始时间点被明显延迟，获得了较低的蠕变速率，较长的蠕变断裂时间。另一方面，如图 3-45（b）所示，当碳含量高于 0.047%时，蠕变断裂时间非常接近，说明当碳含量高于 0.05%而低于 0.15%时，碳含量的变化对蠕变断裂没有明显的影响。而当碳含量低于 0.047%时，蠕变断裂时间明显增加。同时 Taneike 和 Abe 等人也研究了碳含量为 0.002%时，氮含量（分别为 0.05%、0.074%和 0.103%）的变化对蠕变强度的影响，结果发现随着氮含量的增加，钢的蠕变强度反而低于 0.05%氮含量的钢。当碳含量为 0.08%时，随氮含量增加，在氮含量为 0.0079%时持久强度最高，当氮含量增加到 0.065%时，3000h 内持久强度高于 0.0034%氮的钢，但在 3000h 后持久强度陡降，见图 3-46[31]，对这一实验现象的解释需要进一步的证据。

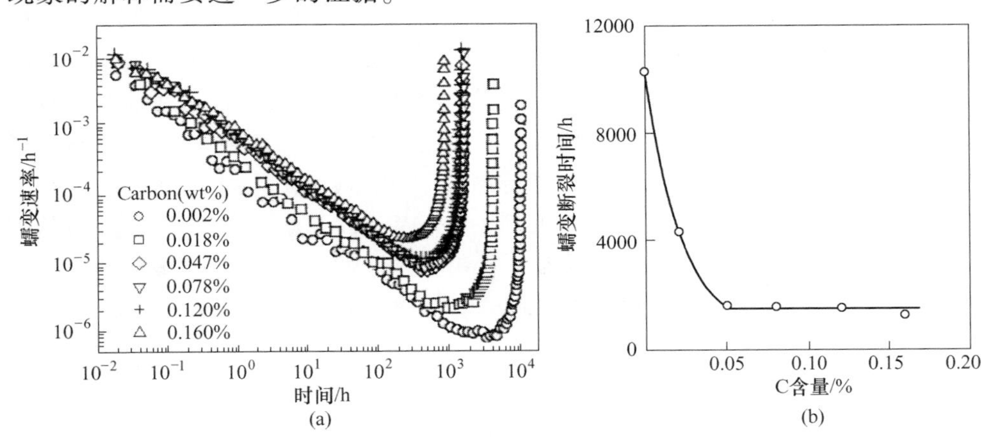


图 3-45 碳含量对蠕变速率-时间曲线的影响（a）和碳含量对蠕变断裂时间的影响（b）

（温度 650℃，应力 140MPa，其他元素含量 9%Cr-3%W-3%Co-0.2%V-0.06%Nb-0.05%N）

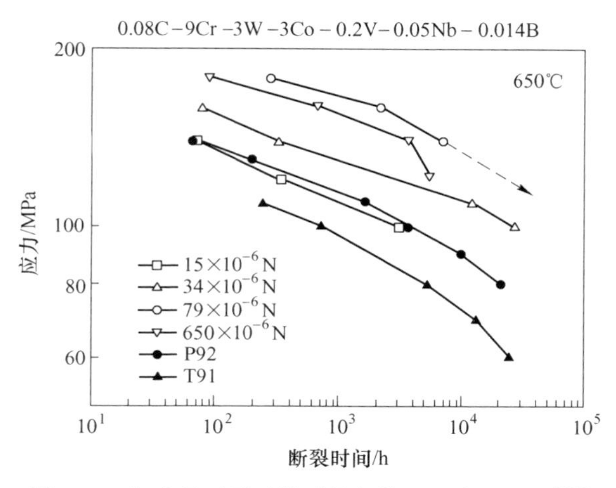


图 3-46 氮含量对马氏体耐热钢持久强度的影响[31]

日本住友金属公司的 Yamada 和 Igarashi 等人[32,33]研究了［碳］/［氮］配比对 9Cr-3W-3Co 钢性能的影响，试验钢成分见表 3-12。研究发现 C 钢蠕变速率大于 A 钢蠕变速率，或者说 A 钢的蠕变断裂时间明显长于 C 钢，见图 3-47。图 3-48 比较了 A、B 和 C 三炉钢 650℃下 120MPa 和 140MPa 应力作用下的蠕变速率，可以看出 C 钢的蠕变速率明显高于 A 和 B 钢，120MPa 应力下 A 和 B 钢的蠕变速率接近，第三阶段蠕变加速起始时间点也接近，断裂时间也基本一致，140MPa 应力下，B 钢蠕变断裂速率低于 A 钢，蠕变加速起始时间延迟，蠕变断裂时间比 A 钢略长。

**表 3-12 ［碳］/［氮］配比对 9Cr-3W-3Co 钢性能的影响** （质量分数,%）

| 钢 | C | Cr | W | Co | V | Nb | N | B |
|---|---|---|---|---|---|---|---|---|
| A | 0.082 | 9.16 | 3.3 | 3.0 | 0.20 | 0.05 | 0.051 | 0.0047 |
| B | 0.100 | 9.28 | 3.3 | 3.0 | 0.20 | 0.05 | 0.026 | 0.0047 |
| C | 0.120 | 9.28 | 3.3 | 3.0 | 0.20 | 0.05 | 0.001 | 0.0047 |

（2）适合的铬含量控制范围。当 Cr 含量低于 8%时，锅炉钢的抗热腐蚀和抗氧化性能不足。当 Cr 含量大于 12%（甚至更低）时，锅炉钢中将可能出现一定比例的 δ 铁素体，从而损害钢的持久强度和韧性。因此高蒸汽参数铁素体锅炉钢的最佳 Cr 含量一般为 8%～12%。当蒸汽参数提高到 630～650℃时，9%～12%Cr 含量将不足以使锅炉管具有足够的抗氧化和环境腐蚀的能力。刘正东等人[34]试图在 12%Cr 和 18%Cr 之间寻找某一可能的 Cr 含量，以提高 9%～12%Cr 钢的抗热腐蚀性能，在成分设计上考虑了铬当量和镍当量平衡问题以尽量避免大量 δ 铁素体出现。目前的实验结果表明，完全避免 δ 铁素体出现是非常困难的。从近年来的试验结果看，把 650℃锅炉钢

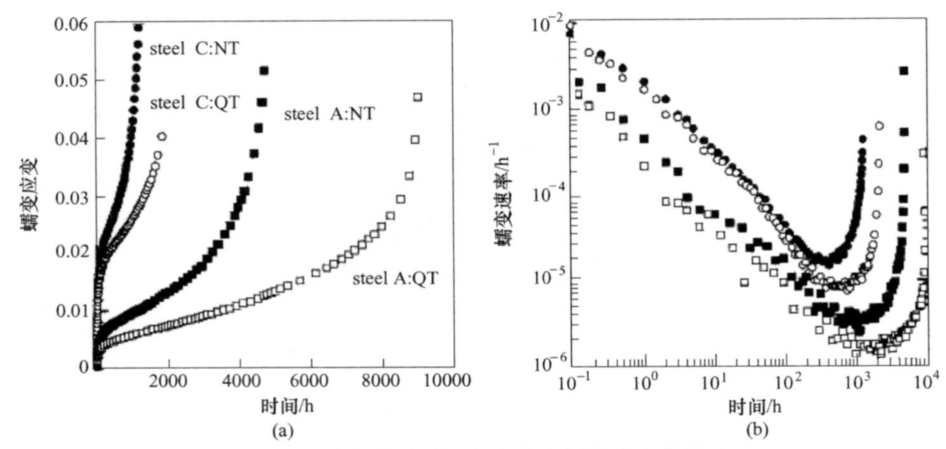


图 3-47　碳氮含量对蠕变应变和蠕变速率的影响

（温度 650℃，应力 120MPa）

（a）蠕变应变的影响；（b）蠕变速率的影响

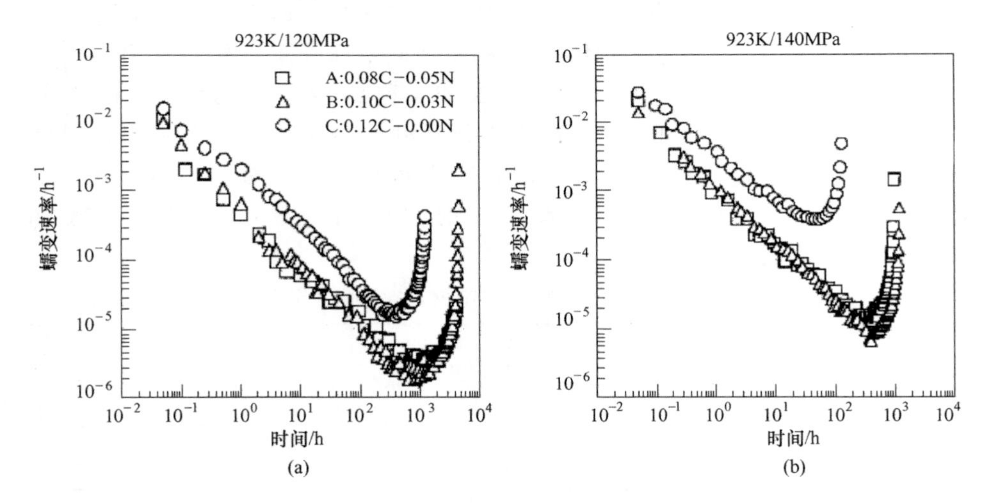


图 3-48　碳氮含量变化对蠕变速率的影响

（a）温度 650℃应力 120MPa；（b）温度 650℃应力 140MPa

的基本 Cr 含量确定为 9%应作为重要参考。在 T122 钢中，当 Cr 含量处于上限时，将导致 δ 铁素体的出现，该结果已被证明对持久强度有很大的负面影响。刘兴阳和 Fujita 等人[35]研究认为 10%～13%Cr 钢的 650℃持久强度在 Cr 含量为 11.4%时达到最高，见图 3-49。图中 Cr 含量为 12.9%时在 2000h 左右出现持久强度的陡降，Cr 含量越高持久强度下降的开始越早。目前，解决铁素体锅炉钢抗热腐蚀问题似乎有两个思路：一是继续在 12%～18%Cr 之间寻找合适的成分配比，二是立足于 9%Cr，而在锅炉管的表面处理技术上寻找突破。至于这两个思路哪个是正确的，还需要进一步研究。

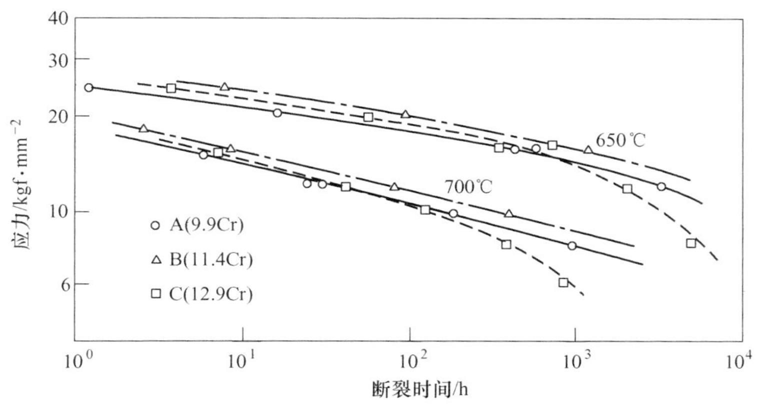


图 3-49 试验钢 650℃和 700℃持久断裂曲线[35]

（3）W-Co 和 V-Nb 复合强化。Co 是奥氏体稳定元素，加入一定量的 Co 可以保证材料不形成 δ-铁素体。Co 在基体中固溶度高，在析出相中固溶度低，因此 Co 主要在基体中起固溶强化作用。同时，Co 有可能降低扩散过程，从而降低第二相的粗化速率。以 Co 取代 Mo，W、Co 复合添加是 650℃铁素体耐热钢成分设计的特点之一。T92、T911 和 T122 等钢是以 W-Mo 复合强化，通过研究发现用 Co 替代 Mo，其强化效果更好，因此 650℃铁素体锅炉钢普遍采用 W、Co 添加。W 含量增加对持久强度的提高和抑制 $M_{23}C_6$相的粗化，已有很多研究（见图 3-50 和图 3-51），W 替代 Mo 的作用也不赘述了。W 含量的增加可抑制蠕变过程中 $M_{23}C_6$

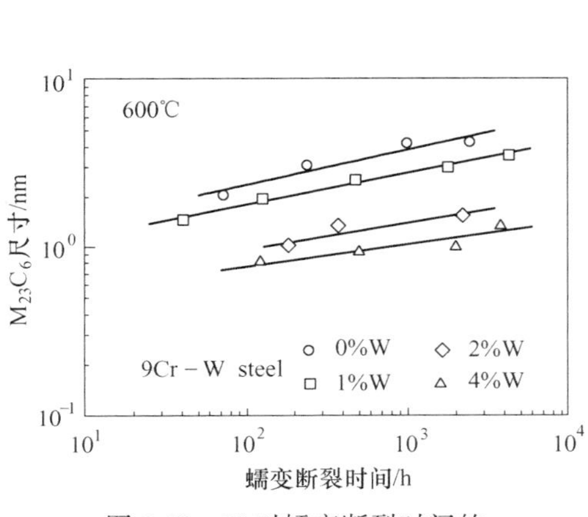


图 3-50 W 对蠕变断裂时间的影响[36]

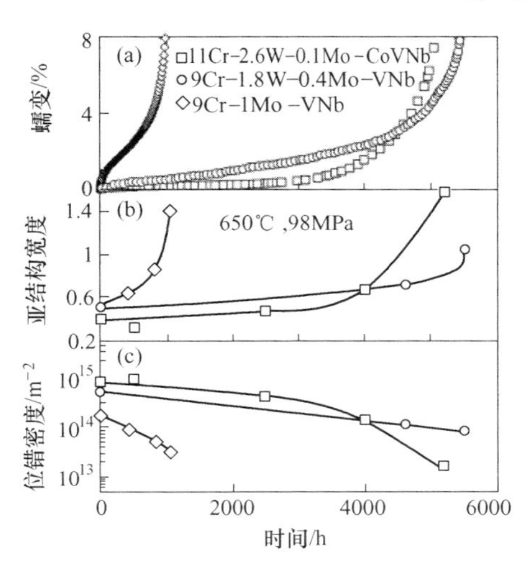


图 3-51 W-Mo 对蠕变、亚结构宽度和位错密度的影响[36]

相尺寸的长大，而且含 W 钢的蠕变应变明显低于含 Mo 钢的蠕变应变[36]。

Katsumi Yamada 等人[37]研究 Co 对 9%Cr 钢的微观组织和性能的影响，钢的成分见表 3-13。他们发现含 3%Co 的钢的蠕变速率明显低于不含 Co 钢，见图 3-52。欧洲 AD700 计划中曾尝试提高 9%～12%Cr 钢的 650℃持久强度，研究了 7 炉试验钢，其中 6 炉钢的持久强度低于 P92 钢，只有 1 炉 9Cr-5Co-2WVNbN 钢的持久强度与 P92 钢接近[38]。R. Agamennone 等人[39]研究了含 9%～12%Cr-2W-5Co 钢（成分见表 3-14），其 650℃持久强度的比较见图 3-53，只有 5A 与 6A 钢的持久强度与 P92 钢接近，其他炉号钢的持久强度均低于 P92 钢。同时欧洲也对 NF12 和 NIMS-9Cr3W3Co 钢的长时性能进行了测试，发现 10000h 时 NF12 钢的强度下降明显，而 NIMS-9Cr3W3Co 钢没有出现强度陡降现象[38]，见图 3-54。

**表 3-13　Co 对 9%Cr 钢的微观组织和性能的影响**　（质量分数,%）

| 含量 | C | Cr | W | Co | V | Nb | N | B |
|---|---|---|---|---|---|---|---|---|
| 3%Co | 0. 082 | 9. 16 | 3. 27 | 2. 94 | 0. 19 | 0. 050 | 0. 058 | 0. 0047 |
| 不含 Co | 0. 073 | 8. 93 | 3. 23 | — | 0. 19 | 0. 046 | 0. 051 | 0. 0050 |

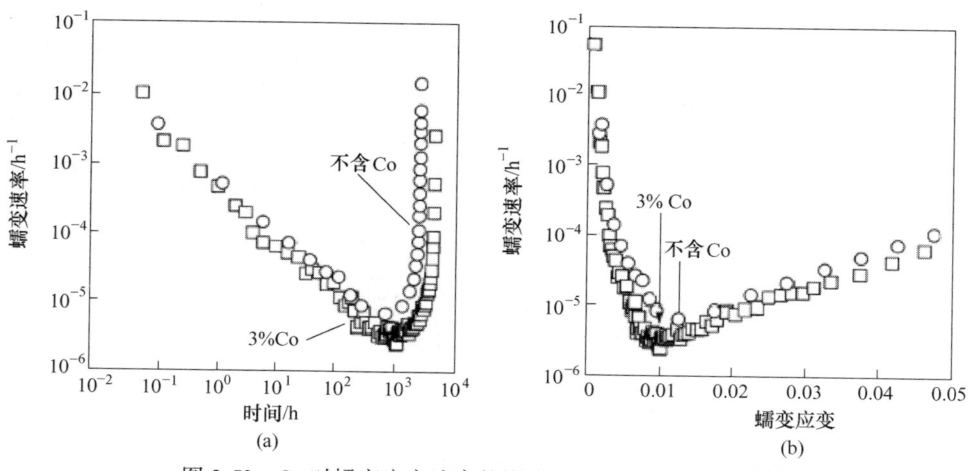


图 3-52　Co 对蠕变应变速率的影响（650℃，120MPa）[37]

迄今的研究表明，在 9%Cr 铁素体钢中添加 3%W 和 3%Co 具有重要参考价值。Cui 和 Kim 等人[40]研究了 10%Cr 铁素体钢中添加 6%W 和 6%W-3%Co 对钢组织和性能的影响。当 10%Cr 钢中的 W 增加到 6%时，明显促进 Laves 相的析出，而再加入 3%Co 时，会使 Laves 相尺寸增大。

表 3-14 (9%~12%) Cr-2W-5Co 钢成分 (质量分数,%)

| 钢号 | C | Si | Mn | P | S | Cr | Ni | W | Co | Mo | V | Nb | B | N |
|---|---|---|---|---|---|---|---|---|---|---|---|---|---|---|
| 5A, 5C | 0.159 | 0.469 | 0.102 | — | — | 12.0 | — | 1.99 | 4.81 | 0.176 | 0.215 | 0.065 | <0.001 | 0.0315 |
| 5E,5E-Ⅰ | 0.12 | 0.33 | 0.04 | — | — | 11.6 | 0.12 | 2.00 | 5.00 | 0.20 | 0.21 | 0.06 | 0.0035 | 0.034 |
| 6A | 0.18 | 0.089 | 0.103 | — | — | 8.38 | — | 1.93 | 4.84 | 0.173 | 0.213 | 0.064 | <0.001 | 0.0335 |
| P92 | 0.11 | 0.10 | 0.45 | 0.012 | 0.003 | 8.82 | 0.17 | 1.87 | — | 0.47 | 0.19 | 0.06 | 0.002 | 0.047 |

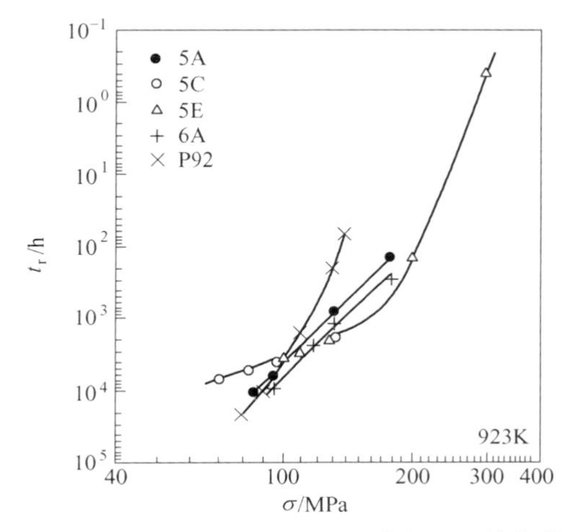


图 3-53 (9%~12%)Cr-2W-5Co 钢 650℃持久强度

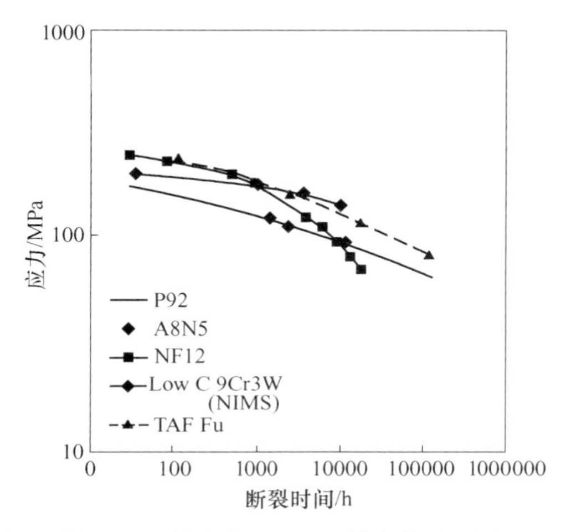


图 3-54 铁素体钢 650℃持久强度对比

Yoshiaki Toda 等人[41]研究了 W、Co 对 15%Cr 铁素体耐热钢组织和性能的影响，钢的成分见表 3-15，发现在 15%Cr 铁素体钢中单独添加 3W、6W 和 3W-3Co 情况下，钢的持久强度低于改进型 9Cr-1Mo 和 NF616 钢，只有 6W-Co 情况下的持久强度和 NF616 钢接近，见图 3-55。

表 3-15 15%Cr 试验钢化学成分 (质量分数,%)

| 钢号 | C | Si | Mn | P | S | Cr | Mo | W | V | Nb | Co | N | B |
|---|---|---|---|---|---|---|---|---|---|---|---|---|---|
| 3W-0Co | 0.110 | 0.24 | 0.49 | 0.001 | 0.003 | 15.21 | 0.98 | 2.95 | 0.20 | 0.051 | — | 0.072 | 0.0028 |
| 6W-0Co | 0.095 | 0.20 | 0.50 | <0.002 | 0.001 | 15.10 | 0.98 | 5.96 | 0.19 | 0.06 | — | 0.083 | 0.0030 |
| 3W-3Co | 0.096 | 0.20 | 0.50 | <0.002 | 0.001 | 15.11 | 0.99 | 3.01 | 0.19 | 0.06 | 3.01 | 0.083 | 0.0030 |
| 6W-3Co | 0.096 | 0.18 | 0.50 | <0.002 | 0.001 | 15.10 | 0.99 | 5.94 | 0.18 | 0.06 | 3.00 | 0.082 | 0.0027 |

总结 W-Co 复合强化的研究结果可以看出，目前的 9%Cr 钢基本可采用 3W-3Co 强化方式。当 W 含量超过 2%时，9%Cr 钢中就有 Laves 析出，采用 6W 时 Laves 相量更大，而且 W 是铁素体形成元素，增加 Cr 当量，容易促使 δ 铁素体出现。欧洲的研究结果表明把 9%Cr 钢中 Co 含量提高到 5%时，其持久强度与

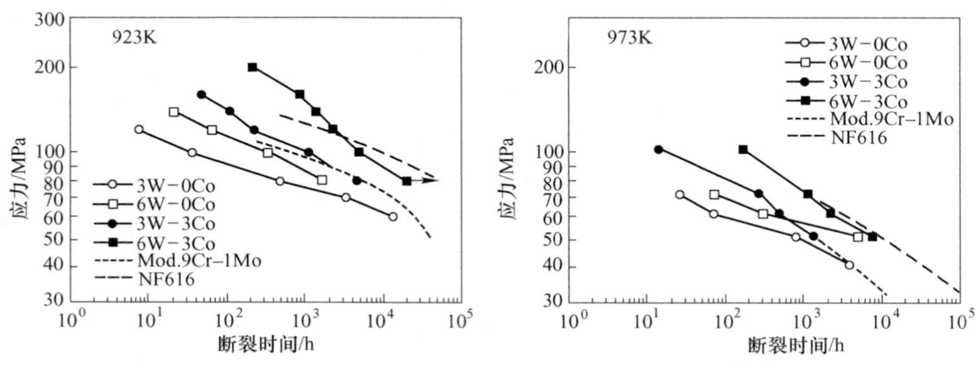


图 3-55　W-Co 对 15%Cr 铁素体钢持久强度的影响[41]

P92 接近，持久强度并没有明显提高。而 Co 是奥氏体形成元素，根据 866 钢（含 5%Co，$A_{c1}$约 720℃）和 768 钢（含 6%Co，$A_{c1}$约 680℃）的研究经验[42]，Co 增加可能会降低 $A_{c1}$温度。NF12 钢采用 3W-2.5Co-0.5Mo 复合添加，该钢的持久强度也不是很高。15%Cr 钢采用 6W-3Co 强化方式，因为 W 含量低于 6%时持久强度没有明显提高。可以认为 Cr 含量增加会降低持久强度，通过 W-Co 复合加入可提高持久强度。6W-3Co 配比可使 15%Cr 钢的持久强度达到 T92 钢的水平，而 3W-3Co 配比仅能使 15%Cr 钢的持久强度达到 T91 钢的水平。

除了上述典型合金化（Cr-W-Co）特点外，650℃铁素体钢的成分设计中依然沿袭了 T92、T122 等钢种的 V-Nb 复合强化，钒含量在 0.20%左右，铌含量在 0.05%左右时，钢的持久强度最高[43]。而有研究也表明控制 Cu/Co 或 Cu/(Co+Ni）配比对提高高铬铁素体锅炉钢的高温韧性和强度是重要的[44]。

（4）B 含量控制问题。在铁素体型耐热钢中加入 B，已有很多研究和报道。Abe 等人[31]系统研究了 B 对 0.08C-9Cr-3W-3Co-0.5Mn-0.3Si-0.2V-0.05Nb 钢持久强度的影响，见图 3-56。在该成分体系下，在 $140\times10^{-6}$以下范围内，随着 B 含量的增加，钢的持久强度明显提高。值得注意的是，钢中 B 的加入量与钢中的 C 和 N 含量有相互作用关系，应把 C 和 N 配比与 B 添加的关联作用综合讨论。关于 B 和 N 配比，研究者们进行了大量的研究。在钢中 B 和 N 元素配比失当的情况下，钢中可能会形成大块的 BN 夹杂物，对钢的持久强度和持久塑性均有不利影响。包汉生等[45]在 9%~12%Cr 锅炉钢的实验研究中已经发现了大块 BN 的存在，大块 BN 有碎化现象，对钢的持久强度和持久塑性更为不利。

日本学者深入研究了 9%~12%Cr 锅炉钢中 B 和 N 元素之间的配比关系，其研究结果绘于图 3-57[46]。在 ASME 规范中，P92 钢中 B 的含量范围是（10~60）$\times10^{-6}$，N 的含量范围是（300~700）$\times10^{-6}$，P122 钢中 B 的含量范围是（50~500）$\times10^{-6}$，N 的含量范围是（400~1000）$\times10^{-6}$，从图 3-57 中可以清晰看出，

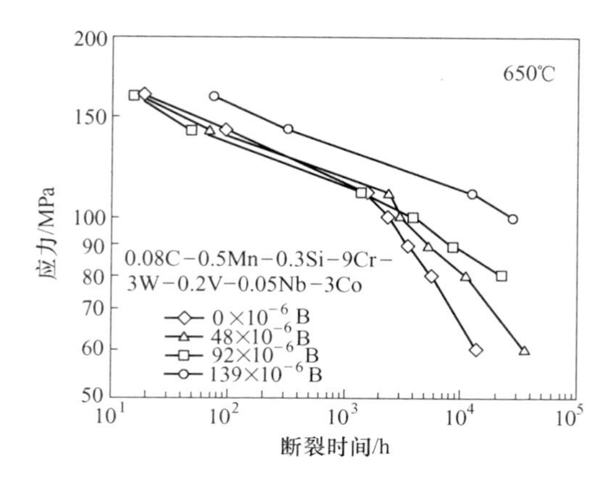


图 3-56　B 对 9Cr3W3Co 钢持久强度的影响[34]

P92 和 P122 钢中 B 和 N 元素的配比均处于易生成大块 BN 的区域之内，这些因素在工程实践中要引起足够的注意。

B 元素在耐热钢中，除了可能与 N 元素发生反应外，更多的是强化晶界、抑制组织粗化。早在 20 世纪 60 年代，钢铁研究总院刘荣藻教授领导的耐热钢研究组在研发 G102 锅炉钢时就引入 B 元素，并对 B 元素在耐热钢中的作用机理进行了深入的研究。1980 年钢铁研究总院邓星临等[47]对 20 炉不同成分的 G102 钢（620℃×$10^5$h 持久强度在 34～64MPa 范围内变动）的持久强度与 B 和 Cr 元素含量之间的定量关系进行了逐步回归，得到最优回归方程如式（3-3）所示。

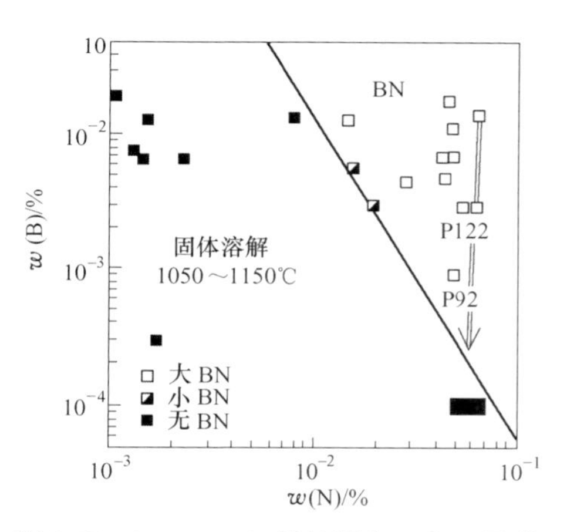


图 3-57　9%～12%Cr 锅炉钢中 B 和 N 元素之间的配比关系[46]

$$\sigma_{10^5}^{620℃} = 51.8238 - 0.0323\frac{1}{B} - 18.0604\text{Cr} \qquad (3\text{-}3)$$

式（3-3）说明 G102 的持久强度与 1/B 和 Cr 相关程度很高。B 对持久强度影响很大，B 含量越高，钢的持久强度就越高。为了直接对比 B 对钢热强性的影响，把 B 含量不同的钢在相同温度和应力下进行蠕变试验。结果表明含 B 低的钢无论是蠕变第一阶段的变形量还是第二阶段蠕变速度，都显著高于含 B 高的钢。

1985 年钢铁研究总院胡云华等[48]进一步研究了 B 元素对 G102 热强性的影响，发现 B 对 G102 钢 620℃×$10^5$h 持久强度 $\sigma_{10^5}^{620℃}$ 的贡献约为 10MPa。B 对 G102

钢持久强度和持久塑性发生影响的原因：一方面 B 是内表面活性元素，优先分布于晶界，从而与 Ti 共同抑制高温下晶界区的扩散过程，阻止晶界区碳化物和空穴的聚集长大，改善晶界状态从而强化晶界；另一方面主要是通过微量 B 对碳化物相数量、大小、形状和分布的影响，从而间接地影响钢的热强性，这两方面的影响均得到了实验结果的验证。中 B 钢中的粗大 $M_{23}C_6$ 相颗粒远比无 B 钢细小，在 620℃长期时效后，MC 相颗粒大小基本保持原状，而无 B 钢 MC 相粒子则显著变大。虽然时效约 $10^4$h 后，无 B、中 B（B 含量为 $42\times10^{-6}$）和高 B（B 含量为 $110\times10^{-6}$）钢中碳化物相成分总量差别均不大。但是，中 B 钢在 620℃时效前后碳化物中元素含量变化最小，组织稳定性最好。与此相对应，中 B 钢的持久强度也最高。

最近几年，日本金属材料研究所的 Abe 等[46]在研究 9Cr3W3Co 钢时，对钢中 B 的作用做了更进一步的探究，发现 B 元素主要是富集在晶界附近，而且 B 元素进入晶界附近析出的 $M_{23}C_6$ 碳化物中，形成 $M_{23}(C，B)_6$ 碳硼化物。而 $M_{23}(C，B)_6$ 碳硼化物在高温高压长期服役过程中长大的速度远低于 $M_{23}C_6$ 碳化物的长大速度，从而实现了晶界和钢的强化，如图 3-58 所示。这个研究结果实际上是对胡云华等人研究的基础上前进了一步，但是 B 元素在服役过程中的定量演变问题仍然需要深入研究。目前来看，日本和欧洲的学者的报道结果都显示，B 元素在 $130\times10^{-6}$时，有良好的强化效果。

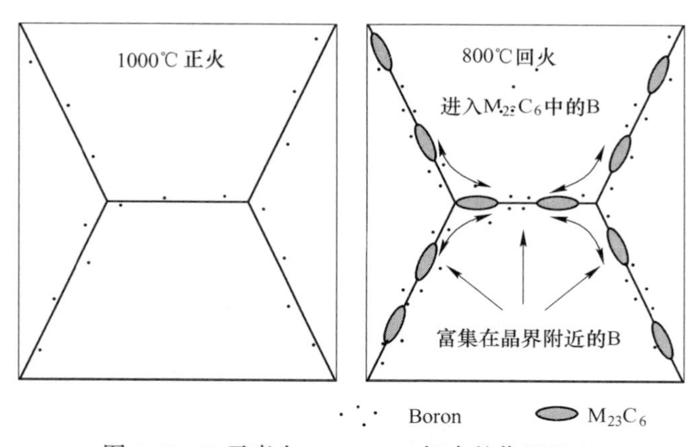


图 3-58 B 元素在 9Cr3W3Co 钢中的作用机理

（5）氮元素的影响。N 在钢中的存在有一定的固溶作用，能够提高钢的强度。但更为重要的是氮元素的析出行为。在 9%~12%Cr 系耐热钢中，N 可以形成 MX 型析出物，提高弥散强化作用。另外，N 还可以形成 BN，BN 的形成不仅消耗了基体中的 B，大颗粒 BN 还会影响持久强度，造成早期失效。当 Cr 含量较高时，N 在长期高温条件下容易形成 Z 相，Z 相也是马氏体耐热钢合金化中的有害相。因此在设计合金时，至少应考虑 N 与几种元素间的配比关系：与 B 是否会生成 BN；与 Cr 是否会生成 Z 相；是否影响碳化物类型析出物。

（6）铬元素的影响。从提高抗氧化性的角度，往往希望 Cr 含量越高越好。当 Cr 含量大于 25%时，材料表面易于形成良好的富 Cr 氧化层，对材料保护作用十分显著。Cr 固溶于基体中，可以起到固溶强化作用。同时 Cr 也是形成析出物的重要元素，起到析出强化作用。但是 Cr 含量高了之后也带来很多问题。研究表明，当 Cr 含量高于 10.5%时，在 650℃服役时材料中的 MX 相很容易转变为 Z 相，Z 相易粗化，且以消耗 MX 相为代价，因此危害要远大于 $M_{23}C_6$和 Laves 相粗化带来的危害。同时，随着 Cr 含量的提高，材料中会出现 δ-铁素体，降低材料的持久强度和韧性。目前研究表明，Cr 含量在 9%～12%的马氏体耐热钢具有较好的综合性能。9%Cr 钢通常表现出良好的强度水平，而 12%Cr 钢通常表现出良好的抗氧化效果。

### 3.4.2 9%～12%Cr 马氏体耐热钢设计许用应力下调问题

电站用马氏体耐热钢管在高温高压多种腐蚀环境下长期服役，要求材料的组织和性能保持稳定。但是，由于高温下耐热钢强化机制所限，在高温应力状态下耐热钢管的组织往往处于亚稳定状态，也就是说耐热钢管的组织及与其对应的性能在高温应力作用下难以长期保持稳定，因此，在服役过程中耐热钢管的持久强度呈现逐步衰减趋势。长期以来，国内外学者对电站锅炉钢管的老化和剩余使用寿命等问题进行了大量研究。一部分学者的研究是基于对持久蠕变数据用数学方法进行分析，另一部分学者的研究是基于持久蠕变数据和金相组织演变表征，采用数学分析和物理冶金分析相结合的方法。近年不断公开发布的电站耐热钢持久蠕变数据集资料为上述研究提供了基础和可能性。

耐热钢管的微观组织在制造过程中也可能存在控制不好的情况，即潜在的薄弱的微观组织是可能存在的。这些微观组织的薄弱环节在高温高压腐蚀环境下长期服役后，可能会产生早期失稳，在实测的持久蠕变曲线上就表现为出现拐点，使平稳衰减的持久曲线的斜率出现转折。由于微观组织薄弱环节的存在造成的钢管早期失稳是难以用数学分析和物理冶金分析方法来预测的，这是电站锅炉管剩余寿命预测研究的一个难点，同时这种情况对电站的安全运行更是潜在的危险。电站耐热材料需要一个非常长的综合考核过程，只有经历这样的考核过程耐热材料中可能存在的薄弱环节对持久性能的影响才能得到逐步确认，因此，对业已使用的耐热材料的许用应力值进行调整是正常的，更是必要的，甚至是必须的。过去十几年，美国 ASME、欧盟 ECCC 和日本 METI 都先后对 T/P92 和 T/P122 耐热钢的许用应力进行了大幅度调低，见表 3-16[49] 和表 3-17[50]。从表 3-16 可见，在 ASME 标准体系中，在 600℃时，T/P92 钢的许用应力已经从 88.1MPa 下调到

77.0MPa，下调幅度达到12.5%。在650℃时，T/P92钢的许用应力已经从47.2MPa下调到38.6MPa，下调幅度达到18.2%。从表3-17可见，在ASME标准体系中，在600℃时，T/P122钢的许用应力已经从83.1MPa下调到67.1MPa，下调幅度达到19.3%。在650℃时，T/P122钢的许用应力已经从42.8MPa下调到31.3MPa，下调幅度达到27%。上述马氏体耐热钢高温许用应力的下调，对超超临界燃煤电站的工程建设有非常大的直接影响，因为许多超超临界燃煤电站的过热器和再热器管已经选用了T/P92和T/P122锅炉管，且是按下调前的许用应力进行工程设计的，这部分电站如果还是按照原来设计的蒸汽参数运行，可能面临很大的安全风险。我国现行的无缝高压锅炉管国家标准GB 5310[51]是2008年发布的，具体制订和修订的时间要更早一些，表3-16和表3-17中对T/P92和T/P122许用应力的下调还没有来得及被完全纳入。另外GB 5310—2008标准中，对小口径管和大口径管的持久强度数据也没有加以区分，这可能造成该标准持久强度数据表中的大口径锅炉管持久强度数据比实际测试数据偏高。

**表3-16 T/P92钢许用应力值的变迁**

| 版本 | 许用应力/MPa | | |
|---|---|---|---|
| | 600℃ | 625℃ | 650℃ |
| ASME CC2179-3（1999） | 88.1 | 67.1 | 47.2 |
| ASME CC2179-6（2006） | 77.1（↓12.5%） | 56.3 | 38.6（↓18.2%） |
| ASME CC2179-8（2012） | 77.0 | 56.5 | 38.3 |
| ECCC 1999 | 82 | 61 | 42.7 |
| ECCC 2005 | 75.3（↓8.2%） | 54.6 | 37.3（↓12.6%） |
| METI 2002 | 86 | 65 | 47 |
| METI 2005 | 78（↓9.3%） | 56 | 30（↓36.2%） |

**表3-17 T/P122钢许用应力值的变迁**

| 版本 | 许用应力/MPa | | |
|---|---|---|---|
| | 600℃ | 625℃ | 650℃ |
| ASME CC2180-3（2006.04） | 83.1 | 61.1 | 42.8 |
| ASME CC2180-4（2006.08） | 67.1（↓19.3%） | 47.0 | 31.3（↓27%） |
| 日本产业经济省 METI（2002） | 85 | 65 | 45 |
| 日本产业经济省 METI（2005.12） | 68（↓20%） | 46 | 27（↓40%） |

### 3.4.3 650℃马氏体原型钢的选择性强化设计

#### 3.4.3.1 650℃马氏体原型钢研发背景

火电机组蒸汽参数越高，电厂效率越高，供电煤耗越低，排放就越低。2003

年中国开始发展600℃超超临界火电机组，该型电站建设用的高端锅炉管T23、T/P91、T/P92、S30432和S31042均需要从日本和欧美进口，推高电站成本，制约中国先进电站的建设进程。在此情况下，国家科技部从2003年开始组织钢铁研究总院、宝钢集团公司、哈尔滨锅炉厂等单位组成联合攻关组，研发国产高端锅炉管。经过十余年的艰苦努力，截至2013年中国的冶金企业已经全面实现了T23、T/P91、T/P92、S30432和S31042等高端锅炉管的自主化生产，产品大批量供应国内外市场。自2006年11月我国第一台600℃超超临界火电机组投入，到2013年底，国内火电装机（仅包括单机容量6000千瓦以上的机组）8.6238亿千瓦，我国电力总装机12.35亿千瓦。火电占电力总装机的69.8%。我国已投运和在建的超超临界机组目前占我国火电装机的比例为14.2%，但1.224亿千瓦超超临界装机占全球已有超超临界机组的84%，中国已经发展成为燃煤发电技术先进的国家。

据经合组织（OCED）数据，钢铁工业$CO_2$、$SO_2$和$NO_x$排放分别仅占6.15%、7.4%和5.9%，而火电机组$CO_2$、$SO_2$和$NO_x$排放分别占总排放量的41%、46%和49%。据英国Maple Croft Data，1994年中国$CO_2$排放26亿吨，此后年增1.5~3.0亿吨之间。2009~2010年中国$CO_2$排放60亿吨，美国$CO_2$排放59亿吨。2013年世界$CO_2$排放360亿吨，中国超过1/6。一般而言，燃烧1t煤产生2.6t左右$CO_2$。实践证明超超临界电站对实现我国国家节能减排战略目标具有决定性作用。

在充分挖掘现有耐热钢潜力的基础上，哈尔滨锅炉厂在华能集团浙江长兴电厂建设了蒸汽压力29.3MPa、蒸汽温度600℃、再热温度623℃的660MW高效超超临界火电机组，该机组已于2014年12月17日投入商业运行。该机组热效率达到46%，供电煤耗278g/(kW·h)，比常规超超临界火电机组的热效率高近2%，发电煤耗减少9g/(kW·h)，每年可节约电煤3万吨，减排$CO_2$约10万吨。实际上，再热温度620℃等级的高效超超临界火电机组在中国已经进入批量建设阶段。2015年4月神华集团高资电厂计划新建的高效超超火电机组的设计蒸汽压力为35MPa、蒸汽温度为610/630/630℃，该参数再次刷新了商用超超临界火电机组运行温度上限。国内有些电力公司甚至在考虑设计和建设蒸汽温度为650℃的超超临界燃煤电站。

700℃超超临界技术是欧、美、日、韩、中正在研发的新一代高效清洁燃煤发电技术，耐热合金及其部件研制是该技术的瓶颈问题，是世界性技术难题。700℃超超临界电站较600℃机组热效率提高10%（达到46%以上），进一步降低约40g/(kW·h)煤耗，进一步降低10%以上的$CO_2$、$SO_2$等污染物排放，具有十分巨大的经济效益和社会效益。因此，中国正在大力研发700℃燃煤发电技术，力争使我国高效清洁燃煤发电技术早日跃居世界领先水平。

600℃超超临界火电机组商业化应用后，国内外研究人员都把目标转向了600℃以上更高参数的火电机组。截至目前，已经大批量使用的马氏体耐热钢T/P92的使用温度上限就是600℃蒸汽温度，超过这一温度T/P92将面临持久强度不足和抗环境腐蚀（流动的超超临界蒸汽和/或多种煤灰腐蚀）性能不足的问题。对于小口径锅炉管系，在T92之上可以采用奥氏体耐热钢管制造过热器和再热器，奥氏体耐热钢管可以在600~650℃蒸汽温度段使用。但是奥氏体耐热钢只能用于小口径锅炉管制造，由于其热传导性能差和线膨胀系数大，不能用于制造大口径锅炉管和其他大型厚壁构件。如用铁镍基或镍基耐热合金制造600~650℃温度段的大口径锅炉管，则成本过高。因此，急需研发可用于600~650℃温度段大口径锅炉管和大型厚壁构件，以使超600℃等级超超临界火电机组的批量建设具有经济性和可行性，或者可以说，提升马氏体耐热钢使用温度上限是研发超600℃等级超超临界火电机组的瓶颈性问题之一。

#### 3.4.3.2　650℃马氏体原型钢“选择性强化”设计

随着蒸汽温度和蒸汽压力的提高，超超临界火电机组对耐热材料的性能提出了更高的要求，主要表现在以下几个方面：（1）更高的高温持久和蠕变强度；（2）优异的组织稳定性；（3）良好的冷、热加工性能；（4）良好的抗氧化和耐蚀性能；（5）良好的焊接性能等。

耐热材料是制约火电机组向高参数发展的主要“瓶颈”问题，而大口径锅炉管和集箱则是“瓶颈中的瓶颈问题”。700℃蒸汽参数超超临界火电机组锅炉中的蒸汽温度是从600℃逐步升温到700℃，各个关键温度段均需要有满足使用要求的候选耐热材料。根据目前的研究结果，马氏体耐热钢P92可用于620℃蒸汽温度以下部分大口径锅炉管制造，镍基耐热合金CCA617可用于650~700℃蒸汽温度段大口径锅炉管制造。由于奥氏体耐热钢的热导率低、线膨胀系数大，不适合用于制造高参数超超临界火电机组的大口径锅炉管，目前世界范围内在620~650℃蒸汽温度段尚无成熟的可用于大口径锅炉管制造的耐热材料。把镍基耐热合金应用于650℃以下温度段管道的制造，在电站经济性上基本上是不可接受的。可行的方案只能是在P92钢的基础上，把铁素体型耐热钢使用温度的上限推进到650℃，该温度已经接近铁素体型耐热钢使用的极限温度，因此新钢种的研发技术难度非常大。

日本Takashi Sato等人申报的美国专利US20090007991A1中介绍了一种基于P92改进型的9%Cr铁素体耐热钢9Cr0.5Mo1.8WNbVN，该专利内容仅仅是实验室阶段的研究成果，没有工业试制数据支撑。日本国家材料研究所（NIMS）的Fujio Abe等人研发的9Cr3W3CoBN马氏体耐热钢（MARBN）具有优异的高温持久强度，其持久强度数据明显高于P92钢，日本住友金属公司试制了MARBN钢大口径锅炉管，该钢有望用于先进超超临界电站650℃蒸汽温度段的大口径锅炉管制造。与9Cr0.5Mo1.8WNbVN钢相比，9Cr3W3CoBN钢650℃温度下持久强度的提升主要得益于B元素的强化机制。

我国用于650℃参数的马氏体原型钢的发明是在“多元素复合强化”理论指导下，采用“选择性强化”设计观点，结合MARBN钢的研究基础，通过添加沉淀析出型元素Cu以进一步提高发明钢的强度，充分发挥B冶金强化作用，进一步提高发明钢高温下晶界的强度和韧性，同时控Ni控Al，控制B和N元素之间的配比，根据这些成分优化设计和试验结果，提出了发明钢的最佳化学成分控制范围。根据实验室研究和两轮工业试制实践，提出了采用该发明钢制造大口径锅炉管的冶炼、热加工和制管工序，提出了最佳热加工工艺和最佳热处理工艺制度。该发明钢的钢铁研究总院企业牌号为G115钢（专利CN103045962B）[52]。

G115原型钢发明采用了电站耐热材料的“选择性强化”设计观点，在具体设计过程中也融合了基于“多元素复合强化”理论和“热强钢晶界工程学原理”的窄范围成分匹配与精确控制技术、基于大口径厚壁锅炉管工业生产的冶炼-热加工工序搭配及其最佳热加工工艺和基于工业生产现场的大口径厚壁锅炉管最佳热处理工艺。上述内容作为一个整体，提供了一种生产迄今为止具有最高热强性能的用于650℃蒸汽温度段超超临界火电机组大口径厚壁锅炉管的方法，不仅在实验室而且在工业生产现场，把铁素体耐热钢的使用温度上限成功地从620℃推进到650℃，在理论上和实践上均实现了创新。

G115发明钢的最佳化学成分控制范围如表3-18所示。

**表3-18 G115发明钢最佳化学成分控制范围** （质量分数,%）

| 元素 | C | Si | Mn | P | S | Cr | W | Co |
|---|---|---|---|---|---|---|---|---|
| 范围 | 0.06~0.10 | 0.1~0.5 | 0.2~0.8 | ≤0.004 | ≤0.002 | 8.0~9.5 | 2.5~3.5 | 2.5~3.5 |
| 元素 | Nb | V | Cu | N | B | Ce | Ni | Al |
| 范围 | 0.03~0.07 | 0.1~0.3 | 0.8~1.2 | 0.006~0.01 | 0.01~0.016 | 0.01~0.04 | ≤0.01 | ≤0.005 |
| 元素 | As | Bi | Pb | Ti | Zr | Fe | | |
| 范围 | <0.01 | <0.001 | <0.007 | ≤0.01 | ≤0.01 | 余 | | |

注：严格控制其他有害元素含量和氢氧含量，使之尽可能低。

对于主要化学成分的选取理由如下：

把铁素体耐热钢的使用温度上限从620℃推进到650℃具有非常重要的意义，但在技术上存在非常大的困难，迄今世界范围内尚未取得重要突破。本发明钢充分挖掘“多元素复合强化”理论，采用“选择性强化”设计观点，以组织中无δ铁素体为主成分（Cr、W、Co、Ni）设计原则，在此基础上考虑固溶强化（Cr、W、无Mo、Co等）、沉淀析出强化（Nb、V、Cu、Ti、Zr等）、亚结构强化和位错强化对发明钢高温热强性的贡献。同时，本发明钢充分利用“热强钢晶界工程学原理”，通过 B、N、Al 等元素的匹配和精确控制，实现发明钢高温下晶界强化，通过提高高温下晶界强度这个“短板”，来有效提高发明钢的 650℃ 持久强度。上述成分设计与研制的热加工和热处理工艺相结合，使本发明钢在 650℃ 下具有优异的高温持久性能。

碳：C 可以和 Cr、W、V 和 Nb 等元素形成析出物，析出碳化物可通过弥散强化等方式提高材料的持久蠕变性能。但是碳含量过高可能致使析出的碳化物过多，消耗固溶元素（如 Cr、W）过多，从而对持久蠕变性能和耐蚀性能产生负面影响。另一方面，过高的 C 含量对焊接性能不利，因此本发明钢的 C 含量范围控制在 0.06%~0.10%。

硅：Si 对提高材料基体的强度和抗蒸汽腐蚀性能有利，但过高的 Si 含量对材料的冲击韧性不利。经验表明材料的持久强度随着 Si 含量的增加而降低。因此本发明钢 Si 含量范围选取为 0.10%~0.50%。

锰：Mn 既可以提高热加工性能，也可稳定 P、S 等。当 Mn 含量低于 0.2% 时，Mn 起不到明显作用。当 Mn 含量高于 1%时，组织中可能会出现第二相，对材料的冲击韧性有害。因此本发明钢选取 Mn 含量为 0.2%~0.8%。

磷、硫：钢中 P 和 S 的存在是难以避免的，它们对材料的性能有诸多不利的影响，其含量应尽可能低。本发明钢要求 P 含量低于 0.004%，S 含量低于 0.002%。

铬：Cr 是本发明钢中抗蒸汽腐蚀和抗热腐蚀最重要的元素。随着 Cr 含量的增加，钢的抗蒸汽腐蚀性能明显增加。但研究表明，当 Cr 含量过高时，钢中将产生 δ 铁素体，从而降低材料的高温热强度。同时相关试验研究也表明，当 Cr 含量为 9%时，钢的持久强度最高。考虑到高温热强性是该类钢的短板，因此，本发明钢选取 Cr 含量范围为 8.0%~9.5%。对于热强性要求偏高的应用，Cr 含量可选择在 8.5%~9.0%之间。

钨：W 是典型的固溶强化元素，由于 W 的原子半径比 Mo 的原子半径大，W 元素固溶引起的晶格畸变比 Mo 元素大，所以 W 元素的固溶强化效果比 Mo 元素明显。试验研究表明，在其他条件不变的情况下，随着 W 含量的升高，9%Cr 钢在 W 含量为 3%左右时其 10000h 持久强度具有最大峰值，当 W 含量超过 3%时，会导致 δ 铁素体的产生，对钢的综合性能有非常不利的影响。所以本发明钢的 W 含量范围控制在 2.5%~3.5%之间。对于冲击韧性要求偏高的应用，W 含量可选择在 2.5%~3.0%之间。

钴：由于本发明钢中含有较高的 Cr-W 固溶强化元素和 Nb-V 沉淀强化元素等铁素体形成元素，为抑制钢中 δ 铁素体的形成，在钢中加入奥氏体形成元素 Co 将在显著抑制 δ 铁素体形成的同时，对钢的其他性能基本没有不利影响。研究发现，在 650℃条件下钢中加入 3%左右的 Co 元素对钢的持久强度具有最有利的影响。因此本发明钢的 Co 含量范围控制在 2.5%~3.5%之间。

铌：Nb 可以与 C、N 结合形成细小弥散的 MX 型第二相析出物 Nb（C，N），该类析出物细小、弥散，尺寸基本为纳米级，在高温服役过程中组织稳定性很好，可有效提高材料的高温持久强度。当 Nb 含量低于 0.01%时，强化效果不明显。当 Nb 含量高于 0.2%时，正火后会有大量含 Nb 的未溶第二相。因此本发明钢选取 Nb 含量为 0.03%~0.07%。

钒：与 Nb 类似，V 与 C，N 可以形成细小弥散的第二相析出物 V（C，N）。形成的第二相尺寸在高温长时条件下保持稳定，不易粗化，可以有效地提高材料的高温持久强度。当 V 含量低于 0.1%时，强化效果不明显。当 V 含量高于 0.4%时，持久强度又开始下降。因此本发明钢把 V 含量控制在 0.1%~0.3%之间。

铜：Cu 固溶在基体中可以牵制位错移动从而降低蠕变速率，Cu 也可以在耐热钢中形成弥散分布的纳米富铜相，钉扎位错，提高耐热钢的热强性。当 Cu 含量低于 0.5%时，Cu 元素基本固溶在基体中，析出的纳米级尺寸的富铜相数量少，强化效果弱。当 Cu 含量高于 3%时，会严重降低钢的高温塑性。Cu 的添加对提高钢的耐蒸汽腐蚀性能有益。因此本发明钢控制 Cu 含量的范围为 0.8%~1.2%。

氮和硼：如前所述，N 可以与 V，Nb 形成细小弥散第二相颗粒，显著提高材料的高温持久强度。但是由于发明钢中含有较高含量的 B 元素，当 N 含量过高时，可能会与 B 元素结合成粗大的 BN 颗粒，在本身严重弱化钢的强韧性的同时，还将消耗用于晶界强化的 B 元素，从而严重损害钢的高温持久强度。前述日本金属材料研究院（NIMS）和钢铁研究总院（CISRI）的实验研究已经表明，N 含量与 B 含量之间存在一个配比区间，在该配比区间内既可以避免粗大的 BN 形成，同时还可以大幅度提升铁素体耐热钢在 650℃温度下的长时持久强度。通过添加 B 来提高铁素体耐热钢乃至部分镍基耐热合金持久强度近年已获得应用，并已产生明显效果。但是 B 在铁素体耐热钢中的作用机理以前还没有明确描述。在本发明钢的研制过程中，发明人的定量试验研究表明 B 元素除在晶界析出强化晶界外，更进入铁素体耐热钢晶界及晶界附近析出的 $M_{23}C_6$ 碳化物中，形成 $M_{23}(C_{0.85}B_{0.15})_6$ 碳硼化物。与 $M_{23}C_6$ 碳化物相比，$M_{23}(C_{0.85}B_{0.15})_6$ 碳硼化物在 650℃长时试验中具有更好的稳定性，粗化缓慢，从而大大延缓了铁素体耐热钢晶界的弱化进程。在较高使用温度下，铁素体耐热钢的晶界是薄弱环节，是组织退化和失稳的“短板”所在，提高铁素体耐热钢的晶界稳定性就可以显著提升该类钢的高温持久性能。这就是所谓的铁素体耐热钢的“晶界工程学”问题。根据试验研究的结果，建议本发明钢的 N 含量范围控制在 $(60\sim100)\times10^{-6}$，B 含量控制在 $(100\sim160)\times10^{-6}$。发明人的工业实践已经表明上述 B 和 N 的成分配比控制范围不容易控制，但这确是需要努力达到的目标。

钛、锆：Ti 和 Zr 很容易与 C、N 形成化合物，影响 V、Nb 与 C、N 的析出强化效果。同时会形成 TiN 化合物，由于 TiN 的溶解温度高，无法通过热处理的方法进行回溶并二次析出，难以调控其尺寸。为了避免形成如 TiN 类析出物，本发明钢严格控制 Ti 和 Zr 的含量低于 0.01%。

铝：尽管加入 Al 元素对提高体素体耐热钢的抗氧化性能有利，但 Al 与 N 有较强的结合倾向，对钢中 N 元素作用的发挥有不利的影响，因此本发明钢严格控制 Al 含量在 $50\times10^{-6}$以下。

镍：Ni 是奥氏体形成元素，对稳定铁素体型马氏体组织有积极作用，但 Ni 对材料的持久强度有不利影响。在保证钢中无 δ 铁素体的前提下，要尽可能降低 Ni 元素的含量。因此本发明钢控制 Ni 含量在 0.01%以下。

稀土元素铈：发明钢中添加 Ce 有助于提高钢的持久性能和改善热塑性。本发明钢中 Ce 含量范围控制在 0.01%～0.04%。

此外，五害元素越低越好，氢和氧的含量也要严格控制，使之处于尽可能低的水平。低的氢氧含量对制定生产工艺和保证大口径管最终性能具有重要作用。

G115 钢可采用转炉+LF+VD、EAF+LF+VD、EAF+AOD+保护气氛 ESR 或 VIM+保护气氛 ESR 工艺流程冶炼，也可以采用其他适合的工艺流程冶炼。冶炼钢锭（或电极棒）需及时退火处理，退火工艺为 870℃±10℃炉冷，退火后钢锭（或电极棒）可采用包括热挤压和斜轧穿孔在内的适合的制管方法制作大口径钢管。图 3-59 为 G115 钢的热加工图（应变量为 0.5），图中没有失稳区。发明人在进行应变量为 0.9 的试验测试中，也只是在很少一部分区间出现组织失稳，说明 G115 钢具有优异的热加工变形性能。推荐最佳热加工温度为 1150℃±10℃，最低热加工温度应高于 950℃。热加工后钢管或管坯，应根据后续工艺安排及时进行适合的退火处理。

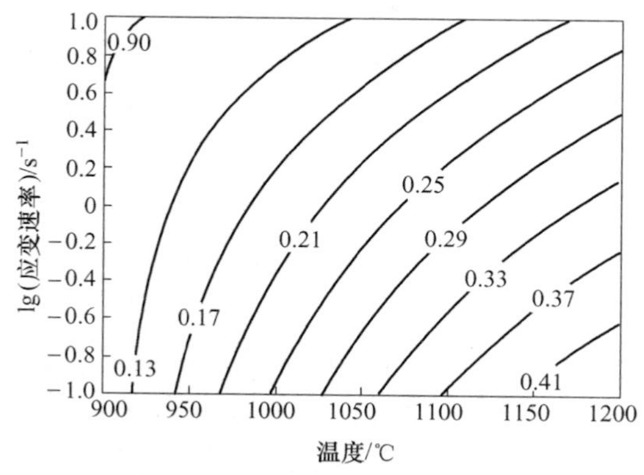


图 3-59　G115 钢的热加工图（应变量为 0.5）

#### 3.4.3.3 G115 钢管研发历程和工业试制进展

日本 NIMS 较早开始研究新型马氏体耐热钢，钢铁研究总院和宝钢集团公司（宝钢）在国内率先开展相关研究工作，日本新日铁住友金属（Nippon Steel & Sumitomo Metal Corporation）也在该领域开展了研究工作。日本新日铁住金的代号为 SAVE12AD（9Cr-3W-3CoNdVNbBN）。新日铁住金公司早期研发的用于650℃耐热钢为含 10.5%~12%Cr 的 SAVE12 钢，高 Cr 含量主要是考虑提升马氏钢的抗蒸汽腐蚀性能。然而，经过几年的实践，发现 SAVE12 钢的持久强度过低，无法满足 630~650℃温度区间使用要求，新日铁住金公司只能降低 Cr 含量，采用与 NIMS 和我国 G115 钢相同的 9%Cr 成分体系，即日本新日铁住金公司走了一段弯路，最终把 SAVE12 改进成 SAVE12AD，申报了 ASME Code Case，准备把 SAVE12AD 推向应用。G115 钢是由钢铁研究总院研发的具有自主知识产权的650℃马氏体耐热钢（专利 CN103045962B），G115 钢具有优异的 620~650℃温度区间组织稳定性能，650℃温度下其持久强度是 P92 钢的 1.5 倍，其抗高温蒸汽氧化性能和可焊性与 P92 钢相当，有潜力应用于 620~650℃温度段大口径管和集箱等厚壁部件、620~650℃小口径过热器和再热器管制造以及相同温度段的汽轮机大型铸锻件的制造。

2007 年起，钢铁研究总院依托科技部国际合作项目“650℃蒸汽参数超超临界火电机组锅炉钢品种研发和性能研究”，开展了 9%~12%~15%Cr 含量 650℃耐热钢的成分优化和品种筛选的探索研究，确定了发展 9%Cr 含量 650℃马氏耐热钢的方向和基本化学成分体系。2009 年起，依托科技部“973”计划“耐高温马氏体钢的组织稳定性基础研究”课题，开展了 9%Cr 含量 650℃马氏体耐热钢的高温组织稳定性的基础研究，提出了 650℃马氏体耐热钢的“选择性强化”设计观点，成功开发出 G115 原型钢。原型钢的 650℃持久强度优于日本 MARBN 钢，并申报国家发明专利。2012 年起，依托科技部 863 计划“先进超超临界火电机组关键锅炉管开发”项目，开展了 G115 钢厚壁大口径管的研发，解决了工业生产过程中的一系列问题，已经具备了生产外径尺寸 19~1200mm，壁厚 2~100mm 以下全尺寸规格谱系锅炉管的能力。2014 年 11 月 G115 钢获得国家发明专利授权“一种 650℃ 蒸汽温度超超临界火电机组用钢”，专利号为 CN103045962B。

2008~2015 年间，钢铁研究总院和宝钢已经进行了四轮次 G115 钢管的工业试制（见表 3-19），其中，两次小口径管工业试制，两次大口径管工业试制。已经掌握了 G115 钢的各种工业冶炼流程的冶炼工艺、热加工工艺、冷加工工艺、热处理工艺。2015 年 5 月，宝钢采用 40t EAF+LF+VD 流程，成功冶炼了 40tG115 钢锭，经开坯处理后试制规格至 $\phi$610mm×90mm 等系列尺寸规格的大口径管和小口径管。如果未来 G115 钢市场需求大，宝钢可以采用 300t 转炉工业流程冶炼 G115 钢坯。

表 3-19　我国 G115 钢管工业试制历程

| 轮次 | 时间 | 典型规格 | 生产企业 | 制管工艺流程 |
|---|---|---|---|---|
| 1 | 2008 年 | $\phi$38mm×9mm | 宝钢 | 热穿管+冷轧 |
| 2 | 2010 年 | $\phi$254mm×25mm | 宝钢 | 热挤压 |
| 3 | 2014 年 | $\phi$51mm×10mm | 宝钢 | 热穿管 |
| 4 | 2015 年 | $\phi$610mm×90mm | 宝钢 | 热挤压<br>或热穿管 |

#### 3.4.3.4　G115 钢热塑性行为研究

对 G115 钢的热变形行为进行了系统研究，选取实验钢的化学成分如表 3-20 所示，采用 Gleeble 3800 热力模拟试验机上进行 G115 热塑性研究，试样尺寸为 $\phi$8mm×15mm，热变形温度设计为 900℃、1000℃、1100℃ 和 1200℃，应变速率为 $0.1s^{-1}$、$1s^{-1}$、$5s^{-1}$、$10s^{-1}$ 和 $20s^{-1}$，热力模拟工艺曲线如图 3-60 所示。

表 3-20　实验用 G115 钢管化学成分　　（质量分数,%）

| G115 | C | Cr | W | Co | V | Nb | N | B | Cu | Re | Fe |
|---|---|---|---|---|---|---|---|---|---|---|---|
| 含量 | 0.08 | 9.0 | 3.0 | 3.0 | 0.19 | 0.05 | 0.008 | 0.014 | 1.0 | 0.02 | Bal. |

G115 钢在不同变形条件下的真应力-真应变曲线如图 3-61 所示，其显微组织如图 3-62 所示。在热变形过程中，应变速率相同时，温度越高，流变应力越低；温度相同时，应变速率越大，流变应力越高。显微组织显示，当变形温度为 900℃时，在高应变速率下（$20s^{-1}$），晶粒被拉长，未发生动态再结晶；在低应变速率下（$0.1s^{-1}$），发生了部分动态再结晶。在 1200℃时，不论是 $20s^{-1}$ 还是 $0.1s^{-1}$，都发生了完全动态再结晶。G115 钢的动态再结晶行为除了与应变速率和温度有关，还与应变量有关。

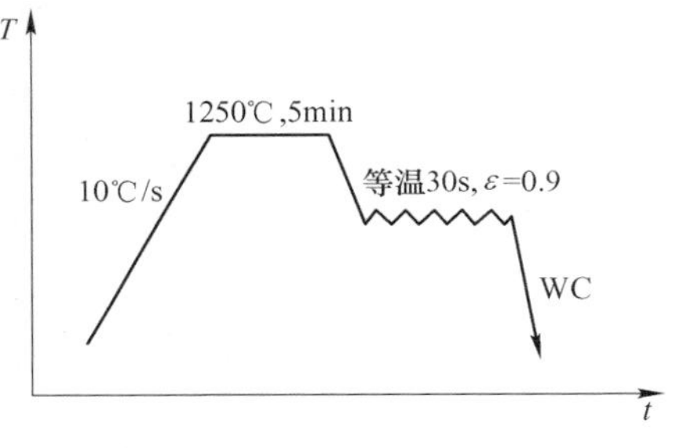

图 3-60　G115 钢热模拟试验示意图

在对热变形数据统计分析的基础上得到了 G115 钢的热变形流变方程[53]。热变形过程中的流变应力与材料的化学成分、应变速率、变形温度和应变量均有关。当化学成分和应变量确定时，流变应力与应变速率和变形温度的关系可以用双曲正弦函数来表示：

$$\dot{\varepsilon} = A[\sinh(\alpha\sigma)]^{n}\exp\left(-\frac{Q}{RT}\right) \tag{3-4}$$

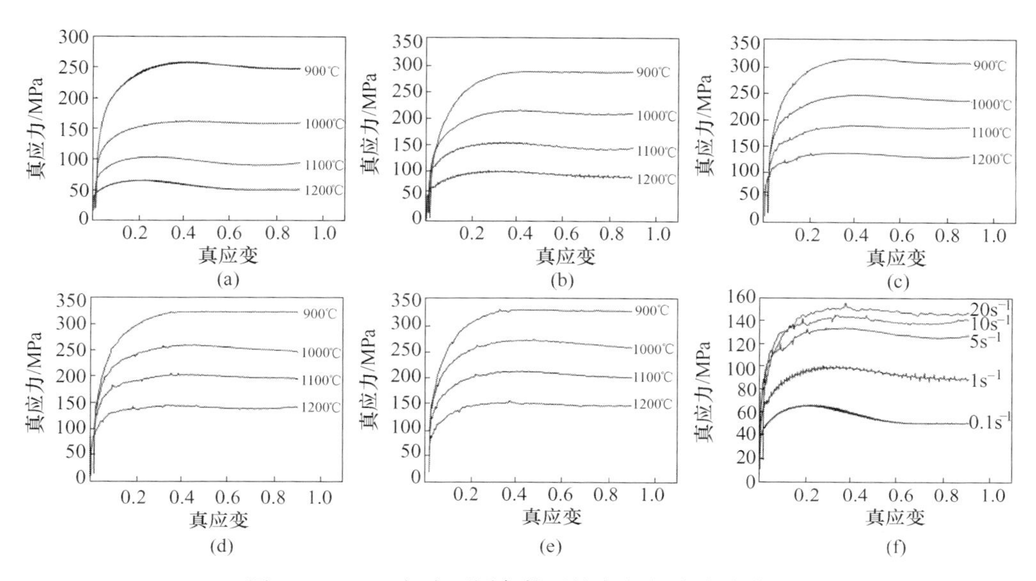


图 3-61　G115 钢在不同条件下的真应力-真应变曲线

(a) $0.1s^{-1}$; (b) $1s^{-1}$; (c) $5s^{-1}$; (d) $10s^{-1}$; (e) $20s^{-1}$; (f) 1200℃

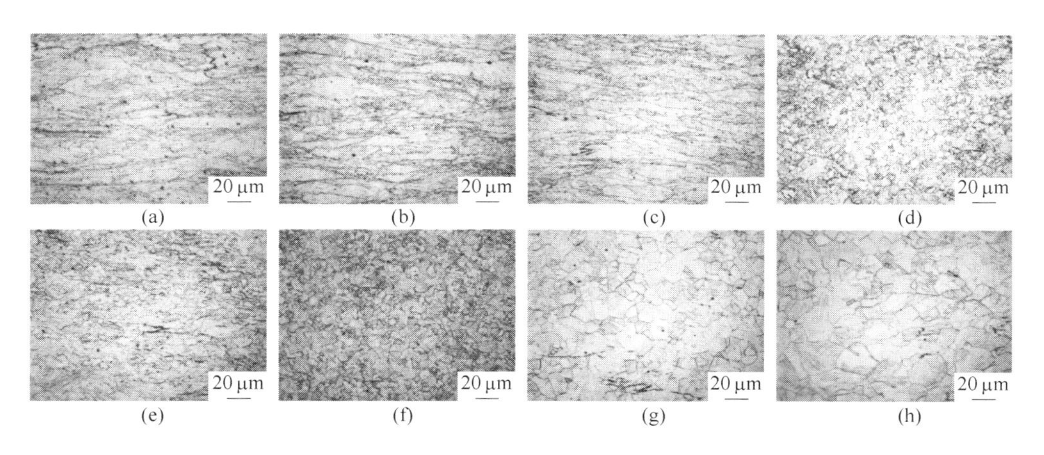


图 3-62　G115 钢在不同变形条件下的微观组织

(a) 900℃, $1s^{-1}$（未动态再结晶）; (b) 900℃, $0.1s^{-1}$（部分动态再结晶）; (c) 1000℃, $1s^{-1}$（部分动态再结晶）; (d) 1000℃, $0.1s^{-1}$（完全动态再结晶）; (e) 1100℃, $20s^{-1}$（部分动态再结晶）; (f) 1100℃, $10s^{-1}$（完全动态再结晶）; (g) 1200℃, $20s^{-1}$（完全动态再结晶）; (h) 1200℃, $0.1s^{-1}$（完全动态再结晶）

当应力较低时，式（3-4）可以简化为：

$$\dot{\varepsilon} = A'\sigma^{n'}\exp\left(-\frac{Q}{RT}\right) \tag{3-5}$$

当应力较高时，式（3-4）可以简化为：

$$\dot{\varepsilon} = A''\exp(\beta\sigma)\exp\left(-\frac{Q}{RT}\right) \tag{3-6}$$

式中，$A$，$A'$，$A''$，$n$，$n'$，$\alpha$（$=\beta/n'$）和 $\beta$ 是材料常数；应力因子 $\alpha$ 是使得 $\ln\dot{\varepsilon}$ 与 $\ln[\sinh(\alpha\sigma)]$ 线性拟合度最好的参量；$Q$ 是变形激活能；$T$ 是绝对温度；$R$ 是气体常数；$\sigma$ 是特征应力。本节中，$\sigma$ 使用峰值应力去替代，因为峰值应力是求解热变形方程最常用的参量。

在变形温度恒定时，对式（3-5）和式（3-6）求偏导，可以得到下式：

$$n' = \left[\frac{\partial \ln\dot{\varepsilon}}{\partial \ln\sigma}\right]_T \tag{3-7}$$

$$\beta = \left[\frac{\partial \ln\dot{\varepsilon}}{\partial \sigma}\right]_T \tag{3-8}$$

$n'$和 $\beta$ 分别是 $\ln\dot{\varepsilon}-\ln\sigma_p$ 和 $\ln\dot{\varepsilon}-\sigma_p$ 的斜率，如图 3-63 所示。通过对图 3-63 进行线性拟合，可以得到 $n'=11.283$，$\beta=0.05796$。然后可以求解得到 $\alpha$ 值，$\alpha=\beta/n'=0.00514$。

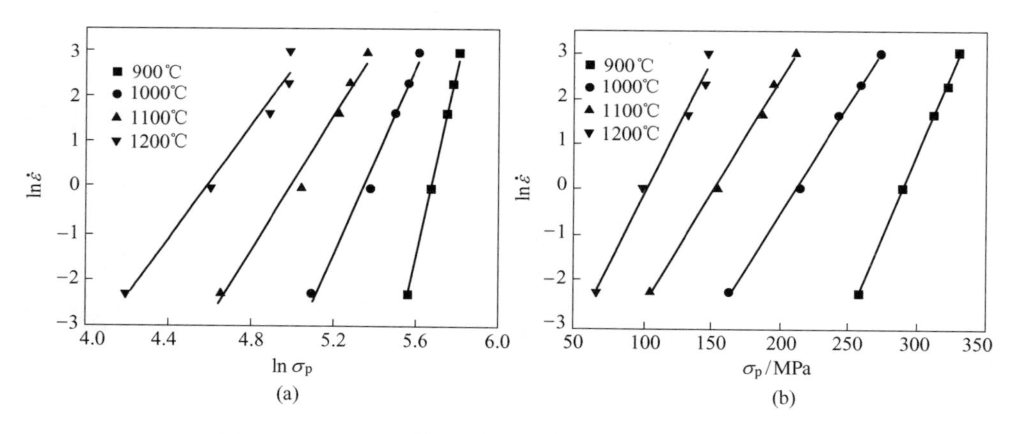


图 3-63 G115 钢峰值应力与应变速率自然对数的关系图

（a）$\ln\dot{\varepsilon}-\ln\sigma_p$；（b）$\ln\dot{\varepsilon}-\sigma_p$

对式（3-4）两边求自然对数，可得：

$$\ln\sinh(\alpha\sigma_p) = \frac{1}{n}\ln\dot{\varepsilon} + \frac{1}{n}\frac{Q}{RT} - \frac{1}{n}\ln A \tag{3-9}$$

在恒定变形温度（或恒定应变速率）下，对式（3-9）求偏导，可得到式（3-10）和式（3-11）：

$$\frac{1}{n} = \left[\frac{\partial \ln \sinh(\alpha\sigma_{\mathrm{p}})}{\partial \ln \dot{\varepsilon}}\right]_T \tag{3-10}$$

$$Q = nR\left[\frac{\partial \ln \sinh(\alpha\sigma_{\mathrm{p}})}{\partial(1/T)}\right]_{\dot{\varepsilon}} \tag{3-11}$$

可以看出，当变形温度（或应变速率）恒定时，可以通过 $\ln\sinh(\alpha\sigma_{\mathrm{p}})$ 与 $\ln\dot{\varepsilon}$（或 $1/T$）拟合直线的斜率求得 $n$ 和 $Q$ 的值，如图 3-64 所示。

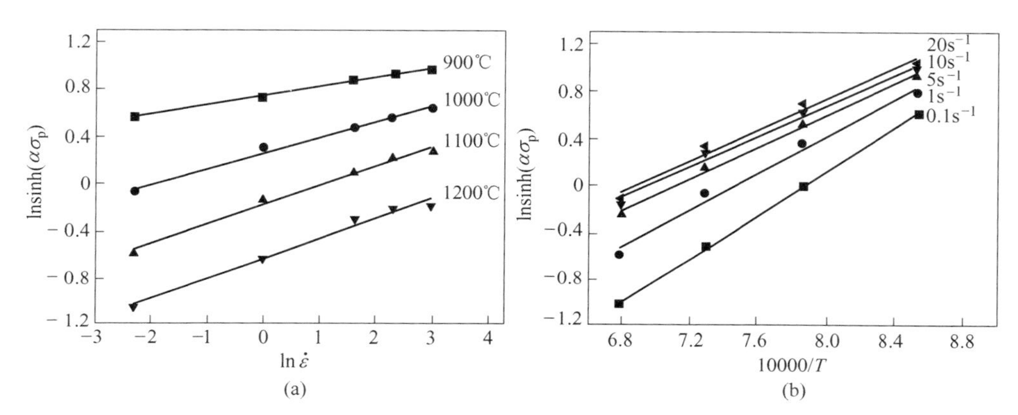


图 3-64 G115 钢峰值应力与应变速率和变形温度的关系图

（a）$\ln\sinh(\alpha\sigma_{\mathrm{p}})$-$\ln\dot{\varepsilon}$；（b）$\ln\sinh(\alpha\sigma_{\mathrm{p}})$-$10000/T$

通过式（3-9）~式（3-11）以及图 3-64 的回归结果，可以得到 $n=8.06$，$Q=494\text{kJ/mol}$，$A=3.614\times10^{19}$。把 $\alpha$，$A$，$n$ 和 $Q$ 的值代入式（3-4）中，可以得到 G115 钢在变形温度为 900~1200℃，应变速率为 $0.1\sim20\text{s}^{-1}$ 条件下的流变方程，如式（3-12）所示：

$$\dot{\varepsilon} = 3.614\times10^{19}\left[\sinh(0.00514\,\sigma_{\mathrm{p}})\right]^{8.06}\exp\left(-\frac{494000}{RT}\right) \tag{3-12}$$

Zener-Hollomon 参数（$Z$ 参数）可以用来描述变形过程中应变速率与变形温度的综合作用，G115 钢 $Z$ 参数与峰值应力关系见图 3-65。动态再结晶发生的条件取决于 $Z$ 值和应变量 $\varepsilon$。当 $Z$ 值一定时，应变量越大，发生动态再结晶的倾向越大。当应变量一定时，$Z$ 值越大，越不容易发生动态再结晶。据此计算获得了 G115 钢温度、应变量与组织再结晶的关系，如图 3-66 所示。根据动态材料模型，计算了 G115 钢变形中的功率耗散和流变失稳参数，并最终获得了应变量为 0.8 时的热加工图（图 3-67）。图中灰色阴影部分为失稳区。从热加工图可以得出，随着变形温度的升高和应变速率的降低，能量耗散效率不断升高，即加工性能不断增强。当变形温度低、应变速率高时（A 区），能量耗散效率值最低，材料发生了失稳。当变形温度高，应变速率低时（B 区），材料未发生失稳，能量耗散效率值最高，具有最佳热加工性能。马氏体耐热钢 G115 的推荐热加工区间为：(1150±10)℃，0.1～$1s^{-1}$。

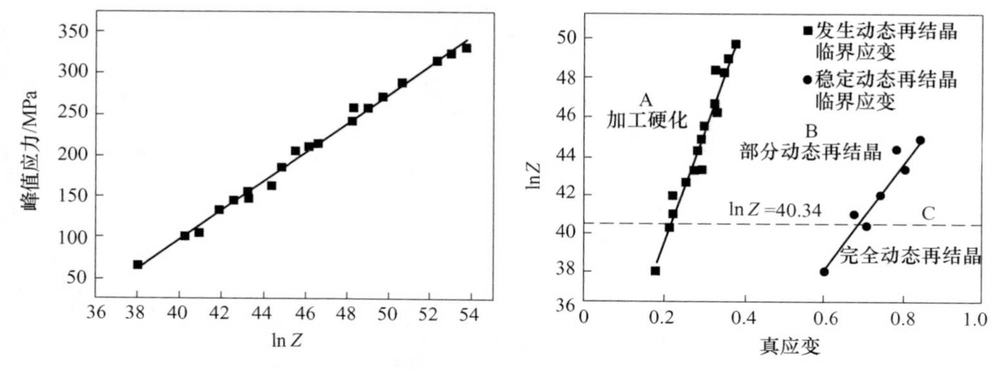


图 3-65　G115 钢 $Z$ 参数与峰值应力关系　　图 3-66　G115 钢 $Z$ 参数和真应变与再结晶行为关系

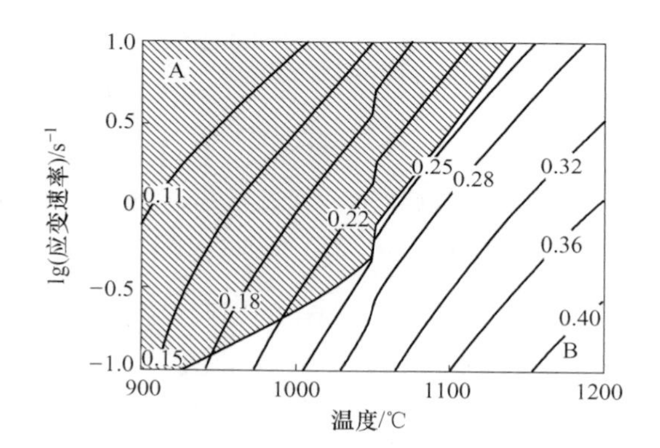


图 3-67　G115 钢应变量为 0.8 时的热加工图

### 3.4.3.5　G115 钢热处理工艺研究

热处理是钢铁材料制备的重要过程，决定着材料最终的组织状态及使用性能。对于马氏体耐热钢，传统的热处理工艺为正火（淬火）+回火工艺，通过正火（淬火）处理得到马氏体组织，然后高温回火，得到回火马氏体组织。研究 G115 钢的热处理工艺是必不可少的环节，对于应用非常重要。G115 试验钢的 CCT 曲线如图 3-68 所示。G115 试验钢的相变点为：$A_{c1}$ = 800℃，$A_{c3}$ = 890℃，$M_s$ = 375℃，$M_f$ = 255℃。G115 钢具有良好的淬透性，在 100℃/h 的冷却速度下也会完全生成马氏体组织。因此热处理中可以采用空冷即可能获得单相马氏体组织。

奥氏体化温度（即正火温度）的选择对材料力学性能有重大影响。在 9%～12%Cr 耐热钢中，由于合金元素多，需要考虑合金析出物在奥氏体化处理及后续回火过程中的演变问题，因而考察奥氏体化温度的影响时，既要对正火后的组织性能进行观察分析，也要考察分析正火+回火后的组织性能。

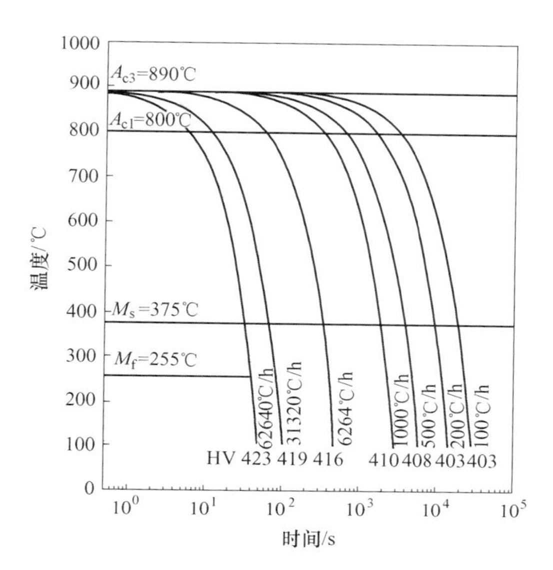


图 3-68 G115 试验钢 CCT 曲线

G115 钢在不同温度正火保温 1h 处理后的显微组织见图 3-69。可以看出，1040℃ 正火时，材料中仍然有大量的析出相未完全回溶；1100℃ 正火时，材料中的析出相基本回溶，只剩下少许残余；1140℃ 正火时，材料中的析出相完全回溶。G115 试验钢的 Thermo-Calc 计算相图如图 3-70 所示，可以看出当温度高于 1080℃ 时，G115 钢中所有析出相理论上可以完全回溶。这与图 3-69 中 1040℃ 和 1140℃ 正火时的现象吻合。然而，在 1100℃ 正火时，试验结果与 Thermo-Calc 计算结果不吻合，这是因为 G115 钢中含有 9%的 Cr，降低了 C 原子的扩散系数，从而使析出相的回溶在奥氏体化保温时间 1h 内尚未完成所致。

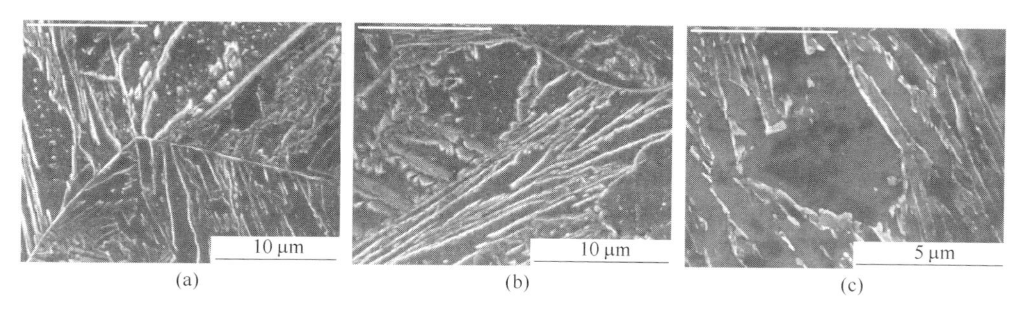


图 3-69 马氏体耐热钢 G115 在不同正火温度后的 SEM 照片

（a）1040℃；（b）1100℃；（c）1140℃

G115 马氏体耐热钢在不同正火温度后的金相照片和晶粒尺寸分别如图 3-71 和图 3-72 所示。在 1040℃ 正火时，材料为明显的混晶组织；当正火温度高于 1060℃时，材料转变为等轴晶组织，晶粒尺寸随着正火温度的升高而升高。其中，在 1080~1120℃区间，材料的晶粒尺寸处于稳定，基本不随温度的改变而改变。这种现象可能与静态再结晶以及析出相的回溶有关。在 1040℃ 正火时，材料只发生了部分静态再结晶，因此为混晶组织；当正火温度高于 1060℃时，材料发

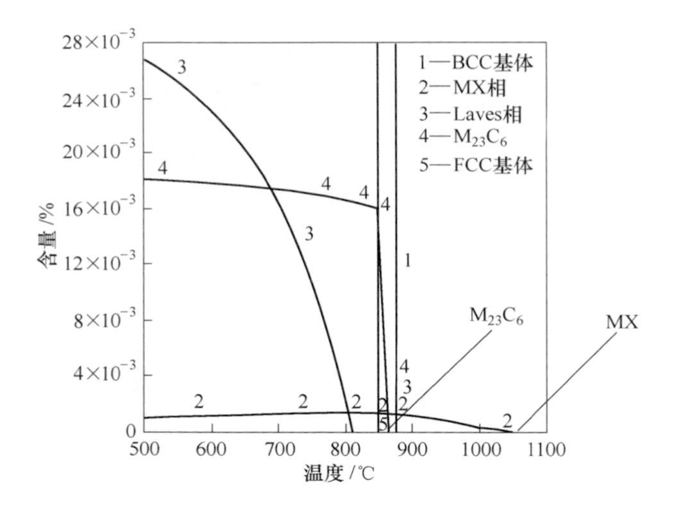


图 3-70 马氏体耐热钢 G115 的 Thermo-Calc 计算相图

生了完全静态再结晶，因此转变为等轴晶组织。当正火温度在 1080~1120℃之间时，由于析出相尚未完全回溶，仍然能够有效钉扎晶界，阻碍晶粒长大，因此晶粒尺寸变化较缓慢。当正火温度达到 1140℃时，析出相完全回溶，晶界失去钉扎，导致晶粒尺寸大幅度增长。

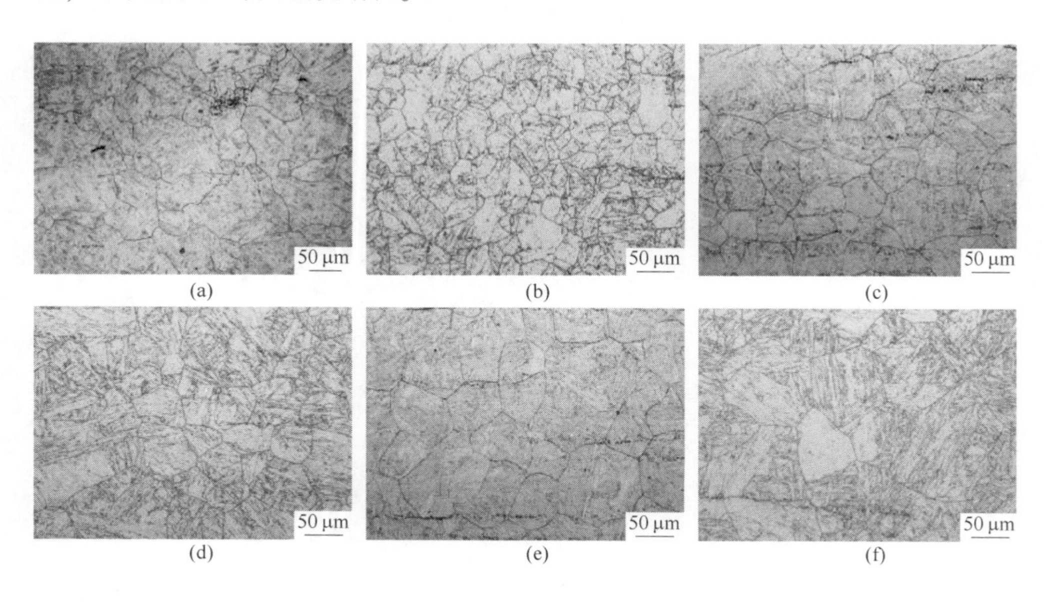


图 3-71 G115 钢不同正火温度的组织

(a) 1040℃；(b) 1060℃；(c) 1080℃；(d) 1100℃；(e) 1120℃；(f) 1140℃

对 G115 钢不同正火温度相同回火温度处理后的力学性能的统计见图 3-73。可以发现材料的强度随正火温度的提高不断上升，其中在 1000～1100℃ 为平台区。若单从原奥氏体晶粒尺寸考察这一结果，是无法合理解释的。G115 钢的各种强化机理可以通过以下的公式来进行半定量描述：

$$\sigma_y = \sigma_0 + \sigma_s + \sigma_\rho + \sigma_P + \sigma_d \tag{3-13}$$

$$\sigma_P = 0.8MGb/\lambda_i \tag{3-14}$$

$$\sigma_d = kd^{-1/2} \tag{3-15}$$

$$\sigma = \alpha Gb\sqrt{\rho} \tag{3-16}$$

式中，$\sigma_y$为屈服强度；$\sigma_0$为纯铁的内摩擦应力（=82.5MPa）；$\sigma_s$为固溶强化量；$\sigma_\rho$为位错强化量；$\sigma_P$为弥散强化量；$\sigma_d$为晶界强化量；$M$ 为泰勒因子（=3）；$G$ 为马氏体的剪切模量（室温下为 80GPa）；$b$ 为柏氏矢量长度（0.25nm）；$\lambda_i$ 为平均颗粒间距；$k$ 为 Hall-Petch 斜率；$d$ 为有效晶粒尺寸；$\alpha$ 为常数（=0.88）；$\rho$ 为位错密度。

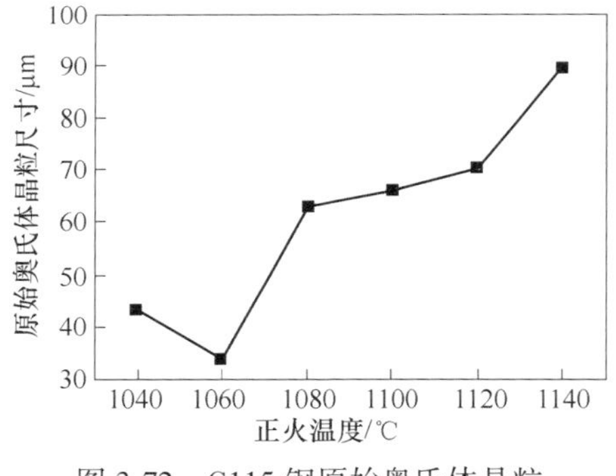


图 3-72　G115 钢原始奥氏体晶粒尺寸与正火温度关系

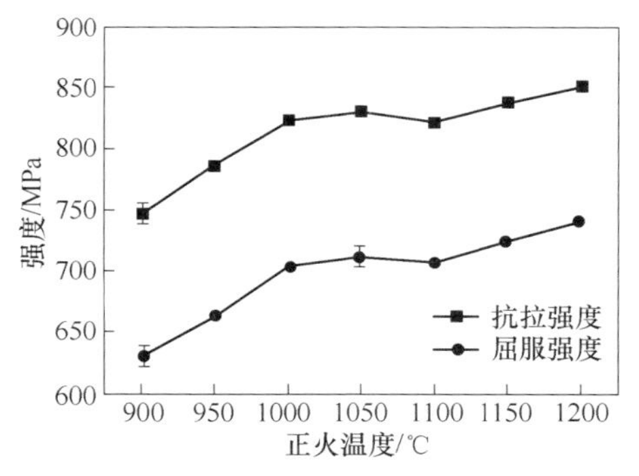


图 3-73　G115 钢正火+750℃回火处理后的强度

G115 钢在 900～1200℃不同温度下正火并在 750℃回火后的位错密度分别为 $4.7\times10^{14}/m^2$，$4.8\times10^{14}/m^2$，$4.6\times10^{14}/m^2$ 和 $4.4\times10^{14}/m^2$。这表明正火温度对 G115 钢的位错密度影响不明显。通过 EBSD 软件统计各正火温度下板条宽度的结果见图 3-74，可以发现板条宽度随正火温度升高而变宽，这表明晶界强化效果是随温度升高而降低的。通过扫描电镜和相分析手段对 G115 钢析出物尺寸和分布间距的统计如图 3-75 所示。可以看出，析出物的尺寸和间距都随着温度的提高而减小。在 900℃，原有的析出物没有完全固溶，在奥氏体化过程中粗化和长大。在 1000～1200℃，温度越高析出相回溶效果越好，从而在回火过程中更利于形成弥散分布的析出相。据此，对 G115 钢中各个强度因素贡献进行了计算，计算结果表明，除第二相强化效果随温度提高而上升外，其他强化因素均随温度提高而下降。但第二相强化效果在这一过程中占据了主导地位，因而表现出随正火温度提高，正火+回火组织强度也提高的现象（见图 3-76）。

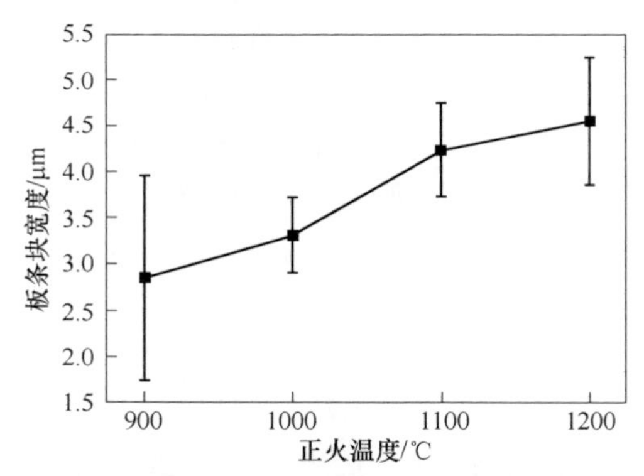


图 3-74 G115 钢在不同正火温度+750℃回火的板条宽度

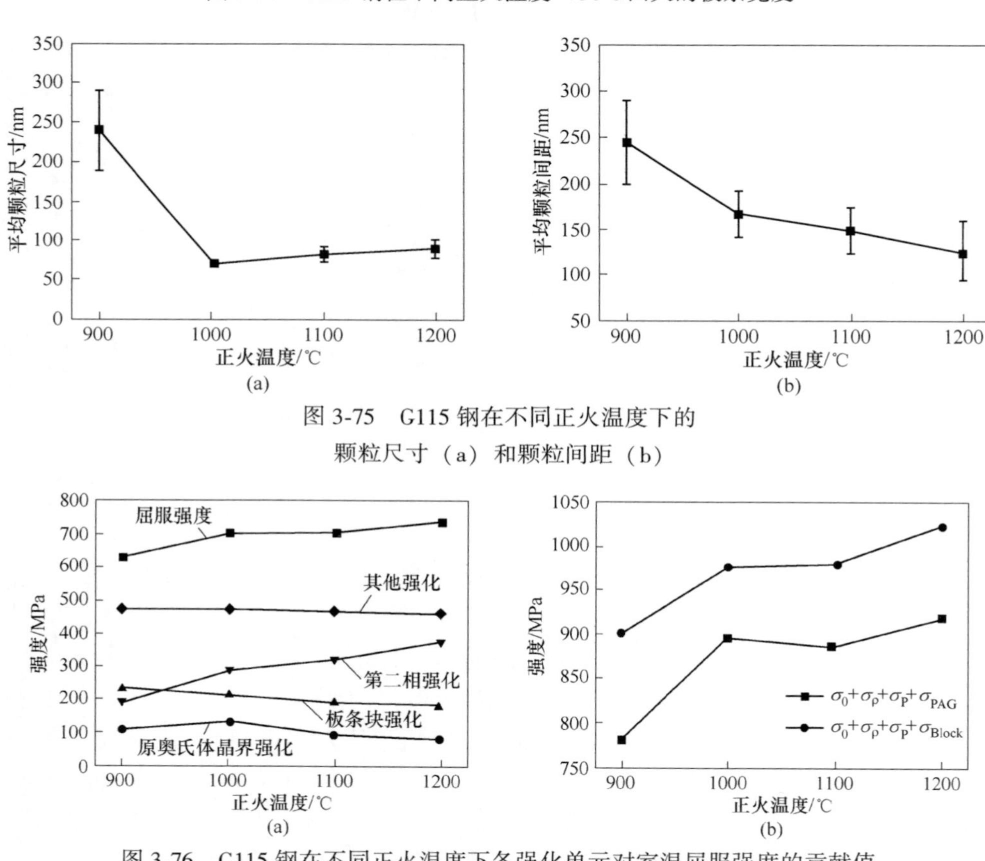


图 3-75 G115 钢在不同正火温度下的
颗粒尺寸（a）和颗粒间距（b）

图 3-76 G115 钢在不同正火温度下各强化单元对室温屈服强度的贡献值
（a）各强化单元分别对室温屈服强度的贡献值；（b）强化单元组合对室温屈服强度的贡献值

同时，材料的冲击韧性也是衡量材料性能的重要指标，对 G115 钢不同温度正火+750℃回火进行冲击试验所得结果如图 3-77 所示。可以发现，在正火温度高于 1140℃后，材料的冲击韧性明显降低。一般而言，材料强度提升会导致相应

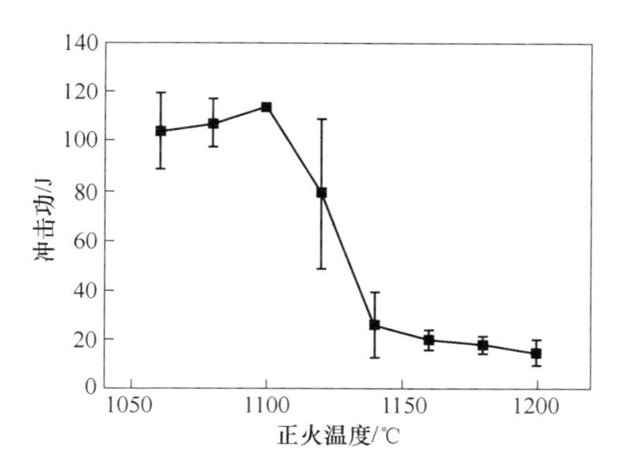


图 3-77 G115 钢在不同正火温度后回火的室温冲击功

韧性的下降。另外，高温正火时大的晶粒尺寸和板条宽度也是导致韧性降低的重要原因。

综合不同正火温度下的析出相回溶情况及冲击功的情况，推荐 C115 钢采用 1100℃正火，既可以使析出相大量回溶，又可以获得良好的冲击性能。

回火主要通过改变马氏体钢的析出相的大小尺寸数量、位错密度及板条宽度来达到改善性能的目的。马氏体耐热钢大部分在回火状态使用，通过回火热处理获得稳定组织是至关重要的。马氏体耐热钢 G115 在不同回火温度下的 SEM 和 TEM 照片如图 3-78 和图 3-79 所示。对析出相尺寸、数量、位错密度和板条宽度分别进行定量化统计，结果见表 3-21～表 3-23。从图表中可以看出，析出相数量、尺寸和板条宽度均随着回火温度的升高而增加，位错密度随着回火温度的升高而降低。表 3-21～表 3-23 表明，板条亚结构产生的非热屈服应力最大，其次是板条内自由位错产生的非热屈服应力，析出相颗粒产生的非热屈服应力较小。通过以上结果可以看出，回火处理后 G115 钢的室温强度主要来源于板条亚结构和自由位错的强化作用。

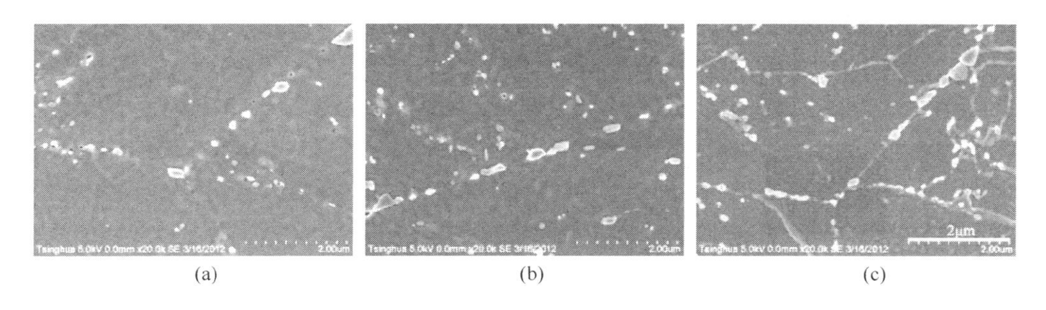


(a) (b) (c)

图 3-78 马氏体耐热钢 G115 在不同回火温度下的 SEM 照片

(a) 740℃；(b) 760℃；(c) 780℃

(a)　(b)　(c)

图 3-79　马氏体耐热钢 G115 在不同回火温度下的 TEM 照片
（a）740℃；（b）760℃；（c）780℃

**表 3-21　G115 钢不同回火温度下的原奥氏体晶界和基体中析出相的平均尺寸、平均间距以及 Orowan 应力**

| 回火温度/℃ | 原奥氏体晶界处析出相尺寸/nm | 基体中析出相尺寸/nm | 析出相平均间距/nm | Orowan 应力/MPa |
|---|---|---|---|---|
| 740 | 150 | 75 | 350 | 110 |
| 760 | 180 | 85 | 290 | 130 |
| 780 | 220 | 100 | 240 | 160 |

**表 3-22　马氏体耐热钢 G115 在不同回火温度下的位错密度和非热屈服应力**

| 回火温度/℃ | 位错密度/$m^{-2}$ | 非热屈服应力 $\sigma_\rho$/MPa |
|---|---|---|
| 740 | $1.1697\times10^{14}$ | 260 |
| 760 | $1.0425\times10^{14}$ | 245 |
| 780 | $6.6281\times10^{13}$ | 195 |

**表 3-23　马氏体耐热钢 G115 在不同回火温度下的板条宽度和非热屈服应力**

| 回火温度/℃ | 板条宽/nm | 非热屈服应力 $\sigma_\rho$/MPa |
|---|---|---|
| 740 | 190 | 840 |
| 760 | 260 | 615 |
| 780 | 360 | 445 |

G115 钢在不同回火温度下的室温冲击功如图 3-80 所示。当回火温度从 740℃升高到 780℃，G115 钢的冲击功从 26J 上升至 115J。740～780℃均属于高温段回火，G115 钢同样在高温段回火，回火温度仅仅相差 40℃时，冲击功有巨大的变化，表明 G115 钢的冲击韧性在此温度区间内对温度非常敏感。

G115 钢在不同回火温度下的低倍冲击断口照片图 3-81（a）～（c）所示。当回火温度为 740℃时，断口为长方形，剪切唇很薄。当回火温度从 740℃升高到 760℃ 时，断口有了一定的变形，不再为规则的长方形，剪切唇有所增厚。当回火温度升高到 780℃ 时，断口已经塑性变形为梯形，剪切唇进一步增厚。这表明随着回火温度的升高，断裂模式已经从脆性断裂转变为韧性断裂。图 3-81（d）~（f）分别是图 3-81（a）~（c）中 1~3 区域的高倍照片，表明在断口的中心位置均为解理或准解理断裂。图 3-81（g）~（i）分别是图 3-81（a）~（c）中 4~6 区域的高倍照片，表明在断口的边缘位置均为韧窝型断裂。740℃ 回火时，断口边缘的韧窝很浅，而且部分为韧窝，部分仍为解理面。随着回火温度的升高，断口边缘的韧窝区域占整个断口面积的比例越来越大，韧窝尺寸越来越大，也越来越深，从而导致冲击功的急剧上升。

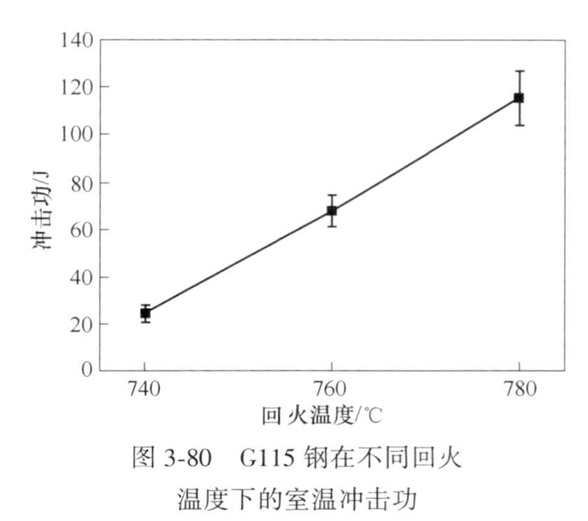

图 3-80 G115 钢在不同回火温度下的室温冲击功

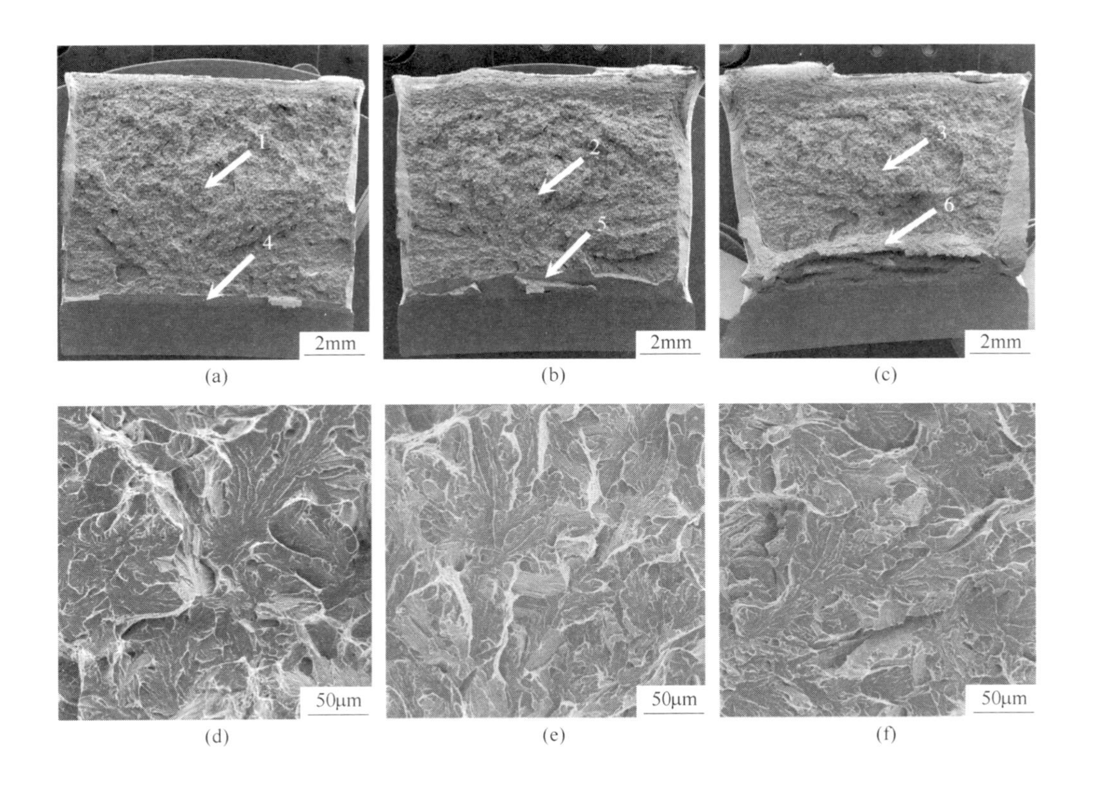

(a) (b) (c)
(d) (e) (f)

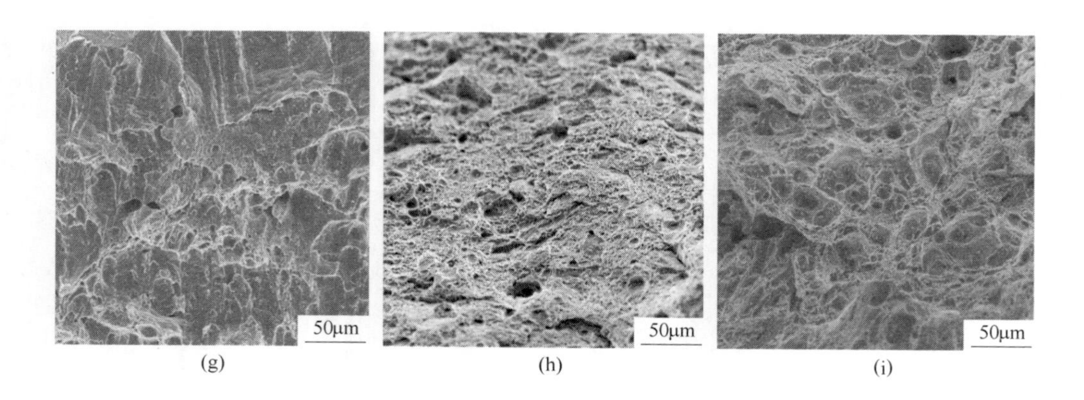


(g) (h) (i)

图 3-81 G115 钢在 740℃（a）、760℃（b）、780℃（c）回火后的低倍冲击断口 SEM 照片

（d）~（f）分别是（a）~（c）中箭头所指的 1，2，3 区域的高倍 SEM 照片；（g）~（i）分别是（a）~（c）中箭头所指的 4，5，6 区域的高倍 SEM 照片

对 G115 钢冲击断口剖面进行了 SEM 和 EBSD 表征，如图 3-82 所示。表征结果表明冲击裂纹的扩展路径是沿大角晶界转折。这意味着若基体中大角晶界较多，裂纹扩展中就要发生多次转折，这将增加裂纹扩展所需的能量。对试样的 EBSD 晶界分析结果显示，随着回火温度从 740℃增加到 780℃，其大角晶界的比例是增加的。这部分增加的大角晶界，可能是由于高温回火过程中，小脚界面随着组织回复而吸收一部分自由位错成长为大角界面。对实验材料某一区域的位错及晶界统计结果见表 3-24。

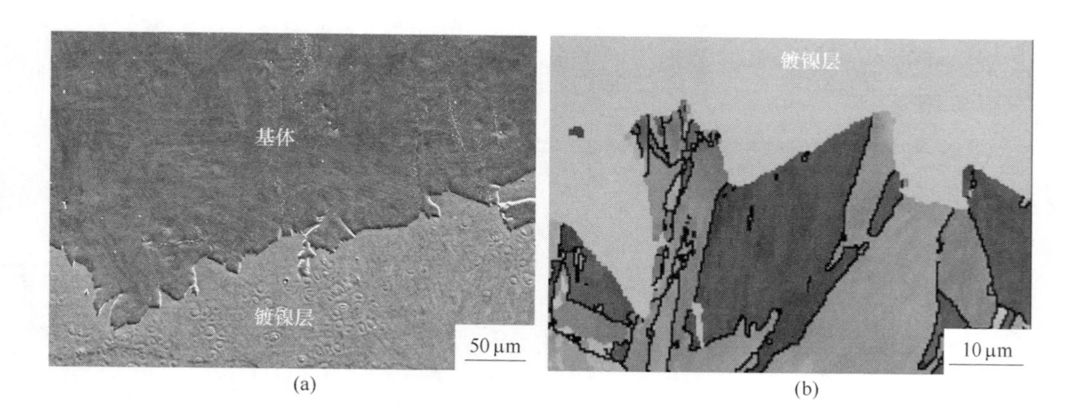


(a) (b)

图 3-82 G115 钢冲击断口截面的 SEM 照片（a）和 EBSD 照片（b）

表 3-24 G115 钢在不同回火温度下的位错密度

| 回火温度/℃ | 位错密度/$m^{-2}$ | 总界面长度/μm | 大角界面长度/μm |
|---|---|---|---|
| 740 | $3.2\times10^{14}$ | 15465.7 | 6189.7 |
| 760 | $3.0\times10^{14}$ | 13639.8 | 6326.3 |
| 780 | $2.2\times10^{14}$ | 15194.2 | 6771.1 |

从上述对 G115 钢热处理试验研究可以发现，在正火过程中，1040℃温度过低，钢中析出相不能完全回溶。1140℃正火可以使析出相完全回溶，但是晶粒尺寸增长过快，不利于焊接和冲击性能。正火温度在 1080~1120℃之间时，虽然有少许析出相残余，但是析出相尺寸已经很细小，不会对材料性能产生不利作用。且晶粒尺寸适中，基本保持稳定。此外 G115 大口径钢管主要用于主蒸汽管道制造，对材料的冲击性能有更高要求。图 3-83 为 G115 钢在不同正火温度下的冲击功演变，当正火温度为 1140℃时，冲击功很低，不能满足实际使用要求。当正火温度在 1080~1120℃之间时，材料有较高的冲击功。综合以上对材料性能和组织的考察分析结果，G115 钢最佳热处理制度推荐为正火（1080~1120℃）×1h 空冷（AC）+ 回火（760~780℃）×3h 空冷。

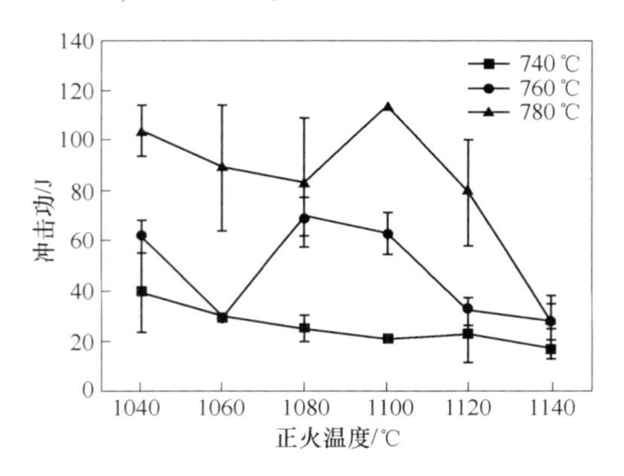


图 3-83 马氏体耐热钢 G115 在不同正火温度下的冲击功

### 3.4.3.6 G115 钢时效过程组织稳定性研究

G115 钢时效前的典型热处理工艺为 1100℃ × 1h AC+780℃ × 3h AC。回火处理后钢微观组织形貌如图 3-84 所示，其原奥氏体晶粒尺寸均匀，基本为等轴晶。从 SEM 照片可以看到，有大量析出相分布在晶界和基体内，统计结果显示析出相（$M_{23}C_6$）的平均尺寸为 92nm。从 TEM 照片可以看到 G115 钢内有大量位错，板条平均宽度的统计结果为 330nm。对回火后的 G115 钢在不同时效条件下进行时效，时效温度分别为 650℃ 和 700℃，时效时间为 300h，1000h，3000h 和 8000h。

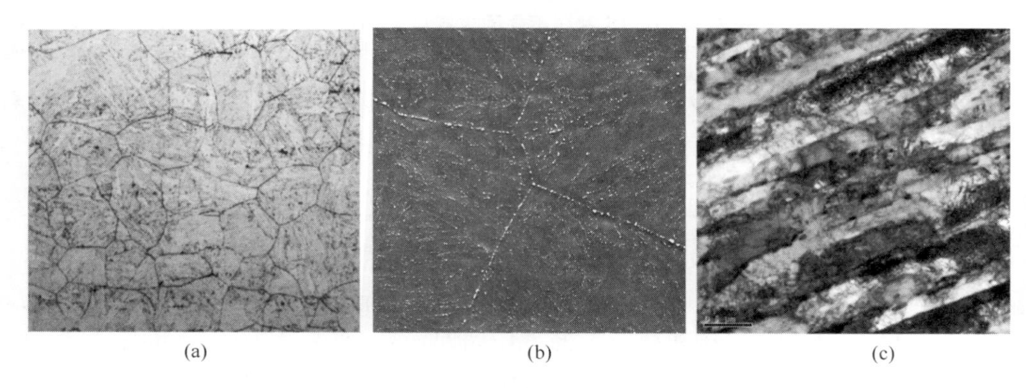


图 3-84　G115 钢时效前组织
（a）金相组织；（b）SEM 照片；（c）TEM 照片

马氏体耐热钢 G115 在不同时效条件下的 650℃ 高温强度如图 3-85 所示。650℃时效后，材料的抗拉强度从 300h 的 357MPa 缓慢降低至 8000h 的 340MPa。屈服强度从 300h 的 310MPa 缓慢降低至 8000h 的 295MPa。700℃时效后，材料的抗拉强度从 300h 的 340MPa 急剧降低至 8000h 的 260MPa，屈服强度从 300h 的 292MPa 急剧降低至 8000h 的 233MPa。时效温度相同时，抗拉强度随时效时间的变化趋势与屈服强度变化趋势基本一致。对比 650℃ 和 700℃ 两个时效温度，650℃时效后的高温强度显著高于 700℃时效后的高温强度，且 650℃时效后的高温强度随时效时间变化很小，700℃时效后的高温强度随时效时间的增加而显著降低。

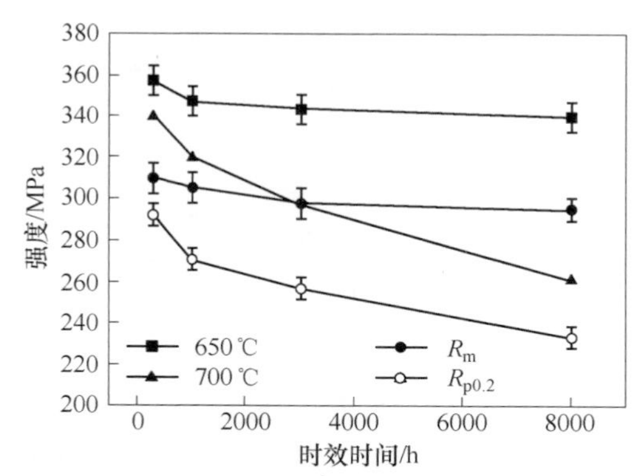


图 3-85　马氏体耐热钢 G115 在不同时效条件下的 650℃高温强度

G115 钢在 650℃ 时效不同时间下的室温冲击功如图 3-86 所示。时效最初 300h 内，G115 钢的冲击功急剧降低，从 120J 降到大约 36J。随着时效时间进一步增加，G115 钢的冲击功几乎不再变化，一直到 8000h 仍然在 33J 左右。这意味着 G115 钢在时效过程中冲击韧性的损失主要发生在时效初期的 300h，此后冲击功基本不再衰减。

G115 钢时效后的主要析出相包括 MX、$M_{23}C_6$和 Laves 相。MX 相的尺寸细小且弥散分布，在长时间高温下仍比较稳定，而 $M_{23}C_6$相和 Laves 相则容易在时效过程中长大粗化。因而表征 $M_{23}C_6$相和 Laves 相的演变过程是研究 G115 钢组织演变的重点之一。在 SEM 研究中，通过背散射（BSE）像可以有效地区分 $M_{23}C_6$相和 Laves 相。这是因为 $M_{23}C_6$的主要合金元素为 Cr，Laves 相的主要合金元素为 W，W 的原子序数远远大于 Cr，富 W 区比富 Cr 区更为明亮，即 Laves 相的亮度高于 $M_{23}C_6$。

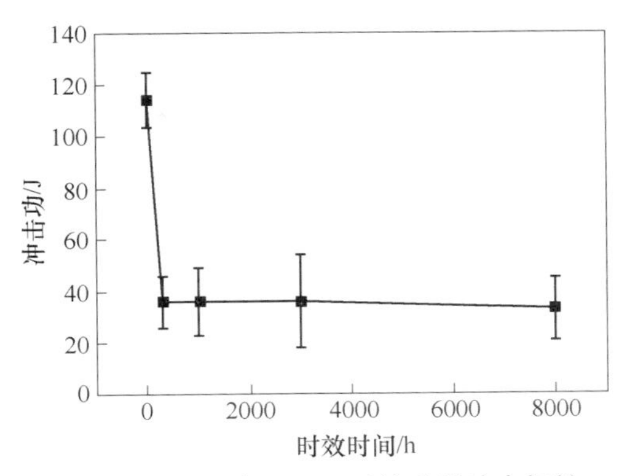

图 3-86 G115 钢 650℃时效后的冲击韧性

G115 钢在 650℃及 700℃不同时效时间后 BSE 扫描照片如图 3-87 及图 3-88 所示。对 G115 钢在不同时效条件下的析出相平均尺寸统计结果如图 3-89 所示。$M_{23}C_6$和 Laves 相主要都在原奥氏体晶界和板条界处析出。在 650℃时效时，析出相随着时效时间的延长而不断粗化，$M_{23}C_6$从 300h 的 108nm 增至 8000h 的 169nm，Laves 相从 300h 的 129nm 增至 8000h 的 212nm。截至 8000h 时效，$M_{23}C_6$和 Laves 相仍然保持在较细颗粒，对钉扎板条界和位错起着良好的作用。在 700℃时效时，析出相尺寸显著高于 650℃时效。$M_{23}C_6$从 300h 的 152nm 增至 8000h 的 232nm，Laves 相从 300h 的 238nm 增至 8000h 的 356nm。在相同的时效条件下，Laves 相的平均尺寸要大于 $M_{23}C_6$的平均尺寸，并且二者尺寸之间的差距随着时效时间和时效温度的增加而逐渐增加，表明 Laves 相的粗化速率高于 $M_{23}C_6$。相分析结果显示 $M_{23}C_6$相的化学成分为 $(FeCrWCo)_{23}(CB)_6$，Laves 相的化学成分为 $(FeCrCo)_2W$。在长期时效过程中，析出相化学成分配比变化很小。

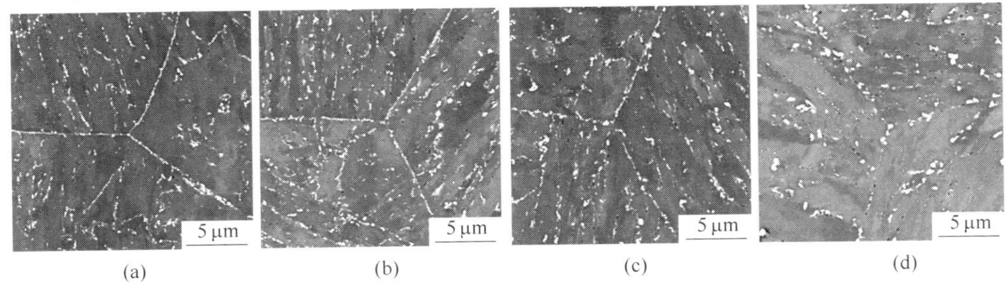

图 3-87 G115 钢在 650℃时效不同时间后的 SEM 照片

（a）300h；（b）1000h；（c）3000h；（d）8000h

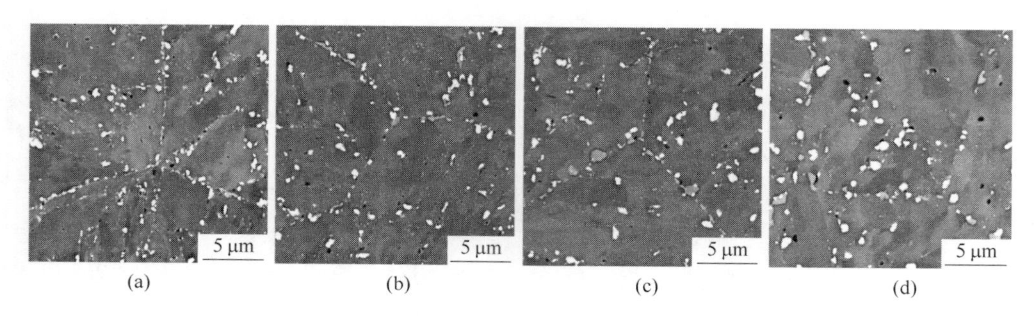


图 3-88　G115 钢在 700℃时效不同时间后的 SEM 照片
（a）300h；（b）1000h；（c）3000h；（d）8000h

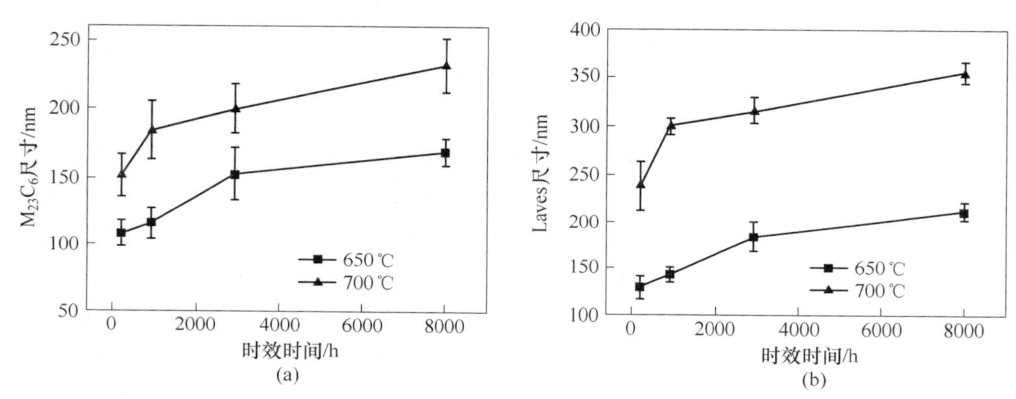


图 3-89　G115 钢在不同时效条件下的析出相尺寸
（a）$M_{23}C_6$；（b）Laves 相

马氏体耐热钢 G115 在不同时效条件下的 TEM 照片和板条宽度统计结果如图 3-90～图 3-92 所示。板条宽度随着时效温度和时效时间的增加而逐渐增加。在 650℃时效时，板条宽度从 300h 的 350nm 增至 8000h 的 415nm，板条组织仍然得到很好的保持。在 700℃时效时，板条宽度相比 650℃时效显著宽化，从 300h 的 382nm 增至 8000h 的 577nm。但是，在 700℃时效时，3000h 后板条组织出现了因为回复而形成的多边形组织，这种多边形组织已经不再是规则的马氏体板条组织，而是转变为铁素体组织，组织中位错密度很低，材料发生了局部软化。在 8000h 时效后，马氏体板条组织进一步回复，材料已经几乎完全转变为多边形的铁素体组织，规则的马氏体板条组织已经基本消失，材料进一步软化。

从 TEM 照片的结果可以看出，随着时效时间的增加和时效温度的升高，位错发生了不同程度的回复。在低温短时阶段（650℃，300h），大量规则的板条组织内含有大量的自由位错。在低温长时阶段（650℃，3000h），局部区域的自由

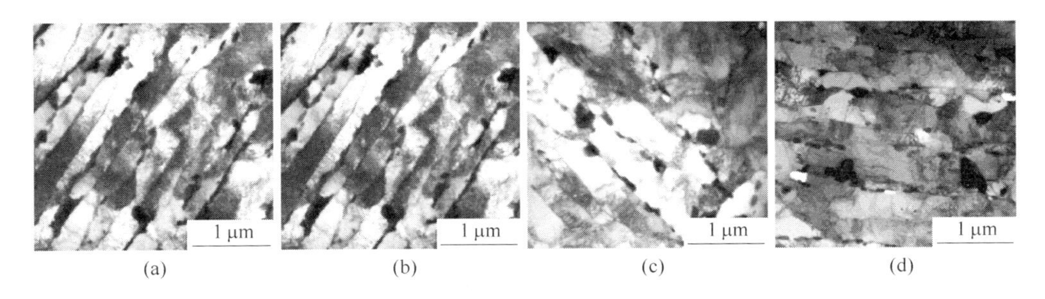


图 3-90　G115 钢在 650℃时效时的 TEM 照片

（a）300h；（b）1000h；（c）3000h；（d）8000h

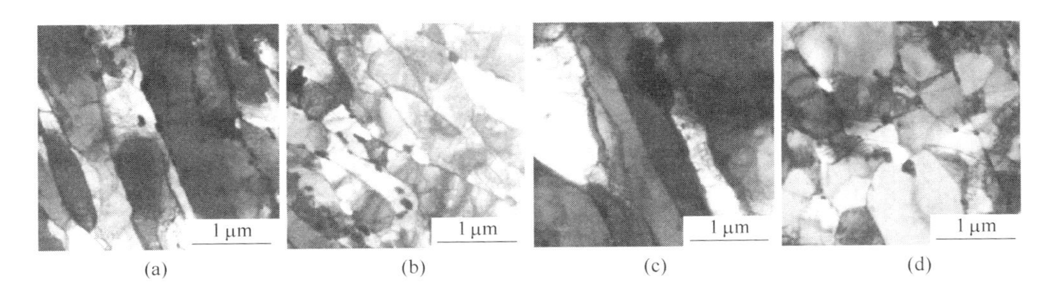


图 3-91　G115 钢在 700℃时效时的 TEM 照片

（a）300h；（b）1000h；（c）3000h；（d）8000h

位错发生了缠结，形成位错网和位错墙，伴随着位错密度的轻微降低。在高温长时阶段（700℃，8000h），缠结的位错网和位错墙进一步回复湮灭，形成了位错新界面，与此同时，位错密度大量降低。马氏体耐热钢 G115 在不同时效条件下的位错密度统计如图 3-93 所示，650℃时效后的位错密度显著高于 700℃时效。在 650℃时效 8000h 以内，位错密度随时效时间的增加只是出现小幅度的降低，

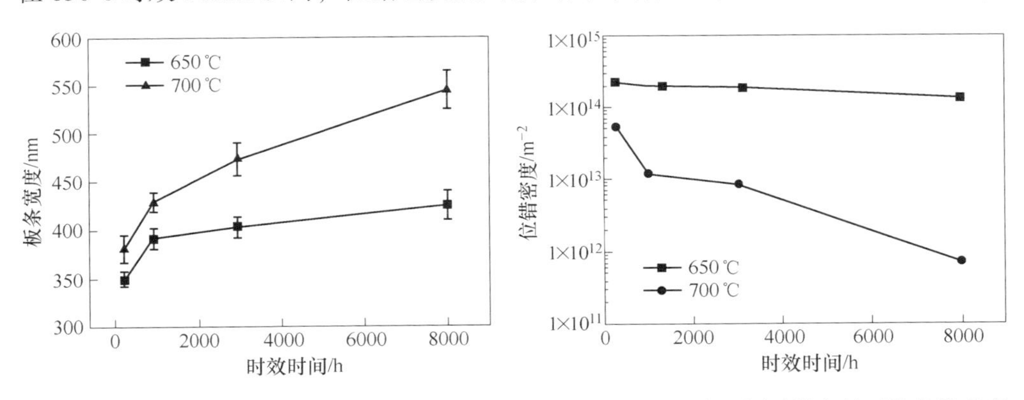


图 3-92　不同时效条件下 G115 钢的板条宽度　图 3-93　G115 钢在不同时效条件下的位错密度

从 300h 后的 2.16×$10^{14}$/$m^2$降低至 8000h 后的 1.32×$10^{14}$/$m^2$。而在 700℃时效时，位错密度随着时效时间的增加出现了大幅度的降低。从 300h 的 5.49×$10^{13}$/$m^2$急剧降低到 8000h 的 7.22×$10^{11}$/$m^2$。总的来讲，在时效过程中，析出相不断长大、板条发生粗化、位错密度降低。相对于 700℃时效，650℃时效过程中析出相更稳定，板条的粗化明显缓慢，位错密度下降也较为缓慢。

关于马氏体耐热钢中强化手段的半定量计算已经在本章的前述章节中做了介绍。根据式（3-13）~式（3-16）算得的非热屈服应力列于表 3-25。需要说明的是，计算出来的非热屈服应力并不是各强化单元的绝对强化量，而只是相对量，主要用于反映强度的变化趋势。为了简化计算，把这三者对强度的贡献简单的看成是相加形式。对这三种强化量进行加和后的结果如图 3-94 所示，三种强化机制的加和随时效温度和时效时间的变化趋势与 G115 钢的高温强度的变化趋势基本一致，说明非热屈服应力模型可以很好的解释高温强度变化趋势。同时，从表 3-25 中可以看出，G115 钢中析出相的第二相强化效果相较于其他两种强化机制而言明显偏弱，说明高温强度变化主要受位错和板条亚结构的变化影响，受析出相第二相强化效果的影响很小。

**表 3-25　G115 钢在不同时效条件下的非热屈服应力**

| 时效温度/℃ | 时效时间/h | $\sigma_p$/MPa | $\sigma_l$/MPa | $\sigma_\rho$/MPa |
|---|---|---|---|---|
| 650 | 300 | 96 | 457 | 353 |
| | 1000 | 91 | 408 | 333 |
| | 3000 | 85 | 397 | 329 |
| | 8000 | 83 | 376 | 276 |
| 700 | 300 | 82 | 419 | 178 |
| | 1000 | 72 | 372 | 82 |
| | 3000 | 65 | 338 | 70 |
| | 8000 | 58 | 293 | 20 |

从表 3-25 还可以看出，时效过程中析出相、亚结构和位错的强化作用都在下降。在 8000h 以内，板条和位错的强化效果仍然占主导地位，析出相的强化效果较小。但在时效过程中，板条和位错强化效果的降低幅度分别为 81MPa 和 77MPa，比析出相强化 13MPa 的降幅大很多。可以预见，随着时间的延长析出相强化效果会逐渐显著。另外在 700℃时效各个强化效果的降幅都比 650℃大。

通过上述研究发现，G115 钢在 700℃仅仅时效 3000h，微观组织相较于回火态时便发生了明显的退化，高温强度也出现了显著的降低。在 650℃，8000h 时效后，G115 钢的微观组织和高温强度仍然与回火态时差别不大，说明 G115 钢有望用于650℃。G115钢与P92和T122这两种传统9%~12%Cr马氏体耐热钢在不同时效条件下的析出相尺寸如表3-26所示，G115钢在650℃时效时析出相尺寸明显小于T122钢，甚至比P92钢在600℃时效时的析出相尺寸都要小。正因为G115钢中这些细小弥散并且粗化速率慢的析出相，使得G115钢具有了比P92和T122钢更好的长时性能。

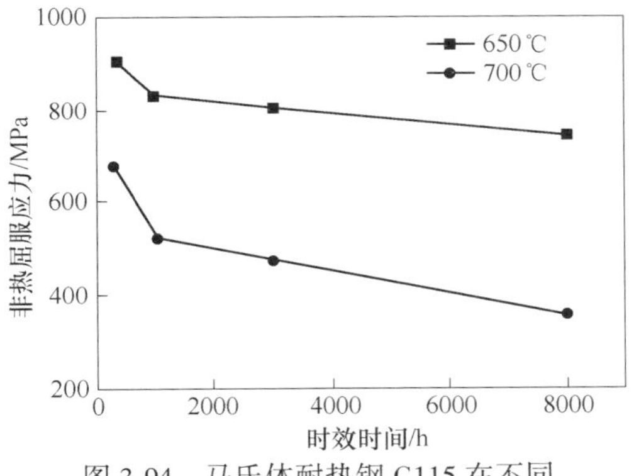

图3-94　马氏体耐热钢G115在不同时效条件下的非热屈服应力

**表3-26　几种9%~12%Cr马氏体耐热钢在不同时效条件下的析出相尺寸**（nm）

| 相 | 时效时间/h | G115，650℃ | T122，650℃ | P92，600℃ |
|---|---|---|---|---|
| $M_{23}C_6$ | 300 | 108 | — | 145 |
| | 1000 | 116 | 310 | 160 |
| | 3000 | 153 | 380 | — |
| Laves | 300 | 129 | — | — |
| | 1000 | 143 | 410 | — |
| | 3000 | 184 | 485 | — |

### 3.4.3.7　B元素在G115钢中的作用机理研究

根据表3-26中的数据，G115钢中$M_{23}C_6$在长时时效过程中的尺寸低于T122和P92钢，钢铁研究总院对其原因进行了深入的研究。以往大量研究已经表明在马氏体耐热钢中加入一定量的B元素，可以有效抑制$M_{23}C_6$在长时过程中的粗化，从而提高耐热材料的持久蠕变性能。但在B元素抑制$M_{23}C_6$粗化的深入研究中，还存在两个主要问题需要深入研究：一是B在$M_{23}C_6$中如何分布，二是B抑制$M_{23}C_6$粗化的机理。

关于B的分布问题，目前学者们仍然存在争议。一部分学者认为B在$M_{23}C_6$中均匀分布；另一部分学者认为B在$M_{23}C_6$中的分布不均匀，内部B含量高于表层B含量；还有一部分学者认为B在$M_{23}C_6$表层富集。各方观点都给出了相应的证据。作者在该问题研究中采用EPMA先扫描观察了析出相化学成分分布情况，如图3-95所示，图片中心的析出相富Cr，即为$M_{23}C_6$，B在$M_{23}C_6$中存在富集。为验证此结果，对试样进行萃取，获得纯的$M_{23}C_6$粉末，进行精确化学成分分析。结果测得，$M_{23}C_6$中平均含有0.65%（质量分数）的B，是钢中加入B含量（$130\times10^{-6}$）的10倍。由此证明，B的确大量富集在$M_{23}C_6$中。

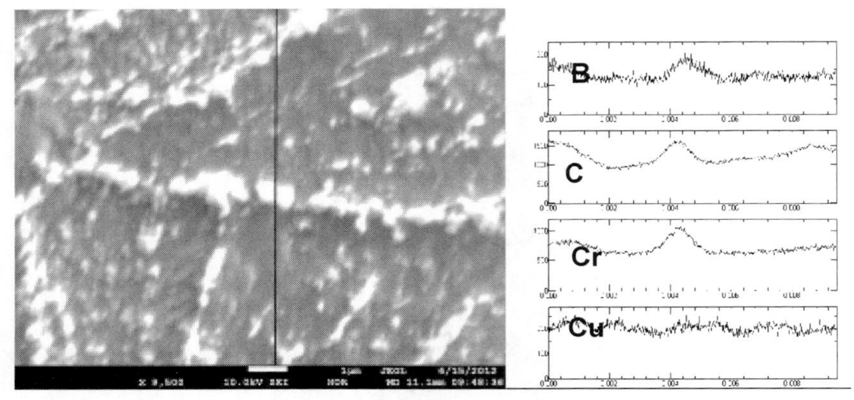


图 3-95　马氏体耐热钢 G115 的 EPMA 线扫描照片和结果

对 G115 钢中尺寸约为 100nm 的 $M_{23}C_6$颗粒进行俄歇电子能谱（AES）分析，测试深度约为 50nm。由于 AES 的分析精度高，在加速电压为 10kV 时，束斑直径小于 22nm，深度小于 2nm，可以排除基体干扰，获得良好的表面信息，精确测得 B 在 $M_{23}C_6$中的分布情况。测试结果如图 3-96 所示，0~5nm 深度为材料的表面吸附层，不在考虑范围以内。5~30nm 为 $M_{23}C_6$表层，B 元素出现了一定程度的富集。30nm 以后为 $M_{23}C_6$中心部分，B 含量相对表层较低，由此可以证明 B 在 $M_{23}C_6$的表层富集。

从上述的试验结果中可以得出 B 在 $M_{23}C_6$的表层富集。关于 B 抑制 $M_{23}C_6$粗化的机理，目前学者们主要有两种解释。一种解释为在 $M_{23}C_6$的 Ostwald 熟化过程中，B 原子占据了 $M_{23}C_6$表层碳原子的空位，使基体中的碳原子无法扩散到 $M_{23}C_6$表层，无法在 $M_{23}C_6$表层聚集，从而使得$M_{23}C_6$的粗化被抑制，如图 3-97 所示。另一种解释为 B 在 $M_{23}C_6$表层富集，降低了 $M_{23}C_6$的界面能，从而使 $M_{23}C_6$的粗化速率减慢。

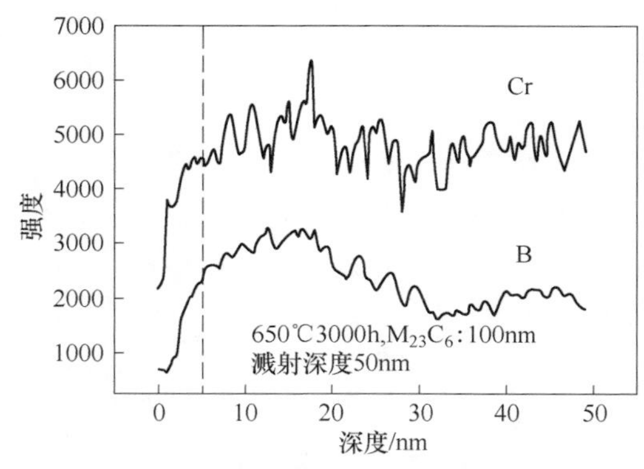


图 3-96　G115 钢中 B 和 Cr 元素的 AES 深度谱分析

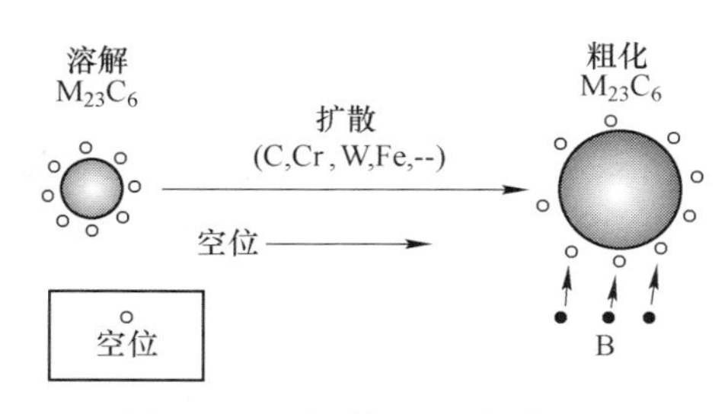


图 3-97　B 抑制 $M_{23}C_6$粗化的机理示意图（After F. Abe）

$M_{23}C_6$的主要成分为$Cr_{23}C_6$，因此为简化研究，一律把$M_{23}C_6$简化为$Cr_{23}C_6$，图 3-98 是$Cr_{23}C_6$的晶胞结构，为复杂的 FCC 结构。在马氏体耐热钢中，$Cr_{23}C_6$与马氏体基体的位向关系为：(111) $Cr_{23}C_6$//(011) martensite，[$10\bar{1}$] $Cr_{23}C_6$//[$11\bar{1}$] martensite。$Cr_{23}C_6$的晶格常数为 $a=1.06214$nm。马氏体基体为体心立方结构，可近似的看成是体心正方结构，晶格常数为 $a=0.28665$nm。$Cr_{23}C_6$与马氏体基体界面处的对应晶面、面间距和错配度具体数值见表 3-27。当材料中加入 B 时，B 原子会进入到$Cr_{23}C_6$中以替代部分的 C 原子。由于 B 原子的尺寸大于 C 原子，以 B 替代 C 会导致$Cr_{23}C_6$晶格畸变，$Cr_{23}C_6$的晶格常数增加，在马氏体基体界面处的面间距增加，从而降低错配度。错配度降低了，$Cr_{23}C_6$与马氏体基体的界面能也会随之减小。根据 Ostwald 熟化公式，界面能降低，Ostwald 熟化速率降低，从而$Cr_{23}C_6$的粗化得到抑制。

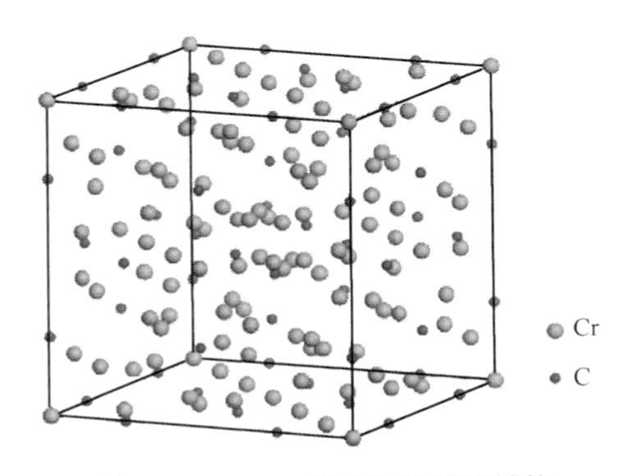


图 3-98 $Cr_{23}C_6$碳化物的晶胞结构

**表 3-27 $Cr_{23}C_6$与马氏体基体界面处的对应晶面、面间距和错配度**

| 组 织 | 晶面 | 面间距/nm | 错配度 |
|---|---|---|---|
| $Cr_{23}C_6$ | $(1\bar{2}1)$ | 0.216808 | 8.916% |
| 马氏体基体 | $(2\bar{1}\bar{1})$ | 0.118069 | |

3.4.3.8 G115 钢持久性能

持久试验是模拟研究耐热材料服役环境下行为的重要方法，相对于时效试验，持久试验考察在温度与应力共同作用下耐热材料的性能演变，是判断耐热材料强度的重要依据。对 G115 钢持久性能的研究进行了 4 个炉号，其具体热处理工艺参数如表 3-28 所示。

表 2-29 给出了几种马氏体耐热钢的 650℃ 10 万小时持久强度，T/P91 和 T/P92 的数据来源于公开发表的资料，G115 钢的数据是 $\phi$254mm 大口径管取样由钢铁研究总院和宝钢平行测试，宝钢还有大部分应力点正在测试（图 3-99），各温度下预期持久断裂时间（3~5）万小时的应力点也在测试中。SAVE12AD 的数

据来源于日本企业发布的数据[54]。从表 3-29 中可以看出，G115 钢的 650℃持久强度是 P92 钢的 1.5 倍以上，也高于日本的 SAVE12AD。

表 3-28　四种马氏体耐热钢 G115 的取样来源和热处理制度

| 编　号 | 取样来源 | 热处理制度 |
|---|---|---|
| G115 | 宝钢工业试制管 | 1100℃×1h A. C. +780℃×3hA. C. |
| G115-DT | 宝钢工业试制管 | 1100℃×1h A. C. +760℃×3hA. C. |
| G115-M | 钢研冶炼 | 1100℃×1h A. C. +780℃×3hA. C. |
| G115-N | 钢研冶炼 | 1100℃×1h A. C. +780℃×3hA. C. |

表 3-29　几种马氏体耐热 650℃10 万小时外推持久强度

| 钢　种 | T/P91 | T/P92 | G115 | SAVE12AD |
|---|---|---|---|---|
| 持久强度/MPa | 47.5 | 67.4 | 109.8 | 82.1 |

对比 G115 钢与 T/P91 和 T/P92 的持久强度，从图 3-99 中可以看出 G115 钢 650℃持久性能明显优于 T/P92 钢，而且 G115 钢管的持久断裂时间的演变趋势稳定，不存在持久曲线突然下降的现象，说明 G115 钢管的微观组织稳定。再对 MARBN、G115 和 SAVE12AD 三种 650℃马氏体耐热钢的持久强度进行比较（见图 3-100），MARBN 钢公开数据较少，G115 钢管的性能与 MARBN 钢的持久强度相当，MARBN 钢的数据为实验室小钢锭的数据，G115 钢的数据是工业生产产品测试数据。根据目前最长点 3.2 万小时的数据，G115 管的持久性能优于 SAVE12AD 管。

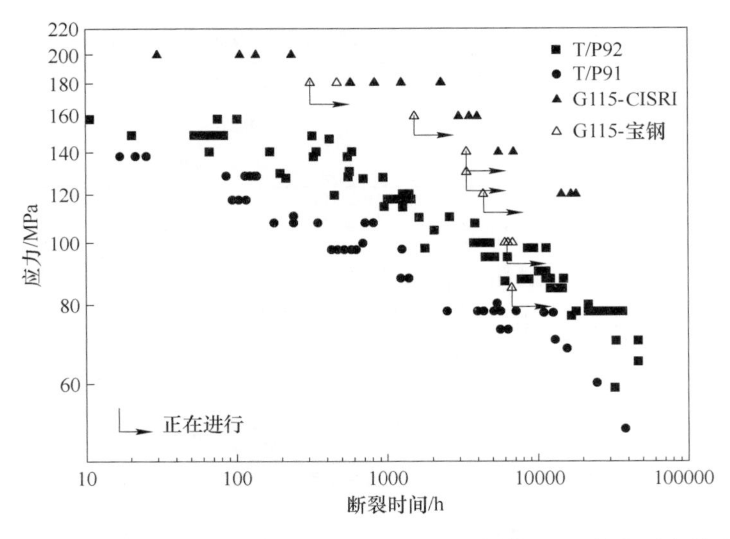


图 3-99　工业试制 G115 钢管与 T/P91 和 T/P92 钢管 650℃持久强度的比较

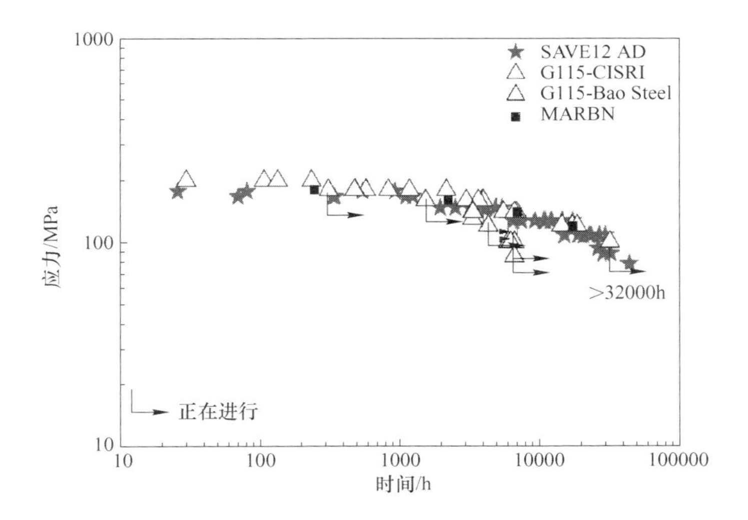


图 3-100 MARBN，G115 和 SAVE12AD 钢 650℃持久强度比较

（G115 数据取自宝钢大口径管持久试验数据；SAVE12 AD 数据取自 SAVE12AD ASME Code Case Draft，Nippon Steel & Sumitomo Metal Corporation）

除了上述对比的650℃持久强度数据外，G115 钢的600℃、625℃、650℃和675℃的系列持久试验仍在进行中，图 3-101 为正在进行的 G115 钢管持久强度试验。

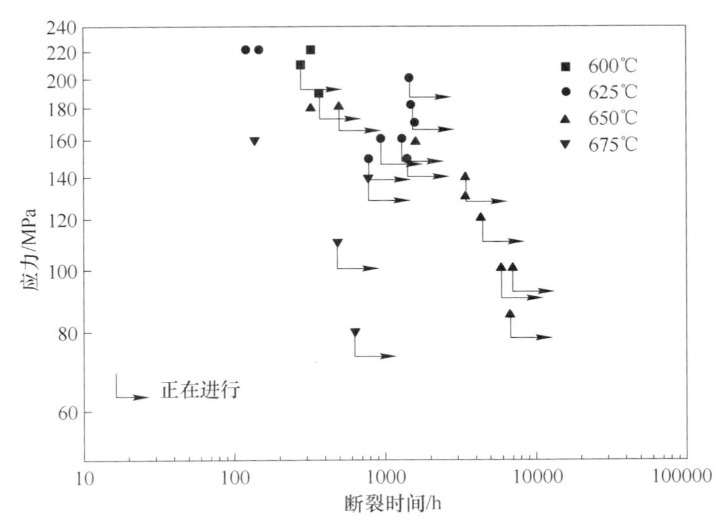


图 3-101 工业试制 G115 钢管正在进行的 600~675℃系列持久试验

对马氏体耐热钢 G115 持久试样进行了系统表征和分析。将持久断裂试样沿纵向线切割剖开，剖开后的试样表面如图 3-102 所示。用 SEM 和 EBSD 表征其 1 和 2 处的形貌。其中 1 处为断口处，同时受温度和应力的影响；2 处为夹持端，

远离断口处，只受温度影响，基本不受应力影响。对比两处的组织形貌，可以得到温度和应力对材料长时服役过程中的组织演变影响。

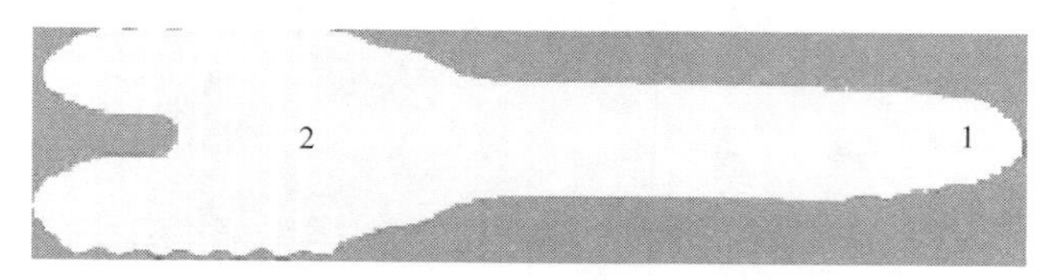


图 3-102　马氏体耐热钢 G115 的持久试样分析位置

首先对 G115 钢 200MPa、31h 和 140MPa、6744h 的持久试样断口进行 EDS 分析，研究其断裂原因，位置和 EDS 结果如图 3-103 和表 3-30 所示。在微孔附近往往存在一些夹杂物，这些夹杂物尺寸较大，含有一定量的 Ce 或者 Er 稀土元素，另外，夹杂物中的 O 含量也较高。持久试验过程中，含稀土氧化物的夹杂成为微孔形成点，进而成为持久断裂的裂纹源。这些形成的微孔在随后的持久试验过程中进一步长大、聚合直至引起材料的断裂。因此，在现有的炼钢技术条件下，如果不能解决稀土元素的冶炼问题，建议严格控制稀土的添加，排除因为产生稀土夹杂从而使得材料早期断裂的不利因素。

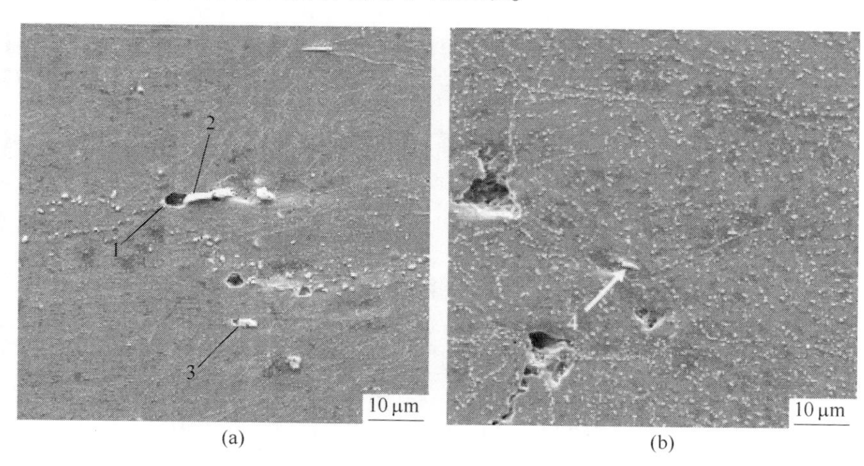


图 3-103　马氏体耐热钢 G115 的断口

（a）200MPa，31h；（b）140MPa，6744h

**表 3-30　马氏体耐热钢 G115 的断口 EDS**（点 1~4 分别对应图 3-103 上的位置）

| 测试点 | Fe | Cr | W | C | O | Ce | Er |
|---|---|---|---|---|---|---|---|
| 点 1 | 78. 27 | 8. 19 | | | | 1. 19 | 12. 36 |
| 点 2 | 4. 71 | | | 6. 11 | 14. 55 | 74. 62 | |
| 点 3 | 79. 96 | 8. 71 | | | | | 11. 34 |
| 点 4 | 6. 50 | | 1. 19 | | 18. 85 | 73. 45 | |

图 3-104 是马氏体耐热钢 G115 在不同持久条件下的 SEM 照片。从图中可以看出，短时高应力条件下（图 3-104（a）、(d)），夹持端的析出相尺寸要比断口处的析出相尺寸略大。随着应力的降低和服役时间的增加，夹持端的析出相尺寸与断口处的析出相尺寸渐趋一致（图 3-104（b）、(e)）。到长时低应力条件时(图 3-104（c）、(f)），夹持端的析出相尺寸要比断口处的析出相尺寸略小。这是因为从回火态到时效态，仍有大量析出相析出。短时高应力时，形变量大，产生的新界面多，形核位置多，析出相细；长时低应力时，形变速率很慢，界面数量增速也很慢，所以形核位置几乎不变，不会引起析出相的细化；同时，由于仍然存在一定量的形变，界面数量仍有一定程度的增加，导致扩散通道增加，扩散系数提高。根据 Ostwald 熟化公式，粗化速率也相应提高。但是总体来说，夹持端处析出相与端口处析出相尺寸的差距并不大。这也表明应力对析出相的粗化没有明显的促进或抑制作用。

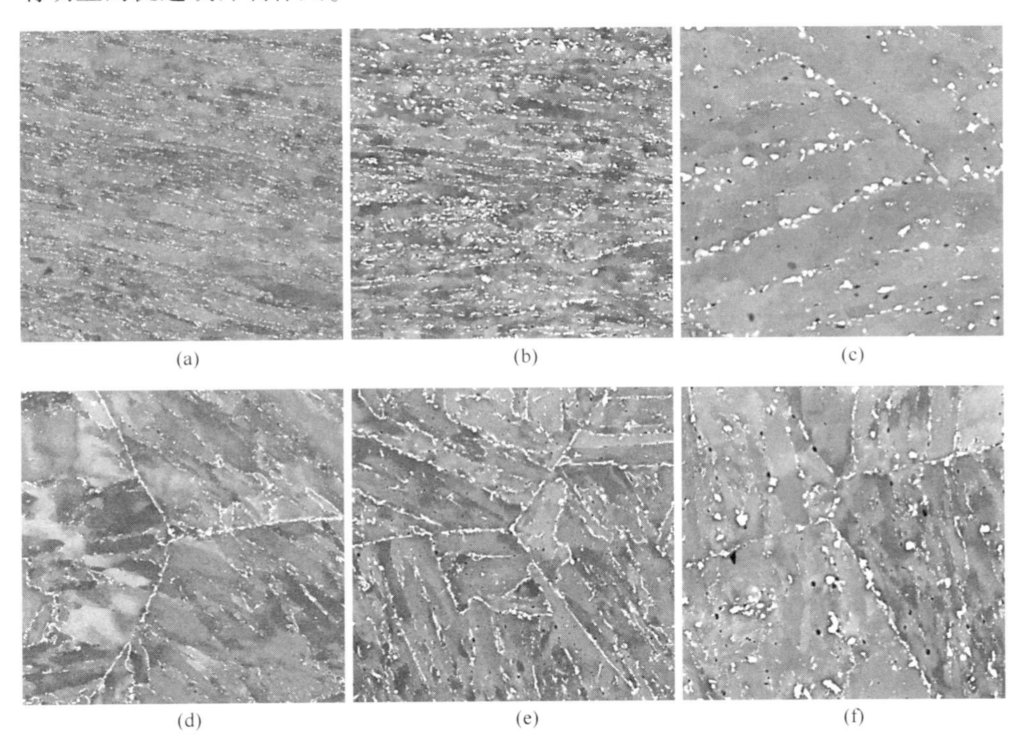

(a)　(b)　(c)

(d)　(e)　(f)

图 3-104　G115 钢在不同持久条件下的 SEM 照片

(a)~(c) 断口处；(d) ~ (f) 夹持端；(a)，(d) 200MPa，31h；
(b)，(e) 180MPa，578h；(c)，(f) 140MPa，6744h

图 3-105 是马氏体耐热钢 G115 在不同持久条件下的 EBSD 照片，对应的取

向差分布情况如图 3-106 所示。从图 3-105 和图 3-106 中可以看出，断口处有明显数量的 20°～50°界面，而夹持端却几乎没有。夹持端 50°～60°界面比例较高，断口处较低。这是因为形变过程中晶粒发生转动，从而取向趋于一致，即取向差会发生一定程度的降低。部分 50°～60°的界面转变成 20°～50°的界面；形变量越大，晶粒转动程度越大，取向差降低也更大，所以 50°～60°界面比例降低越明显。

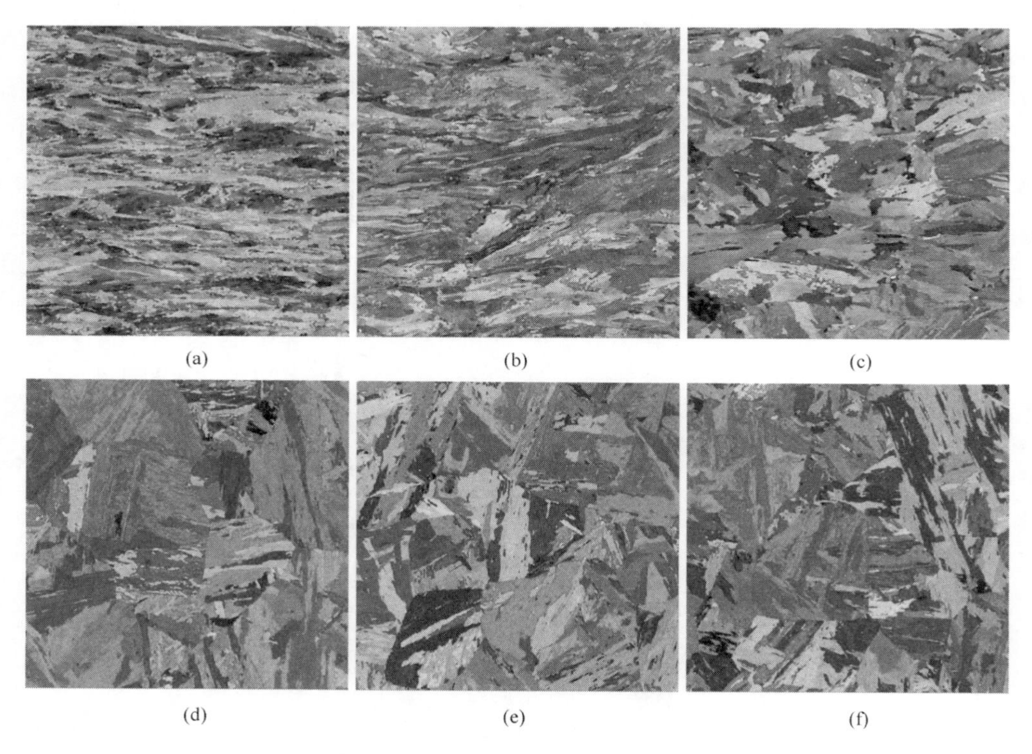

图 3-105 G115 钢在不同持久条件下的 EBSD 照片
(a)～(c) 断口处；(d)～(f) 夹持端；(a)，(d) 200MPa，31h；(b)，(e) 180MPa，578h；(c)，(f) 140MPa，6744h

表 3-31 列出了马氏体耐热钢 G115 不同持久条件下的界面数量密度。从表中可以看出，断口处拥有更多的界面，形变越大，界面越多。这是因为断口处由于形变而引入位错。位错在高温下发生回复，转变为小角界面，所以小角界面数量增加；小角界面吸收位错，转变为大角界面，所以大角界面数量也增加。形变量越大，引入的位错越多，产生的新界面也就越多。140MPa、6744h 的试样由于断面收缩率低，断口形变量小，所以断口处与夹持端的界面数量密度相差不大。

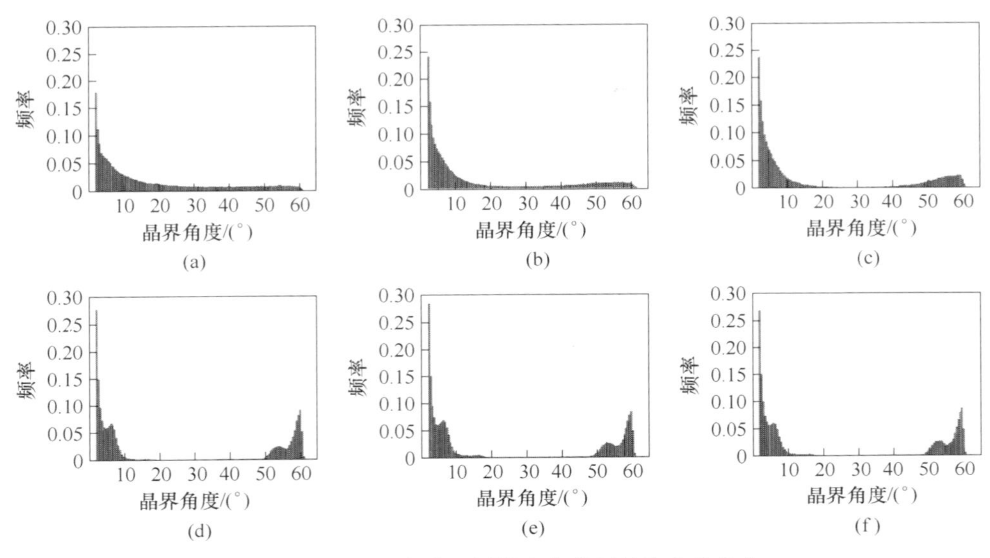


图 3-106 G115 钢在不同持久条件下的取向差分布

(a)~(c) 断口处；(d)~(f) 夹持端；(a)，(d) 200MPa，31h；
(b)，(e) 180MPa，578h；(c)，(f) 140MPa，6744h

**表 3-31 马氏体耐热钢 G115 不同持久条件下的界面数量密度（μm/μm²）**

| 项目 | | 2°~15° | >15° |
|---|---|---|---|
| 200MPa，31h | 断口处 | 1.385846 | 0.859239 |
| | 夹持端 | 0.740169 | 0.478376 |
| 180MPa，578h | 断口处 | 1.61153 | 0.71569 |
| | 夹持端 | 0.71527 | 0.45450 |
| 140MPa，6744h | 断口处 | 0.93352 | 0.44575 |
| | 夹持端 | 0.79258 | 0.54567 |

对 G115 钢的持久断裂试样进行详细分析后，对比其他几种 G115 钢（G115-DT、G115-M 和 G115-N）的持久性能和微观分析，可以发现，G115-DT 的持久性能在高应力阶段要明显好于 G115，这是因为 G115-DT 的回火温度比 G115 低 20℃，从而导致其回火后的位错密度高于 G115。根据试验测量，回火后 G115-DT 的位错密度为 $3.1\times10^{14}/m^2$，G115 的位错密度为 $2.6\times10^{14}/m^2$。位错密度高，位错强化效果明显，可以在短时内起到良好的强化效果，提高持久强度。但是随着应力的降低和持久断裂时间的增加，G115-DT 的持久断裂时间逐渐有被 G115 反超的趋势。这是因为较低温度回火时，回火后的析出相数量较少，在长时服役过程中钉扎作用不足，不能有效钉扎位错和板条界，从而使得位错和板条在长时过程中大量回复，丧失原有的强化效果，持久强度降低。另外，冶炼纯净度的影

响在持久试验中非常明显。尽管 G115-M 和 G115-N 两炉试验钢在成分设计上更加优化，但由于其纯净度差而导致其持久强度不如 G115 及 G115-DT。

#### 3.4.3.9　G115 钢抗蒸汽腐蚀性能和焊接性能

图 3-107 为工业试制 G115 钢管的 650℃抗蒸汽腐蚀性能与 P92 钢的比较，G115 的抗蒸汽腐蚀性能优于 P92。钢铁研究总院等单位正在对 G115 的抗蒸汽腐蚀性能进行全面系统测试和研究。已在上海锅炉厂进行了两轮次 G115 钢焊接工艺试验。一轮次为 G115 钢试板，另一轮次为 G115 钢 $\phi$51mm×10mm 小口径管。G115 钢的可焊性与 P92 钢相当，焊接接头的常规性能评定均合格（见表 3-32）。正在对 G115 钢的同种焊和异种焊的焊接接头高温持久强度进行评价。

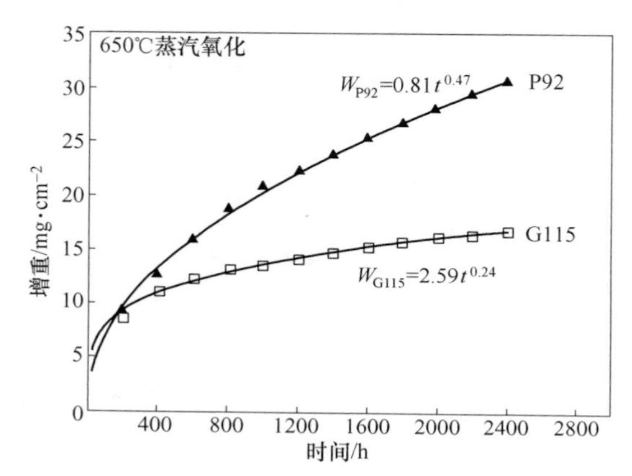


图 3-107　工业试制 G115 钢管抗蒸汽腐蚀性能（650℃）

**表 3-32　采用不同焊材 G115 钢焊接接头性能**

| 采用焊材 | 室温拉伸强度/MPa | 180°弯曲 | 室温冲击功/J |
|---|---|---|---|
| Gr92 焊材 | 746，743 | 合格 | 焊缝：62，66，90 |
| | | | 热区：120，130，60 |
| 镍基焊材 | 695，694 | 合格 | 焊缝：102，96，94 |
| | | | 热区：219，187，130 |

#### 3.4.3.10　G115 钢的应用前景

G115 钢管是迄今研制的具有最高持久性能和抗蒸汽腐蚀性能匹配的可用于 650℃的马氏体大口径锅炉管。如采用 G115 替代目前用于 600~620℃温度区间使用的 P92 钢管，锅炉管的壁厚可大幅度减薄，大幅度降低焊接难度，同时可减重 50%左右（图 3-108）。更为重要的是 G115 将非常有潜力用于 620~650℃温度区间大口径管、集箱、管件、阀、支吊架制造，也是 620~650℃温度区间汽轮机转子的重要候选材料之一。如果 G115 钢能在超 600℃蒸汽参数超超临界燃煤电站上获得应用，将使 600℃/623℃/623℃ 和 610℃/630℃/630℃ 参数电站具有技术和经济上的竞争力，将是燃煤电站材料技术发展历史上的一次重大突破。

钢铁研究总院和宝钢正在完善 G115 企业标准，正在申请 G115 锅炉管的市场准入评审，希望在不久的将来，G115 钢能纳入行业标准和国家标准，以便于大批量推广和应用。

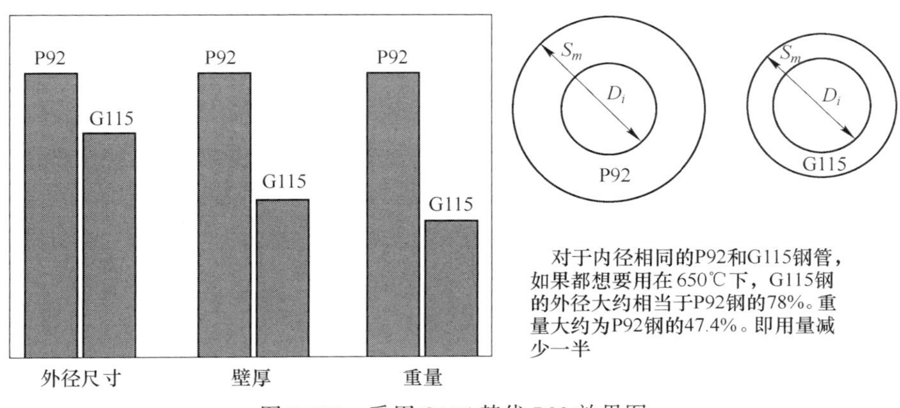


图 3-108 采用 G115 替代 P92 效果图

## 参 考 文 献

[1] 王敬忠，刘正东. 600℃超超临界火电机组用马氏体耐热钢的强韧化机制综合评述. 钢铁研究总院内部研究报告，2012 年 8 月.

[2] Hald J. Tantaulum-Containing Z-phase in 12% Cr martensitic steels [J]. Scripta Materialia, 2009, 60 (9): 811~813.

[3] Yoshizawa M, Igarashi M, Moriguchi K, et al. Effect of precipitates on long-term creep deformation properties of P92 and P122 type advanced ferritic steels for USC power plants [J]. Materials Science and Engineering A 510-511, 2009: 162~168.

[4] Abe F, Kern T-U, Viswanathan R. Creep-resistant steels [J]. Woodhead publishing Limited, Cambridge, England, 2008.

[5] Miyata K, Sawaragi Y. Effect of Mo and W elements on the phase stability of precipitates in low Cr heat resistant steels [J]. ISIJ International, 2001, 41: 281.

[6] Abe J, 4th Int. Conf. on Recrystallization and Related Phenomena [J]. The Japan Institute of Metals, Sendai, 1999, 289.

[7] Onizawa T, Wakai T, Ando M, et al. Effect of V and Nb on precipitation behavior and mechanical properties of high Cr steel [J]. Nuclear Engineering and Design, 238, 2008: 408~416.

[8] Taneike M, Sawada K, Abe F. Effect of Carbon Concentration on Precipitation Behavior of $M_{23}C_6$ Carbides and MX Carbonitrides in Martensitic 9%Cr Steel during Heat Treatment [J]. Metallur-

gical and Materials Transactions A, 2004, 35: 1255.

[9] Kipelova A, Kaibyshev R, Belyakov A, et al. Microstructure evolution in a 3%Co modified P911 heat resistant steel under tempering and creep conditions [J]. Materials Science and Engineering A, 2011, 528: 1280～1286.

[10] Kaneko K, Matsumura S, Sadakata A, et al. Characterization of carbides at different boundaries of 9Cr-steel [J]. Materials Science and Engineering A, 2004, 374: 82～89.

[11] Taneike M, Abe F, Sawada K. Nature, 2003, 424: 294～296.

[12] Sawada K, Kushima H, Tabuchi M, et al. Microstructural degradation of Gr. 91 steel during creep under low stress [J]. Materials Science and Engineering, 2011, 528: 5511～5518.

[13] Sawada K, Kushima H, Kimura K, Tabuchi M. Effect of Z−phase formation on creep strength and fracture of 9-12% Cr steels [J]. National Institute for Materials Science, 1-2-1 Sengen, Tsukuba, Ibaraki 305−0047, Japan.

[14] Danielsen H K, Hald J. Energy Mater. 2006, 1: 49～57.

[15] Agamennone R, Blum W, Gupta C, et al. Evolution of microstructure and deformation resistation in creep of tempered martensitic 9-12% Cr-2% W-5% Co Steels, Acta Mater. 2006, 54: 3003～3014.

[16] Jae Seung Lee, Hassan Ghassemi Armaki, Kouichi Maruyama, et al. Causes of breakdown of creep strength in 9Cr-1. 8W-0. 5Mo-VNb steel [J]. Materials Science and Engineering A, 2006, 428: 270～275.

[17] Sawada K, Suzuki K, Kushima H, et al. Effect of tempering temperature on Z−phase formation and creep strength in 9Cr-1Mo-V-Nb-N steel. Materials Science and Engineering A, 2008, 480: 558～563.

[18] Igarashi M, Yoshizawa M. In: Proceedings of the fourth international conference on advances in materials technology in fossil power plants, South Carolina, USA; 2004, 1097.

[19] Kimura K, Sawada K, Kubo K, et al. Influence of stress on degradation and life prediction of high strength ferritic steels [J]. Amer Soc Mech Eng Pressure Vessel Piping 2004, 476.

[20] Ghassemi Armaki H, Chen R P, Maruyama K, et al, Premature creep failure in strength enhanced high Cr ferritic steels caused by static recovery of tempered martensite lath structures [J]. Mater. Sci. Eng. A, 2010, 527: 6581～6588.

[21] Kimura K, Kushima H, Abe F, et al. Microstructural change and degradation behaviour of 9Cr − 1MoVNb steel in the long term [J]. In: Proceedings of the 5th International Charles Parsons Turbine Conference, Cambridge, UK, 2000, 590～602.

[22] Fujio Abe, Masaaki Tabuchi, Masayuki Kondo, et al. Suppression of Type IV fracture and improvement of creep strength of 9Cr steel welded joints by boron addition [J]. International Journal of Pressure Vessels and Piping, 2007, 84: 44～52.

[23] Yoshizawa M, Igarashi M. Long − term creep deformation characteristics of advanced ferritic steels for USC power plants. International Journal of Pressure Vessels and Piping, 2007, 84: 37～43.

[24] 石如星. 超超临界火电机组用 P92 钢组织性能优化研究 [D]. 北京：钢铁研究总院，2011.

[25] Fujita T, Asakura K, Sawada T, et al. Creep rupture strength and microstructure of low C-10Cr-2Mo heat-resisting steels with V and Nb [J]. Metallurgical Transactions A, 1981, 12: 1071~1079.

[26] 包汉生. 高铬铁素体耐热钢长时组织稳定性的研究 [D]. 北京：钢铁研究总院，2009.

[27] Kimura K, Kushima H, Abe F. Degradation of Mod. 9Cr-1Mo Steel during long-term creep deformation [J]. Tetsu-to-Hagane, 1999, 85: 841~847.

[28] 太田定雄. 铁素体系耐热钢-向世界前沿不懈攀登的研究与开发 [M]. 张善元，等译. 北京：冶金工业出版社，2003: 157~177.

[29] High-strength high-Cr heat resistant steels: 欧洲专利，EPA0427301A1 [P]. 1986-10-13.

[30] Taneike M, Abe F, et al. Creep-strengthening of steel at high temperatures using nano-sized carboniride dispersions [J]. International weekly journal of science. 2003, 6946 (424): 294~296.

[31] Abe F. Key issues for development of advanced ferritic steels for thick section boiler components in USC power plant at 650℃ [J]. Symposium on Ultra Super Critical Steels for Fossil Power Plants 2005, 12-13 April, 2005, Beijing, 19~28.

[32] Kasumi Yamada, Masaaki Igarashi, et al, Effect of Heat Treatment on Precipitation Kinetics in High-Cr Feritic Steels. ISIJ International, 2002, 7 (42): 779~784.

[33] Kasumi Yamada, Masaaki Igarashi, et al. Creep Properties Affected by Morphology of MX in High-Cr Ferritic Steels. ISIJ International, 2001, (41): S116.

[34] 刘正东. 650℃超超临界机组锅炉钢管用新一代铁素体耐热钢研究，国家高技术研究发展计划（编号 2006AA03Z513）年度报告，2007.

[35] XingYang Liu, Toshio Tujita. Effect of chromium content on creep rupture properties of a high chromium ferritic heat resisting steel [J]. ISIJ International, 1989, 8 (29): 680~686.

[36] Kouichi Maruyama, Kota Savada, Jun-ichi Koike. Strengthening mechanism of creep resistant tempered martensitic steel [J]. ISIJ International, 2001, 6 (41): 641~653.

[37] Katsumi Yamada, Masaaki Igarashi, et al. Effect of Co addition on microstructure in high Cr ferritic steels [J]. ISIJ International, 2003, 9 (43): 1438~1443.

[38] Blum R, Vanstone R W. Materials development for boilers and steam turbines operating at 700℃ [C]. 2006 年火力发电设备用材料研讨会论文集. 成都：2006.

[39] Agamennone R, Blum W, et al. Evolution of microstructure and deformation resistance in creep of tempered martensitic 9%-12%Cr-2%W-5%Co Steels [J]. Acta Materialia, 2006, (54): 3003~3014.

[40] Jie Cui, Ick-Soo Kim, et al. Creep stress effect on the precipitation behavior of Laves phase in Fe-10%Cr-6%W alloys, ISIJ International, 2001, 4 (41): 368~371.

[41] Yoshiaki Toda, Kazuhiro Seki, et al. Effect of W and Co on long-term creep strength of precipitation strengthened 15Cr ferritic heat resistant steels, ISIJ International, 2003, 1 (43):

112-118.

[42] 杨钢，程世长，刘正东，等. 钢铁研究总院内部研究报告，2004.

[43] 刘正东，程世长，包汉生，等. 钒含量对 T122 钢组织和性能的影响 [J]. 特殊钢，2006，27（1）：7～10.

[44] A high-chromium ferritic steel excellent in high temperature ductility and strength：欧洲专利，EP0705909A1. [P] 1994-10-07.

[45] Bao H S，Cheng S C，Liu Z D，Yang G，et al. An investigation on BN inclusions in T122 heat resistant steel [J]. International Symposium on USC Steels for Fossil Power Plants，Beijing，China，April 12-14，2005，283～289.

[46] Abe F. Precipitate design for creep strengthening of 9% Cr tempered martensitic steel for ultra-supercritical power plants [J] . Science and Technology of Advanced Materials. 2008，9：1～15.

[47] 邓星临，等. 钢铁研究总院内部研究报告，1980.

[48] 胡云华，刘荣藻，赵海荣，等. 102 钢中各种强化元素的强化功能研究 [J]. 钢铁研究学报，Vol. 5，No. 4，1985，5（4）：383～390.

[49] ASME Code Case 2179-8，9Cr2W，UNS K92460 materials，Section I and Section VIII，Division 1，ASME，Two Park Avenue，New York，NY，USA 10016-5990，approved on June 28，2012.

[50] ASME Code Case 2180-6，Seamless 12Cr－2W materials，Section I and Section VIII，Division 1，ASME，Two Park Avenue，New York，NY，USA 10016-5990，approved on August 11，2010.

[51] 中国国家质监总局. GB5310—2008 高压锅炉用无缝钢管 [P]. 2008.

[52] 刘正东、程世长、包汉生、严鹏、杨钢、翁宇庆、干勇. 一种 650℃蒸汽温度超超临界火电机组用钢及其大口径锅炉管的制备方法：中国：ZL201210574445. 1 [P]. 2014-11-05.

[53] 严鹏，新型马氏体耐热钢的组织与性能研究 [D]. 北京：清华大学，2014.

[54] Nippon Steel & Sumitomo Metal Corporation，Properties of SAVE12AD（9Cr3W3CoNbB），Feb.，2014.

# 4 600~680℃奥氏体耐热钢的选择性强化设计与实践

## 4.1 奥氏体耐热钢强韧化解构

### 4.1.1 奥氏体耐热钢的发展历程

如图4-1所示[1]，奥氏体系耐热钢是在18Cr-8Ni型奥氏体不锈钢基础上不断发展而来的，通过调整18-8型奥氏体不锈钢的化学成分，可得到多种奥氏体耐热钢。通过降低C含量至小于0.08%可获得304型耐热钢，通过加Ti和增Ni可获得321型耐热钢，通过加Nb和增Ni获得347型耐热钢，通过加Mo、增Ni和减Cr可获得316型耐热钢。在304、321、347和316型奥氏体耐热钢的基础上，通过调整成分可获得AISI304H、321H、347H和316H型的奥氏体耐热钢。其中，AISI347H耐热钢具有较高的许用应力，通过工艺控制可使其晶粒细化至8级或更细。将具有细晶组织的347H型奥氏体耐热钢称为TP347HFG[2]，由于晶粒细化的作用，TP347HFG耐热钢具有良好的抗蒸汽腐蚀性能。

17Cr14NiCuMoNbTi和15Cr10Ni6MnVNbTi钢中含有强碳化物形成元素Nb、V、Ti，具有较高的高温持久蠕变强度[3]，但因Cr含量较低，抗蒸汽氧化腐蚀性能不足。在这类奥氏体钢的基础上，通过增Cr、增N、降Ni，日本企业研发了18Cr9NiCuNbN（Super304H）奥氏体耐热钢[4]，该钢不仅具有较高的高温持久强度，通过细化晶粒与喷丸处理也可使其具有良好的抗蒸汽腐蚀性能。该耐热钢在ASME标准中的代号为S30432。

Alloy800H耐热合金中Ni含量较高，基体是稳定的奥氏体组织，但该耐热合金与同强度级别的奥氏体耐热钢相比在性价比上并无优势。日本企业在传统的25Cr-20Ni型奥氏体耐热钢基础上开发出了25Cr20NiNbN（ASME TP310HCbN，在ASME标准中的代号为S31042）[5]、20Cr25NiMoNbTi（NF709或ASME TP310MoCbN）[6]、和22Cr15NiNbN（TempaloyA-3）[7]，这些奥氏体耐热钢的持久强度均高于Alloy800H耐热合金的相同温度下的持久强度。为进一步降低成本，在TP310HCbN耐热钢的基础上，借鉴Super304H和HR6W的合金化思路，通过添加0.2%N和少量Cu稳定奥氏体基体，添加少量Nb（亚稳定化，起沉淀

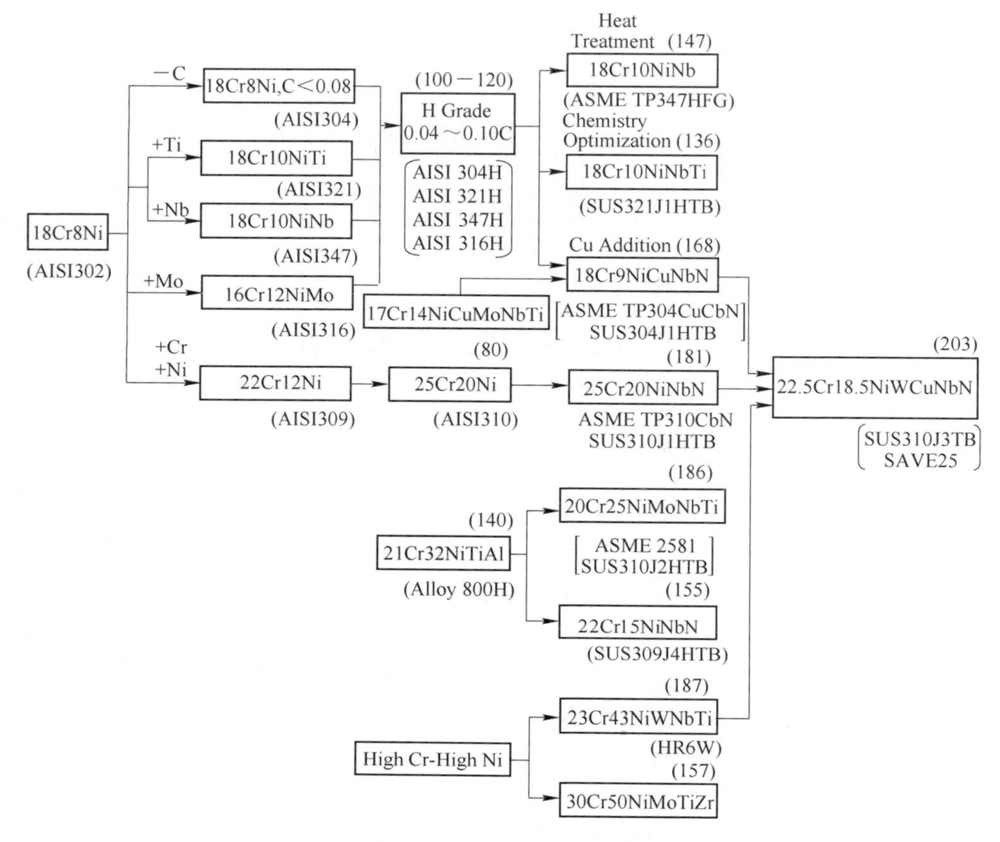


图 4-1　锅炉用奥氏体耐热钢发展历程[1]

析出强化的作用)，使 TP310CbN 中的 Ni 含量降至 18%，Cr 含量略有降低，研制了 22. 5Cr18. 5NiWCuNbN（SAVE25）[8]，其 600℃、10 万小时外推持久强度为 203MPa。30Cr50NiMoTiZr（CR30A）[9] 和 23Cr43NiWNbTi（HR6W）[10] 属于高 Cr 高 Ni 的 Fe-Ni 基合金，具有较高的高温持久强度，但制造成本较高。

### 4.1.2　奥氏体耐热钢的成分设计

持久强度和抗蒸汽腐蚀性能是燃煤电站耐热钢的两个主要考核指标。自钢铁研究总院刘荣藻教授于 1970 年代提出“多元素复合强化”设计思想以来，铁素体系耐热钢得到了迅速发展，后来这一设计思想应用到奥氏体耐热钢的成分设计上，也极大地推动了奥氏体系耐热钢的发展。从图 4-2 可以看出，奥氏体系耐热钢的组成元素逐渐增多，奥氏体系耐热钢的设计理念逐渐完善。

各元素在奥氏体型耐热钢中的作用如下：

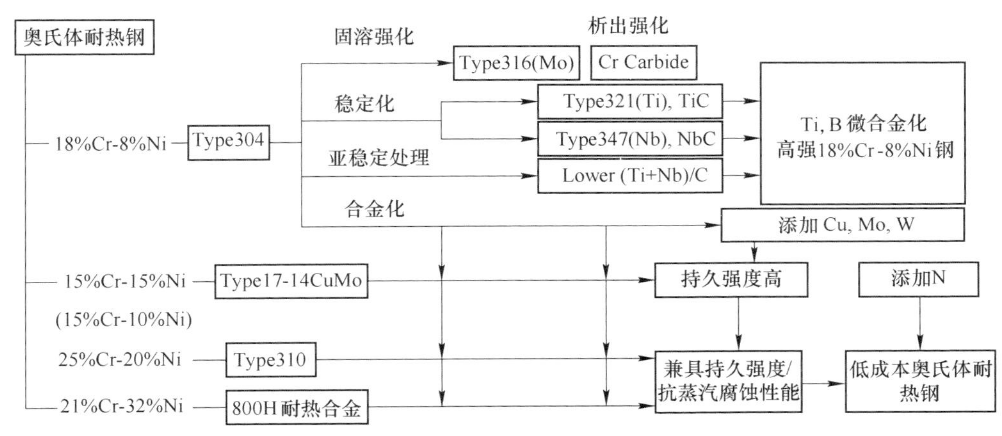


图 4-2 奥氏体耐热钢合金化设计理念

碳：C 是强烈稳定奥氏体元素，它与 Ti、Zr、V、Nb、W、Mo、Cr、Mn、Fe 形成碳化物。C 在钢中的强化作用与碳化物的成分和结构有密切关系。由于钢中的 C 含量增加，钢的塑性和可焊性以及耐腐性降低，一般奥氏体型耐热钢中的 C 含量控制在较低的范围内。

硅：Si 在耐热钢中可起抗高温腐蚀的作用。高温下含 Si 耐热钢表面会形成一层致密的 $SiO_2$ 膜，有效地改善耐热钢的抗蒸汽氧化性能。一般而言，当 Si 含量超过 0.4%时，对其高温蠕变性能和韧性有害。同时，硅可促进 σ 相、G 相和 Laves 相析出，其中 G 相可使钢的持久强度和塑性降低。

铬：Cr 一般固溶在 Fe 基体中，使基体电极电位提高，改善钢的耐腐蚀性。Cr 是耐热钢中抗高温氧化和抗高温腐蚀的主要元素，在钢表面形成一层致密 $Cr_2O_3$ 膜，抑制氧继续向基体扩散。此外，在一定的温度范围内还能形成一层 $NiO\text{-}Cr_2O_3$ 复合氧化膜，进一步增强钢的抗高温氧化能力。当 Cr 含量小于 18%时，Cr 含量对耐热钢抗高温氧化能力影响显著。当 Cr 含量大于 18%时，Cr 含量对耐热钢氧化行为的影响减弱。当 Cr 含量超过 20%时，能有效抑制蒸汽氧化起皮现象。

镍：Ni 是奥氏体稳定元素，是奥氏体耐热钢中重要的合金元素，它能够提高不锈钢的电位和钝化倾向。为了获得稳定的奥氏体组织，钢中的 Ni 含量不能低于 25%，但与其他元素复合添加，Ni 含量可适当降低，Ni 能抑制 σ 相形成，在一定程度上促进 $Cr_2N$ 相形成。

锰：Mn 是奥氏体稳定元素，在奥氏体耐热钢中主要起固溶强化和稳定奥氏体的作用。在含氮量比较高的奥氏体不锈钢中，需添加一定量的 Mn 来提高氮在钢中的固溶度。高氮奥氏体钢中如果锰元素含量较低，可能由于 $Cr_2N$ 的析出而导致钢的塑性和韧性严重降低。

铌：Nb 是强碳化物形成元素，在奥氏体耐热钢中主要以碳氮化物的形式存在。在铁基合金中起弥散强化作用，一般情况下，Nb 的碳氮化物具有较好的高温稳定性，含 Nb 奥氏体耐热钢通常具有良好的热强性。在 1300℃ 温度下，Nb 在纯铁奥氏体中的固溶度为 4.1%。含 Nb 耐热钢中的铁铌金属间化合物主要是 Laves 相（$Fe_2Nb$）。与奥氏体共晶的 NbC 和 δ 铁中的 $Fe_2Nb$（Laves 相）的熔点分别是 1315℃ 和 1370℃[11]。文献［12］中提供了 TP316Nb 钢（0.052% C，0.54% Nb，0.010% N，铬镍当量比 $Cr_{eq}/Ni_{eq}=1.58$）的凝固数据，在 1330℃形成 NbC-γ 共晶体，冷速为 0.1~2.0℃/s 时，这种碳化物的形成温度范围扩展至固相线温度，即 1305℃至 1275℃。

铜：Cu 是奥氏体稳定元素。在奥氏体耐热钢中，铜原子在高温时效后以富铜相形式析出，起弥散强化作用。Super304H 奥氏体耐热钢中加入 3.0%左右的 Cu，在高温时效处理后该钢中的 Cu 以纳米级富铜相析出，提高该钢的持久强度[13]，但过量的 Cu 加入会使钢的热加工性能变差。

氮：N 是强烈稳定奥氏体的元素，可部分取代 Ni 以降低成本。N 与奥氏体耐热钢中的 Ti、Zr、V、Nb、Cr 合金元素形成特殊氮化物或碳氮化物，起沉淀强化作用。在奥氏体耐热钢中含氮量通常控制在 0.05%~0.35%之间。N 可以提高铬镍奥氏体耐热钢的热强性，且对韧性影响较小。N 在奥氏体耐热钢中能降低铬和碳的扩散率，有助于抑制 $Cr_{23}C_6$粗化。

硼：B 对奥氏体耐热钢的持久蠕变性能有益，加入微量 B 能显著提高蠕变断裂寿命，同时伸长率和面缩率等塑性指标也提高。B 能显著稳定碳化物和抑制回复过程的进行。B 和 Fe 原子尺寸差异较大，B 原子与位错及晶界的弹性结合较强，易于在晶界上平衡偏聚[14]。B 吸附在奥氏体晶界上，降低了晶界能，因而降低了第二相在晶界上形核的驱动力，进而减少 $M_{23}C_6$相在晶界上的析出速度和数量，且硼原子的加入，使晶内 $M_{23}C_6$ 相细小稳定。

钼：Mo 为难熔金属，是稳定铁素体元素，属于强碳化物形成元素。Mo 对提高耐热钢的热强性有较好的作用，还能提高耐热钢抗点腐蚀的能力。Mo 可减少 C 在奥氏体中的溶解度，加速 $M_{23}C_6$的生成。

钒、钛：V 是稳定铁素体元素，在钢中有固碳、氮的作用，弥散分布的钒的碳化物颗粒、氮化物颗粒或碳氮化物颗粒起沉淀强化作用。Ti 也是稳定铁素体元素，同时也是强碳化物形成元素，Ti 在面心立方铁中的溶解度只有 0.6%。含 Ti 的耐热钢主要依赖细小而又弥散分布的碳化钛和金属间化合物起强化作用。Ti 是 18-8 型镍铬奥氏体耐热钢中的主要稳定化元素，通过 Ti 对 C 的固定作用，抑制晶界附近贫铬区的出现，从而提高抗晶间腐蚀的能力。

表 4-1 中列出了近年研发的被用于超超临界锅炉过热器和再热器管小口径锅炉管的典型奥氏体耐热钢。这些奥氏体耐热钢的基体按在燃煤锅炉内的服役温度区间基本为 Fe-18Cr-8Ni 或 Fe-25Cr-20Ni/Fe-20Cr-25Ni 型，一般采用低碳和稳定

表 4-1 典型新型奥氏体耐热钢化学成分 （质量分数，%）

| 钢种 | C | Si | Mn | P | S | Cr | Ni | Mo/W | N | Nb | 其他元素 | B | 标准 |
|---|---|---|---|---|---|---|---|---|---|---|---|---|---|
| S30432 Super304H | 0. 07~0. 13 | 0. 30 | 1. 00 | 0. 040 | 0. 010 | 17. 0~19. 0 | 7. 5~10. 5 | | 0. 05~0. 12 | 0. 30~0. 60 | Al 0. 003~0. 030 Cu 2. 50~3. 50 | 0. 001~0. 010 | A213/A 213M-09a |
| Tempaloy AA-1 | 0. 07~0. 14 | | | | | 17. 5~19. 5 | 9. 00~12. 0 | | | 0. 4 | Ti 0. 25 Cu 2. 50~3. 50 | 0. 005 | |
| DMV304HCu | 0. 07~0. 13 | 0. 30 | 1. 00 | 0. 04 | 0. 01 | 17. 0~19 | 7. 5~10. 5 | | 0. 05~0. 12 | 0. 30~0. 60 | Cu 2. 50~3. 50 Al 0. 003~0. 030 | 0. 001~0. 010 | VdTÜV |
| XA704 TP347W | 0. 05 | 1. 00 | 2. 00 | 0. 040 | 0. 030 | 17. 0~20. 0 | 8. 00~11. 0 | W 1. 50~2. 60 | 0. 10~0. 25 | 0. 25~0. 50 | V0. 20~0. 50 | | A213/A 213M-09a |
| TP347HFG | 0. 06~0. 10 | 1. 00 | 2. 00 | 0. 045 | 0. 030 | 17. 0~19. 0 | 9. 0~13. 0 | W 1. 50~2. 60 | | 8×C-1. 10 | | | A213/A 213M-09a |
| S31042 | 0. 04~0. 10 | <1. 00 | <2. 00 | ≤0. 045 | ≤0. 030 | 24. 0~26. 0 | 19. 0~22. 0 | — | 0. 15~0. 35 | 0. 20~0. 60 | — | — | A213/A 213M-09a |
| DMV310N | 0. 10 | <1. 50 | <2. 00 | ≤0. 030 | ≤0. 030 | 23. 0~27. 0 | 17. 0~23. 0 | — | 0. 15~0. 35 | 0. 20~0. 60 | — | — | VdTÜV |
| NF709 | 0. 10 | 1. 00 | 1. 50 | 0. 030 | 0. 030 | 19. 5~23. 0 | 23. 0~26. 0 | Mo 1. 0~2. 0 | 0. 10~0. 25 | 0. 10~0. 40 | Ti 0. 20 | 0. 002~0. 010 | A213/A 213M-09a |
| SAVE25 | 0. 1 | | | | | 23 | 18. 0 | | 0. 2 | 0. 45 | Cu 3. 0 W 1. 5 | | |
| Sanicro25 S31035 | 0. 04~0. 10 | 0. 40 | 0. 60 | 0. 030 | 0. 015 | 21. 5~23. 5 | 23. 5~26. 5 | Mo 2. 0~4. 0 | 0. 15~0. 30 | 0. 30~0. 60 | Cu 2. 0~3. 5 Co 1. 0~2. 0 | 0. 002~0. 008 | A213/A 213M-09a |
| Temp A3 (S30942) | 0. 03~0. 10 | 1. 00 | 2. 00 | 0. 040 | 0. 030 | 21. 0~23. 0 | 14. 5~16. 5 | | 0. 10~0. 20 | 0. 50~0. 80 | | 0. 001~0. 005 | A213/A 213M-09a |
| HT-UPS Mod. 800H | 0. 09 | | | | | 20. 4 | 30. 4 | Mo 2. 0 | 0. 028 | 0. 24 | Ti 0. 36 V 0. 053 P 0. 045 | 0. 01 | |

化设计，调控碳化物的析出和长大速率。如表 4-1 所示，各钢种均以一定量的 Nb 作为稳定化元素和主要的强化元素，绝大多数钢采用控 N 来提高钢的持久蠕变强度，N 和 Nb 通常复合添加。适度添加 Cu 元素，通过纳米级含铜相析出进一步强化。添加 B 元素强化晶界和减缓 $M_{23}C_6$ 粗化速率。Mo 作为强化元素在奥氏体耐热钢中也占有一定分量，该元素虽是强碳化物形成元素，但其固溶强化作用不容忽视。

## 4.2　无晶间腐蚀 18-8 型奥氏体耐热钢的选择性强化设计

18-8 型 S30432 奥氏体耐热钢管由于只含有 18%Cr，在超超临界锅炉过热器管高温段服役时，由于 Cr 元素在晶界的析出致使贫 Cr 区出现，产生晶间腐蚀，而晶间腐蚀可致锅炉管早期失稳。在 18-8 型奥氏体耐热钢成分和制造工艺设计时，需要考虑彻底解决晶间腐蚀问题，同时还要确保锅炉管的持久强度和抗蒸汽腐蚀性能不降低。因此，在确保 18%Cr 钢管具有足够持久强度和抗蒸汽腐蚀前提下的无晶间腐蚀控制难度很大。

为解决 S30432 奥氏体耐热的钢晶间腐蚀问题，钢铁研究总院设计和实施了系统试验，在 Cr、N 含量控制上限，Ni、Cu 控制中限，B 控制下限的情况下，研究 C、Nb 含量变化对晶间腐蚀的影响[15]。设计试验钢的化学成分列于表 4-2。试验钢采用真空感应炉冶炼，浇注成 22kg 钢锭，8 炉试验钢的实际化学测试分析成分列于表 4-3。

**表 4-2　设计的 S30432 奥氏体耐热钢化学成分**　（质量分数，%）

| 炉号 | C | Si | Mn | P | S | Cr | Ni | Cu | Nb | N | B | Al | Fe |
|---|---|---|---|---|---|---|---|---|---|---|---|---|---|
| 标准 | 0.07~0.13 | ≤0.3 | ≤1.0 | ≤0.040 | ≤0.030 | 17.0~19.0 | 7.5~10.5 | 2.5~3.5 | 0.30~0.60 | 0.05~0.12 | 0.001~0.010 | 0.003~0.030 | 余 |
| 1 号 | 0.06 | 0.19 | 0.85 | <0.03 | 0.001 | 18.5 | 8.8 | 2.95 | 0.50 | 0.105 | 0.0035 | <0.007 | 余 |
| 2 号 | 0.07 | 0.19 | 0.85 | <0.03 | 0.001 | 18.5 | 8.8 | 2.95 | 0.50 | 0.105 | 0.0035 | <0.007 | 余 |
| 3 号 | 0.08 | 0.19 | 0.85 | <0.03 | 0.001 | 18.5 | 8.8 | 2.95 | 0.50 | 0.105 | 0.0035 | <0.007 | 余 |
| 4 号 | 0.10 | 0.19 | 0.85 | <0.03 | 0.001 | 18.5 | 8.8 | 2.95 | 0.50 | 0.105 | 0.0035 | <0.007 | 余 |
| 5 号 | 0.06 | 0.19 | 0.85 | <0.03 | 0.001 | 18.5 | 8.8 | 2.95 | 0.70 | 0.105 | 0.0035 | <0.007 | 余 |
| 6 号 | 0.08 | 0.19 | 0.85 | <0.03 | 0.001 | 18.5 | 8.8 | 2.95 | 0.70 | 0.105 | 0.0035 | <0.007 | 余 |
| 7 号 | 0.08 | 0.19 | 0.85 | <0.03 | 0.001 | 18.5 | 8.8 | 2.95 | 0.30 | 0.105 | 0.0035 | <0.007 | 余 |
| 8 号 | 0.10 | 0.19 | 0.85 | <0.03 | 0.001 | 18.5 | 8.8 | 2.95 | 0.70 | 0.105 | 0.0035 | <0.007 | 余 |

注：标准 ASME SA213 和 ASME Code Case 2328-1

**表 4-3 测试分析的 S30432 奥氏体耐热钢化学成分** （质量分数,%）

| 炉号 | C | Si | Mn | P | S | Cr | Ni | Cu | Nb | N | B | Al | Fe |
|---|---|---|---|---|---|---|---|---|---|---|---|---|---|
| 标准 | 0.07~0.13 | ≤0.3 | ≤1.0 | ≤0.040 | ≤0.030 | 17.0~19.0 | 7.5~10.5 | 2.5~3.5 | 0.30~0.60 | 0.05~0.12 | 0.001~0.010 | 0.003~0.030 | 余 |
| 1号 | 0.058 | 0.24 | 0.80 | 0.0055 | 0.007 | 19.40 | 8.92 | 3.05 | 0.46 | 0.12 | 0.0028 | <0.005 | 余 |
| 2号 | 0.072 | 0.22 | 0.86 | 0.0059 | 0.008 | 18.61 | 8.81 | 2.91 | 0.42 | 0.11 | 0.0031 | <0.005 | 余 |
| 3号 | 0.083 | 0.22 | 0.87 | <0.005 | 0.008 | 18.54 | 8.82 | 2.92 | 0.46 | 0.12 | 0.0026 | <0.005 | 余 |
| 4号 | 0.110 | 0.22 | 0.87 | <0.005 | 0.008 | 18.44 | 8.81 | 2.93 | 0.44 | 0.12 | 0.0030 | <0.005 | 余 |
| 5号 | 0.067 | 0.23 | 0.88 | 0.0052 | 0.010 | 18.46 | 8.87 | 2.96 | 0.70 | 0.12 | 0.0028 | <0.005 | 余 |
| 6号 | 0.086 | 0.24 | 0.90 | 0.0050 | 0.008 | 18.43 | 8.86 | 2.86 | 0.70 | 0.12 | 0.0028 | <0.005 | 余 |
| 7号 | 0.081 | 0.22 | 0.86 | 0.0051 | 0.009 | 18.43 | 8.46 | 2.82 | 0.30 | 0.12 | 0.0032 | <0.005 | 余 |
| 8号 | 0.110 | 0.23 | 0.88 | 0.0050 | 0.008 | 18.52 | 8.81 | 2.94 | 0.69 | 0.12 | 0.0030 | <0.005 | 余 |

注：标准 ASME SA213 和 ASME Code Case 2328-1

试验钢的锻造工艺为钢锭在炉温低于 700℃时装炉，将钢锭加热到 1100℃保温 1h 后开锻，终锻温度大于 900℃，锻造成 25mm（宽）×6mm（厚）的晶间腐蚀试样毛坯，锻后空冷。对 1~8 号试验钢经锻态、固溶态和固溶+稳定化热处理共三种热处理状态，再经 650℃×2h 敏化处理后，进行标准晶间腐蚀试验研究，具体的热处理试验方案列于表 4-4。晶间腐蚀试样尺寸为 80mm×20mm×3mm，晶间腐蚀试验标准 GB4334.5 中 E 法，硫酸+硫酸铜+铜试验方法。试验溶液为 $100gCuSO_4 \cdot 5H_2O$ 溶于 700mL 去离子水中，加入 $100mLH_2SO_4$，稀释至 1000mL。铜屑覆盖。溶液液面高出试样 20mm，连续煮沸 16h。采用 180°弯曲试验，通过 25 倍体视显微镜观察有无晶间腐蚀裂纹出现。

**表 4-4 S30432 试验钢的热处理试验方案**

| 热处理工艺 | | 试样编号 | 试样数量 |
|---|---|---|---|
| 锻态+敏化 | 锻态+650℃×2h、AC | 1~8 号 | 1 |
| 固溶+敏化 | 1000℃×30min、WQ+650℃×2h、AC | （1~8 号）+0 号 | 1 |
| | 1050℃×30min、WQ+650℃×2h、AC | （1~8 号）+1 号 | 1 |
| | 1100℃×30min、WQ+650℃×2h、AC | （1~8 号）+2 号 | 1 |
| | 1150℃×30min、WQ+650℃×2h、AC | （1~8 号）+3 号 | 1 |
| | 1170℃×30min、WQ+650℃×2h、AC | （1~8 号）+4 号 | 1 |
| | 1200℃×30min、WQ+650℃×2h、AC | （1~8 号）+5 号 | 1 |
| 固溶+稳定化+敏化 | 1100℃×30min、WQ+840℃×4h、AC，650℃×2h、AC | （1~8 号）+6 号 | 1 |
| | 1150℃×30min、WQ+840℃×4h、AC，650℃×2h、AC | （1~8 号）+7 号 | 1 |
| | 1170℃×30min、WQ+840℃×4h、AC，650℃×2h、AC | （1~8 号）+8 号 | 1 |
| | 1200℃×30min、WQ+840℃×4h、AC，650℃×2h、AC | （1~8 号）+9 号 | 1 |

除对180°弯曲试样进行晶间腐蚀裂纹观察，还对晶间腐蚀裂纹开裂程度进行了观察，并对1～8号试验钢锻态+650℃×2h、AC敏化、1000℃×30min、WQ+650℃×2h、AC敏化状态、1150℃×30min、WQ+650℃×2h、AC敏化状态和1150℃×30min、WQ+840℃×4h、AC稳定化+650℃×2h、AC敏化状态，以及42号、45号、72号、81号、82号和68号三个可能发生晶界腐蚀试样进行了金相法观察，试验结果列于表4-5所示。

**表4-5　S30432试验钢晶间腐蚀试验结果**

| 试样编号 | 热处理制度 | 180°弯曲试验25倍体视显微镜观察 | 开裂程度肉眼观察 | 金相法观察 |
|---|---|---|---|---|
| 1号 | 650℃×2h、AC | 无 | | 无 |
| 2号 | | 无 | | 无 |
| 3号 | | 有晶间腐蚀裂纹 | 轻 | 有晶间腐蚀 |
| 4号 | | 有晶间腐蚀裂纹 | 严重 | 有晶间腐蚀 |
| 5号 | | 无 | | 无 |
| 6号 | | 无 | | 无 |
| 7号 | | 有晶间腐蚀裂纹 | 严重 | 有晶间腐蚀 |
| 8号 | | 有晶间腐蚀裂纹 | 严重 | 有晶间腐蚀 |
| 10号 | 1000℃×30min、WQ+650℃×2h、AC | 无 | | 无 |
| 11号 | 1050℃×30min、WQ+650℃×2h、AC | 无 | | |
| 12号 | 1100℃×30min、WQ+650℃×2h、AC | 无 | | |
| 13号 | 1150℃×30min、WQ+650℃×2h、AC | 无 | | 无 |
| 14号 | 1170℃×30min、WQ+650℃×2h、AC | 无 | | |
| 15号 | 1200℃×30min、WQ+650℃×2h、AC | 无 | | |
| 16号 | 1100℃×30min、WQ+840℃×4h、AC，650℃×2h、AC | 无 | | |
| 17号 | 1150℃×30min、WQ+840℃×4h、AC，650℃×2h、AC | 无 | | 有轻微晶间腐蚀 |
| 18号 | 1170℃×30min、WQ+840℃×4h、AC，650℃×2h、AC | 无 | | |
| 19号 | 1200℃×30min、WQ+840℃×4h、AC，650℃×2h、AC | 无 | | |
| 20号 | 1000℃×30min、WQ+650℃×2h、AC | 无 | | 无 |
| 21号 | 1050℃×30min、WQ+650℃×2h、AC | 无 | | |
| 22号 | 1100℃×30min、WQ+650℃×2h、AC | 无 | | |
| 23号 | 1150℃×30min、WQ+650℃×2h、AC | 无 | | 无 |
| 24号 | 1170℃×30min、WQ+650℃×2h、AC | 无 | | |
| 25号 | 1200℃×30min、WQ+650℃×2h、AC | 无 | | |
| 26号 | 1100℃×30min、WQ+840℃×4h、AC，650℃×2h、AC | 有晶间腐蚀裂纹 | 轻 | |

续表 4-5

| 试样编号 | 热处理制度 | 180°弯曲试验25倍体视显微镜观察 | 开裂程度肉眼观察 | 金相法观察 |
|---|---|---|---|---|
| 27号 | 1150℃×30min、WQ+840℃×4h、AC，650℃×2h、AC | 有晶间腐蚀裂纹 | 轻 | 有晶间腐蚀 |
| 28号 | 1170℃×30min、WQ+840℃×4h、AC，650℃×2h、AC | 有晶间腐蚀裂纹 | 轻 | |
| 29号 | 1200℃×30min、WQ+840℃×4h、AC，650℃×2h、AC | 有晶间腐蚀裂纹 | 轻 | |
| 30号 | 1000℃×30min、WQ+650℃×2h、AC | 有晶间腐蚀裂纹 | 轻 | 有轻微晶间腐蚀 |
| 31号 | 1050℃×30min、WQ+650℃×2h、AC | 无 | | |
| 32号 | 1100℃×30min、WQ+650℃×2h、AC | 无 | | |
| 33号 | 1150℃×30min、WQ+650℃×2h、AC | 无 | | 无 |
| 34号 | 1170℃×30min、WQ+650℃×2h、AC | 无 | | |
| 35号 | 1200℃×30min、WQ+650℃×2h、AC | 无 | | |
| 36号 | 1100℃×30min、WQ+840℃×4h、AC，650℃×2h、AC | 有晶间腐蚀裂纹 | 轻 | |
| 37号 | 1150℃×30min、WQ+840℃×4h、AC，650℃×2h、AC | 有晶间腐蚀裂纹 | 轻 | 有晶间腐蚀 |
| 38号 | 1170℃×30min、WQ+840℃×4h、AC，650℃×2h、AC | 有晶间腐蚀裂纹 | 轻 | |
| 39号 | 1200℃×30min、WQ+840℃×4h、AC，650℃×2h、AC | 有晶间腐蚀裂纹 | 轻 | |
| 40号 | 1000℃×30min、WQ+650℃×2h、AC | 有晶间腐蚀裂纹 | 严重 | 有晶间腐蚀 |
| 41号 | 1050℃×30min、WQ+650℃×2h、AC | 有晶间腐蚀裂纹 | 中 | |
| 42号 | 1100℃×30min、WQ+650℃×2h、AC | 无 | | 有轻微晶间腐蚀 |
| 43号 | 1150℃×30min、WQ+650℃×2h、AC | 有晶间腐蚀裂纹 | 轻 | |
| 44号 | 1170℃×30min、WQ+650℃×2h、AC | 有晶间腐蚀裂纹 | 轻 | |
| 45号 | 1200℃×30min、WQ+650℃×2h、AC | 无 | | 无 |
| 46号 | 1100℃×30min、WQ+840℃×4h、AC，650℃×2h、AC | 有晶间腐蚀裂纹 | 严重 | |
| 47号 | 1150℃×30min、WQ+840℃×4h、AC，650℃×2h、AC | 有晶间腐蚀裂纹 | 严重 | 有晶间腐蚀 |
| 48号 | 1170℃×30min、WQ+840℃×4h、AC，650℃×2h、AC | 有晶间腐蚀裂纹 | 严重 | |
| 49号 | 1200℃×30min、WQ+840℃×4h、AC，650℃×2h、AC | 有晶间腐蚀裂纹 | 严重 | |
| 50号 | 1000℃×30min、WQ+650℃×2h、AC | 无 | | 无 |
| 51号 | 1050℃×30min、WQ+650℃×2h、AC | 无 | | |
| 52号 | 1100℃×30min、WQ+650℃×2h、AC | 无 | | |
| 53号 | 1150℃×30min、WQ+650℃×2h、AC | 无 | | 无 |
| 54号 | 1170℃×30min、WQ+650℃×2h、AC | 无 | | |
| 55号 | 1200℃×30min、WQ+650℃×2h、AC | 无 | | |
| 56号 | 1100℃×30min、WQ+840℃×4h、AC，650℃×2h、AC | 无 | | |

续表 4-5

| 试样编号 | 热处理制度 | 180°弯曲试验 25 倍体视显微镜观察 | 开裂程度肉眼观察 | 金相法观察 |
|---|---|---|---|---|
| 57 号 | 1150℃×30min、WQ+840℃×4h、AC，650℃×2h、AC | 无 | | 有轻微晶间腐蚀 |
| 58 号 | 1170℃×30min、WQ+840℃×4h、AC，650℃×2h、AC | 无 | | |
| 59 号 | 1200℃×30min、WQ+840℃×4h、AC，650℃×2h、AC | 无 | | |
| 60 号 | 1000℃×30min、WQ+650℃×2h、AC | 无 | | 无 |
| 61 号 | 1050℃×30min、WQ+650℃×2h、AC | 无 | | |
| 62 号 | 1100℃×30min、WQ+650℃×2h、AC | 无 | | |
| 63 号 | 1150℃×30min、WQ+650℃×2h、AC | 无 | | |
| 64 号 | 1170℃×30min、WQ+650℃×2h、AC | 无 | | |
| 65 号 | 1200℃×30min、WQ+650℃×2h、AC | 无 | | |
| 66 号 | 1100℃×30min、WQ+840℃×4h、AC，650℃×2h、AC | 无 | | |
| 67 号 | 1150℃×30min、WQ+840℃×4h、AC，650℃×2h、AC | 无 | | 有轻微晶间腐蚀 |
| 68 号 | 1170℃×30min、WQ+840℃×4h、AC，650℃×2h、AC | 有晶间腐蚀裂纹轻微 | 无 | 有轻微晶间腐蚀 |
| 69 号 | 1200℃×30min、WQ+840℃×4h、AC，650℃×2h、AC | 有晶间腐蚀裂纹轻微 | 无 | |
| 70 号 | 1000℃×30min、WQ+650℃×2h、AC | 有晶间腐蚀裂纹 | 轻 | 有轻微晶间腐蚀 |
| 71 号 | 1050℃×30min、WQ+650℃×2h、AC | 有晶间腐蚀裂纹 | 轻 | |
| 72 号 | 1100℃×30min、WQ+650℃×2h、AC | 无 | | 无 |
| 73 号 | 1150℃×30min、WQ+650℃×2h、AC | 无 | | 无 |
| 74 号 | 1170℃×30min、WQ+650℃×2h、AC | 无 | | |
| 75 号 | 1200℃×30min、WQ+650℃×2h、AC | 无 | | |
| 76 号 | 1100℃×30min、WQ+840℃×4h、AC，650℃×2h、AC | 有晶间腐蚀裂纹 | 中 | |
| 77 号 | 1150℃×30min、WQ+840℃×4h、AC，650℃×2h、AC | 有晶间腐蚀裂纹 | 严重 | 有晶间腐蚀 |
| 78 号 | 1170℃×30min、WQ+840℃×4h、AC，650℃×2h、AC | 有晶间腐蚀裂纹 | 严重 | |
| 79 号 | 1200℃×30min、WQ+840℃×4h、AC，650℃×2h、AC | 有晶间腐蚀裂纹 | 严重 | |
| 80 号 | 1000℃×30min、WQ+650℃×2h、AC | 有晶间腐蚀裂纹 | 中 | 有晶间腐蚀 |
| 81 号 | 1050℃×30min、WQ+650℃×2h、AC | 无 | | 无 |
| 82 号 | 1100℃×30min、WQ+650℃×2h、AC | 无 | | 无 |
| 83 号 | 1150℃×30min、WQ+650℃×2h、AC | 无 | | 无 |
| 84 号 | 1170℃×30min、WQ+650℃×2h、AC | 无 | | |
| 85 号 | 1200℃×30min、WQ+650℃×2h、AC | 无 | | |
| 86 号 | 1100℃×30min、WQ+840℃×4h、AC，650℃×2h、AC | 有晶间腐蚀裂纹 | 严重 | |
| 87 号 | 1150℃×30min、WQ+840℃×4h、AC，650℃×2h、AC | 有晶间腐蚀裂纹 | 中 | 有晶间腐蚀 |
| 88 号 | 1170℃×30min、WQ+840℃×4h、AC，650℃×2h、AC | 有晶间腐蚀裂纹 | 中 | |
| 89 号 | 1200℃×30min、WQ+840℃×4h、AC，650℃×2h、AC | 有晶间腐蚀裂纹 | 中 | |

1~8号试验钢1100℃×30min、WQ和1150℃×30min、WQ状态下冲击试样的平均晶粒度，如表4-6所示。1100℃×30min、WQ处理后试验钢的晶粒度基本在8级，当固溶温度升高到1150℃时，试验钢的晶粒度基本在7级。1~8号试验钢在上述两热处理状态下的金相照片，如图4-3和图4-4所示。

**表4-6 S30432试验钢固溶处理后晶粒度测量结果**

| 1~8号试验钢1100℃×30min WQ后晶粒度（平均值） | | | | | | | | |
|---|---|---|---|---|---|---|---|---|
| 编号 | 1号 | 2号 | 3号 | 4号 | 5号 | 6号 | 7号 | 8号 |
| 晶粒度 | 8 | 8 | 8 | 7 | 8 | 6.5 | 8 | 8 |
| 1~8号试验钢1150℃×30min WQ后晶粒度（平均值） | | | | | | | | |
| 编号 | 1号 | 2号 | 3号 | 4号 | 5号 | 6号 | 7号 | 8号 |
| 晶粒度 | 7 | 6.5 | 7 | 7 | 7 | 7 | 7 | 7 |

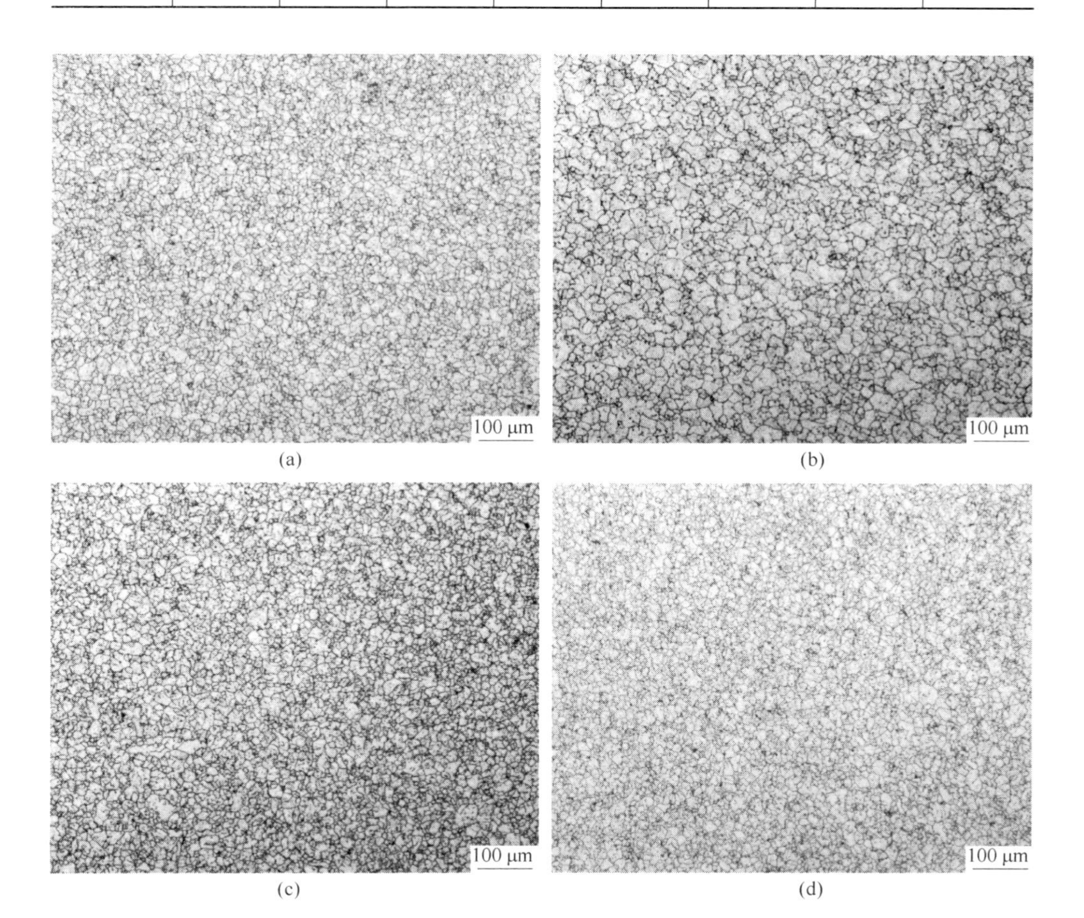


(a) (b) (c) (d)

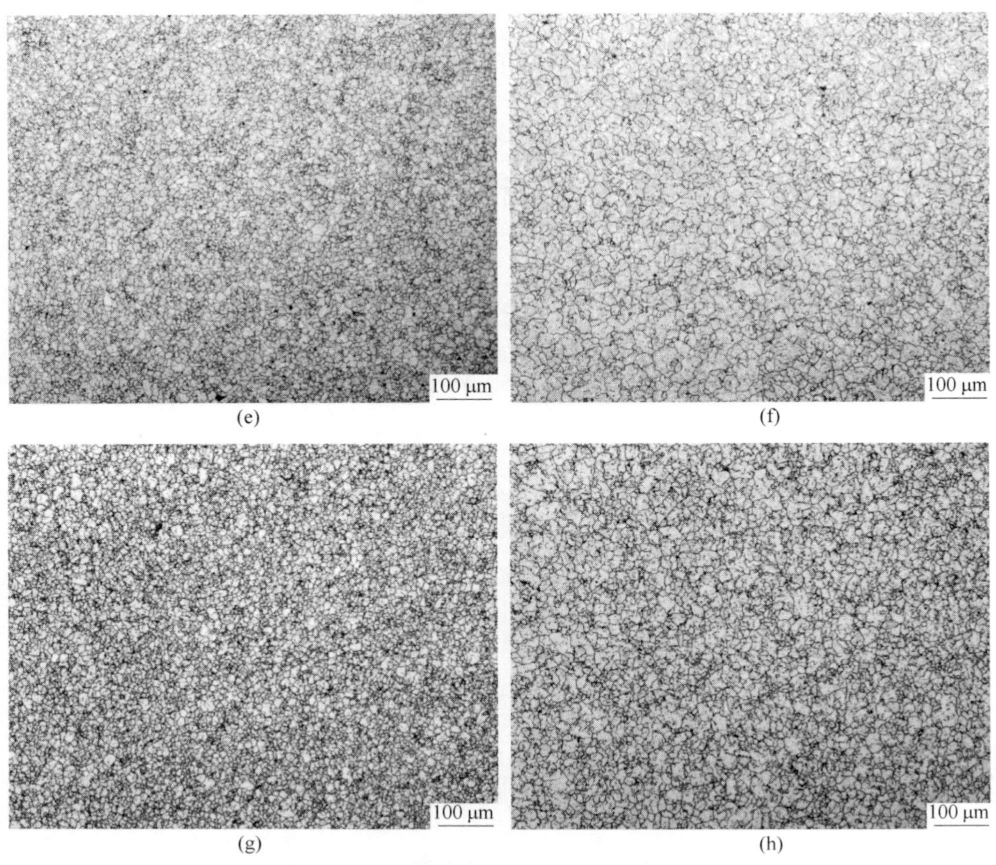

(e) (f)
(g) (h)

图 4-3 1～8 号试验钢 1100℃固溶后晶粒度
（1100℃×30min、WQ+840℃×4h、AC ）
（a）1 号；（b）2 号；（c）3 号；（d）4 号；（e）5 号；（f）6 号；（g）7 号；（h）8 号

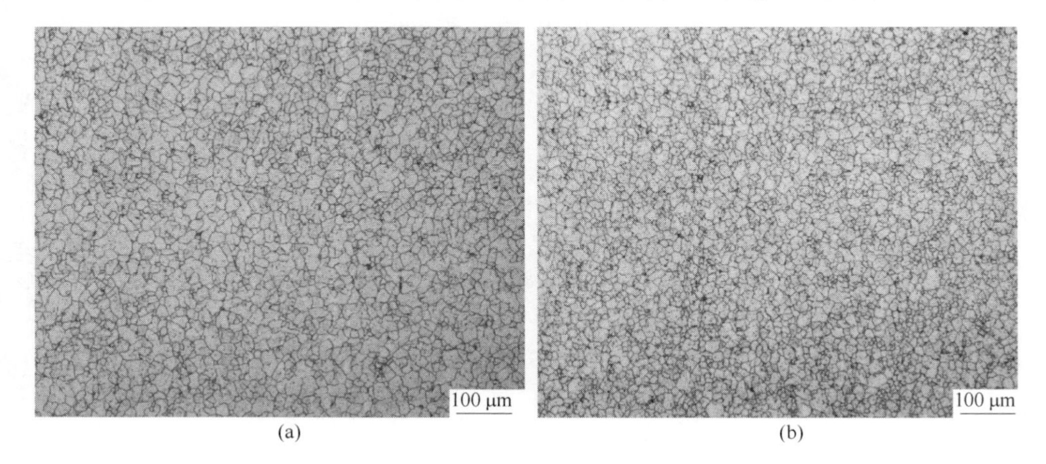

(a) (b)

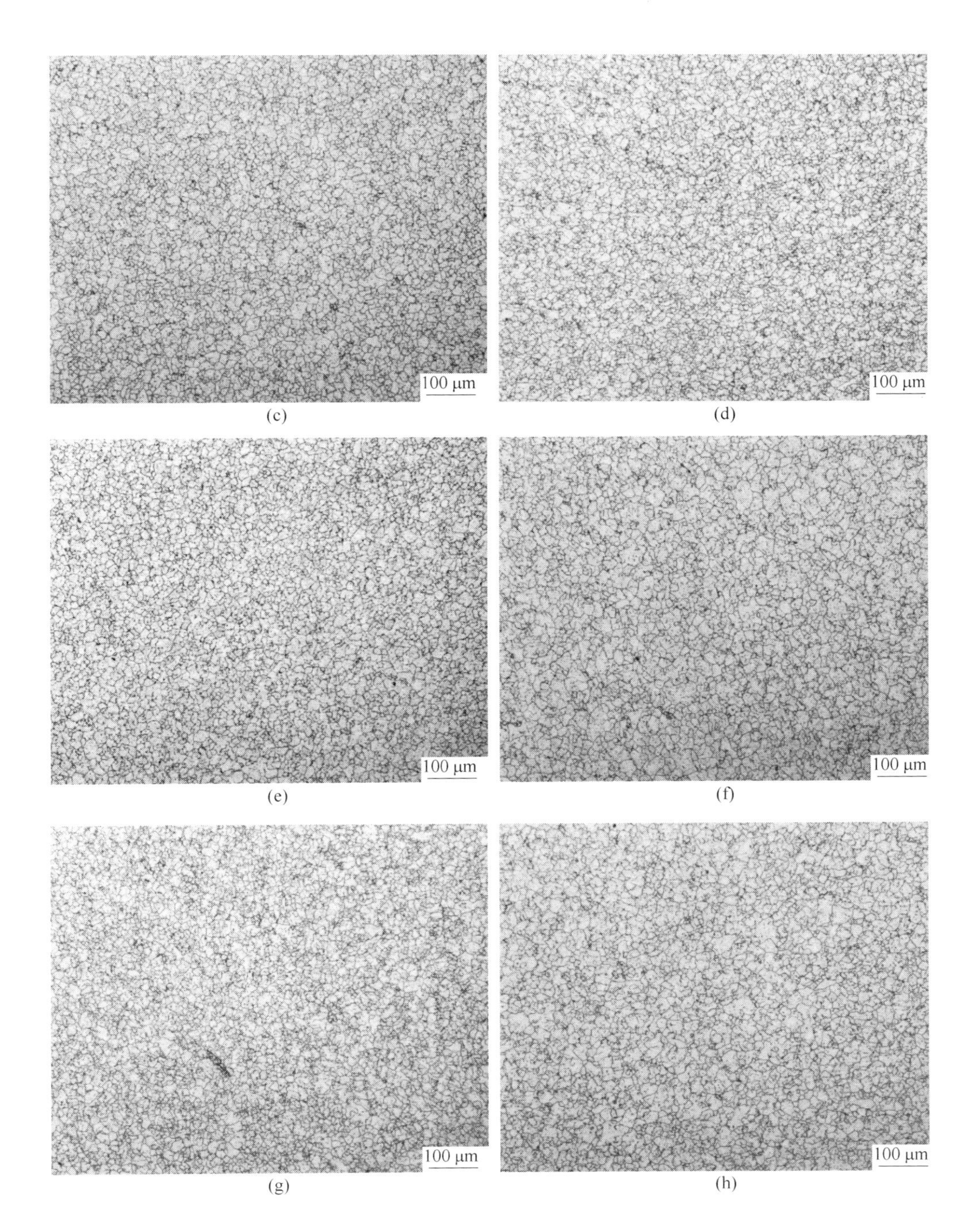


图4-4　1~8号试验钢1150℃固溶后晶粒度（1150℃×30min、WQ+840℃×4h、AC）
(a) 1号；(b) 2号；(c) 3号；(d) 4号；(e) 5号；(f) 6号；(g) 7号；(h) 8号

通过上述试验，发现碳和铌元素对 S30432 奥氏体耐热钢晶间腐蚀有非常明显的影响。本试验设计碳含量范围为 0.06%～0.10%，实际冶炼成分范围是 0.058%～0.110%。表 4-7 为当两种铌含量基本保持不变情况下，碳含量在 ASME 标准规定的上下限范围之间变化。如表 4-8 所示，当铌含量保持基本不变时，随着碳含量的增加，S30432 试验钢在锻态、固溶态以及固溶+时效态的抗晶间腐蚀性能都变差。当含 0.46%Nb 时，在 0.058%～0.083%C 范围内，在固溶处理温度大于 1100℃ 时，试验钢不发生晶间腐蚀。当含 0.70% Nb 时，在 0.067%～0.110%C 范围内，在固溶处理温度大于 1100℃时，试验钢不发生晶间腐蚀。

**表 4-7　S30432 试验钢两种铌含量保持基本不变时碳元素变化对比**

| 炉号 | 1 | 2 | 3 | 4 | 5 | 6 | 8 |
|---|---|---|---|---|---|---|---|
| C/% | 0.058 | 0.072 | 0.083 | 0.110 | 0.067 | 0.086 | 0.110 |
| Nb/% | 0.46 | 0.42 | 0.46 | 0.44 | 0.70 | 0.70 | 0.69 |

**表 4-8　表 4-7 中 S30432 试验钢试样经不同热处理后晶间腐蚀试验结果**

<table>
<tr><td>炉号</td><td>1</td><td>2</td><td>3</td><td>4</td><td>5</td><td>6</td><td>8</td></tr>
<tr><td colspan="8">锻态+650℃×2h、AC+晶间腐蚀试验</td></tr>
<tr><td>晶间腐蚀状况</td><td>无</td><td>无</td><td>轻</td><td>严重</td><td>无</td><td>无</td><td>严重</td></tr>
<tr><td colspan="8">(1000～1200℃)×30min、WQ+650℃×2h、AC+晶间腐蚀试验</td></tr>
<tr><td>晶间腐蚀状况</td><td>均无</td><td>均无</td><td>1000℃处理腐蚀轻微</td><td>1000℃处理，严重；1050℃处理，中等；1200℃处理，轻度</td><td>均无</td><td>均无</td><td>1000℃处理腐蚀中等</td></tr>
<tr><td colspan="8">(1100～1200℃)×30min、WQ+840℃×4h、AC+650℃×2h、AC+晶间腐蚀试验</td></tr>
<tr><td>晶间腐蚀状况</td><td>轻微</td><td>轻度</td><td>轻度</td><td>严重</td><td>轻微</td><td>轻微</td><td>中度</td></tr>
</table>

本试验设计铌含量范围为 0.30%～0.70%，实际冶炼成分范围是 0.30%～0.70%。表 4-9 为当三种碳含量基本保持不变情况下，铌含量在 ASME 标准规定的上下限范围附近变化。如表 4-10 所示，当碳含量基本相同时，随着钢中铌含量的增加，钢在锻态、固溶态以及固溶+时效态的抗晶间腐蚀性能都提高。在含 0.081%C 时，在 0.30%～0.70%Nb 范围内，在固溶温度大于 1100℃时可以保证试验钢不发生晶间腐蚀。在含 0.110%C 和 0.69%Nb 时，在固溶温度大于 1100℃时试验钢不发生晶间腐蚀。在 0.072%C、0.42%Nb 和 0.067%C、0.70%Nb 时，在固溶温度大于 1000℃时试验钢不发生晶间腐蚀。

**表 4-9　S30432 试验钢三种碳含量保持基本不变时铌元素变化对比**

| 炉号 | 7 | 3 | 6 | 4 | 8 | 2 | 5 |
|---|---|---|---|---|---|---|---|
| Nb/% | 0.30 | 0.46 | 0.70 | 0.44 | 0.69 | 0.42 | 0.70 |
| C/% | 0.081 | 0.083 | 0.086 | 0.110 | 0.110 | 0.072 | 0.067 |

**表 4-10 表 4-9 中 S30432 试验钢试样经不同热处理后晶间腐蚀试验结果**

<table>
<tr><td colspan="8">锻态+650℃×2h、AC+晶间腐蚀试验</td></tr>
<tr><td>炉号</td><td>7</td><td>3</td><td>6</td><td>4</td><td>8</td><td>2</td><td>5</td></tr>
<tr><td>晶间腐蚀状况</td><td>严重</td><td>轻</td><td>无</td><td>严重</td><td>严重</td><td>无</td><td>无</td></tr>
<tr><td colspan="8">(1100~1200)×30min、WQ+840℃×4h、AC+650℃×2h、AC+晶间腐蚀试验</td></tr>
<tr><td rowspan="2">晶间腐蚀状况</td><td rowspan="2">严重</td><td rowspan="2">轻度</td><td rowspan="2">轻微</td><td rowspan="2">严重</td><td>1100℃，严重</td><td rowspan="2">轻微</td><td rowspan="2">轻微</td></tr>
<tr><td>1150~1200℃，中度</td></tr>
<tr><td colspan="8">(1000~1200℃)×30min、WQ+650℃×2h、AC+晶间腐蚀试验</td></tr>
<tr><td rowspan="2">晶间腐蚀状况</td><td>1000~1050℃ 轻微</td><td>1000℃ 轻微</td><td rowspan="2">无</td><td>1000℃ 严重<br>1050℃ 中度</td><td>1000℃ 中度</td><td rowspan="2">无</td><td rowspan="2">无</td></tr>
<tr><td>1100~1200℃ 无</td><td>1050~1200℃ 无</td><td>1100~1200℃ 轻度</td><td>1050~1200℃ 无</td></tr>
</table>

根据上述试验结果，可以把 S30432 试验钢中碳铌含量及固溶处理温度与晶间腐蚀之间的关系归纳如图 4-5 所示。图 4-5 中标出的“无晶间腐蚀区”是指在≥1100℃固溶处理状态下的无晶间腐蚀区域。

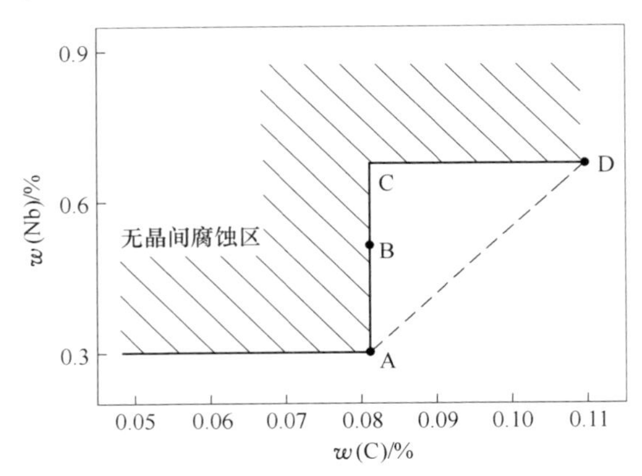


图 4-5 S30432 试验钢 C、Nb 含量与晶间腐蚀关系图（≥1100℃固溶状态）

本试验没有进行 0.08%~0.11%C 范围内 Nb 变化对晶间腐蚀性能影响的细致研究。根据上述试验的结果，可以确定图 4-5 中 ABCD 线的左部和上部范围钢在≥1100℃固溶处理状态下，试验钢不发生晶间腐蚀，在 AD 线以下肯定发生。上述试验结果表明，C 含量在 0.081%~0.110%范围内，当 Nb>0.69%时可保证无晶间腐蚀。若要求 Nb≤0.60%，只能在 C≤0.081%时才能保证 S30432 试验钢不发生晶间腐蚀。

在 ASME 等相关标准中没有列出 S30432 钢中加入 Mo 元素，但是从国外进口的 S30432 钢管中均含有一定量的 Mo 元素。钢铁研究总院在 1990 年代早期的研究中就发现了这一情况。随后的一些年中，钢铁研究总院就这一问题进行了研究，得出的结论是加入0.20%~0.40%Mo对保证该钢的综合性能是有益的，尤其是当C含量必须控制在下限时，钢管的强度将受到影响，添加适量的Mo元素对弥补钢管强度损失也是有益的，因此推荐中国的冶金企业在制造S30432钢管时适量加入Mo元素。

在本试验设计的化学成分体系中，采用了三种热处理制度对S30432试验钢进行热处理，随后进行晶间腐蚀试验，试验结果列于表4-11。锻态+650℃×2h、AC状态基本上可反映试验钢的晶间腐蚀性能水平，1号，2号，5号，6号试验钢无晶间腐蚀，3号轻度，可以通过固溶处理改善，4号，7号，8号严重，只有7号，8号可以通过固溶处理改善。固溶+650℃×2h、AC状态基本可反映钢管产品的晶间腐蚀性能水平，1号，2号，5号，6号固溶态无晶间腐蚀，3号，7号，8号可以通过固溶处理改善，在≥1100℃固溶后无晶间腐蚀，而4号在0.110%C，中限Nb含量时只有1200℃固溶才无晶间腐蚀，在此温度下钢管产品的晶粒粗化严重。固溶+840℃×4h、AC+650℃×2h、AC状态的晶间腐蚀试验结果可为产品生产工艺提供重要借鉴，本热处理制度设计旨在检验钢中Nb在高温区域的作用，能否析出形成Nb(C，N)，通过固碳对晶间腐蚀起改善作用。试验表明在0.058%~0.110%C和0.3%~0.7%Nb范围内，试验钢都发生不同程度的晶间腐蚀，低C-中Nb（1号，2号，3号）和低C-高Nb（5号，6号）试验钢晶间腐蚀轻度，中C-高Nb（8号）钢，中度，中C-中Nb和低C-低Nb（7号）钢严重。在低C、下限Nb和中C、和中限Nb含量情况下，在840℃温度下，由于$M_{23}C_6$生成，导致晶间贫铬区生成。S30432试验钢固溶后在高温区停留或缓冷后都可能发生晶间腐蚀，因此对于工业生产的S30432成品管，要避免在高温区长时停留（如固溶处理后要避免缓冷），固溶处理后要快冷（水冷、油冷）以保证工业生产产品不发生晶间腐蚀。

**表4-11　不同热处理制度处理后S30432钢晶间腐蚀试验结果**

| 炉号 | w（C），w(Nb)/% | 锻态+650℃×2h、AC | 固溶态+650℃×2h、AC | 固溶态+840℃×4h、AC+650℃×2h、AC |
|---|---|---|---|---|
| 1 | 0.058，0.46 | 无 | 无 | 轻微 |
| 2 | 0.072，0.42 | 无 | 无 | 轻度 |
| 3 | 0.083，0.46 | 轻度 | 1000℃固溶态，轻微<br>1050~1200℃固溶态，无 | 轻度 |
| 4 | 0.110，0.44 | 严重 | 1000℃固溶态，严重<br>1050℃固溶态，中度<br>1100~1170℃固溶态，轻度<br>1200℃固溶态，无 | 严重 |
| 5 | 0.067，0.70 | 无 | 无 | 轻微 |

续表 4-11

| 炉号 | w (C), w(Nb)/% | 锻态+ 650℃×2h、AC | 固溶态+ 650℃×2h、AC | 固溶态+840℃×4h、AC+ 650℃×2h、AC |
|---|---|---|---|---|
| 6 | 0.086, 0.70 | 无 | 无 | 轻微 |
| 7 | 0.081, 0.30 | 严重 | 1000~1050℃固溶态, 轻微<br>1100~1200℃固溶态, 无 | 严重 |
| 8 | 0.110, 0.69 | 严重 | 1000℃固溶态, 中度<br>1050~1200℃固溶态, 无 | 中度 |

S30432 钢管制造工艺是决定钢管性能的关键环节，关系到能否同时兼顾持久强度和抗蒸汽氧化性。在成分确定后，S30432 钢的固溶处理温度越高，持久强度越高。但是，随着固溶处理温度的升高，钢管的晶粒会长大，弱化了钢管的抗氧化性能。为解决这个矛盾，在冷轧成形前对钢管进行高温处理。该工艺是仿造 TP347HFG 生产工艺。高温处理温度要高出最终固溶温度 70℃以上，其目的是充分溶解奥氏体中的 Nb(C、N) 析出物，使之在 650~700℃服役过程中能大量析出纳米级的 MX 相，提高钢的高温持久强度。而在最终冷轧工艺中采用大变形量，使之在最终热处理后获得细晶组织，提高钢的抗蒸汽氧化性能。钢铁研究总院等单位在 S30432 钢管热处理工艺优化研究方面做了大量试验研究，经高温处理（高于 1230℃）和冷变形后，在 1130~1150℃温度区间进行最终固溶处理后，钢管的晶粒度为 9 级到 7 级（见图 4-6）。由此表明 S30432 钢管在 1150℃进行最终固溶热处理是适宜的。

在钢管进行固溶处理时，保温时间也是关键参数。在低温下（<1060℃）固溶处理时，晶粒随保温时间的变化长大缓慢，而且可能导致晶间腐蚀发生（ASME 规范中规定固溶温度不应低于 1100℃），本试验数据支持了这一重要结论。在高温（>1150℃）固溶处理时，晶粒随保温时间的延长而长大，晶粒度≤7 级。因此，最佳的保温时间应使晶粒为细晶，即晶粒度≥7 级区，以个别晶粒开始长大作为保温充分的证据。

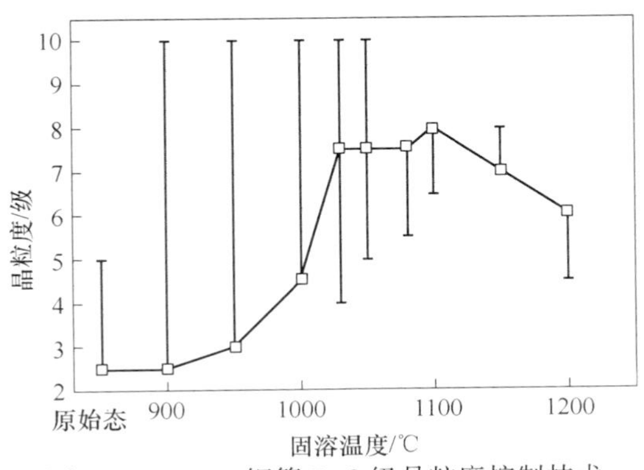


图 4-6 S30432 钢管 7~8 级晶粒度控制技术

根据上述试验研究结果，无晶间腐蚀 S30432 钢管的选择性强化设计要点包括：（1）C 含量控制为 0.07%～0.08%时可避免晶间腐蚀，加入 0.20%～0.40% Mo 提高持久强度，推荐的化学成分范围如表 4-12 所示；（2）为确保钢管抗蒸汽腐蚀性能须精控 7～8 级晶粒度。在钢管冷轧中间过程增加 1250℃×30min 高温处理，细化晶粒。成品管固溶处理温度 1100～1150℃，保温 5min，水冷或快速冷却。

表 4-12　无晶间腐蚀 S30432 钢化学成分范围　（质量分数，%）

| 标准 | C | Mn | P | S | Si | Ni | Cr | B | Nb | N | Al | Cu | Mo | 其他 |
|---|---|---|---|---|---|---|---|---|---|---|---|---|---|---|
| ASME SA213-2010 | 0.07～0.13 | ≤1.00 | ≤0.040 | ≤0.010 | ≤0.30 | 7.5～10.5 | 17.0～19.0 | 0.001～0.010 | 0.30～0.60 | 0.05～0.12 | 0.003～0.030 | 2.5～3.5 | | — |
| 内控 | 0.07～0.08 | 0.60～1.00 | ≤0.015 | ≤0.005 | ≤0.25 | 8.50～9.50 | 18.00～19.00 | 0.003～0.006 | 0.40～0.60 | 0.08～0.12 | ≤0.020 | 2.90～3.20 | 0.20～0.40 | Ti<0.01 |

# 4.3　25-20 型奥氏体耐热钢的高韧性设计

## 4.3.1　S31042 奥氏体耐热钢使用中存在的问题

S31042 钢是在 25Cr-20Ni 型奥氏体不锈钢的基础上通过添加 0.15%～0.35% N 和适量的 Nb 来提高固溶强化和沉淀强化效果而得到的。在 600℃超超临界燃煤电站中，25-20 型的 S31042 奥氏体耐热钢管通常被用作过热器高温段小口径锅炉管制造。其服役时锅炉管外为高温煤灰，管内为 600℃流动超超临界蒸汽，锅炉管壁温可达 650℃左右。当温度超过 630℃时该钢持久强度明显降低，1 万小时时效后冲击功从 240J 下降到 5J，是安全隐患。

由于 Cr 含量相对较高，奥氏体耐热钢管的服役寿命受蒸汽氧化的影响较小，而受向火侧的煤灰腐蚀影响较大。当 Cr 含量由 22%提高到 27%时，钢管的蒸汽氧化腐蚀速率显著降低，Cr 含量的进一步提高可以消除钢管的蒸汽腐蚀现象。所以 S31042 奥氏体耐热钢因 Cr 含量较高，不用依赖细化晶粒以获得良好的抗蒸汽腐蚀性能。在过热器和再热器锅炉管表面形成熔融状态碱性硫酸铁是煤灰腐蚀的主要原因。

不同 $SO_2$浓度煤灰对奥氏体耐热钢腐蚀损失的影响如图 4-7 所示，当 $SO_2$的浓度小于 0.1%时，S31042、NF709 和 S30432 耐热钢金属损失可以忽略不计。当 $SO_2$的浓度大于 0.1%时，S31042、NF709 和 S30432 耐热钢的金属损失依次增大。温度对 S31042、NF709 和 S30432 钢抗蒸汽氧化能力的影响如图 4-8 所示，S31042 钢的抗蒸汽腐蚀的性能明显优于 NF709 和 S30432 钢。但内表面经喷丸处理的 S30432 钢的抗蒸汽腐蚀的性能与 S31042 钢相当，表明内表面的喷丸处理能显著改善S30432钢的抗蒸汽腐蚀能力[16]。

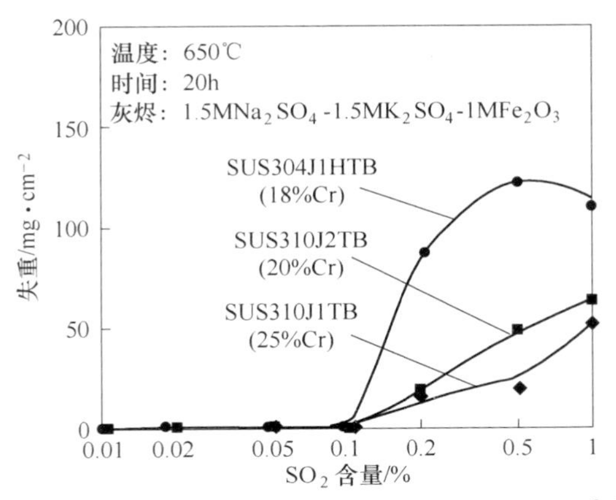


图4-7 $SO_2$含量对耐热钢管煤灰腐蚀失重的影响[16]

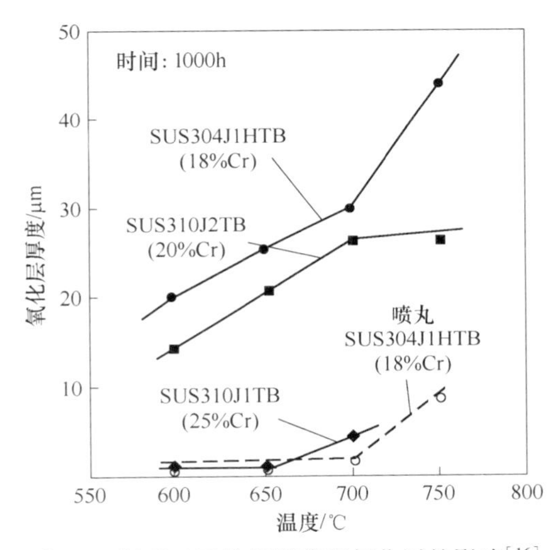


图4-8 温度对耐热钢管蒸汽氧化层的影响[16]

对S31042、NF709和Sanicro25三种奥氏体耐热钢的持久断裂强度比较结果表明，在700℃100MPa条件下，Sanicro25钢的持久寿命约是S31042钢的5倍，是NF705钢的3倍，而NF709钢的持久寿命约是S31042钢的1.5倍，S31042钢的持久强度相对于20Cr-25Ni型的奥氏体耐热钢还存在一定差距[17]。但是，S31042钢的持久强度比较稳定。在600~800℃之间持久试验结果表明，在10万小时内，其持久强度稳定衰减，没有发生突变。在700℃、69MPa持久试验条件下，S31042钢在88362.7h断裂。对S31042、S30432和TP347HFG三种奥氏体耐热钢不同温度下10万小时外推持久强度和许用应力进行了对比，如表4-13所示[18]。S31042钢10万小时外推的持久强度低于S30432钢，但高于

TP347HFG 钢。

**表 4-13　三种奥氏体耐热钢 10h 外推持久强度和许用应力[18]**　(MPa)

| 钢　种 | S30432 | | | TP347HFG | | | S31042 | | |
|---|---|---|---|---|---|---|---|---|---|
| 温度/℃ | 600 | 650 | 700 | 600 | 650 | 700 | 600 | 650 | 700 |
| 10 万小时外推平均持久强度 | 178 | 115 | 70. 3 | 159 | 99. 3 | 57. 3 | 176 | 111 | 67. 1 |
| 许用应力/0. 67 | 181 | 116 | 70. 0 | 154 | 91. 0 | 49. 3 | 176 | 103 | 61. 7 |
| 10 万小时外推最小持久强度 | 163 | 104 | 62. 1 | 142 | 86. 9 | 48. 3 | 158 | 98. 1 | 58. 4 |
| 许用应力/0. 8 | 151 | 98. 0 | 58. 6 | 129 | 76. 3 | 41. 2 | 148 | 86. 0 | 51. 7 |

S31042 钢的蠕变断裂塑性，随蠕变断裂时间和蠕变断裂温度变化规律不十分明显。总体而言，同一温度下，随蠕变断裂时间延长，钢的塑性降低。S30142 钢在 500~750℃温度区间进行时效处理，时效 30000 小时后，其 0℃冲击吸收功降至 10J 以下。

由于 S31042 钢在高温区持久强度和持久断裂塑韧性偏低，有可能导致 S31042 钢管在超超临界电站服役过程中早期失效。出于安全考虑，一般用 S31042 钢制造的过热器和再热器管壁厚较大，使得换热效率降低，材料用量大，同时增加了支撑设备的负担。

### 4. 3. 2　25-20 型奥氏体耐热钢化学成分优化设计[19]

采用由 25kg 真空感应炉熔炼了 10 炉 S31042 试验钢，测试化学成分如表 4-14 所示，试验钢锭开坯，热锻成 $\phi$15mm 圆和 10mm×10mm 方棒，从棒料上切取冲击、拉伸试样毛坯。对毛坯进行 1150℃×30min 后 WQ、1200℃×30min 后 WQ、1250℃×30min 后 WQ 三个制度的固溶处理，然后检测其室温硬度、拉伸性能和 700℃短时高温拉伸性能。根据力学性能检测和微观组织分析的结果，选择 1250℃×30min 后 WQ 固溶处理作为最终热处理制度。对经 1250℃×30min 后 WQ 固溶处理的 S31042 试验钢试样，进行 700℃×（10h、100h、300h、1000h、3000h、6000h、10000h）的时效热处理，以进行成分优化设计。拉伸试样尺寸为 M12mm×67mm，冲击试样（V 型）为 10mm×10mm×55mm，检测其短时高温（700℃）拉伸性能、室温冲击吸收功和室温硬度。

为了使试验材料更加接近生产实际，最佳热处理试验原料采用工业试制的冷轧态 S31042 钢管，其化学成分如表 4-15 所示，工业试制 S31042 钢试验材料有三种处理状态：第一种是冷轧态（冷轧变形量约 52%）；第二种是固溶态，经 1230℃ 15min 固溶处理；第三种是热轧态，热轧开坯（荒管管坯）。选择 1140℃、1170℃、1200℃、1230℃、1260℃ 5 个温度，每个温度下的保温时间包括 8min、13min、21min、34min 和 55min，以确定最佳最终热处理制度和荒管的高温软化处理制度。

**表 4-14　S31042 试验钢化学成分**　　（质量分数,%）

| 炉号 | C | Si | Mn | P | S | Cr | Ni | Nb | V | N | Ce | Fe |
|---|---|---|---|---|---|---|---|---|---|---|---|---|
| C1 | 0.069 | 0.42 | 1.32 | 0.0072 | 0.0083 | 24.08 | 17.56 | 0.40 | 0.060 | 0.26 | | 余 |
| C2 | 0.062 | 0.44 | 1.30 | 0.0067 | 0.0081 | 24.00 | 20.46 | 0.40 | 0.062 | 0.25 | | 余 |
| C3 | 0.066 | 0.43 | 1.32 | 0.0078 | 0.0077 | 24.16 | 23.08 | 0.40 | 0.061 | 0.24 | | 余 |
| C4 | 0.055 | 0.43 | 1.31 | 0.0067 | 0.0076 | 24.28 | 20.27 | 0.23 | 0.060 | 0.25 | | 余 |
| C5 | 0.070 | 0.43 | 1.32 | 0.0066 | 0.0074 | 24.38 | 20.13 | 0.56 | 0.060 | 0.26 | | 余 |
| C6 | 0.064 | 0.42 | 1.28 | 0.0083 | 0.0073 | 23.94 | 19.90 | 0.42 | 0.12 | 0.23 | | 余 |
| C7 | 0.065 | 0.43 | 1.30 | 0.0084 | 0.0064 | 24.08 | 20.06 | 0.42 | 0.18 | 0.26 | | 余 |
| C8 | 0.068 | 0.42 | 1.28 | 0.0078 | 0.0072 | 24.34 | 20.15 | 0.41 | 0.24 | 0.24 | | 余 |
| C9 | 0.069 | 0.42 | 1.66 | 0.0091 | 0.0071 | 24.32 | 17.72 | 0.39 | 0.15 | 0.29 | 0.0097 | 余 |
| C10 | 0.068 | 0.43 | 1.68 | 0.0100 | 0.0079 | 24.38 | 17.48 | 0.40 | 0.14 | 0.30 | 0.0048 | 余 |
| ASME CC 2115-1 | 0.04 ~0.10 | ≤ 1.00 | ≤ 2.00 | < 0.030 | < 0.00 | 24.0 ~26.0 | 19.0 ~23.0 | 0.20 ~0.60 | | 0.15 ~0.35 | | 余 |

**表 4-15　工业试制 S31042 钢管化学成分**　　（质量分数,%）

| C | Mn | P | S | Si | Ni | Cr | Nb | V | N | Fe |
|---|---|---|---|---|---|---|---|---|---|---|
| 0.059 | 1.12 | 0.020 | 0.0008 | 0.33 | 20.33 | 24.75 | 0.40 | 0.079 | 0.23 | 余 |

如图 4-9（a）所示，在其他成分基本相同条件下，随着 Ni 含量的增加，试验钢的硬度降低。含 17.56%Ni 和 23.08%Ni 试验钢的硬度随固溶处理温度的变化趋势不明显。随着 Nb 含量的增加，试验钢的硬度不是单调增大，含 0.40%Nb 试验钢的硬度值最大，且其硬度值和固溶处理温度有较好的线性关系（图 4-9(b)）。在相同固溶处理温度下，含 0.18%V 试验钢的硬度最高，硬度并未随着含 V 量增加而增大（图 4-9(c)）。微量稀土元素能显著提高钢的硬度，0.0048% 和 0.0097%Ce 对硬度影响没有明显区别（图 4-9（d））。上述试验结果表明，20%Ni、0.40%Nb、0.18%V 以及微量稀土元素对提高固溶态 S31042 钢的硬度效果明显。固溶处理温度为 1150～1250℃，保温 30min，试验钢硬度均不大于 256HB，该数值一般认为是 S31042 钢管交货硬度要求值。

含 20.46%Ni、0.40%Nb、0.18%V 和微量稀土元素的 S31042 试验钢的室温拉伸性能随固溶温度的变化趋势如图 4-10 所示。可见含有 0.18%V 和微量稀土元素试验钢具有较高的室温拉伸强度。

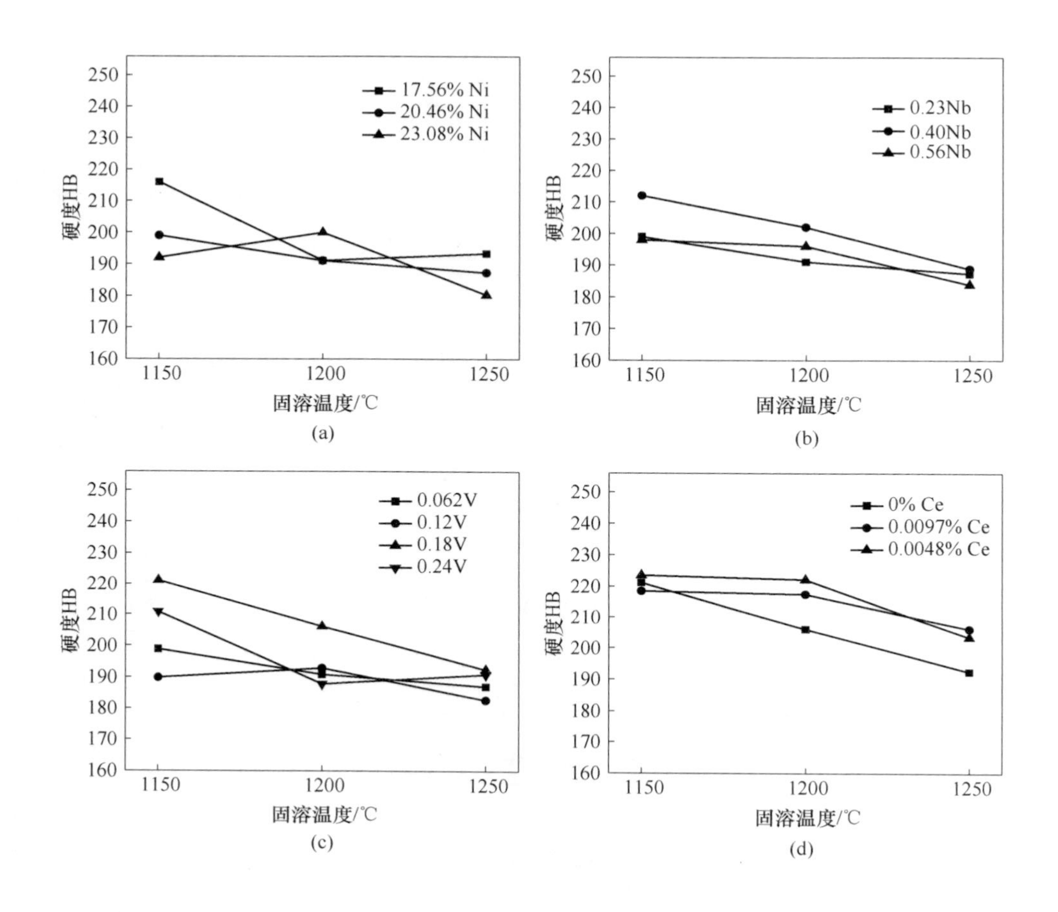


图 4-9　化学成分和固溶处理温度对 S31042 钢硬度的影响

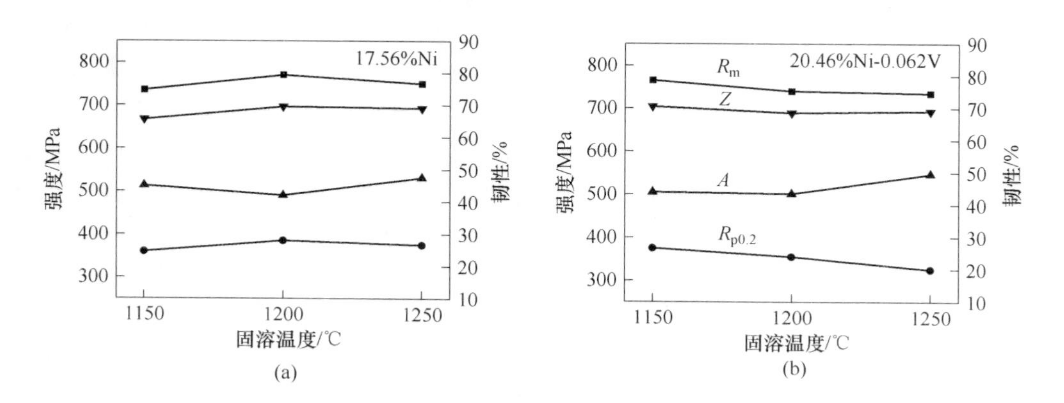

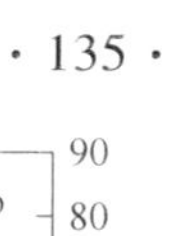

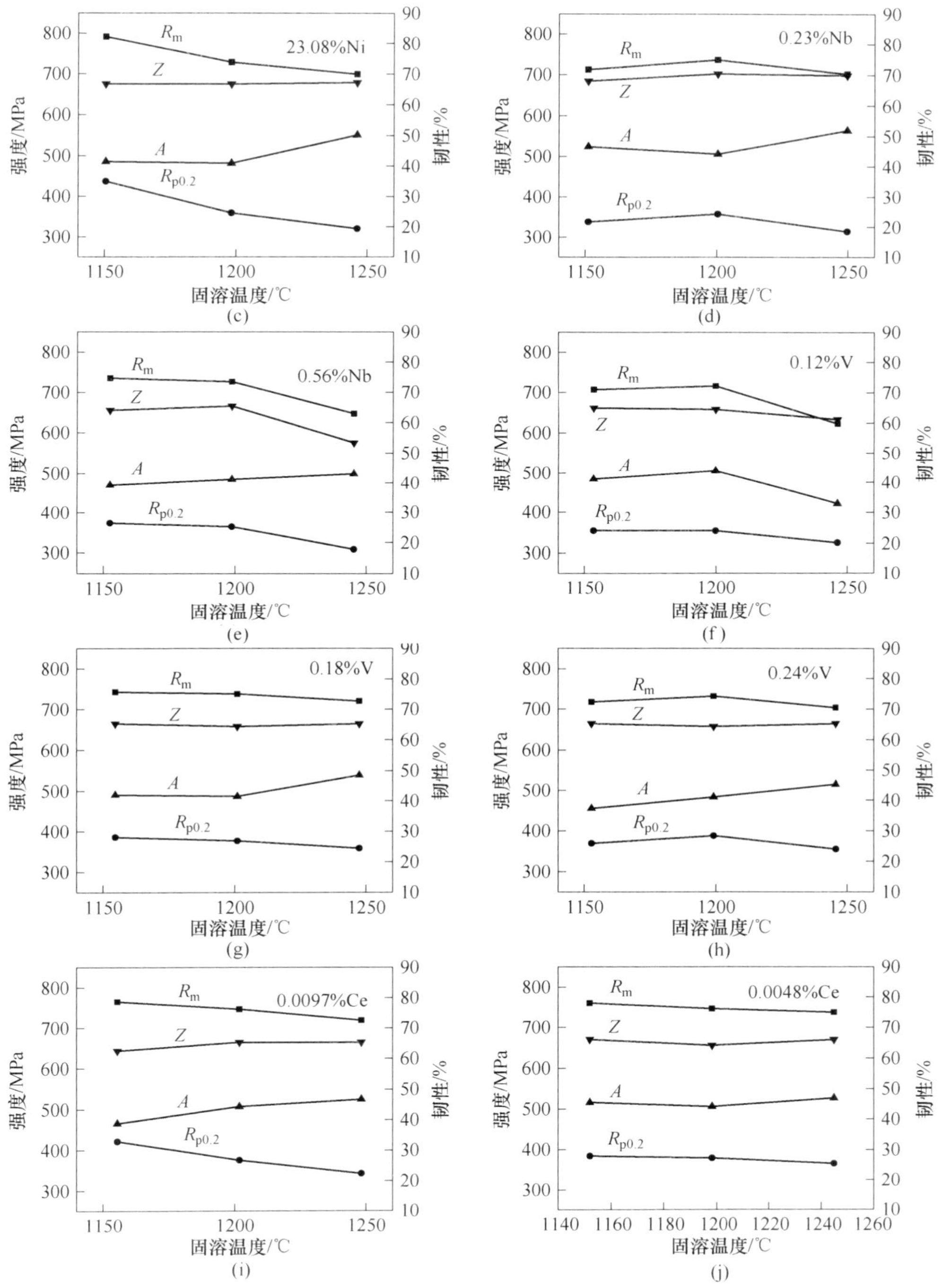


图 4-10 固溶处理对 S31042 钢室温拉伸性能的影响

(a) C1; (b) C2; (c) C3; (d) C4; (e) C5; (f) C6; (g) C7; (h) C8; (i) C9; (j) C10

经相同温度固溶处理，不同化学成分的 S31042 试验钢 700℃短时高温拉伸性能变化趋势不同（见图 4-11）。Ni 含量对高温抗拉强度随固溶处理温度的变化影响比较明显，17.56%Ni 时抗拉强度逐渐增大，而 20.46%Ni 时先升高后降低，23.46%Ni 时则逐渐降低，如图 4-11（a）～（c）所示。图 4-11（c）表明，Ni 含量为 S31042 钢的上限值时，钢的高温屈服强度随固溶处理温度升高降低幅度的较大，而且经 1250℃×30min 固溶处理，屈服强度已经降低到约 150MPa，且高温塑性也相对较低。0.23%Nb（接近标准下限）和 0.56%Nb（接近标准上限）的试验钢相比，两者高温抗拉强度的变化趋势基本相同，均为先降低后升高。高温屈服强度则不同，前者先降低后升高，后者则直线降低，经 1250℃×30min 固溶处理，0.23%Nb 试验钢的强度略高，而且其塑性也较好，如图 4-11（d）、(e）所示。图 4-11（f）、（g）和（h）表明，V 含量对固溶态钢高温强度的影响不明显，但对塑性的影响较大，固溶处理温度为 1250℃时，0.24%V 试验钢的塑性低于 0.12%V 和 0.18%V 试验钢的塑性。微量稀土元素对 S31042 钢的短时高温拉伸性能没有明显影响，如图 4-11（i）、(j）所示。综合上述试验结果，含 20.46%Ni、0.40%Nb 和 0.062%～0.18%V 试验钢，经 1250℃×30min 固溶处理后，有比较好的综合高温拉伸性能。

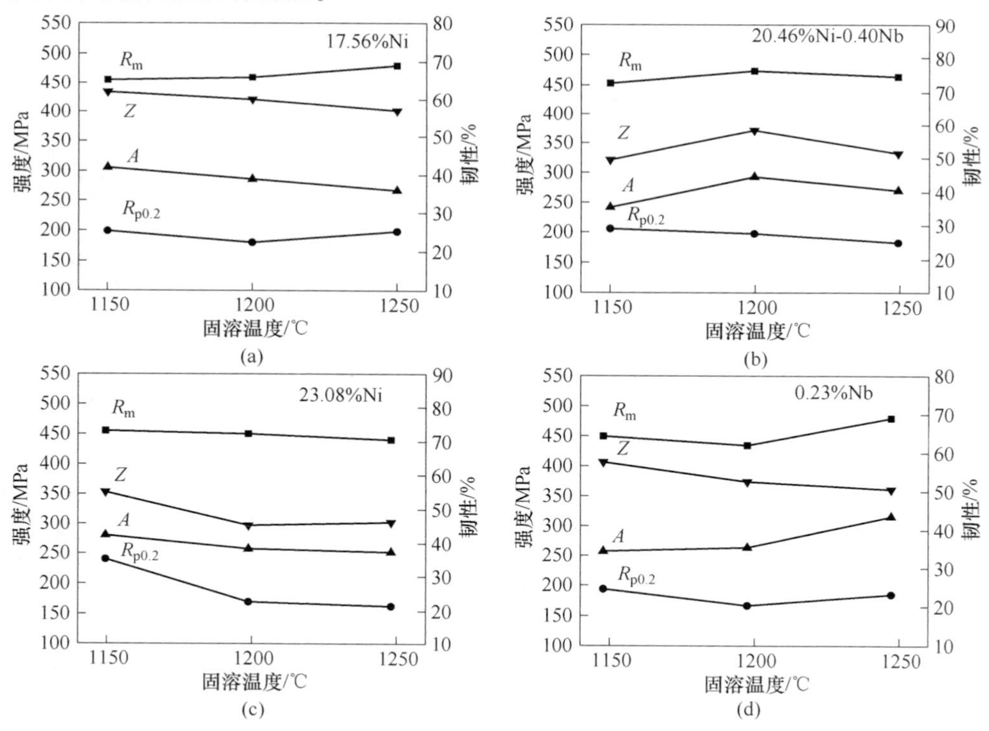

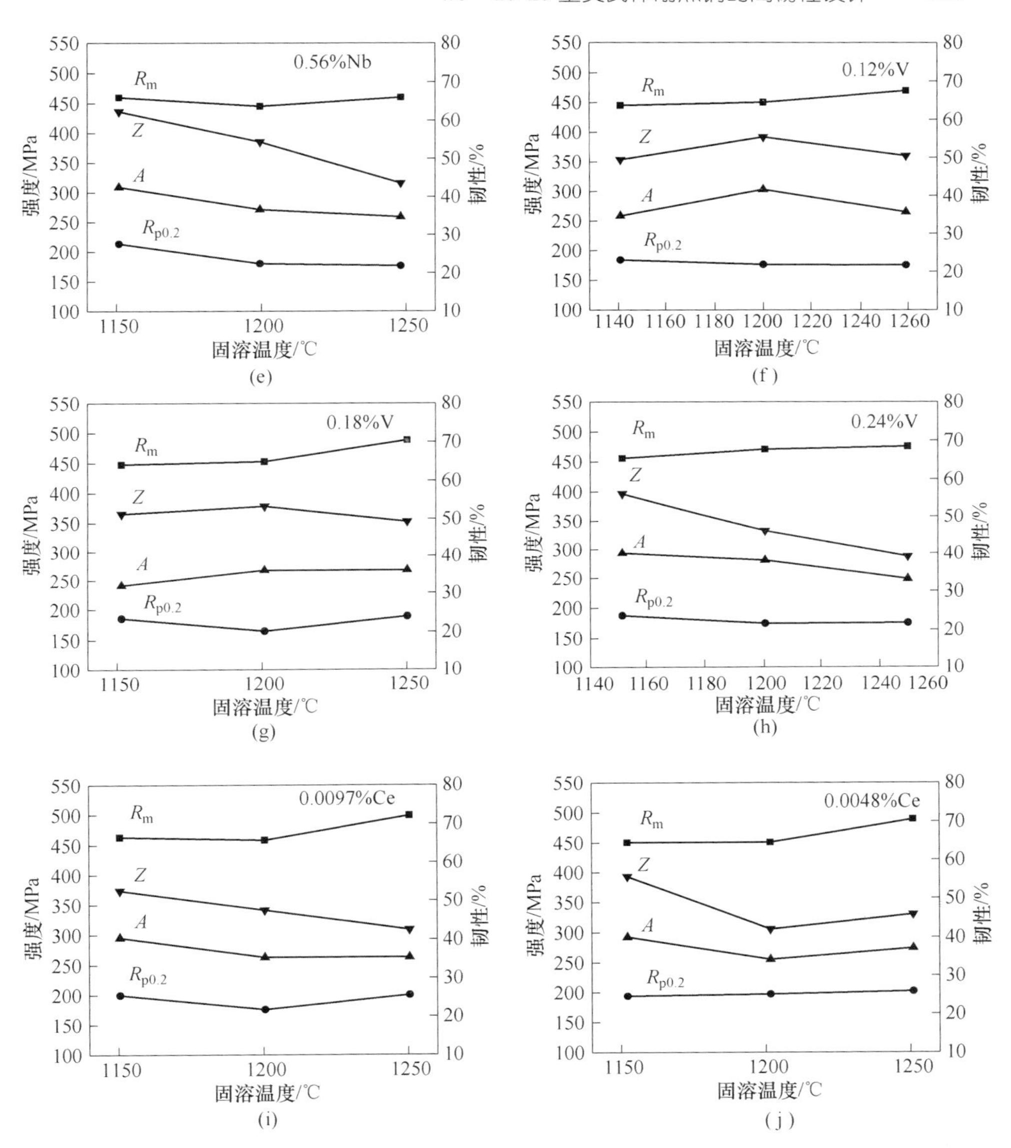


图 4-11　固溶处理对 S31042 钢高温拉伸性能的影响

(a) C1；(b) C2；(c) C3；(d) C4；(e) C5；(f) C6；
(g) C7；(h) C8；(i) C9；(j) C10

随着时效处理时间的延长，不同成分 S31042 试验钢的室温硬度有相同的变化趋势（见图 4-12），0~300h 或 1000h，试验钢的硬度迅速升高。随着时效时间继续延长，试验钢的硬度值趋于平稳。图 4-12（a）~（c）表明，经 10000h 时效后，不同含 Ni 量的试验钢的硬度差别不大。经 700℃×10000h 时效，含 0.56% Nb 试验钢的硬度和含 Nb0.40%试验钢的硬度相当，但高于含 0.23%Nb 试验钢的硬度（见图 4-12（c）～（e））。图 4-12（f）～（h）表明，时效 10000h 后，含 0.18%V 试验钢的硬度较大。而对比图 4-12（a）、（i）、（j）发现试验钢中添加微量稀土元素 Ce 对提高时效态钢的硬度有明显效果，经长时时效后，添加稀土元素试验钢的硬度明显高于不含稀土元素的试验钢，前者的硬度高于 250HB，而后者的硬度约为 240HB。综合上述试验结果，含 20%Ni、0.40%Nb、0.18%V 及微量稀土元素的试验钢经长时时效处理后有较高的硬度。

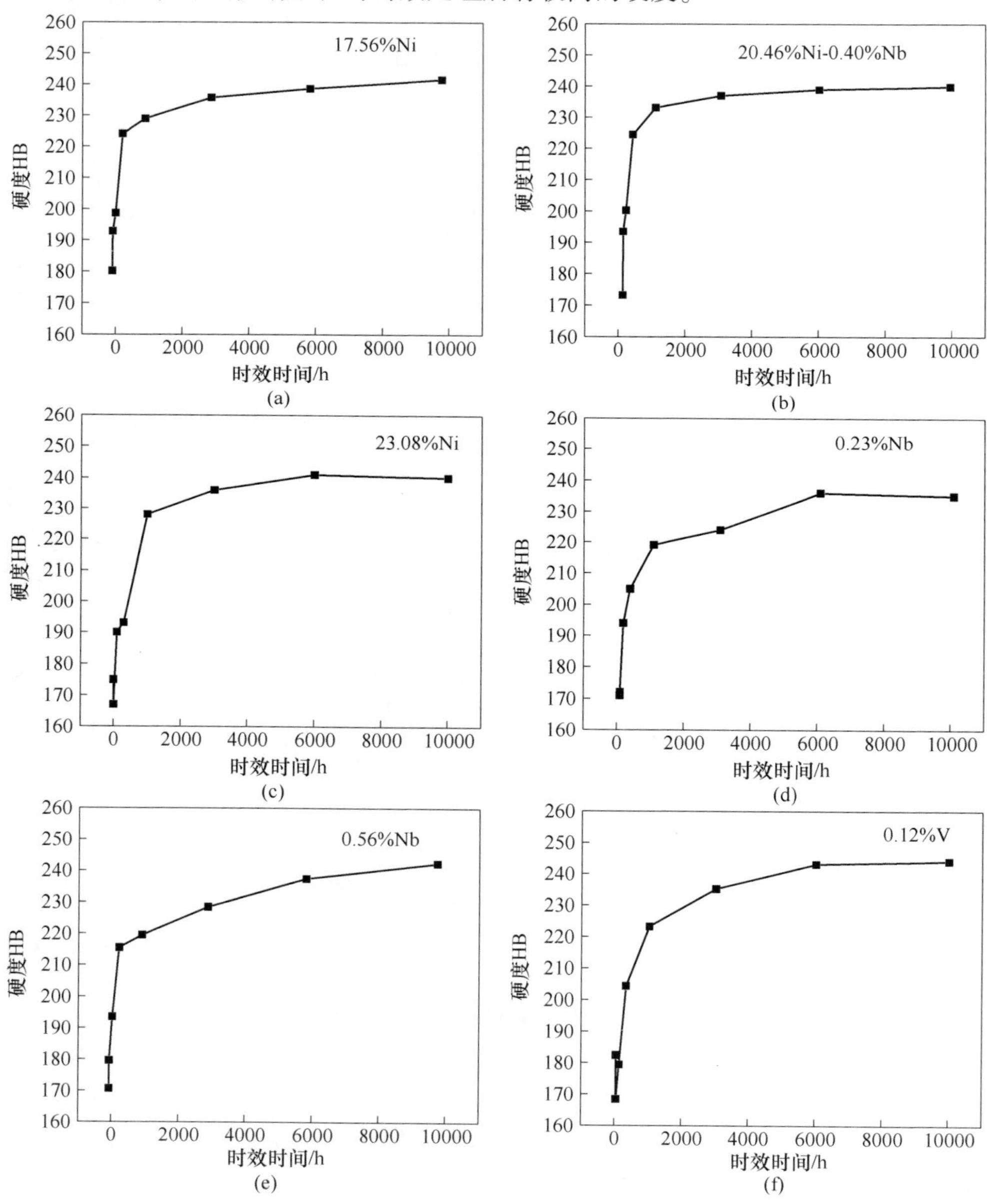

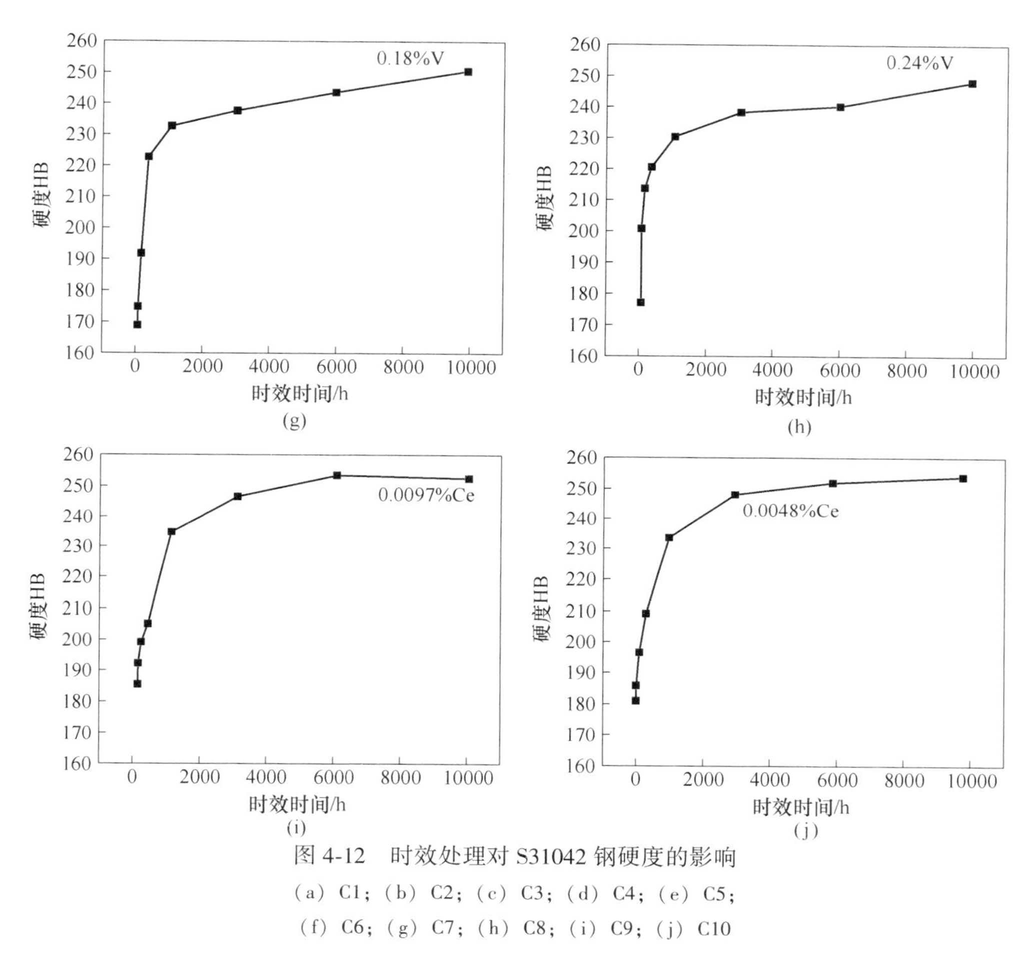


图4-12 时效处理对S31042钢硬度的影响

(a) C1; (b) C2; (c) C3; (d) C4; (e) C5;
(f) C6; (g) C7; (h) C8; (i) C9; (j) C10

图4-13是不同成分S31042试验钢的室温冲击吸收功随时效时间的变化情况。不同成分的试验钢，其冲击吸收功随时效时间的变化规律相似，在700℃温度下0~300h时效处理后，试验钢的冲击吸收功快速下降，时效时间超过1000h后冲击吸收功趋于平稳。10000h时效后，23.46%Ni试验钢的冲击吸收功最高为$16J/cm^2$，含0.0048%Ce试验钢的冲击功最低为$8J/cm^2$。

图4-14是经1250℃×30min固溶处理的不同成分S31042试验钢的短时高温（700℃）拉伸性能随时效时间的变化曲线。随着时效时间延长，在0~1000h范围内，高温屈服强度快速升高。当时效时间超过1000h后，试验钢的高温屈服强度趋于平稳。整体而言，除了在时效时间较短阶段试验钢的高温抗拉强度稍有波动，当时效时间超过300h后，试验钢的高温抗拉强度变得平稳。同样的，在短时时效时，试验钢的高温拉伸断面收缩率和伸长率均先降低后升高，随时效时间延长，塑性趋于平稳。

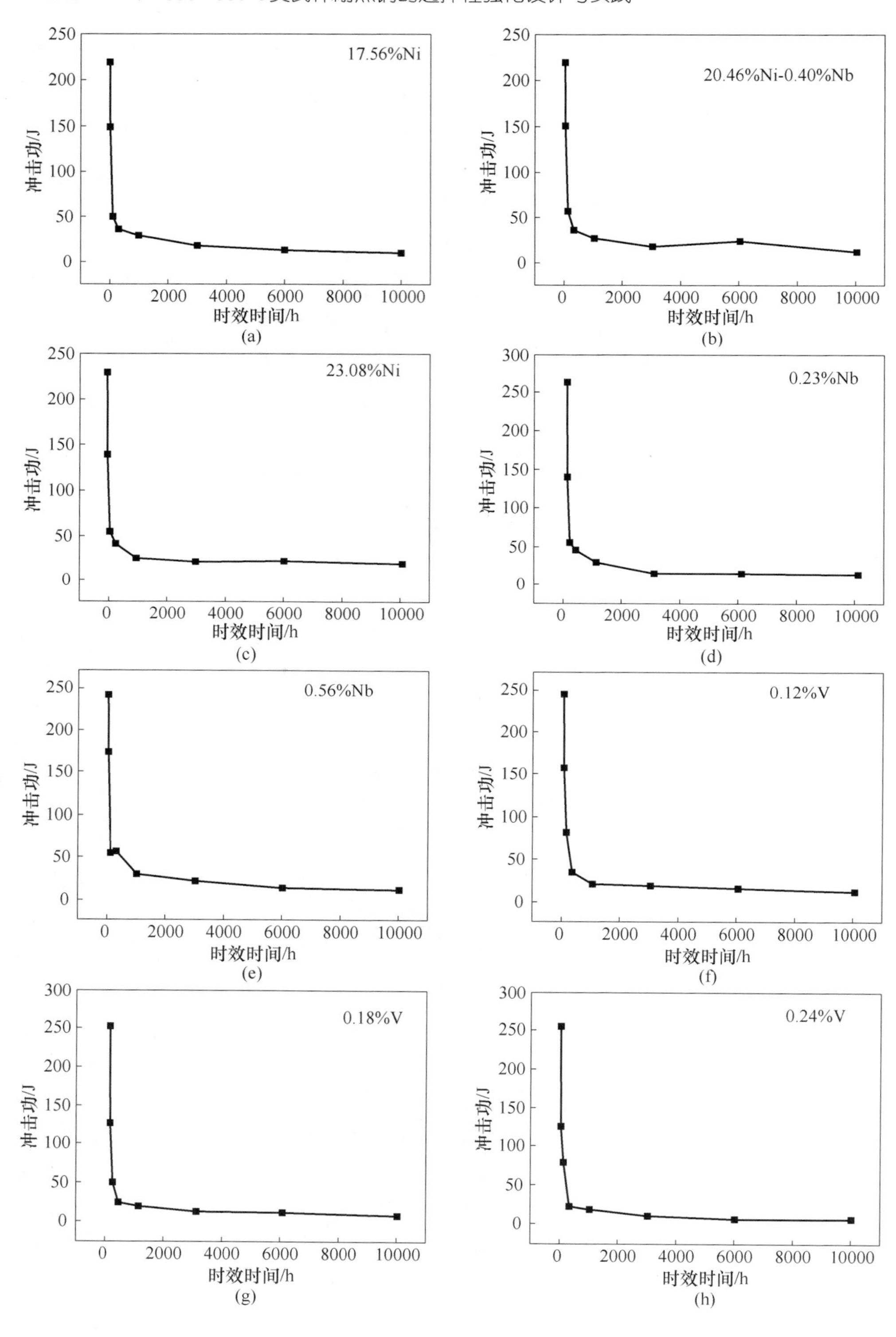
17.56%Ni
20.46%Ni-0.40%Nb
23.08%Ni
0.23%Nb
0.56%Nb
0.12%V
0.18%V
0.24%V
冲击功/J
时效时间/h
(a)
(b)
(c)
(d)
(e)
(f)
(g)
(h)

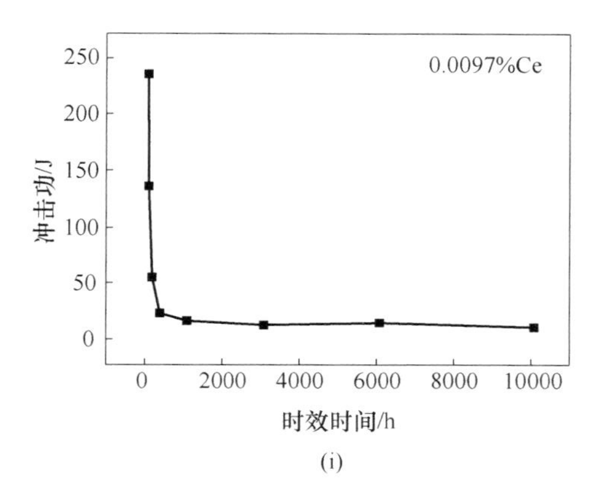


(i)

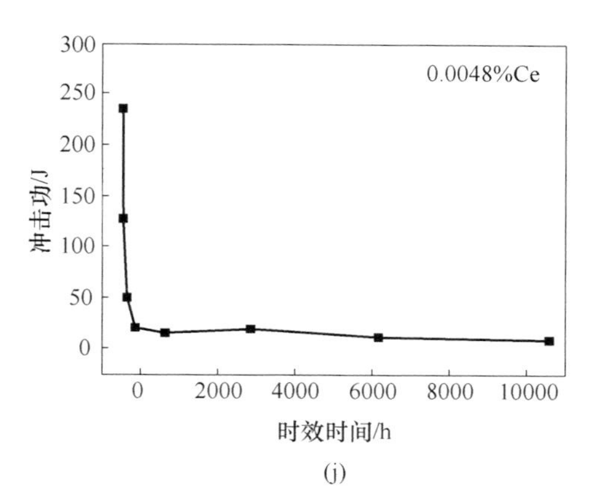


(j)

图 4-13 时效对 S31042 试验钢冲击吸收功的影响

(a) C1；(b) C2；(c) C3；(d) C4；(e) C5；

(f) C6；(g) C7；(h) C8；(i) C9；(j) C10

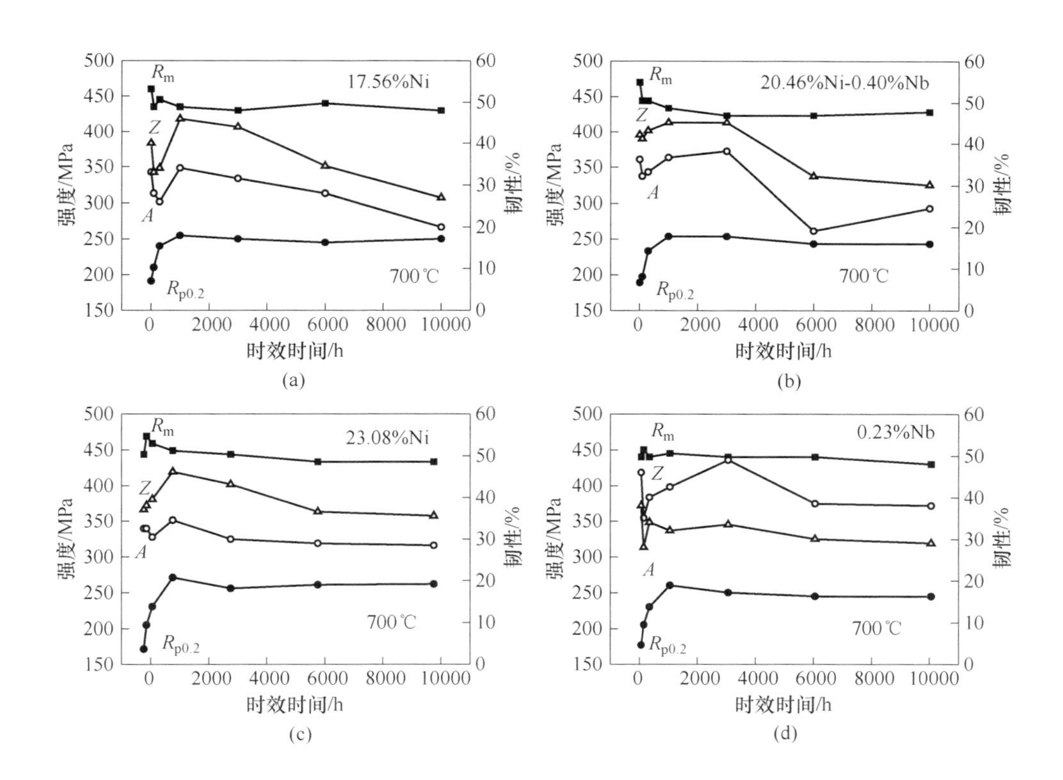

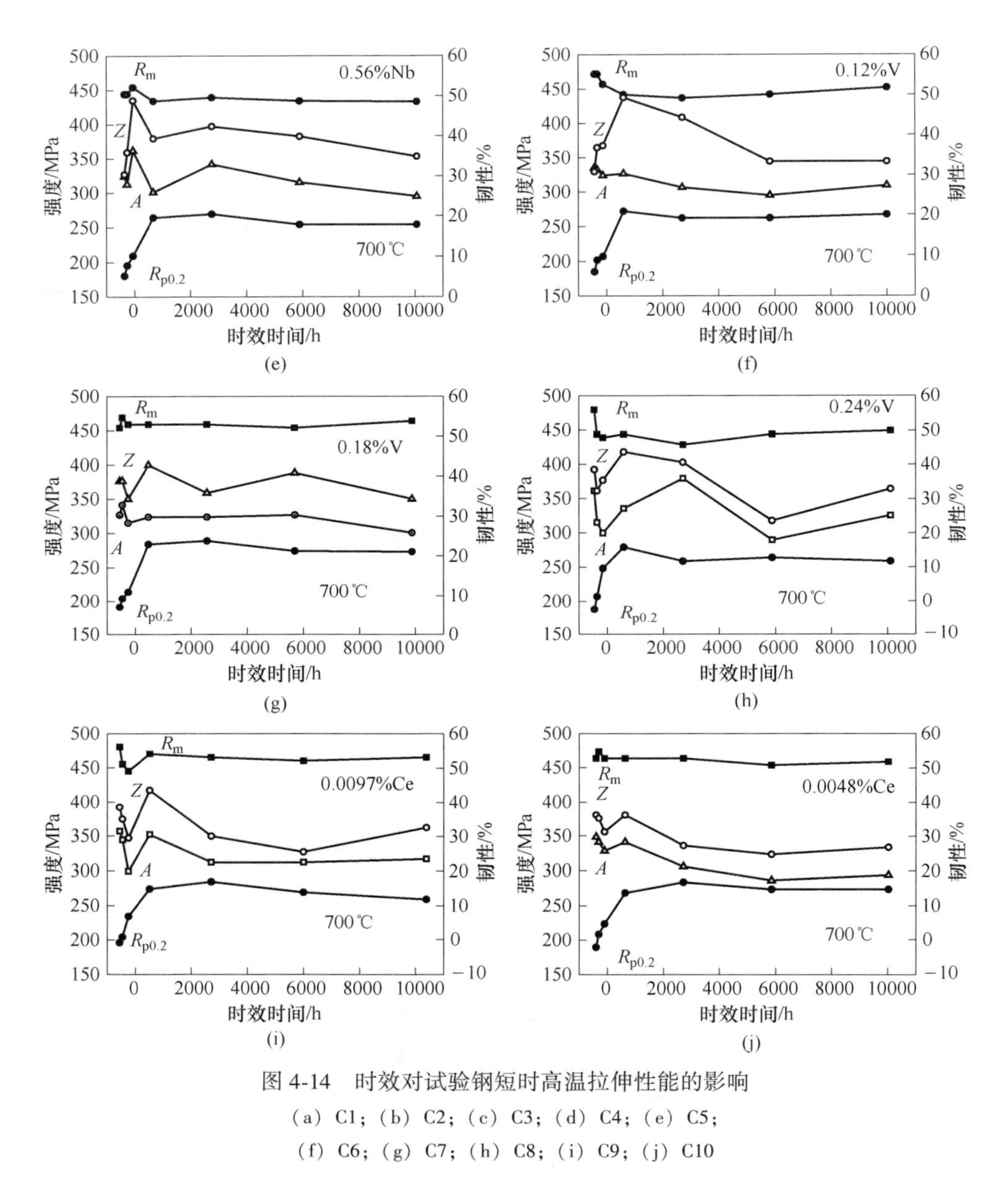


图 4-14　时效对试验钢短时高温拉伸性能的影响

（a）C1；（b）C2；（c）C3；（d）C4；（e）C5；

（f）C6；（g）C7；（h）C8；（i）C9；（j）C10

根据上述试验结果，对 S31042 试验钢中各主要元素对性能的影响具体分析如下：

（1）Ni 含量对钢性能的影响。C1、C2、C3 三炉试验钢中的 Ni 含量分别是 17.56%、20.46%和 23.08%，相当于 ASME CC2115-1 标准中的 Ni 含量的下限、中限和上限（19%~23%），C2 钢中的 Ni 含量比 C1 钢中高 2.9%，C3 钢比 C2 钢高 2.62%。在 700℃温度下时效处理时间在 10000h 以内的试验钢时效态高温拉伸性能曲线显示，随着 Ni 含量的提高，试验钢的高温屈服强度由 250MPa 升高到 265MPa，抗拉强度、伸长率和断面收缩率也随之提高，因此 Ni 含量的提高对试验钢的高温长时强度和塑性都有改善。700℃ 10000h 时效态的室温冲击吸收功，C1、C2、C3 三个炉号分别为 10J/cm$^2$、12J/cm$^2$、16J/cm$^2$，提高了 60%，表明 Ni 含量增加能显著改善钢的韧性。可以认为 S31042 钢中最佳 Ni 含量为 22%左右。

（2）Nb 含量对钢性能的影响。C4、C2 和 C5 三炉试验钢中的 Nb 含量分别是 0.23%、0.40%和 0.56%，处于标准要求成分（0.20%~0.60%）的下限、中限和上限，C2 钢中 Nb 含量比 C4 钢高 0.17%，C5 钢比 C2 钢高 0.16%。在 700℃温度下时效处理时间在 10000h 以内的试验钢时效态高温拉伸性能曲线表明，随着钢中 Nb 含量的增加，经 700℃×10000h 时效处理，试验钢的高温屈服强度由 245MPa、250MPa 增加到 270MPa，提高了 10%，抗拉强度也有所提高，试验钢的塑性有所下降。700℃ ×10000h 时效态 C5（0.56%Nb）钢的伸长率为 17.0%，断面收缩率为 26.5%，与含 17.56%Ni 的 C1 的塑性相当。C2 钢与 C5 钢对比，C2 钢中含 0.0030%B，C5 钢中含 0.0018%B，比 C2 钢低 0.0012%B，B 原子可以强化晶界，提高钢的强度，同时 B 原子进入 $M_{23}C_6$ 中，抑制其在高温时效过程中长大，从而提高钢的高温持久强度。虽然 C5 钢中 B 含量低，但其高温强度比 C2 钢高，表明 Nb 的加入也有明显的强化效果。其原因是在 700℃×10000h 时效态这三炉钢中 Z 相+MX 相的析出量随 Nb 含量增加而增加，分别为 0.404%、0.705%和 0.940%，Z 相和 MX 相主要强化晶内，从而提高钢的高温持久强度。根据上述分析，钢中 Nb 含量应选取中上限，选择 0.50%Nb 为最佳成分。

（3）V 含量对钢性能的影响。在 S31042 钢标准规范中不含 V 元素。根据 V-Nb 复合强化优于单纯 Nb 强化的观点，探索适量添加 V 元素并研究 V 元素含量对 S31042 试验钢性能的影响。C2、C6、C7 和 C8 四炉试验钢中的含 V 量分别是 0.062%、0.12%、0.18%和 0.24%，C6、C7 和 C8 钢中的 V 含量分别比 C2 号增加 0.058%、0.118%和 0.178%。在 700℃温度下时效处理时间在 10000h 以内的试验钢效态高温拉伸性能曲线表明，经 700℃×10000h 时效处理，随着钢中 V 含量的增加，钢的高温屈服强度分别为 250MPa、265MPa、280MPa 和 265MPa，在 0.18%V 处出现最大强度，比最低值高 30MPa 提高了 12%，塑性变化较小。0.062%V 试验钢中的 B 含量较 0.18%V 试验钢中的高 0.0012%，但其高温强度和塑性都不占优势。这表明，含 0.18%V 的 S31042 钢具有比较好的高温综合力学性能。因此，综合固溶态钢力学性能，作为标准要求外的添加元素，V 含量应控制在 0.18%为最佳。

（4）Ce 含量对钢性能的影响。在 S31042 钢标准规范中不含稀土元素。添加微量的稀土元素，可能使晶界扩散过程减慢。C1、C10和C9三炉试验钢Ce含量分别是0%、0.0048%和0.0097%，相差0.0048%和0.0049%。700℃×10000h时效态高温拉伸性能曲线表明，C10（0.0048%）钢的高温屈服强度、抗拉强度提高，C9次之，C1最低，高温塑性C1和C10相当，而C9（0.0097%）高很多，表明加入Ce元素不但提高了高温强度，而且能改善高温塑性。但是，必须注意的是稀土元素在冶炼过程中收得率不易控制，且如果稀土优先形成了稀土氧化物，将对钢的高温持久性能有不利的影响。

（5）B含量对钢性能的影响。在S31042钢标准规范中不含B元素。考虑B原子在晶界附近可以进入$M_{23}C_6$相，抑制$M_{23}C_6$相在高温长时时效过程中的长大。对比C6和C8炉号试验钢，C6钢含0.12%V-0.0025%B，C8钢含0.24%V-0.0011%，C6钢比C8钢中低0.12%V，高0.0014%B，700℃×10000h时效态高温拉伸性能曲线表明，试验钢的高温屈服强度和抗拉强度相同，塑性也相当，表明C6钢由于多添加了0.0014%B使高温强度提高，与C8钢相同。据此认为钢中可添加0.0030%B。

（6）N含量对钢性能的影响。S31042钢标准规范中含0.15%~0.35%N，N与Nb、V等元素有较强的结合力形成比较稳定的NbCrN和MX相，使晶内强度显著提高，是钢中重要的强化相。C7和C10炉号试验钢对比，C7钢中含20.46Ni-0.42Nb-0.18V-0.26N-0.0018B，C10钢中含17.48Ni-0.40Nb-0.14V-0.30N-0.0012B-0.0048Ce，700℃×10000h时效态高温拉伸性能曲线表明，高温屈服强度相当，分别为280MPa和275MPa，仅相差5MPa。C10钢比C7钢中Ni含量低2.58%，Nb含量低0.02%，V含量低0.04%，B含量低0.0006%，只有N含量比C7钢高0.04%和添加0.0048%Ce。N含量的提高会使NbCr+MX的析出量增加，提高晶内的强化效果，固溶N在基体中可以起间隙固溶强化作用，可以提高晶内强度。试验结果表明700℃×10000h时效态钢中N除进入$M_{23}C_6$相、MX及Z相外，约60%的N固溶于基体中，继续发挥间隙固溶强化和稳定奥氏体基体的作用，因而C10钢的高温强度与C7钢相当，钢中N含量可选择0.30%N。

（7）Si含量对钢性能的影响。标准S31042钢中Si含量小于1.00%，在耐热钢中加入Si元素可提高钢的抗氧化性能，但在奥氏体耐热钢中对Si含量往往有限制，原因是Si是形成G相的重要元素，Si也能促进σ相和Laves相的形成。在对S31042试验钢700℃长时时效态钢的微观组织研究过程中发现，Si易于向晶界偏聚，促进了大块σ相和颗粒G相的形成，分布于晶界处，使钢的韧性降低。S31042试验钢中Si含量在0.42%~0.44%之间，处于中下限范围。但是，在700℃×3000h时效态钢中发现了G相和σ相，σ相呈块状在晶界处，G相呈大颗粒状分布于晶界上和晶内，会导致晶界的弱化，使钢的高温强度降低。因此应当至少控制Si含量小于0.30%。

(8) C含量对钢性能的影响。标准S31042钢中C含量0.040%~0.10%。C是形成$M_{23}C_6$相的主要元素，$M_{23}C_6$相是S31042钢的主要强化相之一，多分布在晶界处或其附近，使晶界得到强化。同时在晶粒内部也有$M_{23}C_6$相析出，强化晶内。大块的$M_{23}C_6$相主要晶界上析出，在高温长时条件下发生长大和聚集，导致晶界析出相变宽，甚至有条状$M_{23}C_6$沿晶界往晶内发展，使试验钢的高温持久强度下降，而同时在晶界和晶内又存在大量相对细小的$M_{23}C_6$相，微观组织分析表明这些相对细小的$M_{23}C_6$相与基体共格，起强化作用。综合考虑C含量不宜高也不易太低，选择0.060%较为合适。

(9) Cr含量对钢性能的影响。标准S31042钢中Cr含量范围为24.0%~26.0%，Cr是形成$M_{23}C_6$相的主要元素，绝大多数Cr固溶在基体中保证钢在高温蒸汽中抗氧化腐蚀和高温煤灰的腐蚀，Cr含量超过20%能有效抑制蒸汽氧化起皮现象，高Cr含量是S31042钢的重要特点之一，选择中限25%Cr可保证钢的抗腐蚀性能。

根据上述试验研究结果，根据选择性强化设计观点，归纳总结了高强韧耐腐蚀S31042钢的最佳化学成分控制范围如表4-16所示。

表4-16 高强韧耐蚀S31042钢管最佳化学成分范围

| 含量(质量分数)/% | C | Si | Mn | P | S | Cr | Ni | Nb | N | Fe | V | B |
|---|---|---|---|---|---|---|---|---|---|---|---|---|
| ASME SA213-2010 | 0.04~0.10 | ≤1.00 | ≤2.0 | ≤0.045 | ≤0.030 | 24~26 | 19.0~22.0 | 0.20~0.60 | 0.15~0.35 | 余 | — | — |
| 优化控制 | 0.03~0.06 | 0.20~0.30 | ≤1.5 | ≤ 0.010 | ≤ 0.005 | 24.5~25.5 | 21.0~22.0 | 0.40~0.55 | 0.20~0.30 | 余 | 0.10~0.20 | 0.0010~0.0060 |

### 4.3.3 25-20型奥氏体耐热钢固溶处理工艺优化设计[19]

S31042钢管的最终热处理是固溶处理，通过固溶处里使其具有合适的综合性能，包括晶粒度（小于ASTM 7级，平均晶粒尺寸大于28.28μm）、硬度不高于256HB、室温抗拉强度不低于655MPa、室温屈服强度不低于295MPa。固溶处理是S31042钢制管工艺的关键工序，决定着钢管最终的组织状态及使用性能，因此研究固溶处理工艺意义较大。S31042钢荒管在冷加工前的高温软化处理也非常重要，它决定着冷轧变形抗力和冷轧变形的能力。对经过一定冷变形的S31042钢，进行不同温度和不同时间的固溶处理，研究热处理工艺对微观组织和力学性能的影响，分析在没有$M_{23}C_6$、σ相和G相的情况下，Nb和N在S31042钢中的固溶度随温度的变化规律。

试验材料采用冷轧态的工业试制S31042钢管，冷轧变形量为52%。其化学成分列于表4-15。选择1140℃、1170℃、1200℃、1230℃和1260℃5个固溶处理温度，每个温度下采用 8min、13min、21min、34min 和 55min 5 个保温时间。用金相显微镜观察其微观组织变化，用截点法测量各状态下晶粒的平均尺寸。用 EBSD 分析微观组织随固溶处理温度的变化情况。检测不同状态试样的室温硬度、室温拉伸性能、高温拉伸性能。对经（1200℃、1230℃、1260℃）×21min 固溶态试样进行化学相分析。

经过 52%冷轧变形的 S31042 钢管的晶粒沿着变形方向明显延长，钢中有大量的变形带，晶粒内部出现了大量的形变孪晶（见图 4-15），钢中有大量的析出相颗粒，这些颗粒的存在使钢的变形抗力增大。

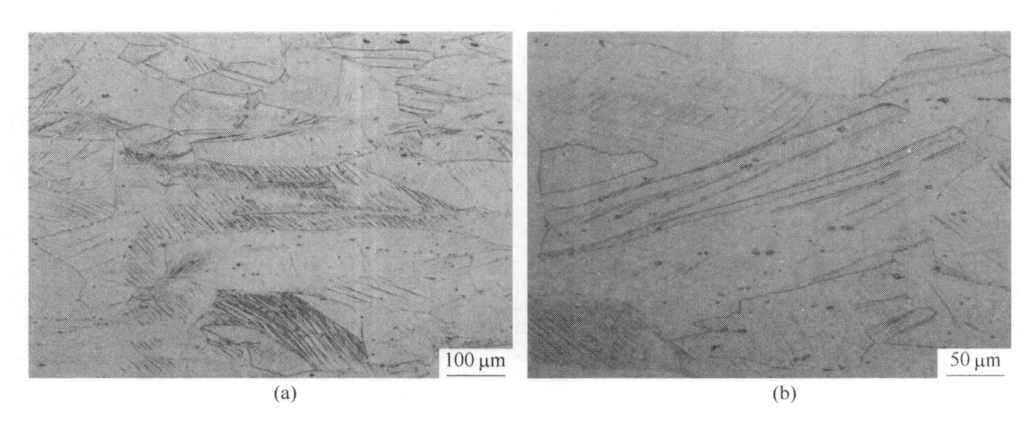

(a) (b)

图 4-15　S31042 钢管冷轧态金相组织（变形量 52%）

（a）拉长的晶粒；（b）变形带和变形孪晶

图 4-16 表明 S31042 冷轧态钢中晶界两侧的变形带有一定的取向差，说明在相邻晶粒内部原子排列存在一定的位向差。在晶界上有少量 $M_{23}C_6$颗粒（见图 4-16（b））。它能阻碍变形在相邻晶粒之间传递，使变形困难，从而提高钢的变形抗力。另外图 4-16 中的基体斑点表明，冷变形以后，产生高密度的位错，基体的点阵发生了显著畸变。

图 4-17（a）表明在保温时间相同的条件下，随着固溶处理温度升高，S31042 钢管的硬度降低。在不同的保温时间条件下，硬度随固溶处理温度的变化规律相同。在 8～55min 保温条件下，在 1140～1200℃之间进行固溶处理，硬度变化不明显，固溶温度超过 1200℃钢管的硬度快速降低。

在相同固溶温度下，随保温时间延长，钢管的硬度呈现降低趋势，但随着保温时间延长，硬度降低的速度较慢，如图 4-17（b）所示。在相同固溶处理温度下保温 8～55min，钢管的硬度 HB 波动范围约在 2～12。当固溶温度在 1140℃和 1170℃附近时，钢管的硬度随保温时间变化较小，在固溶温度为 1230℃时，钢管的硬度值变化最大。相对于保温时间而言，固溶处理温度对硬度影响较显著。

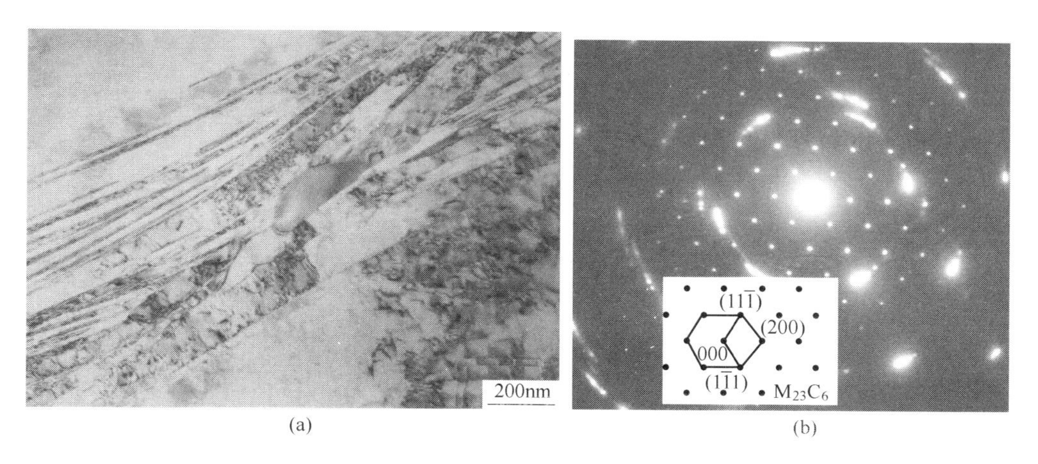


(a) (b)

图 4-16 S31042 冷轧态钢中的变形带及残余的 $M_{23}C_6$ 相

(a) 变形带的亮场像；(b) 衍射斑点及标定

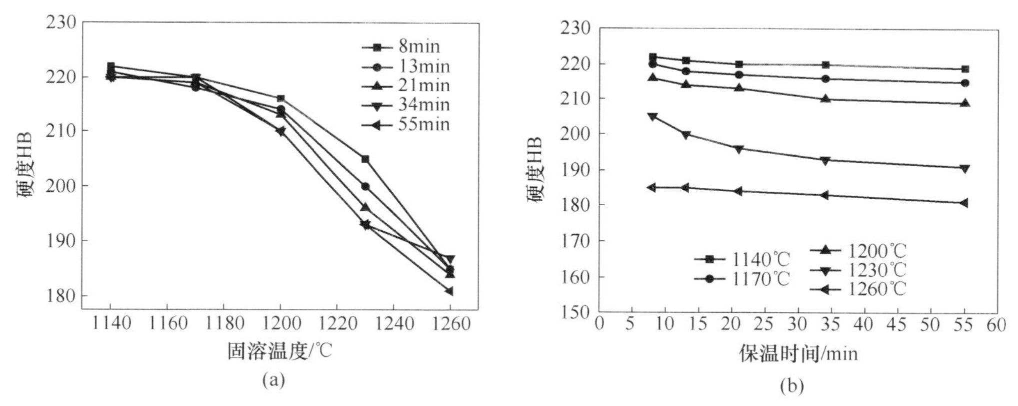


(a) (b)

图 4-17 固溶处理温度和保温时间对 S31042 钢室温硬度的影响

(a) 固溶处理温度；(b) 保温时间

图 4-18（a）表明在相同保温时间条件下，随着固溶处理温度升高，S31042 钢管的室温强度逐渐降低。与室温硬度的变化趋势（见图 4-17）相似，当固溶处理温度低于 1200℃时，钢管强度降低缓慢。当固溶处理温度高于 1200℃时，钢管的室温强度快速降低。

在相同固溶处理温度条件下，随着保温时间延长，S31042 钢管屈服强度和抗拉强度均逐渐降低，但在各固溶处理温度下，钢管的强度值变化较小，如图 4-18（b)所示。在给定的固溶处理温度和保温时间条件下，固溶处理温度对钢管强度的影响更显著。

图 4-19（a）表明随着固溶处理温度升高，S31042 钢管的室温延伸率和断面收缩率逐渐升高，当固溶处理温度超过 1200℃时，钢管的延伸率快速升高，而固

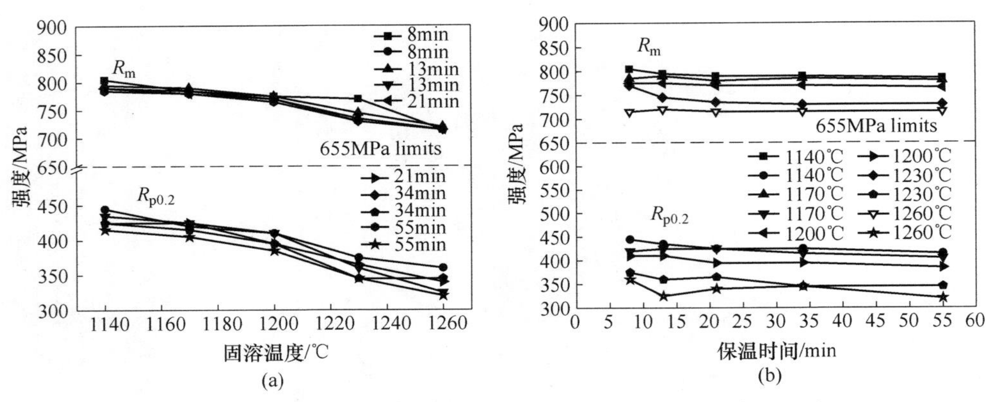


图 4-18　固溶处理温度和保温时间对 S31042 钢室温强度的影响

（a）固溶处理温度；（b）保温时间

溶处理温度对钢的断面收缩率影响不明显，随固溶处理温度的升高，钢管的断面收缩率略有升高。图 4-19（b）表明，在相同固溶处理温度下，8～55min 范围内保温对钢管的室温塑性的影响不明显，即不同保温时间后，钢管的室温塑性变化较小。就固溶处理温度和固溶处理保温时间比较，前者对钢管室温塑性的影响较显著。

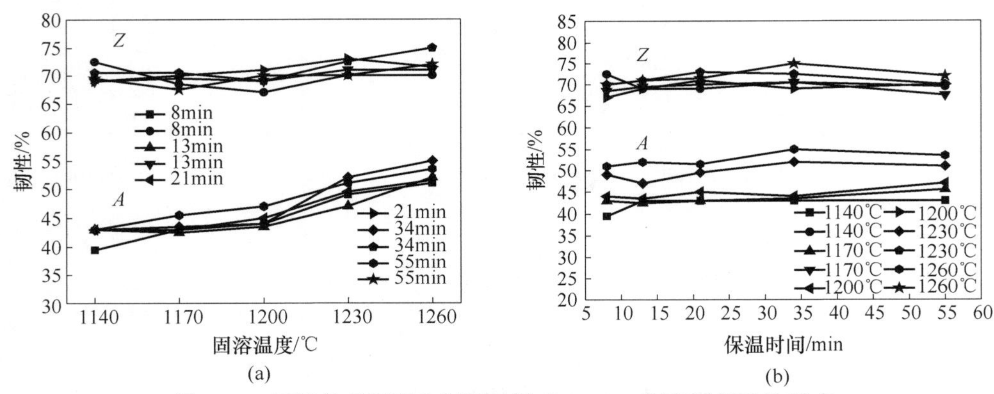


图 4-19　固溶处理温度和保温时间对 S31042 钢室温塑性的影响

（a）固溶处理温度；（b）保温时间

如图 4-20（a）所示，随着固溶处理温度升高，S31042 钢管的高温屈服强度逐渐降低，当固溶处理温度超过 1200℃时，钢管的高温屈服强度快速降低。经 1230℃固溶处理，钢管强度波动较大。相对于屈服强度而言，随着固溶处理温度升高，钢管高温抗拉强度变化趋势不明显，仅在一个小范围内波动。图 4-20（b）表明在不同固溶处理温度下，随着保温时间延长，整体而言，钢管高温屈服强度逐渐降低，高温抗拉强度的变化规律不明显。在给定的固溶处理温度和保温时间范围内，钢管的高温强度受固溶处理温度的影响较大。

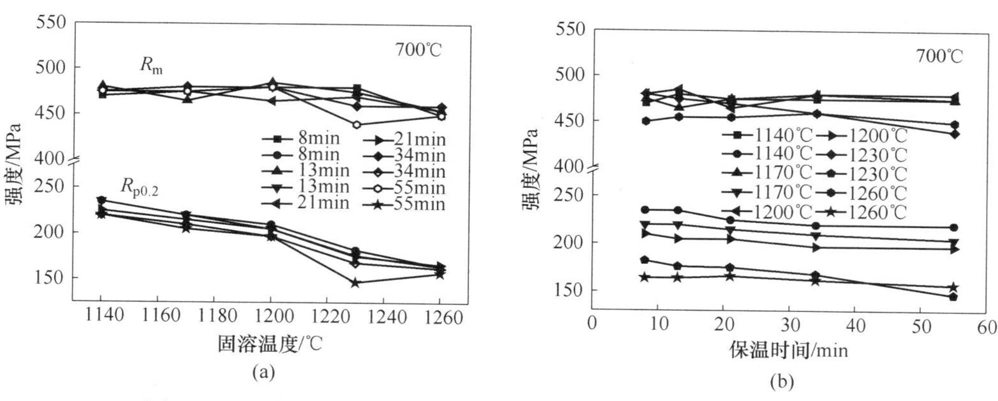


图 4-20 固溶处理温度和保温时间对 S31042 钢高温拉伸强度的影响

（a）固溶处理温度；（b）保温时间

综合上述试验结果，可以得出一个基本结论：在保温时间一定的条件下，S31042 钢管的固溶处理温度对钢管力学性能有显著的影响，尤其是当固溶处理温度超过 1200℃时。

图 4-21 是经上述试验测定的 S31042 钢管的平均晶粒尺寸与固溶处理温度、保温时间之间的关系曲线。在保温时间相同的条件下，随着固溶处理温度升高，在 1140~1200℃温度范围内，钢管的平均晶粒尺寸增幅较小。当固溶处理温度超过 1200℃时，钢管的平均晶粒尺寸迅速增大，从 1230℃到 1260℃的各保温时间下，钢管平均晶粒尺寸也有大幅增大。

随着保温时间延长，在 1140~1200℃固溶处理温度区间，晶粒尺寸变化不大，仅在很小范围内变化。而在 1230~1260℃固溶处理温度区间，晶粒尺寸逐渐增大，而且 8~34min 保温时间范围内，晶粒尺寸增大较快，保温时间超过 34min 后晶粒尺寸增大速度缓慢，如图 4-21（b）所示。

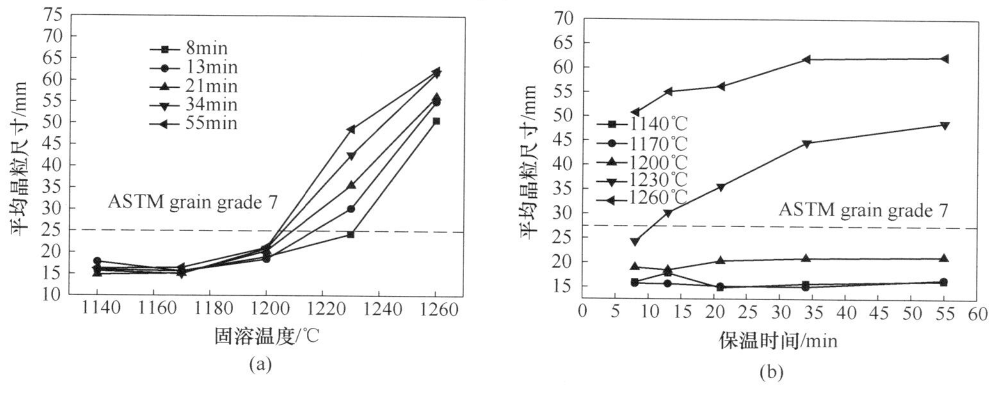


图 4-21 固溶处理温度和保温时间对 S31042 钢再结晶晶粒尺寸的影响

（a）固溶处理温度；（b）保温时间

将不同固溶处理温度和不同保温时间条件下，获得的平均晶粒尺寸数据做成等值图，可以获得 S31042 钢管的静态再结晶图，如图 4-22 所示。其中，横坐标是固溶处理温度，纵坐标是保温时间的自然对数，等高线表示平均晶粒尺寸，单位是 μm。在图 4-22 的左下侧出现了一个等高峰值的边缘区域，由等高线 18、17、16 围成，这个峰值边缘可能与再结晶过程进行的完整程度有关，当固溶处理温度较低、保温时间较短的情况下，静态再结晶不完全，再结晶组织属混晶组织。等高线 16 围成了一个较大的区域，在该区域内晶粒的平均尺寸是 16μm，在约 1140～1170℃温度范围内，保温 8～55min，平均晶粒尺寸几乎没有变化。从改变微观组织的角度出发，1140～1170℃之间热处理效果不理想。在 1230℃以上温度进行固溶处理时，钢管平均晶粒尺寸绝大多数均大于 28μm。

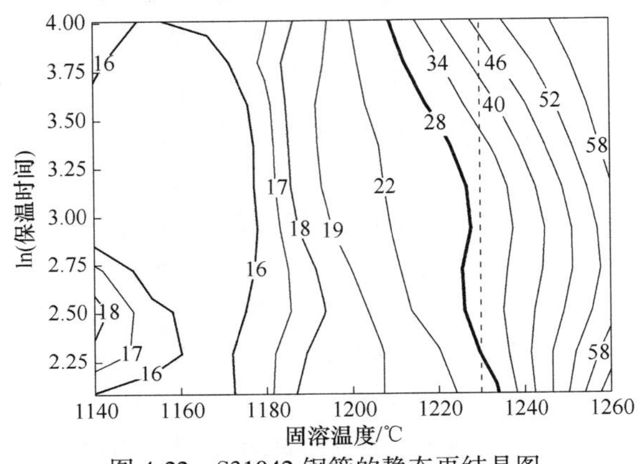


图 4-22　S31042 钢管的静态再结晶图

图 4-23 是经不同温度保温 21min 固溶处理试样的 EBSD 图。图 4-23（a）和（$a_1$）表明，经 1140℃ 21min 处理，钢中的晶粒尺寸整体而言比较细小，但也有少量粗大晶粒。细小的晶粒分布于粗大晶粒之间。经 1170℃×21min 固溶处理，钢中的晶粒更加规整，小晶粒个数所占比例减小（和图 4-23（$a_1$）相比），但仍有细小晶粒沿着一定方向排列，如图 4-23（b）、（$b_1$）所示。经 1200℃×21min 处理，钢中的细小晶粒进一步减少，大小晶粒相间排列的倾向降低，大小晶粒在钢中的分布较均匀，如图 4-23（c）、（$c_1$）所示。经 1230℃×21min 固溶处理，晶粒尺寸显著长大，不存在大小晶粒相间排列的现象，不过还有相当数量的小晶粒存在，如图 4-23（d）、（$d_1$）所示。图 4-21（e）、（$e_1$）表明，经 1260℃×21min 固溶处理，晶粒进一步长大，而且小尺寸的晶粒所占比例进一步减小，混晶现象减轻。另外，图 4-23（$a_1$）（$b_1$）（$c_1$）表明，经（1140℃、1170℃、1200℃）×21min 处理，钢中的晶粒形状是不规则的，晶界不平直，说明再结晶晶粒正在长大过程中。而经（1230℃、1260℃）×21min 固溶处理，不仅晶粒尺寸显著长大，而且晶界变得平直，变成规则的再结晶晶粒，表明再结晶过程基本结束。

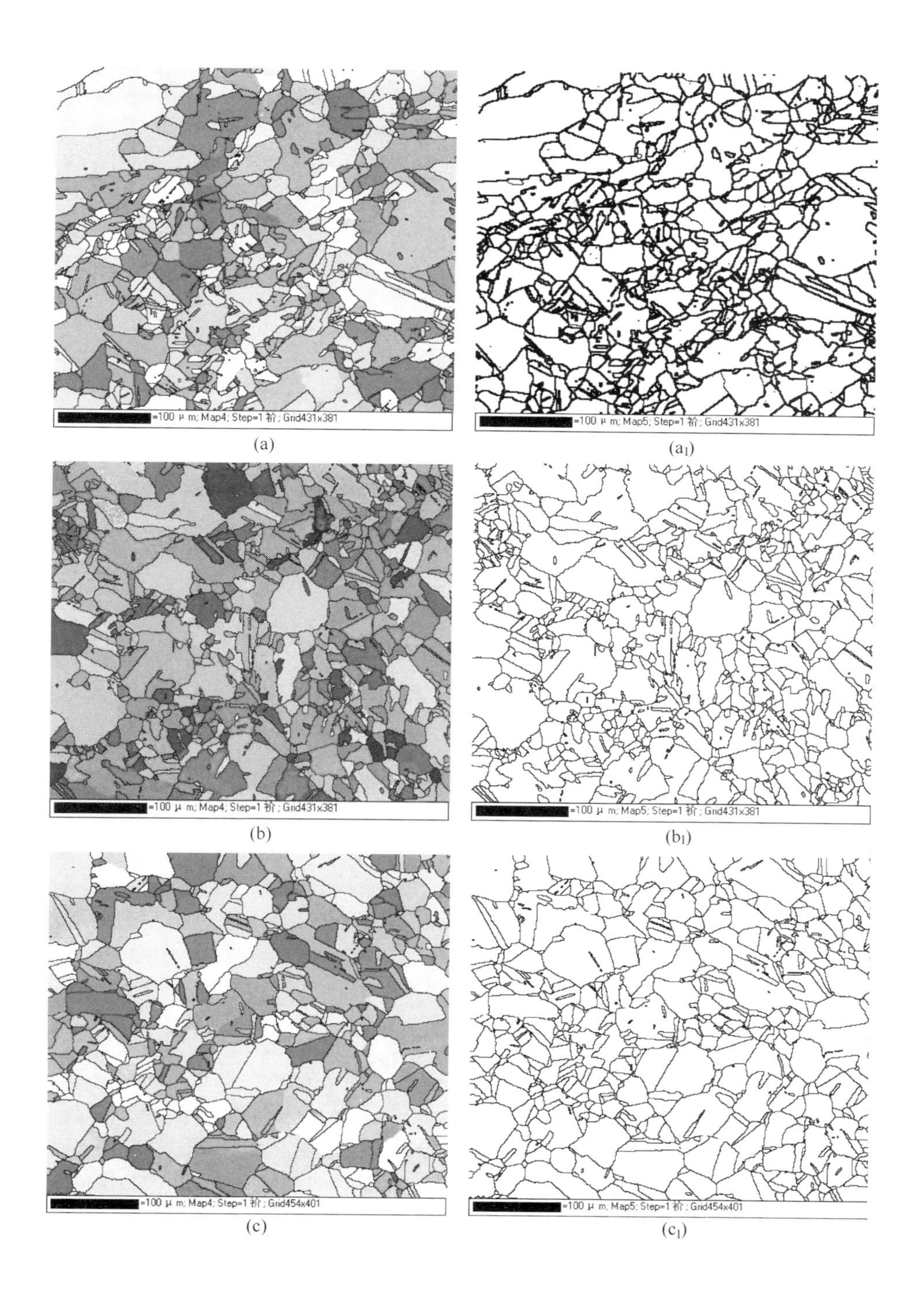
=100 μ m; Map4; Step=1 衿; Grid431x381
=100 μ m; Map5; Step=1 衿; Grid431x381
=100 μ m; Map4; Step=1 衿; Grid431x381
=100 μ m; Map5; Step=1 衿; Grid431x381
=100 μ m; Map4; Step=1 衿; Grid454x401
=100 μ m; Map5; Step=1 衿; Grid454x401

(a) (a1)

(b) (b1)

(c) (c1)

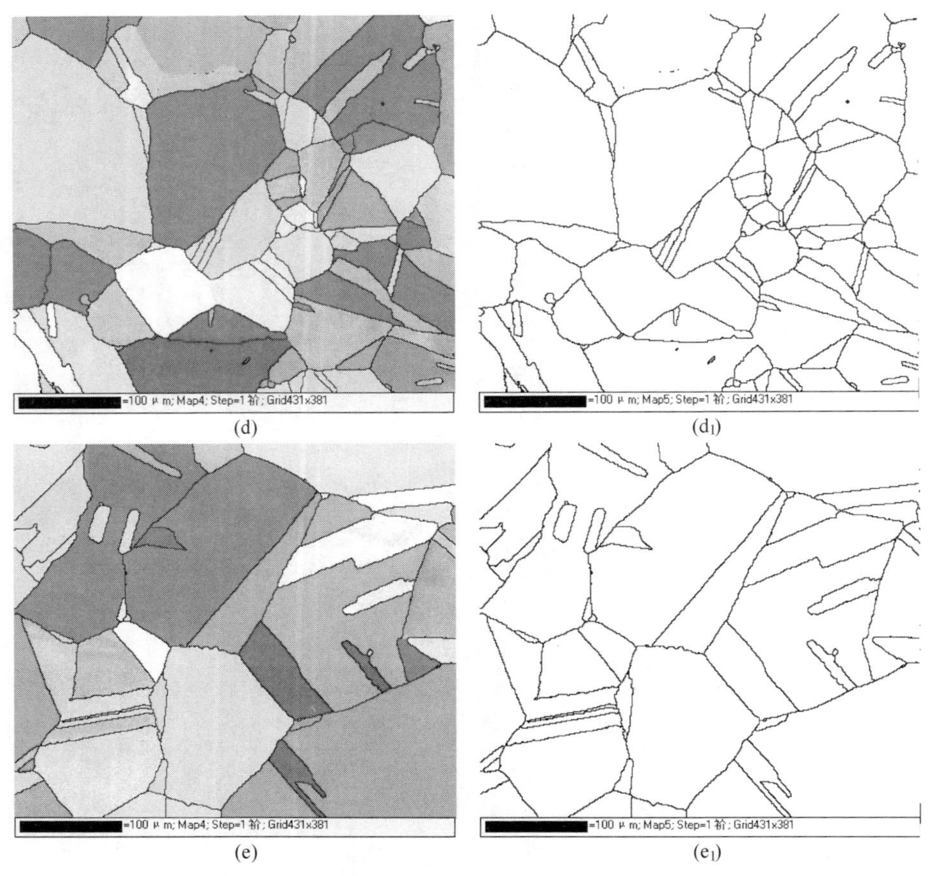


图 4-23 固溶处理温度（保温 21min）对 S31042 钢微观组织的影响（EBSD）
(a)，($a_1$) 1140℃；(b)，($b_1$) 1170℃；(c)，($c_1$) 1200℃；(d)，($d_1$) 1230℃；(e)，($e_1$) 1260℃

图 4-24 是 S31042 钢管经 1230℃不同保温时间固溶处理的金相照片。随着保温时间的延长，晶粒尺寸逐渐长大，且在保温时间 8~13min 范围内钢管的晶粒尺寸迅速长大。经不同时间保温，钢中仍有颗粒状的二次（或一次）相存在，说明在该固溶处理温度下即使经 55min 保温，钢中仍有析出相颗粒未固溶到基体中，且其尺寸还比较大，因此要消除这种大颗粒须继续提高固溶处理温度。

为研究含 Nb 析出相在 S31042 钢中的溶解规律，对经不同温度 1200℃、1230℃、1260℃保温 21min 固溶处理后的试样进行了化学相分析，分析测试结果列于表 4-17，发现经（1200~1260℃）×21min 固溶处理后，钢中仅残留 Z（NbCrN）相和 NbN 相。随着固溶处理温度升高，钢中的残留相继续减少。析出相中没有检测出 C 元素，可以认为固溶态钢中的 MX 相可能绝大多数是 NbN 相。

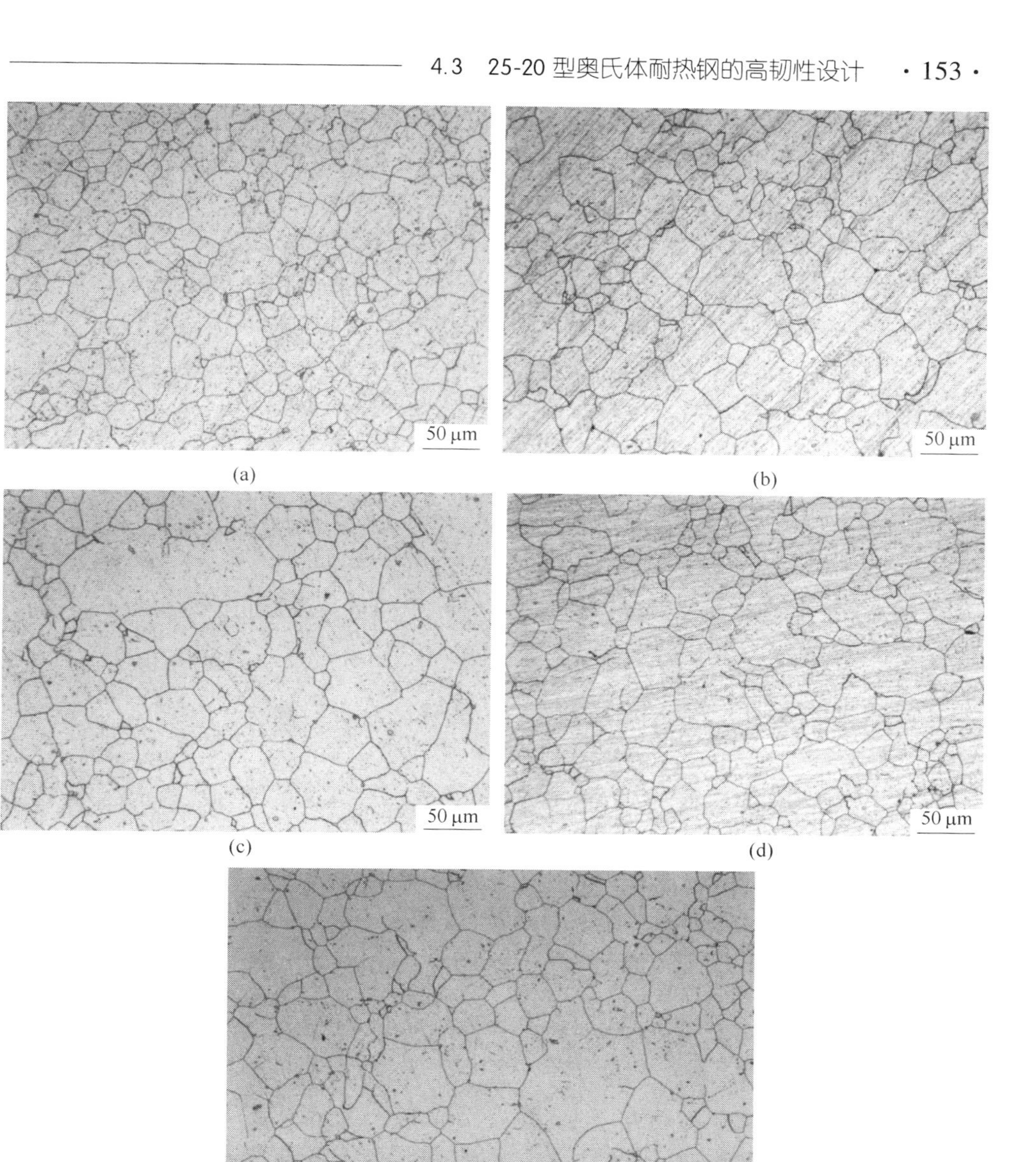


图 4-24　保温时间对 S31042 钢微观组织的影响（1230℃）

（a）8min；（b）13min；（c）21min；（d）34min；（e）55min

**表 4-17　经不同温度保温 21min 固溶处理后 S31042 钢中残余相分析**

| 试样状态 | 析出相种类 | 相中各元素占钢的质量分数/% | | | | | |
| --- | --- | --- | --- | --- | --- | --- | --- |
| | | Nb | Cr | Fe | Ni | N | Σ |
| 1200℃×21min、WQ | NbCrN+NbN | 0.092 | 0.080 | 0.017 | 0.002 | 0.020 | 0.211 |
| 1230℃×21min、WQ | NbCrN+NbN | 0.072 | 0.041 | 0.027 | 0.002 | 0.019 | 0.161 |
| 1260℃×21min、WQ | NbCrN+NbN | 0.052 | 0.037 | 0.012 | 0.002 | 0.013 | 0.116 |

经不同温度保温 21min 固溶处理后，从试样化学萃取粉末的 XRD 分析结果看（见图 4-25），也与表 4-17 中的数据对应。上述化学相分析的结果表明含 Nb 相中几乎没有 C 元素，仅含有少量的 Cr、Fe（与基体中 Cr 和 Fe 相比可忽略），其对 Nb 在钢中固溶规律的影响可忽略不计。无论在 NbN 还是 NbCrN 相中，Nb 和 N 原子的比例关系均为 1，因此 NbCrN 相中的 Cr 对［Nb］［N］积的计算影响应该不大。对固溶于基体中的［Nb］［N］积取对数，与绝对固溶处理温度的倒数做成折线图，如图 4-26 所示，两者之间近似呈线性关系。用线性拟合工具回归，可以获得 S31042 钢中［Nb］和［N］的固溶度积公式（4-1）：

$$\mathrm{Log}[\mathrm{Nb}][\mathrm{N}] = 0.52621 - \frac{2529.20}{T} \tag{4-1}$$

式中，［Nb］、［N］分别是固溶于基体中 Nb 和 N 占钢质量的百分比，单位是质量分数,%；$T$ 是绝对温度，单位是 K。通过固溶度积公式，可以方便的计算出经不同温度下固溶处理钢中固溶于基体的含 Nb 相的量，根据长时时效态的化学相分析结果，可以粗略地估算在高温服役或时效状态下，钢中析出的弥散细小的含 Nb 相数量。

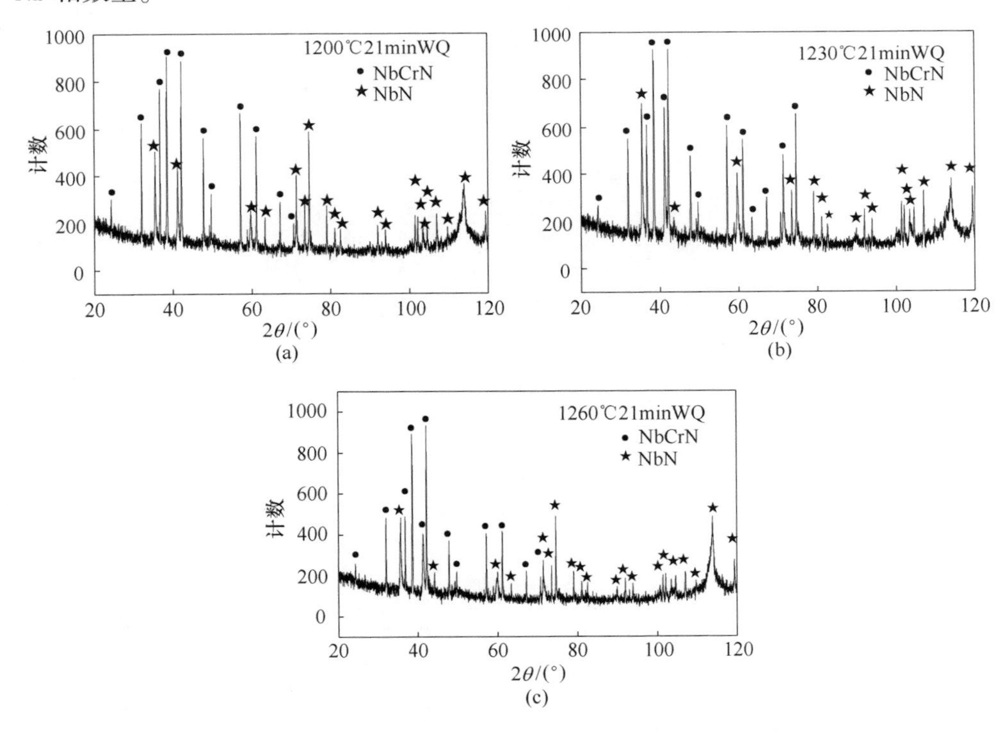


图 4-25 不同固溶状态的 S31042 钢萃取粉末的 XRD 分析

（a）1200℃×21min、WQ；（b）1230℃×21min、WQ；（c）1260℃×21min、WQ

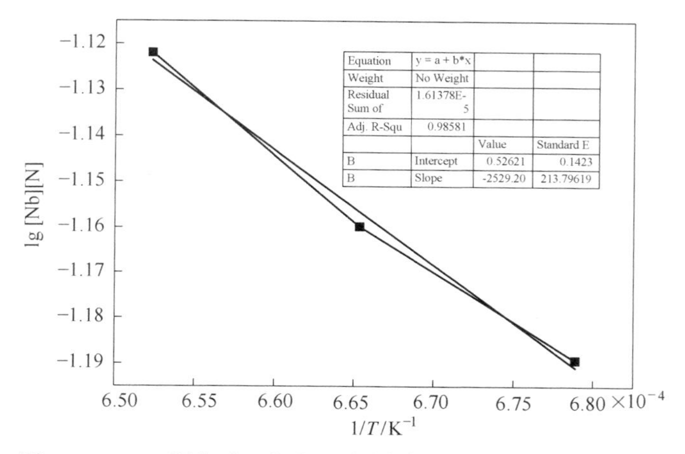


图 4-26 1042 钢中［Nb］［N］固溶度积随固溶处理温度变化

将固溶于基体的 Nb 量与固溶处理温度之间做成图，如图 4-27 所示，两者呈线性关系，可用公式（4-2）描述。图 4-27 能直观表述固溶于基体中 Nb 量与固溶处理温度之间的关系，反过来，也可以方便的计算，经高温时效或服役后，钢中可能析出的弥散的含 Nb 相的数量，从而估算 Nb 元素对晶粒内部强化的贡献。

$$[Nb]_p = -0.492 + 6.666T \tag{4-2}$$

式中，$[Nb]_p$ 为固溶于基体中的 Nb，单位是%；$T$ 为固溶处理温度，单位是℃。图 4-28 表明在固溶处理温度 1200~1260℃范围内，钢中含 Nb 相的比例与温度呈线性关系，并且符合关系式（4-3）：

$$Nb_p = 2.11017 - 0.00158T \tag{4-3}$$

式中，$Nb_p$ 是钢中的含 Nb 析出相的质量百分数，单位是%；$T$ 是固溶处理温度，单位是℃。由式（4-3）可估算经不同温度固溶处理后钢中残留的含 Nb 相，从而可估算含 Nb 相的数量与力学性能及冷轧变形抗力的影响。

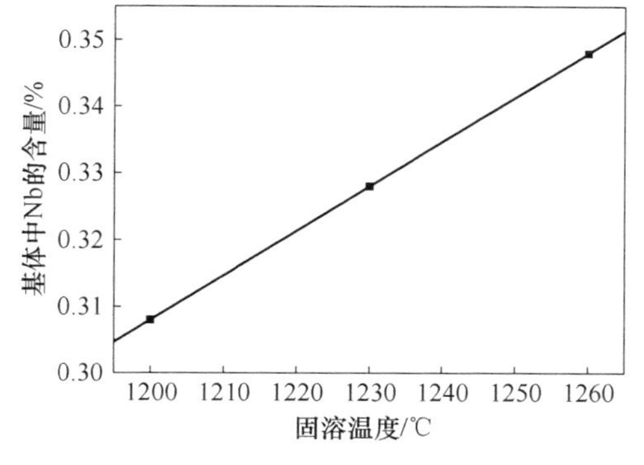


图 4-27 固溶温度对固溶于基体中 Nb 含量的影响

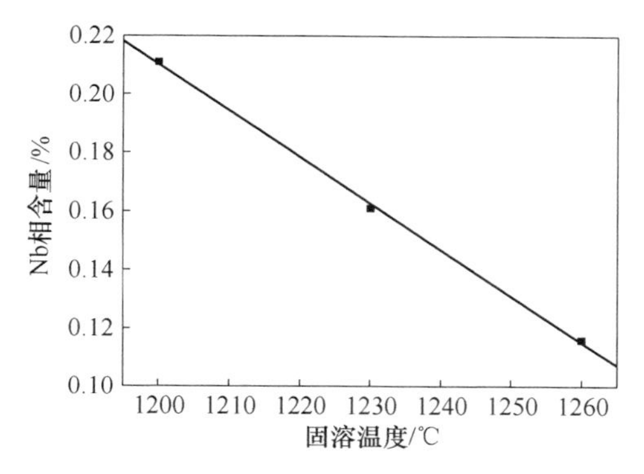


图 4-28 含 Nb 相含量与固溶处理温度之间的关系

图 4-29 是用 Thermo-calc 热力学软件基于 TCFE6 数据库计算的 S31042 钢的准平衡相图。0.04%～0.10%C 范围的 S31042 钢，从凝固温度冷却到室温，经历了多个多相区。含碳量为 0.060%的 S31042 钢的熔点约为 1440℃，在 1350～1370℃温度区间发生共晶反应，液相中生成 γ 相+一次 Nb(C，N)相共晶体。在约 1350～1010℃，从奥氏体中脱溶析出二次 Nb（C，N）相。在约 1010～900℃之间，处在 γ+Nb(C，N）+CrNbN(Z）三相区，从奥氏体中析出 Z 相。当温度继续降低，约在 900℃，开始析出 $M_{23}C_6$ 相。在约 750℃以下有 σ 相和 $Cr_2N$ 相析出。在 S31042 钢服役温度 600～700℃范围内，平衡存在的二次相包括 CrNbN、$M_{23}C_6$、Nb(C，N)、$Cr_2N$ 和 σ 相。从图 4-29 还可以看出，随着含碳量增大，钢中 $M_{23}C_6$ 相开始析出的温度升高，即碳含量升高促进钢中 $M_{23}C_6$ 相的析出。随着碳含量降低，钢中 NbCrN 相开始析出的温度升高，即降低碳含量促进 NbCrN 相析出。

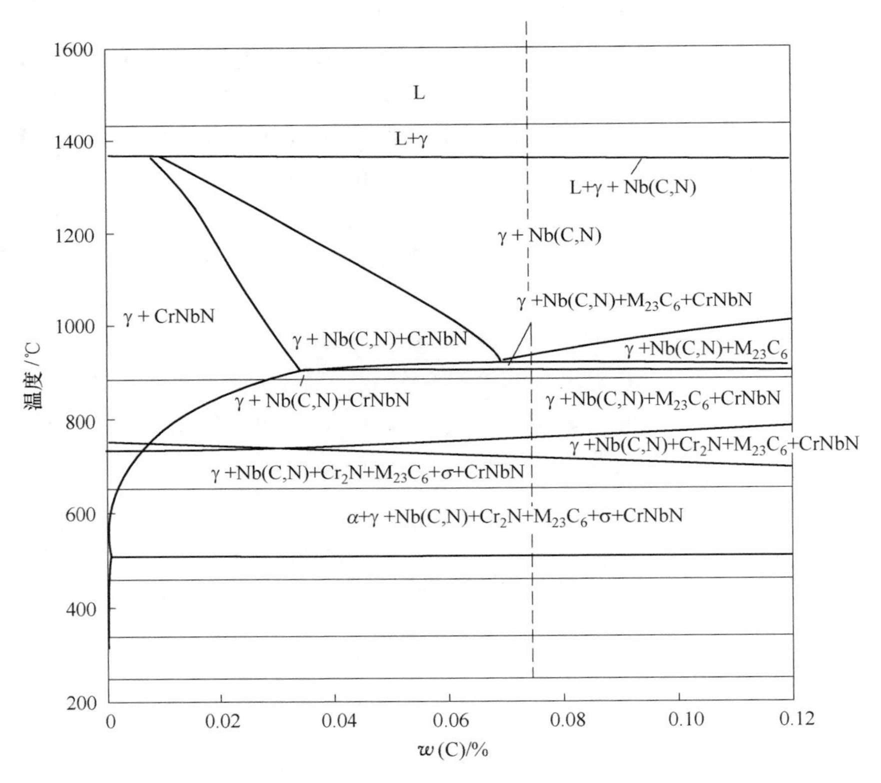


图 4-29　Thermo-calc 热力学软件计算 S31042 钢的准平衡相图

通常在冷轧之前需对 S31042 钢管进行高温软化处理，以降低其变形抗力。图 4-29 表明即使在 1300℃进行高温软化处理，一次的 Nb(C，N）仍不会溶解，而且还剩余一部分二次 Nb(C，N) 颗粒。这部分未溶解的颗粒在钢中产生沉淀强化作用，使冷轧变形抗力升高，增大轧机负荷和能耗。第二相颗粒与位错有两种作用机制：一种是 Orowan 机制，这种机制指位错绕过颗粒，并在颗粒周围留下位错环，使位错增殖；另一种是切过机制。钢中的含 Nb 相颗粒一般以 Orowan 机制起强化作用。由第二相颗粒引起的材料的强度增量与第二相的体积分数以及颗粒的尺寸有关。从图 4-29 和图 4-28 可以看出，给定成分的 S31042 钢，随着高温软化处理温度升高，第二相颗粒的体积分数减小，在接下来的冷轧加工过程中，变形抗力降低，相同冷轧变形量条件下，引起的加工硬化程度降低。需要注意的是，高温软化处理加热保温后，如果冷却速度太慢，冷却过程中会析出第二相（NbN、NbCrN），甚至会析出更低温度下的平衡相 $M_{23}C_6$ 相，使第二相的体积分数增大，强化作用增强，使变形抗力增大。

为了降低 S31042 钢的冷轧变形抗力，高温软化处理温度固然重要，之后的冷却速度同样需设定合理，以避免或抑制在冷却过程中的第二相析出。为了降低变形抗力和提高冷轧变形能力以及抑制冷轧变形过程中内部缺陷的产生（靠近颗粒的微裂纹），冷轧变形前应尽量地提高高温软化处理温度。高温软化处理温度应在 1230~1260℃之间，高温软化处理保温后应采取尽量快的冷却速度，避免或抑制冷却过程中第二相的析出。

经冷变形后，钢中的点阵结构发生畸变，处于不稳定状态，在加热状态下，发生回复和再结晶，畸变的晶体会自发向原子规则排列的晶体转变。位错密度大幅降低，不过仍有位错与第二相颗粒相互作用，如图 4-30 所示。经固溶处理后，钢中仍然有大量颗粒状含 Nb 析出相，这些颗粒分布在晶界处（见图 4-31），影响再结晶晶粒长大。从表 4-17 中数据可计算出，经 1200℃×21min 固溶处理，钢中以含 Nb 相形式存在的 Nb 约为 23%。当固溶处理温度升高至 1230℃ 和 1260℃，钢中以含 Nb 相形式存在的 Nb 分别降至 18%和 13%，与 1200℃×21min 固溶处理相比，含 Nb 析出相大幅度减少，分别减少了 21%和 46%，析出强化效果势必降低，对晶界的钉扎作用显著减弱。因此再结晶晶粒迅速长大，由 1200℃×21min 的 20.32μm 迅速长大到 1230℃×21min 的 35.59μm（增大约 75%），再到1260℃×21min 的 56.25μm（增大约 176%）。当固溶处理温度超过 1200℃时，钢中的含 Nb 相颗粒大量溶解，对晶界的钉扎作用变弱，使晶粒显著长大。可以认为含 Nb 相在钢中的比例是影响固溶处理过程中再结晶晶粒长大的主要因素。

在对 S31042 钢管的深入研究过程中还发现时效过程中该钢沿晶界析出大量 $M_{23}C_6$碳化物，晶界“宽化”，3000h 后晶界处碳化物已呈网状[20]。长时服役后 Si 在晶界处逐渐偏聚，促进 σ 相析出，进一步降低韧性。10000h 后晶界处有富 Si 的 G 相析出，对冲击韧性和晶界稳定性均不利[21]。

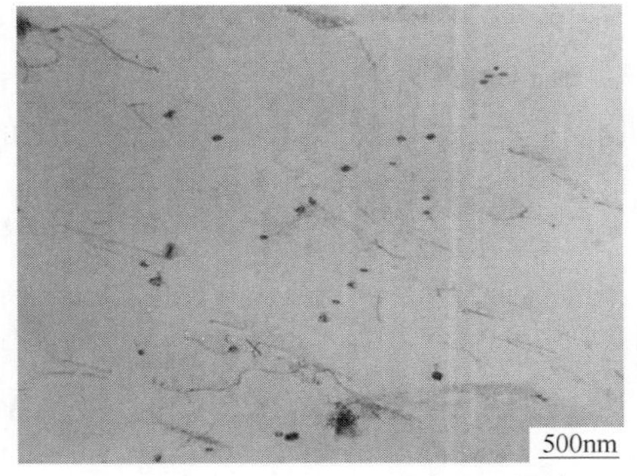


图 4-30 1200℃×5min 固溶处理快速水冷后 S31042 钢的状态（TEM）

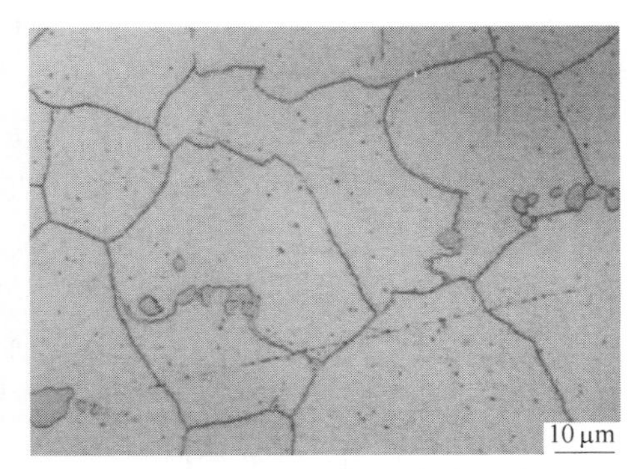


图 4-31 S31042 钢固溶处理后晶界上的含 Nb 析出相

针对上述试验发现和综合分析，提出了具有高强韧耐蚀特点的 S31042 奥氏体锅炉钢管工艺处理技术要点如下：（1）在钢管冷轧工序间增加 1250℃高温软化，促进大颗粒含 Nb 析出物回溶，利于细小 NbCrN 和 Nb(C，N）析出；（2）成品管固溶处理工艺为 1230℃~1260℃，保温 10~30min，水冷。

# 4.4 新型奥氏体耐热钢 S31035（Sanicro25）研发

## 4.4.1 新型奥氏体耐热钢 S31035

Sanicro25 钢（22Cr25NiWCoCu）是由瑞典 Sandvik 公司研发的一种新型奥氏体耐热钢[22,23]，由于其具有高持久强度和抗氧化腐蚀性能，是高参数超超临界锅炉过热器和再热器小口径锅炉管的重要候选材料。Sanicro25 钢目前已被纳入 ASME Code Case 2753[24]和 ASME SA213-2010[25]，UNS 编号为 S31035，其标准化学成分范围如表 4-18 所示，基本力学性能如表 4-19~表 4-21 所示[24,25]。

表 4-18 S31035 奥氏体耐热钢化学成分 （质量分数,%）

| 元素 | C | Si | Mn | P | S | Cr | Ni | W | Co | Cu | Nb | N | B |
|---|---|---|---|---|---|---|---|---|---|---|---|---|---|
| S31035 | 0.04 | ≤ | ≤ | ≤ | ≤ | 21.5 | 23.5 | 2.0 | 1.0 | 2.0 | 0.30 | 0.15 | 0.002 |
| | 0.10 | 0.60 | 0.60 | 0.030 | 0.015 | 23.5 | 26.5 | 4.0 | 2.0 | 3.5 | 0.60 | 0.30 | 0.008 |

表 4-19 S31035 耐热钢的室温拉伸性能

| 屈服强度 $R_{p0.2a}$ /MPa (min) | $R_{p1.0a}$ /MPa (min) | 抗拉强度 $R_m$ /MPa | 伸长率 $A_b$ /% (min) | 维氏硬度 |
|---|---|---|---|---|
| 310 | 355 | 680 | 40 | 185 |

表4-20 S31035耐热钢不同温度下的高温拉伸性能

| 温度/℃ | 屈服强度 $R_{p0.2}$/MPa（min） | $R_{p1.0}$ /MPa（min） | 抗拉强度 $R_m$/MPa（min） |
|---|---|---|---|
| 100 | 250 | 315 | 625 |
| 200 | 225 | 255 | 575 |
| 300 | 210 | 240 | 560 |
| 400 | 200 | 225 | 550 |
| 500 | 195 | 215 | 535 |
| 600 | 180 | 205 | 500 |
| 700 | 180 | 195 | 455 |
| 800 | 180 | 195 | 355 |

表4-21 S31035耐热钢不同温度下的持久强度

| 温度/℃ | 持久强度 10000h/MPa | 100000h /MPa |
|---|---|---|
| 500 | 500 | 405 |
| 550 | 380 | 325 |
| 600 | 310 | 230 |
| 650 | 230 | 155 |
| 700 | 145 | 95 |
| 750 | 85 | 50 |
| 800 | 50 | 25 |

除具备极为优异的力学性能外，S31035耐热钢在室温和低温状态下也具有较好的冲击韧性。同时，S31035耐热钢在煤灰腐蚀环境和水蒸气腐蚀环境下也具有很高的抗腐蚀性能。S31035耐热钢也具有良好的焊接性。推荐焊接工艺为TIG焊，通常不需要焊前预热和焊后热处理。高合金奥氏体耐热钢的焊接需要特别高的洁净度，焊接区域最好采用合适的溶剂（如丙酮）进行全面清洗。高合金奥氏体耐热钢焊接经常面临焊接金属热裂纹产生的风险，为降低这种风险，焊接应该在低输入热的条件下进行，焊接层间温度小于100℃。S31035耐热钢在低温和高温均可进行弯曲，推荐热弯处理温度为850~1250℃，弯曲后一般需要进行固溶处理，除非在1180~1250℃温度范围内进行弯曲处理。此外，冷弯后一般应进行固溶处理。

### 4.4.2 新型奥氏体耐热钢S31035的强韧化设计机理

奥氏体耐热钢是搞参数超超临界电站过热器和再热器小口径管高温段的重要候选材料。随着电站锅炉蒸汽参数的不断提高，过热器和再热器小口径管高温段所需的奥氏体耐热钢的高温持久强度和抗环境腐蚀性能也在不断提高。

奥氏体耐热钢持久强度的不断提高与化学成分的设计和优化密切相关，表4-22给出了典型奥氏体耐热钢的典型化学成分，可以看出奥氏体耐热钢化学成分经历了 15Ni-18Cr，18Cr-8Ni，25Cr-20Ni 到高 Cr-高 Ni 的发展历程。表 4-22 中部分典型奥氏体耐热钢的 10 万小时外推持久强度如图 4-32 所示。

**表 4-22　典型奥氏体耐热钢的化学成分**　　（质量分数,%）

| 分类 | 钢号 | C | Mn | Si | Ni | Cr | Mo | Ti | V | Nb | N | B | 其他 |
|---|---|---|---|---|---|---|---|---|---|---|---|---|---|
| 18Cr-15Ni | 17-14CuMo | 0.12 | 0.70 | 0.50 | 14.0 | 16.0 | 2.0 | 0.30 | 0.07 | 0.40 | — | 0.006 | Cu3.0 |
| | Esshete1250 | 0.12 | 6.0 | 0.50 | 10.0 | 15.0 | 1.0 | — | 0.20 | 1.0 | — | 0.006 | — |
| 18Cr-8Ni | TP304H | 0.08 | 1.60 | 0.50 | 10.0 | 18.0 | — | — | — | — | — | — | — |
| | TP321H | 0.08 | 1.60 | 0.50 | 10.0 | 18.0 | — | — | — | — | 0.10 | — | — |
| | TP347H | 0.08 | 1.60 | 0.50 | 10.0 | 18.0 | — | — | — | 0.80 | — | — | — |
| | TP347HFG | 0.08 | 1.60 | 0.60 | 10.0 | 18.0 | — | — | — | 0.80 | — | — | — |
| | S30432 | 0.10 | 0.80 | 0.20 | 9.0 | 18.0 | — | — | — | 0.50 | 0.10 | 0.003 | Cu3.0 |
| | XA704 | 0.04 | 1.00 | 0.50 | 10.0 | 18.0 | — | — | 0.30 | 0.40 | — | — | W2.0 |
| 25Cr-20Ni | TP310H | 0.08 | 1.60 | 0.60 | 20.0 | 25.0 | — | — | — | — | — | — | — |
| | TP310HCbN（S31042） | 0.06 | 1.20 | 0.40 | 20.0 | 25.0 | — | — | — | 0.45 | 0.20 | — | — |
| | NF709<br>NF709R | 0.06 | 1.00 | 0.50 | 25.0 | 20.0<br>22.0 | 1.50 | 0.20 | — | 0.20 | 0.16 | 0.002 | — |
| | SAVE25 | 0.10 | 1.00 | 0.15 | 18.0 | 23.0 | — | — | — | 0.40 | 0.20 | — | Cu3.0<br>W1.50 |
| | S31035 | 0.08 | 0.50 | 0.20 | 25.0 | 22.0 | — | — | — | 0.40 | 0.20 | 0.002 | Cu3.0<br>W3.0<br>Co1.5 |
| 高 Cr-高 Ni | 800H | 0.08 | 0.80 | 0.40 | 34.0 | 22.0 | 1.25 | — | — | 0.40 | — | — | — |
| | NF707 | 0.08 | 1.00 | 0.40 | 35.0 | 22.0 | 1.50 | 0.10 | — | 0.20 | — | — | — |
| | CR30A | 0.06 | 0.20 | 0.30 | 50.0 | 30.0 | 2.0 | 0.20 | — | — | — | — | Zr0.03 |
| | HR6W | 0.008 | 1.20 | 0.40 | 43.0 | 23.0 | — | 0.08 | — | 0.18 | — | 0.003 | W6.0 |

如前所述，S31042 奥氏体耐热钢具有较好的综合性能，已经在过热器和再热器高温段小口径管上获得广泛应用，其使用温度上限约在金属壁温 650℃左右。如果蒸汽参数进一步提升，小口径管金属壁温将会随之提升，需要研发比 S31042 奥氏体耐热钢具有更高热强性的新型奥氏体耐热钢。瑞典 Sandvik 公司研发的 S31035（Sanicro25）奥氏体耐热钢就是在 S31042 基础上，通过优化 Cr-Ni 含量和添加固溶和析出强化元素而得到的。为获得足够的抗蒸汽氧化腐蚀和煤灰腐蚀性能，S31035 钢保持了 22Cr-25Ni 基体设计，与 S31042 钢的基体基本相当。

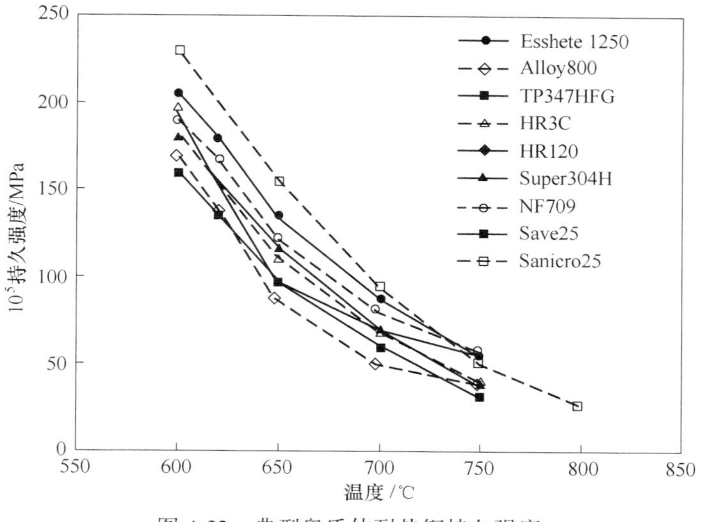


图 4-32 典型奥氏体耐热钢持久强度

同时，也保留了 S31042 钢中的 Nb-N 析出强化。在此基础上，添加了 3W-1.5Co，加强固溶强化，添加 3Cu-B 来加强析出强化。上述固溶和析出元素具体添加量是在平衡考虑提升材料热强性和材料具有可接受的热成型性之后确定的。通过上述成分设计改进，使 S31035 新型奥氏体耐热钢与 S31042 耐热钢相比具有更加优异的综合性能，其在 700℃外推 10 万小时的持久强度高达 95～100MPa，与部分铁镍基和镍基耐热合金的持久强度相当。由于 S31035 还是奥氏体耐热钢，不是耐热合金，可以采用与 S31042 耐热钢基本相同的工艺流程制造，与铁镍基合金和镍基耐热合金相比，制造工艺成本大大降低。因此，在不久的将来，S31035 新型奥氏体耐热钢必将在更高参数超超临界燃煤电站锅炉过热器和再热器小口径管制造上获得应用。

### 4.4.3 新型奥氏体耐热钢 S31035 的组织性能演变

钢铁研究总院设计系列实验研究了新型奥氏体耐热钢 S31035 关键元素和处理工艺对其组织和性能的影响规律[26]。采用真空感应炉冶炼 5 炉试验钢，钢锭质量为 25kg，钢锭分别编号为 S1、S2、S3、S4 和 S5，其测试分析化学成分如表 4-23 所示。钢锭开锻温度 1150～1160℃，终锻温度大于 900℃。试验钢固溶工艺为 1200℃ 保温 30min 水冷＋700℃ 时效，时效保温时间分别为 100h、300h、1000h、3000h 和 10000h。将经上述固溶处理和不同时效保温时间处理的试验钢加工成高温拉伸试样，测定试验钢 700℃下的力学性能。用 5gCuCl+30mLHCl+30mL$H_2O$+25mL 酒精来腐蚀抛光后的室温冲击试样的纵截面，然后用金相显微镜、扫描电镜和透射电镜观察析出相的分布、结构和形貌。利用化学相分析定量的分析不同 W 含量试验钢中析出相种类和数量的变化。S31035 试验钢试样经多种热处理工艺处理后测得力学性能列于表 4-24~表 4-29。

**表 4-23　S31035 试验钢化学成分**　（质量分数,%）

| 炉号 | C | Si | Mn | P | S | Cr | Ni | W | Co | Cu | Nb | N | B | Ce | Al | Ti |
|---|---|---|---|---|---|---|---|---|---|---|---|---|---|---|---|---|
| S1 | 0.081 | 0.22 | 0.53 | 0.0069 | 0.0040 | 21.53 | 23.30 | 1.81 | 1.41 | 2.97 | 0.39 | 0.17 | 0.0030 | 0.0028 | <0.005 | <0.005 |
| S2 | 0.081 | 0.20 | 0.51 | 0.0060 | 0.0035 | 22.10 | 25.15 | 2.86 | 1.51 | 2.96 | 0.38 | 0.16 | 0.0031 | 0.0020 | <0.005 | <0.005 |
| S3 | 0.078 | 0.19 | 0.53 | 0.0060 | 0.0034 | 22.18 | 25.40 | 3.84 | 1.51 | 3.08 | 0.40 | 0.16 | 0.0035 | 0.0038 | <0.005 | <0.005 |
| S4 | 0.072 | 0.17 | 0.50 | 0.0061 | 0.0034 | 22.63 | 25.35 | 3.05 | 1.54 | 2.93 | 0.40 | 0.18 | 0.0038 | 0.0006 | <0.005 | <0.005 |
| S5 | 0.078 | 0.19 | 0.51 | 0.0065 | 0.0034 | 22.54 | 25.26 | 3.87 | 1.53 | 3.02 | 0.39 | 0.20 | 0.0036 | 0.0013 | <0.005 | <0.005 |

**表 4-24　S31035 试验钢固溶处理后的硬度（HB）**

| 编号 | 1150℃×30min、WQ | 1180℃×30min、WQ | 1200℃×30min、WQ | 1220℃×30min、WQ |
|---|---|---|---|---|
| S1 | 189 | 185 | 185 | 168 |
| S2 | 196 | 178 | 178 | 178 |
| S3 | 196 | 185 | 185 | 185 |
| S4 | 195 | 199 | 199 | 184 |
| S5 | 196 | 201 | 200 | 173 |

**表 4-25　S31035 试验钢室温拉伸和冲击性能**

| 编号 | 热处理工艺 | $R_m$ /MPa | $R_{p0.2}$ /MPa | $A$ /% | $Z$ /% | $A_{kv}$ /J |
|---|---|---|---|---|---|---|
| S1 | 1200℃×30min、WQ | 717 | 348 | 41.5 | 73 | 381 |
| S2 | 1200℃×30min、WQ | 727 | 343 | 46 | 71 | 347.6 |
| S3 | 1200℃×30min、WQ | 744 | 356 | 46.5 | 73 | 305.7 |
| S4 | 1200℃×30min、WQ | 756 | 383 | 47 | 68 | 287.4 |
| S5 | 1200℃×30min、WQ | 774 | 386 | 48 | 74 | 273.7 |

**表 4-26　S31035 试验钢 700℃高温拉伸性能**

| 编号 | 热处理工艺 | $T$/℃ | $R_m$/MPa | $R_{p0.2}$/MPa | $A$/% | $Z$/% |
|---|---|---|---|---|---|---|
| S1 | 1200℃×30min、WQ | 700 | 440 | 181 | 31.0 | 29.5 |
| S2 | 1200℃×30min、WQ | 700 | 455 | 190 | 29.5 | 28.0 |
| S3 | 1200℃×30min、WQ | 700 | 460 | 194 | 29.0 | 28.0 |
| S4 | 1200℃×30min、WQ | 700 | 470 | 210 | 31.0 | 28.5 |
| S5 | 1200℃×30min、WQ | 700 | 480 | 220 | 31.0 | 28.0 |

表 4-27 S31035 试验钢 700℃时效后的硬度（HB）

| 炉号 | 固溶态（1200℃×30min、WQ） | 700℃×100h | 700℃×300h | 700℃×3000h | 700℃×10000h |
|---|---|---|---|---|---|
| S1 | 186.5 | 203.6 | 207.0 | 225.25 | 228 |
| S2 | 177.4 | 204.6 | 227.0 | 231.50 | 236.5 |
| S3 | 185.8 | 188.8 | 224.6 | 256 | 281.5 |
| S4 | 198.5 | 203.4 | 222.0 | 234 | 253.5 |
| S5 | 200 | 211.0 | 224.6 | 259 | 281.5 |

注：表格中硬度值为每种试验钢在同一状态下 4 个不同位置硬度的平均值。

表 4-28 S31035 试验钢 700℃时效后冲击功（$A_{kv}$，J）

| 炉号 | 固溶态（1200℃×30min、WQ） | 700℃×100h | 700℃×300h | 700℃×3000h | 700℃×10000h |
|---|---|---|---|---|---|
| S1 | >300 | 51 | 51 | 60 | 40 |
| S2 | 347.6 | 42 | 42 | 39 | 19 |
| S3 | 305.7 | 35 | 28 | 18 | 11 |
| S4 | 287.4 | 36 | 33 | 28 | 15 |
| S5 | 273.7 | 31 | 34 | 14 | 7 |

表 4-29 S31035 试验钢 700℃时效后 700℃高温拉伸性能

| 热处理工艺 | 炉号 | $R_m$/MPa | $R_{p0.2}$/MPa | A/% | Z/% |
|---|---|---|---|---|---|
| 1200℃×30min、WQ，700℃×100h | S1 | 435 | 210 | 39.5 | 40.0 |
| | S2 | 440 | 210 | 38.0 | 40.0 |
| | S3 | 475 | 255 | 36.0 | 32.0 |
| | S4 | 475 | 255 | 37.0 | 38.0 |
| | S5 | 465 | 230 | 35.5 | 33.5 |
| 1200℃×30min、WQ，700℃×300h | S1 | 440 | 265 | 33.0 | 44.5 |
| | S2 | 450 | 260 | 37.0 | 45.0 |
| | S3 | 505 | 305 | 33.5 | 37.0 |
| | S4 | 480 | 260 | 36.0 | 41.5 |
| | S5 | 475 | 260 | 33.0 | 37.0 |
| 1200℃×30min、WQ，700℃×1000h | S1 | 440 | 265 | 37.0 | 41.5 |
| | S2 | 465 | 270 | 36.5 | 40.0 |
| | S3 | 505 | 300 | 32.5 | 38.0 |
| | S4 | 475 | 290 | 34.5 | 40.0 |
| | S5 | 475 | 270 | 35.0 | 37.5 |

续表 4-29

| 热处理工艺 | 炉号 | $R_m$/ MPa | $R_{p0.2}$/ MPa | A/ % | Z/% |
|---|---|---|---|---|---|
| 1200℃×30min、WQ，700℃×3000h | S1 | 440 | 255 | 35. 5 | 37. 5 |
| | S2 | 465 | 275 | 37. 0 | 37. 5 |
| | S3 | 505 | 305 | 34. 0 | 38. 0 |
| | S4 | 480 | 295 | 32. 5 | 36. 0 |
| | S5 | 490 | 315 | 36. 5 | 39. 5 |
| 1200℃×30min、WQ，700℃×10000h | S1 | 415 | 245 | 35. 0 | 37. 5 |
| | S2 | 460 | 270 | 38. 5 | 36. 0 |
| | S3 | 490 | 310 | 33. 5 | 35. 5 |
| | S4 | 475 | 295 | 35. 0 | 35. 0 |
| | S5 | 480 | 290 | 37. 5 | 34. 0 |

图 4-33 为 S31035 试验钢持久强度测试及其 10 万小时外推曲线，根据已获得的试验数据外推试验钢 S2、S3、S4 和 S5 的 10 万小时持久强度值均在 100MPa 以上，其中以 S3 的 10 万小时外推持久强度最高，S1 的 10 万小时外推持久强度在 100MPa 以下。另一方面，从图 4-34 可以看出时效初期试验钢的冲击功急剧降低，随着时效时间的进一步增加，试验钢的冲击功开始缓慢的降低，其中 S1 的冲击功相对而言最高（表 4-28）。

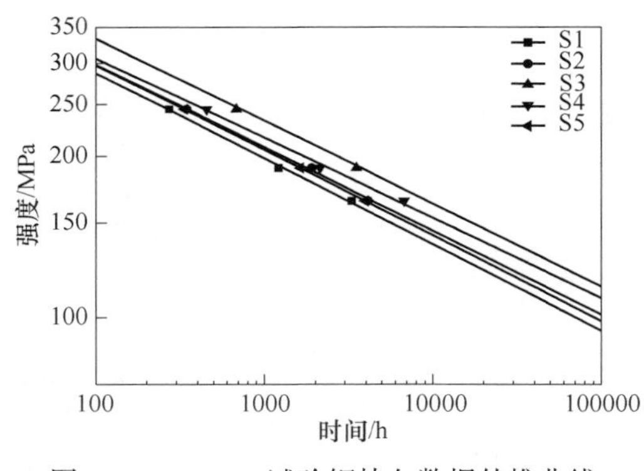


图 4-33　S31035 试验钢持久数据外推曲线

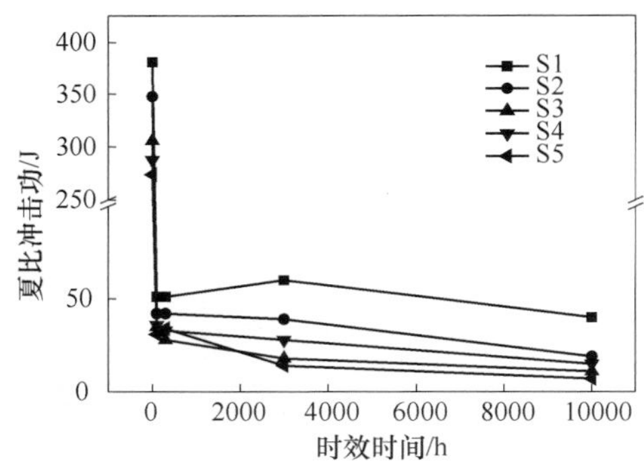


图 4-34　S31035 试验钢室温冲击功随时效时间变化曲线

从图 4-35 可见，在固溶态下 W 含量为 2. 86%的试验钢的硬度最低，经短时时效（时效时间小于 300h），W 含量为 2. 86 的试验钢硬度最高。当继续增加时效时间（时效时间大于 1000h）时，随 W 含量增加，时效态试验钢的硬度不断增加，其中 W 含量在 2. 86%~3. 84%之间时，硬度值陡然增加。根据微观组织演变分析认为这应该 W 含量大于 2. 86%的试验钢在时效 1000h 后在晶界和晶内上开始不断的析出 Laves 相所致。与硬度值变化趋势相反，随 W 含量增加，试验钢的冲击功基本上呈单调降低趋势（见图 4-36）。

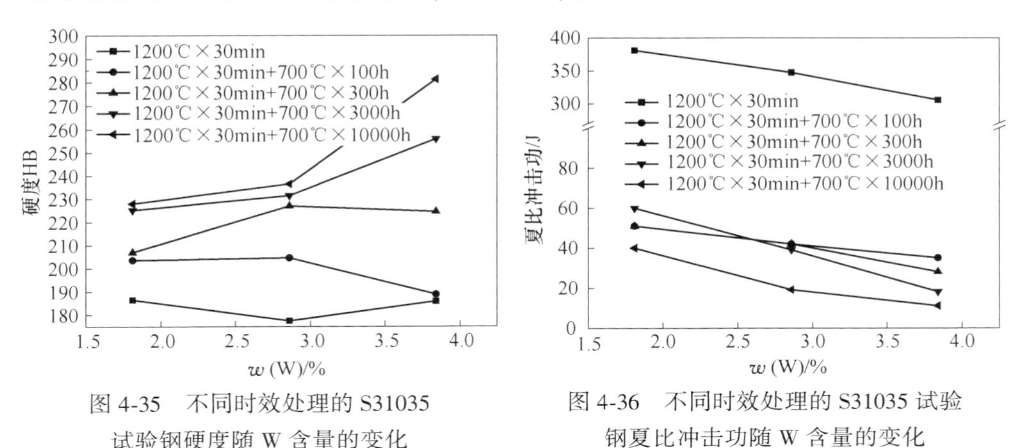


图 4-35 不同时效处理的 S31035 试验钢硬度随 W 含量的变化

图 4-36 不同时效处理的 S31035 试验钢夏比冲击功随 W 含量的变化

从图 4-37 中可以看出不同时效处理的试验钢的抗拉强度和屈服强度的变化趋势大致相同，当 W 含量小于 2. 86%时，各时效处理的试验钢的抗拉强度和屈服强度随 W 含量的变化不大。当 W 含量大于 2. 86%时，试验钢的抗拉强度和屈服强度陡然增加。W 含量较高试验钢表现出较好的高温抗拉强度和屈服强度。从图 4-38 中可以看出经短时时效的试验钢的断后伸长率随着 W 含量的变化不断降低，而经长时时效的断后伸长率随着 W 含量的增加先增加后减少。在 W 含量为

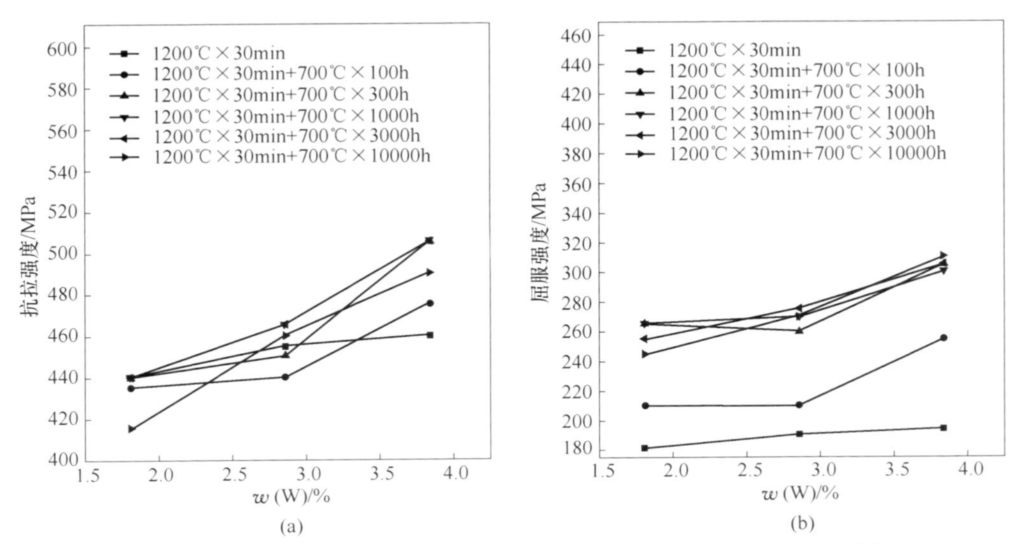


图 4-37 不同时效处理的 S31035 试验钢抗拉和屈服强度随 W 含量的变化

（a）抗拉强度；（b）屈服强度

2. 86%时达到最大值。当 W 含量小于 2. 86%时，短时时效态的试验钢的断面收缩率随 W 含量的增加变化不大，之后快速降低。而长时时效的试验钢的断面收缩率随 W 含量的变化不明显。

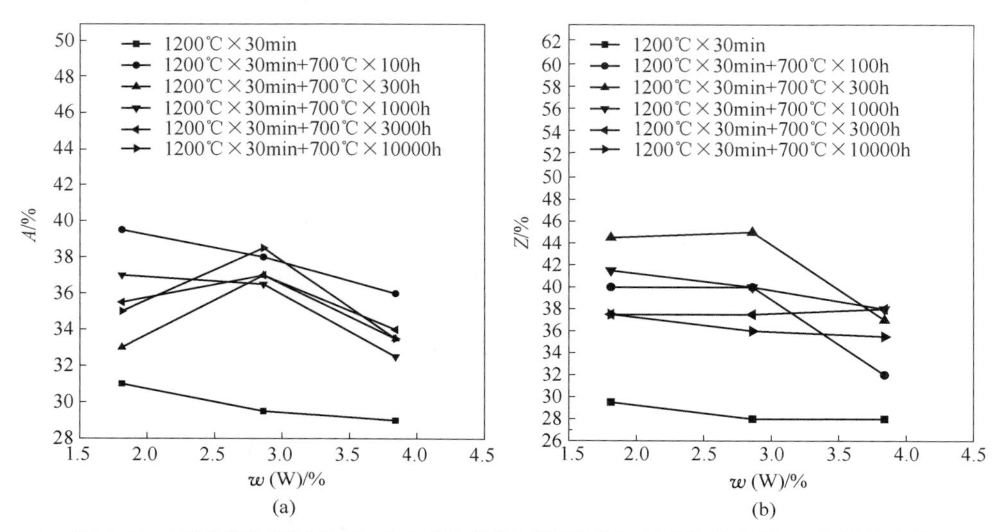


图 4-38　不同时效处理的 S31035 试验钢断面收缩率和断后伸长率随 W 含量的变化
(a) 断后伸长率；(b) 断面收缩率

从上述试验结果可以看出 W 元素是奥氏体耐热钢中一种重要的合金添加元素，其对 S31035 试验钢的性能有重要影响。W 元素是典型的固溶强化元素，在高温下一般固溶于奥氏体中强化基体。在高温时效过程中，过饱和的 W 元素可以析出（如形成 Laves 相等）起沉淀强化作用，对提高奥氏体耐热钢的高温持久强度和蠕变抗力有重要作用。

从图 4-39（a）、(c)、(e) 的对比中可以看出，相同的热处理和时效条件下，试验钢 S1、S2 和 S3 中都存在孪晶，且 S1 和 S2 中的孪晶数目较多。对比图 4-39（b）、(d) 和 (f) 发现，三炉试验钢的晶界和孪晶界上都有析出物，且析出物的数量和分布差别不明显。而存在晶内析出物的数量却有着明显的差别。S1 中分布着少量的粒状析出物，S3 中的析出物较 S1 稍微多些，而 S3 中弥散分布的析出物却远远的多于 S1 和 S2。W 含量的加入可以显著的降低奥氏体的层错能，有助于层错的出现并使得层错的宽度加宽，使得交滑移变得困难，就有助于孪晶的形成。W 是强碳化物形成元素，W 含量的增加有助于含 W 的碳化物 $M_{23}C_6$ 和 Laves 相的形成。

从图 4-40（a）、(c) 和 (e) 可以看出 S1、S2 和 S3 中晶内析出物的数量依次增多，且在 S3 中，析出相密集的弥散分布于晶内。从图 4-40（b）、(d) 和 (f) 可见，S1 的晶界明显粗化，析出相断续分布在晶界上，呈现出团簇状，有

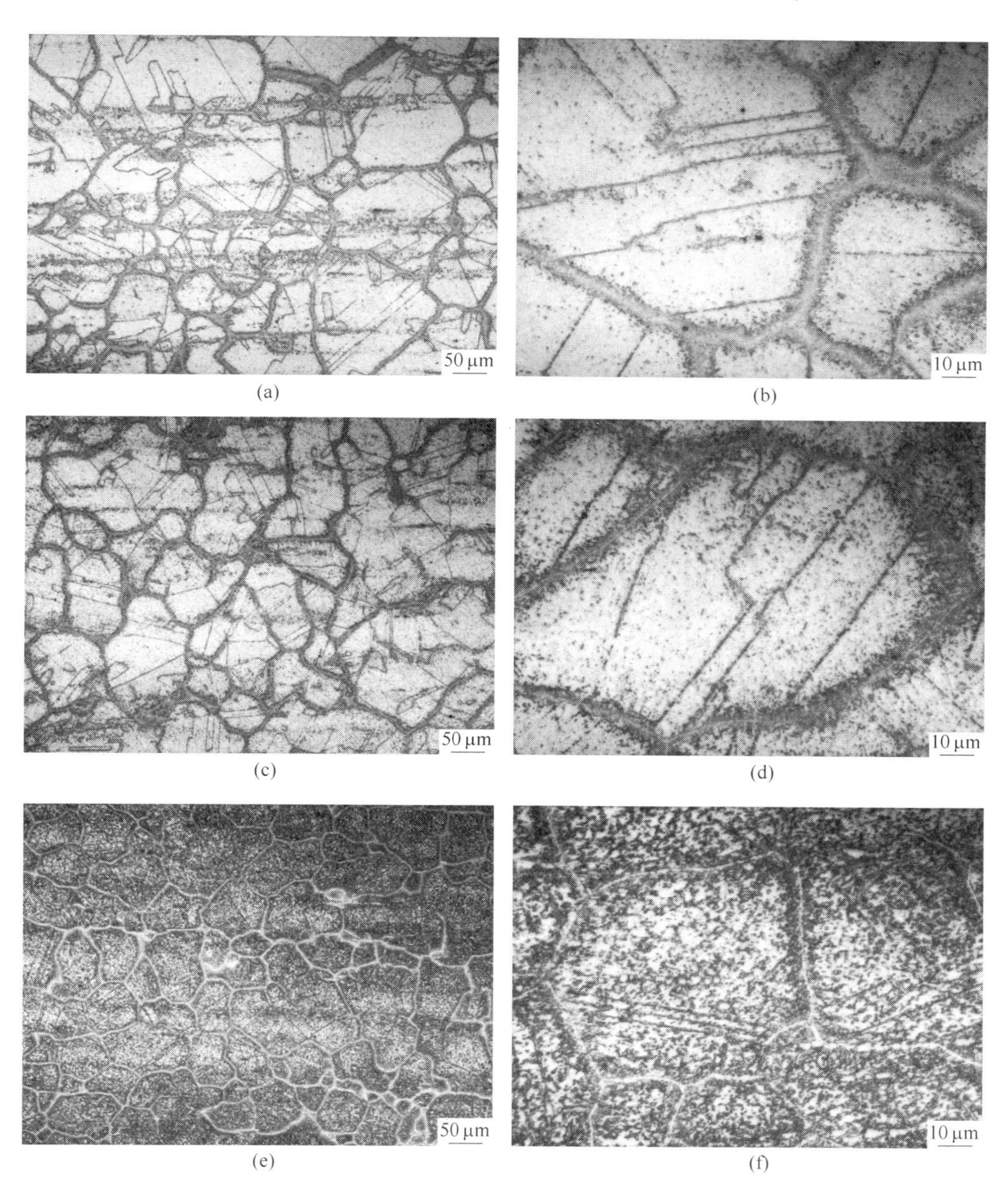


图4-39 700℃时效3000h试验钢S1、S2和S3的金相组织

（a）S1（200×）；（b）S1（1000×）；（c）S2（200×）；（d）S2（1000×）；（e）S3（200×）；（f）S3（1000×）

球化的趋势。相比于S1，S2的晶界宽度较小，析出相在晶界连续分布，但有呈断续分布的趋势。S3晶界上析出物的分布较S2没有明显的变化，但S3晶界周围的析出相的数量却明显多于S1和S2，且析出相的尺寸也较大。

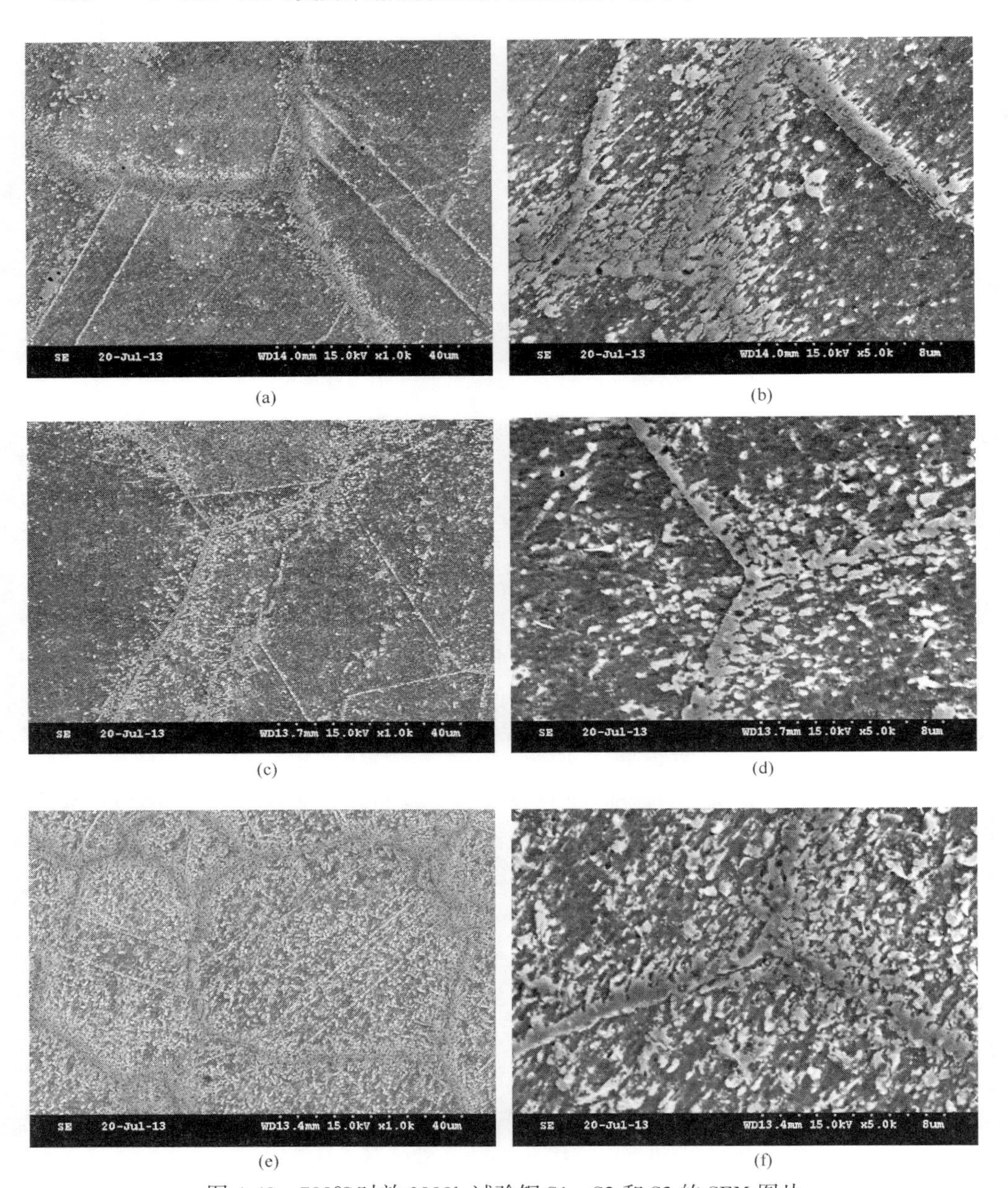


图 4-40　700℃时效 3000h 试验钢 S1、S2 和 S3 的 SEM 图片

(a) S1 (1000×); (b) S1 (5000×); (c) S2 (1000×); (d) S2 (5000×); (e) S3 (1000×); (f) S3 (5000×)

对 S31035 试验钢进行化学相分析（如表 4-30 所示），固溶态试验钢 S1、S2 和 S3 的析出相均为 Nb(NC) 和 Z 相。经短时时效后（时效时间<300h），S1、S2 和 S3 的析出相为 $M_{23}C_6$、Nb(NC)、Z 相和未知相。当经过 3000h 长时时效后，W 含量为 1.81%的 S1 钢的析出相仍然为 $M_{23}C_6$、Nb(NC)、Z 相和未知相，而相

比于 S1 钢，W 含量为 2.86%的 S2 钢和 W 含量为 3.84%的 S3 钢的析出相中多出了 Laves 相。

**表 4-30 S31035 试验钢不同时效时间析出相种类**

| 炉号 | 1200℃×30min、WQ | 时效 100h | 时效 300h | 时效 3000h |
|---|---|---|---|---|
| S1 | Nb（NC）+Z 相 | $M_{23}C_6$+Nb（NC）+Z 相+未知相 | $M_{23}C_6$+Nb（NC）+Z 相(痕)+未知相 | $M_{23}C_6$+Nb（NC）+Z 相(痕)+未知相 |
| S2 | Nb（NC）+Z 相 | $M_{23}C_6$+Nb（NC）+Z 相+未知相 | $M_{23}C_6$+Nb（NC）+Z 相+未知相 | $M_{23}C_6$+Nb（NC）+Z 相+Laves+未知相 |
| S3 | Nb（NC）+Z 相 | $M_{23}C_6$+Nb（NC）+Z 相+未知相 | $M_{23}C_6$+Nb（NC）+Z 相+未知相 | $M_{23}C_6$+Nb（NC）+Z 相+Laves+未知相 |

图 4-41 和图 4-42 为 S1、S2 和 S3 试验钢时效 1000h 和 3000h 的 BSE 照片，W 含量较低的 S1 钢时效至 3000h 时在晶内和晶界上没有出现 Laves 相，而 W 含量较高的 S2 和 S3 钢时效 1000h 后先在晶界上出现了点状分布的 Laves 相，且 W 含量较高的 S3 钢晶界 Laves 相明显多于 S2 钢。时效 3000h 后，S2 和 S3 钢晶界上点状的 Laves 相较时效 1000h 明显增多，且晶内也密集分布着呈块儿状和羽毛状的 Laves 相。

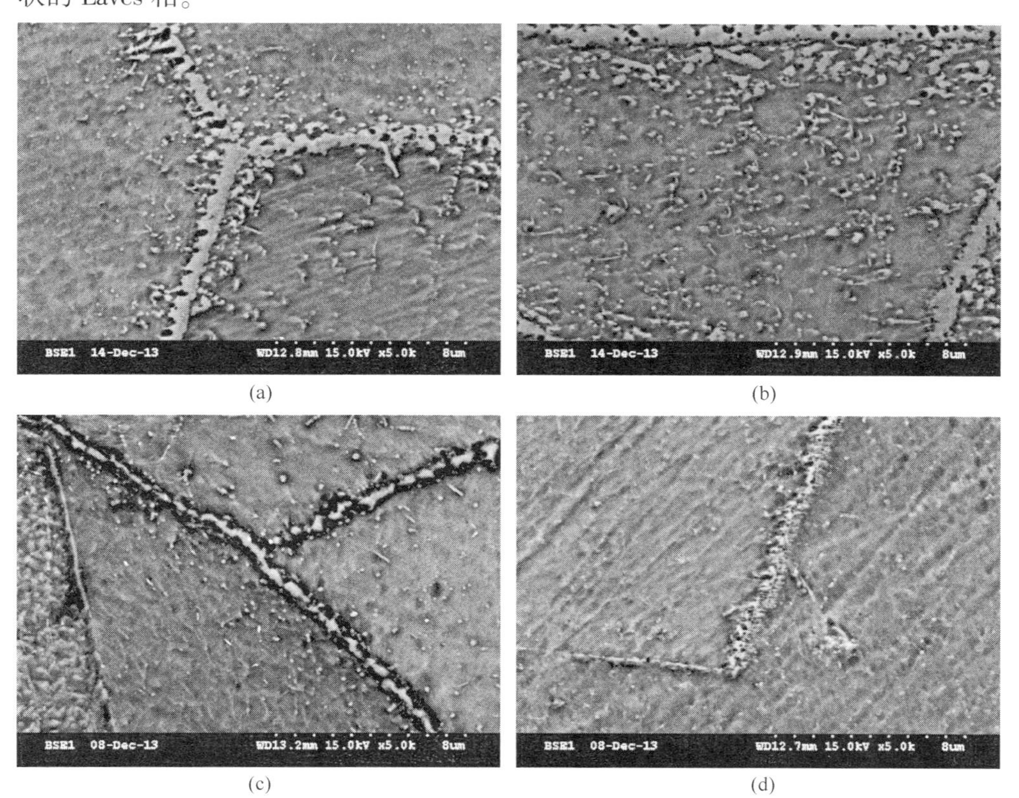


(a) (b)

(c) (d)

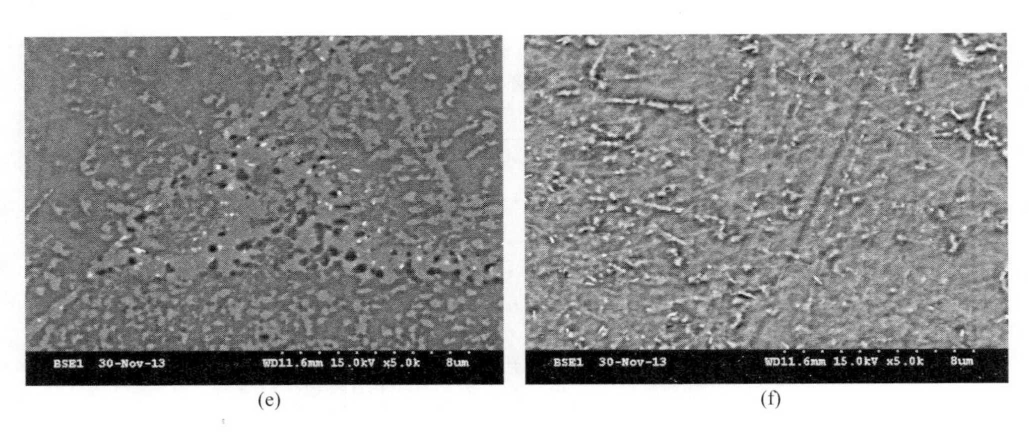


图 4-41　700℃时效 1000h 试验钢 S1、S2 和 S3 BSE 图片

(a) S1 晶界；(b) S1 晶内；(c) S2 晶界；(d) S2 晶内；(e) S3 晶界；(f) S3 晶内

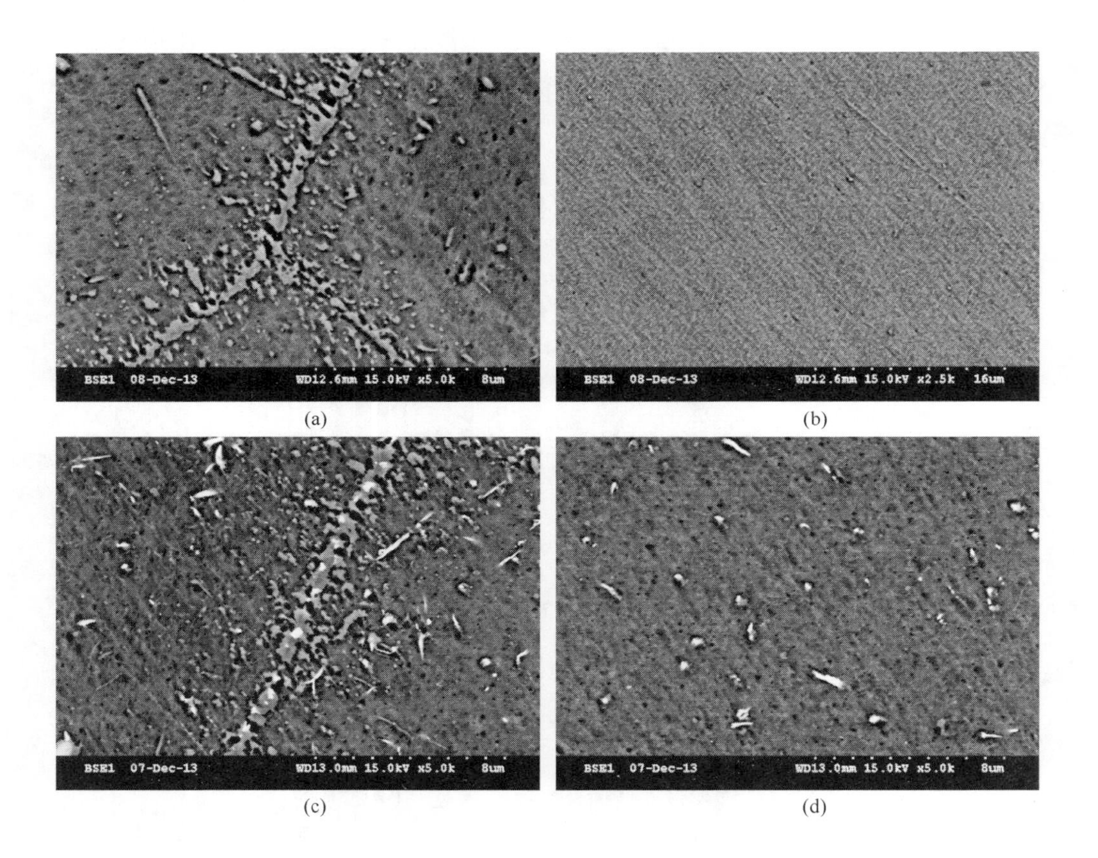

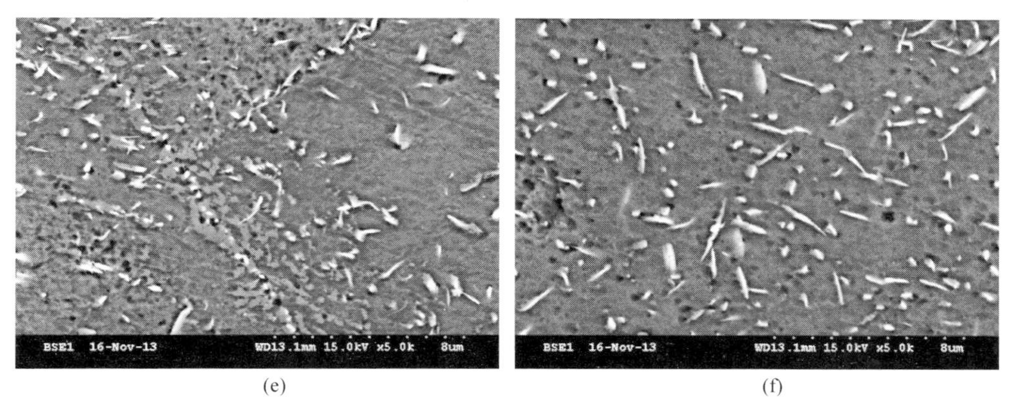


图 4-42 试验钢 S1、S2 和 S3 的 700℃时效 3000h 的 BSE 图片

（a）S1 晶界；（b）S1 晶内；（c）S2 晶界；（d）S2 晶内；（e）S3 晶界；（f）S3 晶内

对试验钢时效过程中析出相类型及其演变的定量分析结果绘制于图 4-43。不同时效处理的试验钢中 $M_{23}C_6$和 Z 相随 W 含量的变化趋势大致相同，即随 W 含量增加，Z 相和 $M_{23}C_6$先增加，但 W 含量达到约 3.0%后随着 W 含量的进一步增加，两相的质量分数基本保持不变。当 W 含量为 2.86%时，时效时间在 300h 之内时 Z 相和 $M_{23}C_6$的质量分数基本保持不变，当时效时间 3000h 时，Z 相和$M_{23}C_6$的质量分数明显增加。

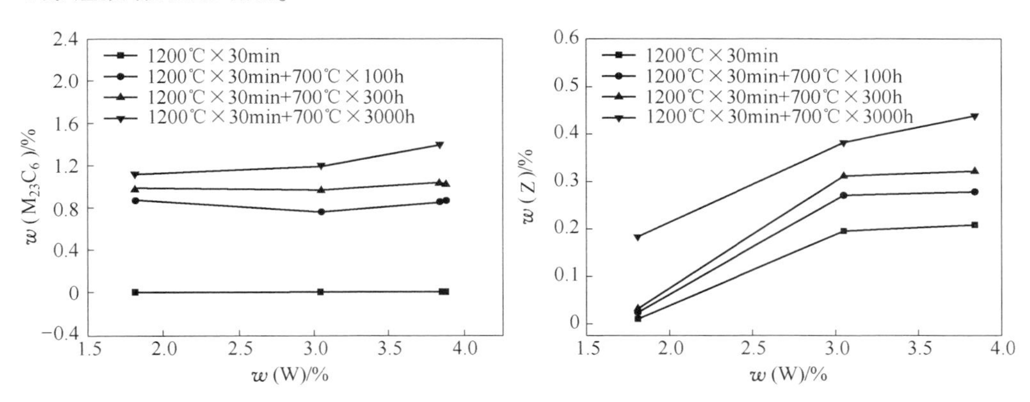


图 4-43 随 W 含量变化不同时效处理试验钢中 $M_{23}C_6$和 Z 相的变化曲线

如图 4-44 所示，试验钢晶内分布的 $M_{23}C_6$呈现出各种形状，有三角形、有四边形等。随着 W 含量的增加，晶内 $M_{23}C_6$的数量明显增加，但其尺寸变化不大。从图 4-45 中可以看出，晶内分布的 Z 相呈椭圆形，且时效过程中在 Z 相的外缘出现 $M_{23}C_6$相。随着 W 含量增加，晶内分布的 Z 相尺寸变化不大。

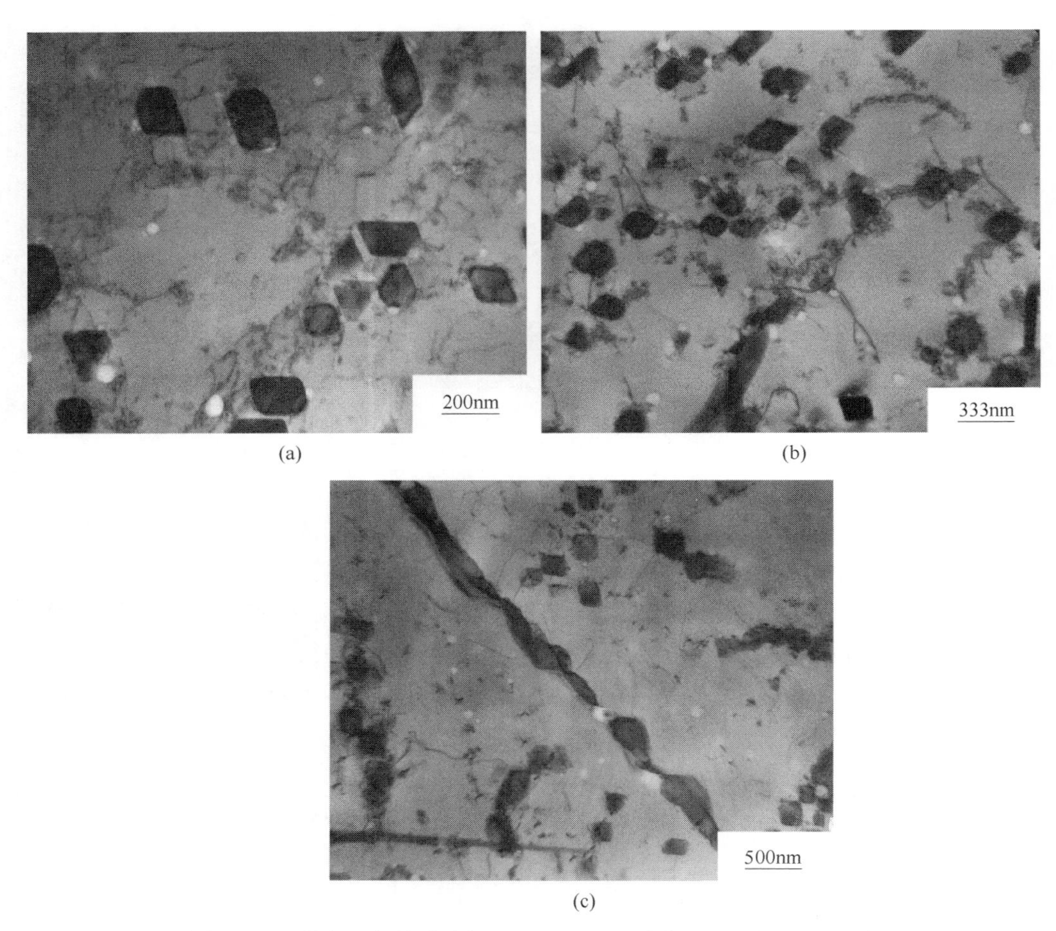


图 4-44 不同 W 含量试验钢 S1、S2 和 S3 晶内 $M_{23}C_6$的 TEM 图片

（a）S1；（b）S2；（c）S3

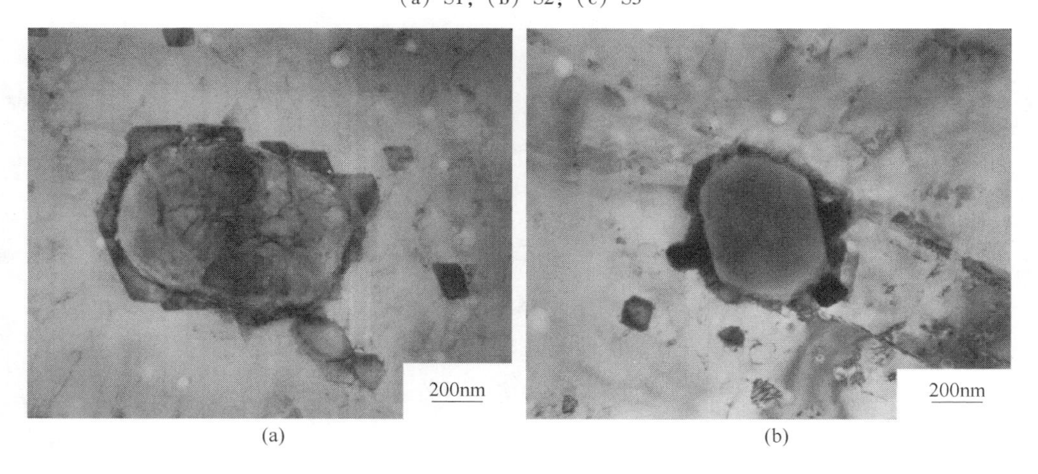


(a)　　　　(b)

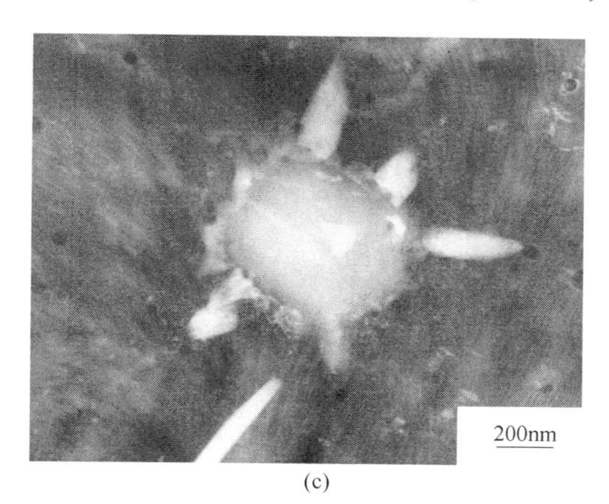


(c)

图 4-45 不同 W 含量试验钢时效 3000h 晶内 Z 相 TEM 图片

（a）S1；（b）S2；（c）S3

图 4-46 标出了 700℃时效保持不同时间后试验钢 S3 中析出相的演变顺序，固溶态析出相为 Nb(NC)+和 Z 相，随后开始析出 $M_{23}C_6$，时效 300h 之前析出相为 $M_{23}C_6$、Nb(NC)、Z 相和未知相。时效 1000h 后，开始析出 Laves 相，析出相的种类变为 $M_{23}C_6$、Nb(NC)、Z 相、Laves 和未知相。由于试验钢 S3 中加入了 3%的 Cu，在长期时效过程中应该有富 Cu 相的析出，但在 XRD 中没有检测到，借助 TEM 检查技术发现了钢中富 Cu 相的存在，如图 4-47 所示。

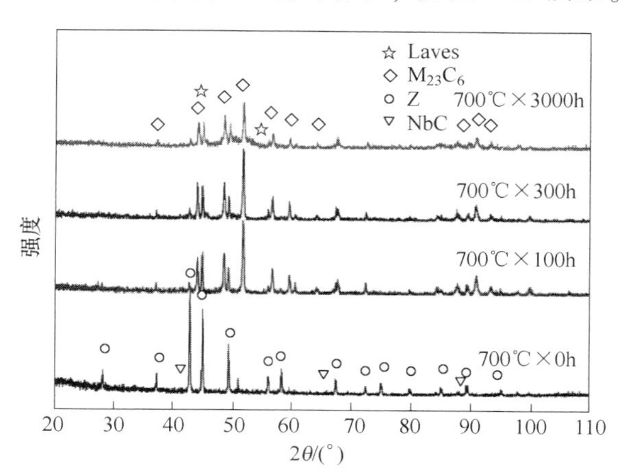


图 4-46 不同时效时间 S3 试验钢的 XRD 图谱

与固溶态相比，时效处理后试验钢中的析出相（$M_{23}C_6$、Z、MX 和 Laves 相）数量明显增加，当时效时间大于 100h 后，随着时效时间的进一步增加，析出相的增长速率又开始减缓。当时效时间大于 100h 时，Z 相的数量基本保持不变，而 $M_{23}C_6$、MX 和 Laves 相仍然在不断增加（见图 4-48）。

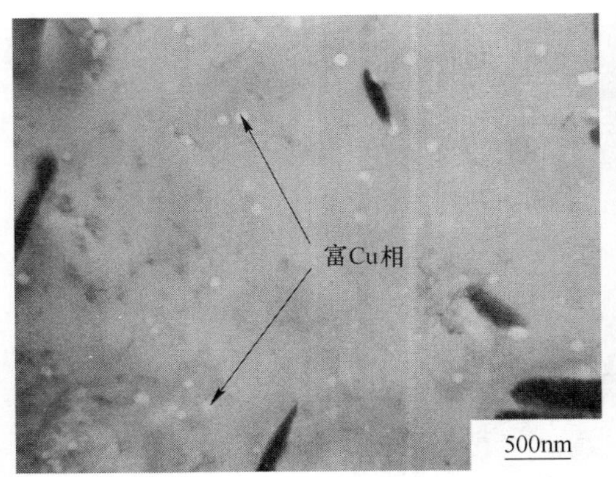


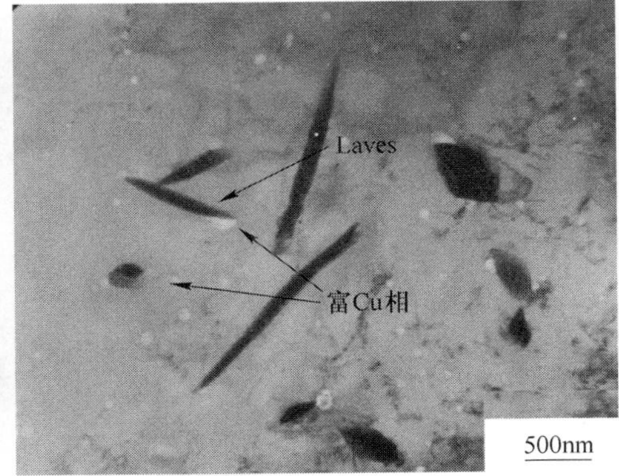


图 4-47　不同时效时间 S3 试验钢中的富 Cu 相析出（TEM 图片）

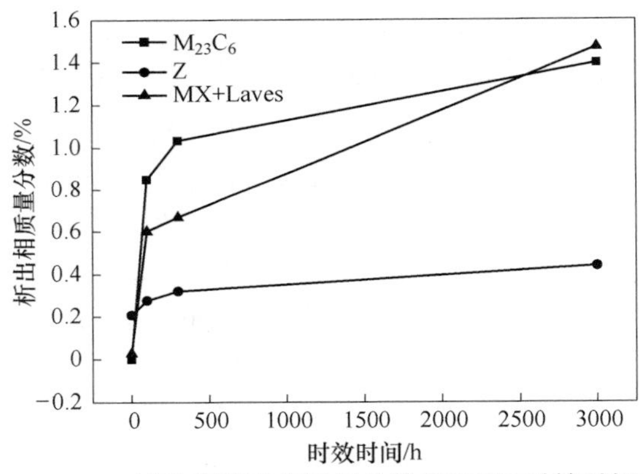


图 4-48　S31035 试验钢析出相质量分数随 700℃时效时间的变化

从图 4-49 和图 4-50 中可以看出，S3 试验钢固溶态在晶界和晶内分布着较少的未回溶一次析出相。与固溶态相比，经过时效处理的 S3 试验钢晶内和晶界的析出相的数量明显增多，分布的范围更广，且时效 3000h 时尤为显著。

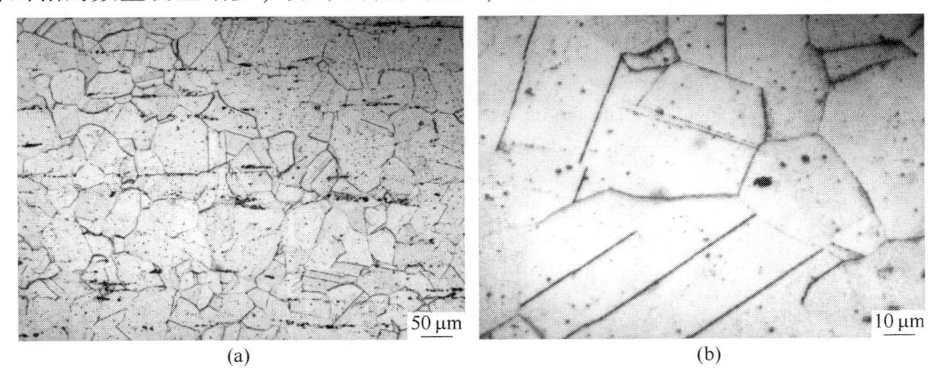


(a)　(b)

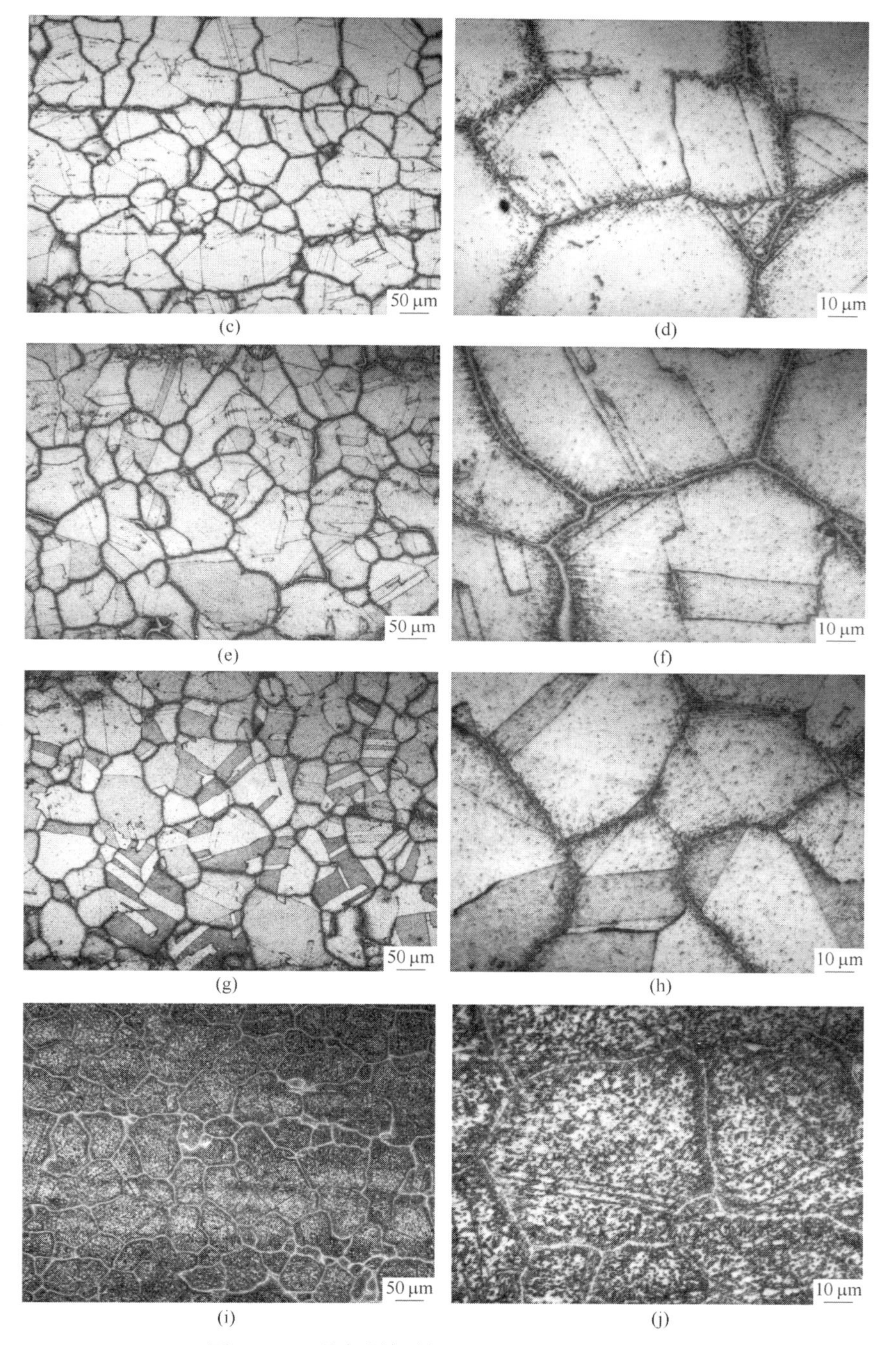


图 4-49 不同时效时间的 S3 试验钢金相组织

（a）固溶（200×）；（b）固溶（1000×）；（c）时效 100h（200×）；（d）时效 100h（1000×）；（e）时效 300h（200×）；（f）时效 300h（1000×）；（g）时效 1000h（200×）；（h）时效 1000h（1000×）；（i）时效 3000h（200×）；（j）时效 3000h（1000×）

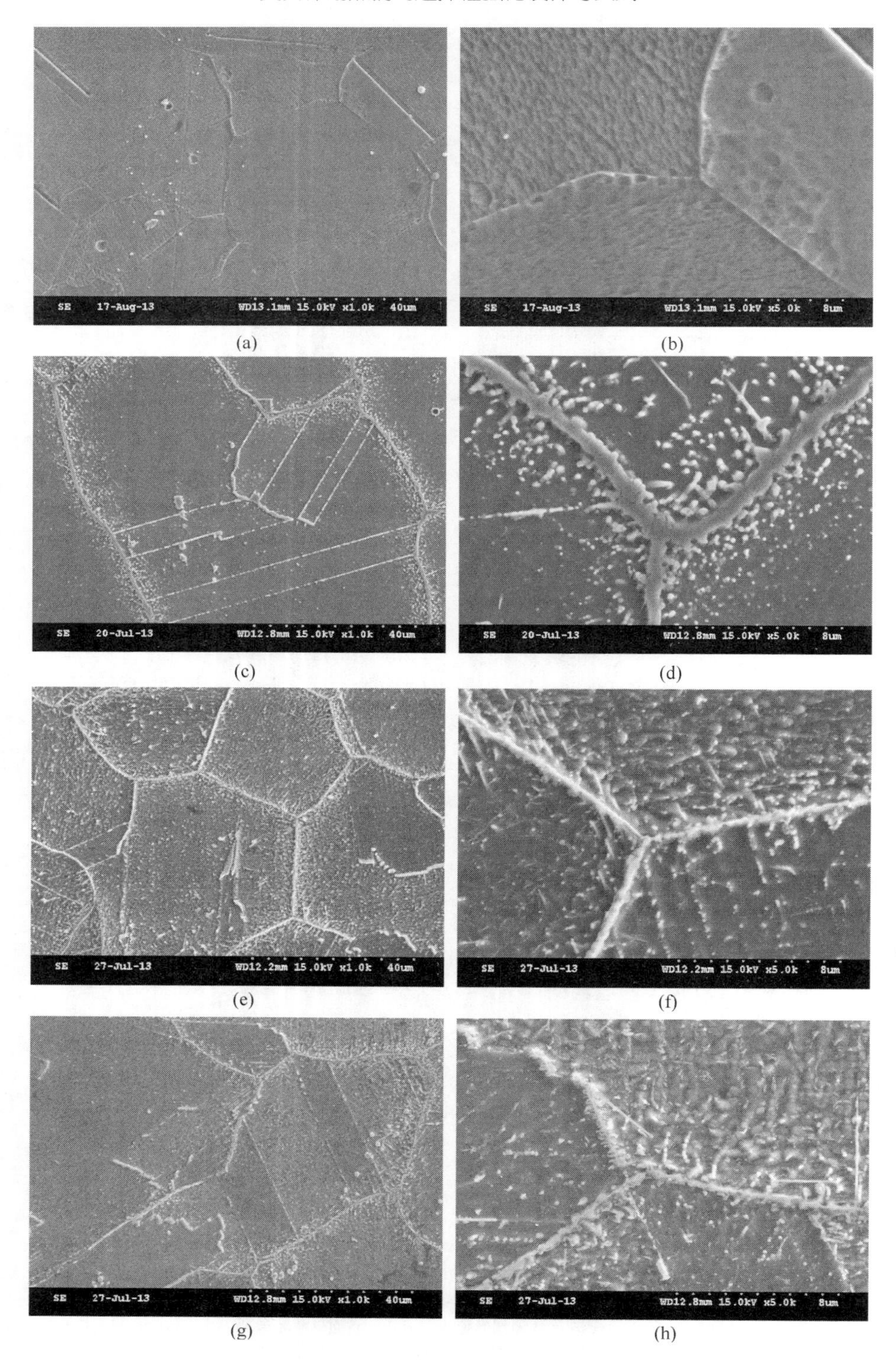
SE 17-Aug-13 WD13.1mm 15.0kV x1.0k 40um
SE 17-Aug-13 WD13.1mm 15.0kV x5.0k 8um
SE 20-Jul-13 WD12.8mm 15.0kV x1.0k 40um
SE 20-Jul-13 WD12.8mm 15.0kV x5.0k 8um
SE 27-Jul-13 WD12.2mm 15.0kV x1.0k 40um
SE 27-Jul-13 WD12.2mm 15.0kV x5.0k 8um
SE 27-Jul-13 WD12.8mm 15.0kV x1.0k 40um
SE 27-Jul-13 WD12.8mm 15.0kV x5.0k 8um

(a)　(b)

(c)　(d)

(e)　(f)

(g)　(h)

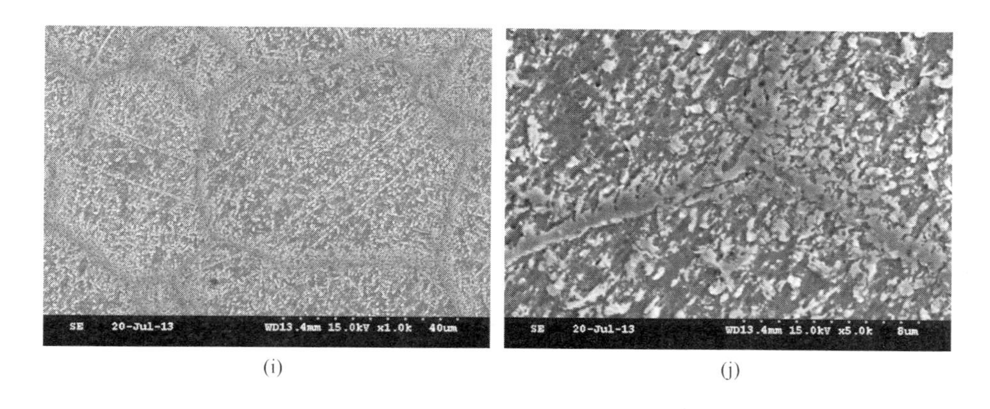


图 4-50 不同时效时间 S3 试验钢金相组织（SEM 像）

（a）固溶（1000×）；（b）固溶（5000×）；（c）时效 100h（1000×）；（d）时效 100h（5000×）；
（e）时效 300h（1000×）；（f）时效 300h（5000×）；（g）时效 1000h（1000×）；
（h）时效 1000h（5000×）；（i）时效 3000h（1000×）；（j）时效 3000h（5000×）

从图 4-51 和图 4-52 可以看出，固溶态 S3 试验钢孪晶端部没有 $M_{23}C_6$。经时效处理后开始生成 $M_{23}C_6$，且随着时效时间的增加，$M_{23}C_6$ 呈针状由晶界和孪晶界向晶内生长。从图 4-53 中可见，Z 相为椭圆型。随时效时间增长，Z 相的形状和尺寸没有发生太大的变化。固溶态的 Z 相周边较为光滑，没有其他的析出相析出。但在时效过程中 Z 相的轮廓周围开始生成依附向外生长的析出相，且在时效过程中此析出相的形态变化不大。通过衍射斑标定，此析出相为 $M_{23}C_6$。S3 试验钢时效 1000h 钢中开始有少量的颗粒状 Laves 相在晶内析出，此时在 TEM 观察中很难发现 Laves 相。图 4-54 为时效 3000h 的 S3 试验钢中发现的晶内 Laves 相。

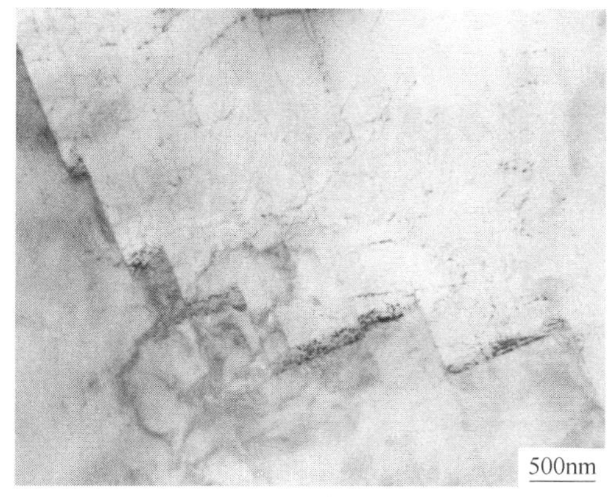


(a)

(b)

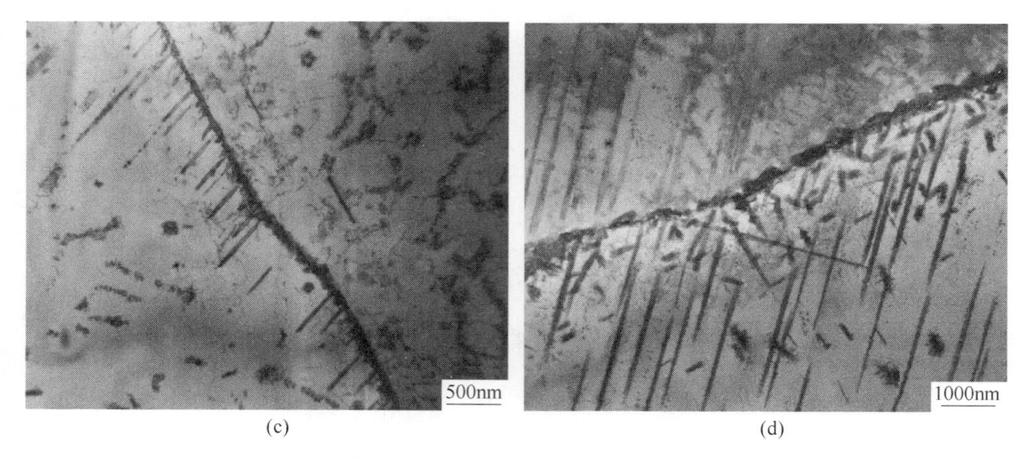


(c)　　　　　　　　　　(d)

图 4-51　不同时效时间的 S3 试验钢中 $M_{23}C_6$的 TEM 像

（a）固溶态；（b）时效 100h；（c）时效 300h；（d）时效 1000h

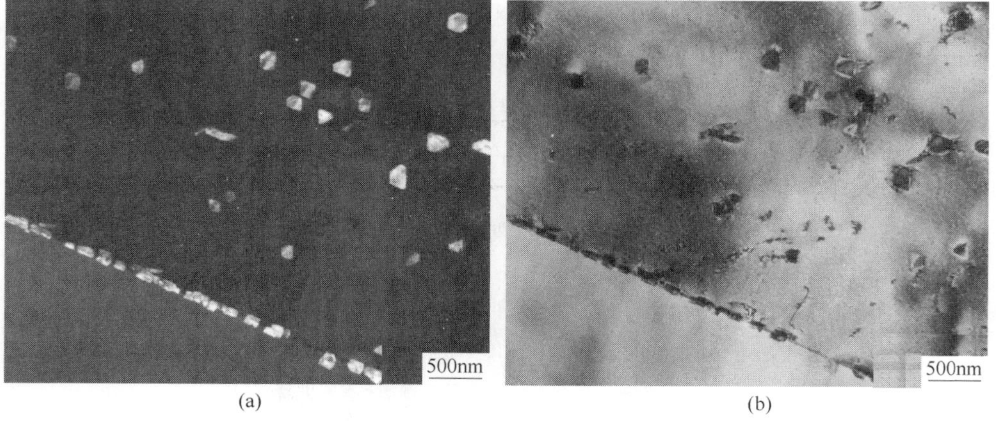


(a)　　　　　　　　　　(b)

图 4-52　时效 100h 的 S3 试验钢晶内 $M_{23}C_6$的 TEM 图片

（a）暗场像；（b）明场像

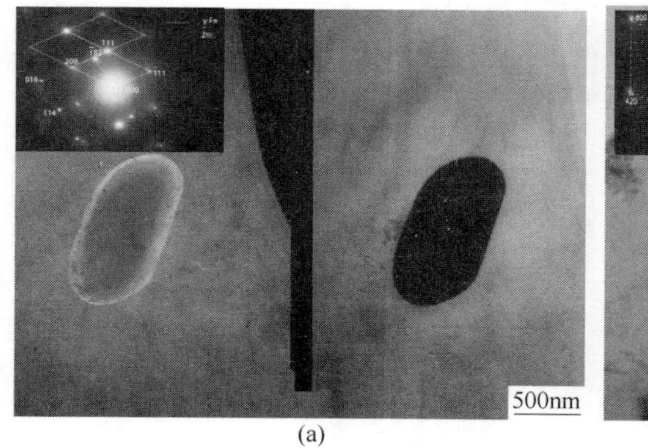


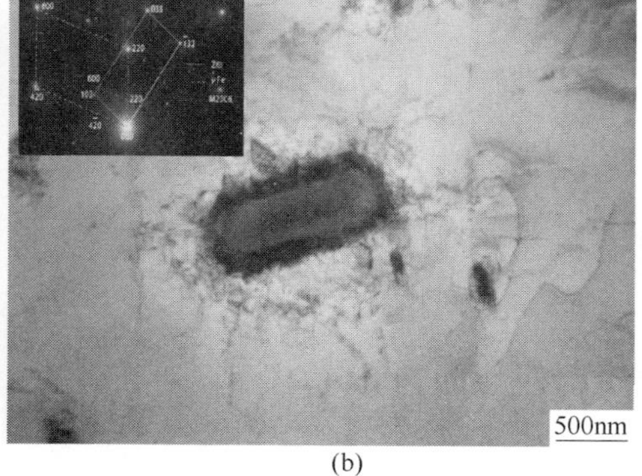


(a)　　　　　　　　　　(b)

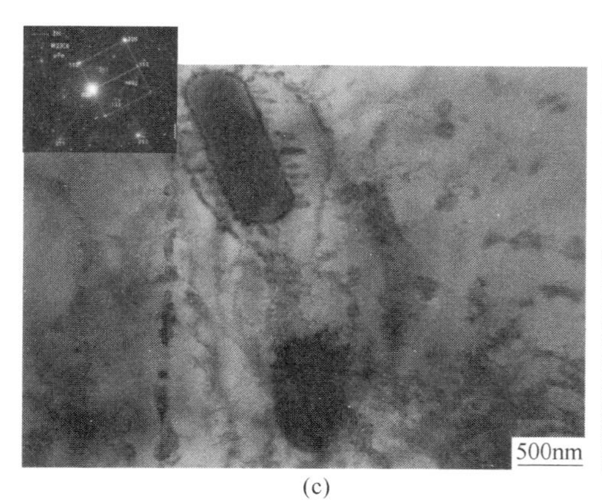


(c)

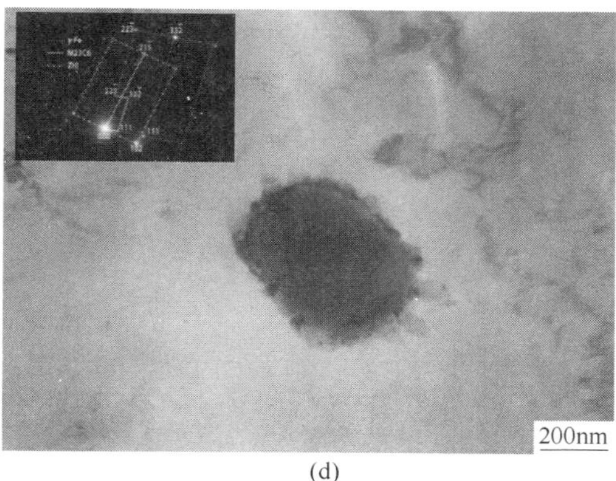


(d)

图 4-53 不同时效时间的 S3 试验钢晶内 Z 相的形态

（a）固溶态；（b）时效 100h；（c）时效 300h；（d）时效 1000h

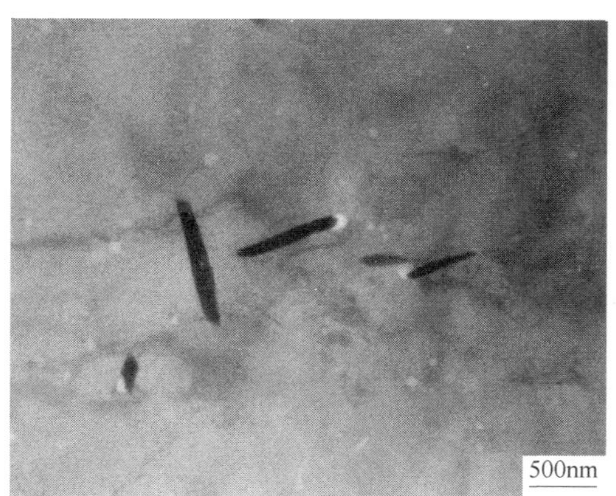


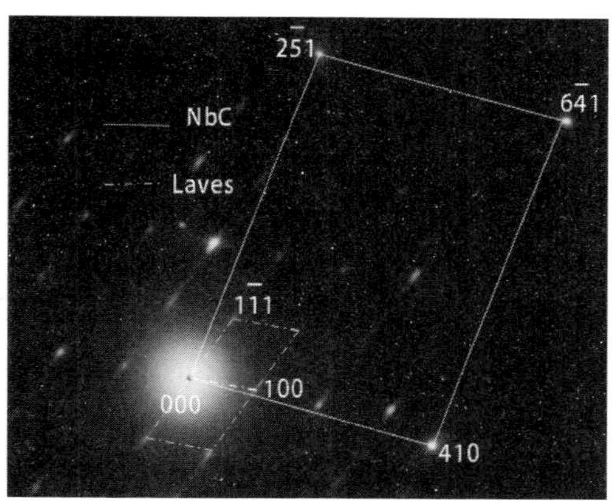


图 4-54 时效 3000h S3 试验钢晶内的 Laves 相（TEM 图片）

### 4.4.4 新型奥氏体耐热钢 S31035 的工业试制

S31035 新型奥氏体耐热钢具有优异的综合性能，是较为理想的高参数超超临界燃煤电站锅炉过热器和再热器小口径管的主要候选材料。钢铁研究总院较早地开始研究 S31035 耐热钢的强韧化设计机理和 S31035 钢管的工业制造技术。瑞典 Sandvik 公司早在 1992 年就在中国大陆申报了 Sanicro25 耐热钢专利[27]。西安热工研究院周荣灿博士对瑞典 Sandvik 提供的 Sanicro25 耐热钢管进行了高温长时持久性能测试，结果表明 Sanicro25 钢管展现的高温持久强度与 Sandvik 公司公布的 Sanicro25 耐热钢性能数据表中的数值基本相符。“十二五”期间，钢铁研究总院与太原钢铁集团公司采用真空感应炉工业规模冶炼了两炉次 S31035 新型奥氏体耐热钢，采用热挤压/热穿管和冷轧工艺生产了 $\phi$51mm×10mm 钢管，对该钢管进行了包括高温长时持久性能在内的综合性能测试，测试结果表明试制的 S31035 耐热钢管完全满足 ASME Code Case 2753 等相关标准规范要求。此外，钢铁研究总院与宝钢集团公司正在研究采用 40~100 吨级 EAF+AOD 工艺流程冶炼 S31035 奥氏体耐热钢锭。

## 参 考 文 献


[1] Fujimitsu MASUYAMA. History of Power Plants and Progress in Heat Resistant Steels [J]. ISIJ International, 2001, 41 (6): 612~625.

[2] K. Yoshikawa, H. Fujikawa, H. Teranishi, etal. Therm. Nucl. Power, 1985, 36: 1325.

[3] J. D. Murray: Weld. Met. Fabr. , 1962, 9: 350.

[4] Y. Sawaragi, K. Ogawa, S. Kato, etal. Sumitomo Research, 1992, 48: 50~58.

[5] Y. Sawaragi, H. Teranishi, H. Makiura, etal. The development of ... for boiler tubes (in Japanese) . Sumitomo Met. , 1985, 37: 166.

[6] M. Kikuchi, M. Sakakibara, Y. Otoguro, etal. Fujita: Int. Conf. High Temperature Alloys, Petten, Netherlands, 1985.

[7] A. Toyama, Y. Minami, T. Yamada. Effect of alloying elements on high temperature properties in an austenitic stainless steel containing high Cr (in Japanese), CAMP-ISIJ, 1988, 1: 928~932.

[8] H. Senba, M. Igarashi, Y. Sawaragi. Proc. Int. Conf. Power Engineering' 97, JSME, Tokyo. 1997, 2: 125~130.

[9] M. Tamura, N. Yamanouchi, M. Tanimura, etal. 1985 Expo. and Symp. Industrial Heat Exchanger Tech. , Pittsburgh PA, 1985.

[10] Y. Sawaragi, K. Yoshikawa: Tetsu-to-Hagané, 1986, 72: S672.

[11] E. Folkhard. Welding Metallurgy of Stainless Steels, Vienna/NY Springer, 1984, 69-80.

[12] A Guide to the Solidification of Steels, Stockholm, Sweden Jernkontoret, 1977, 98-101.

[13] 杨岩，铜含量对 Super304H 钢性能影响的研究 [D]. 北京：钢铁研究总院，2001.

[14] S. K. 巴纳吉，J. E. 莫罗尔 . 钢中的硼 [M]. 祖荣祥，郭曼玖，译 . 北京：冶金工业出版社 . 1985，55~60.

[15] 程世长，刘正东，杨钢 . 超（超）临界火电机组用 S30432 锅炉管的开发-工业试验方案之一：S30432 钢晶间腐蚀试验报告 [R] . 钢铁研究总院内部试验报告，2005.

[16] K. Sakai, S. Morita. The design of a 1000MW coal-fired boiler with the advanced steam conditions of 593℃/593℃ [J]. International Conference on Advanced Steam Plant, IMechE Conference Transaction 1997-2, 21-22 May 1997: 155~167.

[17] R. Rautio, S. Bruce. Sandvik Sanicro 25, A new material for ultra-super-critical coal fired boilers. Sandvik Materials Technology. SE-811 81 Sandviken.

[18] Iseda A. , Okada, H. Semba, H. Igarashi. Long term creep properties and microstructure of Su-

per304H, TP347HFG and S31042 for A-USC boilers [J]. Energy Materials: Materials Science and Engineering for Energy Systems, 2007, 2 (4): 199~206.

[19] 王敬忠. 奥氏体耐热钢 S31042 钢组织与性能研究 [D]. 北京: 钢铁研究总院, 2011.

[20] 刘正东, 程世长, 王起江, 等. 中国 600℃火电机组用锅炉钢进展 [M]. 北京: 冶金工业出版社, 2011.

[21] 王斌. S31042 奥氏体耐热钢组织性能优化研究 [D]. 北京: 钢铁研究总院, 2013.

[22] 安桑德斯特伦, 柴国才. 耐热性奥氏体不锈钢 [P]. 中国, CN1107123, 2003.

[23] R. Rautio, S. Bruce. Alloy for ultrasupercritical coal fired boilers [J]. Advanced Materials and Processes, April, 2008, 35~37.

[24] ASME Code Case 2753, 22Cr-25Ni-3. 5W-3Cu Austenitic-Stainless Steel UNS S31035 Section I, The American Society for Mechanical Engineers, Three Park Avenve, New York, NY 10016, USA, $8^{th}$ April, 2008.

[25] ASME SA213-2010, The American Society for Mechanical Engineers, Three Park Avenve, New York, NY 10016, USA.

[26] 包汉生, 田兆波, 刘正东, 等. 钢铁研究总院内部技术报告 [R]. 2014 年 3 月 28 日.

[27] 李阳, 方旭东, 夏焱, 等. 一种耐热不锈钢无缝钢管及不锈钢与无缝钢管的制造方法 [P]. 中国, 201410357822. 5, 2014.

# 5　650～700℃固溶强化型耐热合金的选择性强化设计与实践

## 5.1　固溶强化型 Inconel 617 合金及其研究进展

### 5.1.1　Inconel 617 合金技术条件演变

Inconel 617 合金（UNS N06617，以下简称 617 合金）是镍-铬-钴-钼固溶强化型合金，617 合金自 20 世纪 70 年代以来就被认为在 1100℃以下具有良好的高温强度和抗高温氧化以及良好的焊接性能，主要应用于工业和航空燃气轮机部件、高温热交换器部件、核用气冷堆高温部件等高温、高机械应力的环境下使用。在这一使用环境下，由 617 合金制成的高温部件使用温度主要集中在 800～1000℃，因此测定的性能数据也集中在这一温度区域[1]。在 700℃等级超超临界火电机组中，617 合金是锅炉过热器管、再热器管、主蒸汽管道和集箱以及汽轮机高温转子等高温高压部件的候选耐热合金，这些部件的使用温度通常在 800℃以下。

随着使用环境变化以及对材料认识的不断深入和冶金技术水平的不断提高，617 合金的性能水平在过去半个世纪在不断演变，这种能力水平的提升可通过 617 合金技术条件的演变来体现。总体而言，617 合金技术条件的演变主要包括两部分：化学成分的演变和力学性能的演变。617 合金名义化学成分演变和力学性能演变分别如表 5-1 和表 5-2。617B 合金是由德国蒂森克虏伯 VDM 公司通过对 617 合金成分范围的优化（特别是通过对 B 元素的优化）而得到的一种性能优异的耐热合金。优化成分后 617B 合金固溶退火态室温抗拉强度 $R_m$ 大于 700MPa，特别是室温屈服强度 $R_{p0.2}$大于 300MPa。高温下（<800℃）617 合金 $R_m$ 和 $R_{p0.2}$ 随温度变化如图 5-1 所示，随温度升高，617 合金的 $R_m$ 和 $R_{p0.2}$都逐渐降低，其中，$R_m$ 在 600℃以后明显降低。与 617 合金相比，优化后 617B 合金的高温持久强度也得到提高（图 5-2），617B 合金在 700℃/$10^5$h 的持久强度外推值为 119 MPa，大于 617 合金在此条件下的持久强度值。当温度小于 750℃，617B 合金的持久强度比 617 合金高，当温度超过 750℃时，617B 合金持久强度性能又下降至与 617 合金基本相同，这说明 617B 合金的持久强度有进一步提高的空间，仍需

进一步改进。617 合金不同温度最大许用应力值如图 5-3 所示。

**表 5-1 617 合金名义化学成分范围及演变** （质量分数,%）

| 标准或牌号 | Ni | Cr | Co | Mo | Al | Ti | C | Fe | Mn |
|---|---|---|---|---|---|---|---|---|---|
| ISO 6207：1992 | 其余 | 20~24 | 10~15 | 8~10 | 0.821.5 | ≤0.6 | 0.05~0.15 | ≤3 | ≤1.0 |
| ASTM B167—2001 | 其余 | 20~24 | 10~15 | 8~10 | 0.8~1.5 | ≤0.6 | 0.05~0.15 | ≤3 | ≤1.0 |
| ASME SB167—2004 | 其余 | 20~24 | 10~15 | 8~10 | 0.8~1.5 | ≤0.6 | 0.05~0.15 | ≤3 | ≤1.0 |
| ASME CC 2439 | 其余 | 20~24 | 10~15 | 8~10 | 0.8~1.5 | ≤0.6 | 0.05~0.15 | ≤3 | ≤1.0 |
| DIN 17744—2002 | 其余 | 20~23 | 11~14 | 8.5~10 | 0.7~1.4 | 0.2~0.6 | 0.05~0.10 | ≤2 | ≤0.2 |
| DIN EN10302—2008 | 其余 | 20~23 | 11~14 | 8.5~10 | 0.7~1.4 | 0.2~0.6 | 0.05~0.10 | ≤2 | ≤0.2 |
| VdTüV 485—2001 | 其余 | 20~23 | 10~13 | 8~10 | 0.6~1.5 | 0.2~0.5 | 0.05~0.10 | ≤2 | ≤0.7 |
| Nicrofer 5520Co | 其余 | 20~23 | 10~13 | 8~10 | 0.6~1.5 | 0.2~0.5 | 0.05~0.10 | ≤2 | ≤0.7 |
| 617B | 其余 | 21~23 | 11~13 | 8~10 | 0.8~1.3 | 0.3~0.5 | 0.05~0.08 | ≤1.5 | ≤0.3 |

| 标准或牌号 | Si | B | N | Cu | S | P | As | Pb | Bi |
|---|---|---|---|---|---|---|---|---|---|
| ISO 6207：1992 | ≤1.0 | ≤0.006 | — | ≤0.5 | ≤0.015 | — | — | — | — |
| ASTM B167—2001 | ≤1.0 | ≤0.006 | — | ≤0.5 | ≤0.015 | — | — | — | — |
| ASME SB167—2004 | ≤1.0 | ≤0.006 | — | ≤0.5 | ≤0.015 | — | — | — | — |
| ASME CC 2439 | ≤1.0 | ≤0.006 | — | ≤0.5 | ≤0.015 | — | — | — | — |
| DIN 17744—2002 | ≤0.2 | ≤0.006 | — | ≤0.5 | ≤0.010 | ≤0.010 | — | — | — |
| DIN EN 10302—2008 | ≤0.2 | ≤0.006 | — | ≤0.5 | ≤0.010 | ≤0.010 | — | — | — |
| VdTüV 485—2001 | ≤0.7 | — | — | — | ≤0.008 | — | ≤0.01 | ≤0.007 | ≤0.001 |
| Nicrofer 5520Co | ≤0.7 | ≤0.006 | — | ≤0.5 | ≤0.008 | ≤0.012 | — | — | — |
| 617B | ≤0.3 | 0.002~0.005 | ≤0.05 | ≤0.15 | ≤0.008 | ≤0.012 | ≤0.01 | ≤0.007 | ≤0.001 |

**表 5-2 617 合金力学性能演变**

| 标准或牌号 | 拉伸性能 | | | 室温冲击性能 | |
|---|---|---|---|---|---|
| | 抗拉强度 $R_m$/MPa | 屈服强度 $R_{p0.2}$/ MPa | 伸长率 $D=50mm$/% | 纵向 / J | 横向 / J |
| ISO 6207—1992 | ≥655 | ≥240 | ≥35 | ≥120 | ≥80 |
| ASTM B167—2001 | ≥665 | ≥240 | | | |
| ASME SB167—2004 | ≥665 | ≥240 | | | |
| DIN EN 10302—2008 | ≥700 | ≥270 | | | |
| 617B | ≥700 | ≥300 | | | |

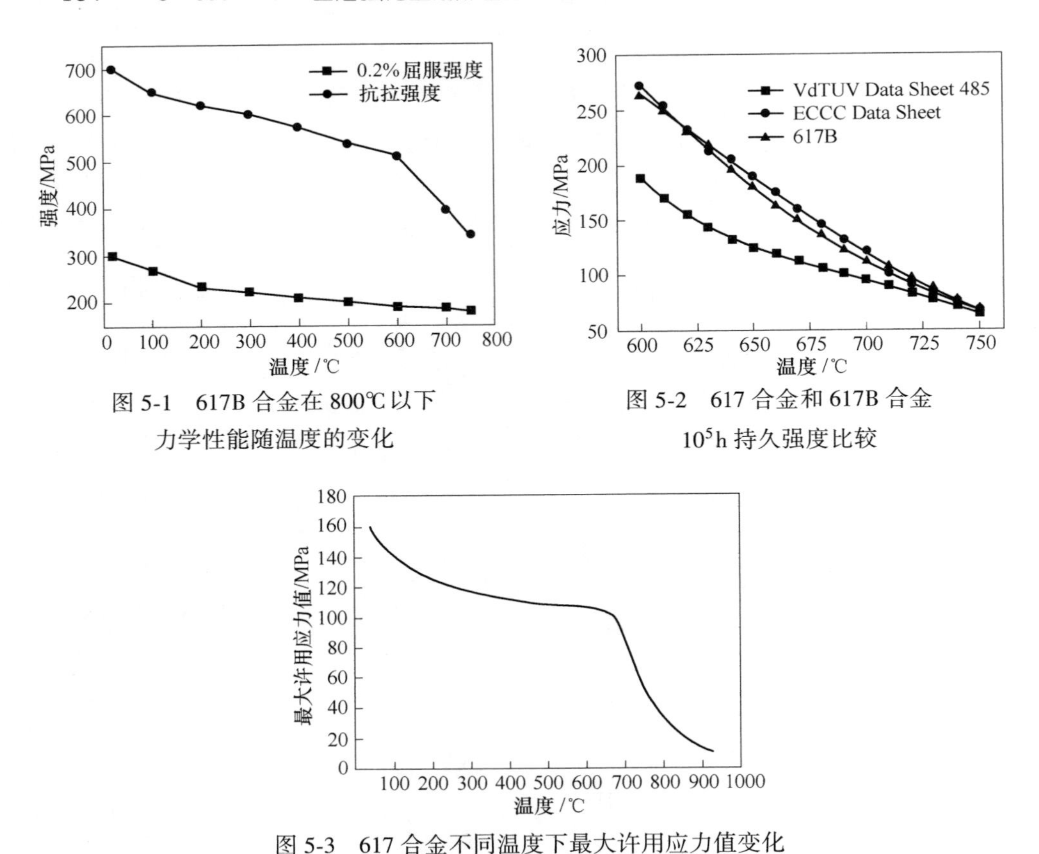


图 5-1 617B 合金在 800℃以下力学性能随温度的变化

图 5-2 617 合金和 617B 合金 $10^5$h 持久强度比较

图 5-3 617 合金不同温度下最大许用应力值变化

### 5.1.2 Inconel 617 合金研究现状

自 1998 年欧盟启动 AD700 研究计划以来，旨在评估和优化 617 合金在 700~800℃温度范围的高温蠕变性能研究相继展开，德国的 MARCKO-DE2 材料研究项目更是将 617 合金及改型 617 合金列为重要研究内容。美国的 Vision 21 计划和日本的 New Sunshine 计划也都对 617 合金在 600~800℃温度范围的组织和性能进行了研究。对 617 合金及其改型 617B 合金的研究，主要集中在长期时效组织稳定性、持久（蠕变）性能、蒸汽腐蚀性能及焊接性能方面，虽然镍基耐热合金制作大口径厚壁管时的热加工性至关重要，但较少有文献报道。

5.1.2.1 时效过程组织稳定性

Mankins 等[2]最早对 617 合金在固溶处理（1177℃×1h、AC）条件下 649 ~ 816℃温度范围分别时效 50h 和 1000h 后 γ′相和 $M_{23}C_6$对室温强度的贡献进行了研究。室温拉伸和硬度测试结果如图 5-4 所示。可以看出，经 700℃时效，在 50h 或 1000h 时效时间后，617 合金的抗拉强度和屈服强度最高。这说明 617 合金在

700℃温度时效时，时效硬化效果较强。通过对时效后组织分析，$M_{23}C_6$相是 617 合金时效后的主要析出相，在 649~760℃温度之间时效 50h 后，617 合金中也有γ′相的析出，但由于此温度范围γ′相析出量很少，对 617 合金室温抗拉强度和屈服强度的影响较小；当 1000h 时效后，γ′相析出量增多，对力学性能影响增大，在 704℃时效时，617 合金室温抗拉强度和屈服强度达到最大值，随后逐渐降低，降低的原因主要是由于γ′相部分溶解所致，而高于 760℃以后，617 合金力学性能维持在较高值，则是由于呈断续分布的二次 $M_{23}C_6$ 的析出强化作用。综上可知，在 700℃附近，617 合金时效后会有γ′相和二次 $M_{23}C_6$相析出，它们的析出和长大对 617 合金性能产生较大影响。图 5-5 所示为 617 合金不同温度时效 50h 和 1000h 后硬度变化，硬度变化也反映了上述组织变化。

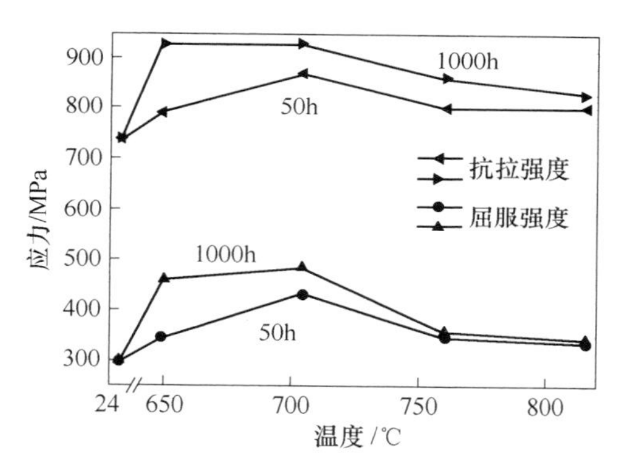


图 5-4 617 合金不同温度时效 50h 和 1000h 后室温拉伸强度变化

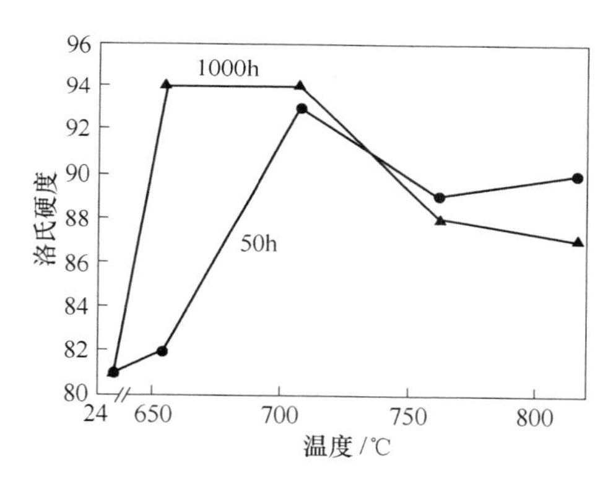


图 5-5 617 合金不同温度时效 50h 和 1000h 后室温硬度的变化

Kimball 等人[3]将经固溶处理的 617 合金在 593~816℃温度之间最长时效至 8000h 后，测试了不同条件下硬度和室温冲击试验，试验结果如图 5-6 和图 5-7 所示，固溶热处理制度为 1177℃固溶后空冷。可以看出室温硬度值和室温冲击功变化规律基本相反，但在不同时效温度下时效 1000h 出现明显拐点，即时效到 1000h 左右硬度达到最大，之后随时效时间延长，合金出现过时效，而冲击功在时效 1000h 左右出现最小值。室温硬度值和冲击功变化最大的是在 648℃时效不同时间的试样，一般认为这是由于晶界 $M_{23}C_6$粗化、二次 $M_{23}C_6$析出以及碳化物回溶造成的。与 Mankins 等人不同的是，此温度下没有报道是否观察到少量γ′相。760℃时效至 8000h 后，硬度下降，韧性提高。组织观察显示，晶界碳化物 $M_{23}C_6$被确定为富 Cr 和 Mo；时效 1000h 后晶界附近有网状碳化物和碳化物带，时效至 8000h 后，网状碳化物和碳化物带中较大的碳化物粗化，所以晶界网状碳化物粗化对冲击功有较大影响。

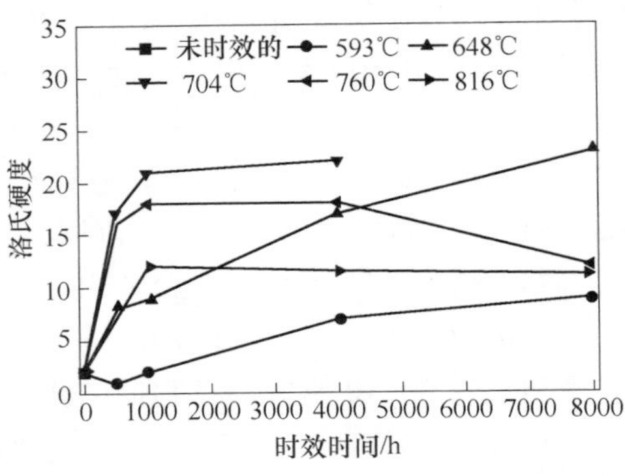


图 5-6　617 合金时效至 8000h 后硬度的变化

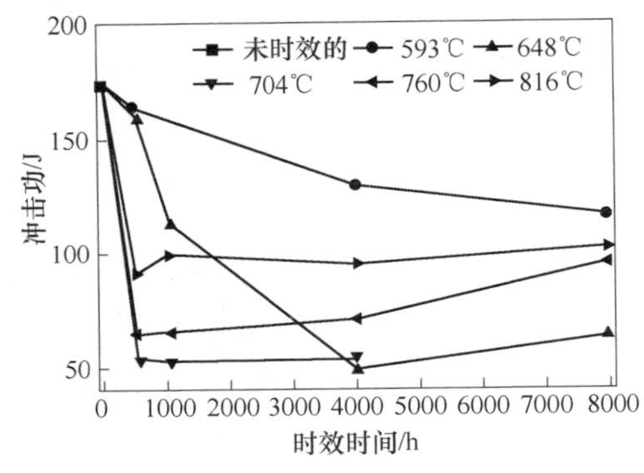


图 5-7　617 合金时效至 8000h 后室温冲击功变化

Wu 等人对 617 合金在 482～871℃长期时效后（>20000h）组织及其稳定性也进行了详细研究[4,5]。试验用 617 合金为热轧板材；固溶热处理为 1100℃水淬。1kg 载荷下显微硬度随时效参数的变化结果如图 5-8 所示，经 593℃×63960h 时效后显微硬度最高 262HV，而 538℃×28300h 和 871℃时显微硬度较低约 190HV 左右。对比组织发现，617 合金长期时效稳定性温度范围在 538～704℃。随温度升高到 704℃，时效 43100h 后，γ′ 长大，尺寸约 40～60nm，体积分数降低至 4%；时效时间延长至 65600 小时后，γ′相粗化，大小约 200nm，体积分数下降到 2%，同时晶内出现条片状的二次 $M_{23}C_6$和针状 eta-碳化物，这些条片状的 $M_{23}C_6$和 eta-碳化物发生了聚集，是 704℃×65600h 时效后显微硬度降低的主要原因。温度升高到 871℃，组织特点是大量粗化的立方 $M_{23}C_6$，eta-碳化物减少，同时衍射斑点显示此温度下仍存在 γ′ 相。eta-碳化物的减少是由于它与基体 γ 反应生成了 $M_{23}C_6$+γ′。而 γ′ 相的存在与 Mankins 等人观察不符，此温度下 γ′ 不稳定，极易转变成有害相。617 合金 593℃时效显微硬度最高的原因是由于析出 γ′

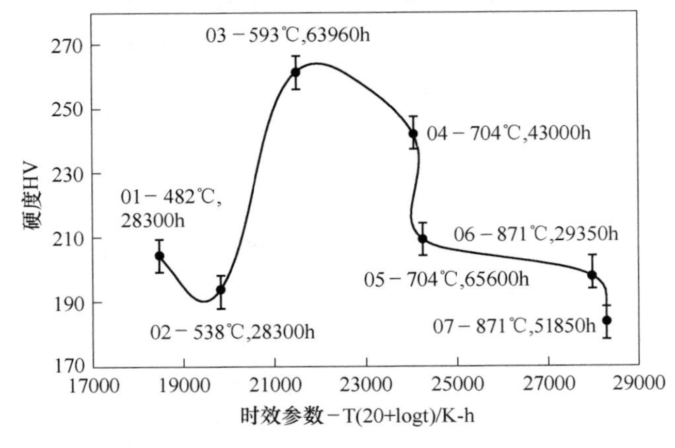


图 5-8　617 合金不同温度长期时效后显微硬度随时效参数的变化

相均匀细小，大小约 20~30nm，体积分数约 5%。对每一条件下时效后试样组织特点进行了整理，见表 5-3[4,5]。

**表 5-3 617 合金不同条件时效后组织变化**

| 时效温度 $T$/℃ | 时效时间/h | Ti（C，N） | $M_{23}C_6$ | Eta-$M_6C$ | $\gamma'$ |
|---|---|---|---|---|---|
| 538 | 28300 | GB/ I（0.5~2μm） | GB（粗化） | I（低 v. f%） | I（10~20nm） |
| 593 | 63960 | GB/ I（0.5~2μm） | GB（粗化） | GB（粗化）/I | I（20~30 nm，%5v. f） |
| 704 | 43100 | GB/ I（0.5~2μm） | GB（2~10μm）/I（细小） | GB（粗化）/ I（部分粗化） | I（40~60nm，%4v. f） |
| 704 | 65600 | GB/ I（0.5~2μm） | GB（2~10μm）/ I（立方，亚微米，片状聚集） | GB（粗化）/ I（部分粗化，条片状） | I（~200nm，%2v. f） |
| 871 | 29350 | GB/ I（0.5~2μm） | GB/ I（亚微米，立方，高 v. f%） | GB（粗化）/ I（部分粗化） | I（低%v. f） |
| 871 | 51850 | GB/ I（0.5~2μm） | GB（2~10μm）/ I（亚微米，立方/片状，高 v. f%） | GB（粗化）/ I（部分粗化） | I（低%v. f） |

注：GB 表示晶界；I 表示晶内；%v. f 表示体积分数。

Kirchhöfer 等人[6]第一次研究了 617 合金时间-温度析出相图。两组试样固溶制度为 1200℃ 固溶后水淬，一组时效温度为 500~1000℃ 分别时效 0.5~1000h；另一组在 900℃ 最长时效至 10000~30000h。Benz 等人[7]及郭岩等人[8]也对 617 合金 700~800℃ 温度范围时效组织和性能稳定性进行了研究。结合以上文献内容，617 合金中主要析出相和析出相的时间-温度-转变图（TTT）如图 5-9 所示，617 合金长期时效后主要碳化物等析出相组成及晶体结构信息总结如表 5-4 所示[4,9]。

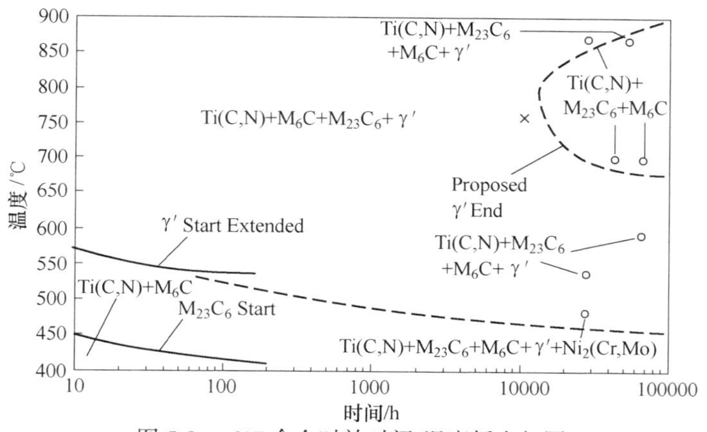


图 5-9 617 合金时效时间-温度析出相图

表 5-4　617 合金不同条件时效后组织变化[4,62]

| 相 | 主要组成 | 基本结构 | 晶格常数/nm |
|---|---|---|---|
| γ′ | $(Ni, Co)_3(Ti, Al)$ | Ordered fcc (Ll2) | $\alpha_0 = 0.3561 \sim 0.3568$ |
| MC | (Ti, Mo)C | Fcc | $\alpha_0 = 0.4300 \sim 0.4700$ |
| $M_{23}C_6$ | $(Cr, Mo)_{23}C_6$ | Fcc | $\alpha_0 = 1.048 \sim 1.080$ |
| $M_6C$ | $(Co,Ni)_3(Mo,Cr,Si)_3C$ | Diamond cubic | $\alpha_0 = 1.085 \sim 1.175$ |
| μ | $(Ni,Co)_7(Mo,W)_6$ | Rhombohedral | $\alpha_0 = 0.4750$, $c_0 = 2.577$ |
| MN | TiN | Cubic | $\alpha_0 = 0.4240$ |

在 617 合金改型研究中，Agarwal 等人[10]设想在 617 合金中添加 W 元素的办法，达到 W-Mo 复合添加，以提高其固溶强化的能力。W 元素的质量百分比含量分别 0%、3.03%和 5.61 %，试验合金固溶热处理制度为 1180℃保温 1h 后水淬。通过蠕变试验和时效试验观察，添加 W 元素的 617 合金蠕变断裂强度明显提高，但经 700℃和 750℃时效 3000h 和 5000h 后，添加 W 含量为 5.61%的 617 合金室温冲击韧性迅速降低至小于 5J，说明 5.61% W 元素的添加使得 617 合金时效后冲击韧性恶化，但作者没有对韧性快速降低原因作进一步解释，但可以认识到，若对 617 合金冲击韧性有要求，W 的添加要谨慎处理，其含量不能超过 3%。

B 元素是镍基合金中最常用的一种晶界强化微量元素。利用原子探针层析技术（APT）[11]研究了 B 元素在 617B 合金时效后对 $M_{23}C_6$粗化的影响。研究发现，晶界附近分布的 $M_{23}C_6$周围有 B 元素的富集，B 元素主要富集于$M_{23}C_6$/γ 和 $M_{23}C_6$/γ′相界面处，且分布于 $M_{23}C_6$一侧，在 γ/γ′ 相之间没有 B 元素富集。这样在 $M_{23}C_6$周围分布的 B 元素阻止了 C 元素的内外扩散，延缓了 $M_{23}C_6$的长大和粗化，并认为是 617B 在 750℃以下的高温蠕变-断裂强度提高的根本原因。这一试验观察也证实了如前所述的 B 元素在高温合金中的作用机理。

617B 合金在 700℃、750℃和 800℃分别时效至 10000h 硬度随时效温度和时间变化如图 5-10 所示[4]。可以看出，617B 合金时效硬化峰值出现在时效早期阶段，随时效温度升高，硬度峰值出现所对应的时效时间缩短，即 700℃硬度最高值出现在时效时间 300h，750℃时 25h，而 800℃时 10h，而且随时效时间的延长，合金出现过时效，硬度值逐渐降低，时效至 $10^4$h 时，硬度值趋于常数，没有太大变化。随着时效温度的升高，硬度值偏低，这是由于时效温度高，基体软化的原因。

对 617B 合金典型时效试样进行组织观察，时效后 Ti(C, N) 和富 Cr 的 $M_{23}C_6$型碳化物与标准 617 相比没有显著变化，而 γ′ 相析出变化明显，617B 合金中 γ′ 相尺寸大小随温度和时间的尺寸变化如图 5-11 所示。可以看出，随时间温度提高和时效时间的延长，γ′ 相的尺寸不断增大。在 617B 合金中，影响强化

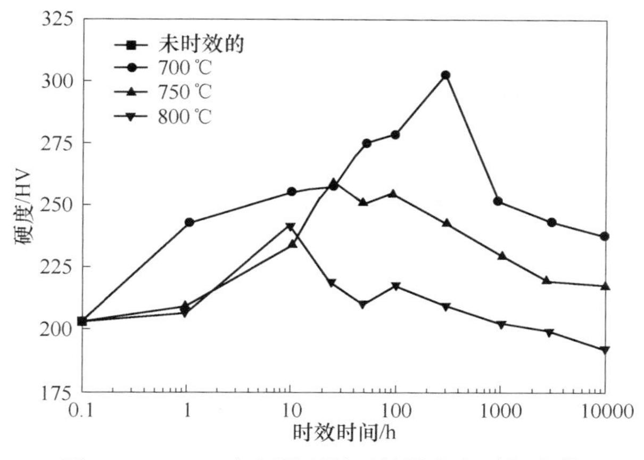


图 5-10 617B 合金硬度随时效温度和时间变化

效果的还有 γ′ 相的体积分数。Wu 等人通过对 700℃、750℃和 800℃时效不同条件下 TEM 图片中 γ′ 相体积分数估算如图 5-12 所示。可以看出，617B 合金中 γ′ 相体积分数估算范围 3%~9%，当时效温度超过 750℃，时效时间超过 1000h 后，γ′相体积分数迅速降低。

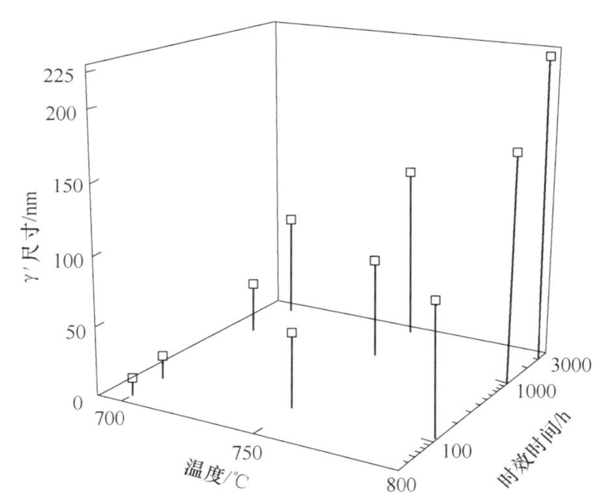


图 5-11 617B 合金中 γ′ 相尺寸随时效温度和时效时间变化

标准 617 与 617B 合金典型温度和时间时效后硬度和 γ′ 相尺寸和体积分数数据对比如表 5-5 所示。标准 617 在 593℃×63960h 时效和 617B 合金在 700℃×300h 时效后 γ′ 相尺寸大小和体积分数相差不多，但硬度值显示 617B 合金在 700℃×300h 时效后高达 303HV，说明 617B 合金强度的提高还有其他影响因素；另外，尽管 617B 合金在 700℃×3000h 时效后 γ′ 相尺寸增大，但此时体积分数达 8%，标准 617 在 704℃×43100h 时效与 617B 合金在 700℃×3000h 时效后硬度大约相

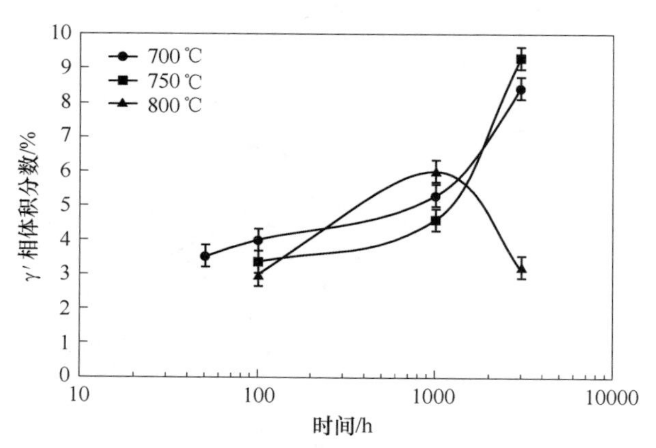


图 5-12　617B 时效后估算 γ′相体积分数随时间变化

同。应该注意到，虽然标准 617 在 704℃×43100h 时效与 617B 合金在 700℃×3000h 时效后硬度大约相同，但是 617B 合金时效参数比标准 617 时效参数高约 3000 Kh，换句话说，如果标准 617 提高时效参数，其硬度值会低于 617B 合金相同时效参数时的硬度值，说明 617B 合金中 γ′ 相尺寸和体积分数对强化提高发挥了重要作用。

表 5-5　617 与 617B 硬度和 γ′尺寸和体积分数[2,4]

| 钢种 | 时效温度 /℃ | 时效时间 /h | 时效参数 $T$（20+log$t$） /Kh | 硬度 HV | γ′相 | |
|---|---|---|---|---|---|---|
| | | | | | 平均尺寸 /nm | 体积分数 /% |
| 617 | 593 | 63960 | 21482 | 262 | 25 | 5 |
| | 704 | 43100 | 24067 | 243 | 50 | 4 |
| 617B | 700 | 300 | 25009 | 303 | 23 * | 4.5 * |
| | 700 | 3000 | 27250 | 245 | 76 | 8 |

注：* 为估计值。

### 5.1.2.2　持久性能

W. L. Mankins 等人[2]最早对 617 合金经固溶处理（1177℃×1h、AC）后在 649~1093℃蠕变性能和析出相进行了定性研究，在所有蠕变试样中（649~816℃）都含有较多的富 Cr 的 $M_{23}C_6$、少量的 TiN 以及 CrMo(C，N)，没有 MC、$M_6C$ 以及 TCP 相析出，在 649~760℃之间，还有少量 γ′相析出。

M. Cabibbo 等[12]利用 VDM 公司生产的商用 617 合金研究了其在 700℃和 800℃蠕变性能。700℃×34000h 蠕变后组织中仍然有 Ti(C，N)、$M_{23}C_6$以及 MC 和 $M_6C$，其中富 Cr 的 $M_{23}C_6$和富 Mo 的 $M_6C$ 较多分布于晶界，数量增多。在晶内和孪晶界上有 γ′ 相呈圆球状析出，直径约 60nm，同时在晶界和孪晶界有针状

分布的 δ-$Ni_3Mo$ 相，Cabibbo 认为形成的 δ-$Ni_3Mo$ 在蠕变过程中可以钉扎晶界，阻碍晶界滑动以及与位错相互作用。S. Schlegel 等[13]研究了应力、晶界特性等因素对 617 合金富 Cr 及富 Mo 碳化物在蠕变过程重新析出的影响。高应力状态下，碳化物在受拉应力的晶界更易析出。

许多研究者更关注 617 合金及 617B 合金的持久、蠕变性能数据，以及外推 $10^5$h 后性能。总结了部分已经公开发表的 617 合金及 617B 合金持久蠕变性能数据，如图 5-13 所示。

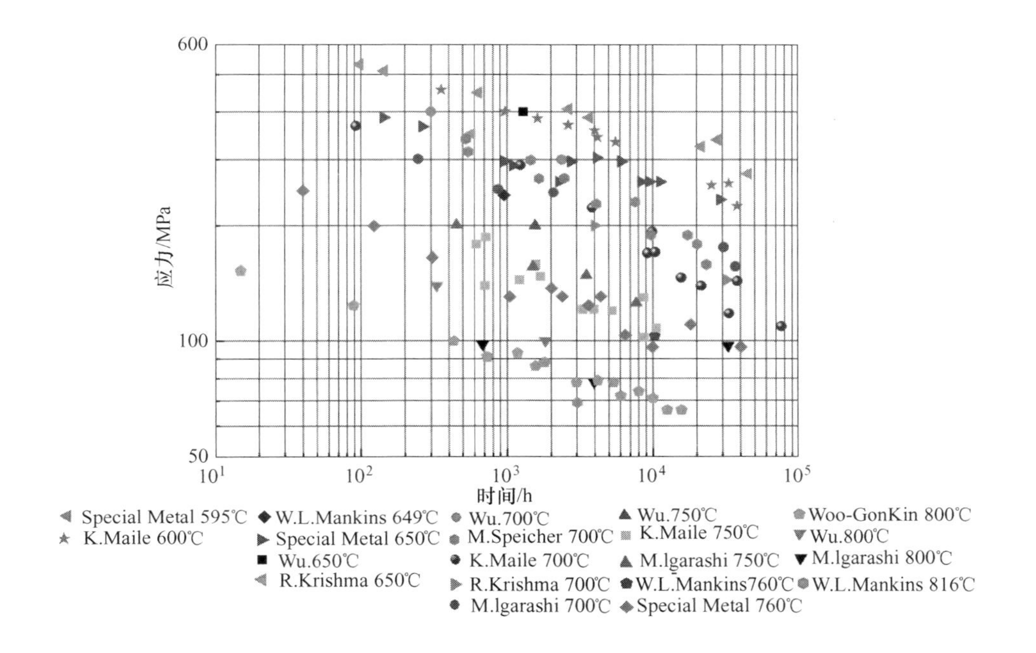


图 5-13 617 合金及改型合金在 600~800℃持久蠕变性能数据

### 5.1.2.3 焊接性能

617 合金及 617B 合金焊接主要问题包括：焊后裂纹敏感性增大及凝固液析裂纹，这些问题都与焊后热影响区（HAZ）第二相析出和局部聚集有关。在 AD700 项目中，利用埋弧自动焊和氩弧焊方法将 617 合金和 617B 合金不同尺寸的管材进行了焊接[14~16]。从完成焊接的管壁焊缝上截取横向蠕变试样，在 700℃×140MPa 条件下进行蠕变试验 2 万多小时后断裂。对断裂区域进行金相观察发现，裂纹发生在焊件 HAZ 区域而非母材上，裂纹延伸方向垂直于应力方向；晶界处有蠕变空洞形成，且断裂过程为晶界处有空洞形成，空洞长大、合并成显微空洞链，最后形成显微裂纹。对析出相分析发现，蠕变后试样基体部分除晶内和晶界分布的 $M_{23}C_6$ 以外，晶内还有 γ′ 相析出，晶界处有 $M_6C$，而焊接 HAZ 部

分没有 $M_{23}C_6$ 相，只有粗化的 γ′ 相，约 112nm，以及晶内和晶界分布的 $M_6C$。从析出相数量上来看，蠕变后焊接区除较多含量的 γ′ 相外，晶内分布有更多的 $M_6C$，而且这些碳化物易聚集，导致裂纹产生。Fink 等人[17]在研究 617 合金板材焊接时发现，富 Mo 的碳化物形成是造成凝固液析裂纹形成的主要原因。通过与基体对比发现，617 合金焊后组织主要有三方面的变化：γ′相析出及粗化；晶内和晶界无 $M_{23}C_6$ 相；晶内和晶界 $M_6C$ 相析出并聚集，这三方面的变化是导致 617 合金焊接问题的主要原因。通过上述分析可知，控制 617 合金焊接过程 γ′ 相和 $M_6C$ 相是减轻焊后裂纹敏感性和凝固液析裂纹的关键。因此 617 合金焊接时要严格控制焊接工艺，一般采用低线能量输入的气体保护电弧焊，道次温差不超过 150℃，一次焊层厚度最大 3mm，焊后需要及时进行去应力退火，去应力退火工艺为 980℃×3h。

#### 5.1.2.4　热加工性

617 合金是固溶强化型耐热合金，热塑性变形有以下特点：

（1）变形抗力高。617 合金具有较良好的热强性，因此也有较高的变形抗力，即使经高温长时扩散退火后，仍有较高的流变应力，同一热加工温度下，仍然比普通结构钢的变形抗力高 5~8 倍，这就需要较大功率和压力的成型设备。

（2）晶界存在低熔点杂质，提高晶界高温脆性。如前述，硫、铅等低熔点杂质对耐热合金性能有极坏的影响，且对热塑性影响更大。这些杂质的熔点愈低、在固溶体中的溶解度愈小，则更易集中于晶界，高温下常形成晶界液相，因此耐热合金的热加工初始温度一般比普通结构钢的热加工初始温度低，使得镍基耐热合金的热成型温度窗口变窄。

（3）没有多晶转变和相的重结晶，而有较高的再结晶温度。再结晶是一种扩散过程，它的发展取决于变形量的大小、变形速率、变形温度和形变激活能，所以合金化程度愈高，变形愈小，耐热合金的再结晶初始温度就愈高。前已述及，镍基耐热合金的基体是奥氏体，热加工过程没有相变的重结晶来重新改变晶粒的大小，因此，热加工时再结晶过程对产品的组织有较大影响。为避免出现混晶组织，根据试验结果及现场经验，必须准确地遵守热加工变形温度高于再结晶初始温度，同时每次变形都要超过临界变形量，如何保证整个厚壁管径向组织均匀性非常值得研究和探索。

（4）导热性差，高温塑性低。617 合金的导热性和高温热塑性都较低。617 合金的室温热导率很低，100℃时热导率约 15W/(m·K)，其热导率随温度的升高呈线性增加，温度至 1000℃时，其热导率才达到室温下 P92 钢的热导率（约 29W/(m·K)）水平。高温热塑性低使得该合金对热加工成型方式和热加工窄窗口范围都必须谨慎选择。

## 5.2 用于700℃超超临界锅炉大口径管C-HRA-3耐热合金的选择性强化设计[18]

Inconel617（以下简称617合金）是镍-铬-钴-钼固溶强化型合金，该合金已被纳入ASME锅炉及压力容器规范ASME Code Case 2439，由于元素成分范围上、下限较宽，力学性能数据分散性大，而且长时蠕变性能数据也亟待提高，德国蒂森克虏伯公司的Jutta Klöwer等人优化了该合金中Cr、Co、Al、Ti、C、Fe、Mn、Si和B元素的窄成分范围，特别是利用“B冶金”强化机制，成功开发出比Inconel617持久强度更高的CCA617合金（也即617B合金）。工业实践方面，美国威曼-高登公司试制了$\phi$378mm（OD）×88mm（AWT）尺寸的617合金厚壁锅炉管，德国瓦卢瑞克曼内斯曼钢管公司为欧洲AD 700计划已生产出CCA×617锅炉管。

利用德国E. ON Scholven电厂700℃试验平台，欧洲AD700计划测试了CCA 617合金大口径厚壁锅炉管道，经过2万多小时运行后其焊接热影响区出现了环向裂纹。显微分析表明该裂纹沿晶扩展，该裂纹的成因可能是由于高温运行期间析出相聚集，造成局部残余拉应力过高，同时由于晶界弱化，造成裂纹沿晶界扩展。研究表明，CCA617合金具有较强的应力松弛裂纹倾向，同时在焊接过程中即使低线能量输入，对于厚壁部件，也极易出现焊接显微凝固裂纹等液化裂纹。此外，强度高的时效型耐热合金长时使用后韧性大幅降低，所以目前大口径锅炉管等厚壁大型构件趋向于采用固溶强化型耐热合金，但是固溶强化型合金仍需提高持久强度，以满足未来700℃蒸汽温度参数环境下相关管道的安全应用。

基于上述现状，钢铁研究总院在“多元素复合强化”理论和“选择性强化”设计观点指导下，结合“镍基合金焊接凝固冶金学”原理，根据700℃超超临界火电机组用耐热合金服役条件下的性能要求，在CCA617研究的基础上，进一步优化合金成分，使得新发明耐热合金具有更高的持久性能、良好的时效韧性，且无焊接热影响区焊接时液化裂纹及焊接热影响区应力裂纹倾向。根据实验室研究和工业试制生产实践，钢铁研究总院提出了采用该发明耐热合金制造大口径锅炉管的冶炼、热加工和制管工序，特别是最佳化学成分范围、最佳热加工工艺和最佳热处理工艺制度。该发明耐热合金的钢铁研究总院企业牌号为C-HRA-3或CN617。

本耐热合金选择性强化设计包括三部分内容：其一为基于“多元素复合强化”理论、“选择性强化”设计观点及“镍基合金焊接凝固冶金学”理论的窄成分范围匹配与精确控制技术；其二为基于大口径厚壁锅炉管工业生产实践的冶炼及其最佳热加工的制造工艺；其三为基于工业生产现场的大口径厚壁锅炉管最佳热处理工艺。上述三部分内容作为一个整体提供了一种迄今为止具有综合性能的用于 700℃ 蒸汽温度段超超临界火电机组大口径厚壁锅炉管的耐热合金及生产方法。

### 5.2.1　C-HRA-3 合金及其窄范围化学成分与精确控制

C-HRA-3 耐热合金属于固溶强化型，固溶态含有少量一次碳化物，长时时效后有少量强化相 γ′相析出。本设计合金强化机制有：固溶强化、晶界强化、析出相强化，其中析出相强化包括碳化物强化和 γ′相强化。大量 γ′相析出会导致长时时效后韧性显著降低及增强应变时效裂纹敏感性。本耐热合金采用强化机制如下：

（1）添加固溶强化元素 W 替代部分 Mo：W 元素比 Mo 元素熔点高 800℃，其原子半径比 Mo 元素大 $0.015\times10^{-9}$，同时 W 的热扩散系数比 Mo 元素的低。

（2）防止一次碳化物分解和二次析出碳化物聚集、粗化。固溶处理态下，本设计合金含有一定量的晶界碳化物（称为一次碳化物），主要为 $M_{23}C_6$ 型碳化物，时效 8000h 后它会发生分解，转变成二次碳化物，使合金晶界失稳。因此，添加一次碳化物形成元素 Nb、V，使其生成更稳定的一次碳化物（Nb、V）C，可提高长时持久强度。

另有研究表明，B 元素在合金中不仅偏聚于晶界，降低晶界能以强化晶界，而且还可填充晶界碳化物周围空位，阻碍碳化物内外的 C 原子扩散，从而降低晶界碳化物粗化速率。Zr 元素与 B 元素同为微量晶界强化元素，Zr 元素对减缓晶界碳化物的粗化也具有一定的效果。因此，Zr 元素的添加不仅可以形成晶界的 B-Zr 复合强化，还可以减缓晶界碳化物的粗化速率，这是本设计合金的特征之一。

本设计和发明合金提高热影响区（HAZ）焊接时液化裂纹和服役期间应力时效裂纹抵抗性的思路如下：

基于现有技术文献认识，奥氏体耐热合金 HAZ 焊接时的液化裂纹主要与微量元素 P、B、S 等元素有直接关系，同时 Cr 含量对其有间接影响。而应力时效裂纹与服役期间 HAZ 析出相聚集引起局部应力过高有关，但具体机理尚不明确。

现代先进冶炼工艺下，通过研究 C、B 和 Zr、P 以及 S 元素共存的合金 HAZ 液化裂纹发现：

（1）裂纹是在与熔融边界接近的 HAZ 晶界处发生，晶界上有较多碳化物。

（2）在 HAZ 处裂纹断面上的晶界碳化物周围有熔融痕迹，碳化物周围发生了微量元素 B、Zr 的富集。

（3）晶界熔融断裂面上有少量 ZrS 相。

（4）B、Zr 对 HAZ 的液化裂纹影响程度受合金中晶界碳化物影响，碳化物尺寸越大、数量越多且分布越聚集，B、Zr的不良影响越显著。

同时，通过观察HAZ处应力松弛裂纹处研究发现：

（1）HAZ处裂纹周围硬度比母材高，长时服役下析出强化明显。

（2）裂纹是沿晶断裂型，断裂晶界上分布有较多碳化物。

（3）晶界断面及晶界碳化物周围上发现了有B、Zr富集。

钢铁研究总院还对不同晶粒度级数与HAZ裂纹倾向的关系进行了研究，发现晶粒度级数小于3级时，HAZ处液化裂纹和应力松弛裂纹倾向较明显；而晶粒度级数大于5级时，抵抗两种裂纹的倾向较优异。可以认为晶粒度级数越小（晶粒尺寸越大），晶界越少，焊接后微量元素及碳化物偏聚晶界越集中，液化裂纹倾向性大。相反，晶粒尺寸越小，晶界越多，元素偏聚和晶界碳化物分布越分散，两种裂纹倾向性越小。但是，晶粒度级数越小，合金的长时蠕变强度越高、低周疲劳性能越低，再考虑合金的焊接性能，因此成品锅炉管晶粒度对本发明合金性能保证也很重要，在晶粒度设计上要有一个多影响因素平衡或制衡的考虑。

对上述分析进行总结，可以得出以下结果：微量元素B、Zr、S等微量元素、晶界碳化物以及晶粒度级数是影响合金两种裂纹形成的主要因素。晶界碳化物的影响显然与C元素以及形成碳化物元素有关系；添加微量元素Zr时，更要严格控制S含量，以防形成低熔点ZrS相。可以进一步推测，若严格控制S元素，Zr元素对焊接裂纹的有害作用可消除。

因此，本设计和发明耐热合金采用以下手段是有效的：

（1）降低P、S元素含量；合理匹配B-Zr的含量。

（2）控制晶界碳化物，特别是延缓经长时析出的碳化物聚集、粗化。

（3）采用合理热加工和热处理制度获得合适的晶粒度级数。

由以上因素综合考虑HAZ液化裂纹和HAZ应力松弛裂纹倾向的发生，合金设计要满足下式：

$$Y1 = 10 \times C + 5 \times B + 0.5 \times Zr + P + S \tag{5-1}$$

$$Y2 = (4V + Nb)/C \tag{5-2}$$

式中的元素符号设为该元素的重量百分计的含量。将Y1参数设为0.536~0.754之间，并且Y2参数设为11~40之间，此外，合金焊接前的晶粒度级别最好在3~5级左右，可确保合金高温下的持久强度和韧性，并且可减轻焊接中HAZ的液化裂纹和HAZ应力裂纹的发生。

需要说明的是，长时时效后的晶界碳化物聚集、粗化现象不仅影响合金的持久强度，而且影响HAZ应力裂纹倾向，因此碳化物形成元素V+Nb复合添加是本发明合金的另一特征。

本设计和发明镍铬钴钼耐热合金C-HRA-3的化学成分为：Cr：21%~23%；C：0.05%~0.07%；Mn：≤0.3%；Co：11%~13%；Mo：6.0%~9.0%；Ti：

0.3%～0.5%；Al：0.8%～1.3%；W：0.1%～1.0%；B：0.002%～0.005%；Zr：0.03%～0.15%；Nb+V：0.2%～0.6%且Nb：0.01%～0.05%；Cu：≤0.15%；P：≤0.008%；S：≤0.002%；N：≤0.015%；Mg：0.005%～0.02%；Ca：≤0.01%；As：≤0.01%；Pb：≤0.007%；Bi：≤0.001%；余量为镍及不可避免的杂质元素，且式（5-1）所示的参数Y1为0.536～0.754之间，式（5-2）所示的参数Y2为11～40之间。

对于本设计和发明耐热合金的成分限定理由如下：

新添加或去除元素：

Zr：本发明的特征元素，不仅形成B-Zr复合强化提高持久强度，而且与S的亲和力强，可以作为S的净化剂，减轻S元素的危害。在镍基耐热合金中，同时加入B和Zr对提高其性能的效果更好。B和Zr主要存在于晶界上，其作用可以认为有三个方面：一是改善晶界结构形态，即B和Zr原子富集在晶界上，会填满晶界处的空位和晶格缺陷，减慢晶界元素扩散过程，降低位错攀移速度，从而提高合金的持久强度；二是B和Zr能在$M_{23}C_6$周围分布，抑制此碳化物的早期聚集，延缓晶界裂纹的发生；三是晶界上分布的B和Zr可以改变界面能量，有利于改变晶界上第二相的形态，使第二相形貌易于球化，提高晶界强度，即提高了合金穿晶转变为沿晶断裂的温度。本发明要求Zr与B复合添加，本发明Zr含量为0.03%～0.15%。

Nb+V：Nb+V复合添加是本发明合金的另一特征元素。Nb和V不仅是碳化物形成元素，而且它可进入γ′相，并置换一部分Al和Ti，促进γ′相形成元素，延缓γ′相聚集长大过程。研究表明，高温下析出的NbC和VC比$M_{23}C_6$型和$M_6C$型碳化物具有更高的稳定性，而且均匀分散，不易聚集、粗化，提高合金的蠕变强度，对焊接裂纹倾向也有较好的抵抗性。V自身在镍基体中有比Co和Cr更低的热扩散系数，对提高扩散型蠕变合金的高温蠕变强度有利。另一方面，Nb和V具有损伤合金的抗氧化性，特别是循环氧化性，因此必须严格控制成分范围，本发明合金中Nb+V元素范围为0.2%～0.6%。

W：W在γ和γ′相中的分配比分别为1∶0.88。在论及W与Mo这两个元素的作用时，人们常注意它们共性的一面，但仔细对比研究表明，这两个元素的作用是不等价的。W比Mo元素有更低的热扩散系数，固溶强化效果更强。W凝固过程易偏析在枝晶干区域，而Mo易偏析于枝晶间区域。凝固过程偏析于枝晶干的W与偏析于枝晶间的C形成$M_6C$的能力低于偏析于枝晶间的Mo，可明显降低焊接凝固过程由于碳化物聚集引起的残余应力，改善焊接性能。同时，加入等原子百分数的W和Mo时，W形成μ相的倾向明显小于Mo，但是，过多的W元素会形成Laves有害相，影响长时时效后组织稳定性及冲进韧性，本发明合金含W元素0.1%～1.0%。

Mg：Mg是偏聚于晶界的元素，加入高温合金中，主要可以起到如下一些作用：（1）与S等有害杂质元素形成高熔点的化合物MgS等，使晶界的S、O、P等杂质元素的浓度明显降低，减少其有害作用，进一步净化和强化晶界。（2）改善和细化晶界$M_6C$碳化物，使其呈粒状分布，有效抑制晶界滑动，降低晶界应力集中，阻止沿晶裂纹的扩展。（3）进入γ′相和碳化物，增加γ′相的长程有序度和反相畴界能；（4）提高蠕变断裂塑性和寿命，Mg偏聚于合金的晶界，并随蠕变孔洞的形成不断偏聚于孔洞的表面而降低孔洞的表面能，从而降低孔洞的长大速率。由于Mg的烧损比较严重，收得率比较低，而且Mg在合金中有一最佳含量范围，所以本发明中Mg含量控制在0.005%~0.02%。

Si：高温合金中的有害元素，富集于晶界，降低晶界强度，而且Si会促进σ相和Laves相的析出，特别是焊接凝固过程中促进Laves相析出，扩大了凝固固液温度区间，易形成焊接凝固裂纹。因此本发明中不添加Si元素，且冶炼残余Si含量限制在Si ≤0.03%。

Fe：镍基耐热合金基体是单一奥氏体相，Fe元素不是奥氏体形成元素，加Fe会严重损害高温性能，使组织稳定性变坏，同时Fe会形成尖晶石$FeCr_2O_4$，其降低α-氧化铬的完整性，从而降低高温耐腐蚀性。过量的Fe也会导致有害的TCP相或者Laves相的形成，所以在本发明中不添加Fe，且把冶炼时炉料中的Fe含量严格控制在0.05%以内。

原有元素（指Inconel 617合金中原有元素）作用：

C：耐热合金的C主要形成碳化物，通过在时效过程中晶界析出的颗粒状不连续碳化物，可以阻止沿晶界滑动和裂纹扩展，提高持久寿命。过高的C含量会形成过量的碳化物，使合金的HAZ液化裂纹和应力松弛裂纹敏感性提高。在本发明中将C含量控制在0.05%~0.07%。

Co：主要固溶于γ基体中，少量进入γ′相中，在γ和γ′相中的分配比为1∶0.37。Co元素的主要作用是固溶强化基体，它可以降低γ基体的堆垛层错能，层错能降低，层错出现的几率就增大，使得位错的交滑移更加困难，这样变形就需要更大的外力，表现为强度的提高；而且层错能降低，蠕变速率降低，蠕变抗力增加。同时，Co元素还可以降低γ′形成元素Ti、Al在基体中的溶解度，从而提高合金中的γ′析出相的数量和提高γ′相的溶解温度，这些作用对提高合金的蠕变抗力效果显著。此外，在多晶合金中，Co还可以增加Cr、Mo、W、C在γ基体中的溶解度，减少次生碳化物析出，改善晶界碳化物形态。一般在镍基高温合金中都会加入10%~20%的Co元素。在本发明中，将Co元素的含量控制在11%~13%。

Cr：Cr是镍基耐热合金中不可缺少的合金化元素，其主要作用有如下几点：（1）抗蒸汽氧化和热腐蚀元素：Cr在高温合金服役过程中形成$Cr_2O_3$型致密氧化膜，保护合金表面不受 O、S、盐的作用而产生氧化和热腐蚀。目前耐热腐蚀性较好的合金含 Cr 量一般高于 15%；700℃抗蒸汽氧化性能 Cr 含量一般高于 20%。(2) 固溶强化：高温合金 γ 基体中的 Cr 引起晶格畸变，产生弹性应力场强化，而使 γ 固溶体强度提高。(3) 析出强化：主要以 $M_{23}C_6$型碳化物为主，该碳化物主要分布在晶界处，均匀的分布于晶界的颗粒状不连续碳化物，可以有效地组织晶界滑移和迁移，从而提高材料的蠕变强度。另一方面，高 Cr 的有害作用促进 σ 相形成，使合金的组织长时稳定性破坏。综合以上考虑，在保证 700℃抗蒸汽氧化和热腐蚀性能和强度，将 Cr 含量范围控制在 21%~23%。

Mo：主要进入 γ 基体中起固溶强化作用。Mo 在 γ 和 γ′相中的分配比分别为 1：0.33。其原子半径与 Ni 相差较大，而且添加这些元素可提高原子间结合力，提高合金的再结晶温度和扩散激活能，从而有效地提高合金的持久强度。Mo 又是碳化物形成元素，主要形成 $M_6C$ 碳化物，沿晶界分布的颗粒状 $M_6C$ 碳化物对提高合金的高温持久性能起重要作用。但是，Mo 的偏析系数 K 值小于 1，凝固时易偏聚于枝晶间，与偏聚于此的 C 结合形成 $M_6C$ 碳化物，过多的碳化物聚集会引起局部残余应力过高，出现焊接凝固裂纹。另外，Mo 易促进 TCP 有害相的形成，主要形成 μ 相，较高的 Mo 含量对合金的抗煤灰腐蚀性能有不利影响。综合以上考虑，本发明合金 Mo 元素含量控制为 6.0%~9.0%。

Al：形成 γ′相的主要元素，在 γ 和 γ′中的分配比为 1：0.24。Al 是提高合金表面稳定性的重要元素，通常认为，高 Al 有利于提高合金的抗氧化性能。但是，当 Al 量超过上限时，可能出现有害 β-NiAl 相。本发明合金 Al 含量限制在 0.8%~1.3%。

Ti：形成 γ′相的主要元素，在 γ 和 γ′相中的分配比为 1：0.1。在 γ′相中，Ti 可置换部分 Al，减小 Al 的溶解度，促进 γ′的析出。Ti 也是提高合金表面稳定性的重要元素，通常认为，高 Ti 有利于提高抗热腐蚀性。但是，Ti 量超过上限时，可能出现 η-$Ni_3Ti$ 有害相。Ti 也是碳化物形成元素，促进 MC 碳化物形成。本发明合金 Ti 含量控制在 0.3%~0.5%。

Mn：少量的 Mn 加入高温合金熔体可以作为一种精炼剂，通过 Mn 和 S 发生化学反应生成 MnS，减少 S 的有害作用，Mn 在提高镍基合金热加工性、高温腐蚀性以及焊接等方面都与此有关。Hastelloy X 合金加入少于 0.93%的 Mn 可以改善焊接性能。但是总体来说，Mn 是合金中的有害元素，Mn 也会偏聚于晶界，削弱晶界结合力，明显降低持久强度。所以，本发明中将 Mn 含量控制在 Mn ≤ 0.3%。

B：B 是高温合金中应用最广泛的晶界强化元素，B 对高温合金的持久、蠕变性能的影响最明显，通常都有一最佳含量范围。它在 γ 相中的溶解度极低，又不进入 γ′相，偏聚于晶界和枝晶间的 B 除了作为间隙元素填充这些区域的间隙，减慢扩散过程，从而降低晶界和枝晶间开裂倾向以外，还延缓碳化物的粗化速率，与 Zr 元素复合添加此种效果更佳。在本发明中将 B 含量控制在0.002%～0.005%。

S：S 在液态镍中虽可无限溶解，但在固态时的溶解度却很小，易形成低熔点的晶界共晶相，大大恶化合金的热加工性能和高温持久强度。一般合金中 S 含量小于 0.008%，但合金中添加 Zr 元素时，镍基合金在焊接凝固末端于晶界和枝晶区易形成 ZrS 低熔点化合物，当 S 含量低于 $1\times10^{-6}$时，可完全避免 B、Zr 元素对焊接性能的影响，但冶炼成本提高，因此，在现有冶炼技术条件下，S 含量越低越好。

P：P 是危害 HAZ 处液化裂纹的元素，其含量越低越好。电站用镍基合金管多采用先进的真空感应和真空自耗冶炼双联或三联工艺，P 含量完全可控制的满足要求。

此外，五害元素越低越好，氢和氧的含量也要严格控制，使之处于尽可能低的水平。低的氢氧含量对制定生产工艺和保证大口径管的最终性能具有重要作用。

### 5.2.2 C-HRA-3 合金管冶炼及制造工艺

（1）冶炼：可采用 VIM+VAR 或 VIM+ESR 或 VIM+ESR+VAR 冶炼工艺，也可采用其他适合的工艺流程冶炼。

（2）合金的热加工性能参数：冶炼合金锭（或电极棒）均匀化退火工艺为1190～1230℃，根据锭型大小决定退火时间。退火后合金锭或电极棒采用热挤压或斜轧穿孔方法制造钢管。

图 5-14 为本发明合金的真应力-真应变曲线，变形温度低于 1100℃ 时，变形抗力急剧增大。图 5-15 为本发明合金均匀化退火后高温塑性图。图 5-16 为 C-

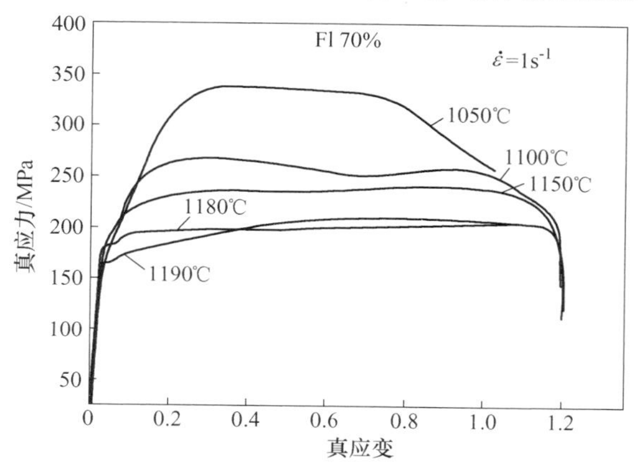


图 5-14 C-HRA-3 耐热合金真应力-真应变曲线图

HRA-3 合金均匀化退火后再结晶图，低于 1050℃时，再结晶率很低。综合上述考虑以及挤压过程变形热，本发明合金最佳变形热加工温度范围为 1100～1200℃。

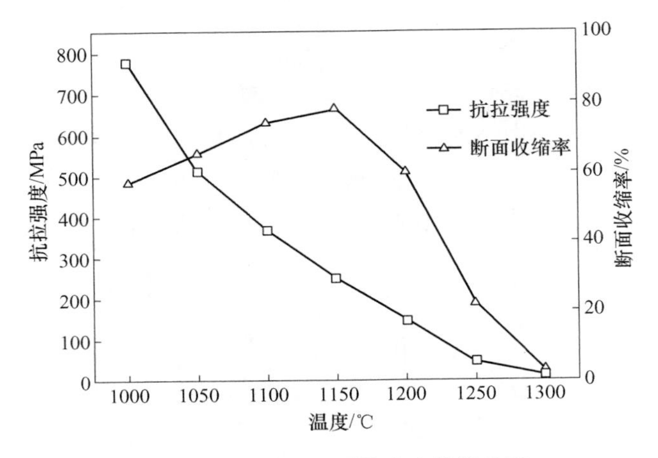


图 5-15　C-HRA-3 耐热合金热塑性图

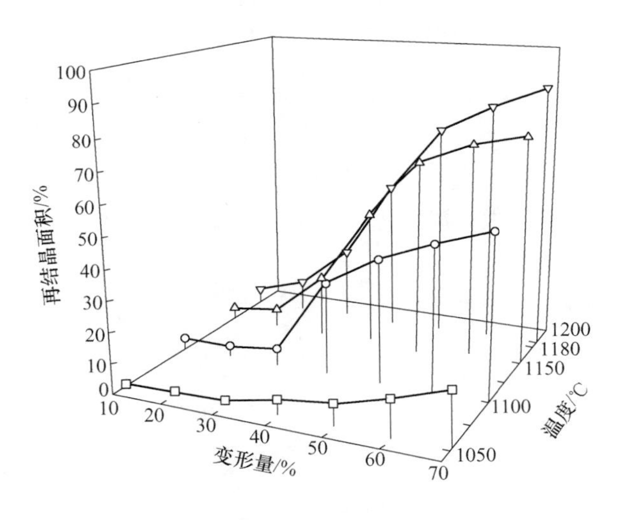


图 5-16　C-HRA-3 耐热合金再结晶图

（3）大口径厚壁管制管保温包套工艺方法：由于本发明合金锭坯料最佳热加工温度范围窗口较窄（100～150℃），坯料尺寸较大，坯料与挤压筒接触时间较长，若不进行包套保温处理，热加工过程温度降低过快，低于最佳变形温度，制坯过程会出现表面褶皱现象（已作另外专利处理），严重影响合金收得率及产品质量，因此本发明合金管制坯和挤压时都需进行保温处理，以隔绝坯料与挤压筒之间的热传递。本发明合金制坯时保温包套处理采用绝热保温棉与薄钢板复合包套处理：绝热保温材料为市售硅酸铝陶瓷纤维毯，厚度 12mm；薄钢板为 45 号碳钢，厚度 3mm。本发明合金制管挤压时保温方法只采用硅酸铝陶瓷纤维毯包裹，包覆两层硅酸铝陶瓷纤维毯，即将制好的坯料锭加热前先包覆好，出炉后再快速包覆一层。图 5-17 为本发明耐热合金大口径厚壁锅炉管挤压态 1/2 壁厚处三维金相照片。

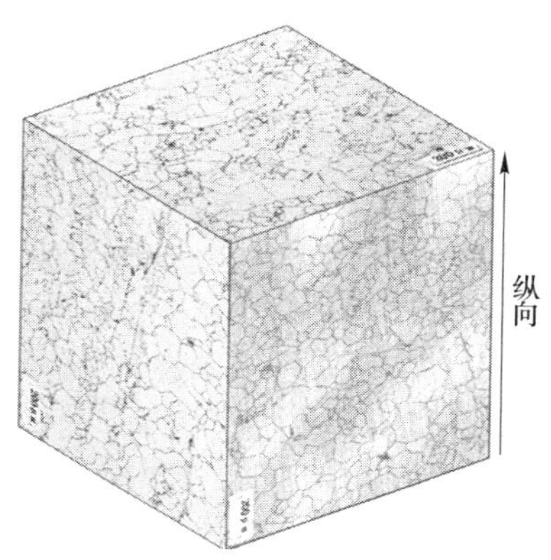


图 5-17 C-HRA-3 耐热合金大口径厚壁管挤压态 1/2 壁厚处三维金相照片

### 5.2.3 C-HRA-3 合金管最佳热处理工艺

研究表明，晶粒尺寸不仅影响合金的持久寿命，而且影响其焊接裂纹敏感性。晶粒尺寸越大，持久寿命越高，则焊接性能越差。在制定固溶处理温度时，主要考虑晶粒度及析出相回溶，但本发明合金最佳热处理工艺也同时考虑焊接性能的要求。不同固溶温度与保温时间后晶粒尺寸的变化如图 5-18～图 5-20 所示，析出相固溶及晶界碳化物析出见图 5-21～图 5-23 所示。固溶温度为 1150℃左右时，晶粒尺寸较小，而且有较多的未溶析出相；固溶温度为 1175℃时，晶粒尺寸合适，含有少量晶界未溶碳化物。

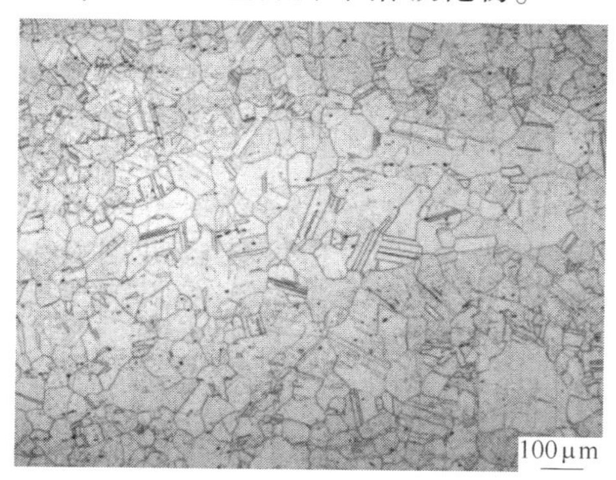


图 5-18 C-HRA-3 耐热合金 1150℃固溶处理后的金相照片

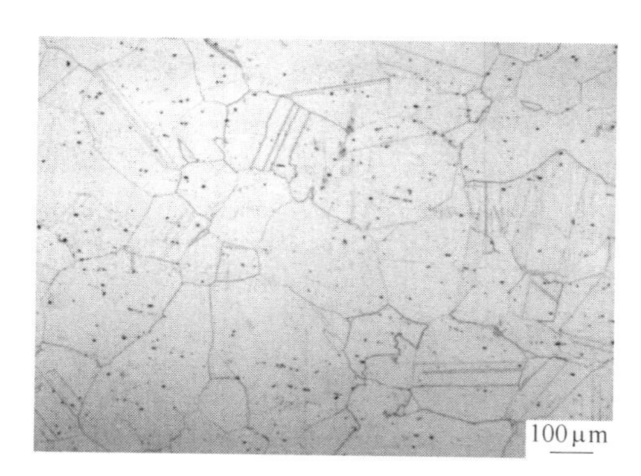


图 5-19 C-HRA-3 耐热合金 1175℃固溶处理后的金相照片

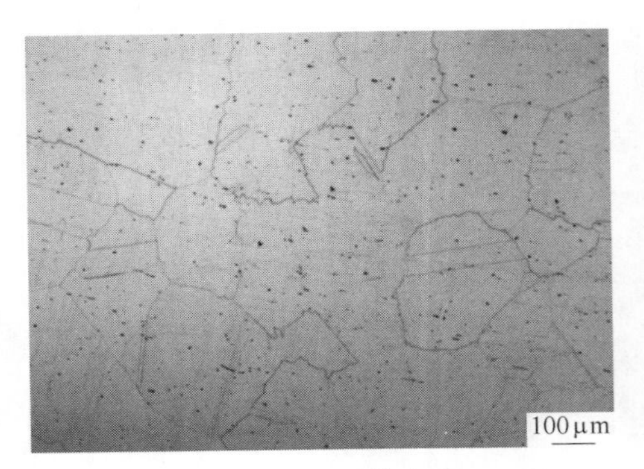


图 5-20　C-HRA-3 耐热合金 1200℃
固溶处理后的金相照片

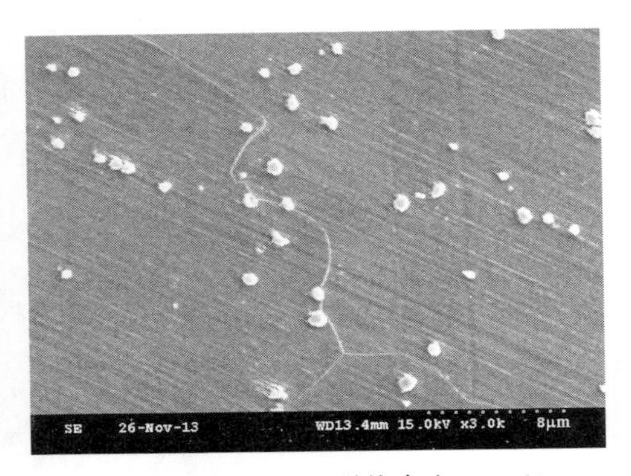


图 5-21　C-HRA-3 耐热合金 1150℃
固溶处理后的晶界未溶碳化物扫描照片

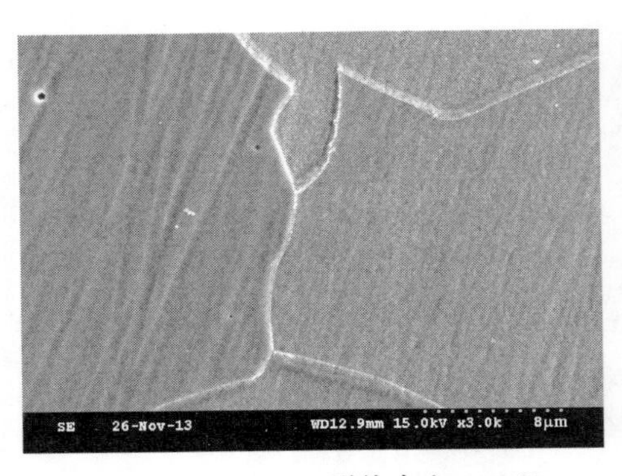


图 5-22　C-HRA-3 耐热合金 1175℃
固溶处理后的晶界未溶碳化物扫描照片

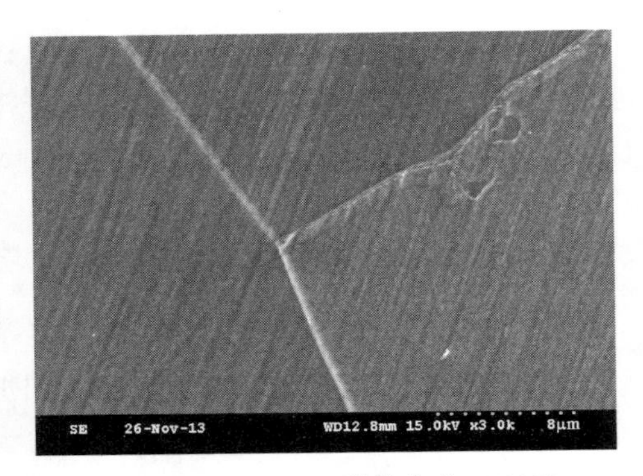


图 5-23　C-HRA-3 耐热合金 1200℃
固溶处理后的晶界扫描照片

综上所述，选择和确定 1175℃±10℃/水淬（可根据管道尺寸规格调整保温时间）为 C-HRA-3 耐热合金的最佳热处理制度，晶粒度级别数为 3～5 级。

### 5.2.4　C-HRA-3 耐热合金锅炉管的性能

按上述最佳成分设计、最佳热加工工艺和最佳热处理工艺工业规模生产的 C-HRA-3耐热合金锅炉管的力学性能为：

室温力学性能：试验温度为 23℃时，沿管道纵向取样，$R_m(\sigma_b) \geqslant 750$ MPa；$R_{p0.2}(\sigma_{0.2}) \geqslant 310$MPa；$A(\delta_{0.5}) \geqslant 60\%$；$Z(\psi) \geqslant 63\%$。沿管道横向取样，$R_m(\sigma_b) \geqslant 740$MPa；$R_{p0.2}(\sigma_{0.2}) \geqslant 305$MPa；$A(\delta_{0.5}) \geqslant 58\%$；$Z(\psi) \geqslant 60\%$。

室温冲击性能：试验温度为 23℃时，沿管道纵向取样的冲击功 $A_{KV} \geqslant 260$J；沿管道横向取样的冲击功 $A_{KV} \geqslant 250$J；700℃时效 8000h 后冲击韧性 $A_{KV} \geqslant 65$J；试样均为夏比 V 型切口。

高温力学性能：试验温度为 700℃时，沿管道纵向取样，抗拉强度 $R_m(\sigma_b)$

≥540MPa；屈服强度 $R_{p0.2}(\sigma_{0.2})$ ≥190MPa；伸长率 $A(\delta_{0.5})$ ≥60 %；断面收缩率 $Z(\psi)$≥55 %。沿管道横向取样，$R_m(\sigma_b)$ ≥535MPa；$R_{p0.2}(\sigma_{0.2})$ ≥185 MPa；$A(\delta_{0.5})$ ≥60 %；$Z(\Psi)$ ≥50 %。

低周疲劳性能：试验温度为700℃时，应变波形为三角波，循环应变比为-1，应变速率为 $1\times10^{-3}$/s，总应变幅0.5%时，断裂循环次数 $N_f$ 为10000～15000次。

C-HRA-3大口径厚壁管的持久强度性能：700℃按ASME规范外推10万小时持久强度值 ≥140MPa。

C-HRA-3耐热合金性能与标准中的性能对比总结如表5-6所示。

**表5-6 本发明合金性能与标准中性能对比**

| 标 准 | 室温拉伸性能 | | | 700℃高温拉伸性能 | | | 室温冲击性能 | | 持久强度 |
|---|---|---|---|---|---|---|---|---|---|
| | $R_m$ /MPa | $R_{p0.2}$ /MPa | A/% | $R_m$ /MPa | $R_{p0.2}$ /MPa | A/% | 纵向 /J | 横向 /J | $10^5$h 外推/MPa |
| ASME标准 | ≥655 | ≥240 | ≥35 | — | — | — | ≥120 | ≥80 | 95 |
| Nicrofer 5520CoB—2011 | ≥700 | ≥300 | | ≥400 | ≥185 | — | | | 119 |
| 本发明 | ≥740 | ≥305 | ≥58 | ≥535 | ≥190 | ≥60 | ≥260 | ≥250 | 140 |

C-HRA-3耐热合金的室温力学性能、长时冲击性能、高温力学性能和持久性能均高于ASME标准中的617合金要求，也高于最新发明的CCA617合金管的持久强度（文献报导值），更重要的是，本发明合金的HAZ抗液化裂纹和HAZ应力裂纹以及持久强度和韧性优异，具有良好的综合性能，因此，本发明C-HRA-3耐热合金满足于700℃蒸汽参数超超临界火电机组建造的实际需要，是相关管道的首选材料。

## 5.3 我国700℃超超临界锅炉C-HRA-3大口径管制造工程实践

### 5.3.1 C-HRA-3合金实验室研究

采用25kg真空感应炉冶炼在中国钢研涿州基地冶炼了6炉C-HRA-3实验合金，编号为CN0-CN5，其化学成分实测值见表5-7所示。

**表5-7 C-HRA-3试验合金化学成分** （质量分数，%）

| 编号 | C | Cr | Co | Mo | Al | Ti | Si | Mn | B | Nb | V | Zr | Ni |
|---|---|---|---|---|---|---|---|---|---|---|---|---|---|
| CN0 | 0.064 | 21.70 | 12.06 | 9.46 | 1.14 | 0.41 | 0.150 | 0.12 | 0.0022 | 0.050 | — | — | 其余 |

续表 5-7

| 编号 | C | Cr | Co | Mo | Al | Ti | Si | Mn | B | Nb | V | Zr | Ni |
| --- | --- | --- | --- | --- | --- | --- | --- | --- | --- | --- | --- | --- | --- |
| CN1 | 0.063 | 21.87 | 12.08 | 9.46 | 1.16 | 0.42 | 0.160 | 0.12 | 0.0032 | 0.050 | — | — | 其余 |
| CN2 | 0.062 | 21.97 | 11.88 | 8.96 | 1.02 | 0.41 | 0.070 | 0.10 | 0.0049 | 0.058 | — | — | 其余 |
| CN3 | 0.064 | 22.02 | 12.07 | 9.25 | 1.04 | 0.42 | 0.076 | 0.10 | 0.0035 | 0.053 | 0.19 | — | 其余 |
| CN4 | 0.064 | 21.93 | 11.96 | 9.08 | 1.04 | 0.42 | 0.072 | 0.10 | 0.0044 | 0.049 | 0.20 | — | 其余 |
| CN5 | 0.064 | 21.93 | 12.08 | 9.11 | 1.06 | 0.41 | 0.065 | 0.11 | 0.0027 | 0.048 | 0.20 | 0.018 | 其余 |
| ASME CC2439 | 0.05－0.15 | 20－24 | 10－15 | 8－10 | 0.8－1.5 | ≤0.6 | ≤1.0 | ≤1.0 | ≤0.006 | — | — | — | 其余 |

将上述 6 炉试验合金全部进行锻造，开锻温度小于 1200℃，终锻温度大于 1050℃，每支钢锭的 2/3 锻成 $\phi$18mm 圆棒，1/3 锻成 14mm×14mm 的方棒。圆棒用于热压缩试验、室温拉伸、高温拉伸、持久强度和相分析试验，方棒用于冲击试验。

本试验中设计 3 种不同 B 含量的 C-HRA-3 合金，分别为 CN0、CN1 和 CN2，即 B 含量分别为 $22\times10^{-6}$、$32\times10^{-6}$和 $49\times10^{-6}$。三炉 C-HRA-3 合金固溶热处理制度相同（1175℃×1h、WC），随后进行 700℃ 高温拉伸试验。高温拉伸试验采用 $\phi$5mm 的标准试样，在高温拉伸试验机上按照 GT/T 4338—2006 标准进行高温拉伸试验。每一组试验两个试样，试验结果取平均值。测定其抗拉强度 $R_m$、屈服强度 $R_{p0.2}$、伸长率 $A$ 和断面收缩率 $Z$ 4 项性能指标，测试结果见图 5-24。当 B 含量为 $32\times10^{-6}$时，C-HRA-3 合金的抗拉强度和屈服强度值最高，并且 B 含量 $49\times10^{-6}$时，其强度指标高于 $22\times10^{-6}$时。C-HRA-3 合金的塑性指标也表现相同的规律，本试验中 C-HRA-3 合金中合适的 B 含量为 $32\times10^{-6}$，B 含量范围取上限，即 $32\times10^{-6}$～$49\times10^{-6}$。

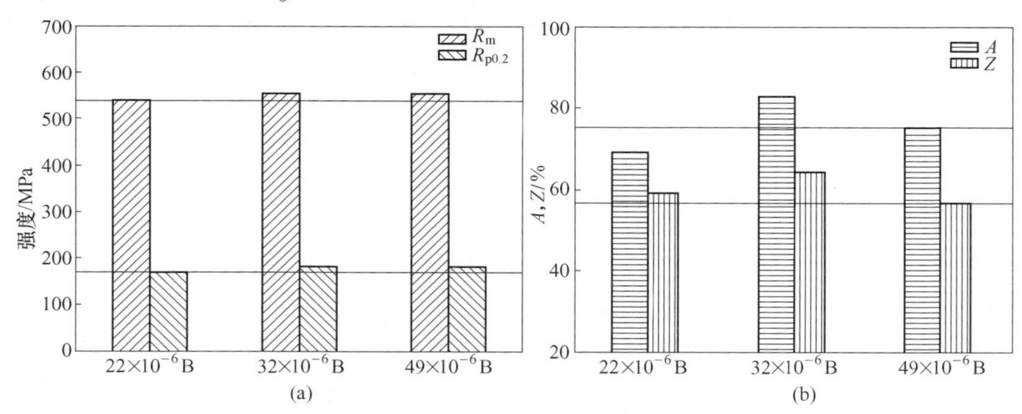


图 5-24 C-HRA-3 合金不同 B 含量对 700℃高拉性能影响

（a）$R_m$ 和 $R_{p0.2}$；（b）$A$ 和 $Z$

为研究 V 和 Zr 元素对 C-HRA-3 合金性能的影响，在合适的 B 含量基础上，选择 CN1、CN3 和 CN5 合金进行对比。三炉 C-HRA-3 合金分别进行 700℃高温拉伸试验，性能数据如表 5-8 所示。通过对比 CN1 和 CN3 发现，两炉合金的抗拉强度几乎一致，但添加 V 元素的 C-HRA-3 合金屈服强度略微提高，而断面收缩率降低。CN1 和 CN3 中 B 含量几乎一致，故排除 B 含量对合金的性能影响，因此 C-HRA-3 合金的性能变化主要是由于 V 元素的添加引起。V 元素是强碳化物形成元素，在合金中可形成 VC 或（Nb，V）C，尺寸细小，与位错相互作用可提高合金的屈服强度，由于 V 含量较低（0.19%），故强化作用不明显，同时 V 元素的添加可使 C-HRA-3 合金损失一定的塑性。对比 CN3 和 CN5 发现，在塑性不降低的同时，CN5 成分的合金抗拉强度和屈服强度进一步升高。两炉成分的 C-HRA-3 合金中 V 元素含量几乎一致，差别较大的是 B 和 Zr 含量。CN5 成分中 B 含量（$27\times10^{-6}$）略低于 CN3 成分（$35\times10^{-6}$），通过前述研究结果可知，CN5 成分的合金 B 含量的强化作用低于 CN3 成分合金。然而，CN5 成分的 C-HRA-3 合金高温强度提高，说明添加 0.018%的 Zr 元素使合金的强化作用增强。

研究表明，B 和 Zr 复合添加时，使合金的强化效果最佳。因此，在添加 B 元素基础上，在合金中添加一定量的 Zr，达到 B 和 Zr 复合强化的效果，可进一步提高合金的强度。

**表 5-8 V 元素对 C-HRA-3 合金高温拉伸性能影响**

| 炉号 | B/% | V/% | Zr/% | $R_m$/MPa | $R_{p0.2}$/MPa | $Z$/% |
|---|---|---|---|---|---|---|
| CN1 | 0.0032 | — | — | 555 | 184 | 65 |
| CN3 | 0.0035 | 0.19 | — | 553 | 189 | 56 |
| CN5 | 0.0027 | 0.20 | 0.018 | 570 | 193 | 57 |

为研究化学成分对 C-HRA-3 合金组织和性能稳定性的影响，选择 CN1、CN3 和 CN5 三炉合金，其中 CN1 为 617B 基础上添加 0.05%Nb，CN3 为 CN1 基础上添加 0.2%V，CN5 为 CN3 基础上添加 0.018%Zr。三炉合金都进行了 700℃时效至 11023h。在中国钢研化学相分析实验室对上述三炉合金进行了化学相定量分析，700℃时效时 γ′相中 Nb 元素的质量分数随时效时间的变化见图 5-25。随时效时间增加，γ′相中 Nb 元素析出量先增加，达到峰值后降低，最大析出量为 0.04%，极少量（0.01%）溶入基体。总的说来 Nb 元素的添加有利于 γ′相析出，进而提高 C-HRA-3 合金的强度。

700℃时效时，不同成分的 γ′相和 $M_{23}C_6$ 相的质量分数随时效时间的变化如图 5-26 所示。时效 3000h 以内，不同成分合金 γ′相析出量差异较大，8000h 时，添加 V 和 Zr 的合金中 γ′相析出量增多，但增加量不大，说明 V 和 Zr 元素对 γ′相析出有影响，但影响不显著。从图 5-26 还可以看出，V 和 Zr 元素有利于 $M_{23}C_6$ 相的析出，只添加 V 元素时，$M_{23}C_6$ 相的析出倾向更明显。

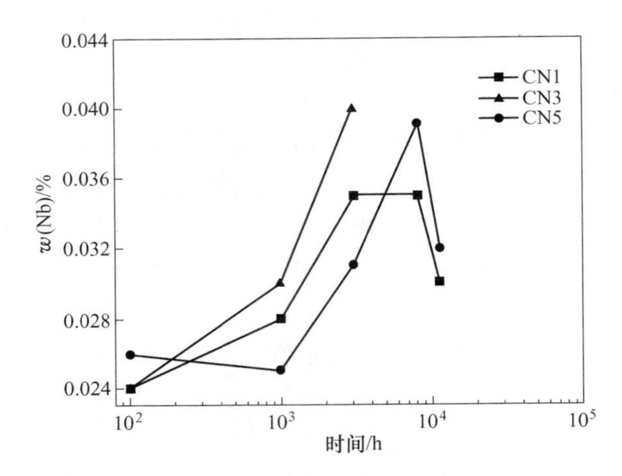


图 5-25 C-HRA-3 合金时效过程中 Nb 在 γ′相中质量分数

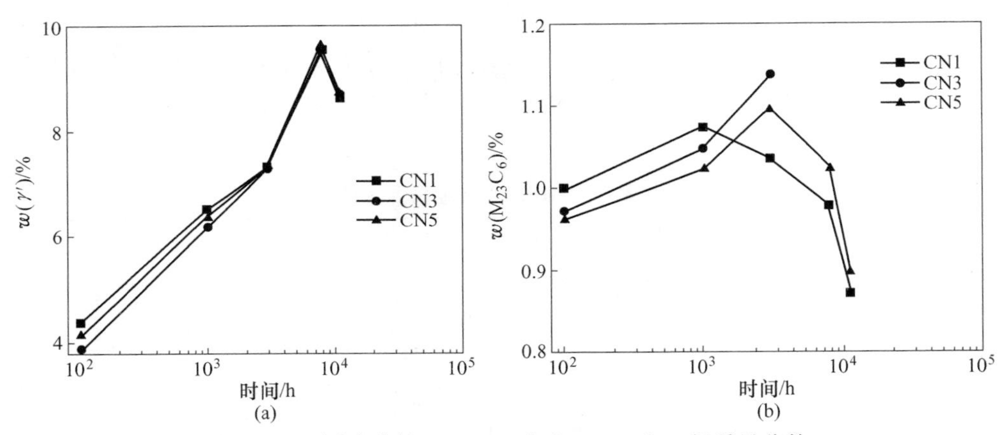


图 5-26 不同成分的 C-HRA-3 合金 $M_{23}C_6$和 γ′相质量分数

（a）γ′；（b）$M_{23}C_6$

化学相定量分析显示，V 元素进入 γ′相中，时效 8000h 以内不明显，结果为痕量，8000h 以后 γ′相中最多析出 0.028%V，V 元素大部分溶入基体中，起固溶强化作用。虽然与 Nb 元素相似，V 元素进入 γ′相中，但其随 γ′相析出的量极少，因此可认为 V 元素不促进 γ′相析出，虽然 V 元素溶入基体，但其固溶强化效果低于 Mo 元素，故添加 V 元素强化效果较弱。

Zr 元素不进入任何析出相，说明 Zr 元素全部存在于基体中。不同 Zr 元素含量的试样 700℃时效 11023h 后扫描（SEM）观察如图 5-27 所示。可以看出，添加 Zr 元素的 CN5 成分合金中，晶界处 $M_6C$ 相粗化。化学相定量分析结果显示见表 5-9，添加 Zr 元素有利于 $M_6C$ 相的数量增多，时效温度越高，$M_6C$ 相量越多。

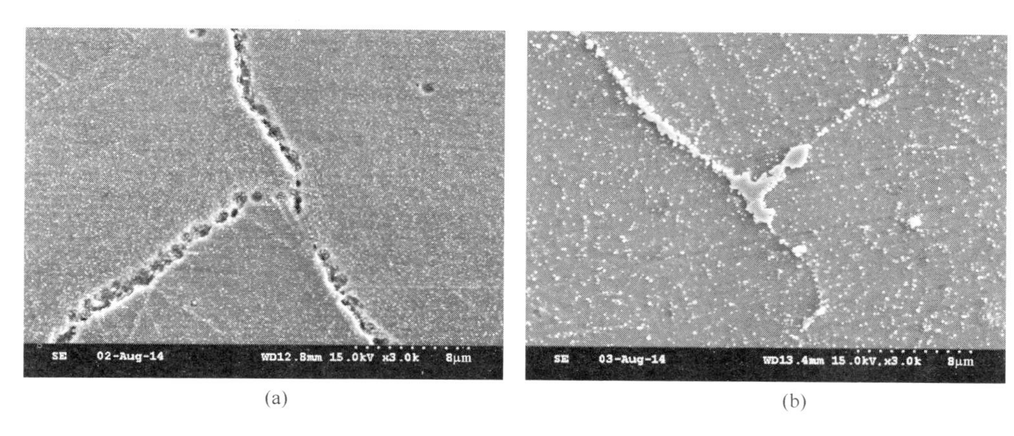


图 5-27 不同 Zr 含量的 C-HRA-3 合金晶界处 $M_6C$ 相

（a）0%-Zr；（b）0.018%-Zr

**表 5-9 C-HRA-3 合金 700℃时效 11023h 后 $M_6C$ 相定量分析**

| 成　分 | 700℃ | 750℃ |
|---|---|---|
| CN1-0% Zr | 0.074 | 0.113 |
| CN5-0.018% Zr | 0.088 | 0.217 |

不同成分的 C-HRA-3 合金试样经 700℃时效至 11023h 后室温冲击功见图 5-28。冲击试验采用 10mm×10mm×55mm 的标准夏比 V 型试样，试样缺口为 45°的 V 型，缺口深度 2mm，缺口底部为半径 0.25mm 的圆弧，在摆锤式 JB-30 冲击试验机上按照 GT/T 229—2007 标准进行冲击试验，测定室温下的冲击功（$A_{KV2}$）。

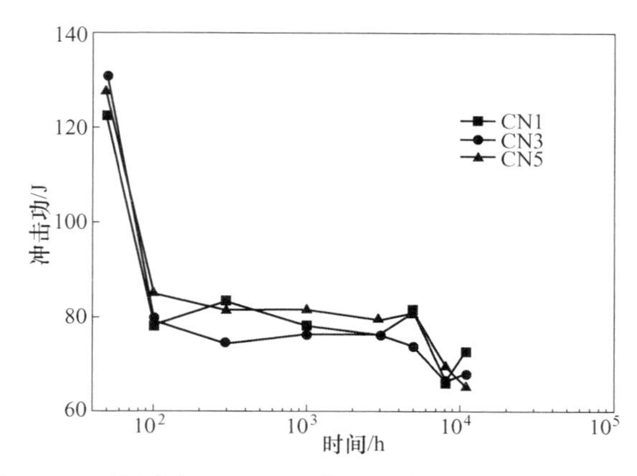


图 5-28 不同成分 C-HRA-3 合金时效后室温冲击功的变化

持久强度是耐热合金最重要的性能指标之一。将经固溶处理后的样品加工成持久试样，采用 $\phi$5mm 标准持久试样在 RD2-3 高温持久蠕变试验机上进行持久试验，温度设定为 700℃，试样实际温度和设定温度差在±3°C 以内。C-HRA-3 合金与 617B 合金在 700℃持久强度对比见图 5-29，其中实线为 617B 合金的持久强度平均值线，上、下两条虚线分别为 617B 合金的持久强度平均值上、下浮动 20%的数据。C-HRA-1-1、C-HRA-1-3 和 C-HRA-1-5 分别代表 CN1、CN3 和 CN5 三炉 C-HRA-3 合金的持久强度测试值。可见，3 炉 C-HRA-3 合金 700℃持久强度值皆高于 617B 持久强度的平均值。图中箭头表示还在进行中的测试试样。

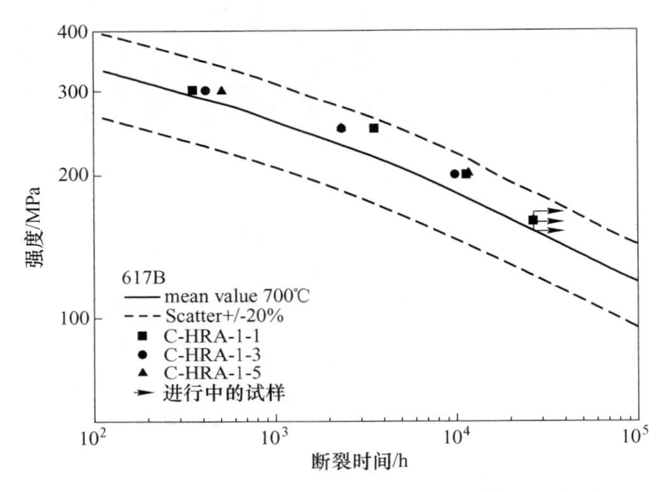


图 5-29　C-HRA-3 合金与 617B 合金 700℃持久强度对比

Mo 元素在耐热合金中的最主要作用对基体固溶强化。Mo 元素在镍基合金基体中的饱和度问题迄今研究较少。当基体中 Mo 元素过饱和以后，多余的 Mo 原子可能会析出，形成 $M_6C$ 相或 μ 相等有害相。$M_6C$ 相或 μ 相一旦形成，就会快速长大，一方面继续消耗基体中的 Mo，降低基体的固溶强化作用，另一方面 μ 相是脆性相，呈针状分布，其与基体结合处易成为裂纹源。

通过对 C-HRA-3 合金在 700℃不同时效时间后的试样进行化学相定量分析，进而统计出 Mo 元素在基体中固溶量见表 5-10。可以看出 C-HRA-3 合金在 700℃时效时，随时效时间增加，基体中固溶 Mo 逐步降低，并在 8.76%左右达到一个平衡点。这个实验结果提示 C-HRA-3 合金中 Mo 元素的添加量不能低于 8.7%，否则，长时服役后基体的固溶强化效果会减弱。但同时，也提示 C-HRA-3 合金中 Mo 元素的添加量也不能太高，多余的 Mo 将会在时效过程析出，可能形成有害相，弱化合金的强韧性。

**表 5-10　C-HRA-3 合金 700℃时效不同时间后基体中固溶 Mo**　　（质量分数,%）

| 700℃不同时效时/h | 100 | 1000 | 3000 | 11023 |
|---|---|---|---|---|
| 基体中固溶 Mo(质量分数)/% | 8.9 | 8.8 | 8.76 | 8.76 |

根据前述章节的分析讨论和上述实验数据，钢铁研究总院确定了C-HRA-3合金工业试制的最佳化学成分内控范围如表5-11所示。

表 5-11 C-HRA-3原型合金化学成分内控范围 （质量分数，%）

| 材料 | C | Cr | Co | Mo | Al | Ti | B | Nb | Zr | V | Si | Mn | Ni |
|---|---|---|---|---|---|---|---|---|---|---|---|---|---|
| ASME CC 2439 | 0.05 ~0.15 | 20 ~24 | 10 ~15 | 8 ~10 | 0.8 ~1.5 | ≤ 0.6 | ≤ 0.006 | — | — | — | ≤ 1.0 | ≤ 1.0 | 余量 |
| C-HRA-3 | 0.045 ~0.065 | 21 ~23 | 11 ~13 | 8.7 ~9.1 | 1.0 ~1.3 | 0.4 ~0.5 | 0.003 ~0.005 | ≤ 0.1 | 0.006~ 0.01 | ≤ 0.05 | ≤ 0.01 | ≤ 0.3 | 余量 |

注：1. 力争：S ≤ 0.001；P ≤ 0.002；[O] ≤ $30\times10^{-6}$；[H] ≤ $1.5\times10^{-6}$；

2. 有害残余元素控制：As ≤ 0.001%、Sb ≤ 0.001%、Sn ≤ 0.001%、Bi ≤ 0.0001%、Pb ≤0.001%。

### 5.3.2 C-HRA-3合金大口径厚壁管工业试制过程

按表5-11确定的C-HRA-3原型合金化学成分内控范围，钢铁研究总院与抚顺特钢及内蒙古北方重工业集团公司经多次研讨制订了该原型合金大口径管的工业试制工艺路线和详细技术条件。具体工业试制工艺流程为：7t级真空感应熔炼→真空自耗→均匀化处理→铸锭加热→1.5万吨制坯机镦粗和冲孔→热修模→管坯料加热→3.6万吨垂直挤压机热挤压制管→机加工→固溶热处理→精加工→无损检测→挤压管交验。

2013年2~3月，抚顺特钢采用真空感应（VIM）+真空自耗（VAR）工艺冶炼了一支6.6tC-HRA-3合金锭（图5-30），炉号为13242200062，锭尺寸为$\phi$660mm×1920mm，合金锭实测化学成分见表5-12。2013年4月，把经VIM+VAR冶炼的C-HRA-3合金锭从抚顺运送到位于包头的内蒙古北方重工业集团公司。为顺利进行C-HRA-3耐热合金大口径管试制，2013年4~9月间内蒙古北方重工

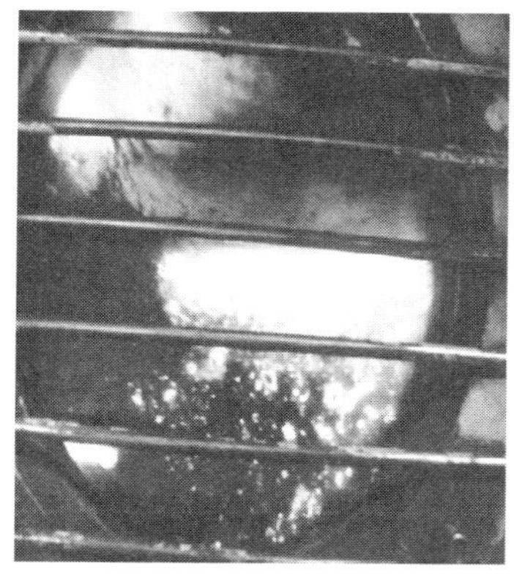

图5-30 工业试制6.6tC-HRA-3合金锭形貌

业集团公司围绕 3.6 万吨垂直挤压机制管过程制作了必要的工装和辅具，同时钢铁研究总院在实验室开展了 C-HRA-3 合金铸态和锻态热塑性等方面系统研究工作，制定了我国首次进行 C-HRA-3 大口径管试制全过程的最佳热加工工艺制度。2013 年 10 月 20~21 日，内蒙古北方重工业集团公司采用 3.6 万吨垂直挤压机成功热挤出我国第一支大口径厚壁 C-HRA-3 镍基耐热合金管，见图 5-31，尺寸规格为 $\phi$460mm×80mm×4000mm。

**表 5-12　C-HRA-3 合金工业试制铸锭化学成分**　（质量分数,%）

| C | Cr | Co | Mo | Al | Ti | B | Nb | Si | Mn | S | P | Ni |
|---|---|---|---|---|---|---|---|---|---|---|---|---|
| 0.066 | 22.01 | 12.04 | 9.07 | 1.03 | 0.39 | 0.003 | 0.03 | 0.06 | 0.02 | 0.001 | 0.003 | Bal. |

图 5-31　C-HRA-3 大口径厚壁管试制

钢铁研究总院随后对热挤压 C-HRA-3 合金大口径管取样，进行模拟成品热处理工艺研究，并在实验结果基础上制定了成品管最佳热处理工艺制度。内蒙古北方重工业集团公司对热挤压 C-HRA-3 管进行了热处理前机加工，并把机加工后的 C-HRA-3 管运送到位于浙江湖州的久立特材有限公司。2014 年 11 月在久立特材公司进行了 C-HRA-3 合金大口径管整体固溶热处理（图 5-32），随后对成品 C-HRA-3 合金大口径管进行了无损检测（图 5-33），结果表明 C-HRA-3 合金大口径管无缺陷，经成品管取样检验各项性能指标均满足设计的技术文体要求，产品合格。

## 5.3.3　铸态 C-HRA-3 合金热变形试验研究

为系统研究铸态 C-HRA-3 合金的热变形行为，采用钢铁研究总院冶炼的 VIM 铸锭，所有试样均在铸锭 1/2R 处取样。拉伸试验温度范围为 1000~1300℃，试验温度间隔为 50℃，测量试样的断面收缩率等，结合抗拉强度绘制热塑性曲

图 5-32 C-HRA-3 合金管固溶热处理现场图

左超声波探伤右渗透探伤

图 5-33 C-HRA-3 合金成品管无损检测

线图。压缩试验选取变形温度点分别为 1050℃、1100℃、1150℃、1180℃，形变速率分别为 $0.01s^{-1}$、$0.1s^{-1}$、$1s^{-1}$ 和 $10s^{-1}$，变形量分别为 50%，60%和 70%。压裂试验选取变形速率为 $1s^{-1}$，应变温度为 1050℃、1100℃、1150℃、1180℃和 1190℃，变形量分别为 10%、20%、30%、40%、45%。

热压缩和压裂试验具体实施方案过程如图 5-34 所示。首先把试样以10℃/s 加热速率加热到最高温度 $T$，保温 3min，再以 10℃/s 的速率降温至设定的热变形温度，保温 5s，然后按预先设定的变形温度和应变速率进行压缩变形试验。压缩结束后进行水淬冷却至室温，随后进行宏观表面裂纹观察，裂纹观察后沿试样中心轴向剖开，进行显微

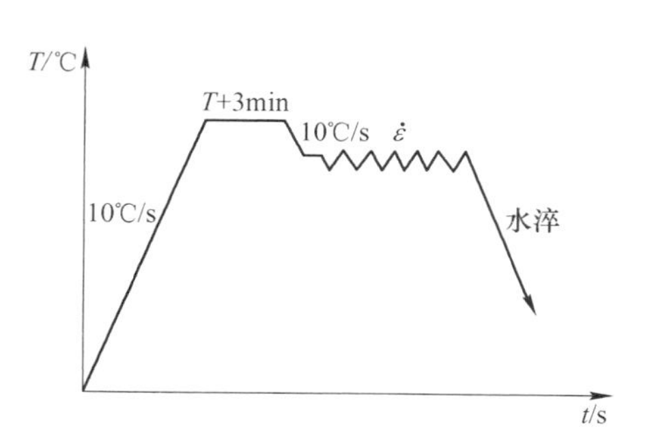


图 5-34 C-HRA-3 合金热压缩和压裂试验方案

组织观察。

铸态 C-HRA-3 合金高温拉伸后绘制热塑性曲线如图 5-35 所示。随拉伸温度从 1000℃升高至 1300℃，抗拉强度逐渐降低，断面收缩率则先略微升高，随后急剧降低。在 1000~1150℃范围内拉伸时，断面收缩率 在 50%~70%之间，说明该合金在此温度范围具有较好的塑性。当拉伸温度超过 1250℃时，其热塑性趋近为零。

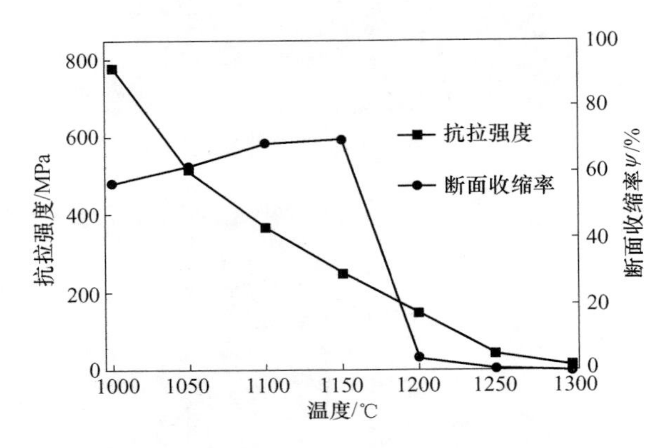


图 5-35 铸态 C-HRA-3 合金热塑性曲线

为研究铸态 C-HRA-3 合金热塑性随温度变化的原因，对拉伸后的试样进行了宏观断口观察见图 5-36 所示。铸态 C-HRA-3 合金在 1000~1150℃温度范围内拉伸变形时，试样断口处有明显颈缩，说明在此温度范围内变形时合金具有较好的热塑性。当温度高于 1200℃时，试样断口处几乎没有颈缩，属于典型的脆性断裂。

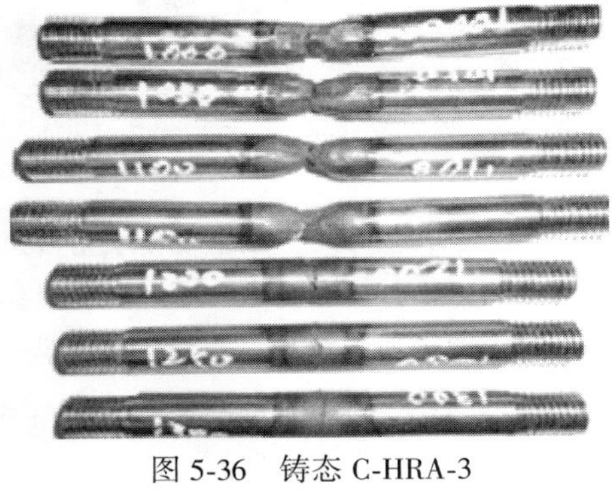

图 5-36 铸态 C-HRA-3 合金高温拉伸后宏观断口

为进一步研究铸态 C-HRA-3 合金热塑性随温度变化的原因，对试样拉伸后断口进行了金相和扫描分析（图 5-37 和图 5-38）。从图 5-37（a）可知，1000℃拉伸变形时断裂方式为沿晶界断裂，晶内有大量、细小的韧窝，因此表现出一定的塑性；1150℃拉伸变形时，见图 5-37（b），断口由较多韧窝组成，韧窝小而均匀，因此断面收缩率值最大，属于韧性断裂。图 5-38 为铸态 C-HRA-3 合金在 1200℃拉伸后断口横向和轴向剖开金相。可以看出，1200℃拉伸变形时，断口处出现一定面积的熔融现象。轴向剖开显示断裂方式为沿晶界断裂，晶界严重分离，说明此温度时晶界结合力很弱，一经受力就会发生分离。同时发现晶界处有细小的再结晶晶粒，说明此温度下拉伸变形时晶界发生不完全动态再结晶。晶界不完全再结晶会使晶界再结晶区域处软化，易造成应力集中，快速产生裂纹并扩展。但是，相比晶界软化引起的应力集中造成的晶界分离，晶界熔融导致的晶界结合力减弱是1200℃拉伸变形时塑性恶化最主要原因。

(a)

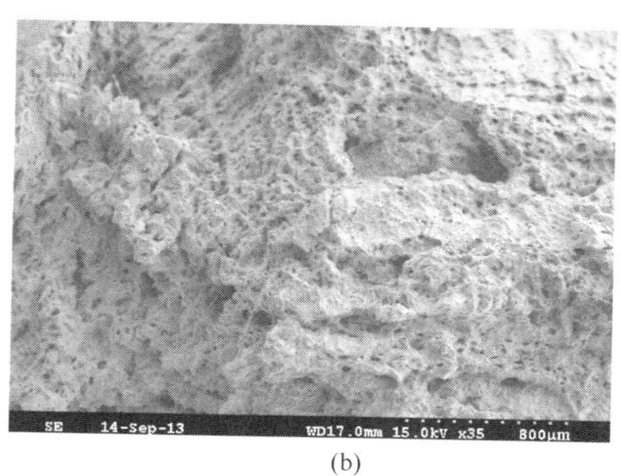

(b)

图5-37 铸态C-HRA-3合金在不同温度下拉断后断口

(a)

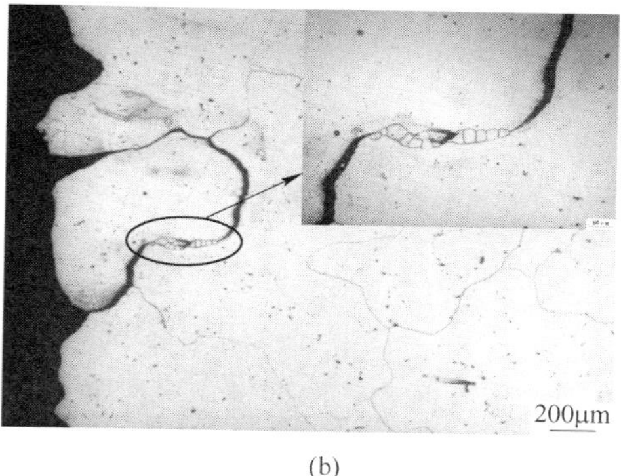

(b)

图5-38 铸态C-HRA-3合金在1200℃拉伸断口观察

（a）宏观形貌；（b）光学显微镜下组织形貌

铸态C-HRA-3合金不同变形条件下的真应力-真应变曲线见图5-39。图5-39（a）~（d）的应变速率分别为0.01$s^{-1}$、0.1$s^{-1}$、1$s^{-1}$和10$s^{-1}$。铸态C-HRA-3合金热变形初始阶段，随变形量增加，应力不断升高，此阶段加工硬化效果显著。当应力值达到峰值后，基本保持不变，进入稳态阶段，说明加工硬化效果与动态再结晶软化基本达到平衡。当应变速率提高至10$s^{-1}$时，如图5-39（d），应力过峰值后，随应变量增加，应力曲线持续下降，说明此时动态再结晶的软化作用增强，即动态再结晶程度增加。

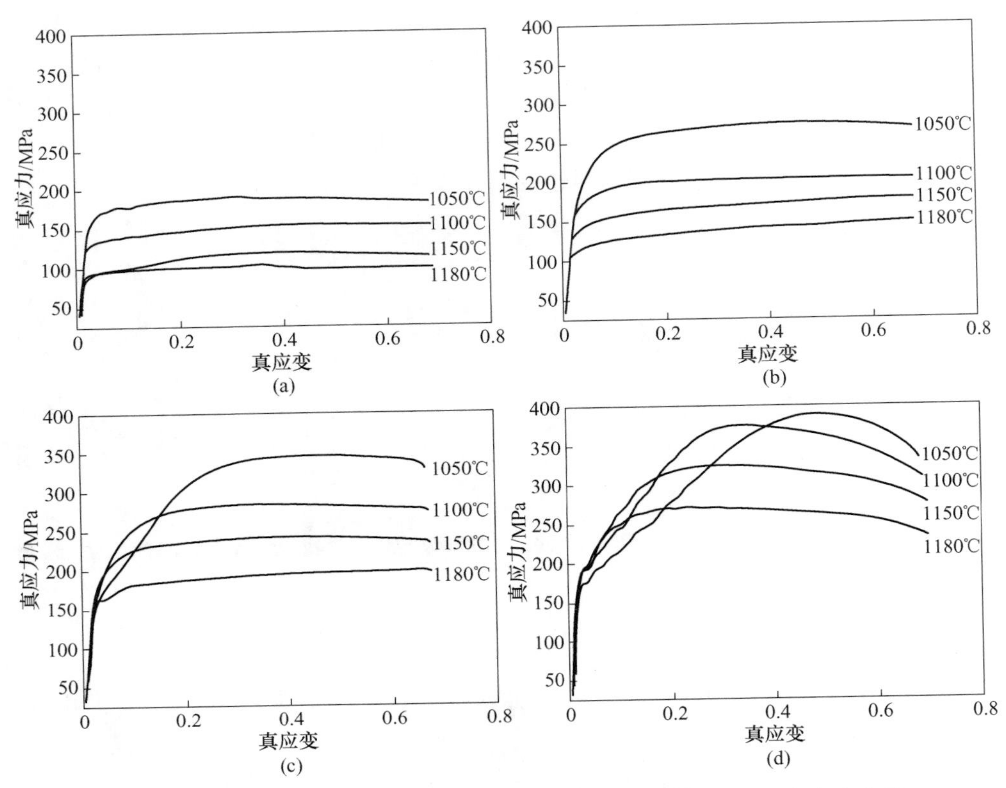


图 5-39　铸态 C-HRA-3 合金在变形量 50%不同变形条件下的流变应力曲线

(a) $0.01s^{-1}$,; (b) $0.1s^{-1}$; (c) $1s^{-1}$, (d) $10s^{-1}$

铸态 C-HRA-3 合金不同变形条件下的金相组织见图 5-40。从图 5-40（a）和（b）可以看出，变形温度 1050℃时，变形过程中晶粒被拉长，晶界上和晶内有少量的再结晶晶粒，说明该温度下合金发生了不完全动态再结晶，再结晶率低。变形温度为 1180℃时，合金的再结晶率和再结晶晶粒尺寸都增大，随应变速率提高至 $10s^{-1}$时，再结晶率持续升高，但仍然没有达到完全动态再结晶，致使其过峰值应力后，随变形量增大，应力值持续下降。铸态 C-HRA-3 合金原始晶粒尺寸很大，若达到完全动态再结晶，需要较高的驱动能。在设定变形温度和应变速率下，若获得更大的形变储存能，只有增加变形量。为研究铸态 C-HRA-3 合金完全动态再结晶，设定变形量为 70%进行不同变形条件热压缩试验，其流变曲线见图 5-41。可以看出，变形温度较低时，随真应变达 0.8 时，应力曲线出现平台或拐点，随后急剧下降，说明试样可能出现了开裂，以致失稳，见图 5-41（a）和（b）。当应变速率为 $10s^{-1}$时，真应变超过 0.9 以后，变形温度 1100℃和 1150℃时的应力曲线重合，说明此条件下试样也开裂，见图 5-41（c）和（d）。大变形量压缩时，虽然可能达到完全动态再结晶，但是铸态试样极易开裂失稳。

开裂的原因是由于铸态组织疏松，存在缩孔等缺陷，在大变形量压缩时，缩孔不仅不被压合，反而成为裂纹源，并快速扩展，以致材料失稳。另一方面，大变形量压缩时，材料所受的局部拉应力增加。因此，有必要限定铸态C-HRA-3合金热变形时的上限变形量。

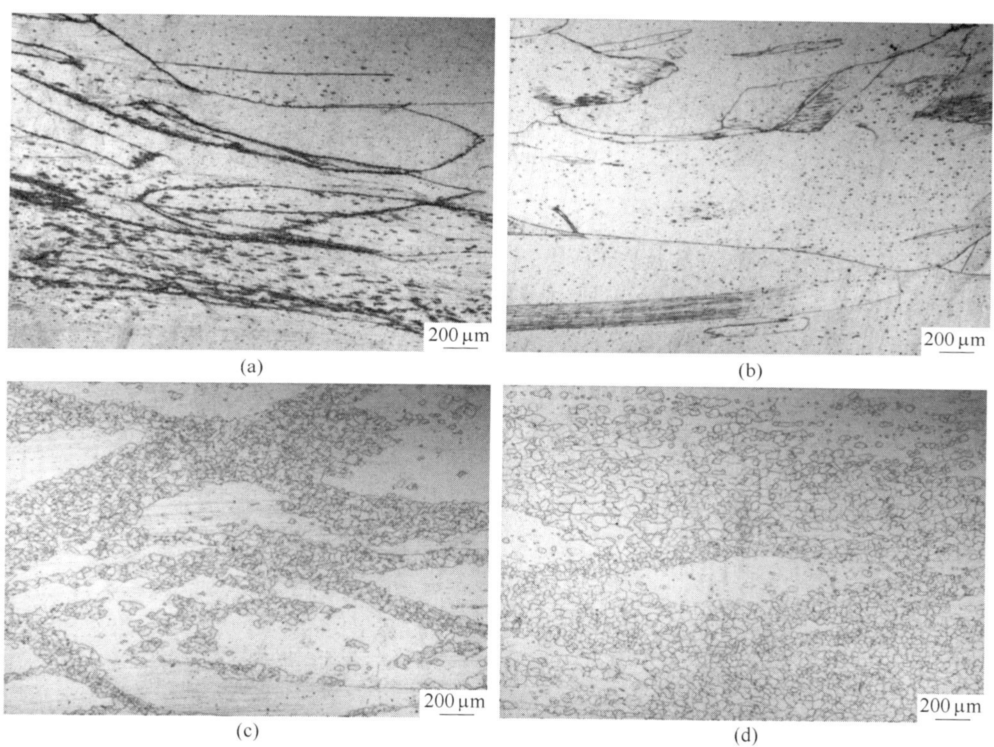


图5-40 铸态C-HRA-3合金在变形量50%不同变形条件下的显微组织

(a) 1050℃, 0.01s$^{-1}$; (b) 1050℃, 10s$^{-1}$; (c) 1180℃, 0.01s$^{-1}$; (d) 1180℃, 10s$^{-1}$

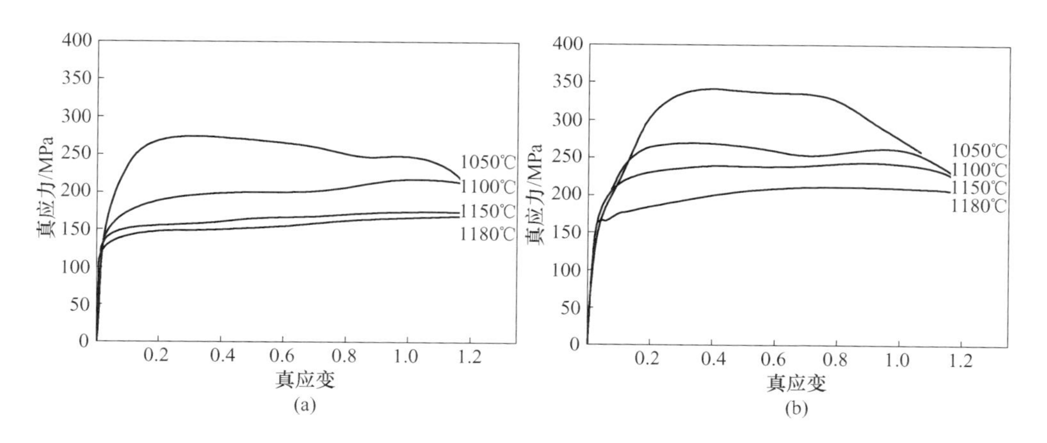

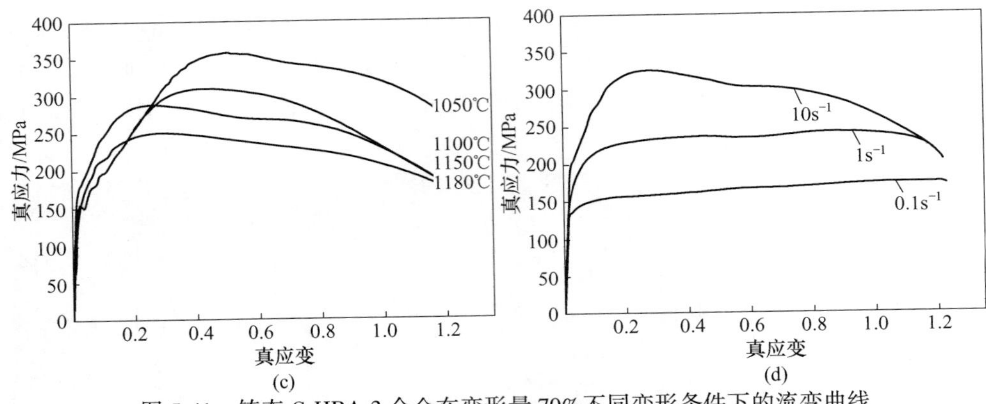


图 5-41　铸态 C-HRA-3 合金在变形量 70%不同变形条件下的流变曲线

（a）$0.1s^{-1}$；（b）$1s^{-1}$；（c）$10s^{-1}$；（d）1150℃

为研究铸态 C-HRA-3 合金动态再结晶的临界变形量以及变形量与表面裂纹的关系，在热压缩试样中进行了变形量 10%～70%的压裂试验。铸态 C-HRA-3 不同变形量下真应力-真应变曲线见图 5-42 所示。从图 5-42 可以看出，变形温度从

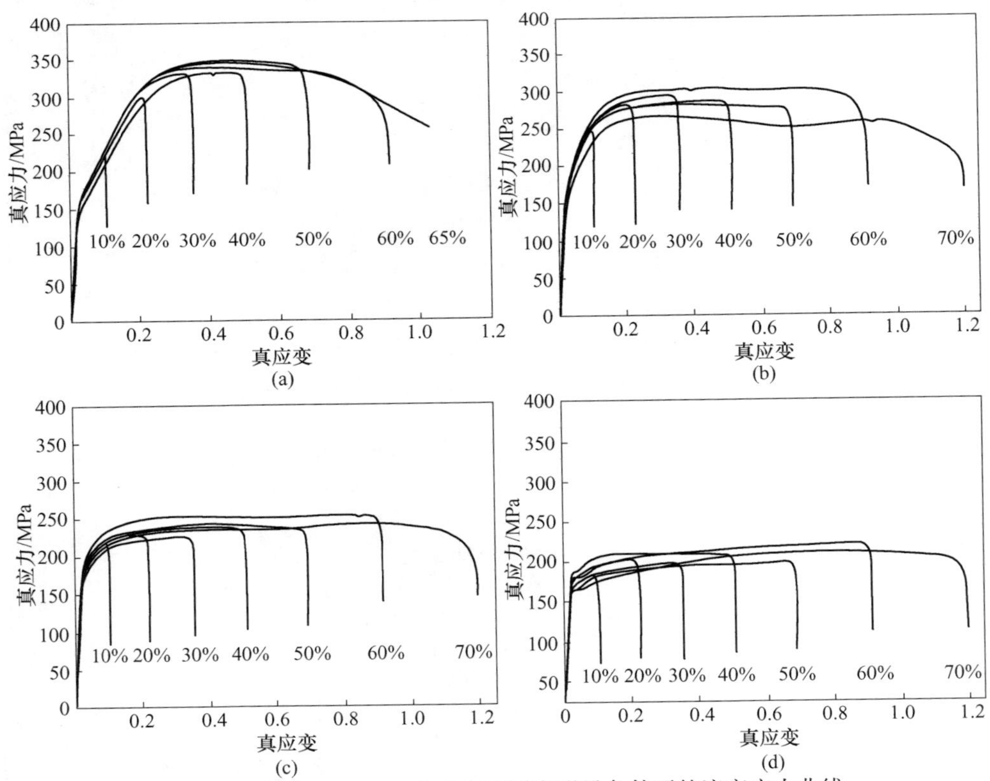


图 5-42　铸态 C-HRA-3 合金在不同变形量条件下的流变应力曲线

（a）1050℃；（b）1100℃；（c）1150℃；（d）1180℃

1050℃升高至1180℃时，峰值应力对应的变形量范围10%～30%，即各变形温度下，随变形温度提高，开始动态再结晶的临界变形量不断降低。

铸态C-HRA-3合金在变形温度1180℃、应变速率为$1s^{-1}$时，不同变形量时的显微组织观察见图5-43。可以看出，变形量10%时，只有晶界处发生动态再结

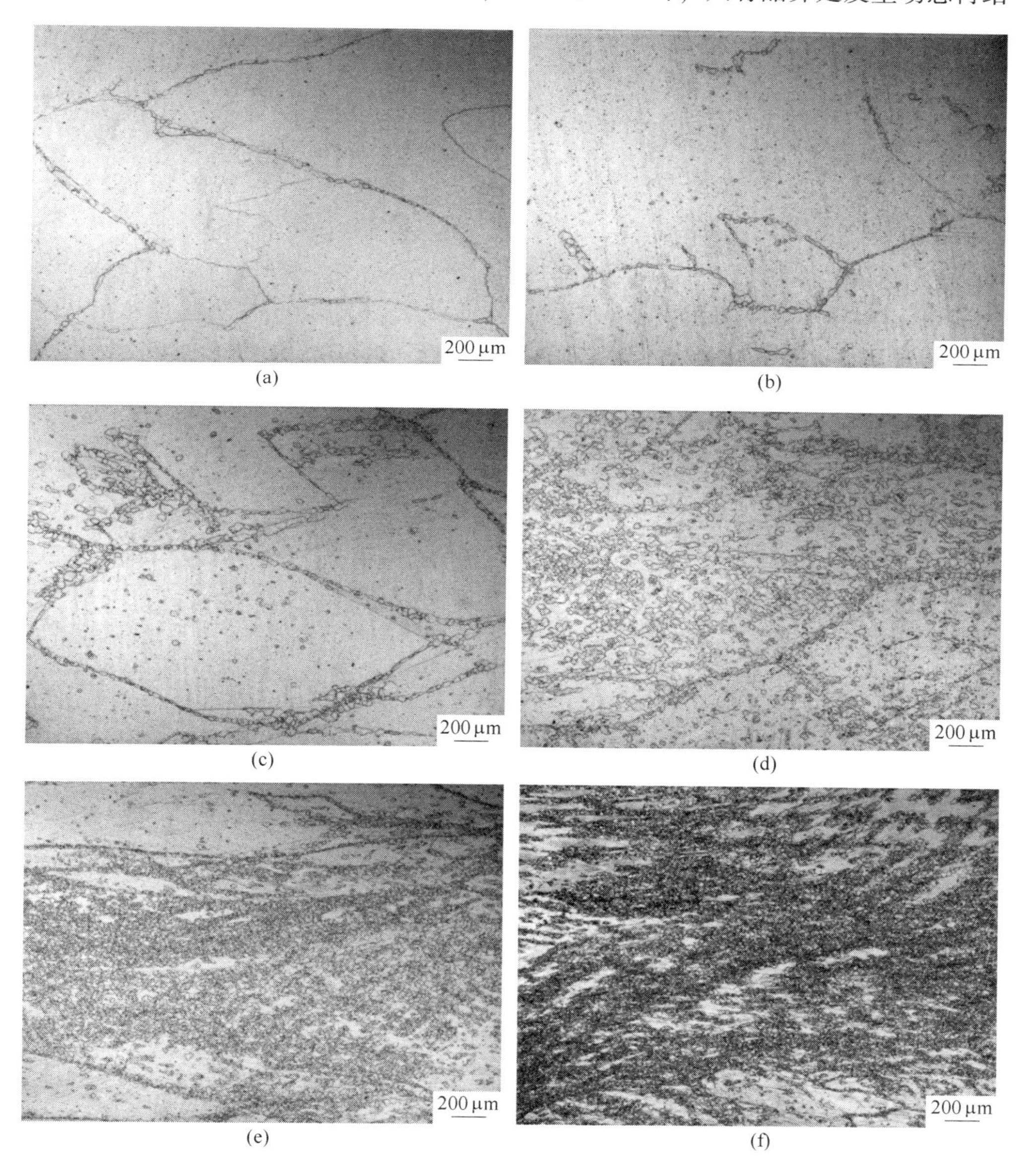


图5-43 C-HRA-3合金铸态在1180℃-$1s^{-1}$不同变形量下的显微组织

(a) 10%；(b) 20%；(c) 30%；(d) 40%；(e) 60%；(f) 70%

晶，再结晶率很低。随着变形量的增大，动态再结晶率不断增加，再结晶晶粒尺寸减小。通过对不同变形量热压缩试验后的试样表面进行仔细的观察，看表面是否有纵向或其他裂纹。绘制铸态 C-HRA-3 合金变形量-变形温度与试样表面裂纹的关系见图 5-44 所示，其中实心点代表此条件下表面有裂纹，空心点代表无裂纹。可以看出，低于 1100℃ 温度变形时，最大变形量不超过 50%，在 1100～1180℃ 变形时，最大变形量不超过 60%。

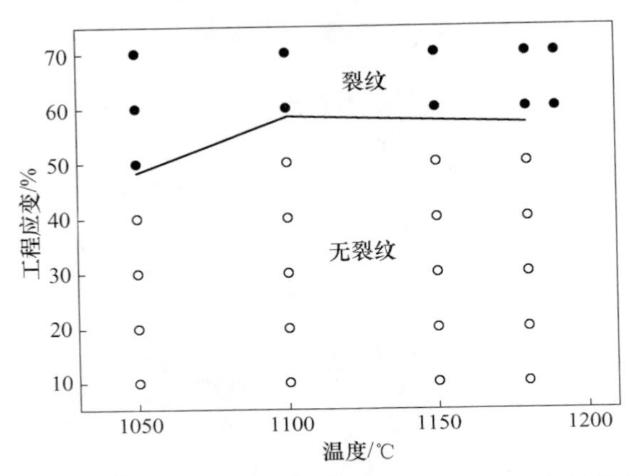


图 5-44　铸态 C-HRA-3 合金工程应变与变形温度的关系

为研究铸态 C-HRA-3 合金动态再结晶形核机制，选择经 1150℃ $-1s^{-1}-30\%$ 热变形后的试样进行透射电镜分析（图 5-45）。图 5-45（a）中晶界上方位错线较多，图 5-45（b）中左下方位错线较多，晶界两侧位错密度不同。位错密度高，则形变储存能高。晶界“突起”都是向高位错密度晶粒内凸出，形成“舌状物”，即为动态再结晶的核心，此凸进高位错密度晶粒的这块“舌状物”是典型的应变诱发晶界迁动形核（SIBM）机制。晶界上再结晶核心几乎是无应变硬化的，再结晶核心形成以后，就会发生长大，其长大在本质上是大角度界面的迁移，而迁移的驱动力仍是形变储能。通过再结晶的形核和长大，合金形变储能释放，合金软化，表现为流变曲线上应力值过峰值后持续下降。

为研究铸态 C-HRA-3 合金再结晶分数和再结晶晶粒尺寸随变形条件下变化，对再结晶面积分数和再结晶晶粒尺寸进行了统计。首先统计铸态 C-HRA-3 合金不同变形条件下动态再结晶晶粒所占的面积百分比，统计方法和步骤如下：利用 Photoshop 软件将金相照片中动态再结晶晶粒所占面积全部设成黑色，未再结晶区设定为白色，目的是再结晶区和未再结晶区设置不同的灰度差别，然后利用 Sisc IAS8. 0 金相图像分析软件中测量面积分数专项测量其面积百分数。所选视场金相照片放大倍数为 100 倍，每一变形条件统计 5 个视场。设定再结晶面积百分数为纵坐标，变形量和温度为横坐标，结果见图 5-46 所示。当变形温度为

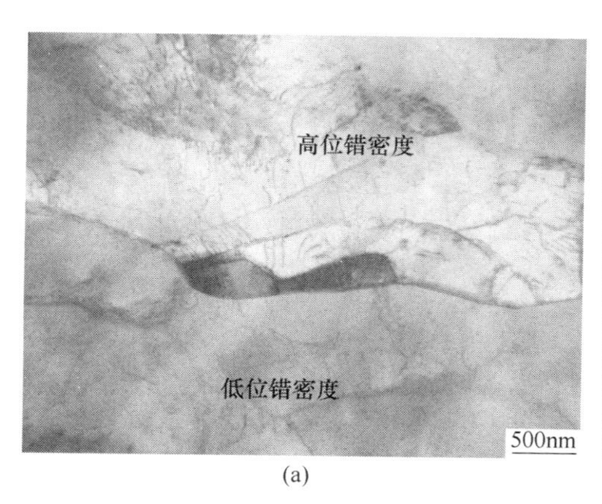

(a)

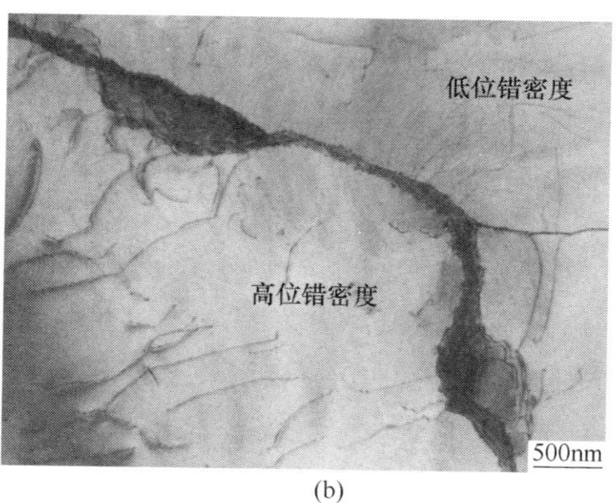

(b)

图 5-45　铸态 C-HRA-3 合金动态再结晶形核

1050℃时，再结晶面积分数很低（<25%）。当变形温度为 1150℃时，变形量为 20%，再结晶面积分数 30%左右；变形量为 60%时，再结晶面积分数约 85%，仍没有达到完全动态再结晶，可见铸态 C-HRA-3 合金再结晶面积分数较低。

铸态 C-HRA-3 合金再结晶晶粒平均尺寸统计过程如下：视场选择为测量动态再结晶面积分数的金相图片，利用 NanoMeasurer 软件逐一进行测量，最后求平均值，统计中小于 3μm 的晶粒太细小，未进行统计，因此所得结果略微偏大，但结果可反映晶粒尺寸的变化规律。铸态 C-HRA-3 合金再结晶图见图 5-47，变形温度为 1050℃时，再结晶晶粒尺寸细小且随变形量变化不明显；变形温度 1100℃时，再结晶晶粒平均尺寸 10μm 左右，且随着变形量的增大变化也不明显；当变形温度 1150℃或以上时，再结晶晶粒平均尺寸 10~30μm，且随变形量增加，尺寸不断减小。

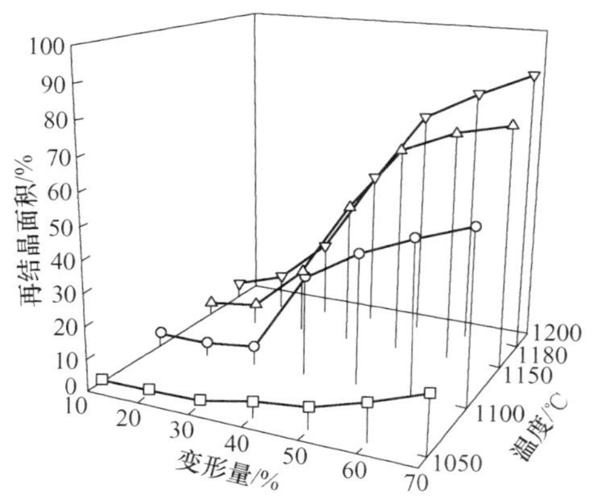

图 5-46　铸态 C-HRA-3 合金不同变形条件下动态再结晶面积百分数变化

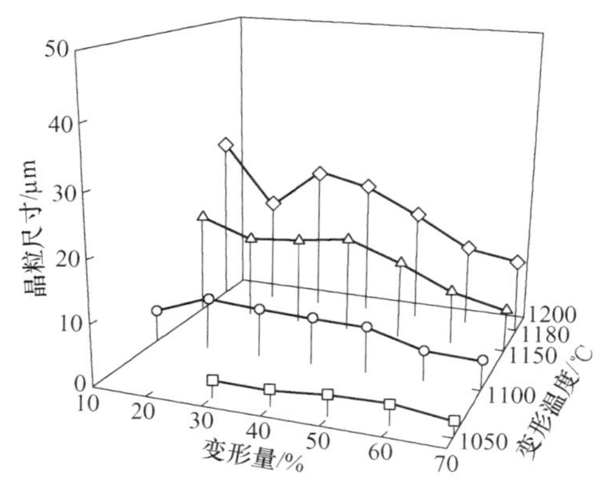

图 5-47　铸态 C-HRA-3 合金不同热变形条件下再结晶图

综上所述，在低于 1050℃ 变形时，铸态 C-HRA-3 合金再结晶晶粒平均尺寸较小，并且再结晶面积分数很低。较低的再结晶面积分数，不易使组织破碎，变形抗力也很高，热加工时要避开这一温度；当变形温度在 1100℃ 以上时，再结晶晶粒平均尺寸 10~30μm，变形量 20% 以上时，再结晶面积分数显著升高，但仍不能达到 100%完全动态再结晶。

动态材料模型的理论基础是大塑性连续流变介质力学、物理系统模型、不可逆热力学。Prasad 等根据动态材料的高温变形特征，提出了基于动态材料模型构造的热加工图，包括能量耗散图和失稳图。材料在加工过程中的本质特征可以用包含流变应力、应变、应变速率 $\dot{\varepsilon}$ 和变形温度 $T$ 的本构方程来描述，它描述了材料吸收能量的转变方式，即通常以变形热和微观组织演化的方式进行耗散。

变形温度及应变速率在很大程度上影响流变应力，在应变量及变形温度一定的条件下，流变应力可用式（5-3）表示：

$$\sigma = K \cdot \dot{\varepsilon}^{m} \tag{5-3}$$

式中，$K$ 为影响强度的温度参数；$\dot{\varepsilon}$ 为应变速率，$m$ 为应变速率敏感性指数。

对式（5-3）两边取对数，整理后可得 $m$ 表达式为：

$$m = \left[\frac{\partial(\ln\sigma)}{\partial(\ln\dot{\varepsilon})}\right]_{\varepsilon,\ T} \tag{5-4}$$

式中，$m$ 表征了材料热变形过程中的软化程度。变形过程软化程度越大，$m$ 值越大，$m$ 值随温度的升高及应变速率的降低而增大。

采用式（5-5）三次样条函数拟合 $\ln\sigma - \ln\dot{\varepsilon}$ 曲线，

$$\ln\sigma = k_1 + k_2\ln\dot{\varepsilon} + k_3\ln^2\dot{\varepsilon} + k_4\ln^3\dot{\varepsilon} \tag{5-5}$$

式中，$k_1$、$k_2$、$k_3$、$k_4$ 为常数，将式（5-5）代入式（5-4）中，可得到 $m$ 的表达式：

$$m = k_2 + 2k_3\ln\dot{\varepsilon} + 3k_4\ln^2\dot{\varepsilon} \tag{5-6}$$

研究表明，应变量对材料热加工图的形状影响不大，只是在耗散因子的数值上有所差异，故本试验中取真应变 0.6 时应力值进行计算。利用式（5-5）代入真应变 0.6 时的试验数据，经回归分析，可求得 $k_1$、$k_2$、$k_3$、$k_4$ 的值，代入式（5-6）中，就可求得不同应变速率、变形温度条件下的 $m$ 值如表 5-13 所示。

**表 5-13 铸态 C-HRA-3 合金不同变形条件下的 *m* 值**（$\varepsilon$=0.6）

| 应变速率/$s^{-1}$ | 变形温度/℃ | | | |
|---|---|---|---|---|
| | 1050 | 1100 | 1150 | 1180 |
| 0.01 | 0.19307 | 0.08524 | 0.20215 | 0.18534 |
| 0.1 | 0.13626 | 0.14344 | 0.1534 | 0.14773 |
| 1 | 0.07267 | 0.127 | 0.11683 | 0.1211 |
| 10 | 0.0023 | 0.03592 | 0.09244 | 0.10545 |

根据耗散结构理论，输入系统的能量 $P$，可分为两部分：耗散量（$G$）和耗散协量（$J$）来进行耗散，其数学定义为：

$$P = \sigma \cdot \dot{\varepsilon} = \int_0^{\dot{\varepsilon}} \sigma \cdot \mathrm{d}\dot{\varepsilon} + \int_0^{\sigma} \dot{\varepsilon} \cdot \mathrm{d}\sigma = G + J \tag{5-7}$$

$$G = \int_0^{\dot{\varepsilon}} \sigma \cdot \mathrm{d}\dot{\varepsilon} \tag{5-8}$$

$$J = \int_0^{\sigma} \dot{\varepsilon} \cdot \mathrm{d}\sigma \tag{5-9}$$

式中，$G$ 为能量耗散量，表示由于塑性变形引起的功率耗散，它大部分转化为粘塑性热，小部分以晶体缺陷的形式存储；$J$ 为能量耗散协量，表示材料变形过程中组织演化所耗的能量，如动态回复、动态再结晶、内部裂纹（空穴形成和楔形裂纹）、位错、动态条件下的相和粒子的长大、针状组织的动态球化、相变等有关的功率耗散。

通过式（5-7），可推导得：

$$m = \frac{\Delta J}{\Delta G} \tag{5-10}$$

$$\frac{m}{m+1} = \frac{\Delta J}{\Delta P} \tag{5-11}$$

因此，应变速率敏感指数 $m$ 决定了系统输入能量 $P$ 在 $G$ 和 $J$ 二者之间的分配，其值介于 0~1 之间，可认为是两者之间的分配系数。从原子运动角度能更清楚的解释系统能量分配率的物理意义，热加工中材料能量的耗散可以分为势能和动能两部分，势能与原子的相对位置有关，显微组织的改变势必引起原子势能的变化，因而与耗散协量（$J$）对应；动能与原子的运动，即与位错的运动有关；动能转化以热能的形式耗散，因而与耗散量（$G$）对应。

将式（5-3）代入式（5-9）可得：

$$J = \int_0^{\sigma} \dot{\varepsilon} \cdot \mathrm{d}\sigma = \frac{m}{m+1} \sigma \cdot \dot{\varepsilon} \tag{5-12}$$

材料处于理想线性耗散状态时，$J$ 具有最大值：

$$J_{\max} = \frac{\sigma \cdot \dot{\varepsilon}}{2} = \frac{1}{2} P \tag{5-13}$$

对于非线性耗散过程，能量耗散效率则可以表示为：

$$\eta = \frac{\Delta J / \Delta P}{(\Delta J / \Delta P)_{linear}} = \frac{m/(m+1)}{1/2} = \frac{2m}{m+1} \tag{5-14}$$

$\eta$ 为一个无量纲的参数，称为能量耗散因子，它反映了材料由于显微组织变化而消耗的能量与热变形过程中消耗总能量的关系。将表 5-13 中 $m$ 值数据代入式（5-14）中，计算 $\eta$ 值见表 5-14 所示。根据表 5-14 中的能量耗散因子 $\eta$ 值，

分别以变形温度 $T$ 为横坐标和 $\lg\dot{\varepsilon}$ 为纵坐标，即可绘制铸态 C-HRA-3 合金在真应变 0.6 时的能量耗散图（图 5-48），随变形温度升高和应变速率降低，能量耗散因子增大。从能量耗散因子的角度，当最大值为 34%，对应变形条件为 1140～1165℃，应变速率 0.01～0.02$\mathrm{s}^{-1}$。

**表 5-14　C-HRA-3 合金不同变形条件下的 $\eta$ 值**（$\varepsilon$=0.6）

| 应变速率 /$\mathrm{s}^{-1}$ | 变形温度/℃ | | | |
|---|---|---|---|---|
| | 1050 | 1100 | 1150 | 1180 |
| 0.01 | 0.323652 | 0.15709 | 0.336314 | 0.31272 |
| 0.1 | 0.239839 | 0.250892 | 0.265996 | 0.25743 |
| 1 | 0.135494 | 0.225377 | 0.209217 | 0.216038 |
| 10 | 0.004589 | 0.069349 | 0.169236 | 0.190782 |

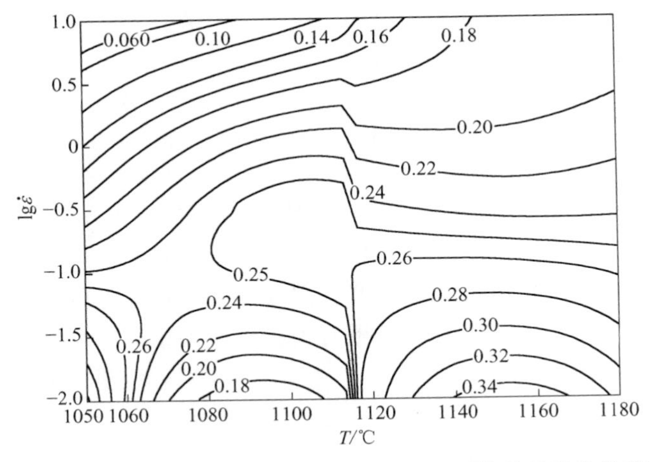


图 5-48　铸态 C-HRA-3 合金在应变量为 0.6 时的能量耗散效率图

材料的热加工图还包括失稳图，构建失稳图的流变失稳判据采用下式：

$$\xi(\dot{\varepsilon}) = \frac{\partial \ln[m/(m+1)]}{\partial \ln\dot{\varepsilon}} + m \leqslant 0 \tag{5-15}$$

式（5-15）的物理意义为，当一个系统的熵产生率小于施加于系统上的应变速率，那么塑性流变将会局部化，从而发生流变失稳。典型的流变失稳通常包括：局部流变、绝热剪切变形带形成、紊流和动态应变失效等。将不同变形条件下的流变失稳 $\xi$ 与温度-应变速率之间的关系绘制成图即为流变失稳图。

将功率耗散图和流变失稳图叠加在一起就得到铸态 C-HRA-3 合金的热加工图（图 5-49），图中阴影部分为 $\xi$ 小于 0 的部分，即理论上会出现塑性失稳的区域。本试验中铸态 C-HRA-3 合金失稳出现在变形温度 1050～1130℃、应变速率

0.5～10$s^{-1}$和变形温度 1050～1062℃、应变速率 0.01～0.03$s^{-1}$。

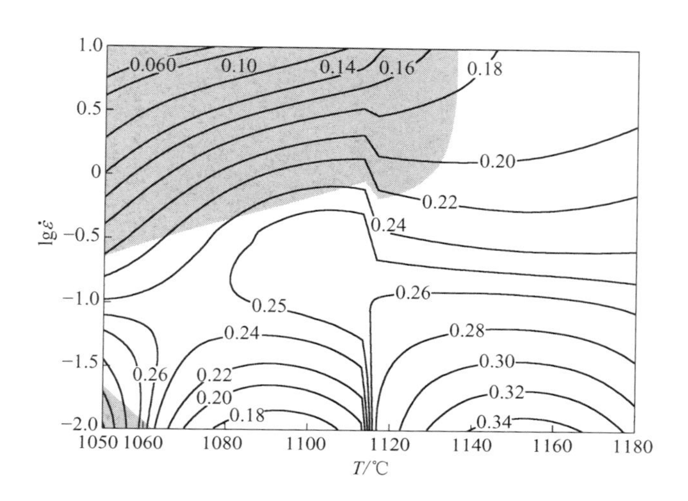


图 5-49 铸态 C-HRA-3 合金真应变 0.6 时的热加工图

为验证该热加工图的准确性，对两个失稳区和 1 个出现最高能量耗散因子值的区域进行了显微组织观察见图 5-50 所示。图 5-50（a）和（b）分别选取变形条件 1050℃/0.01$s^{-1}$和 1050℃/10$s^{-1}$的试样，图 5-50（c）选取变形条件 1150℃/0.01$s^{-1}$的试样。图 5-50（a）和（b）显示此条件下试样的显微组织都出现应变集中区，应变集中区发生局部动态再结晶，并且再结晶率很低，从而验证了铸态 C-HRA-3 合金塑性失稳图的可靠性。因此，铸态 C-HRA-3 合金的热加工应尽量避开此区域。但是，在能量耗散因子值最大的区域条件下的试样显现组织仍未达到完全动态再结晶，见图 5-50（c）。可见，即使在最佳变形区域（能量耗散因子值最大区域）进行热加工，铸态 C-HRA-3 合金变形后的组织仍不能达到 100%完全动态再结晶。如前所述，铸态 C-HRA-3 合金热变形前晶粒过于粗大，达到完全再结晶需要更多的储存能，因此，考虑工程上热加工时，C-HRA-3 合金铸锭的均匀化退火工艺要合理，避免铸锭的晶粒过于粗大。

综上结果分析，推荐铸态 C-HRA-3 合金的热变形在变形温度为 1120～1200℃，应变速率为 0.01～0.5$s^{-1}$的区间内进行加工，上限变形量 60%，下限变形量为 20%。在该区间加工时，能量耗散因子值较高，热变形过程中消耗的总能量较多的用于材料的组织变化上。但是，即使如此，铸态 C-HRA-3 合金仍难达到 100%完全动态再结晶，变形后会出现混晶组织。

### 5.3.4 锻态 C-HRA-3 合金热变形试验研究

研究锻态 C-HRA-3 合金热变形行为时，采用多火锻造成形后的圆棒。

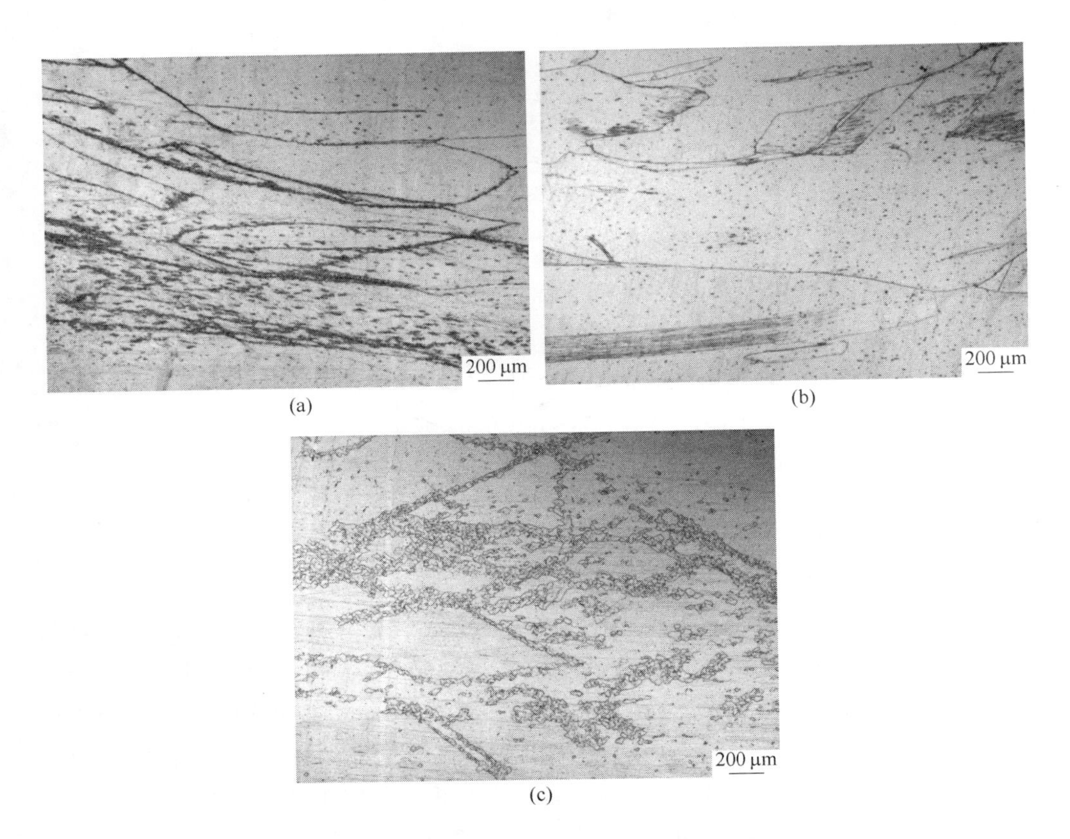


(a)　(b)　(c)

图 5-50　铸态 C-HRA-3 合金失稳区和能量耗散效率值最大区显微组织观察（50×）

（a）1050℃/0.01$s^{-1}$；（b）1050℃/10$s^{-1}$；（c）1150℃/0.01$s^{-1}$

C-HRA-3合金原始锻态组织见图 5-51，锻造后的 C-HRA-3 合金组织为完全再结晶组织，晶粒细小、均匀，平均晶粒尺寸为 5~10μm。对锻态组织进行扫描和能谱分析，发现晶界有大量富 Cr 和 Mo 碳化物析出，此碳化物为富 Cr-$M_{23}C_6$。为系统研究锻态 C-HRA-3 合金的热变形行为，沿圆棒纵向取样，热压缩试验选取变形温度为 950~1200℃，温度间隔 50℃，形变速率分别为 0.01$s^{-1}$、0.1$s^{-1}$、1$s^{-1}$和 10$s^{-1}$，变形量 60%。压裂试验选取应变温度为 1050℃、1100℃、1150℃ 和 1180℃，变形量分别为 10%、20%、30%、40%和 50%。锻造后的试样中有较多的晶界碳化物，为使碳化物回溶，热压缩试验过程中最高加热温度 $T$ 选择为 1250℃，其余参数与铸态 C-HRA-3 合金热压缩工艺相同。

锻态 C-HRA-3 合金在不同变形条件下的真应力-真应变曲线见图 5-52。流变曲线的形状是加工硬化和动态软化两者作用效果共同决定的。在应变速率和应变量相同的条件下，随变形温度的升高，合金的峰值应力降低，这是因为温度升

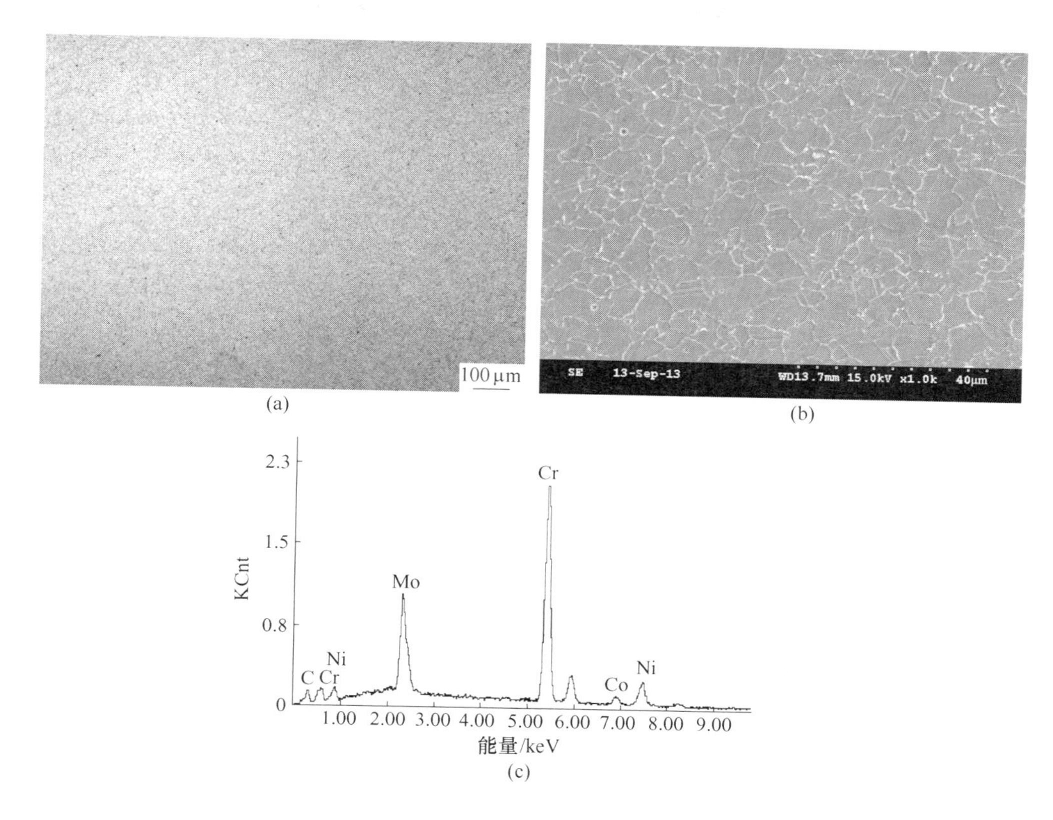


图5-51 C-HRA-3合金锻态组织
(a) 金相；(b) 扫描；(c) 能谱

高，热激活过程增强，位错易于运动，加工硬化率降低，再结晶软化作用增强；在相同的变形温度和变形量时，随应变速率升高，合金的峰值应力升高，这是由于应变速率提高，位错运动速度加快，使得临界切应力升高，变形抗力增加。

锻态C-HRA-3合金不同变形条件下的显微组织观察见下图5-53。当变形温度为1000℃时，晶粒被拉长，晶界处部分再结晶，形成所谓“项链状”组织；当变形温度为1050℃时，再结晶分数提高，但仍未完全再结晶；当变形温度1100℃时，晶粒细小、均匀，可达到100%完全动态再结晶，且随应变速率的提高，再结晶晶粒越细小，温度越高，应变速率对再结晶晶粒尺寸的影响越显著。锻态C-HRA-3合金在变形温度小于1050℃时，同一变形温度下，随应变速率的升高，再结晶面积分数增加，如图5-53（a）~（d），其原因是由于镍基耐热合金是低层错能材料，位错的交滑移和攀移过程不容易进行，热变形过程主要发生动态再结晶，当位错积累到一定程度后就会促发再结晶形核。同一变形温度下（再结晶温度以下），应变速率越高，位错密度快速增加，再结晶形核率越高。

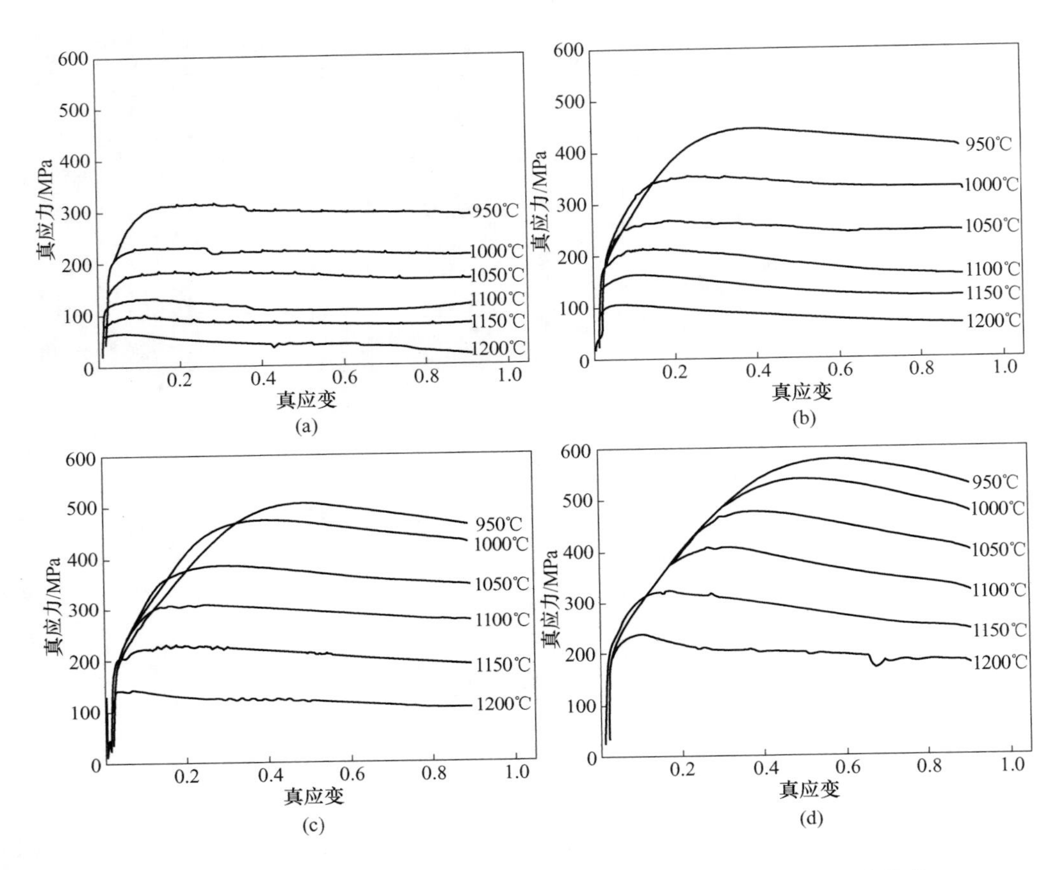


图 5-52　锻态 C-HRA-3 合金在变形量 60%不同变形条件下的流变应力曲线

(a) $0.01s^{-1}$；(b) $0.1s^{-1}$；(c) $1s^{-1}$；(d) $10s^{-1}$

锻态 C-HRA-3 合金在不同变形量条件下压裂试验时的流变曲线见图 5-54，为区别不同变形量条件的流变曲线，未删除试验结束后采集的数据。可以看出动态再结晶临界变形量（峰值应力对应的应变量）随变形温度的升高而减小：变形温度 1050℃时，临界变形量 20%左右；当变形温度 1180℃时，小于 10%。反映出同一变形速率下，提高变形温度，较小的变形量就可使材料发生动态再结晶。但是，对耐热合金来说变形温度不是越高越好。

为研究锻态 C-HRA-3 合金表面裂纹与变形量-变形温度的关系，对热变形后的试样表面裂纹情况进行了仔细目测观察，结果绘制于图 5-55，同一变形温度下，增大变形量，可提高表面纵向裂纹倾向。当变形量小于 50%时，变形温度对裂纹的影响显著，在变形温度 1150℃时，变形量 40%时就出现表面裂纹。对比上一节研究结果，锻态 C-HRA-3 合金的上限变形量比铸态 C-HRA-3 合金的上限

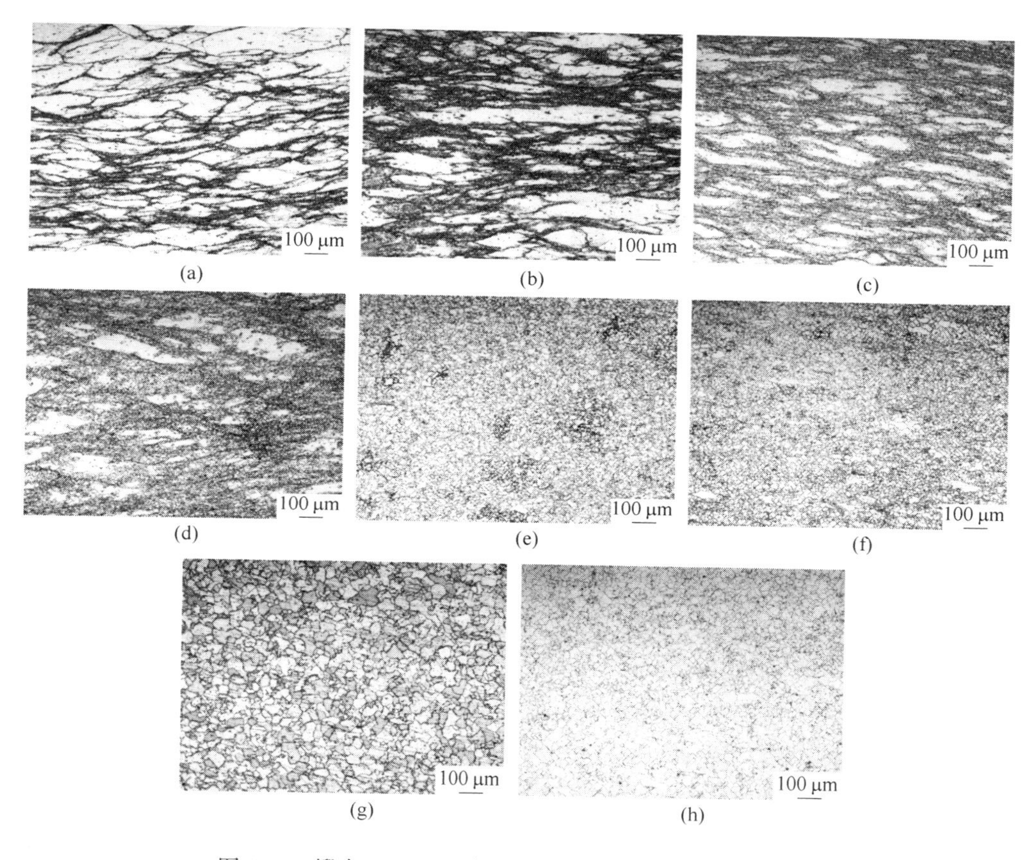


图 5-53 锻态 C-HRA-3 合金不同变形条件下的显微组织

（a）1000℃，$0.01s^{-1}$；（b）1000℃，$10s^{-1}$；（c）1050℃，$0.01s^{-1}$；（d）1050℃，$10s^{-1}$；（e）1100℃，$0.01s^{-1}$；（f）1100℃，$10s^{-1}$；（g）1150℃，$0.01s^{-1}$；（h）1150℃，$10s^{-1}$

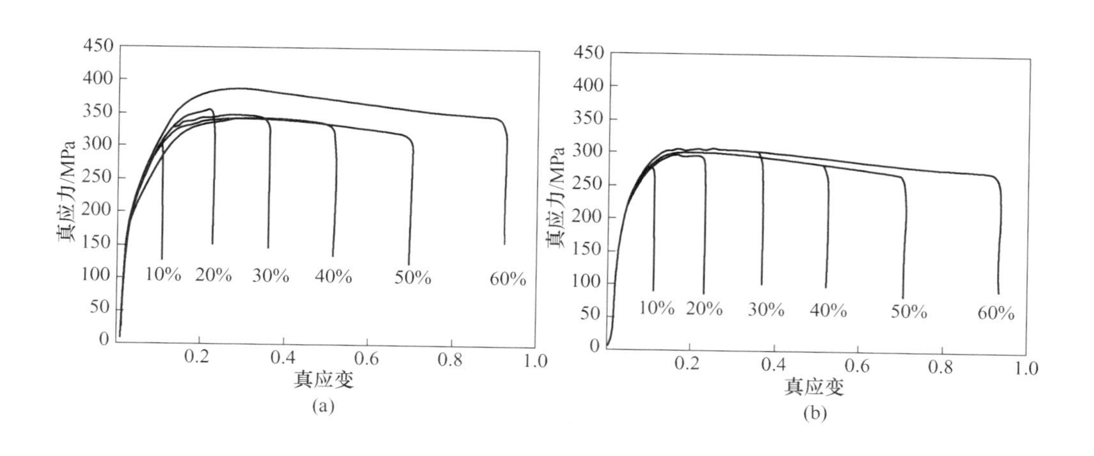

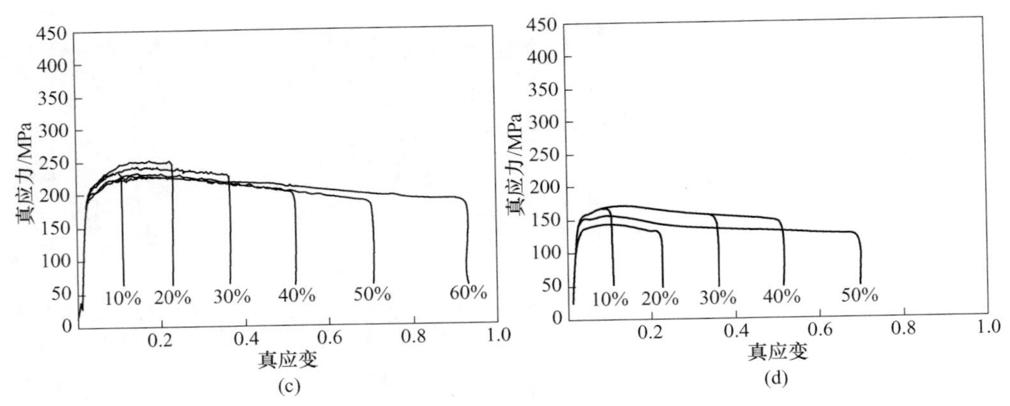


图 5-54 锻态 C-HRA-3 合金在不同变形量条件下的流变应力曲线

(a) 1050℃；(b) 1100℃；(c) 1150℃；(d) 1180℃

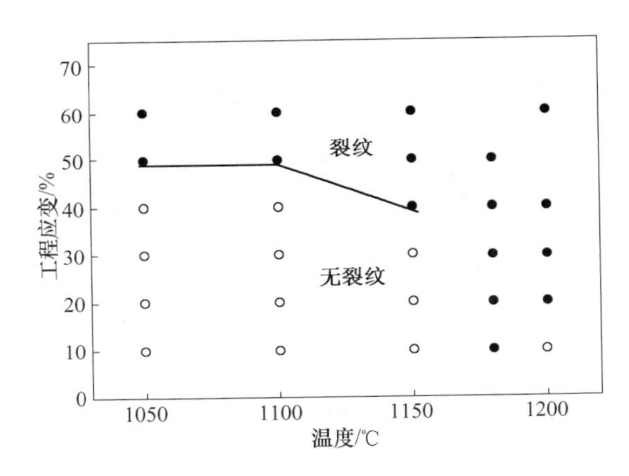


图 5-55 锻态 C-HRA-3 合金工程应变与变形温度的关系

变形量减小。为弄清经锻后 C-HRA-3 合金热塑性变化的原因，对锻态 C-HRA-3 合金的表面裂纹进行了观察和深入研究。

变形温度为 1180℃ 变形量为 10% 的热压缩变形后试样表面裂纹宏观照片如图 5-56 所示，按图 5-34 工艺把试样加热至 1250℃，随后冷却至 1180℃ 进行变形，即使变形量仅为 10%时，试样中间“鼓肚”处也会出现纵向和呈 45°方向的裂纹，如图 5-56 中箭头所示。

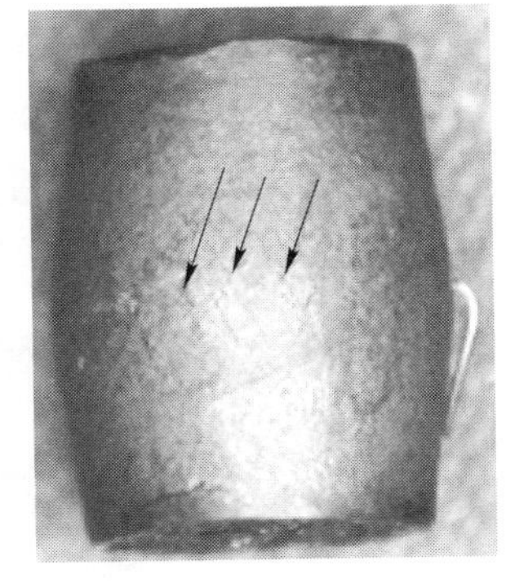

图 5-56 锻态 C-HRA-3 合金 1180℃-10%-1$s^{-1}$表面裂纹

随后将此试样沿中心轴向切开，进行EBSD分析，获得裂纹及应变分布见图5-57，其中白色表示裂纹，绿色（黑白画面为浅灰色）表示应变集中区。可以看出，应变除集中于晶粒中心，还集中于三叉晶界处和晶界裂纹前端，初步判定应变集中是造成晶界裂纹形成和快速扩展的原因。但是，为什么变形量很小时（10%）时就会出现裂纹，显然除了应变集中这个外部因素，材料本身的晶界特性才是最主要的原因。针对同一种材料，晶界特性与工艺参数有关，特别是变形温度。为弄清变形温度是否是造成合金热塑性变差的主要原因，设计试验如下：针对工艺图图5-34，设定最高加热温度 $T$ 为1190℃，其他参数不变，进行锻态C-HRA-3合金热压缩试验。

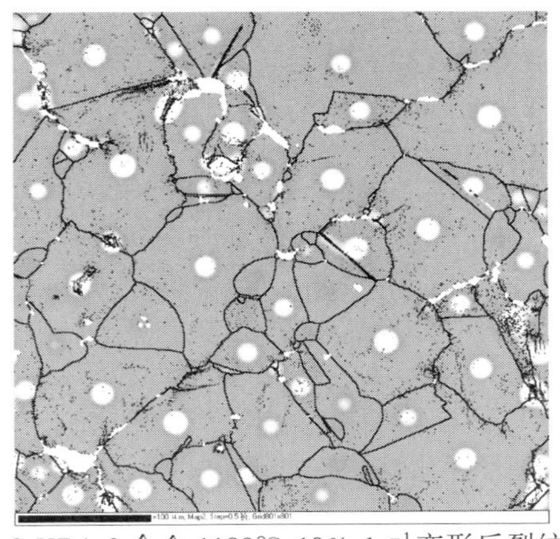

图5-57 锻态C-HRA-3合金1180℃-10%-1s$^{-1}$变形后裂纹及应变分布图

最高加热温度为1190℃、变形量为50%、应变速率为1s$^{-1}$不同变形温度条件下的热压缩试验结果见图5-58。图5-58（a）和（b）分别为在1180℃-50%-1s$^{-1}$变形条件时的试样宏观表面和金相观察。可以看出在1180℃变形量达50%时，试样表面光滑，组织为完全动态再结晶，并且试样内部无裂纹。

(a)

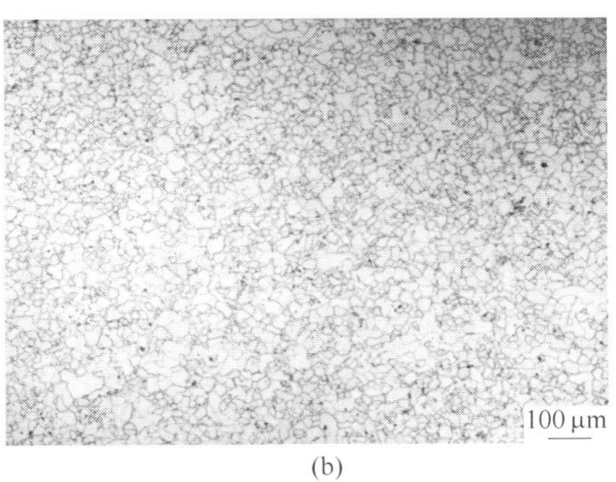


(b)

图5-58 锻态C-HRA-3合金最高加热温度1190℃时变形量50%后宏观和微观组织
（a）宏观照片；（b）微观金相

经不同最高加热温度后在 1180℃-50%-1s$^{-1}$变形时的流变曲线对比见图 5-59。可以看出，最高加热温度从 1250℃降低至 1190℃，峰值应力升高，峰值应力对应的应变增大。从曲线形状看，经 1250℃加热后，过峰值应力后，随应变的增大，应力值降低明显，不仅与动态再结晶的软化作用有关，更可能与晶界裂纹产生有关。

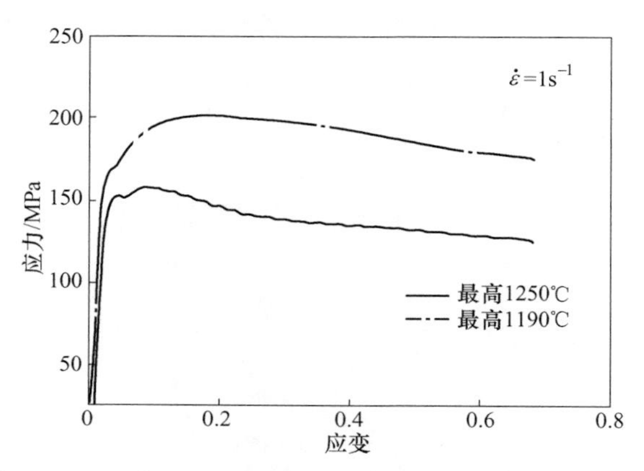


图 5-59　锻态 C-HRA-3 合金不同最高加热温度后 1180℃变形量 50%时流变曲线

通过以上分析，可以发现，锻态 C-HRA-3 合金经历最高加热温度 1250℃是其热变形恶化的最主要原因，并且，在此温度以下时，变形温度越高，影响越显著。这可能与低熔点微量元素（S、P、B、Pb 等）及其形成的低熔点化合物晶界熔化有关。在目前冶炼技术条件下，推荐锻态 C-HRA-3 合金最高加热温度不宜超过 1250℃，即使是简单的加热过程也是禁止的。若最高加热温度不超过 1200℃时，上限变形量可达 50%而不出现表面裂纹。

采用与前述铸态 C-HRA-3 合金完全相同的方法绘制锻态 C-HRA-3 合金的热加工图。选择真应变为 0.6，代入本试验数据，首先求得本试验条件下锻态 C-HRA-3 合金的能量耗散因子 $\eta$ 值和失稳判据 $\xi$ 值，然后以变形温度 $T$ 为横坐标和 lg $\dot{\varepsilon}$ 为纵坐标分别作能量耗散图和失稳图，将两图叠加在一起就得到锻态 C-HRA-3 合金的热加工图（图 5-60），等值线上的数值代表能量耗散因子值，阴影部分为 $\xi$ 小于 0 的部分，代表理论上会发生塑性失稳的区域。从图 5-60 可以看出，在锻态 C-HRA-3 合金的热加工图上，存在 2 个能量耗散因子峰值区和 3 个失稳区。锻态 C-HRA-3 合金 2 个能量耗散因子峰值区分别为：区域Ⅰ（变形温度 960～1025℃，应变速率 0.01～0.05s$^{-1}$），对应的能量耗散因子峰值为 0.35；区域Ⅱ（图中右下角，变形温度 1080～1200℃，应变速率 0.01～1s$^{-1}$），对应的能量耗散因子峰值为 0.41。3 个失稳区分别为：变形温度 950～960℃和应变速率 0.01～0.05s$^{-1}$，变形温度 950～1040℃和应变速率 0.1～10s$^{-1}$以及变形温度 1075～

1125℃和应变速率 1~10$s^{-1}$。在失稳区，能量耗散因子值较低（左上角失稳区的能量耗散因子值小于 0.26），表示在热变形过程中组织演化所耗的能量所占比例较少，材料塑性变形引起的能量耗散多，这样就会使局部变形量过大，从而可能导致失稳发生，因此，热加工变形时要尽量避免这些区域。

为弄清热加工图中峰值区域的变形机理，对比图 5-53 金相组织发现：

区域Ⅰ，选择变形温度 1000℃，应变速率 0.01$s^{-1}$，见图 5-53（a），在该组织中出现混晶，为典型的不完全动态再结晶组织，并且再结晶分数较低，因此区域Ⅰ并非最佳热变形区间。

区域Ⅱ，选择变形温度 1100℃，应变速率 0.01$s^{-1}$，见图 5-53（e），在该组织中晶粒细小、均匀，为典型的完全动态再结晶组织。

从能量耗散因子和组织观察，区域Ⅱ是锻态 C-HRA-3 合金的最佳热加工区间时。为了获得最终的细小晶粒，在对应于峰值效率的应变速率不变的情况下，要选用较低的变形温度。通过以上分析，锻态 C-HRA-3 合金最高加热温度不超过 1200℃，推荐其最佳热变形区间为：变形温度 1100~1190℃，应变速率 0.01~1$s^{-1}$，最大变形量不超过 50%，不低于 10%，可得到完全动态再结晶组织。

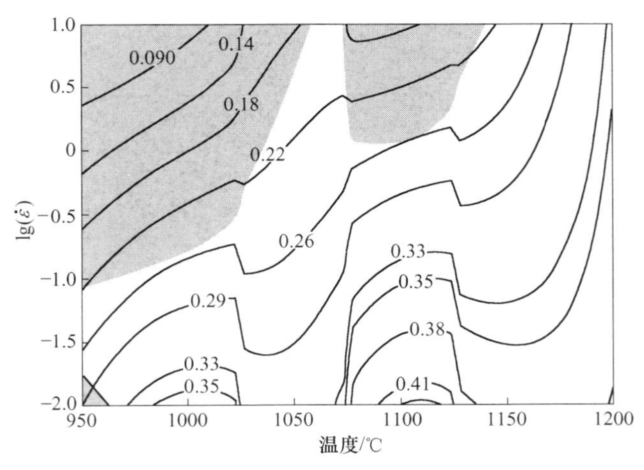


图 5-60 锻态 C-HRA-3 合金真应变 0.6 时的热加工图

### 5.3.5 C-HRA-3 合金热处理工艺与组织性能关系研究

首先研究 C-HRA-3 合金热处理过程中晶粒长大动力学，采用 14mm×14mm×10mm 金相试块，选择固溶温度分别为 1125℃、1150℃、1175℃和 1200℃，每一固溶温度下分别保温 20min、40min、60min 和 120min，然后水淬。采用金相显微镜自带 SISC IAS 8.0 金相图像分析软件测量上述试样的平均晶粒尺寸，按照 GB/T 6394—2002 标准对 6 个 100 倍金相视场进行截点法统计，测量结果是晶粒度级数及平均截距，再转换成平均晶粒尺寸。研究固溶温度对 C-HRA-3 合金组织和力学性能的影响，固溶温度分别为 1125℃、1150℃、1175℃和 1200℃，保温时间均为 1h，水淬。拉伸数据为 2 个试样的平均值，冲击数据为 2 个试样的平均值，然后观察显微组织、测量平均晶粒尺寸。

在实验室研究的基础上，利用成功挤压的 C-HRA-3 合金成品管（外径 $\phi$460mm×壁厚 80mm），分别在外表面、1/2 壁厚和内表面三个位置取样，系统研究 C-HRA-3 合金成品管的最佳热处理制度。具体热处理工艺选择如表 5-15 所示，随后测试室温拉伸和冲击性能，拉伸数据为 2 个试样的平均值，冲击数据为 3 个试样的平均值，微观组织观察和晶粒尺寸测量如前所述。

**表 5-15　C-HRA-3 合金大口径成品管固溶热处理制度研究方案**

| 编号 | 温度/℃ | 时间/min | 冷却方式 | 编号 | 温度/℃ | 时间/min | 冷却方式 |
|---|---|---|---|---|---|---|---|
| 1 | 1150 | 30 | 水淬 | 7 | 1170 | 30 | 水淬 |
| 2 |  | 60 |  | 8 |  | 60 |  |
| 3 |  | 120 |  | 9 |  | 120 |  |
| 4 | 1160 | 30 |  | 10 | 1180 | 30 |  |
| 5 |  | 60 |  | 11 |  | 60 |  |
| 6 |  | 120 |  | 12 |  | 120 |  |

C-HRA-3 合金晶粒长大情况随固溶保温时间的变化见图 5-61。其中图 5-61（a）、（b）、（c）和（d）分别为 C-HRA-3 合金在 1175℃ 固溶保温 20min、40min、60min 和 120min 时金相组织。可以看出，在 1175℃固溶时，随保温时间的延长，合金的晶粒不断长大，保温时间从 40min 提高至 60min 时，晶粒长大明显；保温至 120min 时，晶粒大小不均，个别晶粒显著长大。

为研究 C-HRA-3 合金晶粒长大动力学，需要测量不同固溶条件下的平均晶粒尺寸。将所测平均晶粒尺寸数据与固溶温度和保温时间之间的关系绘制于图 5-62，可以看出随着固溶温度的升高和保温时间的延长，合金的平均晶粒尺寸不断增大。当固溶温度在 1150℃以下时，随保温时间的延长，合金的平均晶粒尺寸增加缓慢，1150℃保温 2h 平均晶粒尺寸约 68μm；在 1175℃固溶时，不同保温时间后的平均晶粒尺寸分别为 57μm、74μm、125μm 和 160μm；而当 1200℃固溶时，不同保温时间后的平均晶粒尺寸分别为 90μm、132μm、206μm 和 270μm。与保温时间相比，提高固溶温度更有利于晶粒长大。

为预测 C-HRA-3 合金的晶粒长大情况，就需要建立合金的晶粒长大模型。1125℃固溶时，晶粒尺寸太细小，此固溶温度偏低，不是最佳固溶温度范围。为建立合金的晶粒长大模型，采用固溶温度 1125℃以上时的平均晶粒尺寸数据。

当晶粒正常长大时，合金的晶粒长大可用下式描述：

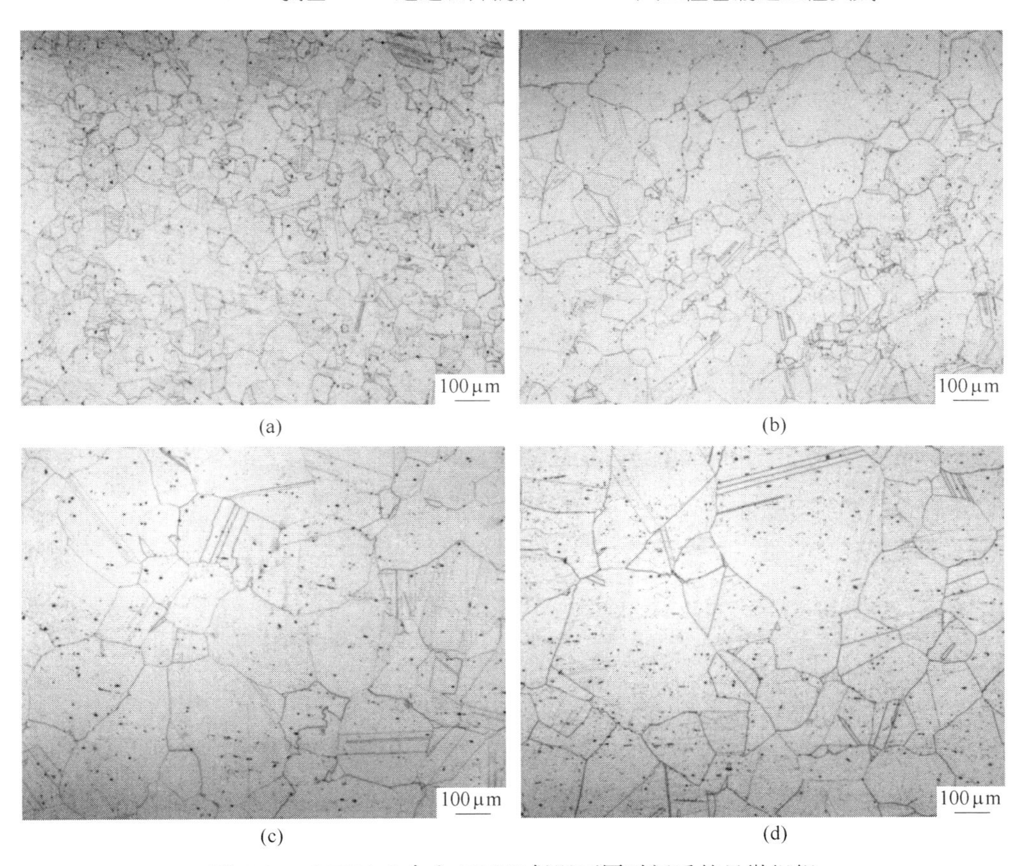


图 5-61 C-HRA-3 合金 1175℃保温不同时间后的显微组织

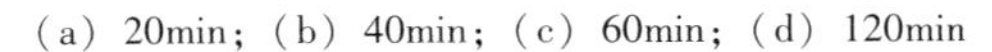
（a）20min；（b）40min；（c）60min；（d）120min

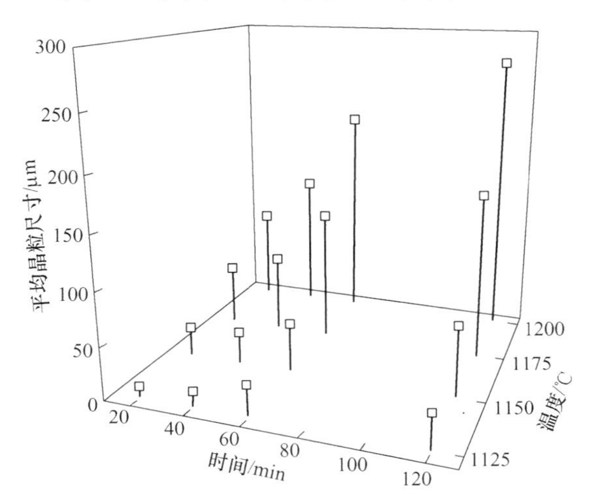


图 5-62 C-HRA-3 合金不同温度和时间固溶后平均晶粒尺寸变化

$$D = kt^m \tag{5-16}$$

式中，$D$ 为时间 $t$ 时合金的平均晶粒尺寸，μm；$t$ 为保温时间，s；$m$ 为晶粒生长指数；$k$ 为常数。但是，式（5-16）只适用于当平均晶粒尺寸 $D$ 远远大于初始晶粒尺寸 $D_0$ 时的情形。

为考虑初始晶粒尺寸 $D_0$ 的影响，一般晶粒长大方程如下：

$$D - D_0 = kt^m \tag{5-17}$$

通过上式，两边同时对数可得：

$$\ln(D - D_0) = \ln k + m\ln t \tag{5-18}$$

采用本试验中所测平均晶粒尺寸数据，原始晶粒尺寸见图 5-62，$D_0$ 取 5μm。根据式（5-18）通过回归分析得到 $\ln(D-D_0)$ 与 $\ln t$ 的关系见图 5-63。可以看出，在一定固溶温度下，$\ln(\Delta D)$ 与 $\ln t$ 之间呈较好的线性关系，即 C-HRA-3 合金的晶粒长大规律符合式（5-17）所示方程，该组直线的斜率对应不同温度下的晶粒生长指数 $m$。晶粒生长指数 $m$ 随着固溶温度的升高而不断增大。

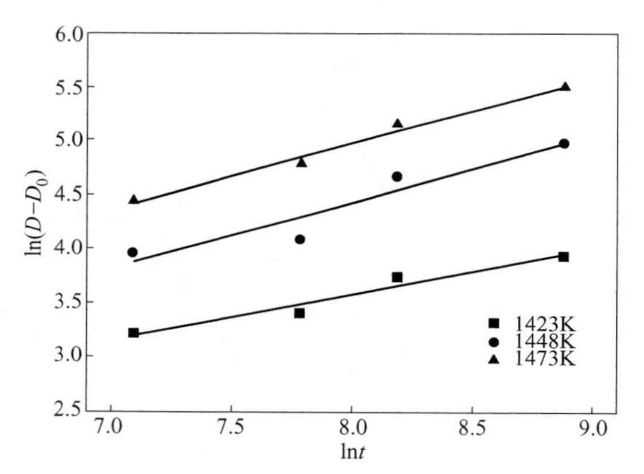


图 5-63　C-HRA-3 合金不同固溶温度下 $\ln(D-D_0)$ 与 $\ln t$ 的关系

目前预测等温过程奥氏体晶粒正常长大规律的模型多采用 Sellars 模型和 Anelli 改进模型，如式（5-19）和式（5-20）所示：

$$D^n - D_0^n = At\exp\left(-\frac{Q}{RT}\right) \tag{5-19}$$

$$D - D_0 = Bt^m\exp\left(-\frac{Q}{RT}\right) \tag{5-20}$$

式中，$D$ 和 $D_0$ 分别为最终和原始晶粒平均直径，μm；$t$ 为保温时间，s；$A$、$B$、$n$ 为常数；$m$ 为晶粒生长指数；$Q$ 为晶粒长大激活能，kJ/mol；$R$ 为气体常数；$T$ 为温度，K。上述两式代表的两个模型在本质上是相同的，但经验表明式(5-20)比式（5-19）的误差小很多，本文采用式（5-20）模型。

将实验数据代入式（5-20），通过非线性回归计算，得到 C-HRA-3 合金的晶粒长大动力学方程如下：

$$D - D_0 = 2.35 \times 10^{17} t^{0.612} \exp\left(-\frac{459070}{RT}\right) \tag{5-21}$$

从式（5-21）可以看出，C-HRA-3合金固溶处理后的晶粒长大激活能 $Q$ 为459kJ/mol。

为验证式（5-21）模型的准确性，利用此模型对C-HRA-3合金晶粒尺寸进行了预测。将C-HRA-3合金平均晶粒尺寸的实测值和预测值进行了对比，见图5-64。其中，图5-64中不同形状的点代表实测值，曲线代表此模型的预测值。从图5-64可以看出，$R^2$高于90%以上，说明经模型预测值与实测值之间有较好的关系。

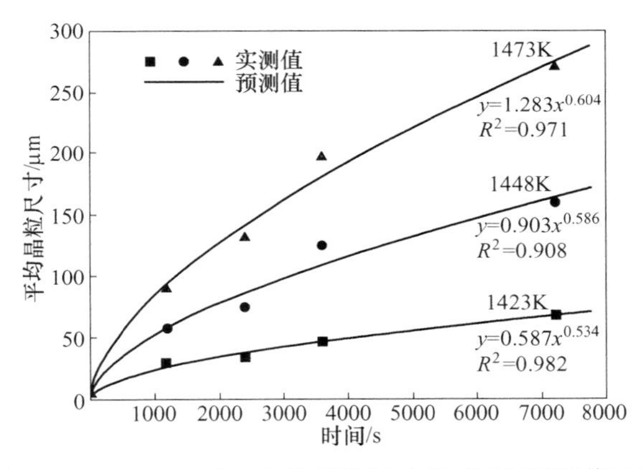


图5-64 C-HRA-3合金平均晶粒尺寸实测值与预测值对比

以前述实验室研究冶炼的CN1化学成分为例，通过Thermo-Calc热力学软件计算了C-HRA-3合金的热力学相图，采用最新的TTNi8镍基合金数据库，计算结果见图5-65，C-HRA-3合金主要平衡析出相有$M_{23}C_6$、$M_6C$、γ′和μ相。$M_{23}C_6$和$M_6C$两种碳化物含量均较低，析出开始温度也不同。$M_{23}C_6$碳化物在低于980℃开始析出，而$M_6C$碳化物在低于1280℃开始析出。γ′相在低于810℃时开始析出，其析出量的质量分数随温度降低而升高。在700℃时，γ′相的质量分数达6%左右。

可借助背散射电子像（BSE）鉴别$M_{23}C_6$和$M_6C$相，C-HRA-3合金中的$M_6C$相主要是富Mo相，而$M_{23}C_6$主要是富Cr相。Mo元素的原子序数较Cr元素的高，背散射电子成像时Mo元素高的相呈现亮颜色，富Cr元素高的相则呈暗颜色。选择C-HRA-3合金在1150℃固溶处理后的扫描组织和能谱分析见图5-66，其中5-66（a）为二次电子像（SE），图5-66（b）为背散射电子像（BSE）。经1150℃固溶1h后，合金原奥氏体晶界和晶粒内部有较多未溶的析出相，BSE图像显示为暗色，说明无$M_6C$相。能谱进一步分析主要为富Cr的碳化物，该相成

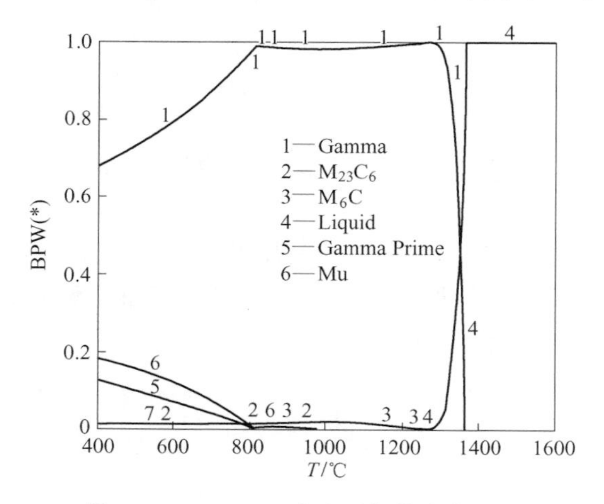


图 5-65　C-HRA-3 合金平衡热力学相图

分如表 5-16 所示。可以看出，$M_{23}C_6$相中富 C 和 Cr，C 和 Cr 元素原子百分比总和达 61.3%，可判定主要析出物为富 Cr 的 $M_{23}C_6$相。

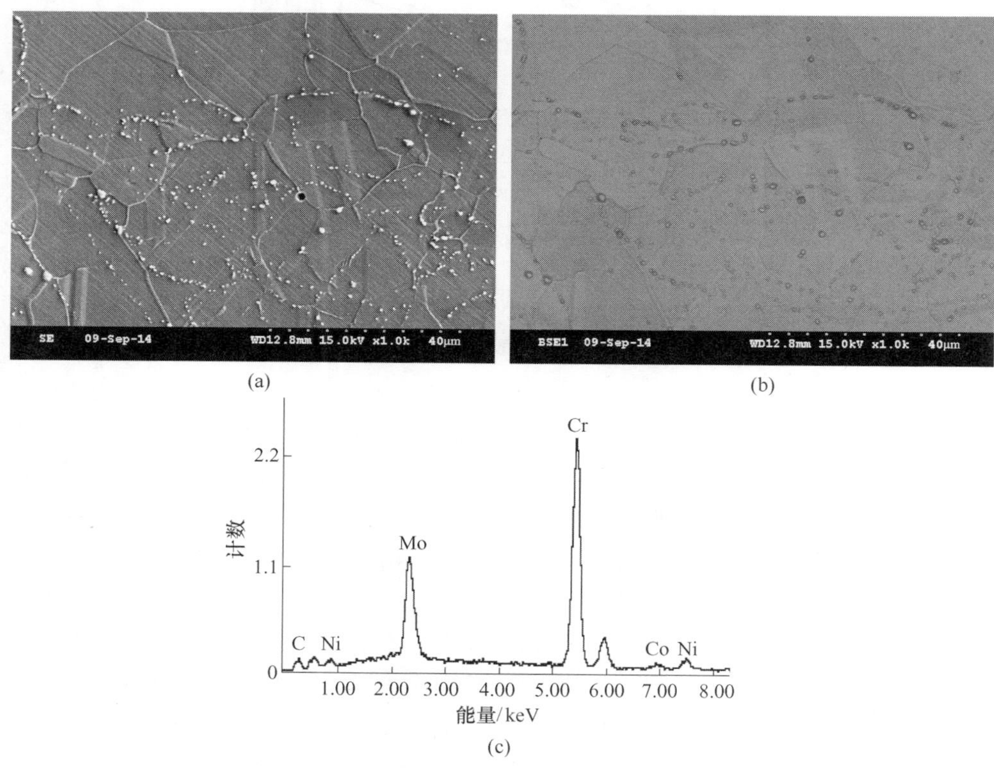


图 5-66　C-HRA-3 合金 1150℃固溶后显微组织

（a）SE；（b）BSE；（c）碳化物能谱

表 5-16 C-HRA-3 合金固溶后 $M_{23}C_6$ 相能谱成分分析

| 相 | 元素 | C | Mo | Cr | Co | Ni |
|---|---|---|---|---|---|---|
| $M_{23}C_6$ | 质量分数/% | 6.90 | 12.08 | 39.17 | 7.99 | 33.86 |
| | 体积分数/% | 26.51 | 5.82 | 34.79 | 6.26 | 26.63 |

C-HRA-3合金在不同温度固溶1h后的金相组织如图5-67所示。固溶温度1125℃保温1h后，晶粒细小，碳化物较多，呈“带状”组织，带状内部晶粒更细小；1150℃固溶1h后，基本消除了带状组织，晶内有大量孪晶出现；固溶温度提高至1175℃时，孪晶贯穿整个晶粒，晶粒明显长大，小晶粒所占总量减小，说明晶粒长大是通过大晶粒“吞并”小晶粒实现的；当固溶温度为1200℃时，晶粒继续长大。

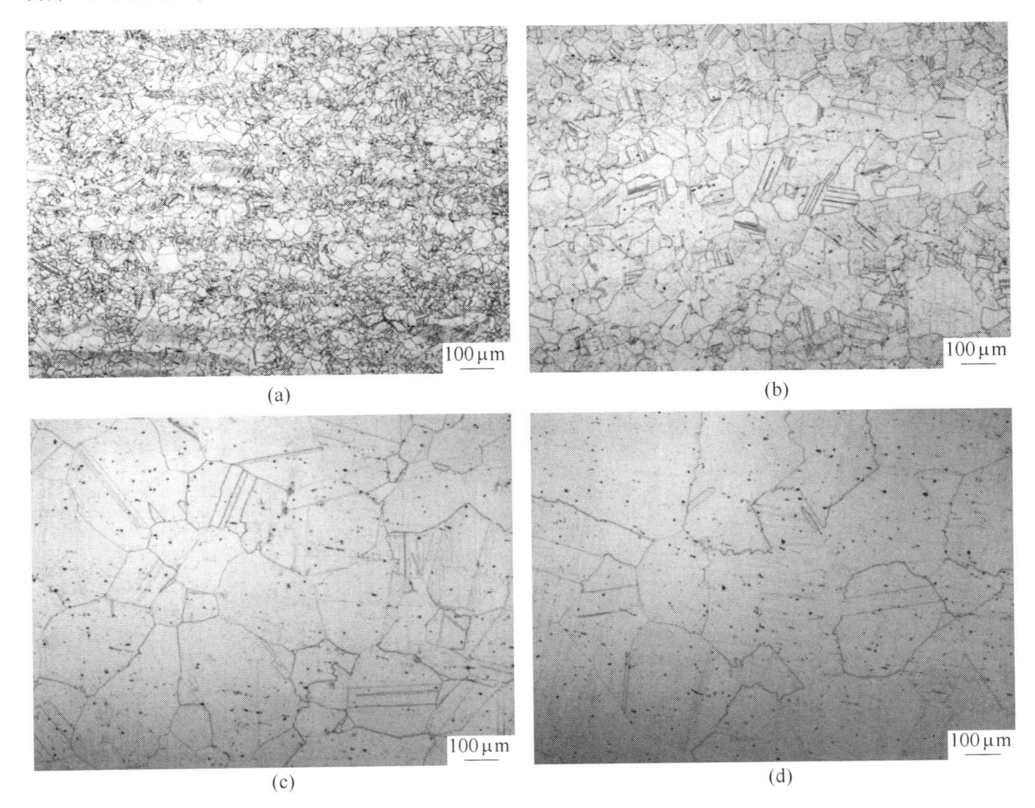


图5-67 C-HRA-3合金不同温度固溶1h后显微组织
(a) 1125℃；(b) 1150℃；(c) 1175℃；(d) 1200℃

C-HRA-3合金平均晶粒尺寸随固溶温度的变化见图5-68。在1125~1150℃温度范围固溶时，晶粒长大速率较慢，平均晶粒尺寸较小；在1150~1175℃固溶时，直线斜率增大，说明晶粒长大速率增大；在1175~1200℃固溶时，直线斜率降低，说明晶粒长大速率又降低。

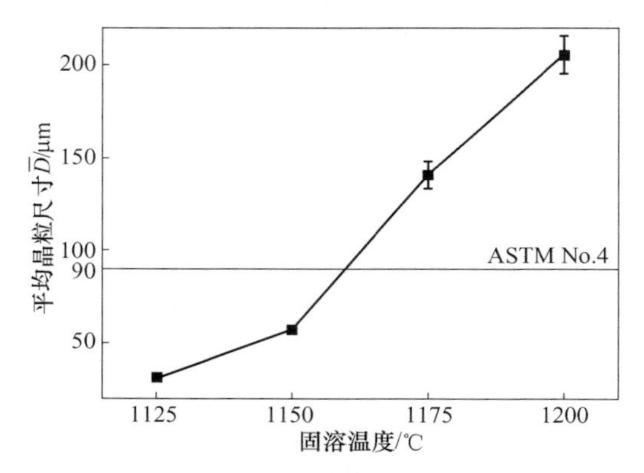


图 5-68　C-HRA-3 合金平均晶粒尺寸随固溶温度的变化

利用透射电镜（TEM）对 C-HRA-3 合金中的位错分布进行了观察。C-HRA-3 合金经固溶处理后晶粒内部位错分布如图 5-69 所示。其中图 5-69（b）中两平行直界面为孪晶界。可以看出经固溶处理后的 C-HRA-3 合金，位错主要在晶界和孪晶界处塞积，或在碳化物周围聚集。在长期时效过程中，位错可作为第二相的优先形核点，第二相析出与分布与位错的分布有关。

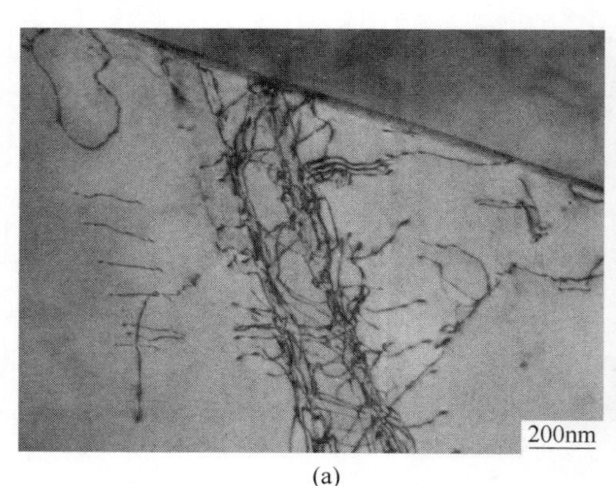


(a)

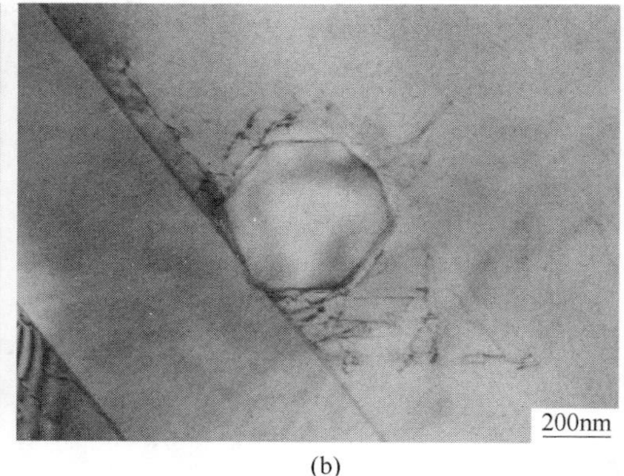


(b)

图 5-69　C-HRA-3 合金固溶处理后 TEM 观察位错分布

（a）晶界塞积；（b）孪晶界和碳化物周围

C-HRA-3 合金位错密度随固溶温度的变化见图 5-70。随着固溶温度的提高，C-HRA-3 合金中位错密度不断降低，说明随固溶温度升高，位错发生回复湮灭速度加快，致使位错密度显著降低。

C-HRA-3 合金不同固溶温度保温 1h 后晶界碳化物 SEM 观察见图 5-71，其中图 5-71（a）和（b）为放大 5000 倍，图 5-71（c）和（d）为放大 10000 倍。随

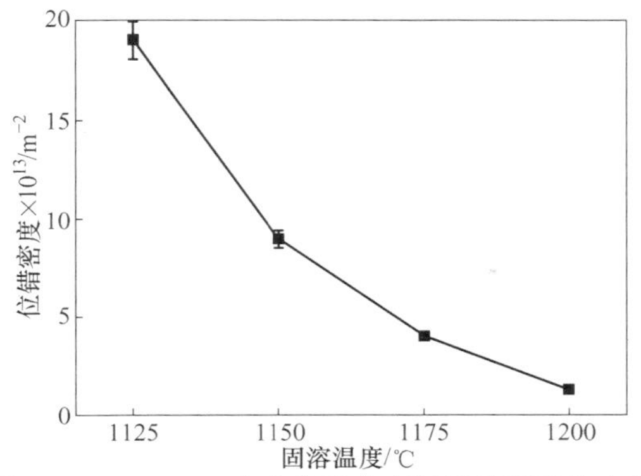

图 5-70 C-HRA-3 合金位错密度随固溶温度的变化

固溶温度从 1125℃升高至 1200℃，合金中晶界碳化物的尺寸和数量都逐渐减小，颗粒间距增大。在 1200℃固溶时，晶界碳化物基本完全回溶。随后对 C-HRA-3 合金在不同固溶温度下的晶界碳化物进行统计，统计颗粒不少于 100 个。C-HRA-3 合金晶界碳化物回溶动力学曲线见图 5-72。随着固溶温度从 1125℃升高

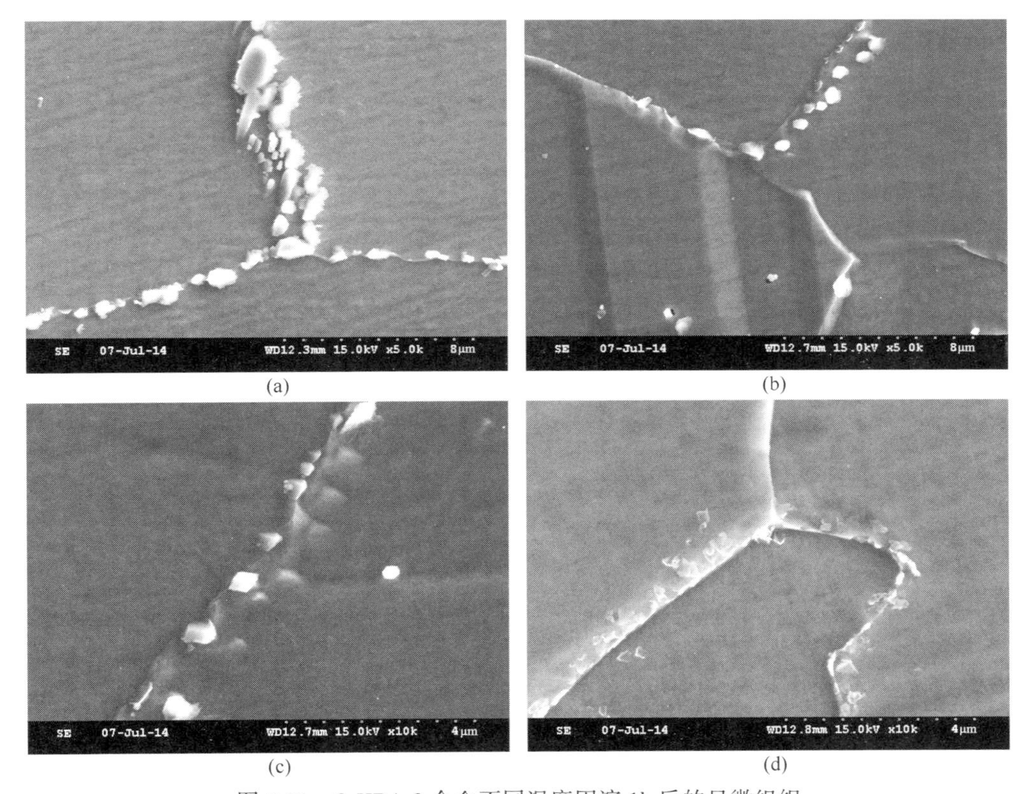

图 5-71 C-HRA-3 合金不同温度固溶 1h 后的显微组织

(a) 1125℃ (5000×)；(b) 1150℃ (5000×)；(c) 1175℃ (10000×)；(d) 1200℃ (10000×)

至1200℃，合金中的晶界碳化物平均直径不断减小，从810nm急剧降低至20nm，说明随固溶温度升高，碳化物回溶速度加快。

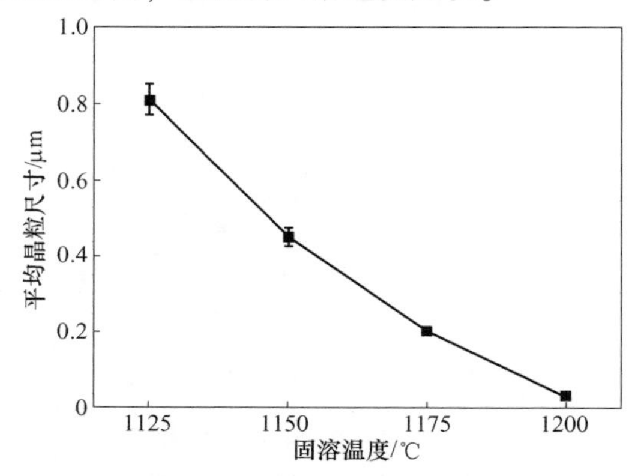


图 5-72　C-HRA-3 合金晶界碳化物尺寸随固溶温度的变化

C-HRA-3 合金在不同固溶温度 1125～1200℃ 保温 1h 后的室温抗拉强度和屈服强度变化分别如图 5-73（a）和（b）所示。

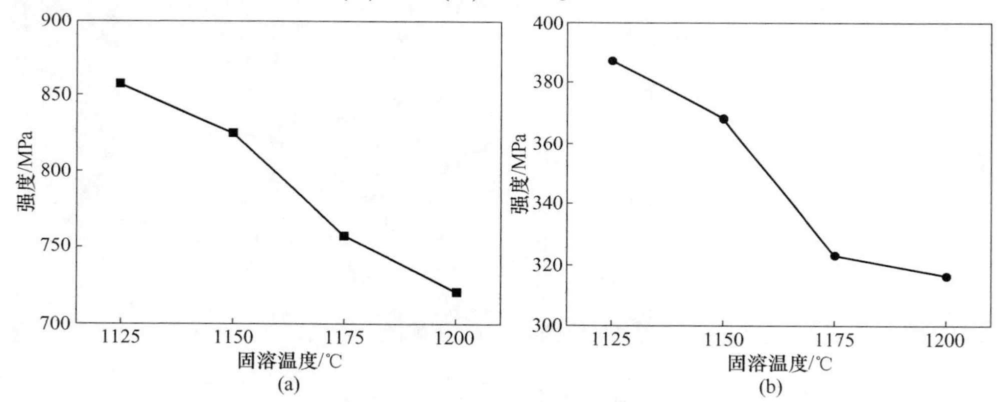


图 5-73　C-HRA-3 合金室温拉伸强度随固溶温度的变化

（a）$R_m$；（b）$R_{p0.2}$

在1125℃固溶时，合金的抗拉强度为857MPa，随固溶温度的升高，抗拉强度不断降低，并且在1150～1175℃温度之间固溶时，合金的抗拉强度下降速度最快，随后固溶温度继续升高，抗拉强度下降速度减慢；在1200℃固溶时，合金的抗拉强度为720MPa。合金的屈服强度随固溶温度的变化规律与抗拉强度的变化规律基本一致，最低屈服强度值高于300MPa。C-HRA-3 合金是制作大口径厚壁管的候选材料，对冲击韧性有较高要求。C-HRA-3 合金室温冲击功随固溶温度的变化见图 5-74。C-HRA-3 合金在1125℃固溶时，室温冲击功为220J，随固溶温度的升高，室温冲击功不断增大。

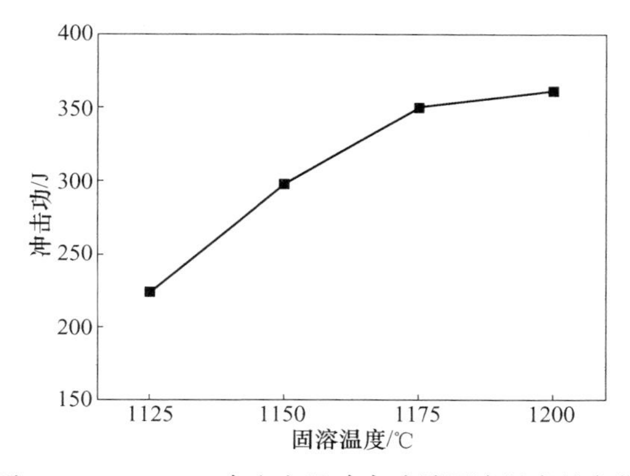


图5-74 C-HRA-3合金室温冲击功随固溶温度的变化

## 5.3.6 C-HRA-3合金大口径厚壁管工业热处理制度研究

按表5-15工艺对C-HRA-3大口径管外表面、1/2壁厚处和内表面三个位置取样后进行固溶热处理，金相组织分别如图5-75~图5-77所示。图中横坐标为时

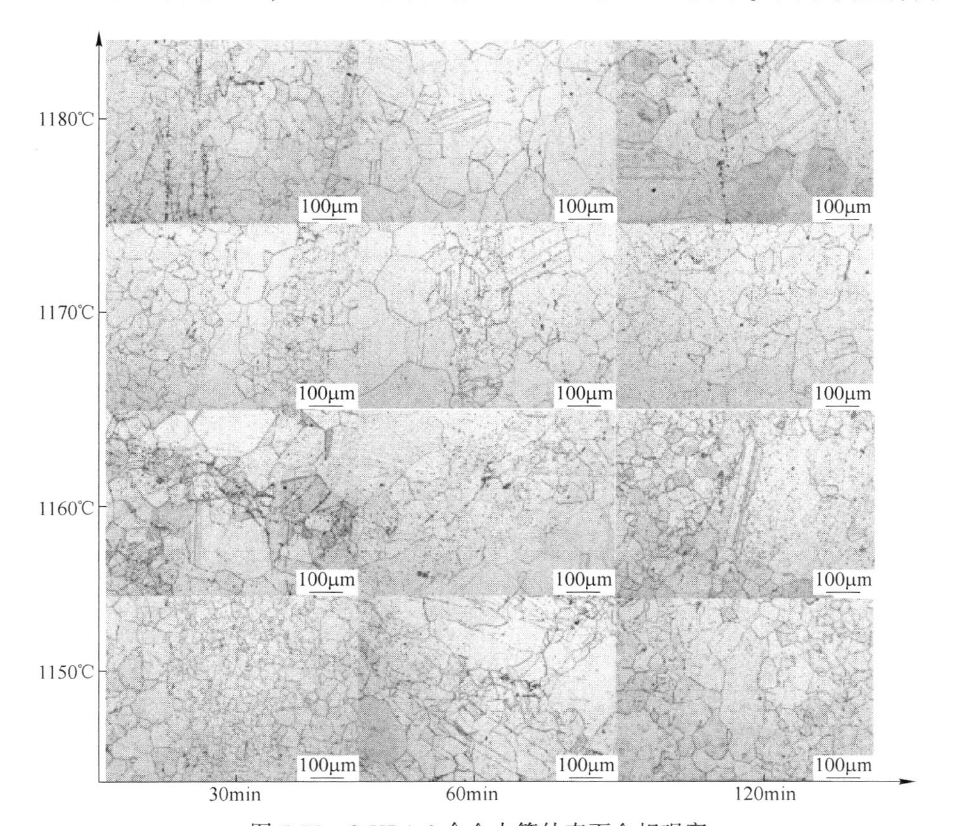


图5-75 C-HRA-3合金大管外表面金相观察

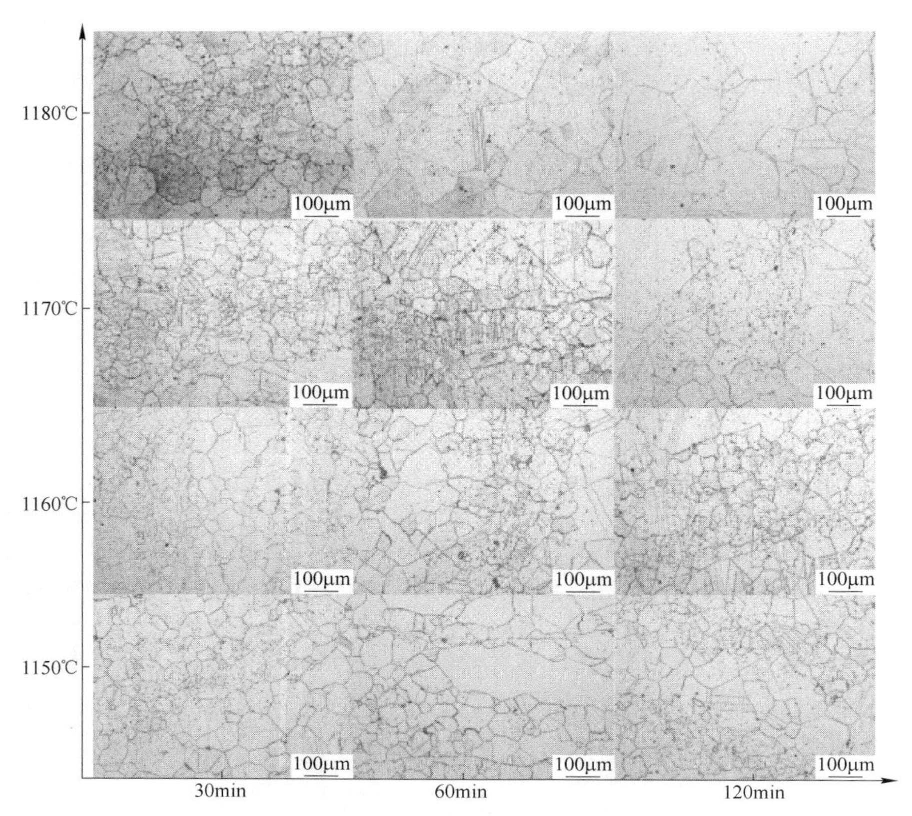


图 5-76　C-HRA-3 合金大管 1/2 壁厚金相观察

间，纵坐标为温度。大口径管外表面和内表面出现“带状组织”，带状组织有较多的碳化物，晶粒细小，出现组织不均匀，即混晶现象，而 1/2 壁厚处组织相对均匀。固溶温度越低，保温时间越短，“带状组织”越明显，混晶越严重。为进行统一对比，对混晶组织也进行平均晶粒度评级。尽管混晶组织不能按平均晶粒度评级，但也可在一定程度上反映了混晶的程度和晶粒尺寸大小。每一热处理制度下选择 100 倍的 5 个视场。C-HRA-3 合金管外表面和 1/2 壁厚处晶粒度级别如图 5-78 所示。固溶温度为 1150℃时，随保温时间增大，晶粒尺寸基本不变，说明此温度下混晶现象严重，即使长时间保温也不能改善混晶现象。当固溶温度在 1160～1170℃之间时，保温 30min 时，晶粒细小，混晶现象严重，保温时间 120min 时，有个别粗大晶粒。固溶温度在 1170℃以上时，外表面和内表面晶粒尺寸差异较大，温度越高，差异越大。

C-HRA-3 合金管不同方向和位置取样不同固溶热处理制度下室温冲击功如图 5-79 所示。图 5-79 中 W 代表管近外表面取样，Z 代表管 1/2 壁厚处，N 代表管近内表面取样。随固溶温度升高和保温时间延长，冲击功升高。无论纵向还是横

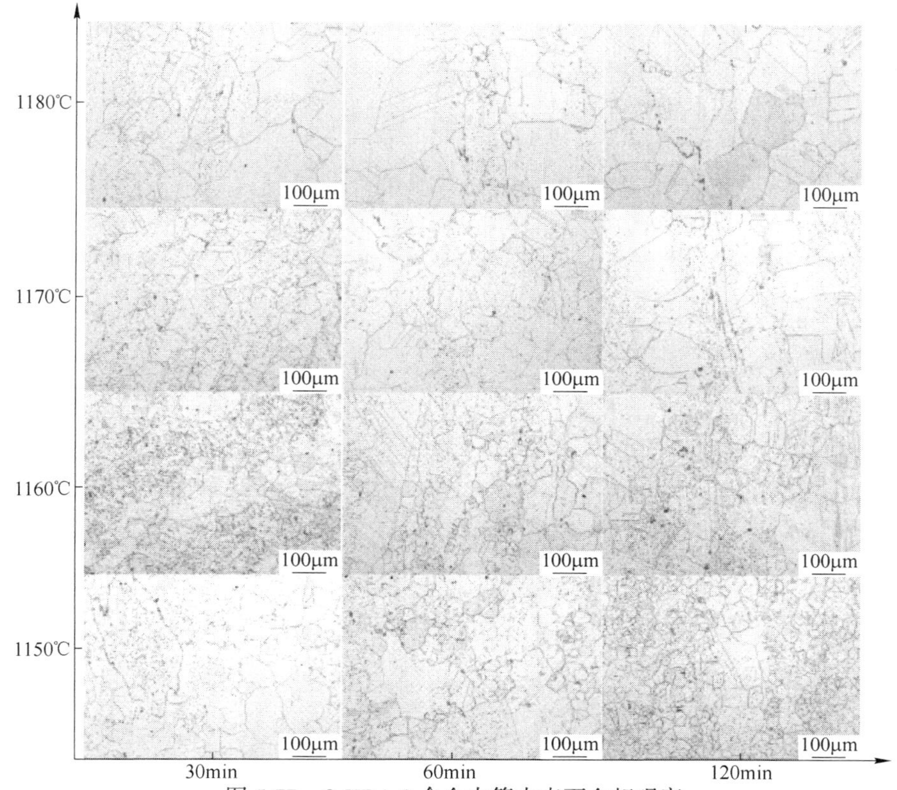


图 5-77 C-HRA-3 合金大管内表面金相观察

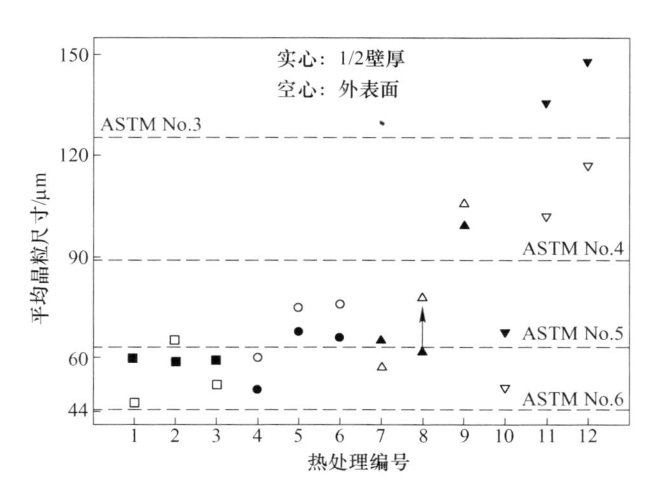


图 5-78 C-HRA-3 合金管平均晶粒尺寸

向取样，C-HRA-3 合金管固溶处理后室温冲击功都较高，但横向冲击功略低于纵向冲击功。C-HRA-3 合金管不同方向 1/2 壁厚处取样不同固溶热处理制度下室温拉伸性能如图 5-80 所示。随固溶温度升高和保温时间延长，室温屈服强度不断降低，伸长率增大。

C-HRA-3 合金管不同方向 1/2 壁厚处取样不同固溶热处理制度下 700℃拉伸性能如图 5-81 所示。随固溶温度升高，高温强度下降，但相同固溶温度下，随保温时间延长，高温抗拉强度和屈服强度规律不一致。当固溶温度低于 1180℃时，C-HRA-3 合金管 700℃抗拉强度大于 500MPa，屈服强度大于 185MPa。

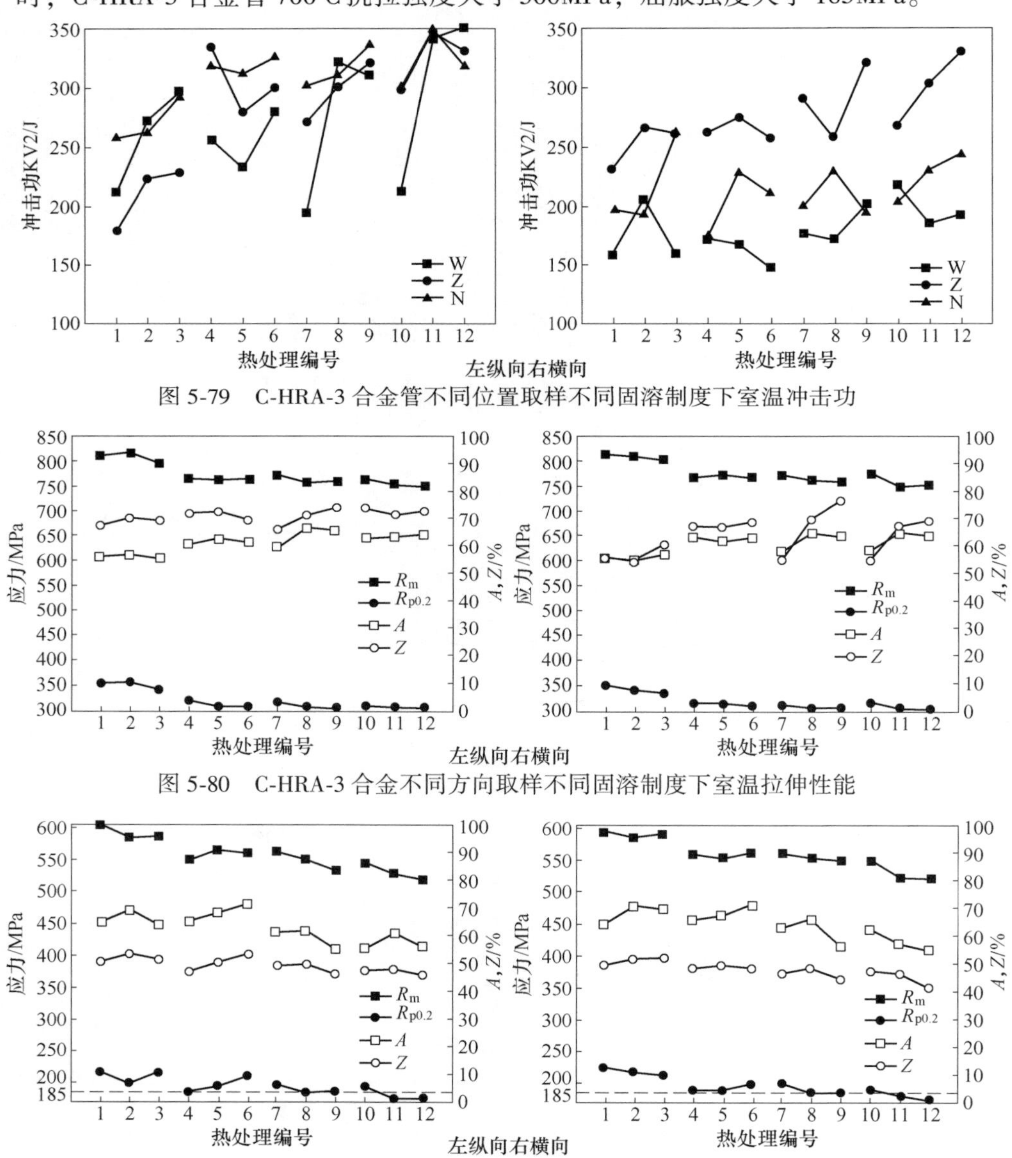


图 5-79 C-HRA-3 合金管不同位置取样不同固溶制度下室温冲击功

图 5-80 C-HRA-3 合金不同方向取样不同固溶制度下室温拉伸性能

图 5-81 C-HRA-3 合金不同方向取样不同固溶制度下 700℃高温拉伸性能

### 5.3.7 研制的C-HRA-3合金大口径厚壁管全面性能评价

#### 5.3.7.1 物理性能

采用流体静力学方法，利用METTLER TOLEDO天平及其密度组件测得C-HRA-3合金试样的质量和体积，再根据室温时蒸馏水的密度修正以及空气的密度补偿，最终得到C-HRA-3合金试样的室温密度$\rho$为8.279g/cm$^3$。

采用顶杆法测量热膨胀系数。通过测量与温度变化（$\Delta T$）相应的试样的长度变化（$\Delta L$），并将试样载体及顶杆等对试样长度变化可能造成影响的因素加以修正，最终可以得到试样的线性热膨胀和平均线膨胀系数。测试采用标准为GB/T 4339—2008。测试装置为Unitherm$^{TM}$-1252 Ultra High Temperature Dilatometer。试样为50mm×6mm×6mm长方体，测试初始温度为20℃，升温速率3℃/min，测试气氛为高纯Ar气保护，测试最高温度至800℃，测试间隔为50℃。C-HRA-3合金室温至800℃的平均线膨胀系数见表5-17。在温度从100℃至800℃区间，该合金平均线膨胀系数从11.4×10$^{-6}$℃$^{-1}$升至15.6×10$^{-6}$℃$^{-1}$。平均线膨胀系数随温度的变化绘制于图5-82。

**表5-17 C-HRA-3合金大管线性热膨胀和平均线膨胀系数**

| 温度/℃ | 线性热膨胀/% | 平均线膨胀系数/℃$^{-1}$ |
|---|---|---|
| 20~100 | 0.0908 | 11.4×10$^{-6}$ |
| 20~150 | 0.155 | 11.9×10$^{-6}$ |
| 20~200 | 0.222 | 12.3×10$^{-6}$ |
| 20~250 | 0.292 | 12.7×10$^{-6}$ |
| 20~300 | 0.365 | 13.0×10$^{-6}$ |
| 20~350 | 0.440 | 13.3×10$^{-6}$ |
| 20~400 | 0.515 | 13.6×10$^{-6}$ |
| 20~450 | 0.592 | 13.8×10$^{-6}$ |
| 20~500 | 0.670 | 14.0×10$^{-6}$ |
| 20~550 | 0.747 | 14.1×10$^{-6}$ |
| 20~600 | 0.824 | 14.2×10$^{-6}$ |
| 20~650 | 0.912 | 14.5×10$^{-6}$ |
| 20~700 | 1.01 | 14.9×10$^{-6}$ |
| 20~750 | 1.11 | 15.2×10$^{-6}$ |
| 20~800 | 1.22 | 15.6×10$^{-6}$ |

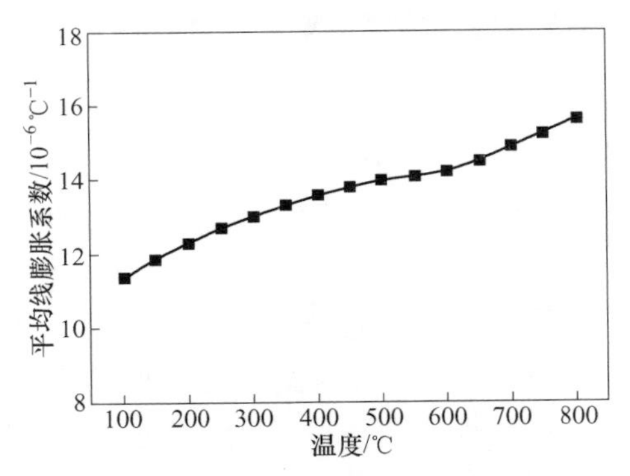


图 5-82　C-HRA-3 合金大口径管平均线膨胀系数随温度变化

弹性性能的测试采用动态测量方法-敲击共振法，即通过触发敲击使样品产生振动，探测系统采集的振动信号经数据处理获得其共振频率，经计算得到试样的弹性性能。采用的测试标准为 GB/T 22315—2008，测试装置为 RFDA HTVP 1750-C。标准试样尺寸为 80mm×20mm×3mm。测试升温速率为 300～3℃/min-800～5℃/min，测试气氛为高真空。C-HRA-3 合金室温至 800℃的杨氏模量、剪切模量和泊松比测试结果见表 5-18。随温度的升高，杨氏模量和剪切模量逐渐降低，泊松比升高。该合金杨氏模量和剪切模量随温度变化趋势绘制于图 5-83。

**表 5-18　C-HRA-3 合金成品管至 800℃杨氏模量、剪切模量和泊松比**

| 温度/℃ | 杨氏模量/GPa | 剪切模量/GPa | 泊松比 $\mu$ |
|---|---|---|---|
| 17 | 215 | 81.6 | 0.32 |
| 100 | 210 | 79.4 | 0.32 |
| 150 | 206 | 78.2 | 0.32 |
| 200 | 203 | 77.0 | 0.32 |
| 250 | 201 | 75.8 | 0.32 |
| 300 | 198 | 74.7 | 0.33 |
| 350 | 195 | 73.5 | 0.33 |
| 400 | 193 | 72.4 | 0.33 |
| 450 | 190 | 71.3 | 0.33 |
| 500 | 187 | 70.1 | 0.34 |
| 550 | 184 | 68.9 | 0.34 |
| 600 | 182 | 67.6 | 0.34 |
| 650 | 179 | 66.3 | 0.35 |
| 700 | 175 | 64.9 | 0.35 |
| 750 | 172 | 63.4 | 0.36 |
| 800 | 169 | 61.8 | 0.36 |

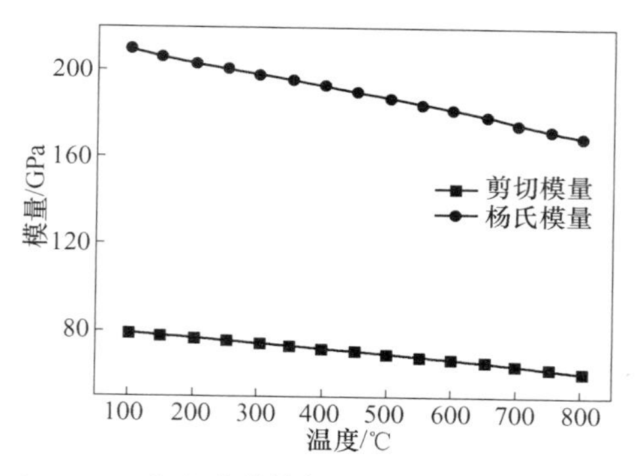


图 5-83　C-HRA-3 合金成品管杨氏模量和剪切模量随温度变化

采用非稳态法测量测试热导率等性能，采用的测试标准为 GB/T 22588—2008，测试装置为 Flashline™-5000 Thermal Properties Analyzer。在此设备上可同时完成热扩散率、比热、热导率的测试和计算。标准试样尺寸为 $\phi$12.7mm×1.5mm。C-HRA-3 合金的热扩散率、比热和热导率见表 5-19。该合金比热和热导率随温度变化趋势绘制于图 5-84。

**表 5-19　C-HRA-3 合金成品管至 800℃热扩散率、比热和热导率**

| 温度/℃ | 热扩散率×$10^{-6}$/$m^2$·$s^{-1}$ | 比热/J·(kg·K)$^{-1}$ | 热导率/W·(m·K)$^{-1}$ |
| --- | --- | --- | --- |
| 100 | 3.12 | 440 | 11.3 |
| 150 | 3.27 | 445 | 12.0 |
| 200 | 3.43 | 450 | 12.8 |
| 250 | 3.59 | 455 | 13.5 |
| 300 | 3.74 | 460 | 14.3 |
| 350 | 3.88 | 465 | 15.0 |
| 400 | 4.01 | 470 | 15.6 |
| 450 | 4.13 | 474 | 16.1 |
| 500 | 4.24 | 478 | 16.7 |
| 550 | 4.36 | 484 | 17.4 |
| 600 | 4.49 | 492 | 18.3 |
| 650 | 4.65 | 503 | 19.4 |
| 700 | 4.83 | 517 | 20.7 |
| 750 | 5.03 | 533 | 22.2 |
| 800 | 5.23 | 549 | 23.8 |

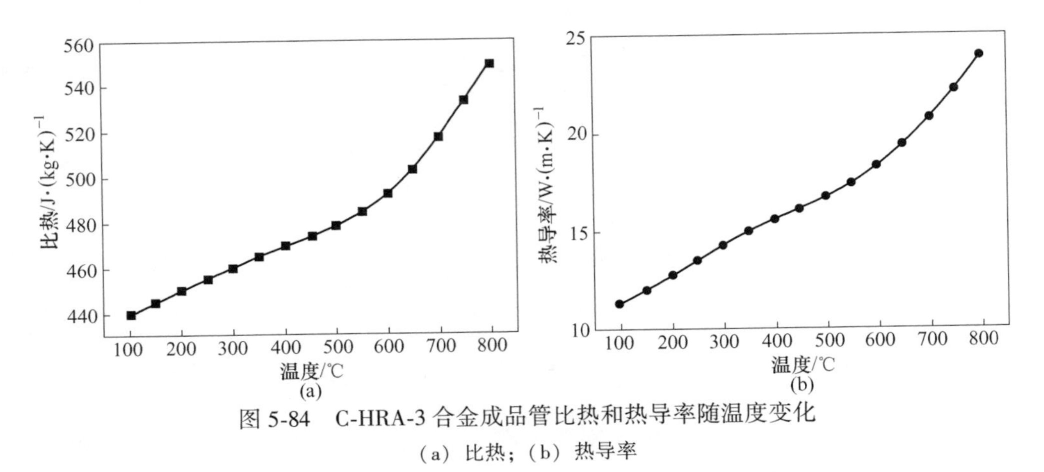


图 5-84　C-HRA-3 合金成品管比热和热导率随温度变化

（a）比热；（b）热导率

### 5.3.7.2　典型组织

C-HRA-3 合金大口径厚壁管热处理后低倍组织观察见图 5-85。低倍结果显示一般疏松 0.5 级。

图 5-85　C-HRA-3 合金大口径厚壁低倍组织

晶粒度对成品管性能影响显著。在钢管横向 1/2 壁厚处取样进行微观组织检测。试样在不同型号的 SiC 砂纸上水磨，砂纸型号从低到高分别为 150 号、320 号、600 号和 1000 号，磨完后进行抛光和腐蚀。手动腐蚀采用 2mg $CuCl_2$ + 40mL HCl + 60mL 酒精的混合液，根据不同试样状态浸泡或擦拭不同时间，一般在 5～30s 之间。用 LeicaMEF4M 金相显微镜对经腐蚀后的试样进行金相观察。C-HRA-3 合金大口径成品管热处理后横向和纵向 1/2 壁厚处金相组织观察如图 5-86 所示。可以看出 C-HRA-3 合金大管 1/2 壁厚处横向组织中晶粒尺寸较均匀，而纵向组织中存在碳化物带。

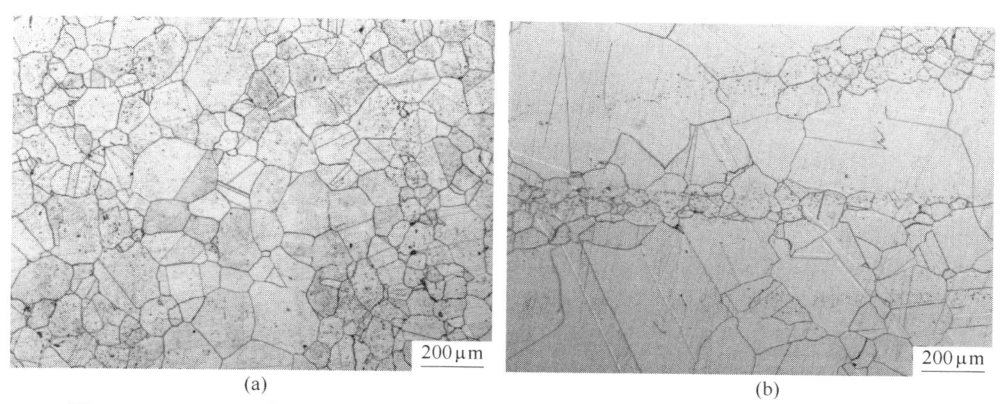


图 5-86 C-HRA-3 合金大口径成品管最佳热处理后横向和纵向 1/2 壁厚处金相组织

(a) 横向；(b) 纵向

测量晶粒度的试样为 1/2 壁厚处纵向试样。利用 LeicaMEF4M 金相显微镜自带 SISC IAS8.0 金相图像分析软件中的截点法进行晶粒度测量，按照标准 GB/T 6394—2002（方法与 ASTM E112 相同），对 5~6 个 100 倍金相视场进行统计得到的平均晶粒度尺寸，测量结果是晶粒度级数及平均截距。采用不同的 100 倍金相照片测量 3 次，得到 C-HRA-3 大口径成品管的晶粒度级别 ASTM No.3 左右。

### 5.3.7.3 常规力学性能

C-HRA-3 合金大口径厚壁管热处理后径向布氏硬度变化见图 5-87。经固溶处理后的合金管内表面一侧硬度在 200HBW，从内表面一侧到距外表 15mm 处，硬度基本保持不变，离外表面越近，硬度越高。

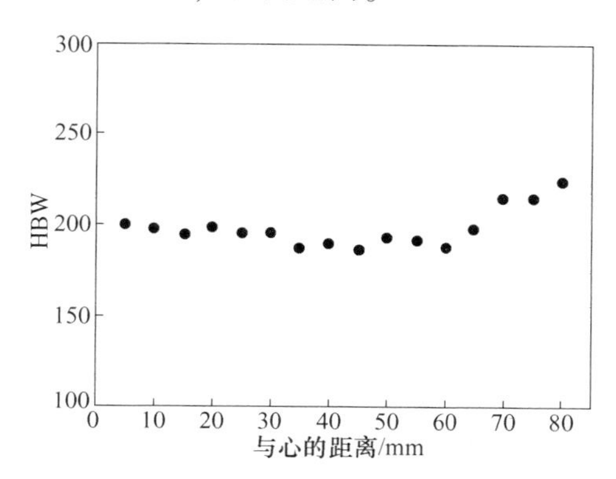


图 5-87 C-HRA-3 合金径向硬度 HBW

对 C-HRA-3 合金大口径厚壁管热处理后不同方向（横、纵向）和不同位置（外 1/4 壁厚处、1/2 壁厚处和内 1/4 壁厚处）进行拉伸和冲击取样，如图 5-88 所示。

C-HRA-3 合金大口径厚壁管热处理后不同方向和位置试样室温冲击功如表 5-

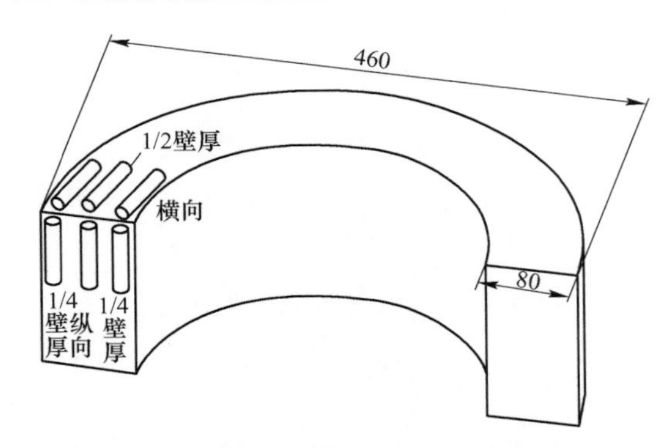


图 5-88　C-HRA-3 合金大口径成品管最佳热处理后不同方向和位置取样示意图

20 所示。经固溶处理后，C-HRA-3 合金大管室温冲击功较高，不同方向和位置取样的平均冲击功都大于 220J。

**表 5-20　C-HRA-3 合金大管不同方向和位置室温冲击功**

| 取样位置 | 试验温度/℃ | 冲击功 KV2/J |
|---|---|---|
| 横向—内 1/4 | 20 | 245 |
| 横向—1/2 壁厚 | 20 | 224 |
| 横向—外 1/4 | 20 | 264 |
| 纵向—内 1/4 | 20 | 319 |
| 纵向—1/2 壁厚 | 20 | 282 |
| 纵向—外 1/4 | 20 | 267 |

注：结果为 3 个试样平均值。

C-HRA-3 合金大口径厚壁管热处理后不同方向和位置的试样室温拉伸性能见表 5-21。C-HRA-3 合金大管室温抗拉强度和屈服强度分别大于 748MPa 和 317MPa，伸长率和断面收缩率也分别大于 60%和 50%。把研制的 C-HRA-3 合金大管不同位置的性能测试结果与美国威曼-高登公司挤压的 617B 成品管性能进行了对比，见表 5-22。

**表 5-21　C-HRA-3 合金大管不同方向和位置室温拉伸性能**

| 取样位置 | 抗拉强度/MPa | 屈服强度/MPa | 伸长率/% | 断面收缩率/% |
|---|---|---|---|---|
| 横向—内 1/4 | 755 | 348 | 63 | 62 |
| 横向—1/2 壁厚 | 750 | 332 | 62 | 55 |
| 横向—外 1/4 | 765 | 332 | 62 | 60 |
| 纵向—内 1/4 | 755 | 347 | 63 | 61 |
| 纵向—1/2 壁厚 | 752 | 332 | 63 | 61 |
| 纵向—外 1/4 | 748 | 317 | 68 | 65 |

注：结果为 2 个试样平均值。

表5-22 C-HRA-3大口径管与威曼-高登公司大口径管室温性能对比

| 材 料 | 外径/mm | 壁厚/mm | 部位 | 方向 | 取样位置 | $R_m$/MPa | $R_{p0.2}$/MPa | $A$/% | $Z$/% |
|---|---|---|---|---|---|---|---|---|---|
| 钢研院+抚钢+内蒙古北方重工 | 460 | 80 | 挤压前端 | 横向 | 外1/4处 | 765 | 332 | 62 | 60 |
| | | | | | 1/2壁厚处 | 750 | 332 | 62 | 55 |
| | | | | | 内1/4处 | 755 | 348 | 63 | 62 |
| 威曼-高登 | 378 | 88 | | | 未标明 | 728 | 324 | 61 | 53 |

C-HRA-3合金大口径厚壁管热处理后不同方向和位置的试样系列高温（400~750℃）拉伸性能如图5-89所示。随拉伸测试温度升高，C-HRA-3合金大管的抗拉强度和屈服强度逐渐降低，至750℃时，抗拉强度和屈服强度分别大于450MPa和200MPa。

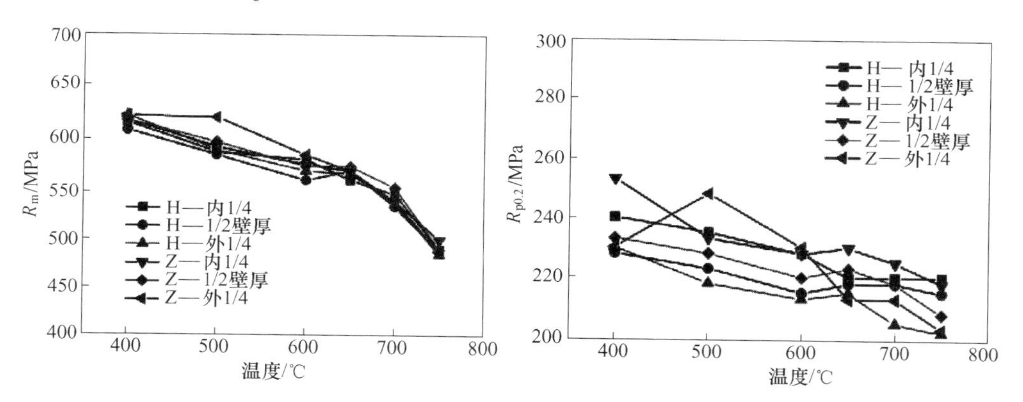


图5-89 C-HRA-3合金不同方向和不同位置系列高温拉伸强度随拉伸温度的变化

#### 5.3.7.4 长时组织和性能稳定性

对C-HRA-3合金大口径厚壁管进行时效处理，时效温度分别为700℃和750℃，设定的时效时间分别为50h、100h、500h、1000h、3000h、5000h、8000h、10000h、20000h和30000h，对长时时效后的试样进行700℃拉伸性能和室温冲击功测试以及微观组织分析。C-HRA-3合金大口径厚壁管不同方向和位置取样不同时效温度后室温冲击功随时效时间的变化如图5-90所示。在700℃时效时，随时效时间增加，C-HRA-3合金大口径厚壁管的冲击功下降，但下降幅度逐渐减小。在750℃时效时，随时效时间增加，C-HRA-3合金大口径厚壁管的冲击功略有增加。在700℃和750℃时效至1000h时，冲击功仍较高。

C-HRA-3合金大口径厚壁管不同方向和位置取样700℃时效后700℃拉伸强度随时效时间的变化如图5-91所示。C-HRA-3合金大口径厚壁管700℃时效后700℃拉伸强度随时效时间增加而逐渐增大。

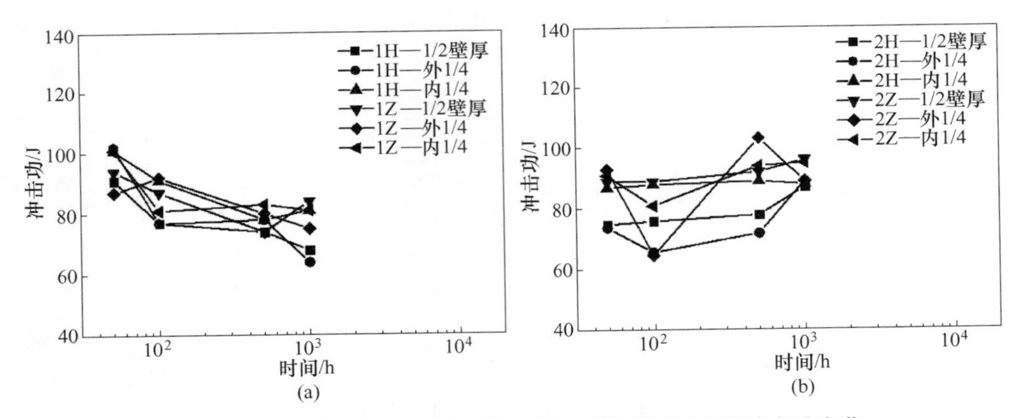


图 5-90　C-HRA-3 合金不同时效温度和时效时间后室温冲击功变化

（a）700℃时效；（b）750℃时效

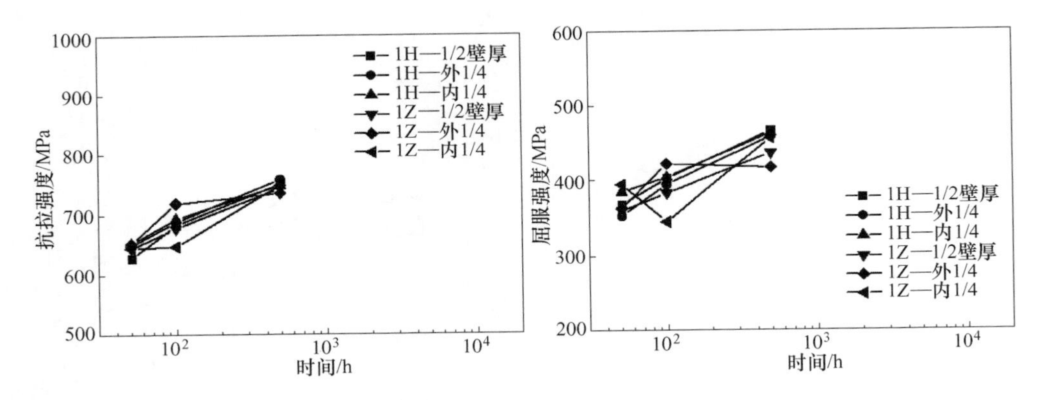


图 5-91　C-HRA-3 合金 700℃时效后 700℃拉伸强度随时效时间的变化

C-HRA-3 合金大口径厚壁管不同方向和位置取样 750℃时效后 700℃拉伸强度随时效时间的变化如图 5-92 所示。在 750℃时效后，700℃抗拉强度在时效初

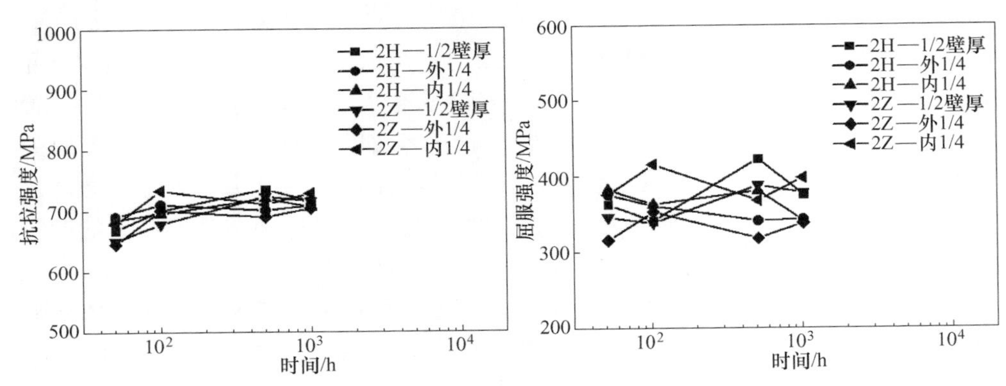


图 5-92　C-HRA-3 合金 750℃时效后 700℃高温拉伸强度随时效时间的变化

期随时效时间增加，过500h后基本保持不变。700℃屈服强度基本不随时效时间变化。

5.3.7.5 持久性能

C-HRA-3合金大口径厚壁管及C-HRA-3合金小口径管700℃不同应力载荷下持久性能测试结果如图5-93所示。C-HRA-3合金大口径厚壁管取样为横向1/2壁厚处，小口径成品管取样为纵向取样。图中实线为617B合金的持久性能平均值线，该实线上、下两条虚线分别代表617B合金的持久性能数据平均值上、下浮动20%的数据。从图5-93可以看出，C-HRA-3合金在700℃相同应力载荷下的持久寿命皆高于617B持久寿命的平均值，同时C-HRA-3合金小口径管持久性能更高。目前C-HRA-3合金在700℃/160MPa载荷下测试，全部4个测试点的持久寿命均超过25000h，测试试验仍在进行中（如图中箭头所示）。根据现有测试数据，采用等温线外推法获得C-HRA-3合金大口径厚壁管700℃/$10^5$h的持久强度值约为150MPa。

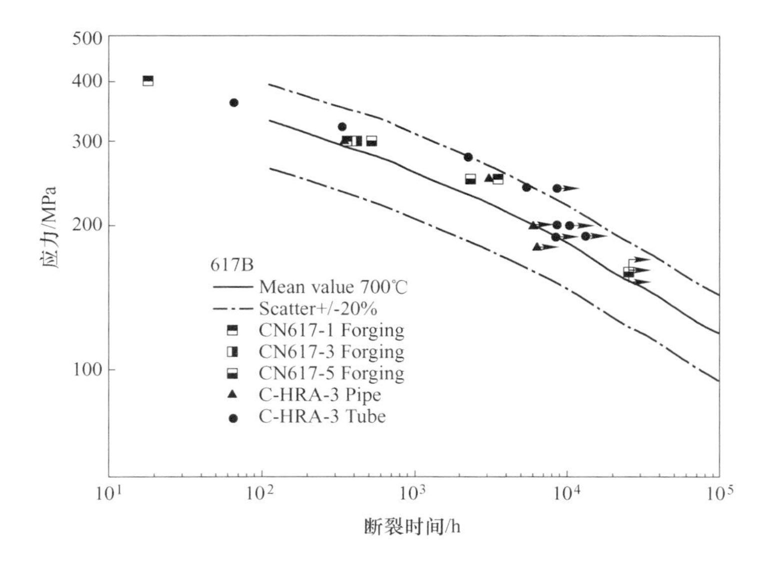


图5-93 C-HRA-3合金大、小口径管700℃持久性能

5.3.7.6 焊接性能

上海锅炉厂已完成C-HRA-3合金大口径厚壁管的对接焊试验，两道环缝经RT检验，一次合格，没有焊接返修，如图5-94所示。同时将该C-HRA-3大口径管与617B管座进行焊接，所有焊接接头一次检验合格，见图5-95。

图 5-94　C-HRA-3 合金大管（ϕ460mm×80mm）对接焊现场照片

图 5-95　C-HRA-3 合金大口径管+617B 管座焊接现场照片

## 5.4　国外 700℃超超临界汽轮机转子用耐热合金研究进展

汽轮机转子是发电设备的心脏部件之一，转子通常在 3000～3600r/min 的高转速下运行。汽轮机的高、中压转子承受高温、高压双重作用，同时还要承受自重引起的弯矩、旋转震动引起的高频率附加应力等。汽轮机低压转子和发电机转子体积大，截面直径大，承受巨大离心和扭转力矩。调峰机组开、停机以及其他原因还会造成瞬时冲击震动和扭转应力等。因此，汽轮机转子材料要求具有优异持久强度、良好塑韧性、低脆性转变温度。

目前商业化使用的铁素体型转子耐热钢的使用温度上限为 620℃左右，不能满足 700℃超超临界汽轮机的设计和使用要求。欧美和日本率先开展用于 700℃超超临界汽轮机耐热材料的研究工作，迄今已经被列入候选的耐热合金材料如表 5-23 所示，典型耐热合金的化学成分列于表 5-24。700℃高中压转子选材除要考虑材料对冲击韧度、疲劳强度和高温蠕变的要求外，还要考虑持久强度、组织稳定性、热导率和膨胀系数，在冶炼大型合金锭时要求组织偏析小，同时具有良好的焊接性能和工艺性能。由于受到镍基耐热合金制品尺寸的限制，目前设计的700℃等级超超临界汽轮机高中压转子一般采用焊接结构，即高温段采用6~10t级耐热合金锻件，中低温段采用10~30t级新型耐热钢锻件。

表 5-23 欧美、日本700℃超超临界汽轮机高温转子候选耐热材料

| 欧洲 | 美国 | 日本 |
| --- | --- | --- |
| Nimonic 263<br>Inconel 625<br>Inconel 617 | Nimonic 105<br>Haynes 282<br>Udimet 720Li<br>Inconel 740<br>Waspaloy | FENIX-700、LTES700R、TOSIX、<br>USC141、Inconel 625、Inconel 617 |

表 5-24 700℃先进超超临界机组汽轮机转子候选材料的名义成分（质量分数,%）

| 牌号 | C | Cr | Co | Mo | W | Fe | Al | Ti | Nb | Si | Mn | B | Zr | Ni |
| --- | --- | --- | --- | --- | --- | --- | --- | --- | --- | --- | --- | --- | --- | --- |
| Nimonic 263 | 0.06 | 20.0 | 20.0 | 6.0 | — | ≤0.7 | ≤0.6 | 2.2 | — | ≤0.4 | ≤0.6 | — | — | 其余 |
| Inconel 625 | 0.06 | 21.0 | ≤1.0 | 9.0 | — | ≤5.0 | ≤0.4 | ≤0.4 | 3.7 | ≤0.5 | ≤0.5 | — | — | 其余 |
| Inconel 617 | 0.06 | 22.0 | 12.0 | 9.0 | — | ≤1.5 | 1.0 | 0.4 | — | ≤1.0 | ≤1.0 | — | — | 其余 |
| Inconel 718 | 0.04 | 18.0 | 0.1 | 3.0 | — | 18.0 | 0.6 | 1.6 | 5.5 | 0.1 | 0.2 | — | — | 其余 |
| Inconel 706 | 0.03 | 16.0 | — | — | — | 37.6 | 0.3 | 1.7 | 2.9 | — | — | — | — | 其余 |
| Waspaloy | 0.05 | 20.0 | 13.5 | 4.5 | — | ≤2.0 | 1.4 | 3.0 | — | ≤0.15 | ≤0.1 | 0.01 | 0.08 | 其余 |
| FENIX-700 | 0.02 | 16.0 | — | — | — | 37.0 | 1.3 | 1.5 | 2.0 | 0.05 | 0.02 | — | — | 其余 |
| LETS700R | 0.03 | 12.0 | — | 6.2 | 7.0 | — | 1.6 | 0.8 | — | — | — | — | — | 其余 |
| TOS1X | 0.013 | 23 | 12.5 | 10 | — | — | 1.7 | 0.4 | 0.4 | — | — | — | — | 其余 |
| TOS1X-Ⅱ | 0.07 | 18 | 12.5 | 10 | — | — | 1.25 | 1.35 | 0.4 | — | — | — | — | 其余 |
| USC 141 | 0.02 | 20.2 | — | 10 | — | — | 1.2 | 1.7 | — | — | — | — | — | 其余 |
| Haynes 282 | 0.06 | 20 | 10 | 8.5 | — | ≤1.5 | 1.5 | 2.1 | — | ≤0.15 | ≤0.3 | — | — | 其余 |
| Udimet 720Li | 0.015 | 16 | 14.75 | 3 | 1.2 | — | 2.5 | 5 | — | — | — | — | — | 其余 |
| Inconel 740H | 0.03 | 25.0 | 20.0 | 0.5 | — | 0.5 | 1.35 | 1.35 | 1.5 | 0.15 | 0.3 | — | — | 其余 |
| Nimonic 105 | 0.15 | 15 | 20 | 5 | — | — | 4.7 | 1.1 | — | 0.5 | 0.5 | — | — | 其余 |

欧洲700℃超超临界汽轮机转子选材主要考虑固溶强化型Inconel 617、Inconel 625和时效强化型Nimonic 263耐热合金，并已对上述耐热合金高中压转子进行了工业试制，其中德国萨尔公司制造了材料分别为Inconel 617、Inconel 625直径为700mm的高压转子锻件，和直径为1000mm的Inconel 617中压转子锻件，对试制转子锻件进行了高低倍组织、力学性能、超声波探伤等检测，检测结果表明试制锻件的组织均匀，无宏观组织偏析，力学性能和探伤结果良好，见表5-25[19]。奥地利伯乐公司制造了直径为980mm的Inconel 625中压转子锻件。

Fortech 公司制造了直径为 600mm 的 Nimonic 263 高压转子锻件。汽轮机高中压转子的焊接研究主要关注 Inconel 617 和 Inconel 625 的焊接，采用镍基焊接材料和窄间隙 TIG 焊接工艺。

**表 5-25 试制的 Inconel 617 和 Inconel 625 实验转子锻件测试结果[19]**

| 编号 | 合金 | 铸锭 | 尺寸 /mm | 重量 /t | 0.2% Y.S. /MPa | T.S. /MPa | EL. $A_5$ /% | R.A. /% | 冲击功 ISO V/J | UT MDDS CL at 2MHz/mm | 晶粒尺寸 (ASTM E112) |
|---|---|---|---|---|---|---|---|---|---|---|---|
| 1 | Inconel 617 | VIM-ESR$\phi$ 750mm/ 7mt | $\phi$700 ×800 | 4.5 | 395 | 772 | 48 | 45 | 99-102 | 2.8 | Surface：3-4，occ，1 Center：2-4，occ，0 |
| 2 | Inconel 617 | VIM-ESR $\phi$ 1000mm/ 14mt | $\phi$850 ×1480 | 4.7 | 398 | 620 | 17 | 20 | | 2.5 | Surface：4-6，occ，2-3 Center：3-5，occ，1 |
| 3 | Inconel 617 | VIM-ESR $\phi$ 1000mm/ 15mt | $\phi$1000 ×1350 | 8.8 | 362 | 775 | 42 | 45 | 82-104 | 2.8 | Surface：3-5，occ，2 Center：1-3，occ，0 |
| 4 | Inconel 625 | VIM-ESR $\phi$ 750mm/ 7mt | $\phi$710 ×1150 | 3.7 | 363 | 763 | 57 | 52 | 173-221 | 2 | Surface：3-5，occ，0 Center：1-4，occ，0 |

美国初步把 Nimonic 105、Haynes 282、Udimet 720Li、Inconel 740，Waspaloy 这 5 种镍基耐热合金作为高中压转子候选材料[20]。第一阶段进行了 Inconel 617 与铁素体耐热钢、Nimonic 263 与 Inconel 617、Haynes 282 与 Udimet 720Li 焊接实验并对微观组织、力学性能、拉伸性能、冲击性能等进行了研究[21~23]。目前美国在汽轮机转子耐热材料研究方面取得了如下阶段性研究成果[24]：（1）汽轮机转子整体锻件拟采用 Nimonic 105 或 Haynes 282，焊接转子锻件拟采用 Nimonic 263、Haynes 282、Inconel 617、Udimet 720Li 等材料；（2）力学性能测试和筛选试验表明 Nimonic 105、Haynes 282、Waspaloy 整体锻造转子均能达到强度要求；（3）Nimonic 263+Inconel 617、Haynes 282+Haynes 282、Haynes 282+Alloy 617 焊接转子的可行性得到了验证，焊接试验获得成功。表 5-26 是上述 5 种耐热合金 $10\times10^4$h 和 $25\times10^4$h 的持久强度外推数据[25]。Nimonic 105、Haynes 282、Waspaloy 这 3 种合金能满足 760℃×$10^5$h 和 760℃×250000h 持久强度≥100MPa 的要求，可以作为 760℃汽轮机高温转子候选材料。从实际应用考虑 Nimonic 105 的焊接性能

较差，Waspaloy 高温变形抗力大，目前这两种材料大部分报道是作为叶片候选材料使用。Haynes 282 是一种沉淀强化高温合金，649~927℃内有高的蠕变强度，同时具有较好的可加工性[26]。美国虽然已经确定了转子材料的选材，但是对于转子耐热合金的低偏析高纯净冶炼和锻造成形性等制造工艺报道甚少，已经公开的报道主要集中在焊接性能和力学性能筛选测试等方面。

**表 5-26　美国 A-USC 计划转子候选耐热合金外推持久强度数据[25]**

<table>
<tr><th>耐热合金</th><th>外推时间/h</th><th>760℃持久应力/MPa</th><th>100MPa 可达温度/℃</th></tr>
<tr><td rowspan="2">Nimonic 105</td><td>$10\times10^4$</td><td>169</td><td>805</td></tr>
<tr><td>$25\times10^4$</td><td>141</td><td>788</td></tr>
<tr><td rowspan="2">Haynes 282</td><td>$10\times10^4$</td><td>127</td><td>786</td></tr>
<tr><td>$25\times10^4$</td><td>102</td><td>770</td></tr>
<tr><td rowspan="2">Udimet 720Li</td><td>$10\times10^4$</td><td>30</td><td>728</td></tr>
<tr><td>$25\times10^4$</td><td>12</td><td>712</td></tr>
<tr><td rowspan="2">Inconel 740</td><td>$10\times10^4$</td><td>74</td><td>768</td></tr>
<tr><td>$25\times10^4$</td><td>53</td><td>751</td></tr>
<tr><td rowspan="2">Waspaloy</td><td>$10\times10^4$</td><td>154</td><td>797</td></tr>
<tr><td>$25\times10^4$</td><td>129</td><td>780</td></tr>
</table>

日本 2008 年启动了“先进超超临界压力发电（A-USC）”（2008~2016 年）项目，计划在 2015 年完成蒸汽参数为 35MPa/700℃/720℃的中试台架建设。表 5-27 是日本国家研发项目的时间进度表，该计划主要由三菱重工、东芝、日立和富士等企业参加。日本企业在 700℃等级超超临界汽轮机转子耐热合金材料研制方面已经取得突破，研制了一系列适合制造汽轮机转子的新耐热合金。日本蒸汽参数为 35MPa/700℃/720℃的中试台架已经在 2015 年建成投运。

**表 5-27　日本国家先进超超临界压力发电技术研发进度表**

<table>
<tr><th colspan="2">年　份</th><th>2008</th><th>2009</th><th>2010</th><th>2011</th><th>2012</th><th>2013</th><th>2014</th><th>2015</th><th>2016</th></tr>
<tr><td colspan="2">系统设计</td><td colspan="4">系统设计、经济性分析</td><td colspan="5"></td></tr>
<tr><td rowspan="3">锅炉技术研发</td><td rowspan="2">材料开发</td><td colspan="5">大型蒸汽管道、耐高温管</td><td colspan="4"></td></tr>
<tr><td colspan="9">长期测试（>30000h）</td></tr>
<tr><td>部件制造</td><td colspan="4">焊接、管道弯曲技术研究</td><td colspan="5"></td></tr>
<tr><td rowspan="2">汽轮机技术研发</td><td rowspan="2">材料开发</td><td colspan="4">转子、气缸、螺栓材料等</td><td colspan="5"></td></tr>
<tr><td colspan="9">长期测试（>30000h）</td></tr>
<tr><td colspan="2">阀门技术研发</td><td colspan="5">材料、测试、试验加工</td><td colspan="4"></td></tr>
<tr><td colspan="2">锅炉部件与小型汽轮机试验</td><td colspan="2"></td><td colspan="3">计划、设计</td><td colspan="2">制造</td><td colspan="2">测试</td></tr>
</table>

日本汽轮机转子主要制造企业日立、三菱和东芝各自研发了镍基耐热合金作为其700℃汽轮机转子的候选材料，见表5-28[27]。700℃汽轮机转子耐热合金研制的目标是试制10t级无偏析转子锻件，然后在此基础上通过与马氏体耐热钢转子锻件进行焊接，组合成30~40t级的汽轮机转子。

**表5-28　日本700℃汽轮机转子耐热合金材料研发目标**

| 耐热材料 | 温度等级 | 重量 | 研发目标 |
|---|---|---|---|
| FENIX-700 | 700℃ | >10t | 无偏析10t级镍基合金 |
| LTES700R | >700℃ | 30~40t（10t镍基+30t钢） | 与12%Cr耐热钢具有良好焊接性的10t级镍基合金 |
| TOS1X | >720℃ | | |

FENIX-700是日立公司在706合金基础上降低Nb元素、同时通过增加Al含量来增加γ′($Ni_3Al$)弥补由于Nb降低而导致的基体强度的下降。Shinya Imano[28,29]等人对比研究了FENIX-700和706合金室温和时效后的性能。706合金中存在γ″和针状的沉淀相，而FENIX-700合金中只有球形的γ′，即FENIX-700只通过γ′进行强化。图5-96是FENIX-700和706合金经700℃×3000h时效处理后试样的拉伸和冲击性能测试对比，可见，706合金700℃时效3000h后屈服强度、抗拉强度和冲击功都减小，而FENIX-700合金的上述性能则变化不大。FENIX-700抗拉强度在室温下比706合金的抗拉强度低，但在高温下与706合金相当，700℃时效后FENIX-700抗拉强度和屈服强度均高于706合金，如图5-97所示[28]。日立公司采用VIM+ESR双联冶炼工艺试制了直径850mm的FENIX-700合金铸锭。在实验室条件下，据该合金700℃×30000h持久强度测试数据外推FENIX-700合金$10^5$h持久强度大于100MPa[27]。FENIX-700合金已作为日立公司700℃汽轮机转子的候选材料。

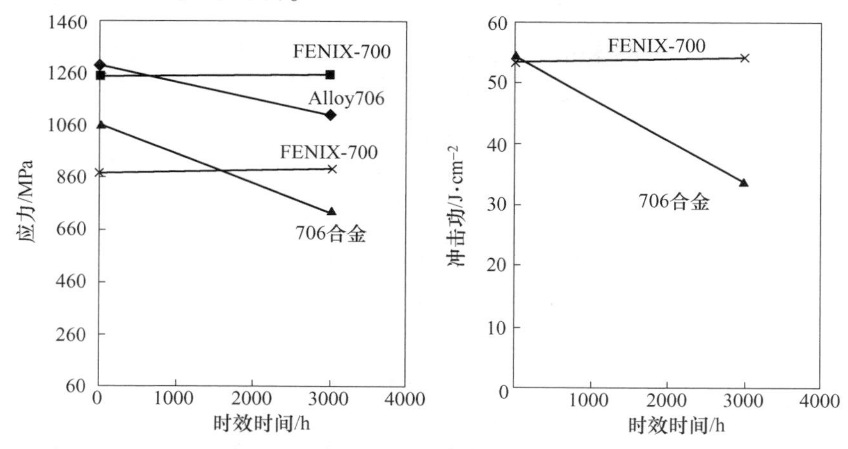


图5-96　FENIX-700和706合金700℃×3000h时效后拉伸和冲击性能对比

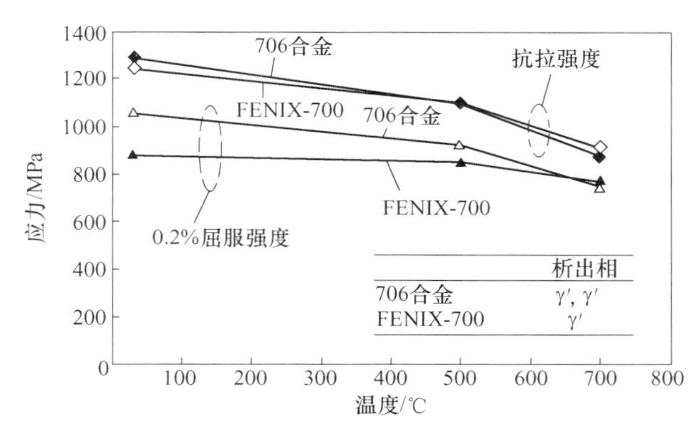


图 5-97 FENIX-700 和 706 合金不同温度下力学性能对比

在700℃温度下，镍基耐热合金中各主要合金元素对其热膨胀系数的影响被回归成平均系数方程如下[30]：

$$CTE_{700℃}=13.8732+7.2764\times10^{-2}Cr+3.751\times10^{-2}\times(Ta+1.95Nb)+1.9774\times10^{-2}Co+7.3\times10^{-5}\times Co\times Co-1.835\times10^{-2}\times Al-7.9532\times10^{-2}\times W-8.2385\times10^{-2}\times Mo-1.63381\times10^{-1}\times Ti$$

式中，$CTE_{700℃}$的单位为$10^{-6}/℃$，每个元素按重量百分比计算。由该回归方程可知，Al、Ti、W、Mo等强化元素降低线膨胀系数，而Cr、Ta+Nb、Co等元素增加线膨胀系数。日本三菱重工根据上述经验回归方程，通过添加降低镍基合金线膨胀系数的Al、Ti、Mo合金元素，研制了一种新型低膨胀耐热合金LTES700。LTES700合金的线膨胀系数低于Refractaloy26、Nimonic80A和2.25%Cr耐热钢，与12%Cr耐热钢的线膨胀系数相近[30]。LTES700合金的主要强化相为γ′[$Ni_3(Al,Ti)$]和两次时效过程中沉淀析出的Laves[$Ni_2(Mo,Cr)$]相。通过对LTES700化学成分进行调整，日本大同特殊钢公司和三菱重工研制了具有低线膨胀系数和高持久强度的镍基高温合金LTES700R[31]。新合金通过降低Mo含量来抑制Laves相，添加W来进一步降低线膨胀系数，同时增加Al和Ti来弥补由于Laves相减少而降低的强度。LTES700R合金持久强度目标值为700℃×100000h达到100MPa。LTES700R合金中由于Mo元素的降低导致其线膨胀系数高于LTES700合金，但线膨胀系数比一般的镍基耐热合金要低，见图5-98[27]。三菱重工已经制造了直径800mm重8t的LTES700R合金试验件。

TOS1X耐热合金是日本东芝公司在Inconel 617合金基础上通过提高Al、Ti含量，同时添加Nb，增加高温强化相γ′来提高持久强度。TOS1X合金的高温强度高出Inconel 617合金约10%。TOS1X-Ⅱ合金是在TOS1X合金的基础上通过降低Cr、Al含量，同时提高Ti含量，进一步增加高温稳定相γ′，从而获得更高的持久强度。东芝公司成功试制了直径1300mm重量达31t的TOS1X-Ⅱ合金锭，锻

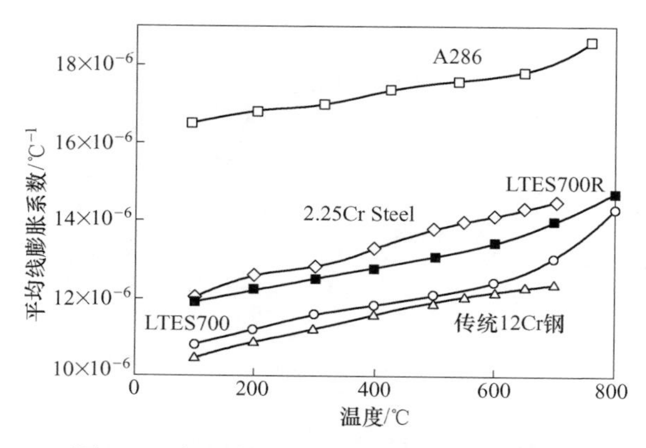


图 5-98　新研制耐热合金的线膨胀系数比较

造后锻件重 14t。图 5-99 为东芝公司新研制镍基耐热合金持久强度比较图，TOS1X 耐热合金 700℃×$10^5$h 外推持久强度在 150MPa 以上，TOS1X-Ⅱ耐热合金 700℃×$10^5$h 外推持久强度在 200MPa 以上。

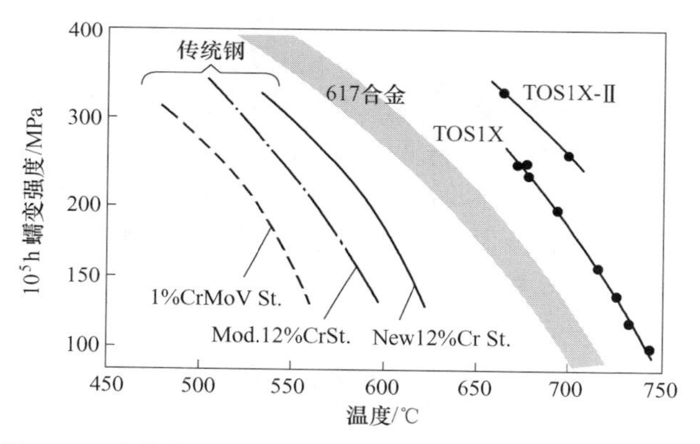


图 5-99　东芝公司研制耐热合金 700℃×$10^5$h 外推持久强度

综上所述，700℃汽轮机转子耐热合金材料的研究在世界范围内还处于摸索阶段，欧洲、美国、日本已经取得了一定的突破，并逐渐形成了各自的选材体系，但目前阶段这些耐热合金材料还没有得到确认可以安全地应用于 700℃汽轮机转子制造。

## 5.5　用于 700℃超超临界汽轮机高温转子 C700R1 合金选择性强化设计[32]

用作 700℃超超临界汽轮机转子的耐热材料最基本要求为 700℃×$10^5$h 持久强

度大于100MPa，此外材料还应具有良好的组织稳定性、抗多种环境腐蚀能力、可加工性等。虽然镍基高温合金已经在航空、航天、石油化工等高温领域获得了广泛应用，但由于服役条件不同，上述高温合金并不适合用于汽轮机高温转子的制造。在汽轮机转子耐热材料研究方面，欧洲以Inconel 617和Nimonic 263（U. S. Pat. No. 3222165）为主。Inconel 617在热加工性、高温韧性、耐腐蚀性以及焊接性等方面具有优异的性能，但持久强度不足成为该合金的最大的弊端，后续发展的一系列Inconel 617的衍生耐热合金均以提升合金的持久强度为主。Nimonic 263在热加工性和高温强韧性上表现优良，但该合金700～850℃时效过程中易形成η-$Ni_3Ti$相，消耗了合金的高温强化相γ′，产生γ′相的贫化区，降低了合金室温韧性和高温蠕变强度，缩短了材料的使用寿命。美国高温转子材料选取Haynes 282（U. S. Pat. No. 8066938），该合金具有良好的组织热稳定性、高温强度，Haynes 282合金在持久强度方面完全能够满足高温转子要求，然而该合金非常低的冲击韧性将不利于转子对冲击的承载。日本在Inconel 617基础上改进的高温转子材料热加工性能优良、组织结构稳定，合金持久强度还需进一步验证。钢铁研究总院刘正东研究团队在Inconel 617基础上添加镁元素开发研制了具有良好热加工性的耐热合金CN617（CN No. 103614593），但该合金主要适用于大口径锅炉管并不适合高温转子材料。从目前世界范围700℃超超临界汽轮机转子合金的选取来看，现有成熟合金以及在成熟合金基础上改进的耐热合金如要用于汽轮机高温转子制造均存在一定的短板，目前急需一种综合性能优异的耐热合金来填补汽轮机高温转子材料的空白。

700℃超超临界汽轮机转子材料的研制具有重大意义，但在技术上存在非常大的困难，迄今尚未取得重大突破。高温转子在高温、高压蒸汽环境中高速旋转，用于汽轮机转子的材料除持久强度、长期组织稳定性、抗腐蚀性和热加工性要求外还应具有良好的焊接性、热加工性能和较低的线膨胀系数。限于目前技术水平和为节约成本，高、中压汽轮机转子采用焊接方式生产，即高温部分采用镍基耐热合金，低温部分采用铁素体耐热钢。因此，对汽轮机转子用镍基耐热合金的焊接性能及焊后热处理的现场可操作性提出了要求。为避免由于材料线膨胀不同而引起转子内应力的产生，造成转子材料的提前失效，用作汽轮机转子的耐热合金线膨胀系数应与铁素体耐热钢的线膨胀系数尽可能相近。镍基合金转子直径在850mm以上，长度大于3000mm，重量达10t以上，耐热合金的热加工温度区间较窄，表面和心部温降速率大不相同，直接影响转子组织和性能的整体均匀性。为提高合金高温性能而添加大量合金元素，极易造成合金元素的偏析及其他冶金缺陷，增加了合金的冶炼及制造难度。转子服役长达几十年，合金中析出相的粗化或者转变，导致合金性能的降低，严重威胁到整个机组的安全运行。

钢铁研究总院近年发明一种新耐热合金C700R-1及其锻件制备方法，用于

700℃超超临界汽轮机高温转子制造，以求突破700℃超超临界汽轮机高温转子无材可用的困境。本发明合金成分设计基于“选择性强化”理念和合金长期时效精细相分析，从理论和微观组织上对影响合金性能的原因进行了系统分析研究。“选择性强化”理念通过对新合金的基体选择、固溶强化最大化、析出强化辅助、高温晶界强化、优先失稳源控制、线膨胀系数控制和制造工艺优化等关键环节的设计和控制，最大限度提高新合金综合性能。合金长期时效精细相分析对固溶元素在基体及析出相中的动态变化做了定量分析，从微观组织演变和控制角度对合金综合性能的提高进行了改进。在实验室条件下，本发明合金700℃×$10^5$h外推持久强度达200MPa以上，长期时效合金组织结构稳定，合金中无严重有害相析出，合金力学性能优异，能够满足汽轮机高温转子设计和使用要求。本发明合金在强度提升的同时冲击韧性显著高于同等强度耐热合金，是迄今为止最佳的汽轮机高温转子材料。

### 5.5.1 700℃超超临界汽轮机高温转子用C700R-1耐热合金选择性强化设计

700℃超超临界汽轮机高温转子用C700R-1耐热合金，设计成分质量百分比如下：碳(C)：0.04%~0.06%，铬(Cr)：19.0%~21.0%，钼(Mo)：8.6%~9.0%，钴(Co)：11.0%~13.0%，钨(W)：0.40%~0.80%，铝(Al)：1.10%~1.30%，钛(Ti)：1.20%~1.40%，铌(Nb)：0.20%~0.50%，铁(Fe)：不大于0.15%，硼(B)：(30~50)×$10^{-6}$，锆(Zr)：0.010%，镁(Mg)：0.002%，硫(S)：不大于0.002%，磷(P)：不大于0.004%，硅(Si)：不大于0.10%，锰(Mn)：不大于0.10%，氧[O]：不大于10ppm，氮[N]：不大于25×$10^{-6}$，氢[H]：不大于1×$10^{-6}$，铅(Pb)：不大于0.010%，锑(Sb)：不大于0.0025%，锡(Sn)：不大于0.0012%，铋(Bi)：不大于0.001%，砷(As)：不大于0.002%，余量为镍(Ni)；合金中Al+Ti含量和Ti/Al要求满足：2.50%≤Al+Ti≤2.60%，1.0≤Ti/Al≤1.1；并且γ′占合金的重量比10%~14%；$M_{23}C_6$占0.50%~0.70%，$M_6C$+MC占0.20%~0.50%；同时合金的700℃线膨胀系数满足：$14.4\times10^{-6}K^{-1} \leqslant CTE_{700℃} < 14.7\times10^{-6}K^{-1}$。

C700R-1耐热合金各项性能指标如下：

室温力学性能：抗拉强度$R_m$≥1100MPa；屈服强度$R_{p0.2}$≥700MPa；伸长率$A$≥30%；断面收缩率$Z$≥35%；冲击功$A_{KV}$≥70J；

700℃高温力学性能：抗拉强度$R_m$≥900MPa；屈服强度$R_{p0.2}$≥580MPa；伸长率$A$≥40%；断面收缩率$Z$≥45%；

线膨胀系数：$14.4\times10^{-6}K^{-1} \leqslant CTE_{700℃} < 14.7\times10^{-6}K^{-1}$。

本发明合金基于“选择性强化”理念对合金成分进行控制，该理念的形成是通过对大量耐热钢和耐热合金的强化方法、长期时效组织结构演变以及合金制造工艺等多方面的分析总结，进而形成的一种耐热材料性能提升的理念。“选择性强化”理念的科学性和有效性已经在700℃超超临界火电机组锅炉管及其制备研制过程中得到了证实（CN No. 103276251）。本发明合金优异的综合性能再次证明了该理念对耐热合金性能提升具有指导作用。C700R-1耐热合金“选择性强化”设计包括以下7个部分：

（1）合金基体的选择性设计。耐热合金基体是保障材料性能的根基，耐热合金通常以镍基、铁镍基为主。铁镍基合金在化学元素上可能具有一点成本优势，但从制造工艺和长期性能稳定等角度综合考虑，镍基合金具有明显优势。

镍（Ni）元素具有面心立方结构，以镍为基体的奥氏体基体被称为γ，它没有同素异构转变，而铁（Fe）室温下为体心立方，高温下才转变为面心立方结构。研究表明，面心立方结构的奥氏体比体心立方的铁素体具有更高的高温强度，因为面心立方奥氏体的原子扩散能力小，即自扩散激活能较高。

镍具有良好的相稳定性，铁镍不稳定。镍或镍铬基体可以固溶更多的合金元素而不生成有害相，而铁或铁铬基体却只能相对固溶较少的合金元素，高温下析出相不稳定，易转变为有害相。

汽轮机转子在极其恶劣的工况下，连续服役长达几十年，组织结构稳定的镍基耐热合金更适合于汽轮机转子材料，因此本发明合金采用镍基体。

（2）固溶强化最大化。固溶强化是耐热合金最重要的强化方法，镍基体中加入适量合金元素均匀地固溶到面心立方结构的基体中，产生较大的晶格畸变，增加位错运动阻力，提高固溶强化的作用；镍基体中固溶的元素，通过固溶强化影响第二相的强化效果，从而提高合金的热强性；合金元素的添加减缓其他元素的高温扩散速度，并增加扩散激活能，加强原子间的结合力，提高合金热强性。固溶在基体中的合金元素长期高温时效仅少量合金元素以第二相粒子的形式析出，大部分元素仍能稳定的存在于基体中，因此，固溶强化合金的长期性能较稳定。

固溶强化通常添加多种合金元素复合作用增加固溶强化效果。固溶强化元素与镍的原子半径相差越小，相同条件下其在镍中的固溶度越大，固溶在合金中的部分元素还可以提高抗氧化耐蚀性。固溶元素的添加并不是越多越好，当合金元素的添加量超过元素在基体中的固溶最大极限后，固溶元素将从基体中析出，造成固溶元素的局部富集而可能形成不希望的相，影响合金的高温性能。

C700R-1合金中起固溶强化的元素为铬（Cr）、钴（Co）、钼（Mo）、钨（W），为保证合金良好的组织稳定性、热加工性和焊接性。合金元素含量的确定原则如下：

Cr：它以固溶态的形式存在基体中，引起晶格畸变，提高强度。Cr与C形成不连续$M_{23}C_6$型碳化物分布于晶界，可有效地阻止晶界滑移和迁移，提高持久强度。Cr 的另一主要作用是可提高镍基耐热合金的抗氧化和抗腐蚀能力，700℃时镍基耐热合金中含有 20%左右的 Cr，合金具有足够的抗氧化和抗腐蚀能力。富 Cr 的 $M_{23}C_6$型碳化物的晶界周围会出现贫 Cr 区，此区是抗腐蚀能力的薄弱区。Cr 含量过高会造成晶界处 $M_{23}C_6$型碳化物聚集长大，降低合金冲击韧性。本发明合金中按质量百分比控制 19.0%~21.0%的 Cr，既保证 Cr 在基体中的固溶强化又不会因 Cr 含量过高生成有害相，导致合金性能的下降，同时也可保障合金具有足够的抗多种环境腐蚀性能。

Co：它的原子半径及电子空位数与 Ni 接近，在合金中主要起固溶强化作用，可大量溶于基体中。Co 可以降低 Ni-Cr-Co 固溶体的堆垛层错能，一般认为合金的蠕变速率与层错能的 $n$ 次方成正比，Co 降低 Ni 基体的层错能，将提高合金持久强度。Co 还可以通过降低 $\gamma'$ 和碳化物的溶解温度，改善合金的塑性和热加工性能。考虑 Co 在基体中的最大固溶度以及过量的 Co 会产生有损基体强度的金属间化合物，本发明 Co 含量控制在 11.0%~13.0%。

Mo 和 W：它们是难熔元素，在本发明合金中主要起固溶强化作用。Mo 和 W 进入合金减慢 Al、Ti 和 Cr 的高温扩散速度，提高固溶体中原子间结合力，减慢软化速度，显著地改善耐热合金的热强性，同时它们也能显著提高镍基合金中 $\gamma'$ 相的溶解温度。Mo 的固溶强化作用显著，Mo 的添加还可形成 $M_6C$ 型碳化物。与 Mo 元素相比，W 元素有更高的熔点和更低的扩散系数，W 添加可增加合金的蠕变断裂时间，但过量的 W 会降低合金热加工性。W 和 Mo 含量超出溶解度极限时还会产生 Laves 相或其他有害相，随后 Laves 相粗化，降低合金强度。为保证合金良好的热加工性，防止 Laves 有害相生成，本发明 Mo 含量控制在 8.6%~9.0%，W 含量控制在 0.40%~0.80%，W 和 Mo 复合添加。

（3）析出强化辅助。虽然固溶强化的耐热合金在使用过程中组织和性能稳定，但即使固溶强化最大化之后，耐热合金的高温持久性能仍不能满足 700℃汽轮机高温转子的性能要求。700℃超超临界汽轮机主蒸汽温度 700℃，再热蒸汽高达 720℃，合金强度受服役温度和时间的双重作用而降低，单一的固溶强化已经不能满足转子高温强度的要求。析出强化作为合金高温强度提升的重要方法，对合金高温性能的提升具有优异的辅助作用。析出强化的辅助作用是建立在一定的安全系数之上，该系数的确定以转子耐热合金中强化相的弱化为前提，以合金十万小时持久强度为标准。合金成分设计初期应控制析出相的数量，延缓析出相的粗化速率。

析出强化的作用与第二相质点的本质（析出相的种类、晶体结构、成分以及与基体的配合程度）、大小、数量和稳定性有着密切的关系。根据第二相质点尺寸的不同，运动位错与第二相质点通过切割或 Orowan 绕过两种机制强化基体。镍基耐热合金高温析出强化第二相主要为 $\gamma'$，合金强度随 $\gamma'$数量的增加而提升。

Haynes282中高温强化相γ′含量约为14%~22%，具有极高的持久强度，但合金的韧性表现欠佳。转子耐热合金中高温强化相γ′含量低于10%时，合金高温强度达不到使用要求，γ′的含量超过15%，合金的韧性会降低，因此，本发明镍基耐热合金高温析出强化相γ′总量控制在10%~14%之间。

C700R-1合金中析出强化相为γ′和碳化物，合金中Al、Ti、Nb含量对γ′数量影响较大，C含量对碳化物影响较大。Al、Ti为γ′的主要形成元素，增加Al、Ti可明显增加γ′数量，提高合金持久强度。Al对γ′析出影响大于Ti，合金中Al含量低于1.10%，合金700℃强度达不到要求；Al含量大于1.30%，合金的热加工性能会降低，γ′不稳定粗化速率加快。Ti与Al一起促进γ′相析出，在Al含量确定的条件下，Ti含量过高或过低都会造成Ti/Al的不合适，产生有害相或加快有益析出相的粗化速率，影响合金的高温性能。Nb在镍基耐热合金中主要促进γ′相的析出，过量的Nb会引起Laves相的产生，Nb还极易与P、Cr、Mn偏聚于晶界处，形成低熔点相，导致合金锻造性能的降低，同时过量的Nb也会对合金的焊接性能产生不利的影响。为达到合金高温强化所需的γ′含量，且γ′粗化速率缓慢，本发明Al含量控制在1.10%~1.30%，Ti含量控制在1.20%~1.40%，Nb含量控制在0.20%~0.50%。

如前所述，镍基耐热合金中还会析出一些TCP结构的相，包括Laves、η、μ、σ等，这些相对合金的性能会产生负面作用。通常这些有害相的出现是由于固溶强化元素添加过量或者元素比例不当造成的，固溶元素添加时应兼顾其在基体中的固溶极限，避免时效强化过程中形成这些有害相。

（4）晶界强化。当温度低于等强温度时，晶界强度高于基体强度；随温度升高，晶界强度随温度升高下降的很快，在等强温度区间，晶内强度与晶界强度大致相当；当温度高于等强温度时，晶界强度低于基体强度。对于等强度温度以上使用的汽轮机转子耐热合金，晶界往往是失稳源。因此，高温条件使用的镍基耐热合金晶界强化是必需的。

晶界强化方式：添加有益的合金化元素，主要包括稀土元素和B、Zr、Mg等元素。这些元素通过净化合金晶界和微合金化两个方面来改善合金性能。稀土元素净化合金的作用比较明显，而B、Zr、Mg等主要起强化晶界作用。

C：镍基耐热合金中另一类析出强化相为具有复杂结构的碳化物，如$M_{23}C_6$、$M_6C$、MC。其中$M_{23}C_6$主要在晶界处析出，对合金的蠕变强度和冲击韧性具有重大影响；$M_6C$和MC则主要分布在基体中。如用于燃烧器的Ni基合金专利（CN No.101421427）中公开报道，其开发的合金中碳化物主要以$M_6C$和MC均匀分布在基体中。但在本发明研究中发现在前期冶炼、锻造后通常易于形成大块的一次MC碳化物，$M_6C$在后期时效中聚集长大速度较快，对于大型的转子部件这种现象尤为明显。尺寸较大的MC和不稳定的$M_6C$分布在基体中不仅对合金长期服役中强度提升效果不明显，而且这种较大尺寸碳化物往往是合金早期失效裂纹源。所以本发明主要在固溶强化和 $\gamma'$ 析出强化为主的基础上，尽量减少 $M_6C$ 和 MC 的析出，使碳化物主要以 $M_{23}C_6$ 在晶界处析出强化。综上所述，本发明进行全面的热力学计算和具体试验，调整本发明成分（C、B、Zr、Mg）和热处理制度，以使碳化物主要以 $M_{23}C_6$ 在晶界处析出，且获得理想的析出形貌，以达到最大强化效果。考虑过量的碳会降低材料的焊接性，本发明合金中碳含量一方面要保证合金强度提升所必需的碳化物，另一方面又要减缓服役过程中晶界碳化物的聚集长大，增加合金抗蠕变强度。合金长期时效 $M_{23}C_6$ 比重在 0.50%～0.70%之间，$M_6C$+MC 比重在 0.20%～0.50%之间。因此，本发明最终将 C 含量控制在 0.04%～0.06%。

B 是应用最广泛的晶界强化元素，B 对耐热合金的持久、蠕变性能影响明显。B 分布于 $\gamma'/M_{23}C_6$ 和 $\gamma/M_{23}C_6$ 界面处，减少 C 向晶界处偏析，可有效地减缓晶界 $M_{23}C_6$ 的粗化速率，增加晶内碳化物的数量，提高合金的蠕变断裂寿命。当 B 的含量超过一定量时，不仅晶界强化效果不明显还会影响到合金的焊接性能。本发明合金将 B 含量控制在（30～50）$\times10^{-6}$ 以内，保证合金中 B 对晶界强化作用最佳。

Zr 是一种重要晶界强化元素。Zr 在晶界偏聚，提高晶界的结合力，降低晶界的扩散速率，强化晶界。同时，Zr 与 S 结合形成硫化物，降低合金中的 S 含量，起净化合金的作用。合金中 Zr 含量过多时，会在晶界处形成 Zr 的碳化物，是潜在裂纹源，影响合金持久强度，所以本发明中 Zr 含量控制在 0.010%。

Mg 在耐热合金中主要作用归结如下：1）Mg 在晶界偏聚降低晶界能，细化和球化晶界碳化物，增加晶界结合力，提高热强性；2）进入 $\gamma'$ 和碳化物中，对力学性能产生有利影响；3）与 S 形成高熔点的化合物 MgS，减少低熔点硫化物的有害作用，提高合金热加工性；4）提高持久寿命和塑性，改善蠕变性能和高温拉伸塑性，增加冲击韧性，改善合金的缺口敏感性。过量的 Mg 生成低熔点 Ni-Mg 相，使热加工性能变坏。本发明中合金中添加 0.002%Mg 提高合金持久寿命。

C700R-1 合金复合添加 B、Zr、Mg 强化晶界。B、Zr、Mg 能够改变晶界能量，有利于改变晶界上 $M_{23}C_6$ 形态，使之易于球化，延缓晶界裂纹的发生和扩展。B、Zr 的添加减少 C 向晶界偏聚，增加晶内碳化物数量，提高合金的蠕变抗力。Zr、Mg 能够减少硫化物的有害作用，净化合金。与单独添加晶界强化元素相比，B、Zr、Mg 三种元素同时复合添加更能显著提高合金持久强度，降低蠕变速率，提高合金的塑性和热加工性。

（5）优先失稳源控制。冶炼过程中带来的不可避免的杂质是导致合金提前失效的主要原因之一，耐热合金中优先失稳源大致可以分为三类：有害气体［O］、［N］、［H］形成的夹杂降低合金塑性和韧性；S、P 非金属杂质降低合金焊接性能；Pb、Sn、As、Sb、Bi 五害元素降低合金的高温性能。上述三类造成合金提前失效的优先失稳源在冶炼过程中要加以严格的控制，它们的含量越低，对合金力学性能和组织越有利。合金优先失稳源的控制依赖于冶金工艺的改进和冶炼控制水平的提升，汽轮机转子这种特大型耐热合金应采用特殊的冶炼工艺对有害元素加以严格控制。本发明合金中对优先失稳源含量的控制如下：

$[O]\leqslant10\times10^{-6}$、$[N]\leqslant25\times10^{-6}$、$[H]\leqslant1\times10^{-6}$，$S\leqslant0.002\%$、$P\leqslant0.004\%$，$Pb\leqslant0.010\%$、$Sb\leqslant0.0025\%$、$Sn\leqslant0.0012\%$、$Bi\leqslant0.001\%$、$As\leqslant0.002\%$，这些元素的含量应控制在最低值。

（6）线性膨胀系数。700℃超超临界轮机转子采用焊接方式生产，镍基耐热合金中所添加元素对合金线膨胀系数的影响非常复杂，根据镍基耐热合金 700℃平均线膨胀系数方程：

$$\begin{aligned}CTE_{700℃} = {} & 13.8732+7.2764\times10^{-2}Cr+3.751\times10^{-2}\times(Ta+1.95Nb)+1.9774\times10^{-2}Co+\\ & 7.3\times10^{-5}\times Co\times Co-1.835\times10^{-2}\times Al-7.9532\times10^{-2}\times W-8.2385\times10^{-2}\times Mo-\\ & 1.63381\times10^{-1}\times Ti\end{aligned}$$

其中，$CTE_{700℃}$是合金 700℃线膨胀系数，式中每个元素按重量百分比计算。由该方程可知，Al、W、Mo、Ti 为降低线膨胀系数元素，而 Cr、Ta+Nb、Co 为增加线膨胀系数元素。焊接高温转子要求耐热合金高温线膨胀系数与铁素体耐热钢相近，避免由于材料热膨胀不同而产生内应力，耐热合金成分设计应该尽量降低增加线膨胀系数的元素含量。

按照 C700R-1 合金成分范围计算的热膨胀系数 $CTE_{700℃}$在（14.4～14.7）$\times10^{-6}K^{-1}$之间，高温汽轮机转子一般要求 $CTE_{700℃}$ 在 $14.5\times10^{-6}K^{-1}$左右。因此，合金成分设计时，在满足合金高温强度的前提下，增加合金线膨胀系数的 Cr、Nb、Co 元素尽量取最低值，降低合金线膨胀系数的 Al、W、Mo 和 Ti 元素可适当增加其含量，合金成分确定后应对线膨胀系数再次进行校核以满足转子材料对热膨胀的要求。

（7）制造工艺控制。10t 级高、中压镍基耐热合金转子生产工艺复杂，从合金的冶炼到最终产品的机加工每一步都需要制定详细的生产工艺参数，才能保证转子材料具有优越的整体性能。转子耐热合金制造工艺如下：合金冶炼→均匀化处理→锻造→预机加工→热处理→性能检测→最终机加工。

冶炼工艺：冶炼工艺在整个耐热合金工艺中占有举足轻重的地位，冶炼技术决定了合金的性能水平。高温转子特大型锻件冶炼过程中极易形成偏析、组织不均，合金铸锭凝固过程中还会产应力不均，增加了后续工艺的难度。C700R-1 合金采用 VIM + ESR +VAR 三联工艺进行冶炼，所冶炼的合金具有纯净度高、组织均匀致密的优点，同时三联冶炼工艺从源头上对优先失稳源加以严格控制，提升合金的性能。

均匀化热处理：耐热合金根据锭型和类型的不同采用一段式或者多段式均匀化热处理，C700R-1合金均匀化热处理温度和时间选择参照残余偏析系数 $\delta$ 制定，公式如下：

$$\delta = \exp\left(-\frac{4\pi^2}{L^2}Dt\right)$$

其中，$D$ 为扩散系数；$L$ 为二次枝晶间距；$t$ 为均匀化时间。根据合金元素扩散系数、枝晶间距可以估计合金均匀化所需时间。经残余偏析系数计算及工程实践，本发明合金（C700R-1）1195±5℃均匀化处理40~150h可达到均匀化的目的。

热加工艺：为提高转子合金的热加工性，合金锻造过程中采用软包套造技术。软包套是在锻件的表面包裹一层保温石棉来进行锻造的工艺。保温石棉（主要成分硅酸铝纤维）在高温下具有良好的保温效果，不会发生粉化现象。利用玻璃粉高温黏结剂将包套黏结包裹在锻件上，减少热量的散失，对锻件的变形影响很小。将加热后的合金铸锭利用保温石棉进行包裹压实，软包套厚度为10~25mm，包套时间越短越有利于合金的热加工性能。转子耐热合金热变形温度窗口较窄，通常耐热合金的热加工是在γ′溶解温度和晶界熔化温度之间，这个温度区间一般为150~200℃。锻造温度过高会造成晶界融化，导致合金断裂。锻造温度过低合金中高温强化相γ′不能溶解，合金不易锻造。C700R-1合金锻造工艺的确定是建立在大量的热压缩实验基础上，通过改变合金的变形温度、变形速率、应变量而制定。C700R-1合金锻造温度区间为1050~1180℃，变形速率在0.001~0.01$s^{-1}$之间。

热处理工艺：本发明合金的热处理工艺为固溶+预时效处理，固溶温度为1100~1150℃，保温2~4h水冷，然后在700~800℃之间保温25~30h空冷进行预时效处理。按上述热处理工艺执行的C700R-1合金晶粒度在2~5级之间，能够满足转子合金持久和疲劳性能对晶粒度的要求。

上述7个方面是“选择性强化”理念的主要构成，也是转子耐热合金成分设计时需要着重考虑的问题。“选择性强化”理念不仅适用于本发明的合金，也适用于其他耐热合金性能的提升，在该理念下改进的合金也属于本发明思想的延伸或修改。

### 5.5.2 700℃超超临界汽轮机高温转子用C700R-1耐热合金精细相分析

C700R-1是在“选择性强化”理念下以固溶强化型合金为基础，对影响合金性能的7个主要因素进行优化和改进而设计的700℃超超临界汽轮机转子用耐热合金。合金中固溶元素的添加量以不出现有害相为前提，提高固溶强化元素的含量以实现固溶强化的最大化，辅以时效强化提高合金的高温性能，复合添加晶界强化元素增加晶界结合力，进一步提升合金性能。C700R-1选取稳定的镍基作为合金基体，Cr、Co为固溶强化元素，添加与镍原子半径相差较大的W、Mo来提高基体强度。控制C、Al+Ti、Nb及Ti/Al来控制高温析出强化相数量及种类，保证合金的高温强度及组织稳定性。B、Zr、Mg提高晶界强度。严格控制合金中的［O］、［N］、［H］有害气体及S、P等有害元素，避免优先失稳源对合金性能的不利影响。所添加的元素同时兼顾合金线性热膨胀，确保C700R-1耐热合金高温线膨胀系数与铁素体钢相近。

汽轮机用镍基耐热合金通常服役时间均在十几万小时以上，某些关键部件（如：转子、叶片、气缸等）的性能要求更加严格。转子耐热合金不仅需要短时性能的提升，而且还要对合金长期服役条件下组织结构稳定性进行改善，保证高温转子合金长期服役的安全性。因此，分析研究合金长期时效析出相的演变对提升材料的综合性能是完全有必要的。表5-29～表5-31是C700R-1耐热合金与现有报道的高温转子镍基耐热合金700℃长期时效析出相元素变化的对比。C700R-1耐热合金的析出相为γ′、$M_{23}C_6$、$M_6C$、MC，析出相的数量、粗化速率、回溶以及成分的变化等均影响合金的长期高温性能。C700R-1耐热合金中Cr、Mo、Co、W固溶强化元素长期时效稳定的存在于基体中，合金的组织稳定性得到了显著的提高。时效过程中析出相的精细分析，从微观结构上掌控析出相中元素的变化，进而指导合金成分设计。C700R-1耐热合金设计根据析出相的精细分析，调控合金中固溶元素的比重，减缓了时效过程中有益析出相的速率，降低了析出相粗化速率，防止了析出相中元素的回溶，保障了合金长期性能的稳定性。

**表5-29 高温转子耐热合金700℃时效过程中γ′元素变化** （质量分数,%）

| 牌号 | 0h | | | | | 100h | | | | | 1000h | | | | |
|---|---|---|---|---|---|---|---|---|---|---|---|---|---|---|---|
| | Co | Cr | Mo | W | Σ | Co | Cr | Mo | W | Σ | Co | Cr | Mo | W | Σ |
| C700R-1 | 0.166 | 0.662 | 0.235 | — | 7.63 | 0.240 | 0.738 | 0.387 | — | 9.82 | 0.252 | 0.801 | 0.546 | — | 10.98 |
| Nimonic263 | 0.246 | 0.628 | 0.123 | — | 5.62 | 0.376 | 0.884 | 0.247 | — | 9.51 | 0.370 | 0.860 | 0.245 | — | 9.58 |
| TOS1X-Ⅱ | 0.332 | 0.468 | 0.343 | 0.175 | 10.80 | 0.367 | 0.654 | 0.420 | 0.224 | 13.17 | 0.374 | 0.671 | 0.445 | 0.245 | 13.58 |
| LTES700R | — | 0.095 | 0.114 | 0.096 | 5.67 | — | 0.260 | 0.410 | 0.154 | 9.02 | — | 0.245 | 0.401 | 0.165 | 9.56 |
| Haynes282 | 0.270 | 0.576 | 0.452 | 0.099 | 13.52 | 0.317 | 0.649 | 0.501 | 0.132 | 15.53 | 0.321 | 0.654 | 0.498 | 0.145 | 15.68 |

| 牌号 | 3000h | | | | | 5000h | | | | |
|---|---|---|---|---|---|---|---|---|---|---|
| | Co | Cr | Mo | W | Σ | Co | Cr | Mo | W | Σ |
| C700R-1 | 0.302 | 0.802 | 0.540 | — | 11.66 | 0.292 | 0.736 | 0.460 | — | 12.90 |
| Nimonic263 | 0.386 | 0.845 | 0.279 | — | 10.26 | 0.418 | 0.745 | 0.243 | — | 11.20 |
| TOS1X-Ⅱ | 0.384 | 0.695 | 0.456 | 0.257 | 14.14 | 0.376 | 0.658 | 0.416 | 0.245 | 14.98 |
| LTE700R | — | 0.259 | 0.411 | 0.178 | 10.36 | — | 0.224 | 0.301 | 0.135 | 9.62 |
| Haynes282 | 0.436 | 0.682 | 0.502 | 0.179 | 18.03 | 0.416 | 0.697 | 0.540 | 0.174 | 18.20 |

表 5-30　高温转子耐热合金 700℃时效过程中 $M_{23}C_6$ 元素变化　（质量分数,%）

| 牌　号 | 0h | | | | | 100h | | | | | 1000h | | | | |
|---|---|---|---|---|---|---|---|---|---|---|---|---|---|---|---|
| | Co | Cr | Mo | W | Σ | Co | Cr | Mo | W | Σ | Co | Cr | Mo | W | Σ |
| C700R-1 | 0.010 | 0.37 | 0.104 | — | 0.54 | 0.008 | 0.368 | 0.140 | — | 0.57 | 0.012 | 0.42 | 0.135 | — | 0.62 |
| Nimonic263 | 0.004 | 0.156 | 0.035 | — | 0.22 | 0.007 | 0.11 | 0.039 | — | 0.18 | 0.010 | 0.171 | 0.035 | — | 0.24 |
| TOS1X-Ⅱ | 0.003 | 0.059 | 0.048 | 0.003 | 0.13 | 0.004 | 0.091 | 0.054 | 0.006 | 0.17 | 0.005 | 0.084 | 0.076 | 0.003 | 0.19 |
| LTES700R | — | 0.066 | 0.050 | 0.003 | 0.13 | — | 0.065 | 0.039 | 0.004 | 0.12 | — | 0.094 | 0.04 | 0.003 | 0.15 |
| Haynes282 | 0.004 | 0.324 | 0.156 | 0.007 | 0.47 | 0.018 | 0.378 | 0.103 | 0.007 | 0.59 | 0.019 | 0.384 | 0.106 | 0.008 | 0.60 |

| 牌　号 | 3000h | | | | | 5000h | | | | |
|---|---|---|---|---|---|---|---|---|---|---|
| | Co | Cr | Mo | W | Σ | Co | Cr | Mo | W | Σ |
| C700R-1 | 0.013 | 0.423 | 0.143 | — | 0.64 | 0.012 | 0.395 | 0.135 | — | 0.62 |
| Nimonic263 | 0.012 | 0.246 | 0.07 | — | 0.37 | 0.011 | 0.316 | 0.065 | — | 0.43 |
| TOS1X-Ⅱ | 0.005 | 0.094 | 0.08 | 0.003 | 0.21 | 0.004 | 0.133 | 0.047 | 0.0028 | 0.21 |
| LTES700R | — | 0.112 | 0.067 | 0.003 | 0.20 | — | 0.099 | 0.037 | 0.0029 | 0.16 |
| Haynes282 | 0.013 | 0.375 | 0.107 | 0.009 | 0.59 | 0.008 | 0.381 | 0.093 | 0.0095 | 0.55 |

表 5-31　高温转子耐热合金 700℃时效过程中 $M_6C$+MC 元素变化　（质量分数,%）

| 牌　号 | 0h | | | | | 100h | | | | | 1000h | | | | |
|---|---|---|---|---|---|---|---|---|---|---|---|---|---|---|---|
| | Co | Cr | Mo | W | Σ | Co | Cr | Mo | W | Σ | Co | Cr | Mo | W | Σ |
| C700R-1 | 0.008 | 0.028 | 0.056 | — | 0.137 | 0.028 | 0.041 | 0.102 | — | 0.264 | 0.019 | 0.048 | 0.115 | — | 0.266 |
| Nimonic263 | — | — | 0.047 | — | 0.164 | — | — | 0.05 | — | 0.170 | — | — | 0.052 | — | 0.161 |
| TOS1X-Ⅱ | 0.007 | 0.039 | 0.094 | 0.011 | 0.244 | 0.027 | 0.022 | 0.144 | 0.019 | 0.335 | 0.024 | 0.052 | 0.11 | 0.025 | 0.323 |
| LTES700R | — | 0.006 | 0.068 | 0.009 | 0.125 | — | 0.010 | 0.081 | 0.006 | 0.145 | — | 0.007 | 0.082 | 0.007 | 0.146 |
| Haynes282 | — | — | 0.063 | 0.004 | 0.156 | — | — | 0.064 | 0.008 | 0.167 | — | — | 0.066 | 0.01 | 0.179 |

| 牌　号 | 3000h | | | | | 5000h | | | | |
|---|---|---|---|---|---|---|---|---|---|---|
| | Co | Cr | Mo | W | Σ | Co | Cr | Mo | W | Σ |
| C700R-1 | 0.017 | 0.049 | 0.117 | — | 0.264 | 0.029 | 0.09 | 0.248 | — | 0.474 |
| Nimonic263 | — | — | 0.054 | — | 0.165 | — | — | 0.059 | — | 0.160 |
| TOS1X-Ⅱ | 0.023 | 0.062 | 0.112 | 0.024 | 0.325 | 0.030 | 0.053 | 0.257 | 0.030 | 0.514 |
| LTES700R | — | 0.008 | 0.075 | 0.007 | 0.142 | — | 0.052 | 0.208 | 0.014 | 0.344 |
| Haynes282 | — | — | 0.068 | 0.010 | 0.180 | — | — | 0.079 | 0.011 | 0.174 |

C700R-1 合金与其他转子耐热合金长期时效析出相中元素含量的变化表明，镍基耐热合金维持长期时效固溶强化，要求 Mo 最低含量为 8.5%，Co 的最低含量为 11.0%，Cr 的最低含量为 19.0%，同时添加一定量的 W 促进高温强化相的析出，才能确保 Cr、Mo、Co、W 元素长期时效后在基体中仍然保持强劲的固溶

强化作用，巩固析出相长期时效对合金的强化作用。C700R-1 耐热合金成分完全满足上述固溶元素的要求，长期时效后固溶强化作用稳固。

C700R-1 合金的优点在于基于“选择性强化”对合金成分进行确定，通过长期时效精细相分析进一步优化合金的成分，改善合金长期时效组织结构的稳定性。C700R-1 耐热合金具有优异的综合性能，700℃十万小时外推持久强度在转子镍基耐热合金中居领先地位，合金 700℃长期时效冲击韧性表现优良，合金 700℃热膨胀系数与铁素体耐热钢相近。

按照“选择性强化”理念设计，C700R-1 耐热合金设计将最佳成分范围控制、最佳热加工工艺和最佳热处理制度三者作为一个整体，创新应用生产出了完全满足 700℃超超临界汽轮机转子用的耐热合金。与目前公开报道的其他转子耐热合金对比，C700R-1 耐热合金在持久强度、长期组织稳定性和强韧性匹配及低热膨胀系数等方面具有大幅度的提升，是迄今为止最佳的用于 700℃超超临界汽轮机转子的耐热合金材料之一。

## 参 考 文 献


[1] Ren W J, Robert S. A review on current status of alloys 617 and 230 for gen Ⅳ nuclear reactor internals and heat exchangers [J]. Journal of Pressure Vessel Technology. 2009, 131 (4): 1~15.

[2] Mankins W L, Hosier J C, Bassford T H. Microstructure and phase stability of inconel alloy 617 [J]. Metallurgical Transactions. 1974, 5 (12): 2579~2590.

[3] Kimball O F, Lai G Y, Reynolds G H. Effects of thermal aging on the microstructure and nechanical properties of a commercial Ni-Cr-Co-Mo alloy (Inconel 617) [J]. Metallurgical Transactios A. 1976, 7 (12): 1951~1952.

[4] Wu Q Y. Microstructural evolution in advanced boiler materials for ultra supercritical coal power plants [D]. The University of Cincinnati. 2006.

[5] Wu Q Y, Song H J, Swindeman R W et al. Microstructure of long-term aged In 617 ni-base superalloy [J]. Metallurgical and materials transactions A. 2008, 39 (11): 2569~2585.

[6] Kirchhöfer H, Schubert F, Nickel H. Precipitation behavior of Ni-Cr-22Fe-18Mo and Ni-Cr-2Co-12Mo after isothermal aging [J]. Nuclear Technology. 1984, 66 (1): 139~148.

[7] Benz J, Lillo T, Wright R. Aging of alloy 617 at 650 and 750℃ [R]. Report INL/ EXT-12-27974. 2013.

[8] 郭岩，侯淑芳，周荣灿. 晶界 $M_{23}C_6$碳化物对 In617 合金力学性能的影响 [J]. 动力工程学报，2010，30 (10): 804~808.

[9] Krishma R. Microstructural investigation of alloys used for power generation industries [D]. University of Leicester. 2010.

[10] Agarwal D C, Brill U. Influence of the tungsten addition and content on the properties of the

high-temperature, high-strength ni-base alloy 617 [C]. The 4th International Conference on Advances in Materials Technology for Fossil Power Plants. South Carolina, 2004: 303~309.

[11] Darius T, Pyuck-Pa C, Klöwer J. Microstructural evolution of a ni-based superalloy (617B) at 700℃ studied by electron microscopy and atom probe tomography [J]. Acta Materialia. 2012, 60 (4): 1731~1740.

[12] Cabibbo M, Gariboldi E, Spigarelli S et al. Creep behavior of incoloy alloy 617 [J]. Journal of Materials Science, 2008, 43 (8): 2912~2921.

[13] Schlegel S, Hopkins S, Young E et al. Precipitate redistribution during creep of alloy 617 [J]. Metallurgical and Materials Transactions A. 2009, 40 (12): 2812~2823.

[14] Heinemann J, Helmrich A, Husemann R U et al. Aplicability of ni-Based welding consumables for boiler tubes and pipings in the temperature range up to 720℃ [C]. The 4th International Conference on Advances in Materials Technology for Fossil Power Plants. South Carolina. 2004: 788~802.

[15] Borden M P. Weldability of materials for ultrasupercritical boiler applications [C]. The 4th International Conference on Advances in Materials Technology for Fossil Power Plants. South Carolina. 2004: 837~852.

[16] Klenk A, Speicher M, Maile K. Weld behavior of martensitic steels and ni-based alloys for high temperature components [J]. Procedia Engineering. 2013, 55: 414~420.

[17] Fink C, Zinke M. Welding of nickel-based alloy 617 using modified dip arc processes [J]. Welding in the World, 2013, 57 (3): 323~333.

[18] 刘正东, 陈正宗, 包汉生, 杨钢, 干勇, 一种镍-铬-钴-钼耐热合金 (C-HRA-3) 及其钢管制造工艺, 钢铁研究总院, 中国专利申请号: 201410095587. 9, 公开号: CN 103866163A.

[19] Blaes, Donth, Diwo, et al. Advanced Forgings for Highly Efficient Fossil Power Plant. Proceedings from the sixth International Conference on Advances in Materials Technology for Fossil Plants, 2010: 436~449.

[20] Phil Maziasz. Materials for Advanced Ultra-Supercritical Steam Service Turbines. Oak Ridge National Laboratory. 24th Ann. Conf. on Fossil Energy Materials, 25-27 May, 2010, Pittsburgh, PA.

[21] Viswanatha W, Shingledecker J. Evaluating Materials Technology for Advanced Ultrasupercritical Coal-Fired Plants. Power Magazine, Aug., 2010.

[22] Romanosky. U. S. Department of Energy/Fossil Energy Materials Research Development for Power and Steam Turbines. 8th Charles Parsons Turbine Conference September 5-8, 2011.

[23] Annual Progress Report. Steam Turbine Materials Consortium. Project Title: Steam Turbine Materials for UltraSuperCritical Power Plants. June 2007.

[24] Purgert, Rawls. U. S. Program for Advanced Ultra Super Critical (A-USC) Coal Fired Power Plants. NTPC Indian Power Stations O&M Conference, Sustainable Growth Strategies for Fuel and Efficiency. New Delhi, India February 2013.

[25] 王天剑，范华，张邦强，等. 700℃超超临界汽轮机关键部件用镍基高温合金选材 [J]. 东方汽轮机，2012 (2)：46~53.

[26] HAYNES® 282ALLOY. HAYNES International.

[27] Masafumi Fukuda，Eiji Saito，Yoshinori Tanaka，et al. Advanced USC technology development in Japan. Proceedings from the sixth International Conference on Advances in Materials Technology for Fossil Plants，2010：325~341.

[28] Shinya Imano，Hiroyuki Doi，Koji. Kajikawa. Modifcation of Alloy 706 for High Temperature Steam Turbine Rotor Application. The Minerals，Metals & Materials Society. 2005：77~86.

[29] Imano，Sato，Kajikawa，et al. Mechanical Properites and Manufacturability of Ni-Fe Base Superalloy (FENIX-700) for A-USC Steam Turbie Rotor Large Forgings. Advances in Materials Technology for Fossil Power Plants. Proceedings of the 5th International Conference . 2007：424~433.

[30] Yamamoto，Kadoya. Development of Wrought Ni-Based Superalloy with Low Thermal Expansion for 700℃ Steam Turbine. Proceedings from the Fourth Intermational Conference on Advances in Materials Technology for Fossil Power Plant. 2004：623~637.

[31] 竹山雅夫. 高効率火力発電用耐熱材料の最近の動向. 電気製鋼. 2012，83：27~33.

[32] 刘正东，田仲良，姜森宝，陈正宗，包汉生，何西扣，杨钢，王立民，王志刚，杨功显. 一种700℃超超临界汽轮机转子用耐热合金及其制备方法，钢铁研究总院. 中国：201510634617. 3.

# 6　650~750℃时效强化型耐热合金的选择性强化设计与实践

## 6.1　时效强化型 Inconel 740 合金研究进展

### 6.1.1　Inconel 740 耐热合金的研发

Inconel 740 作为一种用于700℃蒸汽参数超超临界电站锅炉管候选材料，近年一直是超超临界电站材料领域的研究热点之一。Inconel 740 是美国 Special Metals 公司在 Nimonic263 基础上研究开发的一种新型 Ni-Cr-Co 系时效强化型耐热合金。Inconel 740 和 Nimonic263 中各合金元素的含量范围如表 6-1 所示。在 Nimonic263 基础上，Inconel 740 保留了 20%Co 含量，保证其固溶强化效果。加入了约 2%的 Nb，在进一步提高固溶强化效果的同时，提高材料中 γ′相的质量分数。提高 Cr 含量，降低 Mo 含量，以提高材料的抗蒸汽腐蚀和抗煤灰腐蚀性能。Inconel 740 中各合金元素的含量及其作用如下：

C：晶界碳化物形成元素，主要和 Cr 元素形成 $M_{23}C_6$型碳化物，C 含量过高会影响材料的焊接性能，在 Inconel 740 中 C 元素的含量一般控制在 0.03%~0.06%；

Cr：Inconel 740 在 Nimonic263 的基础上提高了 Cr 的含量，达到了 25%左右，提高了材料的抗蒸汽氧化性能。Cr 也是 Inconel 740 中主要的碳化物形成元素，在 Inconel 740 中 Cr 元素的含量一般控制在 23.5%~25.5%；

Co：主要的固溶强化元素，在 Inconel 740 中，Co 元素的含量一般控制在 18%~22%；

Mo：镍基耐热合金抗煤灰腐蚀性能随着 Mo 含量的提高而显著降低，因此 Inconel 740 在 Nimonic263 的基础上降低了 Mo 的含量，在 Inconel 740 中 Mo 元素的含量一般控制在 0.2%~0.8%；

Nb：固溶强化和析出强化元素，γ′相的主要形成元素之一，Inconel 740 在 Nimonic263 的基础上，加入了 2%左右的 Nb，以提高材料的固溶强化和提高 γ′相的质量分数，在 Inconel 740 中 Nb 元素的含量一般控制在 1.8%~2.2%；

Ti：析出强化元素，γ′相的主要形成元素之一，在 Inconel 740 中，Ti 元素的含量一般控制在 1.4%~1.8%；

Al：析出强化元素，γ′相的主要形成元素之一，此外 Al 元素可以提高 Inconel 740 的抗蒸汽氧化性能，在 Inconel 740 中，Al 元素的含量一般控制在 0.9%～1.3%；

Fe：固溶强化元素，但是过量的 Fe 元素会导致形成 Laves 相或 TCP 相，因此在 Inconel 740 中，Fe 元素的含量一般控制在 0.7%～1.0%；

Si：有害元素，会导致 G 相的形成，在 Inconel 740 中，Si 元素的含量一般控制在 0.3%～1.0%；

Mn：Mn 是奥氏体稳定化元素，但对耐热合金的塑性有不利影响，Mn 含量一般控制在 20%以下。

Inconel 740 在室温和高温都具有优异的力学性能。表 6-2 为固溶+时效处理后 Inconel 740 的室温力学性能，表 6-3 为固溶处理和固溶+时效处理后 Inconel 740 的高温力学性能，图 6-1 为 Inconel 740 在不同温度下持久寿命随应力变化的曲线[1]。从图中可以看出，随应力的增加，Inconel 740 的持久寿命基本呈线性降低，而且温度越高，持久寿命越低。通过对 750℃持久寿命曲线的外推，可以初步确定 Inconel 740 在 750℃服役 $10^5$h 后的持久强度大于 100MPa。

**表 6-1 Inconel 740 及 Nimonic 263 中合金元素的成分范围[1]** （质量分数,%）

| 合金 | | C | Cr | Co | Mo | Nb | Ti | Al | Fe | Mn | Si |
|---|---|---|---|---|---|---|---|---|---|---|---|
| Inconel 740 | Min | 0.03 | 23.5 | 18.0 | 0.2 | 1.8 | 1.4 | 0.9 | 0.7 | 0.1 | 0.3 |
| | Max | 0.06 | 25.5 | 22.0 | 0.8 | 2.2 | 1.8 | 1.3 | 1.0 | 1 | 1 |
| Nimonic 263 | Min | 0.04 | 19.0 | 19.0 | 5.6 | — | 1.9 | — | — | — | — |
| | Max | 0.08 | 21.0 | 21.0 | 6.1 | — | 2.4 | 0.9 | 0.7 | 0.6 | — |

**表 6-2 Inconel 740 固溶+时效处理后的室温力学性能[1]**

| 时效条件 | $R_{p0.2}$/MPa | $R_m$/MPa | 伸长率/% | 断面收缩/% | HRC |
|---|---|---|---|---|---|
| 760℃×4h，AC | 811.9 | 1199.1 | 36.4 | 47.6 | 33.6 |
| 760℃×8h，AC | 827.0 | 1218.9 | 37.4 | 43.0 | 34.4 |
| 760℃×16h，AC | 842.7 | 1231.9 | 33.4 | 43.0 | 35.5 |
| 800℃×4h，AC | 785.2 | 1186.1 | 37.0 | 45.8 | 35.6 |
| 800℃×8h，AC | 797.5 | 1201.8 | 35.2 | 44.8 | 33.8 |
| 800℃×16h，AC | 781.1 | 1205.9 | 33.6 | 42.8 | 33.8 |

**表 6-3 Inconel 740 固溶处理及固溶+时效处理后的高温力学性能[1]**

（状态 1：1150℃/30min/水冷；状态 2：1150℃/30min/水冷/800℃/16h/空冷）

| 测试温度/℃ | $R_{p0.2}$/MPa | $R_m$/MPa | 伸长率/% | 断面收缩率/% | 材料状态 |
|---|---|---|---|---|---|
| 23 | 313.7 | 796.4 | 57.5 | 67.5 | 1 |
| 23 | 720.5 | 1168.7 | 51.3 | 49.4 | 2 |

续表 6-3

| 测试温度/℃ | $R_{p0.2}$/MPa | $R_m$/MPa | 伸长率/% | 断面收缩率/% | 材料状态 |
|---|---|---|---|---|---|
| 538 | 616.4 | 979.8 | 31.3 | 39.0 | 2 |
| 593 | 607.4 | 992.2 | 31.4 | 32.8 | 2 |
| 649 | 621.2 | 1023.2 | 38.4 | 39.8 | 2 |
| 704 | 648.1 | 913.6 | 37.9 | 43.7 | 2 |
| 760 | 608.1 | 766.0 | 32.5 | 43.9 | 2 |
| 800 | 556.4 | 651.6 | 34.8 | 46.2 | 2 |
| 816 | 514.4 | 608.1 | 37.7 | 47.8 | 2 |
| 871 | 304.1 | 365.4 | 55.2 | 67.8 | 2 |
| 927 | 148.2 | 200.0 | 63.5 | 79.4 | 2 |
| 982 | 60.0 | 104.8 | 112.5 | 93.1 | 2 |

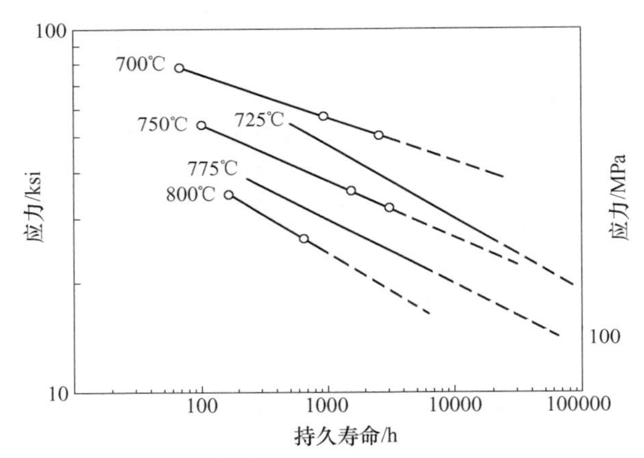


图 6-1　Inconel 740 经固溶+时效处理后不同温度时持久寿命和应力之间关系[1]

### 6.1.2　Inconel 740 合金的组织稳定性研究及成分改进

赵双群和 Evans 等人对 Inconel 740 合金在时效和蠕变过程中析出相种类、形貌和数量演变做了较系统研究。赵双群通过热力学软件计算出了 Inconel 740 的热力学相图（见图 6-2）[2]，并且对 Inconel 740 合金在 700~760℃时效不同时间的样品进行了 SEM 组织观察（见图 6-3）[3]，确定了 Inconel 740 合金中主要析出相为 γ′相、η 相、$M_{23}C_6$碳化物、MC 碳化物和 G 相，对各种析出相含量随时效时间的演变做了定量统计，如表 6-4 所示[3]。Evans 对 Inconel 740 合金的蠕变试样进行了类似研究，得到的结论和赵双群的研究结果基本一致，而且他还对各种析出相的化学成分进行了定量研究，结果如表 6-5[4] 所示。

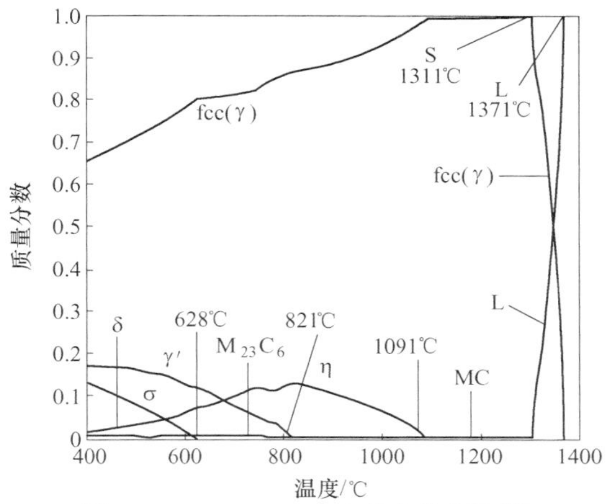


图 6-2 Inconel 740 合金热力学相图[2]

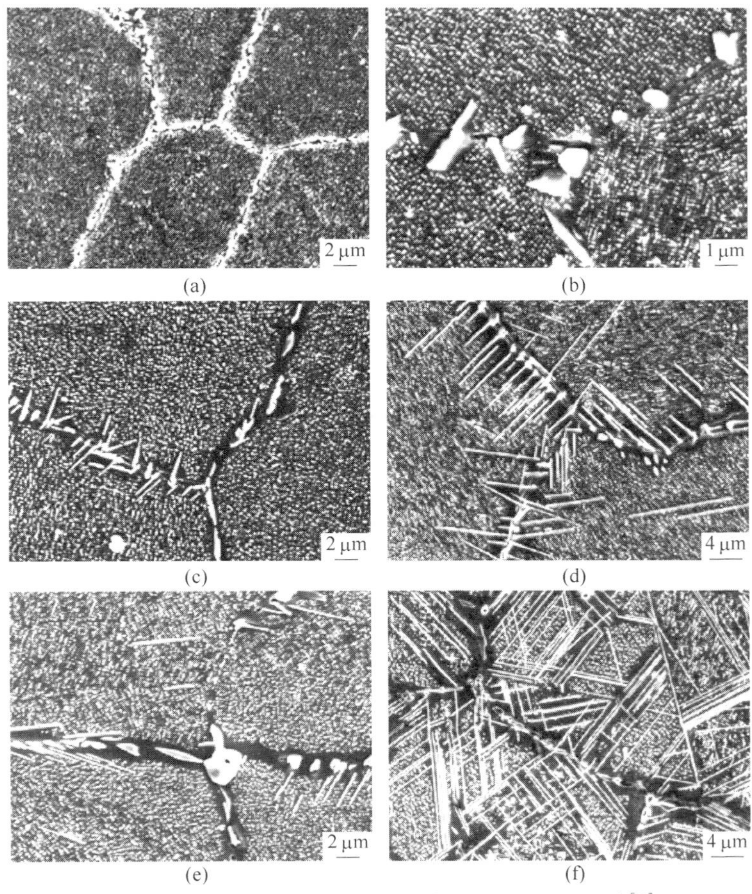


图 6-3 Inconel 740 在不同时效条件下的 SEM 形貌[3]

(a) 704℃×4000h；(b) 725℃×4000h；(c) 750℃×1000h；(d) 750℃×5000h；(e) 760℃×500h；(f) 760℃×4000h

表 6-4　Inconel 740 中各析出相的质量分数随时效条件的变化[3]

| 时效条件 | $\gamma'(+\eta)$ | MC | $M_{23}C_6$ | G |
|---|---|---|---|---|
| 704℃×1000h | 16.629 | 0.154 | 0.139 | 0.046 |
| 704℃×2000h | 16.835 | 0.151 | 0.151 | 0.063 |
| 760℃×1000h | 14.364 | 0.161 | 0.170 | 0.336 |
| 760℃×2000h | 14.633 | 0.154 | 0.217 | 0.471 |

表 6-5　Inconel 740 在 815℃/138MPa 服役 2500h 后析出相化学成分[4]（质量分数,%）

| 析出相 | Ni | Cr | Co | Fe | Ti | Al | Nb | Mo | Si |
|---|---|---|---|---|---|---|---|---|---|
| $\gamma$ | 44.6 | 32.7 | 21.2 | 0.5 | 0.3 | 0.1 | 0.2 | 0.1 | 0.3 |
| $\gamma'$ | 73.3 | 1.6 | 6.2 | 0.3 | 10.0 | 6.1 | 2.4 | 0 | 0 |
| $\eta$ | 71.0 | 1.3 | 8.9 | 0.1 | 10.4 | 2.3 | 6.0 | 0 | 0 |
| $M_{23}C_6$ | 3.5 | 93.5 | 1.6 | 0 | 0.1 | 0 | 0 | 1.2 | 0 |
| MC | 1.2 | 0.9 | 0.6 | 0 | 32.0 | 0.1 | 64.5 | 0.2 | 0.5 |
| G | 47.3 | 2.1 | 10.1 | 0.1 | 2.8 | 0.1 | 15.3 | 0 | 21.9 |

通过对时效过程中组织演变的研究，赵双群认为 Inconel 740 合金的主要组织不稳定性因素包括 $\gamma'$相的粗化、G 相和晶界针状 $\eta$ 相的析出[3]。$\gamma'$相作为镍基耐热合金的主要强化相，化学式一般为 $Ni_3$(Ti、Al、Nb)，其颗粒尺寸随着时效时间的延长而逐渐增大，并且逐渐失去和基体的共格关系，变形过程中其对位错运动的阻碍作用逐渐减弱，导致耐热材料高温持久强度逐渐降低，这是镍基耐热合金组织退化的主要形式之一。赵双群通过对 $\gamma'$相粒径和时效时间的拟合确定了 $\gamma'$相的长大是满足体扩散控制的 Ostwald 熟化过程。G 相是耐热合金中的有害相，G 相是一个富 Si 相。Inconel 740 合金在 750~760℃长期时效过程中晶界会出现针状 $\eta$ 相，如图 6-3(c)~(f)所示。$\eta$ 相的周围一般会伴随 $\gamma'$相贫乏区，这表明了 $\eta$ 相的形成是以 $\gamma'$相消耗为代价的。时效时间延长到 5000h 后，大量针状 $\eta$ 相在晶内和晶界处同时析出，形成了典型的魏氏体状组织，造成了 Inconel 740 合金组织失稳。

针对 Inconel 740 合金的主要组织不稳定性因素，并结合热力学计算，赵双群等人提出了如下解决措施：(1) 提高 Al 含量，以提高 $\gamma'$相的溶解温度及 $\gamma'$相的体积分数；(2) 降低 Ti 的含量，以降低 Ti/Al 比，遏制晶界针状 $\eta$ 相的形成；(3) 进一步限制 Si 的含量，以消除 G 相。不同 Ti、Al 含量的 Inconel 740 合金热力学相图计算结果如图 6-4 所示，从图中可以看出随着 Ti/Al 比的降低，$\eta$ 相的析出温度逐渐升高，且析出温度区间逐渐变小，这从理论上证明了通过降低 Ti/Al 比可以有效地限制 $\eta$ 相的析出。因此赵双群等人设计了四炉改进成分的

Inconel 740 合金，其化学成分如表 6-6 所示。这 4 炉成分改进后的 Inconel 740 合金在 750℃时效 5018h 后的 SEM 形貌如图 6-5 所示。从图中可以看出，在长期时效后的样品中，晶界处都没有针状 η 相和 G 相的析出，这也就证明了改进后 Inconel 740 合金的组织稳定性得到了提高。

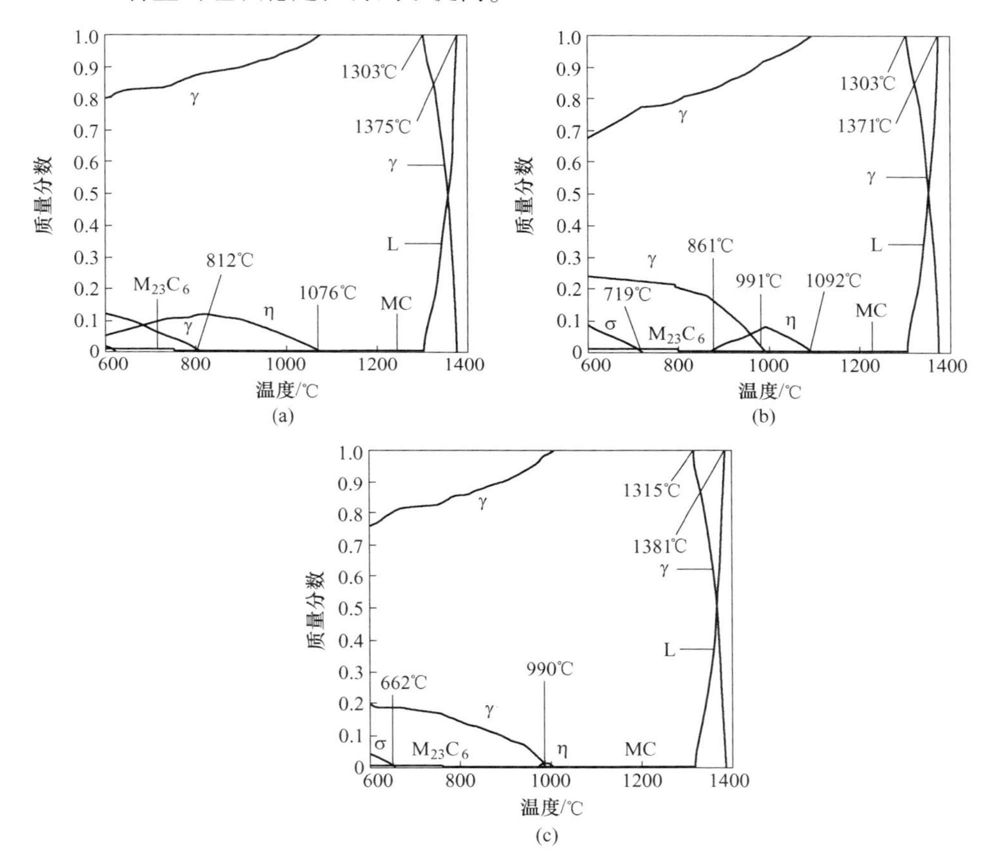


图 6-4 不同 Al、Ti 含量的 Inconel 740 热力学相图计算结果[3]

(a) 0.75%Al，1.58%Ti；(b) 1.5%Al，1.58%Ti；(c) 1.5%Al，0.8%Ti

**表 6-6 4 种成分改进后的 Inconel 740 合金元素含量[3]** （质量分数,%）

| 改进型 Inconel 740 | C | Cr | Co | Mo | Nb | Ti | Al | Fe | Mn | Si |
|---|---|---|---|---|---|---|---|---|---|---|
| Heat1 | 0.016 | 25.45 | 20.37 | 0.001 | 1.99 | 0.67 | 1.21 | 0.066 | 0.001 | 0.009 |
| Heat2 | 0.014 | 25.8 | 20.4 | 0.01 | 1.99 | 1.38 | 1.25 | 0.07 | 0.001 | 0.011 |
| Heat3 | 0.042 | 24.5 | 19.8 | 0.5 | 2.2 | 1.12 | 1.73 | 0.6 | 0.29 | 0.5 |
| Heat4 | 0.031 | 24.5 | 19.9 | 0.5 | 2.37 | 1.15 | 1.41 | 0.1 | 0.28 | 0.5 |

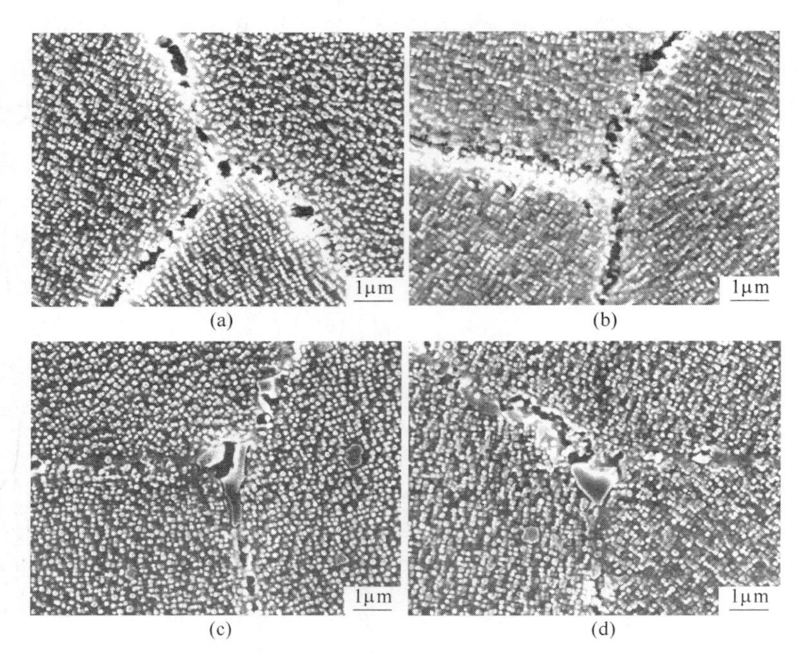


(a) (b) (c) (d)

图 6-5 成分改进后的 Inconel 740 在 750℃时效 5018h 后的 SEM 形貌[3]
（a）Heat1；（b）Heat2；（c）Heat3；（d）Heat4

### 6.1.3 高温应力对 Inconel 740 合金中析出相的影响

韩国 Jun-Hak Oh 等人[5,6]研究了热变形对 Inconel 740 合金析出强化的影响，对固溶时效处理后的 Inconel 740 合金样品在 700℃分别施加了 300MPa 和 800MPa 的应力，作用时间为 1h。Inconel 740 合金在该温度下的屈服强度为 648MPa、300MPa 和 800MPa 的应力使试样分别发生了弹性变形和塑性变形。通过对热变形后试样中 γ′相体积分数和直径的统计发现，γ′相的体积分数有显著提高，且提高的幅度随应力的升高而增大，而 γ′相的直径基本保持不变，如图 6-6 所示。应变后试样中 γ′相体积分数的提高可能与形核率提高有关。

Oh 等人认为 Inconel 740 合金热变形后形核率的提高可以从形核 Gibbs 自由能的角度来考虑，γ′相的异质形核率可以写成：

$$J = fC_1 \exp\left(-\frac{\Delta G}{kT}\right) \tag{6-1}$$

式中，$k$ 和 $T$ 分别为玻耳兹曼常数和绝对温度；$f$ 为常数，取决于每个形核质点能从基体中得到一个原子的概率；$\Delta G$ 为形核的 Gibbs 自由能势垒，根据经典的形核理论可以表达成：

$$\Delta G = -V(\Delta G_V - \Delta G_S) + A\gamma - \Delta G_d \tag{6-2}$$

式中，$V$ 和 $A$ 分别为析出相的体积和表面积；$\gamma$ 为界面能；$\Delta G_V$ 为体积自由能的变化；$\Delta G_S$ 为共格应变能；$\Delta G_d$ 为析出相在缺陷处异质形核所释放的自由能，在 Oh 等人的研究中则反映为在位错处异质形核释放的自由能。当应力为 300MPa 时，应力产生的弹性变形可以降低共格应变能 $\Delta G_S$，从而降低 $\Delta G$，使形核率提高。当应力为 800MPa 时，应力产生的塑性变形会产生大量位错，提高了形核质点，从而提高了 $\Delta G_d$ 降低了 $\Delta G$，使形核率提高。

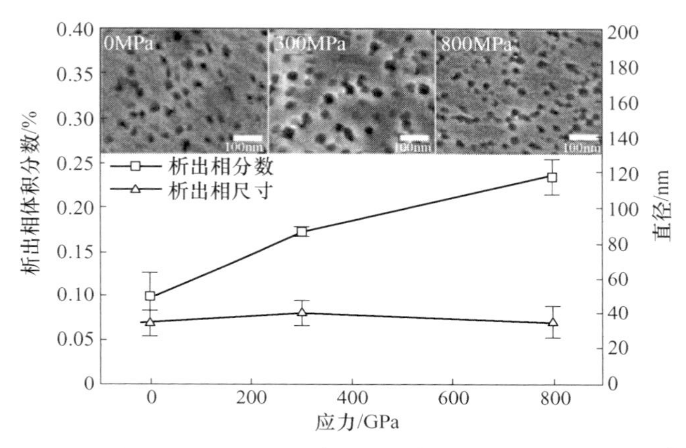


图 6-6 热变形对 Inconel 740 合金 γ′相体积分数和直径的影响[5]

热变形还可以提高 Inconel 740 合金的硬度，通过纳米压痕测得的无应力，300MPa 应力和 800MPa 应力试样的硬度分别为 (7.36±0.33)GPa，(7.74±0.16)GPa，(8.14±0.17)GPa。结合纳米压痕实验结果和理论计算，Oh 等人分别计算出了各个试样中基体和析出相对硬度的贡献值，如图 6-7 所示。从图中可以看出，虽然塑性变形可以提高材料位错密度从而提高基体的强度，但是当应力从 300MPa 增加到 800MPa 时，析出相贡献的提高幅度要大于基体贡献的提高幅度，因此 Oh 等人

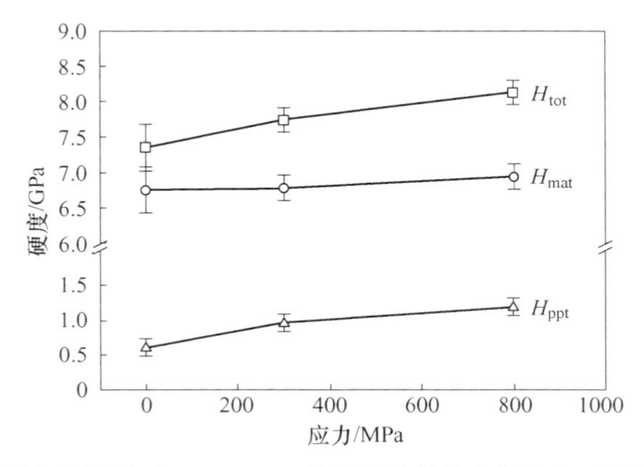


图 6-7 不同应力条件下 Inconel 740 的硬度及基体和析出相对硬度的贡献[5]

得出结论认为热变形主要通过提高析出相的形核率，从而提高其析出强化作用来提高 Inconel 740 合金的硬度值。

### 6.1.4　晶粒尺寸和晶界 η 相对 Inconel 740 持久寿命的影响

Shingledecker 等人[7,8]系统研究了不同成分 Inconel 740 合金样品在不同温度不同应力条件下的持久寿命和持久塑性，并且对持久断裂试样的组织进行了 SEM 形貌观察。主要得到了如下的结论：

（1）在研究的应力范围内，Inconel 740 合金都是在晶界处失效，在较大应力时（370MPa），主要表现为晶界楔形裂纹，如图 6-8（a）所示；在中等应力时（320MPa），晶界处既有楔形裂纹也有微孔；在低应力时，主要表现为晶界微孔，如图 6-8（b）所示。晶界析出相周围的 γ′相贫乏区是微孔容易萌生的地方。持久实验过程中应力对晶界 η 相的析出和长大没有影响。

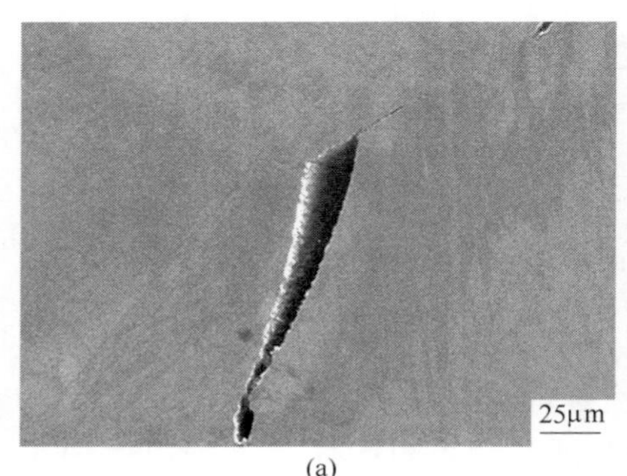


(a)

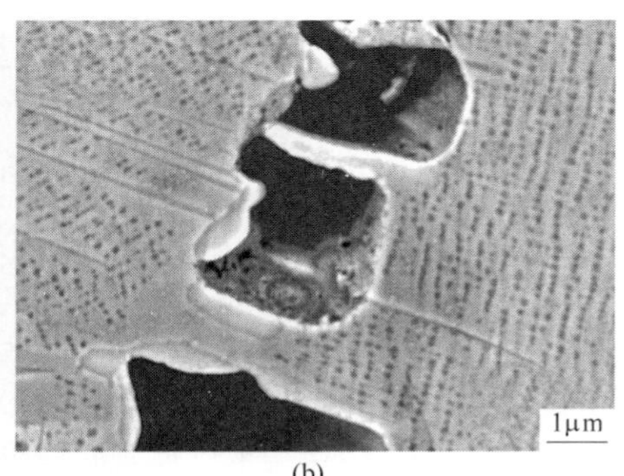


(b)

图 6-8　Inconel 740 在 750℃不同应力条件下晶界的失效形式[7]

（a）370MPa；（b）180MPa

（2）晶粒尺寸对 Inconel 740 合金的持久寿命有一定影响，随着晶粒尺寸的增大，Inconel 740 的持久寿命逐渐增大，如图 6-9（a）所示。最小蠕变速率随晶粒尺寸的变化关系不明显，如图 6-9（b）所示。

（3）Ti 和 Al 元素含量及 Ti/Al 比决定了 Inconel 740 合金中 γ′相的体积分数和晶界 η 相的数量，但是对 Inconel 740 合金的持久寿命没有明显影响。只有当 η 相的质量分数超过 7%时，Inconel 740 合金的持久塑性才会有所降低。晶界附近的 γ′相贫乏区是决定 Inconel 740 合金持久寿命和持久塑性的主要因素。Inconel 740 合金的持久塑性随着实验温度的提高而逐渐增大。

### 6.1.5　Inconel 740 合金的抗蒸汽氧化及煤灰腐蚀研究

在超超临界火电机组用耐热材料的蒸汽氧化问题中，氧化层的厚度是重点关

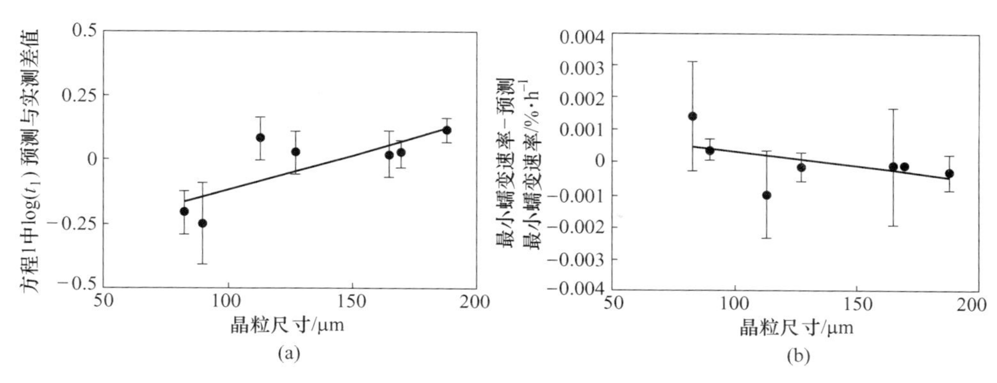


图 6-9 晶粒尺寸对 Inconel 740 持久寿命和最小蠕变速率的影响[8]

（a）持久寿命；（b）最小蠕变速率

注问题之一。随着蒸汽温度的升高，氧化层的形成速度加快，在相同时间内形成的氧化层厚度增大，从而导致以下几个问题：（1）材料有效厚度减薄，有可能发生提前断裂；（2）氧化层的导热系数较基体材料低，会使金属局部过热，导致蠕变速率和腐蚀速率加快；（3）当氧化层达到一定厚度时便会脱落，有可能造成管道的堵塞或者冲蚀汽轮机叶片。

几种主要耐热钢和耐热合金在 650℃ 蒸汽温度下的氧化速率常数对比见图 6-10[9]，可以看出在所列出的耐热钢和耐热合金中，CCA617 和 Inconel 740 耐热合金的抗氧化性能最好。金相观察表明，在该温度下 CCA617 和 Inconel 740 耐热合金的表面均形成了一层致密的富 Cr 氧化物，且两种合金的氧化速率都满足抛物线规律[10]。图 6-11 列出了几种主要耐热钢和耐热合金在 650℃ 和 800℃ 氧化失重量随材料中 Cr 含量变化的对应关系[10]，随着耐热材料中 Cr 含量的增加，耐热材料的抗蒸汽氧化能力不断提高，大约 12.5%Cr 含量是耐热材料抗氧化腐蚀的一个阀值。

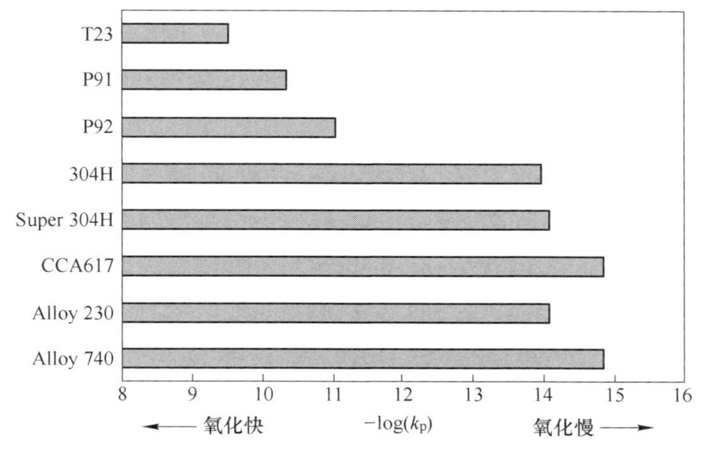


图 6-10 常用耐热钢和耐热合金 650℃×4000h 后的氧化速率常数[10]

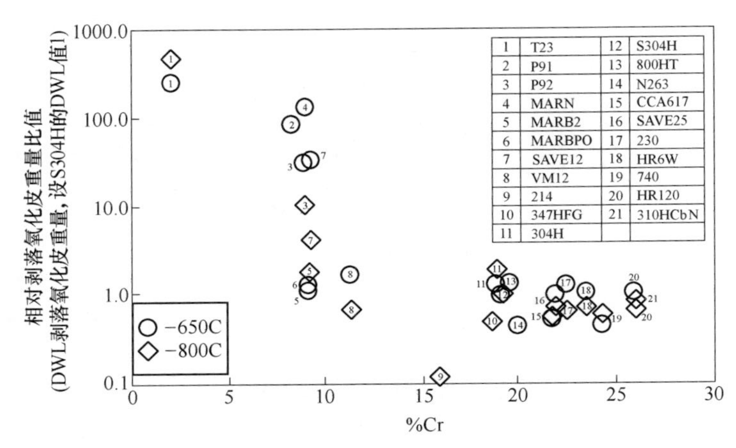


图 6-11　不同类型的耐热钢和耐热合金在 650℃和 800℃的氧化腐蚀对比[10]

大量研究表明燃煤火电机组相关锅炉管烟气侧腐蚀属于第二类热腐蚀，主要由熔融的碱式硫酸盐对基体金属表面氧化膜腐蚀冲蚀所引起[11,12]。只有当耐热材料中 Cr 含量高于 25%时，在足够高的温度下，才能在耐热材料表面快速形成一层致密的 $Cr_2O_3$保护膜，耐热材料才能有效地抵抗烟气腐蚀。在第二类热腐蚀中，主要是形成了低熔点的 $Na_2SO_4$-$MSO_4$混合物，其中 M 为 Fe，Co 或者 Ni。这种混合物的形成主要取决于烟气中 $SO_3$的含量及其与 Fe，Co，Ni 氧化物的反应速率。这种混合物一旦形成，便会溶解氧化层甚至耐热材料的基体金属。当 M 为 Fe，Co，Ni 时，混合物的熔点分别是 560℃、565℃、671℃[11]。

赵双群等对 CCA617 合金和 Inconel 740 合金在合成烟气及合成煤灰环境下服役的抗腐蚀性能做了研究，实验温度为 700℃和 775℃，时间为 5000h[13-15]。其中合成烟气的组成为 15vol%$CO_2$+3.5vol%$O_2$+0.25vol%$SO_2$+Bal $N_2$，合成煤灰的组成为 5.0%$Na_2SO_4$+5.0%$Ka_2SO_4$+90%$Fe_2O_3$/$Al_2O_3$/$SiO_2$(1∶1∶1)。实验结果分别如表 6-7 和表 6-8 所示[13]。从表中可以看出 CCA617 合金的抗煤灰腐蚀性能明显不如 Inconel 740 合金，且 775℃时的腐蚀速率小于 700℃时的腐蚀速率，这

**表 6-7　700℃温度下 CCA617 和 Inconel 740 抗热腐蚀性能对比[13]**

| 时间 | CCA617 合金 | | | Inconel 740 合金 | | |
|---|---|---|---|---|---|---|
| /h | 质量变化 /mg · cm$^{-2}$ | 金属损失 /μm | 平均点蚀深度 /μm | 质量变化 /mg · cm$^{-2}$ | 金属损失 /μm | 平均点蚀深度 /μm |
| 116 | -9.00 | 8.9 | 20 | 0.102 | 0 | 3.8 |
| 500 | -37.65 | 80 | 80 | -0.475 | 6.4 | 14 |
| 1000 | -79.43 | 107 | 107 | -0.754 | 5.1 | 19 |
| 1984 | -105.00 | 138 | 144 | -9.553 | 16 | 33 |
| 5008 | -220.21 | 248 | 251 | -3.739 | 39.4 | 59.7 |

表 6-8 775℃温度下 CCA617 和 Inconel 740 在合成烟气和合成煤灰条件下的抗热腐蚀性能对比[13]

| 合金种类 | 时间/h | 质量变化/mg · cm$^{-2}$ | 金属损失/mm · a$^{-1}$ | 氧化/硫化的深度/mm · a$^{-1}$ |
|---|---|---|---|---|
| CCA617 | 1000 | — | 0.067 | 0.200 |
| Inconel 740 | 1000 | — | 0.0022 | 0.0153 |
| Inconel 740 | 2000 | 0.0739 | 0.0022 | 0.0203 |

主要是由于温度升高导致烟气中的 $SO_3$ 含量降低，形成的硫酸盐混合物也随之减少造成的。通过对 700℃ 和 775℃ 腐蚀实验结果的线性外推，可以推测 Inconel 740 合金可能满足 750℃ 温度 $2\times10^5$h 后横截面腐蚀损失小于 2mm[13]。

### 6.1.6 Inconel 740 合金的焊接性能研究

美国 B&W 公司和 Special Metals 公司的 Sanders 等人研究了 Inconel 740 合金的焊接性能，发现当壁厚大于 25mm 时，在焊缝处和热影响区会出现微裂纹（如图 6-12 所示）[16]，这种现象主要是由于焊接熔池在凝固收缩过程中，一些低熔点的组分仍然保持液态所造成的。影响微裂纹形成的主要因素包括残余应力（主要是和构件的厚度有关）、材料的化学成分、热处理热加工状态和焊接参数等。为了缩小焊接熔池形成的温度区间，避免出现低熔点组分造成的局部液化现象，借助 JMatPro 软件计算，Sanders 等人降低了 Inconel 740 合金中 Nb，Si，B 元素的含量，同时也降低了 Ti/Al 比以降低晶界 η 相的数量。通过差热分析和热塑性实验，验证了上述成分改进后的 Inconel 740 合金焊接熔池温度区间缩小。采用钨极氩弧焊和脉冲熔化焊都成功地焊接了厚度为 76mm 的成分改进型 Inconel 740 合金板材，且在焊缝处和热影响区都没有发现微裂纹。焊后 Inconel 740 合金的室温和高温拉伸塑性较成分改进前有大幅提高，经过焊后热处理的厚壁样品弯曲性能也有了显著提高，充分证明了成分改进后 Inconel 740 合金厚板焊接性能有提高。

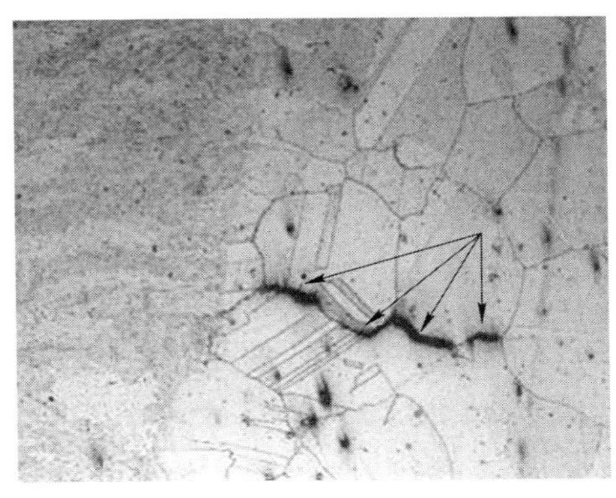

图 6-12 Inconel 740 合金大口径管材焊接过程中热影响区出现的微裂纹[16]

## 6.2　用于700℃超超临界锅炉小口径管的 C-HRA-1合金选择性强化设计[17]

700℃蒸汽参数超超临界电站过热器和再热器锅炉管研制的关键挑战在于须开发出一种能够在700~750℃长期稳定服役的耐热材料，具体来说，要求耐热材料：（1）在750℃服役$10^5$h后，持久强度不低于100MPa；（2）在750℃服役$2\times10^5$h后，横截面的腐蚀损失要小于2mm；（3）良好的冷热加工性能；（4）优良的焊接性能。美国Special Metals公司开发出了一种Ni-Cr-Co体系的镍基耐热合金Inconel 740，该合金在750℃长期时效过程中晶界析出针状η相，材料性能弱化严重。随后技术人员通过降低Ti/Al比来抑制η相的析出，并获得了实验验证。美国Babcock & Wilcox公司的J. M. Sanders和Special Metals公司的B. A. Baker等人在研究Inconel 740合金厚壁管材焊接问题时提出了通过降低Nb含量，限制B含量来改进焊接性能。此外为了消除Inconel 740合金中的有害相G相，合金中的Si含量也被限制。综上Special Metals公司推出了Inconel 740的改进型耐热合金Inconel 740H。

钢铁研究总院在进行上述材料研究时发现改进后的Inconel 740H合金在750℃长期时效过程中在部分晶界处发现成胞状碳化物（见图6-13），该碳化物对耐热材料的高温持久性能有灾难性的影响。可见Inconel 740H合金远非完美，需要进一步改进。

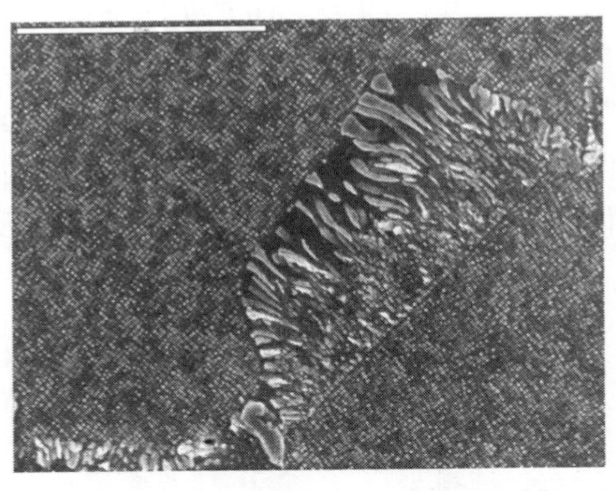

图6-13　Ti含量较高的Inconel 740H合金中晶界处新发现的胞状碳化物

钢铁研究总院通过成分优化和工艺创新来“加强”这一短板，以期在Inconel 740H耐热合金的基础上研发出综合性能更加优异的新耐热合金。技术改进的主要内容包括：（1）进一步优化Ti含量，以消除（新发现的）晶界胞状碳化物对持久寿命灾难性的影响。同时通过成分优化在使用温度范围内彻底消除η

相和G相；（2）添加适量的Zr，进一步提高新合金晶界的结合强度；（3）结合高温晶界工程理论，对成分改进后的新合金进行形变-热处理，提高重合位置点阵晶界比例。根据实验室研究和工业试制实践，提出了采用该新合金制造锅炉管的冶炼、热加工、热处理和制管工序，提出了最佳热加工工艺、形变工艺及推荐的热处理工艺制度。新合金基于Inconel 740H，通过成分优化和工艺创新，发明合金时效态冲击韧性和持久寿命比Inconel 740H有大幅提升，发明合金750℃持久强度目前居于世界先进水平，发明合金的钢铁研究总院企业牌号为C-HRA-1。

C-HRA-1合金（管）的最佳化学成分重量百分比控制范围为：铬：23.5%~25.5%，钴：18.0%~20.0%，铌：1.2%~1.5%，铝：1.4%~1.8%，钛：0.8%~1.4%，锰：≤1.0%，碳：0.01%~0.03%，硼：≤0.002%，锆：0.03%~0.08%，镍：余量；均为质量百分数；杂质元素和氢氧元素含量尽可能低。各主要元素的作用如下：

铬：Cr是镍基高温合金中不可缺少的合金化元素，其主要作用有如下几点：（1）固溶强化：高温合金γ基体中的Cr引起晶格畸变，产生弹性应力场强化，而使γ固溶体强度提高；（2）析出强化：溶解于γ固溶体的Cr还能与C形成一系列碳化物，主要以$M_{23}C_6$型碳化物为主，该碳化物主要分布在晶界处，均匀的分布于晶界的颗粒状不连续碳化物，可有效地阻止晶界滑移和迁移，提高持久强度；（3）抗蒸汽氧化：Cr在γ基体中一种十分重要的作用就是形成$Cr_2O_3$型氧化膜，具有良好的抗氧化性能，且Cr含量越高，抗氧化性能越好。研究表明，当Cr含量高于23.5%时，合金在538℃及以上温度可形成足够的α-氧化铬。此外考虑合金的成本问题，Cr含量上限控制在25.5%。

钴：Co是镍基合金主要固溶强化元素之一，Co加入γ基体可降低基体堆垛层错能，层错能降低，层错出现的几率增大，使位错的交滑移更加困难，这样变形就需要更大的外力，表现为强度的提高；而且层错能降低，蠕变速率降低，蠕变抗力增加。此外，Co元素还可以降低γ′形成元素Ti、Al在基体中的溶解度，从而提高合金中的γ′析出相的数量，提高合金的服役温度。本发明将Co元素含量控制在18%~20%。

铌：Nb是镍基合金中的固溶强化元素，原子半径比W和Mo更大，固溶强化效果更明显，而且Nb也是主要的γ′强化元素，为保证至少14%的γ′析出相，合金中需要添加至少1.2%Nb。Nb同时也是主要的碳化物形成元素，当Nb含量过高时，在合金中会残留过多的一次碳化物MC，这些富铌碳化物尺寸为微米级，多分布在晶界和三角晶界处，易成裂纹源，造成材料早期失效。过高的Nb含量对厚壁材料的焊接也会产生不利影响，须将Nb含量控制在1.5%以下。

钼：Mo是固溶强化元素，有研究表明合金中Mo含量大于1%时，锅炉管在高硫煤环境中的抗煤灰腐蚀性能大大降低，所以在本发明中不添加Mo元素。

钛：加入镍基合金的Ti，约有10%进入γ固溶体，起一定固溶强化作用。约90%进入γ′相，Ti原子可代替γ′-$Ni_3Al$相中的Al原子，从而形成$Ni_3(Al,Ti)$。在一定Al含量的条件下，随着Ti含量增加，γ′相数量增加，合金高温强度增加。但是Ti/Al过高将使γ′相向η-$Ni_3Ti$转变倾向增大。赵双群等对Inconel 740的研究表明，对于Ti含量为1.58%，Al含量为0.75%(Ti/Al=2）的合金，750℃长时时效后，会在晶界处形成针状的η相，造成材料的组织失稳，冲击韧性急剧降低。钢铁研究总院的早期研究中也发现了这一现象（图6-14）。为了避免有害相η相的形成，在Inconel 740的改进型Inconel 740H中，将Ti/Al比限制在了0.8~1.05，Ti含量限定在1.0%~1.8%。在本发明的早期研究中也发现，在Ti含量为1.59%，Al含量为1.52%(Ti/Al=1.04）的合金中，在部分晶界处会形成胞状碳化物，尤其是晶界处的这些胞状碳化物和基体的界面很容易成为裂纹萌生源，而且裂纹极易沿着胞状碳化物和基体的界面扩展（图6-15)，造成材料早期失效。这表明当Ti/Al比限制在1.05%以内时，Ti含量过高，仍会造成材料持久寿命显著降低，所以本发明将Ti含量进一步控制在1.4%以下，以彻底消除η相和消除新发现的晶界胞状碳化物。同时研究表明，为保证材料750℃下的高温强度，合金中要有至少14%的γ′相，所以在一定含量Al元素的前提下，将Ti元素含量的下限控制在0.8%。

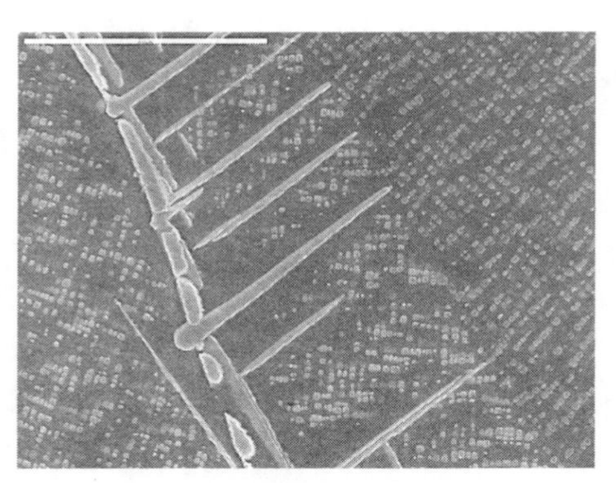

图6-14 Inconel 740合金高温长时时效晶界出现η相（800℃×8000h）

铝：Al是形成γ′相的主要元素，加入合金中的Al约有20%进入γ固溶体，起固溶强化作用。80%的Al与Ni形成$Ni_3Al$，起沉淀强化作用。当合金的Ti含量控制在0.8%~1.4%范围内时，为了确保合金中有维持750℃高温强度所必需的14%的γ′相，本发明将合金Al含量限制在1.4%~1.8%。

锰：少量的Mn加入合金熔体可以作为一种精炼剂，通过Mn和S发生化学反应生成MnS，减少S的有害作用。在Inconel 718和Hastelloy X合金中加入少于0.93%的Mn可改善焊接性能。但总体来说，Mn是合金中的有害元素，Mn会偏

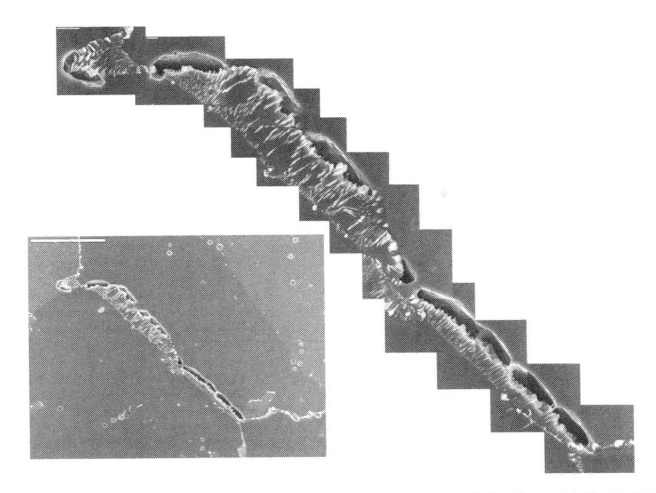

图 6-15 Inconel 740H 合金持久试样中裂纹沿胞状碳化物和基体的界面扩展

聚于晶界，削弱晶界结合力，降低持久强度。所以本发明合金中将 Mn 含量控制在 1%以下。

硅：Si 是发明合金中的有害元素，若其富集于晶界可降低晶界强度，且 Si 会促进 G 相、σ 相和 Laves 相析出。有研究表明，当合金的 Si 含量小于 0.5%的时，随着 Si 含量的降低，持久寿命急剧增加。因此，本发明合金不加 Si，且把炉料中的 Si 含量限制在 0.1%以内。

铁：Fe 和 Ni 的晶格常数相差 3%，加入到镍基高温合金中，由于晶格膨胀而引起长程应力场，阻碍位错运动。Fe 也能降低 γ 基体的堆垛层错能，有利于屈服强度的提高，从而引起固溶强化。但过量的 Fe 会导致不希望的 TCP 相或者 Laves 相形成，所以在本发明合金中不添加 Fe，且把炉料中的 Fe 含量控制在 0.05%以内。

碳：耐热合金中 C 主要形成碳化物，通过在时效过程中析出的 MC、$M_{23}C_6$、$M_6C$ 等影响材料的力学性能，在晶界析出的颗粒状不连续碳化物，可以阻止晶界滑移和裂纹扩展，提高持久寿命，改善持久塑性和韧性。过高的 C 含量会对材料的焊接性能产生不利的影响，在本发明合金中将 C 含量控制在 0.01%~0.03%。

硼：B 是应用最广泛的晶界强化元素，B 对耐热合金的持久、蠕变性能影响明显，通常都有一最佳含量范围。但是有研究表明，B 的添加，对合金的焊接性能有不利的影响，本发明合金将 B 含量控制在 0.002%以内。

锆：Zr 也是耐热合金中常用的一种晶界强化元素，由于在本发明中 B 含量被严格限制在 $20\times10^{-6}$以内，所以在合金中添加了一定量的 Zr 来辅助强化晶界。Zr 在晶界偏聚，减少晶界缺陷，提高晶界的结合力，降低晶界的扩散速率，从而减缓位错攀移，强化晶界。同时，Zr 还可作为一种净化剂，与 S 结合形成硫化物，使合金中的 S 含量降低。在本发明合金中加入了一系列不同含量的 Zr，俄歇实验结果表明样品晶界处的 Zr 含量比晶内高，证明 Zr 在发明合金的晶界处有富集（如图 6-16 所示）。通过不同 Zr 含量实验合金的持久寿命对比发现，当合金中的 Zr 含量超过 0.03%时，合金的持久寿命会有大幅提高。但合金中 Zr 含量过多时，会在晶界处形成 Zr 的碳化物，成为裂纹萌生源，对持久性能产生不利影响，所以本发明中 Zr 含量的上限控制在 0.08%。

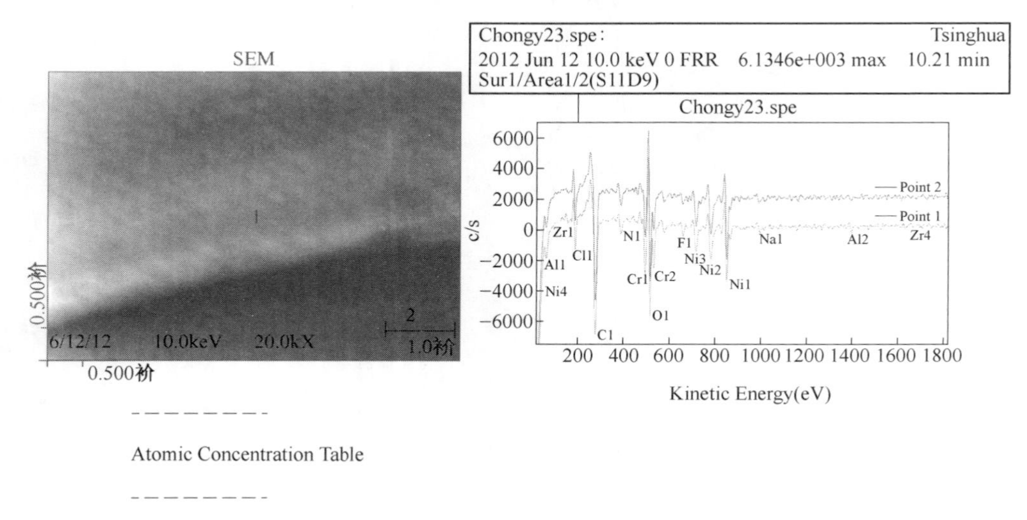


| Area | C1 | N1 | O1 | F1 | Na1 | Al2 | Cl1 | Cr2 | Zr1 |
|---|---|---|---|---|---|---|---|---|---|
| | [0.076] | [0.161] | [0.212] | [0.513] | [0.076] | [0.105] | [1.724] | [0.265] | [0.204] (10.0keV) |
| 1 | 54.70 | 3.30 | 19.88 | 0.71 | 3.35 | 2.57 | 0.79 | 4.11 | 1.17 |
| 2 | 54.98 | 3.87 | 20.04 | 0.63 | 3.58 | 1.42 | 0.84 | 3.40 | 0.62 |

图 6-16　俄歇实验证明 Zr 在晶界处富集（2 号实验合金）

镁：Mg 加入耐热合金中，主要可以起到如下一些作用：（1）偏聚于晶界，增加晶界强度；（2）改善和细化晶界碳化物，有效抑制晶界滑动，降低晶界应力集中；（3）与 S 等有害杂质元素形成高熔点的化合物 MgS 等，净化晶界，使晶界的 S、O、P 等杂质元素的浓度明显降低，减少其有害作用；（4）提高持久时间和塑性，改善蠕变性能和高温拉伸塑性，增加冲击韧性。但由于 Mg 的烧损比较严重，收得率非常不稳定，且当 Mg 含量过高时，会生成 $Ni\text{-}Ni_2Mg$ 低熔点共晶，使热加工性能变坏。所以本发明中不添加 Mg 元素。

钽：Ta 是一种战略元素，价格昂贵，而且 Ta 对合金中 TCP 相的形成有促进作用，所以在本发明中不添加 Ta 元素。

钨：固溶强化元素，为避免在合金中形成 Laves 相，所以在本发明中不添加 W 元素。

发明合金（管）的制备工艺：(1) 冶炼和热加工：本发明合金采用VIM+VAR工艺流程冶炼，也可采用其他适合的工艺流程冶炼（如VIM+ESR）。冶炼钢锭（或电极棒）需要进行均匀化退火，工艺为1200℃保温72h，退火后钢锭（或电极棒）可采用包括热挤压和斜轧穿孔+冷轧在内的适合的制管方法制作锅炉管。最佳热加工工艺为变形温度（1200±10)℃，应变速率$10s^{-1}$。热加工后的管坯，可根据后续工艺安排及时进行适当的退火处理。(2) 发明合金（管）的形变-热处理工艺包含固溶处理+冷变形+高温退火+时效处理四个主要过程。固溶处理工艺为1150℃保温30min水冷，冷变形变形量为4%左右，高温退火工艺为(1100±10)℃保温10~15min空冷，时效处理工艺为800℃保温16h后空冷到室温。

图6-17为C-HRA-1合金应变量为0.8时的热加工图，图中阴影部分为失稳区，在热加工时应避开该区域。当变形温度为1200℃，应变速率为$10s^{-1}$时，能量耗散因子达到最大值45%，说明这时的热加工效率最高。通过组织观察发现，变形温度1200℃应变速率$10s^{-1}$对应的变形组织为完全动态再结晶组织（图6-18)，因此合金的最佳热加工工艺为变形温度1200℃，应变速率$10s^{-1}$。

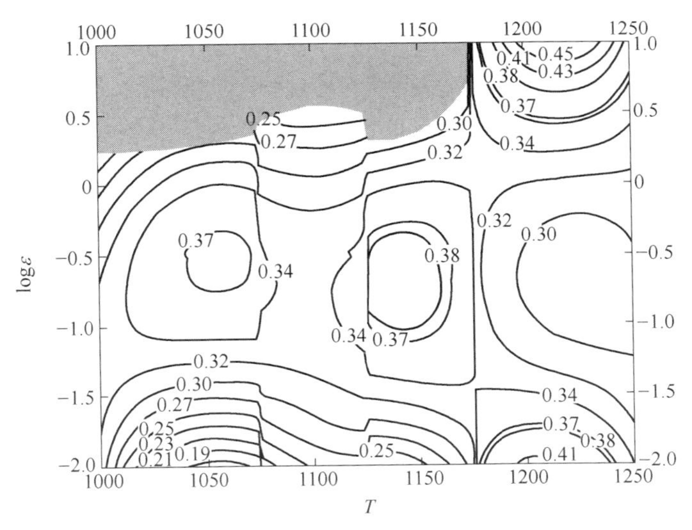


图6-17 C-HRA-1耐热合金热加工图（真应变为0.8）

综上所述，在“选择性强化”理论指导下，通过成分优化和简化，在保持室温力学性能和高温短时力学性能相同的前提下，本发明C-HRA-1合金（只有10个主元素）时效态的塑性和冲击韧性较Inconel 740H（含有15个主元素）有大幅增加，同时，本发明合金的持久性能明显优于Inconel 740H。实验室研究和工业实践的结果表明，本发明C-HRA-1合金在700~750℃温度范围的组织稳定性和包括持久性能和冲击韧性在内的综合性能全面优于Inconel 740H合金。

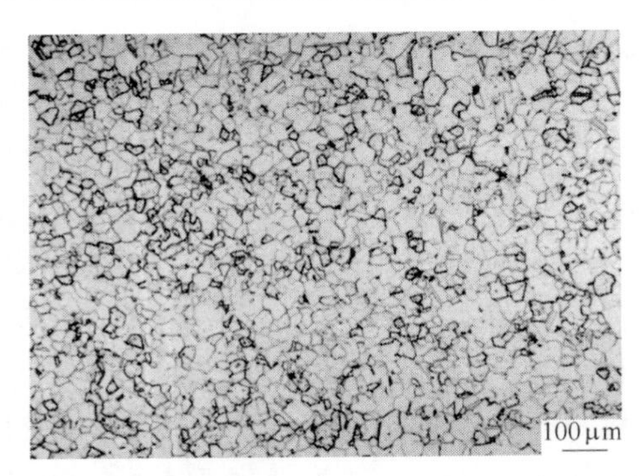


图 6-18 C-HRA-1 耐热合金在变形温度为 1200℃，应变速率为 $10s^{-1}$变形后的显微组织

# 6.3 我国 700℃超超临界锅炉 C-HRA-1 小口径管制造工程实践

## 6.3.1 C-HRA-1 耐热合金实验室研究

在中国钢研涿州基地采用真空感应炉冶炼 6 炉 C-HRA-1 合金锭，编号为 401~406 号，合金锭重 25kg，其化学成分见表 6-9。合金锭经过（1200±10）℃×24h 均匀化处理后进行开坯锻造，开锻温度 1160℃，终锻温度大于 1000℃，部分材料锻造成 14mm 方棒，余料锻造成 $\phi$18mm 圆棒。

表 6-9 冶炼的 6 炉 C-HRA-1 合金的化学成分 （质量分数，%）

| 炉号 | Cr | Co | Mo | Ti | Al | Nb | Fe | C | Mn | Si | B | Zr | Ni |
|---|---|---|---|---|---|---|---|---|---|---|---|---|---|
| 401 号 | 24.38 | 20.04 | 0.51 | 1.64 | 1.08 | 1.98 | 0.034 | 0.024 | 0.33 | 0.067 | 0.0021 | <0.01 | 余量 |
| 402 号 | 25.3 | 20.2 | 0.52 | 1.28 | 1.46 | 1.98 | 0.033 | 0.022 | 0.32 | 0.054 | 0.001 | <0.01 | 余量 |
| 403 号 | 25.08 | 20.26 | 0.52 | 0.87 | 1.46 | 1.5 | 0.033 | 0.02 | 0.33 | 0.051 | 0.0012 | 0.034 | 余量 |
| 404 号 | 25.48 | 20.17 | 0.52 | 1.22 | 1.43 | 1.53 | 0.033 | 0.023 | 0.34 | 0.052 | 0.0006 | 0.02 | 余量 |
| 405 号 | 25.57 | 19.92 | 0.5 | 1.36 | 1.47 | 1.48 | 0.032 | 0.023 | 0.34 | 0.049 | 0.0005 | 0.02 | 余量 |
| 406 号 | 25.52 | 20.02 | 0.51 | 1.59 | 1.47 | 1.59 | 0.033 | 0.022 | 0.34 | 0.048 | 0.0005 | 0.02 | 余量 |

这 6 炉 C-HRA-1 合金设计考虑如下：（1）研究 Nb 元素的影响：在 Inconel 740 合金中 Nb 元素含量为 2.0%，而 Inconel 740H 合金中为了保证厚壁材料的焊接性能，将 Nb 元素含量降为 1.5%。在不考虑焊接性能的前提下，设计了两种 Nb 含量的 Inconel 740H 合金，分别为 2.0%Nb 系列（401 号和 402 号）和 1.5%Nb 系列（403~406 号）；（2）研究 Ti/Al 比的影响：为了系统研究 Ti/Al 比对 Inconel 740H 合金组织稳定性和持久寿命的影响，在 2.0%Nb 系列和 1.5%Nb 系列分别设计 Ti/Al 比都呈梯度变化，Ti/Al 比的变化范围为 0.60~1.52；（3）研究微量元素的影响：在 Inconel 740H 合金中，为了提高厚壁材料的焊接性能，B 元素的含量被严格限制，而为提高晶界强度，加入一定量的 Zr 元素。在不同炉号的 C-HRA-1 合金中，Zr 元素的含量也有所差异，

以研究 Zr 含量对 C-HRA-1 合金持久寿命的影响。

为研究化学成分对 C-HRA-1 合金时效态试样显微组织和力学性能的影响，对 401～406 号合金均进行了 750℃×8000h 的时效实验，固溶及预时效工艺为 1150℃×30min+800℃×16h。不同化学成分试样时效态的金相显微组织如图 6-19 所示，化学成分对 C-HRA-1 合金晶粒尺寸没有显著影响。401～406 号试样 750℃时效 8000h 后平均晶粒尺寸分别为 150μm、167μm、169μm、166μm、173μm 和 163μm。

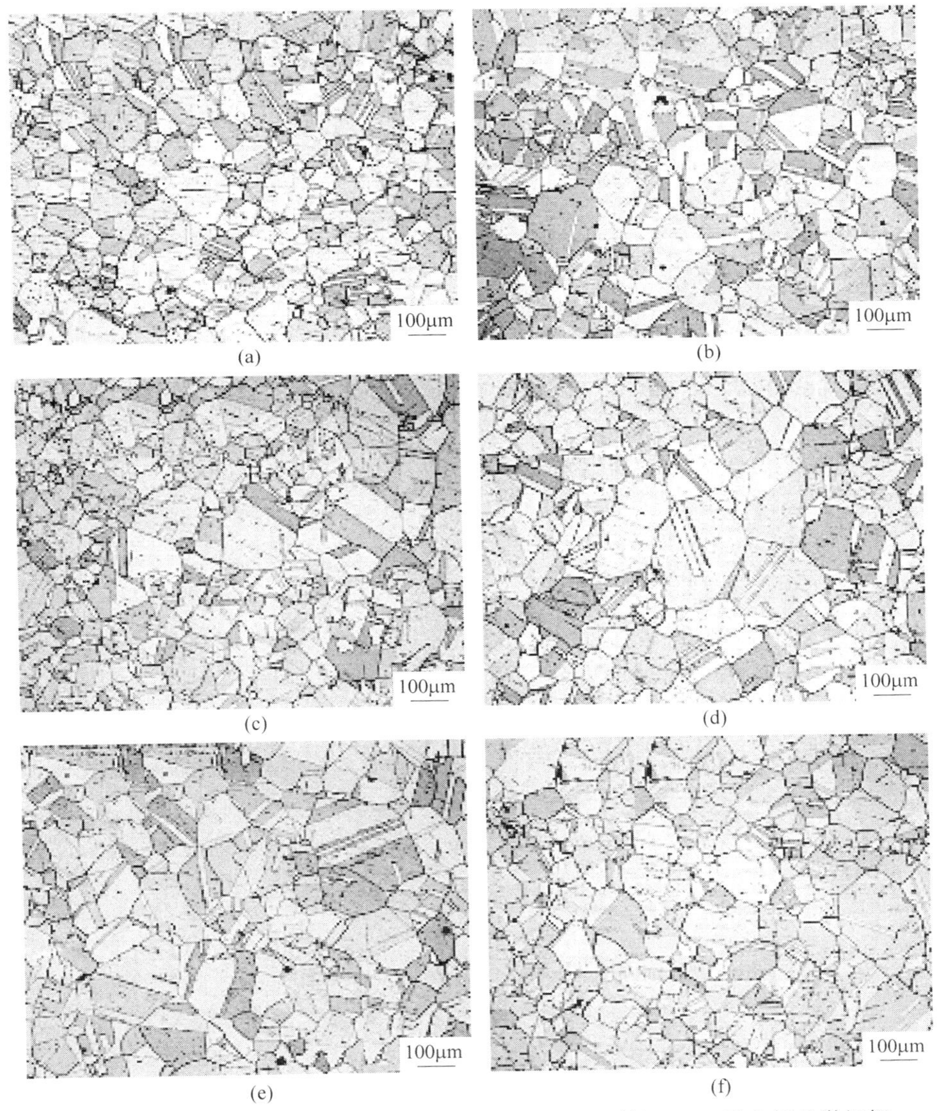


图 6-19　不同化学成分 C-HRA-1 合金试样在 750℃时效 8000h 后金相显微组织
（a）401 号；（b）402 号；（c）403 号；（d）404 号；（e）405 号；（f）406 号

不同化学成分试样中 γ′相的质量分数对比见图 6-20，可以看出，在 750℃时效 8000h 后，C-HRA-1 合金中 γ′相的质量分数基本保持在 13%～18%之间，而且随着 Nb 含量及 Ti 含量的升高而逐渐增大，这一规律主要是由 γ′相的化学组成（$Ni_3$(Ti,Al,Nb)）所决定的。不同化学成分试样中 γ′相的 SEM 形貌如图 6-21 所示，经过固溶及预时效处理后，所有化学成分试样在长期时效后 γ′相的粒度都呈二元分布。不同化学成分试样之间 γ′相的平均粒径没有明显差异，这一点根据对不同化学成分试样 γ′相的小角 X 射线散射（SAXS）实验结果也得到了验证。

不同化学成分试样中晶界析出相的 SEM 形貌如图 6-22 所示，化学成分对 C-HRA-1 合金晶界析出相的种类和形貌有明显影响。根据晶界析出相的种类和形貌主要可以分为三类。第一类为 401 号试样中的针状 η 相，η 相为密排六方结构（HCP），化学成分为 $Ni_3Ti$，一般在高 Ti/Al 比的镍基耐热合金中出现，因此在 Ti/Al＝1.5 的 401 号样品中出现 η 相。第二类为 406 号试样中部分晶界处出现的

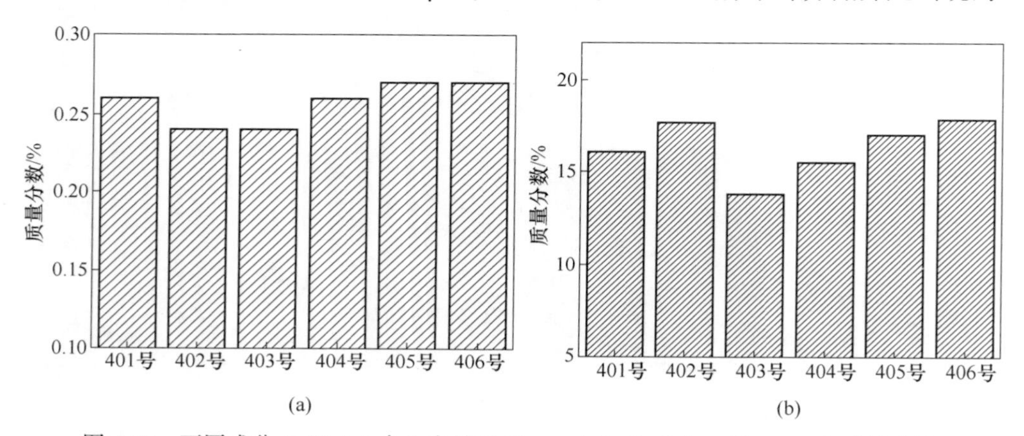


图 6-20　不同成分 C-HRA-1 合金中晶界 $M_{23}C_6$（a）和晶内 γ′相（b）的质量分数

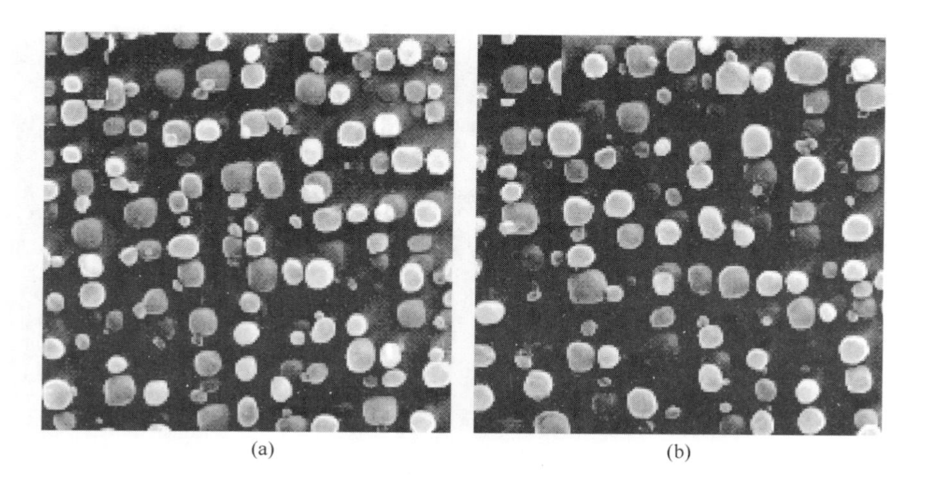

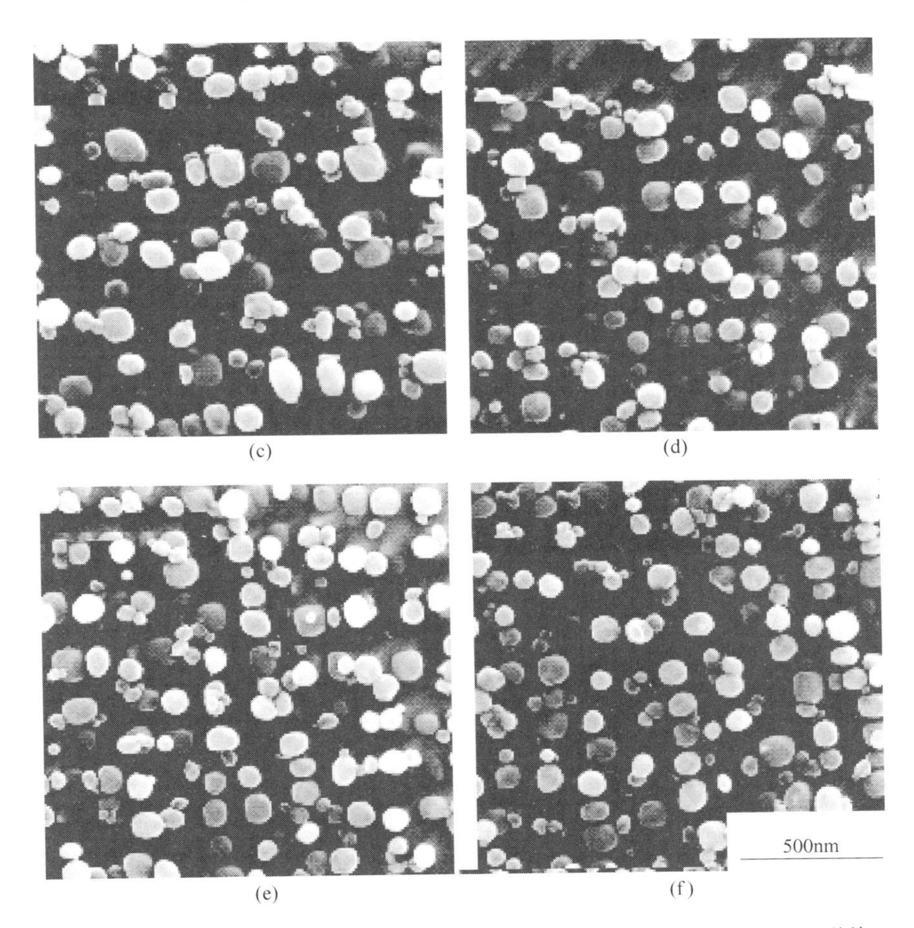


图 6-21 不同成分 C-HRA-1 合金样品在 750℃时效 8000h 后 γ′相的 SEM 形貌
(a) 401 号；(b) 402 号；(c) 403 号；(d) 404 号；(e) 405 号；(f) 406 号

胞状析出相，通过 TEM 衍射标定，确定了这种胞状析出相为 $M_{23}C_6$碳化物，其对 C-HRA-1 合金的持久寿命和持久断裂塑性有很不利的影响。第三类为 402～405 号试样中沿晶界连续分布的 $M_{23}C_6$碳化物，这是 C-HRA-1 合金中最常见的晶界碳化物形貌。化学成分对这种连续分布晶界碳化物的形貌和质量分数（图 6-22 和 6-20（a））都没有明显影响。

不同化学成分的 C-HRA-1 合金试样时效 8000h 后的 750℃拉伸性能见图 6-23 所示，通过对比图 6-23 和图 6-20（b）可以发现，试样中 γ′相的质量分数决定了合金的高温拉伸强度，即随着 Ti 含量和 Nb 含量的提高，γ′相的质量分数逐渐增大，合金的高温拉伸强度也逐渐升高。而晶界析出相的形貌和质量分数对 C-HRA-1 合金高温拉伸强度的影响几乎可以忽略。

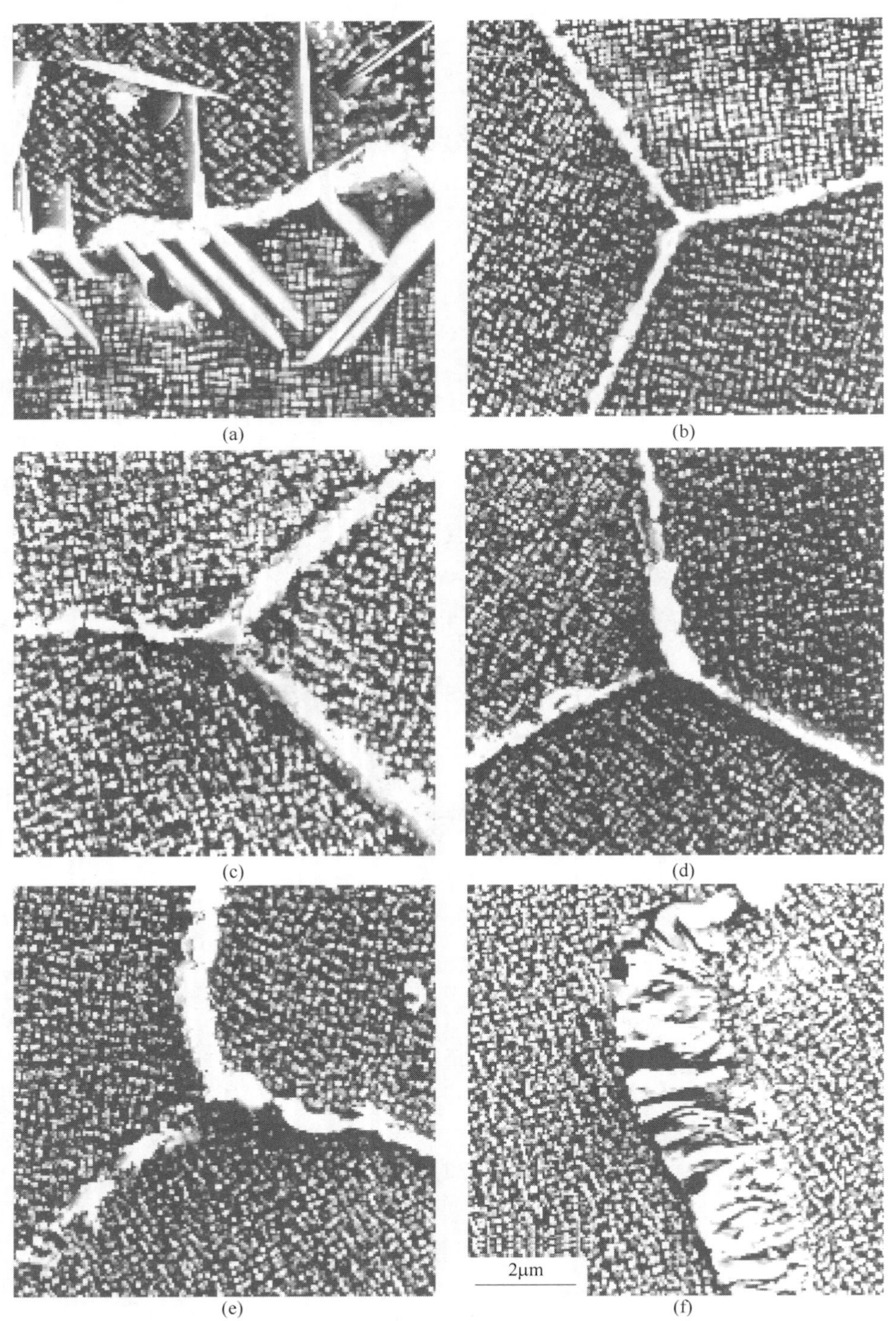


图 6-22　不同成分 C-HRA-1 合金样品在 750℃时效 8000h 后晶界析出相的 SEM 形貌
(a) 401 号；(b) 402 号；(c) 403 号；(d) 404 号；(e) 405 号；(f) 406 号

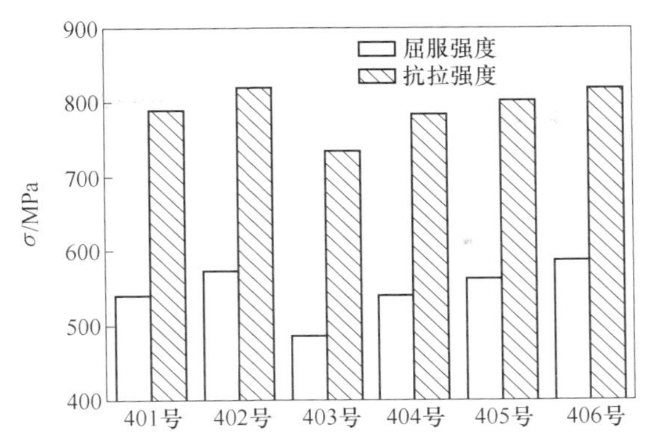


图6-23 不同成分C-HRA-1合金750℃时效8000h后750℃拉伸强度对比

对于不同Ti、Nb含量的C-HRA-1合金试样，γ′相质量分数和持久寿命的对比如表6-10所示。可以看出，随着Ti、Nb含量的提高，试样中γ′相的质量分数也逐渐升高，而相应的持久寿命也逐渐提高。根据前述实验结果，化学成分对C-HRA-1合金中γ′相的平均粒径没有明显影响，可推知这几种不同化学成分的持久寿命差异主要来自于γ′相质量分数（或者体积分数）不同。

**表6-10 不同成分C-HRA-1合金试样中γ′质量分数及持久寿命的对比**

| 项 目 | 402号（2.0%Nb，1.28%Ti） | 404号（1.5%Nb，1.22%Ti） | 405号（1.5%Nb，1.38%Ti） |
|---|---|---|---|
| $w(\gamma')$ | 17.5% | 15.1% | 16.3% |
| $t_R$（275MPa） | 2200h | 1200h | 1300h |
| $t_R$（219MPa） | 6700h | 4000h | 4500h |

405号持久试样中位错的形貌如图6-24所示，其中图6-24（a）和（b）分别为275MPa和219MPa应力条件下，C-HRA-1合金持久试样中γ′相和位错的交互作用。可以看出，温度为750℃时，在这两种应力条件下，位错都是以Orowan绕过机制通过γ′相，同时在γ′相的周围留下位错环。当大量位错运动到晶界处，因位错塞积而形成的应力集中会导致晶界处形成微裂纹。在γ′相尺寸几乎相同的前提下，γ′相质量分数的升高则意味着γ′相数量的增多，因此相邻γ′相之间的间距就会降低，而Orowan绕过机制中γ′相对位错运动的阻碍作用是随着颗粒间距的降低而升高的。因此，γ′相质量数量的增大可以提高对位错运动的阻碍作用，从而减缓晶界处因位错塞积而造成的应力集中，从而提高C-HRA-1合金的持久寿命。

在不同Ti/Al比的C-HRA-1合金试样中，晶界析出相的形貌如图6-25所示。其中图6-25（a）为Ti/Al=1.5的401号试样，图6-25（b）为Ti/Al=1.1的406号试样，图6-25（c）为Ti/Al=0.8的403号试样。可以看出Ti/Al比对Inconel 740H晶界析出相的种类和形貌有很重要的影响：对于Ti/Al大于1的试样，晶界

析出相为针状 η 相和连续分布碳化物；Ti/Al 比略大于 1 的试样，晶界析出相为胞状碳化物和连续分布碳化物；Ti/Al 比小于 1 的试样，则为连续分布碳化物。

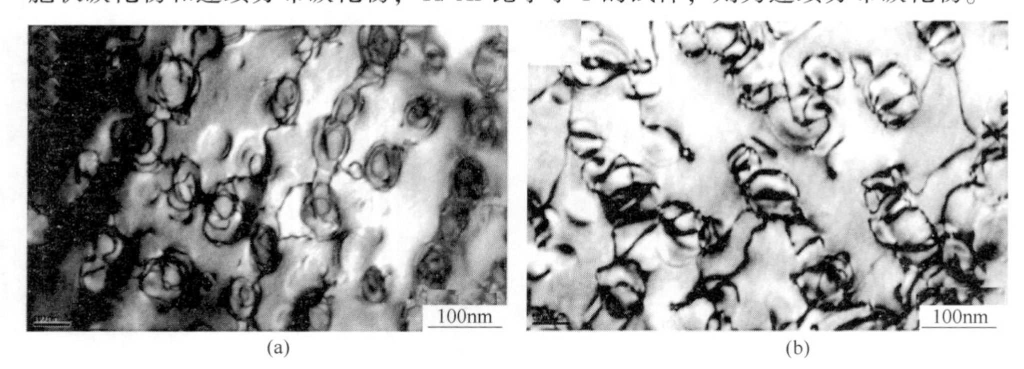

(a)　(b)

图 6-24　不同应力 C-HRA-1 持久试样位错和 γ′相交互作用

（a）275MPa；（b）219MPa

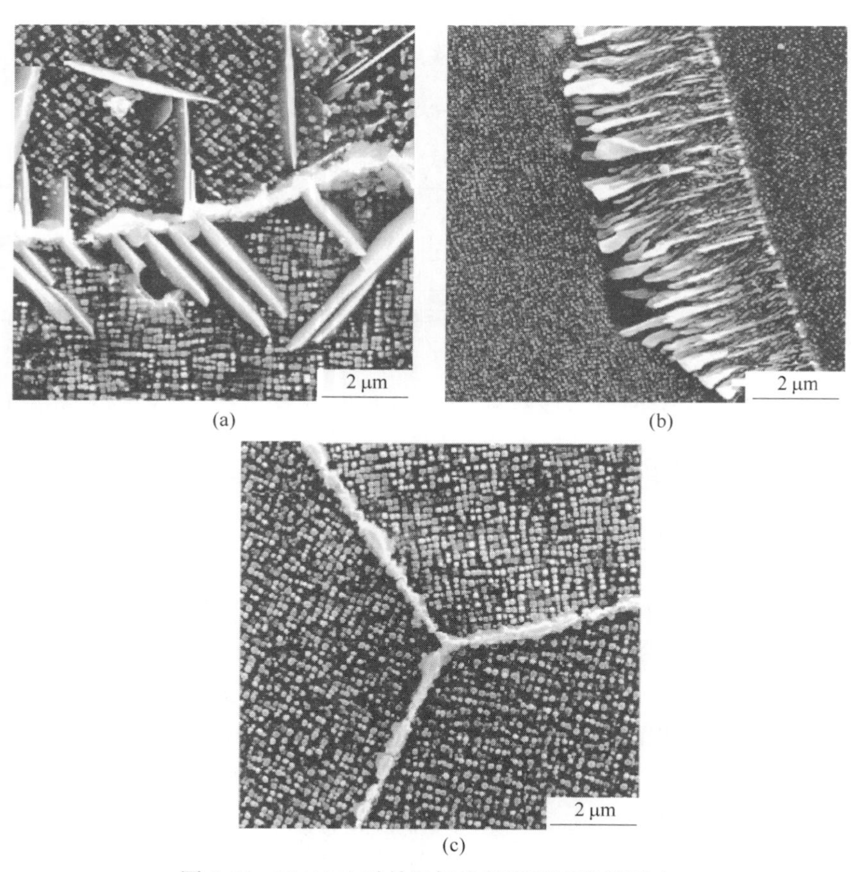

(a)　(b)

(c)

图 6-25　Ti/Al 比对晶界析出相类型及形貌影响

（a）Ti/Al = 1.5；（b）Ti/Al = 1.1；（c）Ti/Al = 0.8

不同成分的C-HRA-1合金750℃不同应力载荷下持久寿命如表6-11所示，406号样品的持久寿命远远低于其他成分试样的持久寿命，表明了该试样中的晶界胞状碳化物对C-HRA-1合金的持久寿命有着灾难性的影响。

**表6-11 402~406号合金750℃不同应力下的持久寿命**

| 持久寿命 | 370MPa | 320MPa | 275MPa | 219MPa | 190MPa |
|---|---|---|---|---|---|
| 402号 | — | — | 2200h | 6700h | — |
| 403号 | — | — | 1700h | 5500h | — |
| 404号 | — | — | 1200h | 4000h | — |
| 405号 | 270h | 580h | 1300h | 4500h | 8900h |
| 406号 | — | — | 190h | 400h | — |

不同Ti、Zr含量C-HRA-1合金试样的持久寿命和持久断裂塑性对比如表6-12所示，Ti含量的升高可以提高试样中γ′相的质量分数从而提高材料的持久寿命。但是通过对比表6-12中几种不同化学成分试样的持久寿命，Ti含量较低的403号试样，其持久寿命反而远远高于Ti含量较高的404号和405号试样。通过成分对比，可以初步将持久寿命的提高归结于403号试样中较高的Zr含量。从表6-12中也可以发现，403号试样在219MPa的持久断裂伸长率也要远高于404号和405号试样，说明Zr含量的提高可以显著提高C-HRA-1合金的持久寿命和塑性。

**表6-12 不同Ti、Zr含量C-HRA-1合金试样持久寿命及持久塑性的对比**

| 试　样 | $t_R$(275MPa) | $t_R$(219MPa) | $\varepsilon_R$(219MPa) |
|---|---|---|---|
| 403号(0.87%Ti，$340\times10^{-6}$Zr) | 1700h | 5500h | 18% |
| 404号(1.22%Ti，$200\times10^{-6}$Zr) | 1200h | 4000h | 7% |
| 405号(1.38%Ti，$200\times10^{-6}$Zr) | 1300h | 4500h | 6% |

应力为219MPa时，403号试样和405号试样持久断口附近的显微组织对比见图6-26，403号试样断口附近的晶粒明显有被拉长的趋势，且晶粒拉长的方向和外加应力的方向一致，而405号试样断口附近的晶粒仍为等轴状。两种化学成分试样持久断口附近显微组织的差异解释了403号试样的持久断裂塑性远高于405号试样原因。

Zr含量的增加对提高C-HRA-1合金时效态的室温冲击韧性有利。不同Zr含量的C-HRA-1合金试样在750℃时效5000h和8000h后室温冲击韧性的对比如表6-13所示，可以看出Zr含量最高的403号试样在长期时效后，室温冲击韧性几乎是其他成分试样的2倍。

403号试样和405号试样时效5000h后，室温冲击断口的SEM形貌对比见图

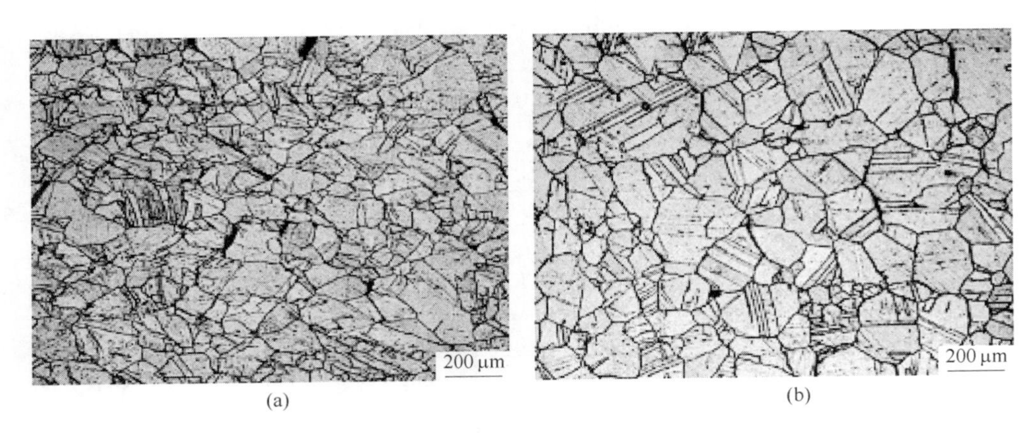


(a)　　(b)

图 6-26　不同成分 C-HRA-1 合金试样持久断口的 OM 形貌
(a) 403 号试样断口；(b) 405 号试样断口

6-27，在 Zr 含量高的样品（403 号）中，冲击断口中韧性断裂的迹象要明显高于 Zr 含量较低的样品（405 号）。这一点和 Zr 元素对持久断口附近晶粒变形的影响作用相似。

**表 6-13　不同成分 C-HRA-1 合金时效态室温冲击功对比**

| 冲击功 $A_k$/J | 401 号 | 402 号 | 403 号 | 404 号 | 405 号 | 406 号 |
|---|---|---|---|---|---|---|
| 5000h | 13 | 23 | 45 | 16 | 18 | 21 |
| 8000h | 14 | 21 | 50 | 22 | 20 | 21 |

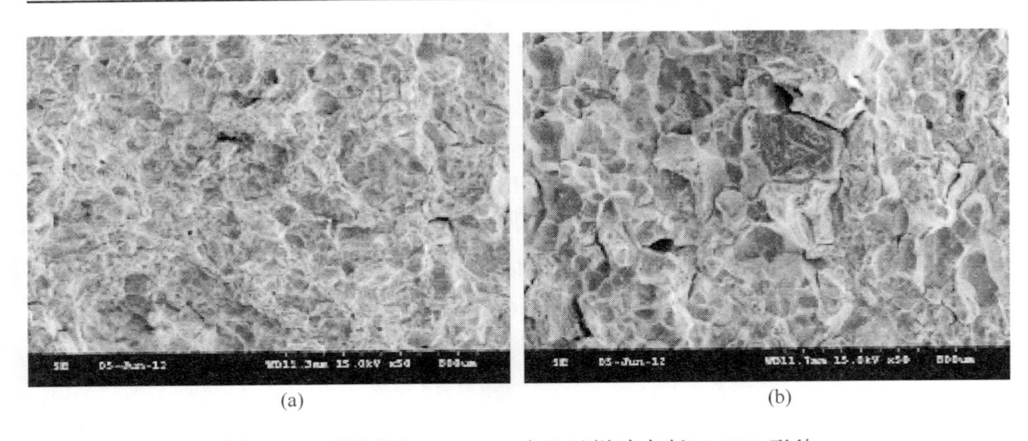

(a)　　(b)

图 6-27　不同成分 C-HRA-1 合金试样冲击断口 SEM 形貌
(a) 403 号试样；(b) 405 号试样

为了研究 Zr 元素在 C-HRA-1 合金中的分布位置，对 403 号试样进行了 AES 实验，实验结果如图 6-27（a）所示。首先通过化学腐蚀的方法清晰地腐蚀出晶界位置，对晶界位置和晶内位置的化学成分进行测试并得到每个位置的精确化学成分。其中晶界位置的Zr含量为1.17%，晶内位置的Zr含量为0.52%，说明了晶界位置的Zr含量要明显高于晶内位置的Zr含量，因此可以初步推测在C-HRA-1合金中，Zr元素主要是在晶界处富集的。

通过以上实验室系统研究，总结如下：

（1）随着Ti、Nb含量的升高（在不形成晶界胞状碳化物和η相的前提下），γ′相的质量分数逐渐升高，颗粒尺寸没有明显变化，C-HRA-1合金的持久寿命也会随之升高。

（2）Ti/Al比通过影响C-HRA-1合金晶界析出相形貌和类型的方式来影响材料的持久寿命。在Ti/Al比略大于1的C-HRA-1合金试样晶界处发现了胞状碳化物，这种胞状碳化物为$M_{23}C_6$型碳化物，在胞状碳化物形核和长大的过程中，原始晶界发生了迁移，裂纹很容易沿着胞状碳化物前沿和基体的界面扩展，从而导致持久实验中材料的提前失效。

（3）添加$300\times10^{-6}$以上的Zr元素，可以显著提高C-HRA-1合金的持久寿命和持久塑性。其中，持久寿命较相同γ′相质量分数的试样提高了近40%，持久塑性提高了近2倍。而且Zr元素的添加使得时效态C-HRA-1合金的室温冲击韧性提高了近1倍。通过AES实验初步验证了Zr元素在晶界的富集。根据前人的研究结果和本研究显微组织观察，初步确定了Zr元素通过晶界偏聚的方式提高了C-HRA-1合金的晶界结合强度。

### 6.3.2 C-HRA-1耐热合金锅炉管工业实践

根据“多元素复合强化理论”和“选择性强化”设计观点，钢铁研究总院设计的C-HRA-1原型耐热合金管工业试制成分控制范围如表6-14所示。

**表6-14 C-HRA-1合金化学成分内控范围** （质量分数,%）

| 元素 | Cr | Co | Al | Ti | Nb | Fe | C | Mn | Mo | Si | P | S | B | Zr | Ni |
|---|---|---|---|---|---|---|---|---|---|---|---|---|---|---|---|
| 740H | 23.5~25.5 | 15.0~22.0 | 0.2~2.0 | 0.5~2.5 | 0.5~2.5 | ≤3.0 | 0.005~0.08 | ≤1.0 | ≤2.0 | ≤1.0 | ≤0.03 | ≤0.03 | 0.0008~0.006 | — | 余量 |
| C-HRA-1 | 23.5~25.5 | 18.0~22.0 | 0.9~1.8 | 0.9~1.8 | 0.8~2.2 | ≤2.0 | 0.01~0.07 | ≤0.7 | ≤0.5 | ≤0.1 | ≤0.005 | ≤0.005 | 0.0006~0.006 | ≤0.02 | 余量 |

注：有害残余元素控制：As≤0.005%、Sb≤0.001%、Sn≤0.005%、Bi≤0.0001%、Pb≤0.001%。

如前所述，钢铁研究总院在C-HRA-1耐热合金实验室研究方面已经形成系统性成果，确定了新合金的最佳化学成分控制点、最佳热加工工艺制度和最佳热处理制度。C-HRA-1新型耐热合金已获中国国家专利局发明专利授权，专利授权公告号CN103276251B。2012年9月钢铁研究总院和宝钢集团公司召开专门会议，讨论和确定了 C-HRA-1 合金小口径锅炉管工业试制的详细技术文件。C-HRA-1 合金小口径锅炉管的生产工艺流程为真空感应（VIM）+真空自耗（VAR）冶炼→合金锭均匀化处理→快锻+径锻联合锻制管坯→精整断料剥皮→热挤压制管→钢管冷加工→钢管成品固溶处理→矫直→酸洗→检验→入库。2012 年和 2013 年宝钢集团公司按上述工艺流程进行了多批次 C-HRA-1 合金小口径锅炉管工业试制，获得了不同规格产品，如图 6-28 所示，常见小口径管规格为 $\phi$89mm×20mm、$\phi$44.5mm×10mm 和 $\phi$33.7mm×7.1mm 等。

图 6-28　宝特工业生产的 C-HRA-1 合金小口径管形貌

C-HRA-1 合金大口径管工业制造的工艺路线为：原材料准备→6t/12t 真空感应冶炼→真空自耗冶炼→自耗锭均匀化处理→管坯锻造→检验→机加工（剥皮+打孔）→管坯加热→热挤压或空心锻造→固溶热处理→内外表面机加工→检验→标示→包装→入库。为满足我国 700℃蒸汽参数实验台架建设的急需，宝钢特钢公司和钢铁研究总院采用快锻机空心锻造工艺制造了两支尺寸规格为 $\phi$325mm×70mm×3500mm 的 C-HRA-1 合金大口径锅炉管，见图 6-29。

图 6-29　宝特快锻制造的 C-HRA-1 合金大口径管

由宝钢特钢公司和钢铁研究总院联合制造的上述所有规格的C-HRA-1合金大小口径锅炉管均已用于华能集团南京电厂700℃蒸汽参数燃煤电站关键部件验证试验平台制造，该验证试验平台是我国首个700℃蒸汽参数超超临界锅炉部件验证平台，已于2015年12月30日成功投运。

### 6.3.3 C-HRA-1耐热合金热加工工艺研究

利用Gleeble3800热模拟试验机研究C-HRA-1合金的热变形行为，变形温度为1000~1250℃，应变速率为0.01~10$s^{-1}$，真应变为0.8。研究方法与研究过程与前述C-HRA-3合金相似，在此不再赘述。C-HRA-1合金在不同变形条件下的应力-应变曲线见图6-30，其中图6-30（a）为变形温度为1100℃时，不同应变速率条件下的应力-应变曲线，图6-30（b）为应变速率为1$s^{-1}$时，不同变形温度条件下的应力-应变曲线。在变形初期，随着应变量的增大，应力也随之升高，这说明了在变形初期材料的加工硬化占主导，达到峰值应力之后，应力-应变曲线出现平台，表明在这一阶段加工硬化被动态再结晶的软化效果所平衡。

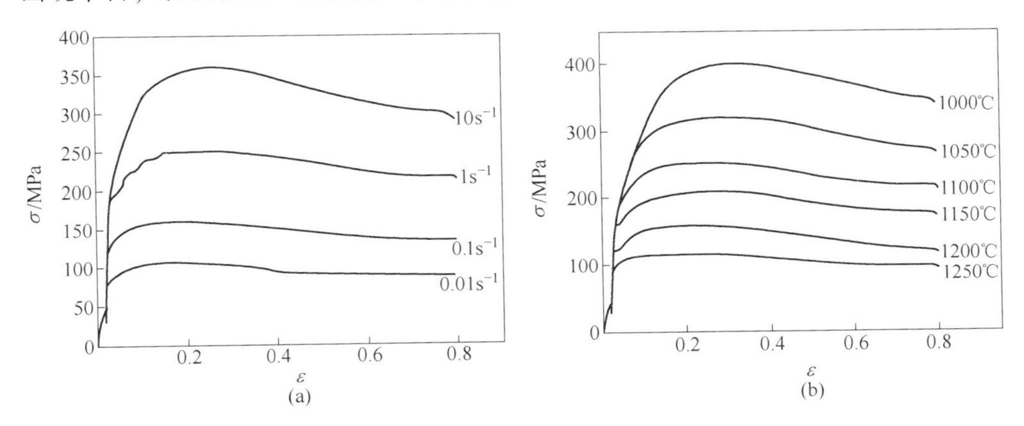


图6-30 C-HRA-1合金在不同变形条件下的应力-应变曲线

（a）1100℃；（b）1$s^{-1}$

应变速率为0.01$s^{-1}$，不同变形温度条件下试样的金相组织见图6-31，变形温度对C-HRA-1合金热变形组织有显著影响。当变形温度较低时，显微组织主要是由拉长的晶粒组成，在晶界处有少量细小的等轴状晶粒，如图6-31（a）所示，这表明在该温度下发生了少量的部分动态再结晶。随着变形温度的升高，再结晶晶粒的体积分数逐渐增大，形成了所谓的"项链状"组织，如图6-31（b）所示。当变形温度达到1150℃时，材料发生了完全动态再结晶，组织完全由细小的等轴状晶粒所组成，平均晶粒尺寸约为40μm，如图6-31（d）所示。当变形温度升高，则会发生再结晶晶粒的长大，如图6-31（e）和（f）所示。

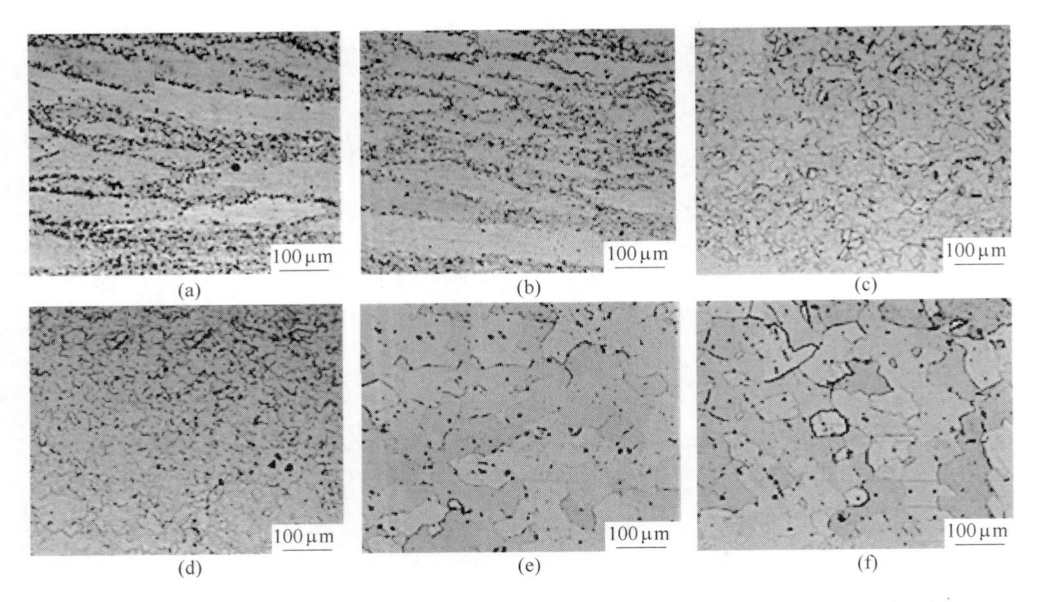


图 6-31　C-HRA-1 合金应变速率为 0.01s$^{-1}$时不同变形温度条件下的金相显微组织
（a）1000℃；（b）1050℃；（c）1100℃；（d）1150℃；（e）1200℃；（f）1250℃

应变速率敏感因子 $m$ 是反映材料热加工性能的重要参数，通过对 $\ln\sigma$-$\ln\dot{\varepsilon}$ 的多项式拟合，可以得到不同应变速率，变形温度和应变量条件下的 $m$ 值，可以计算得到相应能量耗散因子 $\eta$，见表 6-15。

**表 6-15　C-HRA-1 合金不同变形条件下能量耗散因子 $\eta$ 值**

| 应变 | 应变速率 /s$^{-1}$ | 温度/℃ | | | | | |
|---|---|---|---|---|---|---|---|
| | | 1000 | 1050 | 1100 | 1150 | 1200 | 1250 |
| | | $H$ | | | | | |
| 0.6 | 0.01 | 0.29051 | 0.17857 | 0.27209 | 0.24361 | 0.38587 | 0.33676 |
| | 0.1 | 0.35184 | 0.37355 | 0.34604 | 0.39346 | 0.35815 | 0.32915 |
| | 1 | 0.29496 | 0.35291 | 0.31812 | 0.36066 | 0.35495 | 0.33950 |
| | 10 | 0.09471 | 0.09934 | 0.17826 | 0.12157 | 0.37664 | 0.39023 |
| 0.8 | 0.01 | 0.30697 | 0.15162 | 0.25606 | 0.24859 | 0.41577 | 0.33864 |
| | 0.1 | 0.33146 | 0.3534 | 0.3375 | 0.37678 | 0.30208 | 0.29266 |
| | 1 | 0.26569 | 0.34172 | 0.30443 | 0.34322 | 0.32060 | 0.31467 |
| | 10 | 0.08856 | 0.10719 | 0.14325 | 0.12702 | 0.46276 | 0.39907 |

C-HRA-1 合金在应变量为 0.6 和 0.8 时的能量耗散图分别如图 6-32（a）和（b）所示。图中横坐标为变形温度，纵坐标为应变速率（对数坐标），每条曲线为等能量耗散因子线，对应的能量耗散因子值反映了在该曲线上任一点对应的变

形参数下热加工的效率值。可见，不同应变量对应的能量耗散图形状基本保持一致，只是在能量耗散因子的数值上有所差异，这表明了应变量对 C-HRA-1 合金能量耗散图的形状影响不大。

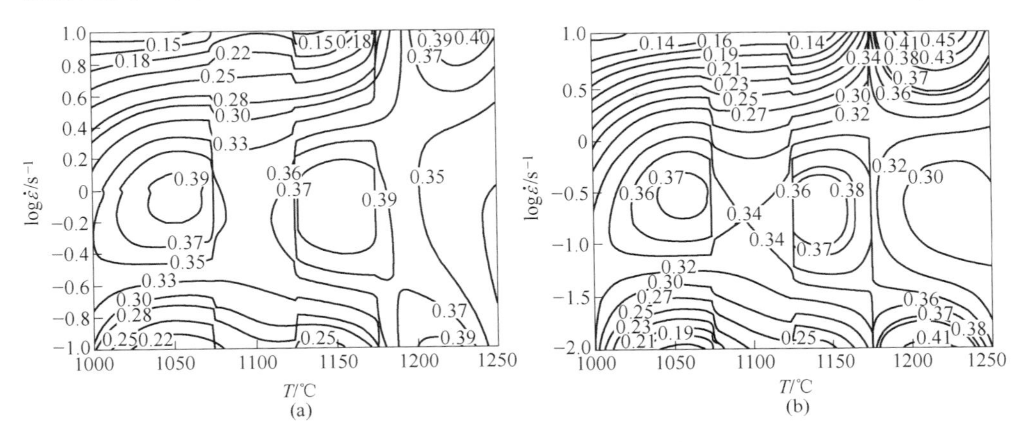


图 6-32 C-HRA-1 合金的能量耗散图

（a）应变量 0.6；（b）应变量 0.8

接下来以应变量为 0.8 的能量耗散图为例来进行进一步分析。在 C-HRA-1 合金的能量耗散图中共有四个能量耗散因子局部峰值区，分别为区域Ⅰ（变形温度为 1035～1070℃，应变速率为 $0.11\sim0.50s^{-1}$），对应的能量耗散因子峰值为 37%；区域Ⅱ（变形温度为 1125～1160℃，应变速率为 $0.08\sim0.50s^{-1}$），对应的能量耗散因子峰值为 38%；区域Ⅲ（变形温度为 1180～1215℃，应变速率为 $7.1\sim10s^{-1}$），对应的能量耗散因子峰值为 45%；区域Ⅳ（变形温度为 1190～1215℃，应变速率为 $0.01s^{-1}$），对应的能量耗散因子峰值为 41%。为了进一步验证各个峰值区域变形条件下的变形机理，对四个区域内的试样分别进行了金相组织观察，如图 6-33 所示。

对于区域Ⅰ，选择了变形温度为 1050℃，应变速率为 $0.1s^{-1}$ 的试样，其金相显微组织如图 6-33（a）所示，在该组织中既有拉长的晶粒也有细小的等轴状晶粒，为典型的部分动态再结晶组织。因此区域Ⅰ并非最佳热变形区间。

对于区域Ⅱ和Ⅲ，分别选择了变形温度为 1150℃，应变速率为 $0.1s^{-1}$ 以及变形温度为 1200℃，应变速率为 $10s^{-1}$ 的试样，其金相显微组织分别如图 6-33（b）和（c）所示，均为完全动态再晶界组织，平均晶粒尺寸分别为 21μm 和 23μm。

对于区域Ⅳ，选择了变形温度为 1200℃，应变速率为 $0.01s^{-1}$ 的试样，其金相显微组织如图 6-33（d）所示，也是完全动态再结晶组织。由于该区间的应变速率较低，所以再结晶晶粒的尺寸较大，平均晶粒尺寸为 67μm。

从能量耗散因子的角度来考虑，区域Ⅲ和区域Ⅳ都是耗散因子值较大的区域，而且热变形后的组织均为完全动态再晶界组织。但是考虑到实际热加工过程中，应变速率都比较大，所说区域Ⅲ是最佳热加工区间，该区间内的热加工能量耗散因子值为45%。

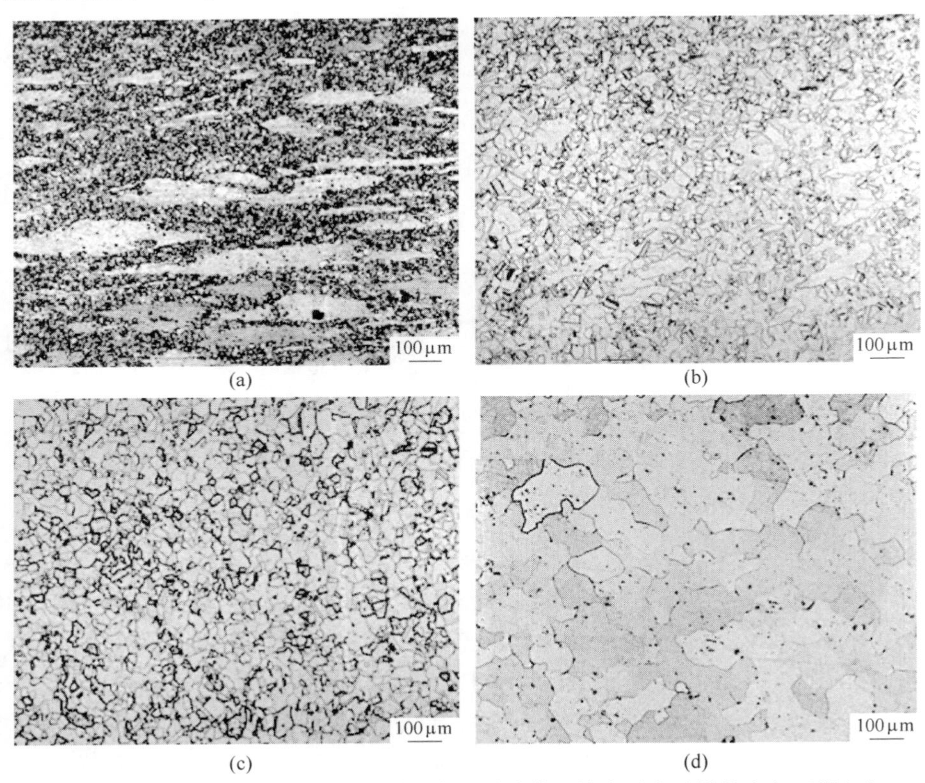


图6-33　应变量为0.8时能量耗散图中不同峰值区域内对应试样的金相显微组织

（a）1050℃，$0.1s^{-1}$；（b）1150℃，$0.1s^{-1}$；（c）1200℃，$10s^{-1}$；（d）1200℃，$0.01s^{-1}$

当应变量为0.8时，C-HRA-1合金的塑性失稳图如图6-34所示。图中阴影部分为小于0的区域，即理论上会出现塑性失稳的区域。对于C-HRA-1合金，塑性失稳出现在温度为1000～1150℃，应变速率大于$1.78s^{-1}$的变形区域。为了验证该判据的可靠性，对该区域内两种变形条件试样的金相显微组织进行了观察，如图6-35所示，图6-35（a）中试样的变形温度为1000℃，应变速率为$10s^{-1}$，图6-35（b）中试样的变形温度为1100℃，应变速率为$10s^{-1}$。两种变形条件下样品的显微组织都出现了明显的局部应变集中现象，从而证明了C-HRA-1合金塑性失稳图的可靠性，因此C-HRA-1合金的热变形应当避免在该区域内进行。

### 6.3.4　C-HRA-1耐热合金最佳固溶热处理制度选择

为了研究固溶温度对C-HRA-1合金晶粒尺寸的影响，分别在1120℃、

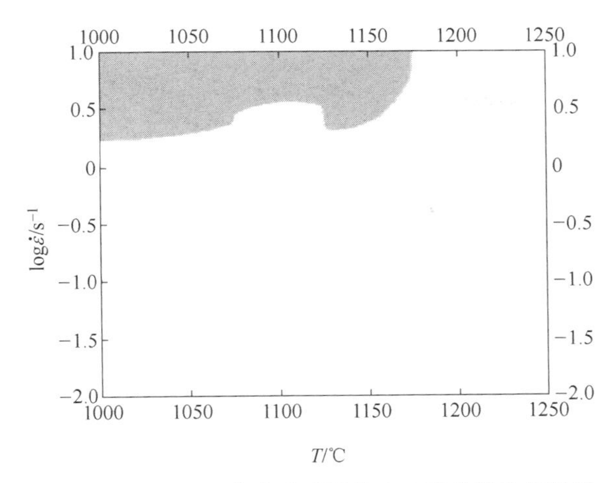


图 6-34 C-HRA-1合金应变量为0.8时的塑性失稳图

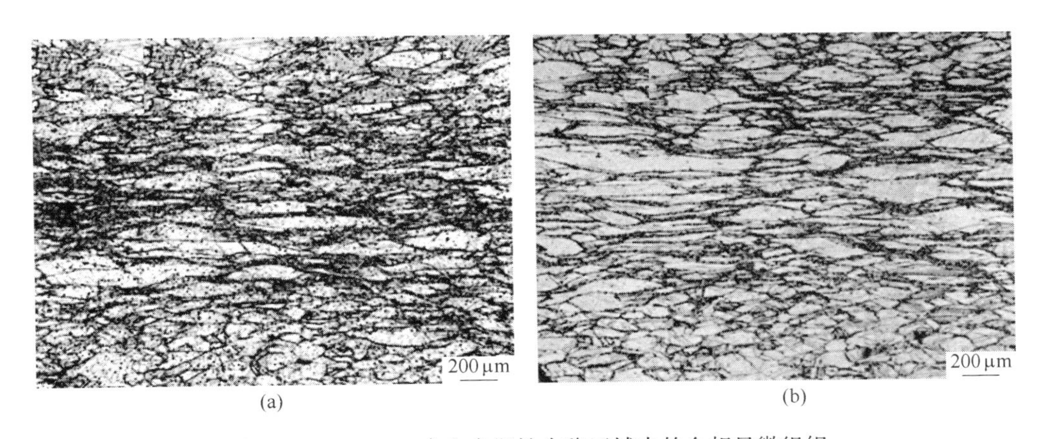


图 6-35 C-HRA-1合金在塑性失稳区域内的金相显微组织

(a) 1000℃，$10s^{-1}$；(b) 1100℃，$10s^{-1}$

1150℃、1180℃和1200℃对C-HRA-1合金试样进行固溶处理，保温时间均为30min。不同固溶温度处理后的C-HRA-1合金金相显微组织如图6-36所示。最佳固溶处理工艺的选择一般基于两个原则：一是在该固溶工艺条件下合金中的碳化物应能完全回溶到基体中（在C-HRA-1合金中主要是$M_{23}C_6$碳化物），二是在该固溶工艺条件下晶粒不过度长大。根据热力学相图计算结果（见图6-37），$M_{23}C_6$碳化物的回溶温度为930℃，上述4个固溶温度均应使$M_{23}C_6$碳化物完全回溶。当固溶温度为1120℃和1150℃时，试样的平均晶粒尺寸分别为112μm和125μm。当固溶温度为1180℃和1200℃时，试样的平均晶粒尺寸为220μm和235μm，发生了明显的晶粒粗化现象。

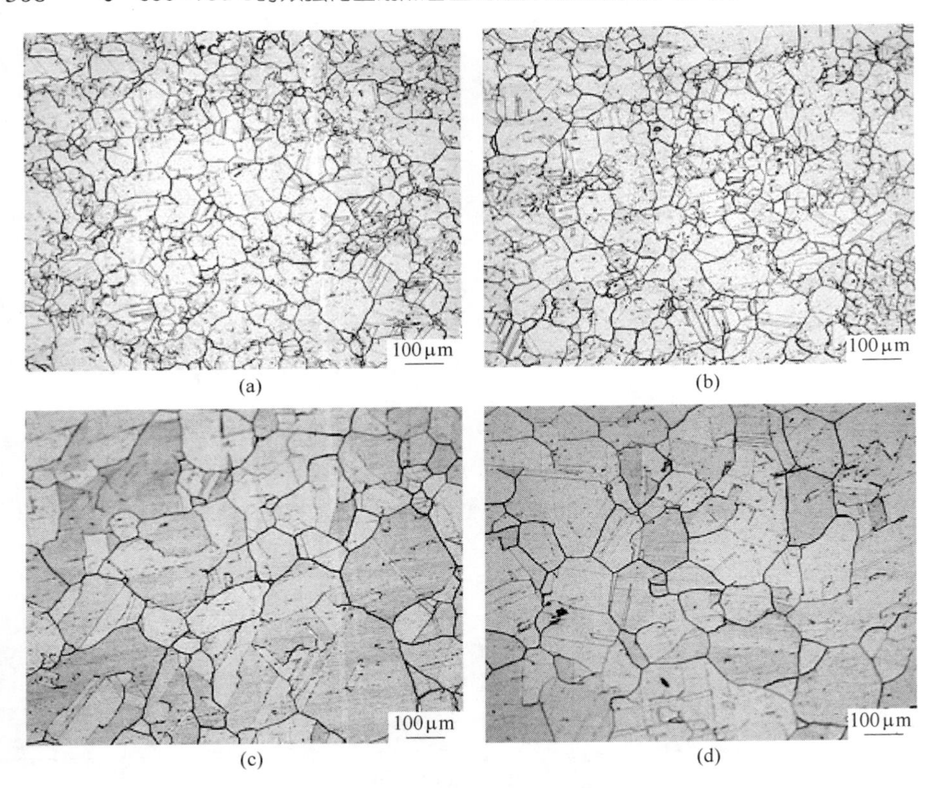


图 6-36　不同固溶温度处理后组织

（a）1120℃；（b）1150℃；（c）1180℃；（d）1200℃

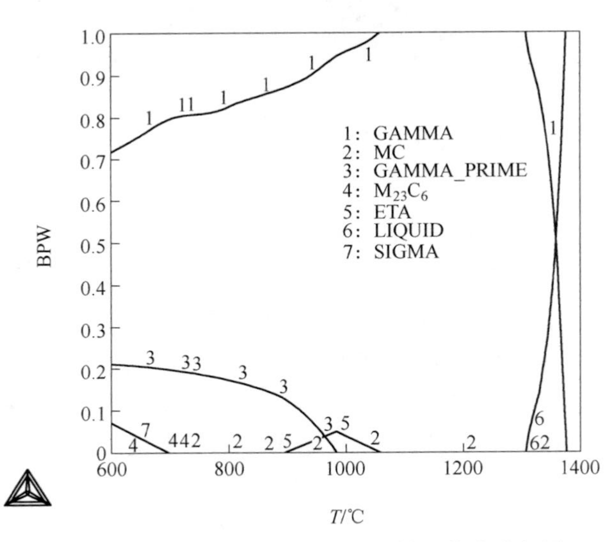


图 6-37　C-HRA-1 合金（405 号试样）热力学相图

一般而言，晶粒尺寸的增大会提高耐热材料的持久寿命，但是当晶粒尺寸大于100μm后，晶粒尺寸的增大对提升持久寿命的影响就会减弱。此外，晶粒尺寸的进一步增大会导致合金室温冲击韧性的降低。通过室温冲击实验，测得上述四个不同固溶温度的固溶态样品室温冲击韧性值分别为95J、90J、64J和60J。在长期时效过程中，耐热材料的室温冲击韧性值还会继续降低。过低的室温冲击韧性可能会对大口径锅炉管长期服役过程造成隐患，应当尽量避免。综合考虑持久寿命和室温冲击韧性，C-HRA-1合金的固溶温度选择为1150℃，当固溶时间为30min时，固溶态C-HRA-1合金平均晶粒尺寸为115μm。

### 6.3.5 C-HRA-1耐热合金小口径管性能评价

对尺寸规格为$\phi$44.5mm×10mm的C-HRA-1合金小口径锅炉管的综合性能进行了测试。C-HRA-1合金室温密度$\rho$为8.06g/cm$^3$。C-HRA-1合金小口径管杨氏模量和剪切模量随温度变化如图6-38所示，随温度升高，C-HRA-1合金管杨氏模量和剪切模量呈线性降低。

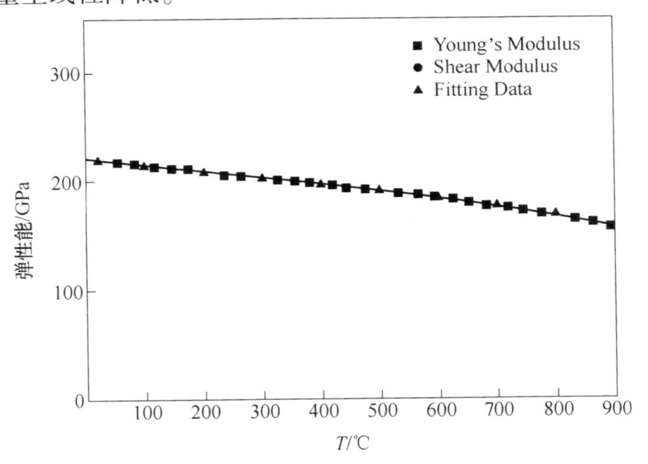


图6-38 C-HRA-1合金管杨氏模量和剪切模量

C-HRA-1合金小口径管热扩散率、热导率和比热随温度变化见表6-16和图6-39，随温度升高，C-HRA-1合金管热扩散率、热导率和比热都增大。

表6-16 C-HRA-1合金的热扩散率、热导率和比热

| 温度/℃ | 热扩散率×$10^{-6}$/$m^2 \cdot s^{-1}$ | 热导率/W·(m·K)$^{-1}$ | 比热/J·(kg·K)$^{-1}$ |
|---|---|---|---|
| 23 | 2.82 | 10.2 | 449 |
| 100 | 3.05 | 11.7 | 476 |
| 200 | 3.30 | 13.0 | 489 |
| 300 | 3.63 | 14.5 | 496 |
| 400 | 3.88 | 15.7 | 503 |

续表 6-16

| 温度/℃ | 热扩散率×10⁻⁶/m² · s⁻¹ | 热导率/W · (m · K)⁻¹ | 比热/J · (kg · K)⁻¹ |
|---|---|---|---|
| 500 | 4. 14 | 17. 1 | 513 |
| 600 | 4. 40 | 18. 4 | 519 |
| 700 | 4. 63 | 20. 2 | 542 |
| 800 | 4. 79 | 22. 1 | 573 |
| 900 | 4. 66 | 23. 8 | 635 |

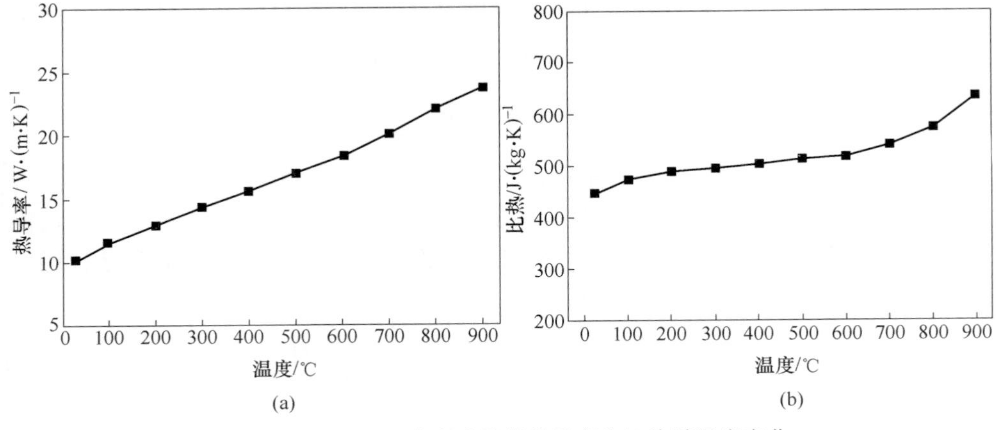


图 6-39　C-HRA-1 合金成品管热导率和比热随温度变化

(a) 热导率；(b) 比热

C-HRA-1 合金小口径管平均线膨胀系数随温度变化如表 6-17 所示，随温度升高，C-HRA-1 合金管平均线膨胀系数增大。

**表 6-17　C-HRA-1 合金的平均线膨胀系数**

| 温度/℃ | 100 | 200 | 300 | 400 | 500 | 600 | 700 | 800 |
|---|---|---|---|---|---|---|---|---|
| 线膨胀系数×10⁻⁶/K⁻¹ | 7. 7 | 12. 2 | 13. 0 | 13. 4 | 14. 0 | 14. 3 | 14. 9 | 15. 5 |

C-HRA-1 合金小口径管低倍组织如图 6-40 所示，C-HRA-1 合金小口径管一般疏松为 0. 5 级。按 GB/T 10561 评级图，C-HRA-1 合金小口径管非金属夹杂物实测值如表 6-18 所示。

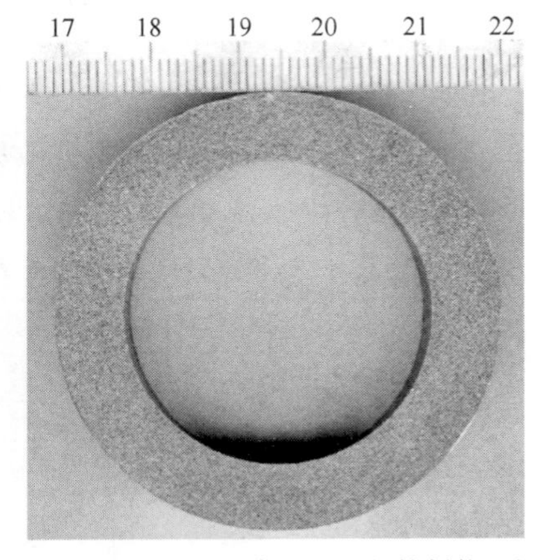


图 6-40　C-HRA-1 合金小口径管低倍组织

C-HRA-1 合金金相试样制备过程如下：用 320 号、600 号、1000 号水砂纸磨光后用 0. 5μm 氧化铝抛光剂进行机械抛光，机械抛光后的样品在硝酸、盐酸水溶液中（$HNO_3$，HCl，$H_2O$ 体积比为 1 ∶ 10 ∶ 10）水浴（50℃）加热腐蚀 10～15min 后即可制得金相样品。C-HRA-1合金小口径管横向和纵向金相组织检验如图6-41所示，C-HRA-1合金小口径管横向和纵向组织中存在较多孪晶，晶粒尺寸较均匀，测得C-HRA-1合金小口径管平均晶粒度级别在4~5之间。C-HRA-1合金小口径管热处理状态下室温拉伸性能见表6-19。

**表6-18 C-HRA-1合金小口径管非金属夹杂物**

| 内容 | A | | B | | C | | D | |
|---|---|---|---|---|---|---|---|---|
| | 粗 | 细 | 粗 | 细 | 粗 | 细 | 粗 | 细 |
| 标准要求 | ≤1.0 | ≤1.5 | ≤1.0 | ≤1.5 | ≤1.0 | ≤1.0 | ≤1.0 | ≤2.0 |
| 实测 | 0 | 0 | 0.5 | 0 | 0 | 0 | 0.5 | 0 |
| | 0 | 0 | 0.5 | 0 | 0 | 0 | 0.5 | 0 |

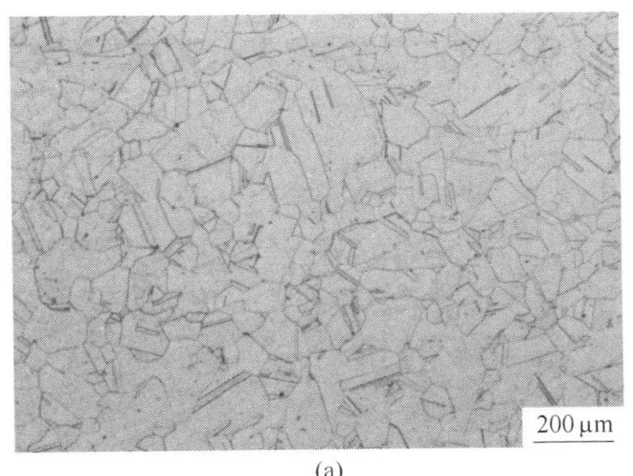


(a)

(b)

图6-41 C-HRA-1合金管横、纵向金相组织
(a) 横向；(b) 纵向

**表6-19 C-HRA-1合金管室温力学性能**

| 试样状态 | 内容 | 抗拉强度 $R_m$ /MPa | 屈服强度 $R_{p0.2}$ /MPa | 伸长率 $A$ /% |
|---|---|---|---|---|
| 固溶态 | 标准要求 | ≤1000 | ≤540 | ≥40 |
| | 实测值 | 739 | 319 | 65.5 |
| | | 737 | 321 | 63.5 |
| 固溶+时效态 | 标准要求 | ≥1035 | ≥620 | ≥20 |
| | 实测值 | 1084 | 674 | 43.0 |
| | | 1109 | 697 | 40.0 |

C-HRA-1合金小口径管交货态室温冲击性能见表6-20，可以看出C-HRA-1合金小口径管冲击功较高，室温下平均吸收能量227J。

表 6-20 C-HRA-1 合金小口径管室温冲击性能

| 合 金 | 试验温度/℃ | 吸收能量 KV2/J | 平均值/J |
|---|---|---|---|
| C-HRA-1 | 20 | 220 | 227 |
| | | 232 | |
| | | 229 | |

C-HRA-1 合金小口径管交货状态系列高温（100～800℃）拉伸性能如表 6-21 所示，系列高温强度随温度的变化如图 6-42 所示，随温度升高，C-HRA-1 合金高温强度总体逐渐降低。

表 6-21 C-HRA-1 合金小口径管系列高温拉伸性能

| 试验温度/℃ | 屈服强度 $R_{p0.2}$/MPa | 抗拉强度 $R_m$/MPa | 伸长率 $A$/% | 断面收缩率 $Z$/% |
|---|---|---|---|---|
| 100 | 693 | 1081 | 33.0 | 37.5 |
| | 707 | 1087 | 34.5 | 47.5 |
| 200 | 681 | 1044 | 30.5 | 48.0 |
| | 672 | 1054 | 35.0 | 48.0 |
| 300 | 633 | 1017 | 33.0 | 48.5 |
| | 646 | 1035 | 30.5 | 42.0 |
| 400 | 626 | 983 | 32.0 | 40.0 |
| | 626 | 983 | 34.5 | 45.0 |
| 500 | 624 | 949 | 40.5 | 48.5 |
| | 624 | 950 | 36.5 | 46.5 |
| 600 | 623 | 918 | 29.0 | 48.0 |
| | 630 | 932 | 29.5 | 42.0 |
| 700 | 623 | 957 | 30.5 | 29.0 |
| | 637 | 937 | 24.0 | 28.0 |
| 750 | 613 | 899 | 20.0 | 23.5 |
| | 608 | 904 | 16.0 | 22.0 |
| 800 | 599 | 818 | 14.5 | 18.5 |
| | 576 | 787 | 14.5 | 20.5 |

按 GB/T 2039—1997《金属拉伸蠕变及持久试验方法》，在 RD2-3 型高温持久试验机上对 C-HRA-1 合金小口径管进行高温持久强度试验。C-HRA-1 合金小口径管在 750℃和 800℃不同载荷应力下持久寿命如图 6-43 所示，C-HRA-1 合金小口径管在 750℃不同载荷应力下持久寿命比相同条件下的 Inconel 740H 合金略高。

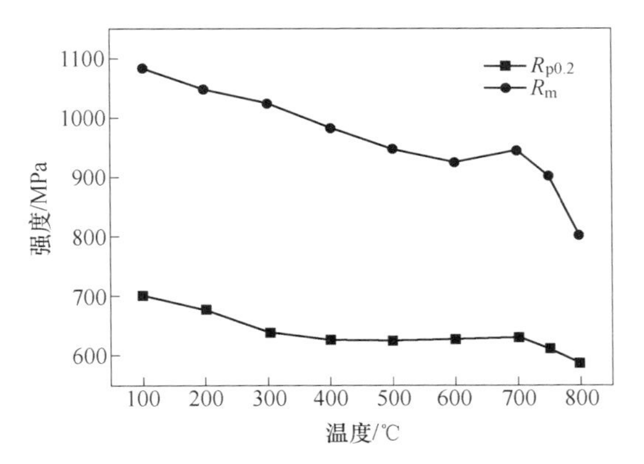


图6-42 C-HRA-1合金系列高温拉伸强度性能

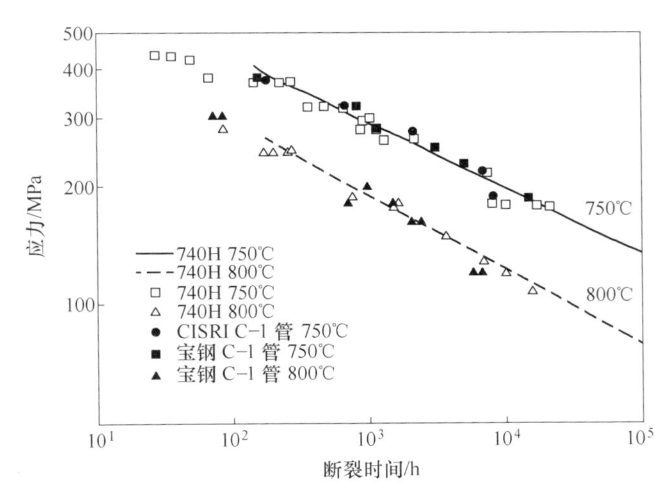


图6-43 C-HRA-1合金在750℃和800℃不同载荷应力下的持久寿命

根据现在持久强度测试数据，采用等温线外推法，可以外推C-HRA-1合金小口径成品管750℃×$10^5$h的持久强度值为140.1MPa，见图6-44。

对C-HRA-1合金管进行压扁和扩口试验。对直径不大于76mm的合金管按GB/T 246的规定进行压扁试验，分为延性试验和完整性试验（闭合压扁）两步进行，在整个压扁试验期间，试样不允许出现目视可见的分层、白点、夹杂。对C-HRA-1合金$\phi$44.5mm×10mm小口径管的压扁试验如图6-45所示，合格。对直径不大于76mm、壁厚不大于8mm的合金管应做扩口试验，扩口试验按GB/T 242的规定进行，采用顶芯锥度为60°的顶芯进行试验。钢管外径扩口率为17%，扩口后试样不允许出现裂缝和裂口。对C-HRA-1合金$\phi$44.5mm×10mm小口径管的扩口试验如图6-46所示，合格。

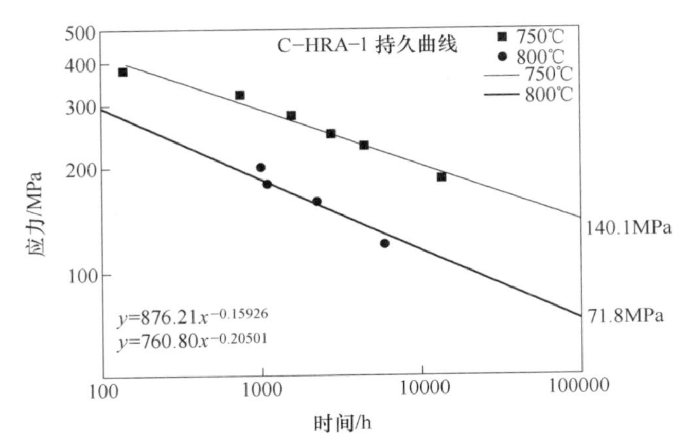


图 6-44　C-HRA-1 合金 750℃和 800℃持久强度外推

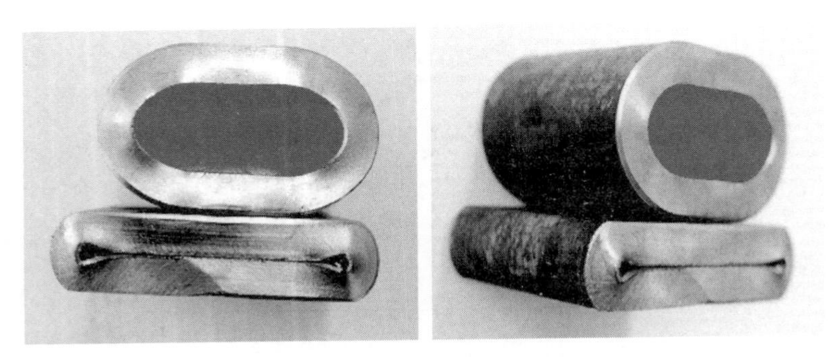

图 6-45　C-HRA-1 合金小口径管压扁试验

图 6-46　C-HRA-1 合金小口径管扩口试验

采用手工氩弧焊（GTAW）和机械焊接工艺（HWGTAW）两种焊接方法，对 C-HRA-1 合金小口径管进行了焊接试验。C-HRA-1 合金小口径管焊材化学成分如表 6-22 所示。

**表 6-22 C-HRA-1 合金焊材的化学成分** （质量分数,%）

| C | Si | Mn | Cr | Co | Mo | Al | Ti | Nb | Ni |
|---|---|---|---|---|---|---|---|---|---|
| 0.05 | 0.05 | 0.02 | 24.27 | 20.00 | 0.10 | 1.41 | 1.35 | 1.5 | 余量 |

C-HRA-1 合金小口径管焊接接头高温持久寿命试验结果见图 6-47，可以看出在相同焊接条件和相同应力载荷下，C-HRA-1 合金小口径管焊接接头 750℃ 持久寿命高于 Inconel 740H 合金。

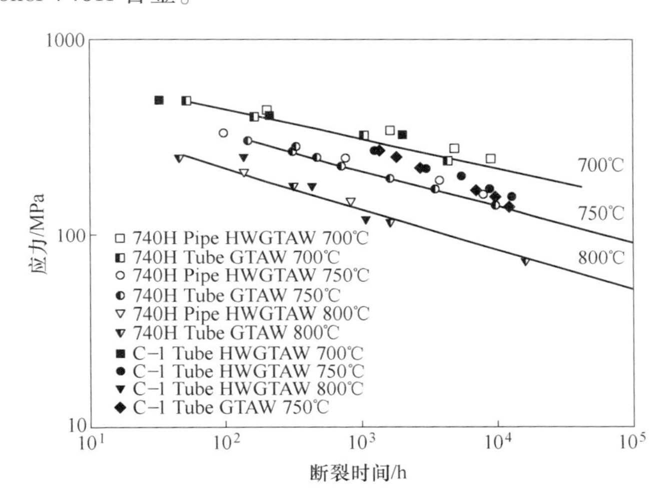


图 6-47 C-HRA-1 与 Inconel 740H 合金焊接接头持久强度对比

# 6.4 关于 Haynes 282 合金的研究

## 6.4.1 Haynes 282 合金国内外研究现状

Haynes 282 合金是美国 Haynes 公司 2005 年开发出的一种新型 Ni-Cr-Co-Mo 系变形高温合金。Haynes 公司挑选了 5 种现有较成熟耐热合金作为对比合金，在这些对比合金的基础上设计了 27 种不同成分的试验合金，通过一系列力学性能测试，最终开发出了 Haynes 282 合金，其成分范围见表 6-23。Haynes 282 合金中加入 Cr、Co 和 Mo 起固溶强化作用，加入 0.005%B 强化晶界，同时加入 2.1%Ti 和 1.5%Al 析出 20%以上的 γ′相，起沉淀强化作用。

**表 6-23 Haynes 282 合金化学成分** （质量分数,%）

| Ni | Cr | Co | Mo | Ti | Al | Fe | Mn | Si | C | B |
|---|---|---|---|---|---|---|---|---|---|---|
| 余量 | 20 | 10 | 8.5 | 2.1 | 1.5 | ≤1.5 | ≤0.3 | ≤0.15 | 0.06 | 0.005 |

由于其高温持久强度高、热稳定性、焊接性及加工成型性能好，已经成功应用在航空及陆基燃气轮机引擎中。目前，市场上可见到的 Haynes 282 合金主要有板材、棒材以及各种形式的锻件等。

Haynes 282 合金是时效强化型镍基耐热合金，Pike[18] 对其固溶处理后的组织研究发现，高温固溶处理后合金晶界上无碳化物析出，晶内分布较多大块状的一次 MC 相，且有一定量的孪晶贯穿整个晶粒或终止在晶粒内部，见图 6-48（a）。对 Haynes 282 合金时效处理后的组织观察发现，基体上析出大量碳化物，晶界上的 $M_{23}C_6$ 型碳化物连续分布，形成所谓的“stone wall”结构，有利于蠕变强度及高温塑性的提高，见图 6-48（b）。

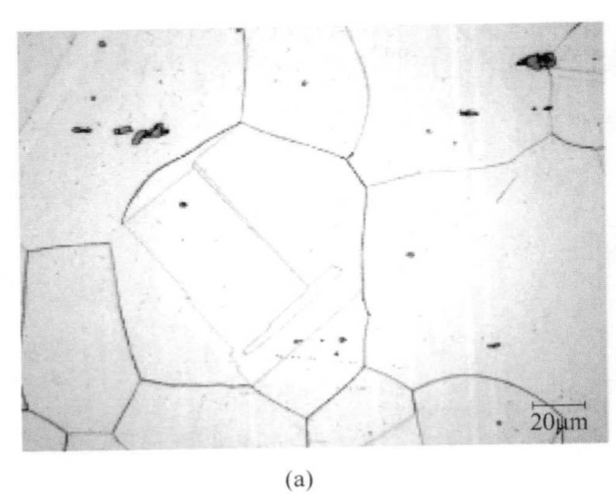


(a)

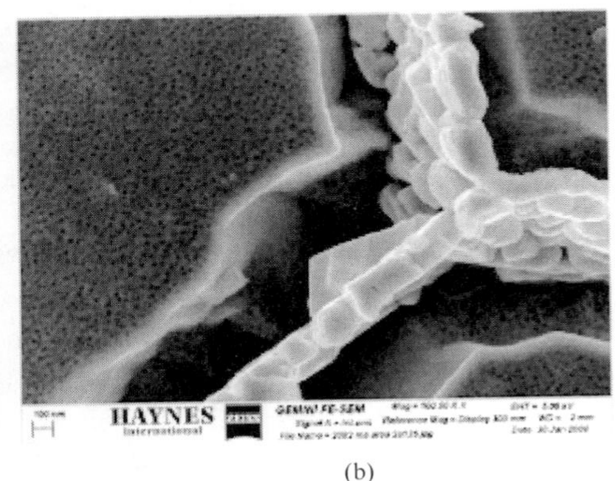


(b)

图 6-48　Haynes 282 合金[18]

（a）固溶态金相；（b）时效态扫描组织

长期时效后，合金析出相粗化，并可能伴有新相的析出和长大。赵双群等人[19] 对 Haynes 282 合金 760℃ 时效 10000h 和 800℃ 时效 3000h 后的组织研究发现，合金晶界附近及晶内均有针状或片层状的 μ 相析出，且尺寸较大，μ 相富含 Mo、Cr、Co 等元素，见图 6-49。有报道称对 Haynes 282 合金 750℃ 时效 2809h 后的组织分析中也发现了针状的 μ 相。μ 相是 TCP 相，对合金的塑性及高温持久性能不利。

γ′相是 Haynes 282 合金中主要沉淀强化相，标准热处理后基体中析出球形 γ′相，尺寸较小，为 20～30nm，细小弥散的分布，起到优异的析出强化作用。随时效温度的升高及时效时间的延长，γ′相粗化长大。赵双群等[19] 对不同时效时间及温度下的 Haynes 282 合金中 γ′相的尺寸进行统计后发现，合金中 γ′相尺寸的三次方和时效时间呈线性关系，且温度对 γ′相的粗化影响更大。小于 760℃ 时效时，γ′相长大缓慢，见图 6-50。Haynes 282 合金在 760℃ 温度时效时，随时间的延长，合金屈服强度逐渐下降，时效 8000h 屈服强度为 630MPa，时效 16000h 屈服强度下降到 620MPa，下降幅度非常小[20]。

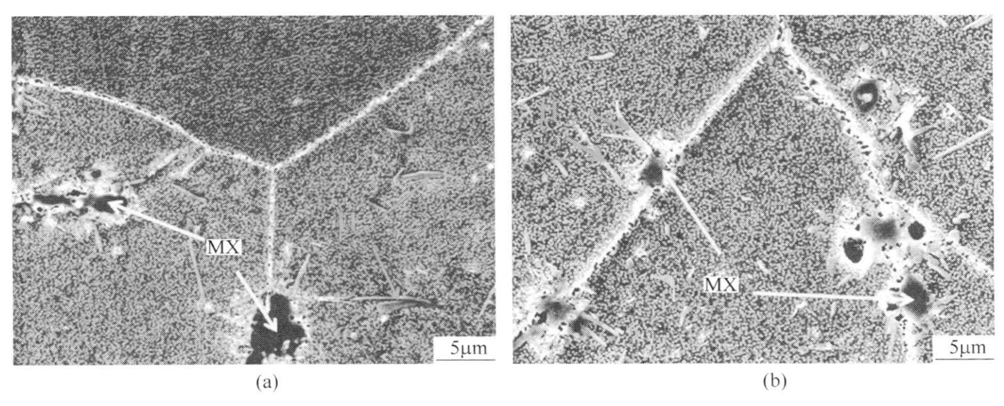


图 6-49 Haynes 282 合金[19]

（a）760℃×10000h；（b）800℃×3000h 组织

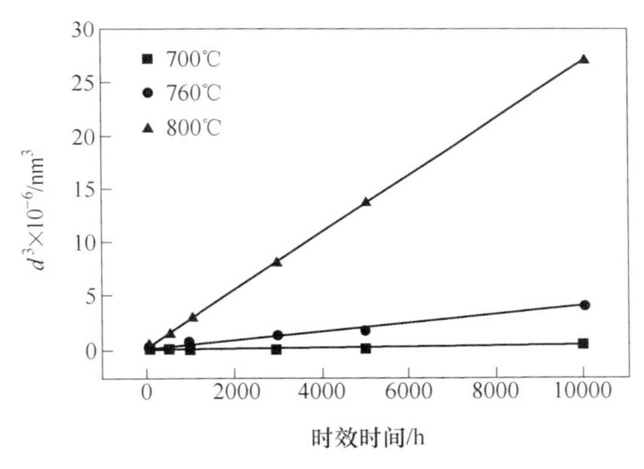


图 6-50 Haynes 282 合金中 γ′相长大动力学

Haynes 282 合金抗氧化性能优异。在不同温度下对 Haynes 282、R-41、Waspaloy、Nimonic 263 这 4 种耐热合金进行氧化实验[20]。图 6-51 为 Haynes 282 合金分别在 871℃、927℃、982℃空气中氧化 1008h 后的组织照片。在 871℃时，四种合金抗氧化能力都很强，氧化层较薄，随温度升高，氧化逐渐加深。但在 982℃下，Haynes 282 合金就表现出比其他合金更优异的抗氧化性能，氧化层厚度比 R-41 小，仅为 Waspaloy 和 Nimonic 263 合金氧化层的一半，氧化层中还存在富 Al 和 Ti 的内氧化层。

对 Haynes 282 合金及其他几种耐热合金在 816℃下的低周疲劳性能进行了实验研究[20,21]，在 0.6%～1%的应变范围内，Haynes 282 合金和 Waspaloy、R-41 合金有着相近的低周疲劳寿命，当应变低于 0.6%时，R-41 合金的疲劳寿命最长，其次是 Waspaloy 和 Haynes 282 合金。

Boehlert 和 Longanbach[22]将热处理后的 Haynes 282 合金试样进行蠕变实验，

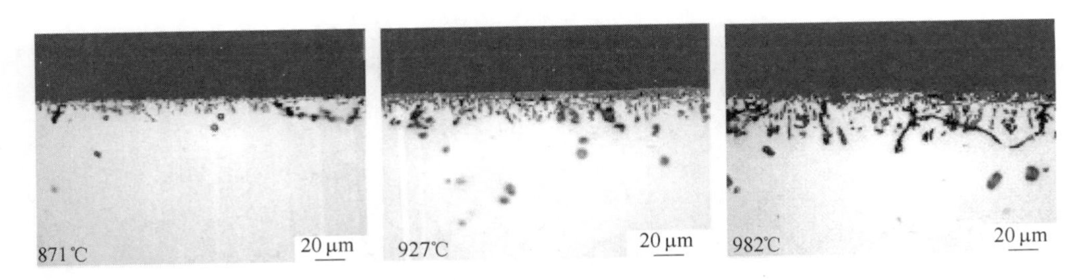


图 6-51　Haynes 282 合金不同温度下的氧化 1008h 后组织照片[20]

实验温度和应力分别在 700～815℃和 25～225MPa 之间。根据蠕变公式对 Haynes 282 合金的蠕变应变速率和蠕变应力进行线性拟合得出 Haynes 282 合金的蠕变指数为 $6.1 \leqslant n \leqslant 6.9$，并推算出 Haynes 282 合金的激活能为 725kJ/mol，因此 Boehlert 和 Longanbach 认为 Haynes 282 合金主要蠕变机制为位错蠕变机制。对合金 815℃应变为 7.5%时的微观组织分析发现，裂纹沿晶界产生，并沿晶界扩展。

Hawk[23]等人研究了 Haynes 282 合金蠕变过程中 γ′相和位错的相互作用。实验结果表明，Haynes 282 合金蠕变过程中 γ′相和位错的相互作用主要有切过和绕过机制。在应力较高时间较短（图 6-52（a））的蠕变过程中，位错和沉淀相主要通过剪切作用强化合金；在应力较低时间较长时（图 6-52（b）），位错和沉淀相主要通过绕过机制（即 Orowan 机制）相互作用。据公开的持久实验测试数据，Haynes 282 合金在 760℃10 万小时和 25 万小时外推持久强度均高于 100MPa。

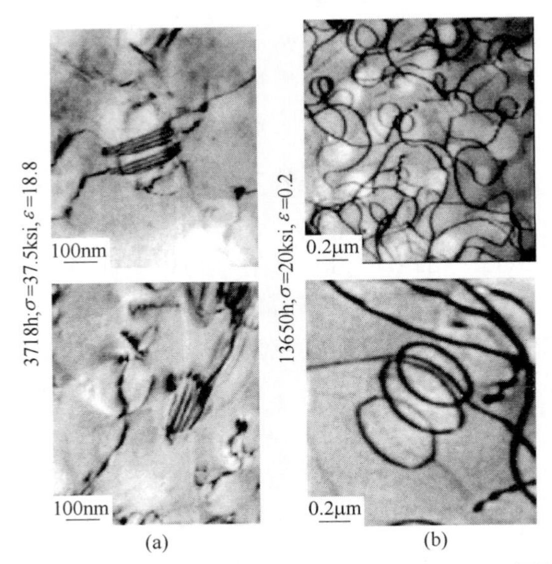


图 6-52　Haynes 282 合金蠕变过程中的强化机制[23]

（a）760℃；（b）788℃

### 6.4.2 固溶处理对 Haynes 282 耐热合金组织与硬度影响研究[24]

钢铁研究总院采用 25kg 真空感应炉熔炼 Haynes 282 合金，试验合金主要化学成分见表 6-24。经均匀化处理后，多火锻成 $\phi$16mm 圆棒。图 6-53 为 Haynes 282 合金锻造试样原始组织，合金锻态组织细小均匀，晶内和晶界存在较多的未溶碳化物，碳化物在晶界呈连续分布。

表 6-24 Haynes 282 试验合金化学成分 （质量分数,%）

| C | Cr | Co | Mo | Al | Ti | Si | Mn | Fe | Ni |
|---|---|---|---|---|---|---|---|---|---|
| 0.06 | 19.64 | 10.04 | 8.18 | 1.48 | 2.15 | ≤0.1 | ≤0.1 | ≤0.1 | 余量 |

试验材料分别在 1060℃、1090℃、1120℃、1150℃和 1180℃温度下进行 2h 固溶处理，观察不同固溶温度下 Haynes 282 合金的组织和硬度。将另一组试样在 1120℃温度下进行固溶处理，分别保温 30min、60min、90min 和 120min，观察固溶保温时间对 Haynes 282 合金组织和硬度的影响。将热处理后的金相试样经打磨、抛光后，用 200mL 盐酸+10g 氯化铜+200mL 无水酒精溶液进行腐蚀，腐蚀后的试样在 Leica DM2500 光学显微镜下观察晶粒组织，采用日立 S-4300 冷场发射扫描电子显微镜进行显微组织观察和分析，按照 GB/T 6394—2002《金属平均晶粒度测定法》测量平均晶粒尺寸，在 HB300C 电子布氏硬度计上检测合金硬度，载荷为 1.84kN。

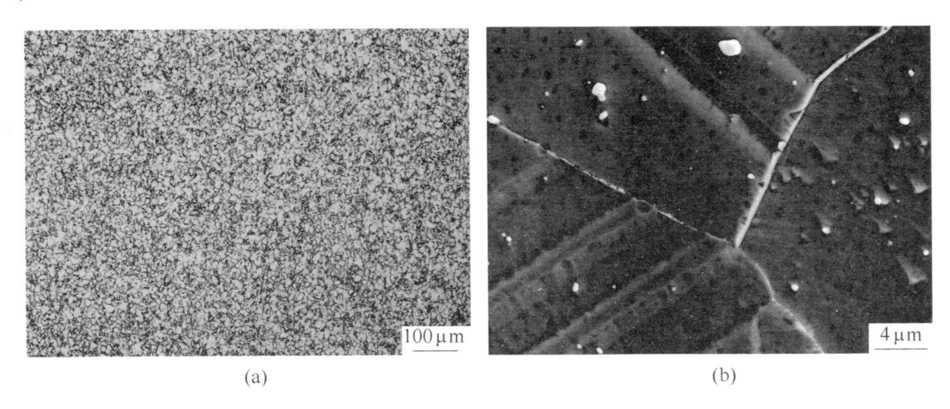


(a) (b)

图 6-53 Haynes 282 合金锻造试样原始组织
（a）光学照片；（b）SEM 照片

Haynes 282 合金合适固溶温度的选取，一方面要考虑能溶解锻造过程中形成的碳化物等析出物，获得过饱和固溶体，另一方面要考虑能获得适当的奥氏体晶粒尺寸，以满足高温持久强度。图 6-54 为 Haynes 282 合金在不同固溶处理工艺下获得的金相组织。

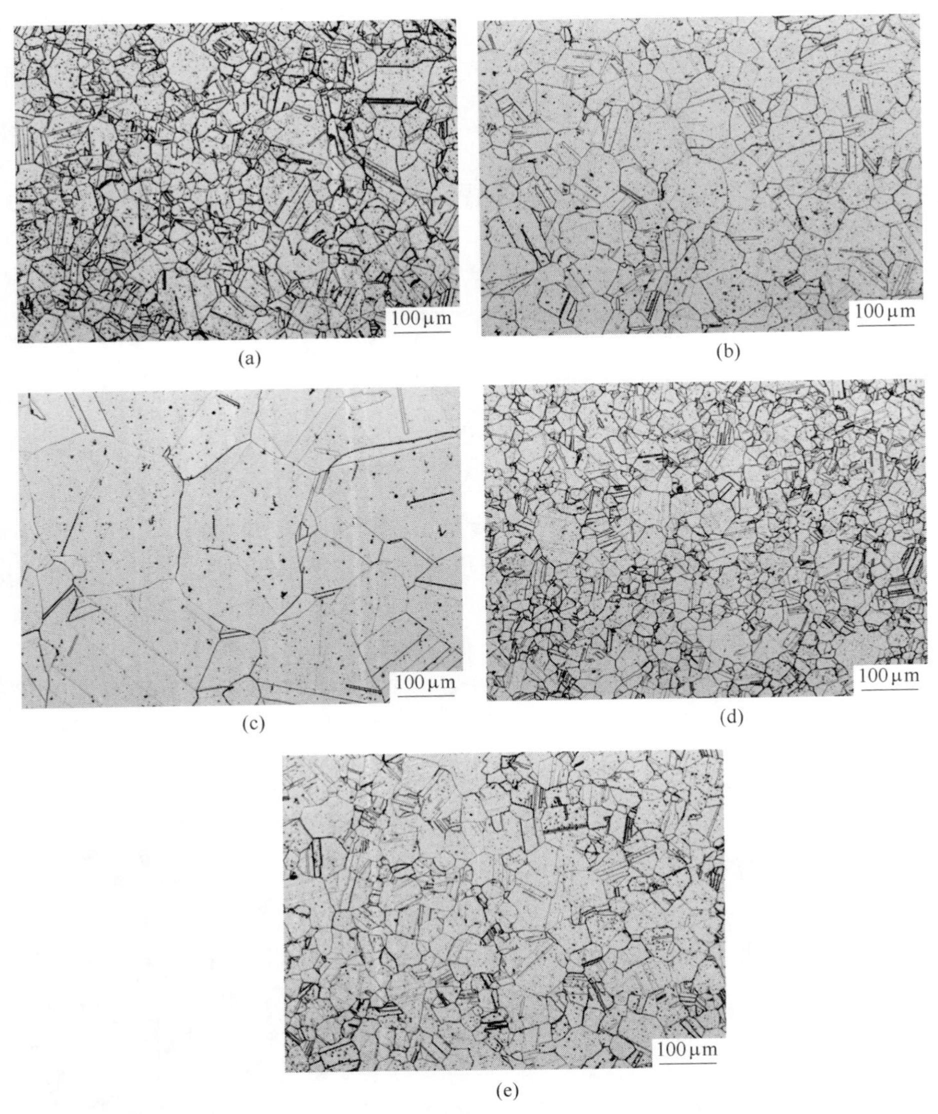


图 6-54　Haynes 282 合金不同固溶处理工艺的金相组织

（a）1060℃保温 2h；（b）1150℃保温 2h；（c）1180℃保温 2h；
（d）1120℃保温 30min；（e）1120℃保温 2h

从图 6-54 中可以看出，随着固溶温度的升高和保温时间的延长，Haynes 282 合金晶粒逐渐长大，同时晶粒尺寸趋于均匀化，合金中存在大量孪晶组织。Haynes 282 合金在上述不同固溶处理工艺条件下的晶粒尺寸测量结果如图 6-55 所示。从图 6-55（a）可看出，Haynes 282 合金在 1060～1150℃固溶处理，晶粒尺寸从 32μm 逐渐增大到 61μm，增长缓慢。当固溶温度高于 1150℃时，晶粒长大加快，粗化明显，1180℃固溶时晶粒尺寸达到 159μm。图 6-55（b）为 1120℃固溶不同保温时间对晶粒尺寸的影响，从图中可看出随着固溶时间的延长，Haynes 282 合金晶粒尺寸逐渐增大。

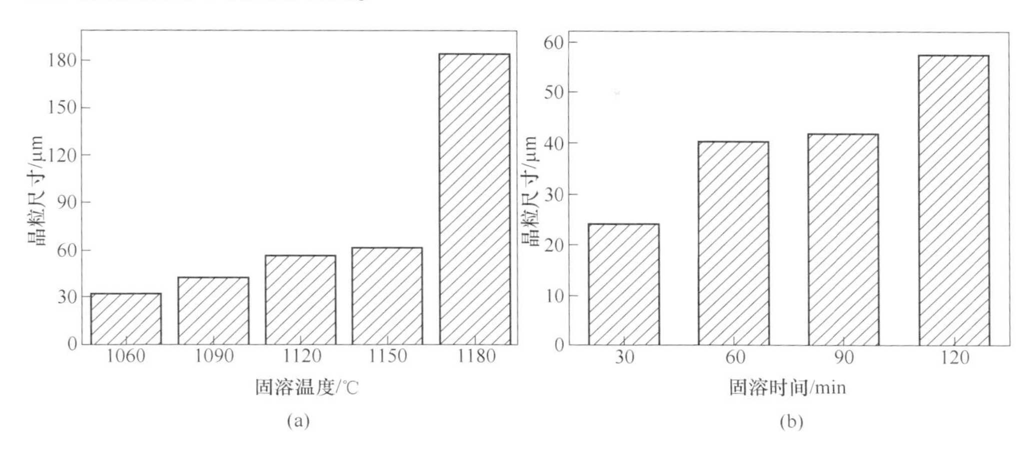


图 6-55 Haynes 282 合金不同固溶处理工艺的晶粒尺寸
（a）不同固溶温度保温 2h；（b）1120℃固溶不同保温时间

图 6-56 为 Haynes 282 合金不同固溶处理工艺后的 SEM 组织形貌和碳化物能

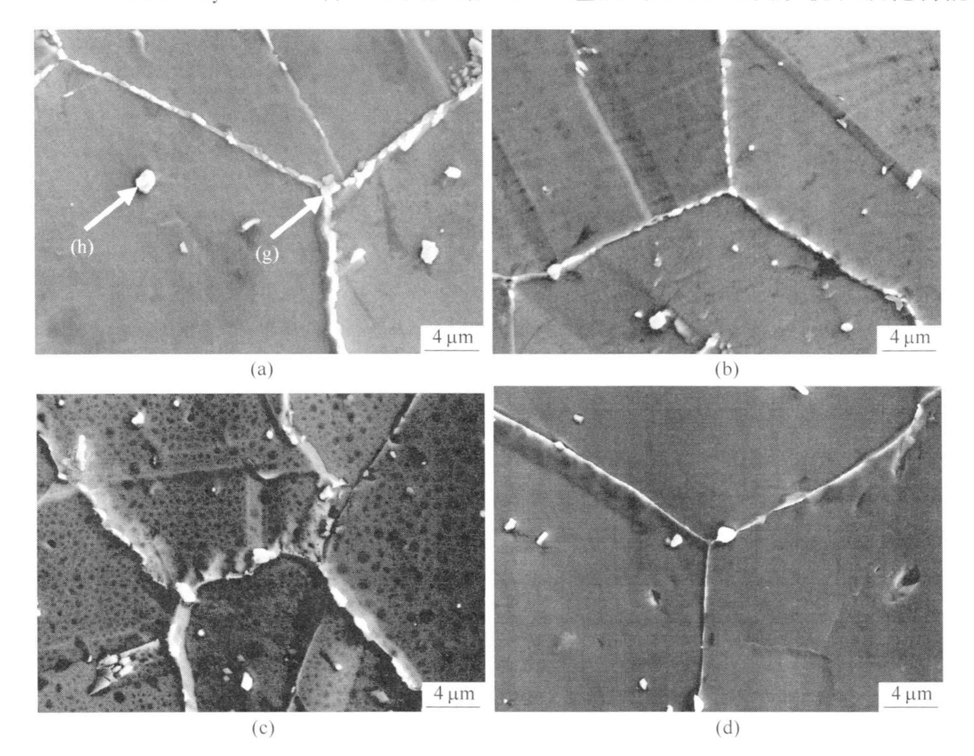

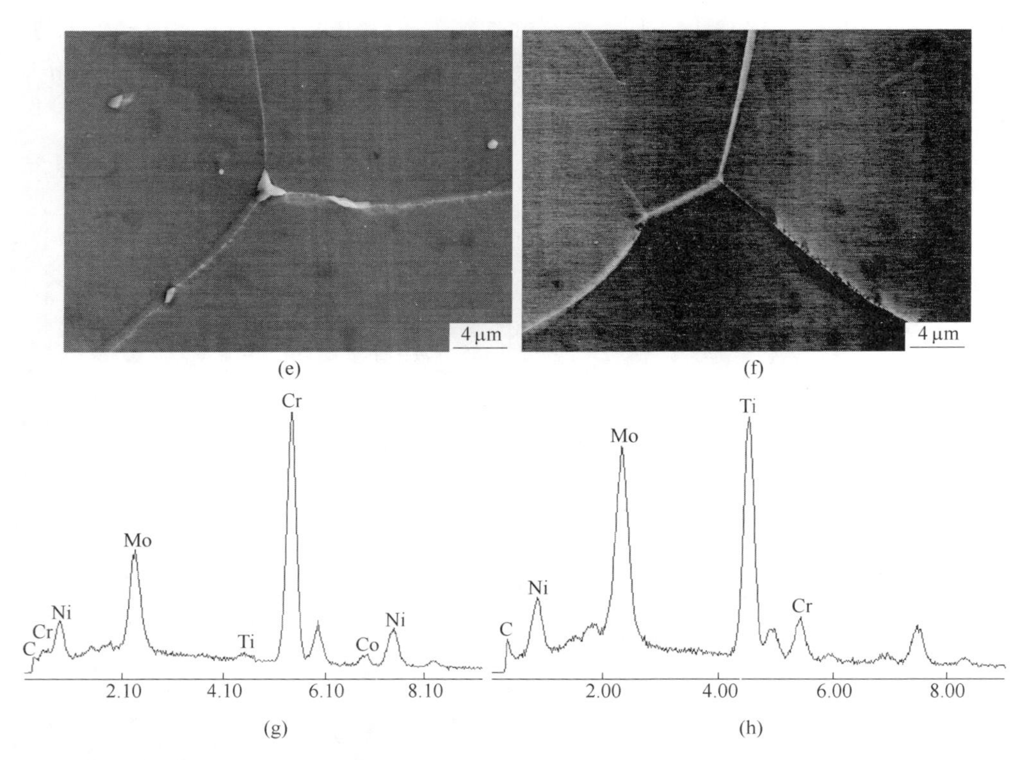


图 6-56 Haynes 282 合金不同固溶处理工艺下的 SEM 组织和能谱分析结果

（a）1060℃保温 2h；（b）1090℃保温 2h；（c）1120℃保温 30min；（d）1120℃保温 2h；（e）1150℃保温 2h；（f）1180℃保温 2h；（g）晶界相；（h）晶内相

谱分析结果。从图中可看出，1060℃固溶处理 2h 后合金中未溶碳化物发生明显的粗化，能谱分析表明，晶界处主要为富 Cr、Mo 的 $M_{23}C_6$ 型碳化物（图 6-56（g）），晶内主要为富 Ti、Mo 的 MC 型碳化物（图 6-56（h））。随着固溶温度的升高，合金中元素扩散速度加快，碳化物溶解加速，析出物含量逐渐减少，1090℃固溶处理 2h 后碳化物溶解，晶界处碳化物呈珠链状分布。固溶温度为 1150℃时，合金晶界处 $M_{23}C_6$ 型碳化物基本溶解，仅存少量的 MC 型碳化物。Haynes 282 合金 1120℃固溶，合金中碳化物含量随固溶时间的增加而减少，如图 6-56（c）、（d）所示。1120℃保温 30min 时，合金基体中存在较多未溶碳化物，保温时间延长到 2h 时，碳化物含量明显减少。

图 6-57 为不同固溶处理工艺对 Haynes 282 合金硬度的影响。从图 6-57（a）可看出，随着固溶温度的升高，Haynes 282 合金的硬度逐渐下降，1060~1090℃和 1120~1150℃之间硬度下降趋势缓慢，1180℃硬度显著降低。图 6-57（b）为 1120℃不同固溶时间对 Haynes 282 合金硬度的影响，从图中可看出，随着固溶时

间的延长，Haynes 282 合金的硬度呈线性下降趋势。

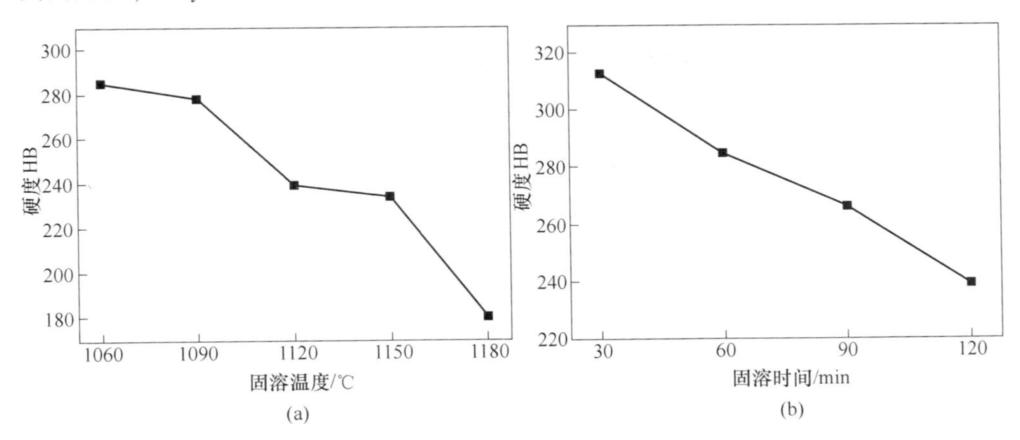


图 6-57 Haynes 282 合金不同固溶处理工艺对硬度的影响

（a）不同固溶温度保温 2h；（b）1120℃固溶不同保温时间

晶粒长大速度与晶界迁移机制有关，而晶界迁移速度明显依赖于温度，晶粒长大过程可看作是一种热激活过程，可用 Arrhenius 公式描述，即：

$$D^2 = A\exp\left(-\frac{Q}{RT}\right) \tag{6-3}$$

或

$$\ln D = \frac{1}{2}\ln A - \frac{Q}{2R}\frac{1}{T} \tag{6-4}$$

式中，$D$ 为某固溶温度下晶粒尺寸，μm；$A$ 为影响因子；$Q$ 为晶粒长大激活能，kJ/ mol；$R$ 为气体常数；$T$ 为热力学温度，K。从式（6-4）中可以看出 $\ln D$ 和 $T^{-1}$ 呈线性关系。将 Haynes 282 合金在不同温度固溶处理后的 $\ln D$ 和 $T^{-1}$ 进行线性拟合，得到的结果如图 6-58 所示。从图中可知，合金固溶温度与平均晶粒尺寸间的关系为：

$$\ln D = \frac{1}{2}\ln A - \frac{2.3 \times 10^4}{T} \tag{6-5}$$

由式（6-5）计算出 Haynes 282 合金 1060~1180℃固溶处理过程中，晶粒长大激活能约为 382kJ/mol，该数值大于纯 Ni 在基体点阵中的自扩散激活能（约 285.1 kJ/mol）[25]。说明合金元素的添加提高了 Haynes 282 合金晶粒的长大激活能，对奥氏体晶粒的长大起到一定的抑制作用。

影响奥氏体晶粒长大的另一个因素是合金中的第二相粒子。如图 6-56 中所示，当 Haynes 282 合金固溶温度较低或保温时间较短时，合金中有较多的 $M_{23}C_6$ 和 MC 型未溶碳化物，阻碍晶界迁移，能有效阻止奥氏体晶粒长大，合金晶粒尺寸较小。当固溶温度升高、保温时间延长时，碳化物大量回溶，对晶界的钉扎作用减弱，晶粒显著长大。

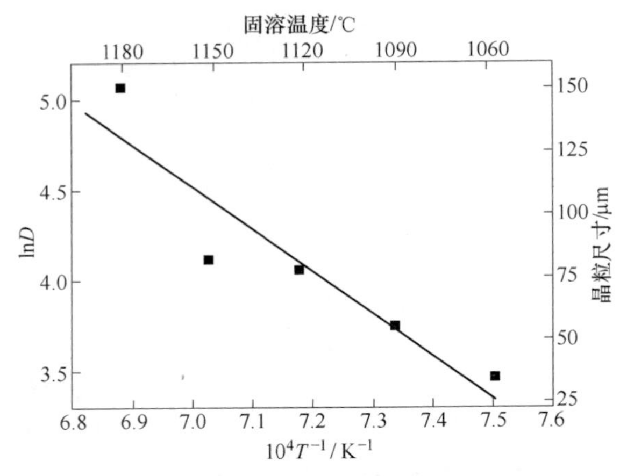


图 6-58　Haynes 282 合金晶粒尺寸与固溶温度的关系

利用 Thermo-Calc 计算 Haynes 282 合金热力学平衡相图，结果如图 6-59 所示。计算结果表明，1000℃以上 Haynes 282 合金中主要存在 MC、$M_{23}C_6$两种碳化物，MC 相析出温度为 1042℃，$M_{23}C_6$溶解温度为 1078℃。结合图 6-56 可知，1060℃固溶处理合金中未溶碳化物发生粗化，1090℃固溶处理后合金中未溶碳化物发生溶解，晶界处未溶碳化物由原始锻态的连续状变为珠链状，1150℃固溶后合金中晶界碳化物基本消失，晶内碳化物也大量溶解。1120℃固溶处理 30min 时晶界和晶内依然存在较多大块未溶碳化物，随固溶温度升高和保温时间的延长，合金中元素扩散速度加快，碳化物溶解加速，数量逐渐减少。实验结果与热力学计算结果相符。

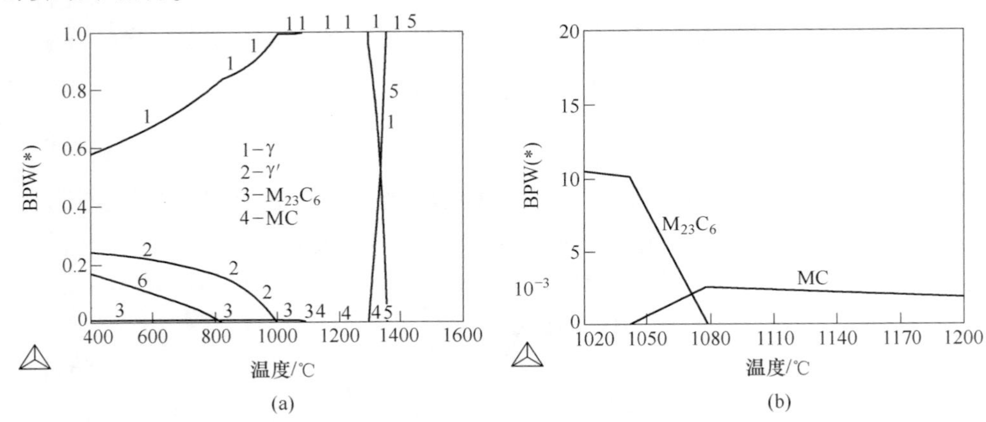


图 6-59　Haynes 282 合金热力学计算相图
(a) 平衡态相图；(b) 局部放大图

Haynes 282 合金的硬度与晶粒尺寸大小以及碳化物含量有关。从图 6-55 和图 6-56 可以看出，随固溶温度的升高和保温时间的延长，Haynes 282 合金的晶粒尺寸逐渐增大，基体中的未溶碳化物逐渐溶解，含量减少，同时合金的硬度呈下降趋势（图 6-57）。将 Haynes 282 合金硬度值与晶粒尺寸进行线性拟合，拟合结果如图 6-60 所示。由图可知，Haynes 282 合金的硬度值和 $d^{-1/2}$ 符合 Hall-Petch 关系。Haynes 282 合金为时效强化型耐热合金，硬度的变化受合金中析出相影响较大。合金晶粒长大和未溶碳化物的溶解是造成合金硬度降低的主要原因。

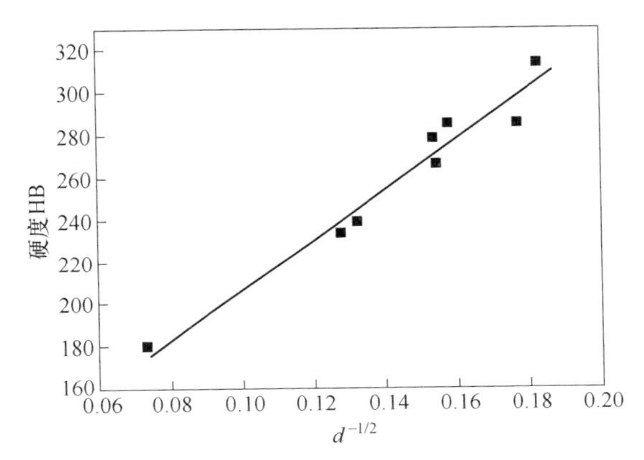


图 6-60 Haynes 282 合金的硬度与 $d^{-1/2}$ 的 Hall-Petch 关系

## 6.4.3 长期时效对 Haynes 282 耐热合金组织和力学性能影响研究[24]

采用表 6-24 中的实验材料，实验材料经如下热处理（1120℃/2h/空冷+1010℃/2h/空冷和 788℃/8h/空冷）后，在 700℃ 下分别进行 100h、300h、1000h、3000h 时效处理。时效后的金相试样经打磨、抛光后，用 60% $HNO_3$ 水溶液电解，电压为 2.5V，时间为 3~5s，采用 S-4300 冷场发射扫描电子显微镜（SEM）观察微观组织并结合能谱（EDS）分析确定析出相元素分布情况。采用 H-800 透射电子显微镜（TEM）观察析出相形貌并确定析出相种类，透射样为厚 30μm 左右的薄片，室温下双喷电解减薄，电解液为冰醋酸+10%高氯酸混合溶液，电压 30V，电流 60mA。采用 HB300C 电子布氏硬度计测量硬度值。用 JBN-300B 型冲击试验机测试合金室温冲击功。将时效后试样进行微细相分析，对试样进行电解萃取，逐一分离出不同的析出相，进行 XRD 衍射和化学定量分析。

图 6-61 为 Haynes 282 合金标准热处理态和 700℃ 时效 100h、1000h、3000h 后的 SEM 组织及能谱分析结果。从图中可看出，合金热处理后晶界处分布有大量的碳化物，晶内随机分布少量大块碳化物，尺寸较大。合金时效 100h，晶界碳化物为断续状，时效 1000~3000h，晶界碳化物逐渐粗化并聚集长大成链状。

能谱分析表明（图 6-61（e）和（f）），晶界处为富 Cr、Mo 的 $M_{23}C_6$ 型碳化物，晶内大块相为富 Ti、Mo 的 MC 型碳化物。

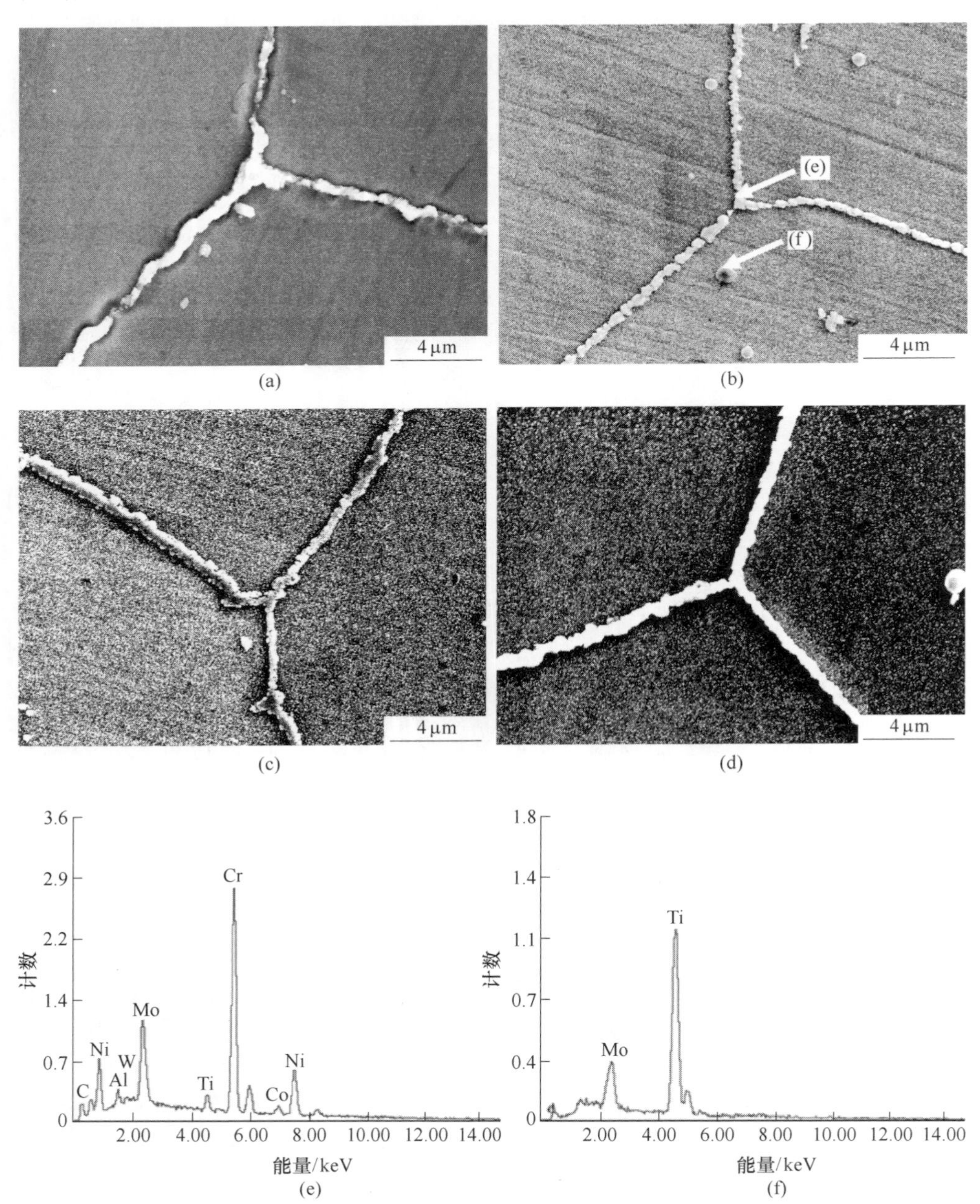


图 6-61　Haynes 282 合金长期时效后的 SEM 照片和能谱分析结果

（a）0h；（b）100h；（c）1000h；（d）3000h；（e）晶界碳化物；（f）晶内碳化物

图 6-62 为 Haynes 282 合金热处理态和 700℃时效 100h、1000h、3000h 后 γ′相的析出长大情况。从图中可看出，热处理后，γ′相呈球形，细小均匀地分布在 γ 基体中，尺寸约为 20nm。随时效时间的延长，γ′相尺寸增加。时效 3000h 后，γ′相颗粒间距变大，尺寸增大到 50nm 左右，同时还有更细小的二次 γ′相析出。

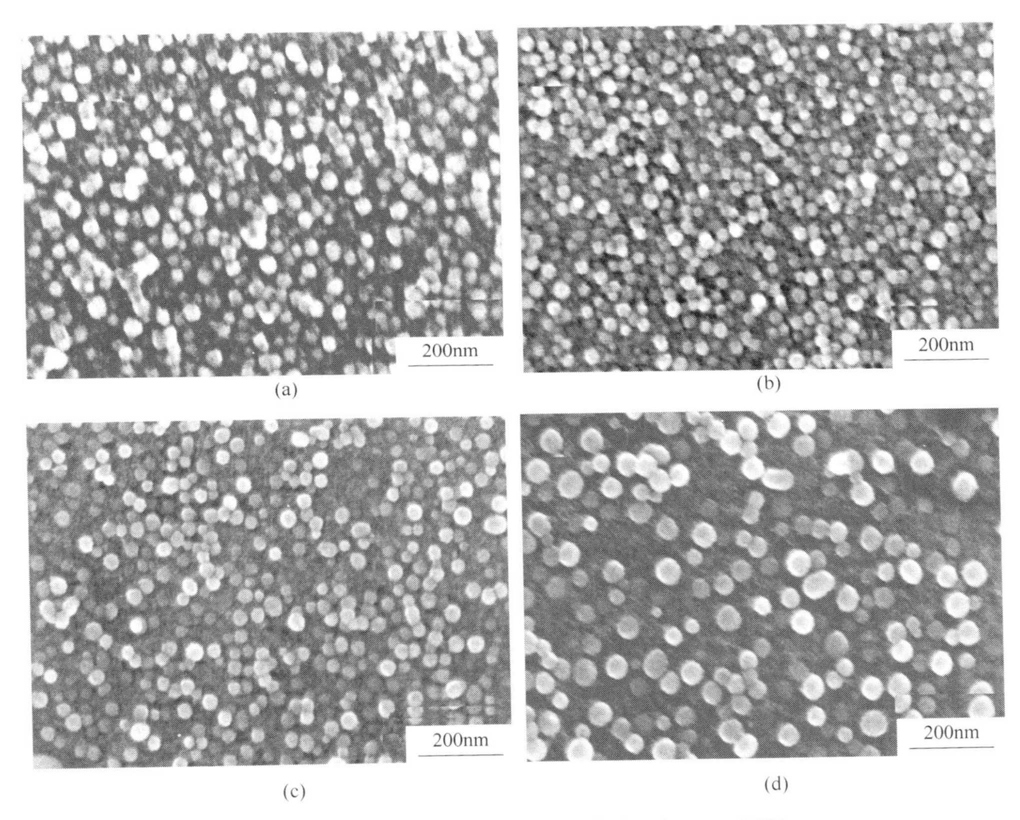


图 6-62　Haynes 282 合金长期时效后 γ′相 SEM 形貌

(a) 0h；(b) 100h；(c) 1000h；(d) 3000h

图 6-63 为 Haynes 282 合金力学性能随时效时间的变化。从图 6-63（a）中可看出，热处理态的合金冲击功为 20.5J，随时效时间的延长，冲击功迅速下降，300～3000h 之间，合金冲击功保持在 10J 左右。从图 6-63（b）中可看出，热处理后，合金的硬度值较低，时效 100h 后，硬度值从热处理态的 272HB 显著上升到 342HB，时效 300～3000h 硬度值有所增长，但趋势缓慢。

对 Haynes 282 合金标准热处理态和时效 100h、1000h、3000h 后的析出相进行 XRD 衍射和化学定量分析，结果如表 6-25 所示。从表中可看出，Haynes 282 合金长期时效后，γ′相含量随时效时间的延长而增加，时效 3000h，γ′相含量达

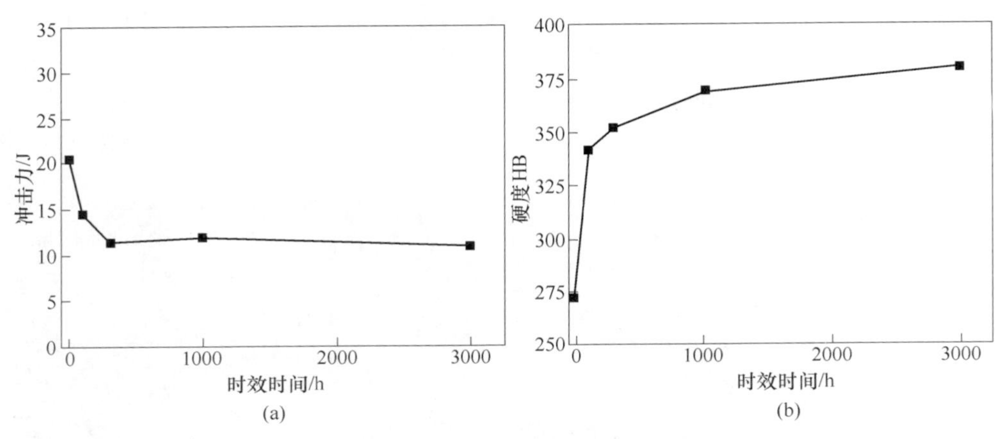


图 6-63　长期时效对 Haynes 282 合金室温冲击功（a）和布氏硬度（b）的影响

到 18%左右，MC 和 $M_{23}C_6$型碳化物在合金中含量较低，随时效时间变化较小。合金长期时效过程中没有发现 μ 相及其他有害相，这可能是由于实验过程中，系统处于非平衡状态，而热力学相图是基于完全平衡状态来预测计算其析出相的，因此有些析出相可能不会在实验过程中析出。

**表 6-25　Haynes 282 合金不同时效时间后析出相含量**

| 时间/h | 析出相占合金中的质量百分数质量分数/% | | |
|---|---|---|---|
| | γ′相 | MC 相 | $M_{23}C_6$ 相 |
| 0 | 13. 524 | 0. 156 | 0. 474 |
| 100 | 15. 534 | 0. 167 | 0. 590 |
| 1000 | 15. 679 | 0. 179 | 0. 599 |
| 3000 | 18. 032 | 0. 180 | 0. 587 |

图 6-64 为 Haynes 282 合金 700℃分别时效 100h、3000h 后的晶界碳化物 TEM 照片及衍射斑标定。从图中可看出，Haynes 282 合金晶界处主要为面心立方结构的 $M_{23}C_6$型碳化物，随时效时间的延长逐渐变宽。时效 100h 时，晶界碳化物宽为 0. 2~0. 36μm，时效到 3000h 后，碳化物宽度增加到 0. 52~0. 96μm。图 6-65 为 Haynes 282 合金 700℃分别时效 100h、3000h 后的晶内 MC 型碳化物 SEM 照片。从图中可看出，MC 相尺寸较大，随时效时间的延长，尺寸增大。γ′[$Ni_3$(Al,Ti)]相是 Haynes 282 合金中的主要强化相。γ′相为面心立方结构，与 γ 基体晶格错配度的大小导致其形貌有球形和立方形。当 γ′/γ 错配度小于 0. 2%时，γ′相为球形；当 γ′/γ 错配度在 0. 5%~1%之间时，γ′相为立方形。图 6-62（d）中 Haynes 282 合金 700℃时效 3000h 后，γ′相仍为球形，均匀细小地分布在基体中，说明 Haynes 282 合金中 γ′相与 γ 基体错配度较小，γ′相较稳定，能起到

很好的强化作用。

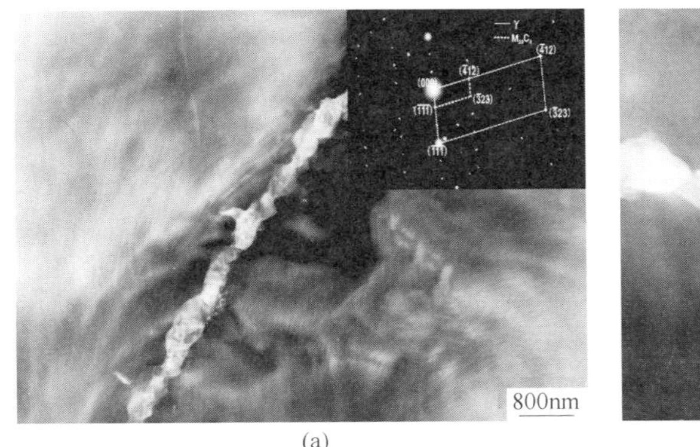
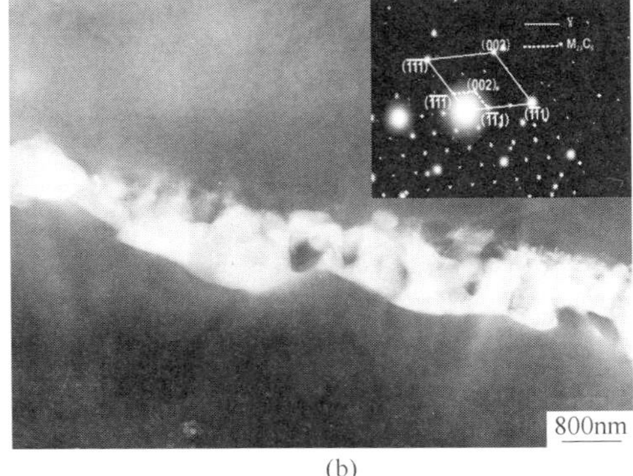

图 6-64 Haynes 282 合金时效 100h（a）和 3000h（b）后的 TEM 照片

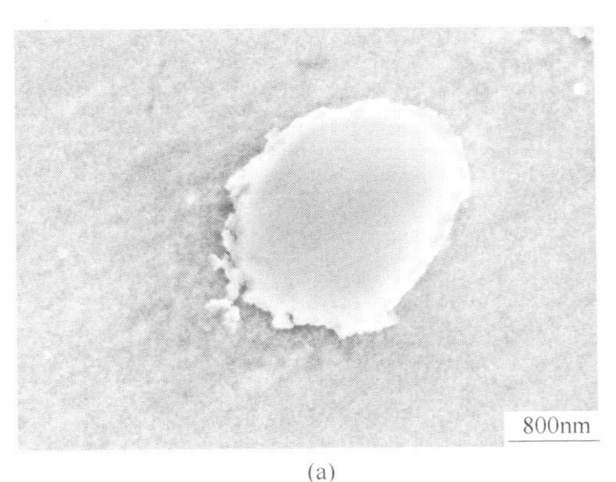
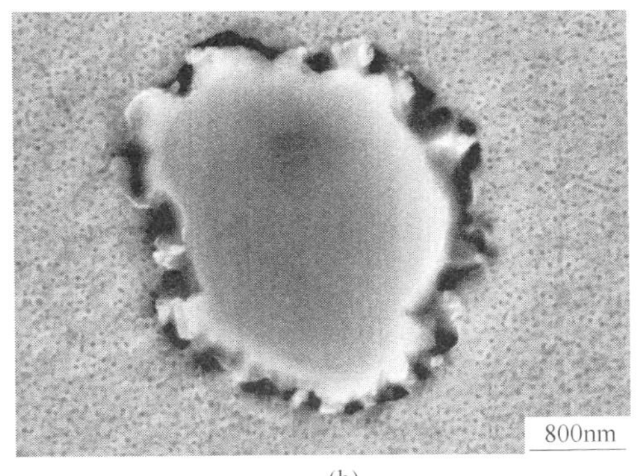

图 6-65 Haynes 282 合金时效 100h（a）和 3000h（b）后 MC 相 SEM 照片

耐热合金长期时效过程中，合金晶界处不连续、颗粒状分布的 $M_{23}C_6$ 型碳化物能有效阻碍晶界滑移，提高晶界强度，当 $M_{23}C_6$ 聚集长大成链状时，对晶界滑移的阻碍作用显著降低，裂纹易沿晶界扩展，使冲击功随时效时间的延长而逐渐下降。Haynes 282 合金在热处理态（图 6-61（a））时，晶界就已经分布大量碳化物，随时效时间的延长，晶界碳化物聚集长大成链状，合金的冲击功呈下降趋势（图 6-63（a））。晶界上连续分布的 $M_{23}C_6$ 型碳化物可能是导致 Haynes 282 合金冲击功较低的原因之一。

Haynes 282 合金为时效强化型合金，主要析出相 γ′相的含量及尺寸对硬度影响较大。图 6-63（b）中，合金热处理态硬度较低，随时效时间的延长硬度缓慢上升。这是因为热处理后，合金中的 γ′相含量较低，为 13.5%左右，对位错的阻碍作用较小，合金硬度较低。随时效时间的延长，γ′相析出量逐渐增加，位错通过切割或绕过机制与γ′相交互作用，合金硬度提高。时效到3000h后，γ′相发生长大，同时基体中细小的二次γ′相析出，增加了γ′相对位错运动的阻碍作用，合金硬度值继续增加。

## 参考文献


[1] Special Metals. A developmental precipitation-hardenable Ni-Cr-Co superalloy for high temperature service in the automotive and power industries. Technical paper，www. specialmetals. com.

[2] Zhao S Q，Xie X S，Smith G D，et al. Gama prime coarsening and age-hardening behaviors in a new base superalloy [J]. Mater Lett，2004，58：1784～1787.

[3] Zhao S Q，Xie X S，Smith G D，et al. Research and improvement on structure stability and corrosion resistance of nickel-base superalloy inconel alloy 740 [J]. Mater Des，2006，27：1120～1127.

[4] Evans N D，Maziasz P J，Swindeman R W，et al. Microstructure and phase stability in inconel alloy 740 during Creep [J]. Scripta Mater，2004，51：503～507.

[5] Oh J H，Yoo B G，Choi I C. Influence of thermo-mechanical treatment on the precipitation strengthening behavior of Inconel 740，a Ni-base superalloy [J]. J Mater Res，2011，26：1～7.

[6] Oh J H，Choi I C，Kim Y J，et al. Variations in overall- and phase- hardness of a new Ni-base super-alloy during isothermal aging [J]. Mater Sci and Eng A，2011，528：6121～6127.

[7] Shingledecker J P，Pharr G M. The role of eta phase formation on the creep strength and ductility of inconel alloy 740 at 1023K [J]. Mater Trans A，2012，43：1902～1910.

[8] Shingledecker J P，Evans N D，Pharr G M. Influence of composition and grain size on creep-rupture behavior of Inconel alloy 740 [J]. Mater Sci and Eng A，2013，578：277～286.

[9] Semba H，Abe F. Alloy design and creep strength of advanced 9% Cr USC boiler steels containing high concentration of boron [J]. Energy Mater，2006，1：238～244.

[10] Viswanthan R，Sarver J，Tanzosh J M. Boiler materials for ultra-supercritical coal power plants-steamside oxidation [J]. J Mater Eng Perform，2006，15：255～274.

[11] Gagliano M，Stanko G，Hack H. Materials overview and fireside corrosion consideration for advanced steam cycles [J]. Power-Gen Int，2008. Florida.

[12] Galiano M，Hack H，Stanko G. Fireside corrosion resistance of proposed USC superheater and reheater materials：laboratory and field test results [J]. The 33th international technical conference on coal utilization & fuel systems，2008，Florida.

[13] 李维银，刘红飞，赵双群. 一种新型燃煤锅炉管材镍基高温合金740的发展与研究 [J]. 材料导报，2008，22：49～52.

[14] Zhao S Q，Xie X S，Smith G D，et al. The corrosion of inconel alloy 740 in simulated environments for pulverized coal-fired boiler [J]. Mater Chem and Phys，2005，90：275～281.

[15] Zhao S Q，Xie X S，Smith G D. The oxidation behavior of the new nickel-based superalloy In-

conel 740 with and without $Na_2SO_4$ deposit [J]. Surf Coat and Techno, 2004, 185: 178~183.

[16] Sanders J M, Siefert J A, Baker B A, et al. Elimination of fissures in thick section inconel alloy 740 welds [J]. Technical paper, BR-1827, Special Metals.

[17] 刘正东, 崇严, 包汉生, 等. 一种 700℃蒸汽参数火电机组用锅炉管及其制备方法 (C-HRA-1 合金) [P]. 中国: 201310206892. 6: 2015.

[18] Pike L M. Development of a Fabricable Gamma-Prime (γ′) Strengthened Superalloy [C]. Proceedings of the 11th International Symposium on Superalloys. 2008: 191~200.

[19] Fu R, Zhao S Q, Wang Y F, et al. The Microstructural Evolution of Haynes Alloy Haynes Haynes 282 During Exposure Tests [J]. The Energy Materials 2014 Conference, Nov. 4-6, Xi'an, China.

[20] Pike L M. Long Term Thermal Exposure of Haynes Haynes Haynes 282 Alloy [J]. Superalloy 718 and Derivatives. 2010: 644~660.

[21] HAYNES Haynes Haynes 282 Alloy Bulletin, Kokomo, IN; www. haynesintl. com/pdf/h3173. pdf.

[22] Boehlert C J, Longanbach S C. A comparison of the microstructure and creep behavior of cold rolled HAYNES® 230 alloy™ and HAYNES® Haynes Haynes 282 alloy™ [J]. Materials Science and Engineering: A. 2011, 528 (15): 4888~4898.

[23] Viswanathan R, Hawk J, Schwant R, et al. Steam Turbine Materials for Ultrasupercritical Coal Power Plants [R]. Energy Industries of Ohio, Incorporated, 2009.

[24] 刘强永. Haynes 282 耐热合金组织与性能研究 [D]. 昆明理工大学/钢铁研究总院, 2015.

[25] 郭宏钢, 李阳, 王岩. 固溶处理对 617B 镍基高温合金晶粒长大的影响 [J]. 热加工工艺, 2014 (6): 161~163.

# 7　600～700℃超超临界燃煤示范电站选材问题

## 7.1　600～700℃超超临界燃煤电站锅炉选材问题

### 7.1.1　超超临界燃煤电站锅炉选材基本准则

燃煤电站蒸汽温度越高，则电站的热效率就越高，发电单位煤耗越低。但是，随着蒸汽温度和蒸汽压力的不断提高，对超超临界火电机组耐热材料的性能提出了非常苛刻的要求，主要表现在以下几个方面：（1）高温持久强度：主蒸汽管道、过热器和再热器耐热材料在相应蒸汽温度和压力条件下的持久强度必须足够高，一般要求为在服役温度下10万小时外推持久强度不低于100MPa；（2）蒸汽侧的抗蒸汽腐蚀性能：流动的超超临界蒸汽具有很强的腐蚀性，蒸汽温度的提高可加剧过热器、再热器甚至包括联箱和管道等部件的氧化，可能导致由于氧化层的绝热作用引起金属局部超温，氧化皮的剥落在弯头等处堵塞引起超温爆管，剥落的氧化物颗粒对汽轮机叶片和喷嘴等的冲蚀。因此在过热器、再热器等部件耐热材料选择中应充分考虑到抗蒸汽氧化及抗氧化层剥落性能；（3）烟气侧的抗煤灰腐蚀性能：煤灰腐蚀是影响炉内高温过热器和再热器寿命的一个重要因素。随着蒸汽温度的升高，煤灰腐蚀速率也大幅度上升，因此超超临界火电机组炉内部件耐热材料必须具有足够的抗煤灰腐蚀性能；（4）热疲劳性能：机组启停、变负荷和煤质波动容易引起热应力，因此对主蒸汽管道、联箱、阀门等厚壁部件，耐热材料的抗疲劳性能（尤其是低周疲劳性能）是与持久强度同等重要的指标。应在保证持久强度的前提下尽可能选择热导率高、热膨胀系数低的铁素体型耐热钢；（5）冷热加工性能：锅炉管尤其是大口径锅炉管在生产过程中要经历冷、热加工过程，要求耐热材料具备优异的冷、热加工性能；（6）焊接性能：受长度限制，锅炉管需要以焊接的方式连接，而焊接接头的持久强度直接决定了整个锅炉管道的服役寿命。因此，要求候选材料具备优异的焊接性能，尤其是对于大口径锅炉管耐热材料。

### 7.1.2　600℃超超临界燃煤电站锅炉管用耐热钢

截至2013年底，世界最先进的商用超超临界燃煤发电机组的蒸汽温度为

600℃，即600℃超超临界燃煤电站。在600℃超超临界燃煤电站中，锅炉高温段大口径管基本选用P92钢。虽然日本在早期设计和推广的600℃超超临界燃煤电站中曾选用P122钢，但实践证明P122钢由于成分设计的原因，在制造过程中极易产生较大含量的δ铁素体致使在高温服役过程中持久强度衰减过快过大。在近年设计和建设的600℃超超临界燃煤电站中已基本不再选用P122钢。P92钢在600℃超超临界燃煤电站锅炉大口径管制造中可用于蒸汽参数580~600℃温度段，当温度低于580℃时，可选用P91钢。在600℃超超临界燃煤电站中，锅炉过热器和再热器高温段小口径管按温度从低到高可选用T92马氏体耐热钢、S30432和S31042奥氏体耐热钢。炉内高温段小口径锅炉管服役环境更为苛刻，除管内流动的高温高压超超临界蒸汽外，管外壁接触多种复杂煤灰，燃煤热量输入使锅炉管壁温高于蒸汽温度30~50℃，且壁温常有超温波动，因此在T92马氏体耐热钢之上选用了具有良好热强性和抗腐蚀性的18-8型的S30432奥氏体耐热钢和20-25型的S31042奥氏体耐热钢。在600℃超超临界燃煤电站中，锅炉水冷壁管选用T23贝氏体耐热钢，在长期服役过程中，发现部分T23水冷壁管焊接接头存在泄漏的问题。目前现场处理这个问题一般是采用12Cr1MoV钢代替这部分T23钢。综上所述，可以认为600℃超超临界燃煤电站锅炉管用耐热材料是成熟可靠的，中国大陆2006年以来长达十余年近200台600℃超超临界燃煤电站的建设和运行实践证明了这一点。

### 7.1.3 630℃超超临界燃煤电站锅炉管用耐热钢

2003~2013年间在国家科技部863计划和科技支撑计划的连续支持下，钢铁研究总院、宝钢集团、扬州诚德钢管、太钢和攀成钢等单位经过艰苦攻关，实现了600℃超超临界燃煤锅炉建设所需的T23、T24、T91、T92、S30432和S31042等小口径管和P91、P92等大口径管的自主化研发和工业化生产，支撑了我国600℃超超临界燃煤电站的大批量建设[1]。

我国近三年建成的610~623℃超超临界燃煤电站高温大口径管道和过热器/再热器小口径管仍然选用P92、S30432和S31042耐热钢。在这个蒸汽温度区间，基本达到了P92、S30432和S31042所允许使用温度的上限，尤其是对P92马氏体耐热钢而言。P92在上述温度区间能否长期稳定服役，还需要经长期实践考核后得出结论。20世纪60年代钢铁研究总院刘荣藻教授[2]研发的G102钢是当时最先进的低合金耐热钢，首次采用了“多元素复合强化”设计理念，最佳使用温度上限为580℃。但由于当时尚没有T91马氏体耐热钢，G102被使用到600~610℃，造成一些电厂G102锅炉管爆管问题。在欧美大口径锅炉管耐热材料研发计划中，P92之上直接连接Inconel 617B。由于P92的使用温度上限限制，在630~700℃温度只能全部选用昂贵的Inconel 617B镍基耐热合金，这将直接影响电站的性价比，甚至电站建设的经济可行性。因此，急需研发一种介于 P92 和 Inconel 617B 之间的新型马氏体耐热钢，即需要把马氏体耐热钢的使用温度上限从 620℃拓展到 650℃左右，当然这在耐热钢技术上具有很大挑战。

2006~2015 年间，钢铁研究总院创新研发了具有优异性能的新型马氏体耐热钢 G115，填补了国内外 630~650℃温度段超超临界燃煤电站大口径锅炉管、三通、阀、锻件、支吊架等部件用材空白。G115 还可用于制造 600~650℃温度段小口径锅炉管和高参数电站水冷壁高温段小口径管，G115 在持久强度比 T/P92 高 1.5 倍的同时，抗蒸汽腐蚀性能也大幅度提升。宝钢集团公司和钢铁研究总院已经完成了 40~100t EAF+LF+VD 流程冶炼和 $\phi$38~600mm 各种规格大小口径 G115 锅炉管的工业制造及长时高温性能考核。上海锅炉厂采用三种镍基合金焊接材料对 G115 钢试板进行了焊接实验，并对焊接接头进行了长时高温性能考核。神华国华电力研究院正在组织有关单位研发 G115 钢专用焊接材料。预计到 2016 年底，宝钢集团生产的 G115 钢大小口径管将通过国家有关机构的评审，具备向市场商业化供应 G115 钢大小口径管的资质。

近年日本住友金属公司也先后研发了 SAVE12 和 SAVE12AD 马氏体耐热钢，其早期研发的 SAVE12 马氏体耐热钢含 11%左右的 Cr 元素，经高温长时持久试验考核后确认其持久强度偏低，不能满足 630~650℃温度段大口径锅炉管的许用应力设计要求，不得不把 Cr 元素含量降低到 9%左右，把 SAVE12 钢的名字改为 SAVE12AD 钢。从依据“选择性强化”设计观点的成分设计和已经积累的测试数据看，SAVE12AD 钢的综合性能逊于 G115 钢，但其仍然可作为 630~650℃温度段大口径锅炉管的主要候选材料之一。

### 7.1.4 700℃超超临界燃煤电站锅炉管用耐热材料

发展 700℃超超临界技术的最关键“瓶颈”问题就是耐热材料研发及其关键部件制造。研发 700℃超超临界技术必须突破耐热材料瓶颈。欧洲、美国、日本和我国先后制定了 700℃超超临界机组的国家计划（见表 7-1），耐热材料的研发均为研制计划中的第一步，也是最重要的基础工作。

**表 7-1 世界各国 700℃超超临界电站研发计划**

| 项目名称 | | 欧洲 | 美国 | 日本 | 中国 |
|---|---|---|---|---|---|
| | | 700℃超超临界发电计划 | 760℃超超临界发电技术 | 700℃超超临界发电技术 | 700℃超超临界燃煤发电技术 |
| 发展目标 | 机组容量 | 550MW | 750MW | 650MW | 660MW |
| | 主蒸汽压力 | 37.5MPa | 37.9 MPa | 35MPa | 35MPa |
| | 蒸汽温度 | 705℃/720℃ | 732℃/760℃ | 700℃/720℃ | 700℃/720℃ |
| | 机组效率 | 50% | 45%~47% | 46%~48% | 48%~50% |

续表 7-1

| 项目名称 | | 欧洲 | 美国 | 日本 | 中国 |
|---|---|---|---|---|---|
| | | 700℃超超临界发电计划 | 760℃超超临界发电技术 | 700℃超超临界发电技术 | 700℃超超临界燃煤发电技术 |
| 计划时间表 | 第一阶段 | 1998~2004 年可研/材料性能 | 2001~2006 年材料研究 | 2008 至今耐热材料及部件研究和试制 | 2010 年 7 月启动及预研 |
| | 第二阶段 | 2002~2005 年初步设计/材料验证 | 2007 至今部件等深入研究 | | 2012~2015 年锅炉管研究与试制 |
| | 第三阶段 | 2004~2017 年部件验证 | | 2016 年完成高温部件验证 | 2015~2020 年汽轮机材料研究与试制 |

700℃超超临界电站中的耐热材料主要用于锅炉和汽轮机关键部件制造，其中锅炉关键部件包括高温段过热器、再热器管、主蒸汽管道和厚壁部件等，汽轮机关键部件包括高中压转子、高温气缸、叶片和螺栓等紧固件。

在锅炉系统内，超超临界蒸汽是由低温逐步加热到 700℃，高温段锅炉管向火面的金属壁温可达到 750℃ 左右。因此，在 600℃ 超超临界燃煤锅炉管已经成熟的耐热钢技术之上，需要研发用于 600~700℃ 温度段大小口径锅炉管。欧美和日本用于 600~700℃ 温度段大小口径锅炉管的选材方案基本上如图 7-1 所示。欧洲 VDM 公司在 Inconel 617 基础上，通过添加 B 和强化元素优化，研发了 Inconel 617B 镍基耐热合金，该合金主要用于制造大口径锅炉管和其他厚壁构件。

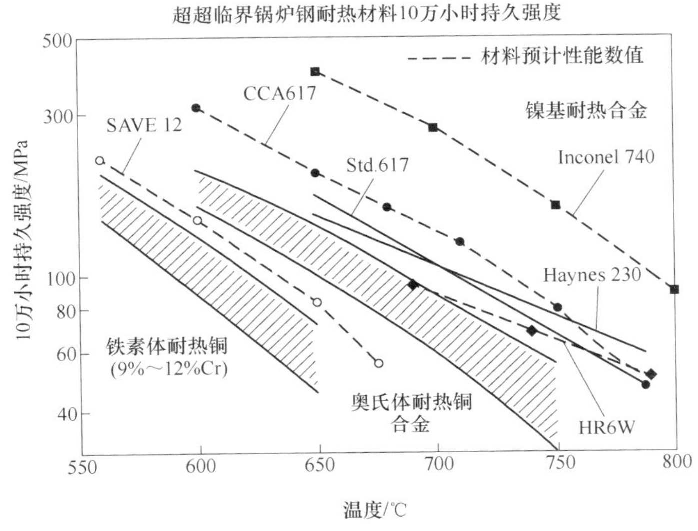


图 7-1 不同材料在 100MPa、10 万小时时断裂强度和使用温度范围[3]

由于其含有较高 Mo 元素，不推荐用于炉内向火面小口径锅炉管。Inconel 617B 镍基耐热合金在欧洲的 700℃试验台架上经历了长期考核，虽然在 2 万多小时后焊接部位出现裂纹（认为采用 980℃×3h 消应力退火处理可以解决或缓解该问题），但 Inconel 617B 镍基耐热合金仍然是迄今比较适合用于 700℃温度段大口径锅炉管制造的候选材料，其主要问题是在 700℃温度段持久强度还显略低。美国 Special Metals 公司在 Inconel 740 基础上，通过 Al、Ti、Nb 成分优化，缓解了长时服役时效过程中脆性不稳定相析出，改善了焊接熔池，研发了 Inconel 740H 镍基耐热合金，该耐热合金适用于制造 700～760℃温度段小口径锅炉管，其主要问题是长时服役过程中尚存在不确定的不稳定相析出，且持久塑性差。美国 Haynes 公司研制了 Haynes 282 镍基耐热合金，该合金在 700～760℃温度段具有很高热强性，但塑韧性差。瑞典 Sandvik 公司研发的新型奥氏体耐热钢 Sanicro25 在700℃×$10^5$h 外推持久强度测试可稳定达到 95～100MPa，是非常理想的 650～680℃温度段小口径锅炉管候选材料。

钢铁研究总院在 Inconel 617B 的基础上，通过成分优化，研发了具有更好热强稳定性和焊接适应性的 C-HRA-3 镍基耐热合金，用于制造 650～700℃温度段大口径锅炉管等。抚顺特钢采用 VIM+VAR 流程成功冶炼了 7t C-HRA-3 镍基耐热合金锭，内蒙古北方重工业集团公司采用 3.6 万吨挤压机成功制造了 $\phi$460mm×80mm×4000mm 大口径 C-HRA-3 锅炉管；钢铁研究总院在 Inconel 740H 的基础上，研发了具有更高长时组织稳定性和较高持久塑性的 C-HRA-1 镍基耐热合金，用于制造 700～760℃温度段小口径锅炉管。宝钢采用 VIM+VAR 流程成功冶炼了 6t C-HRA-1 镍基耐热合金锭，采用 6000t 挤压机和快锻机成功制造了 $\phi$38～325mm 各种规格大小口径 C-HRA-1 锅炉管；钢铁研究总院与太原钢铁公司合作完成了 $\phi$51mm×10mm 规格 C-HRA-5（类似 Sanicro25）小口径锅炉管工业制造。同期，中科院金属所在 GH2984 基础上，研制了 2984G 铁-镍基耐热合金，宝钢特钢采用 VIM+VAR 流程成功冶炼了 6t 2984G 铁-镍基耐热合金锭，采用 6000t 挤压机成功制造了 $\phi$38～300mm 多规格大小口径 2984G 锅炉管。

经过十余年的艰苦努力，我国成功建立了 630～700℃超超临界燃煤锅炉管耐热材料体系，如图 7-2 所示[4]，并成功完成了 600～700℃超超临界燃煤锅炉建设所需上述新耐热材料全部尺寸规格锅炉管的工业制造，对上述产品按照 ASME 有关规定进行全面考核，G115 马氏体耐热钢、C-HRA-3 和 C-HRA-1 耐热合金的综合性能均处于国际同类产品的领先或先进水平。C-HRA-3 和 C-HRA-1 锅炉管已用于华能集团建设的我国第一个 700℃超超临界燃煤电站试验台架，该台架已于 2015 年 12 月 30 日投入运行。神华国华电力公司正采用 G115 锅炉管设计和建设我国第一个 630～650℃超超临界燃煤电站试验台架。我国 630～700℃超超临界锅炉耐热材料成分列于表 7-2，其持久强度绘制于图 7-3。

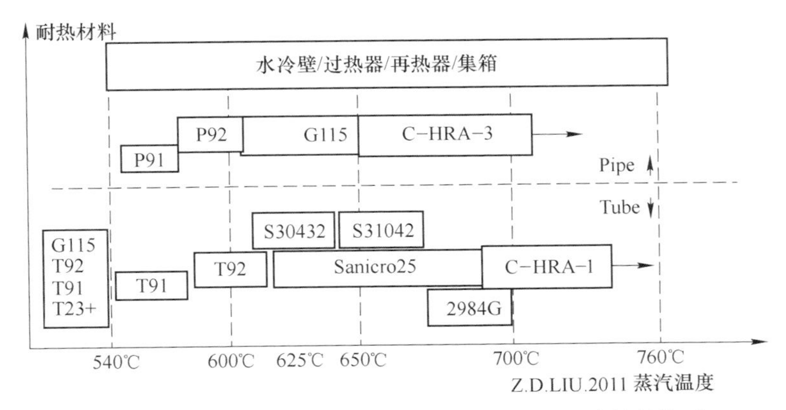


图 7-2　我国 630~700℃超超临界燃煤锅炉管耐热材料体系

**表 7-2　我国 630~700℃超超临界锅炉耐热材料成分**（质量分数,%）

| 钢号 | C | Cr | Mo | Co | W | Nb | V | Ti | Al | N | B | Cu | Zr | Ni | Fe |
|---|---|---|---|---|---|---|---|---|---|---|---|---|---|---|---|
| G115 | 0.06~0.09 | 8.5~9.5 | — | 2.8~3.2 | 2.8~3.2 | 0.03~0.09 | 0.16~0.24 | — | — | 0.005~0.015 | 0.012~0.022 | 0.7~1.0 | — | — | 余 |
| S30432 | 0.07~0.13 | 17.0~20.0 | — | — | — | 0.3~0.6 | — | — | — | 0.05~0.12 | 0.001~0.010 | 2.5~3.5 | — | 7.5~10.5 | 余 |
| S31042 | 0.04~0.10 | 24.0~26.0 | — | — | — | 0.2~0.6 | — | — | — | 0.15~0.35 | — | — | — | 17.0~23.0 | 余 |
| Sanicro25 | 0.04~0.10 | 21.5~23.5 | — | 1.0~2.0 | 2.0~4.0 | 0.3~0.6 | — | — | — | 0.15~0.30 | 0.002~0.008 | 2.0~3.5 | — | 23.5~26.5 | 余 |
| 2984G | 0.04~0.08 | 18.0~20.0 | 2.0~2.4 | — | — | 0.9~1.3 | — | 0.9~1.3 | 0.2~0.5 | — | — | — | — | 40~45 | 余 |
| C-HRA-3 | 0.045~0.07 | 21.0~23.0 | 8.5~9.5 | 11.0~13.0 | ≤1.0 | ≤0.1 | ≤0.1 | 0.3~0.5 | 1.0~1.3 | — | 0.003~0.005 | — | ≤0.1 | 余 | — |
| C-HRA-1 | 0.03~0.06 | 23.5~25.5 | — | 19.0~22.0 | — | 1.5~2.0 | — | 1.4~1.8 | 0.9~1.3 | — | 0.003~0.005 | — | ≤0.1 | 余 | — |

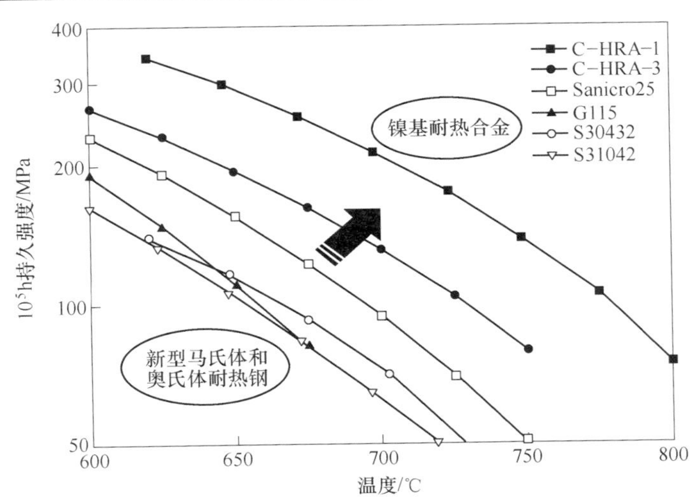


图 7-3　我国 630~700℃超超临界燃煤锅炉管耐热材料持久强度

根据目前国内外耐热材料的研究进展，推荐我国600～700℃超超临界燃煤锅炉管选材方案如图7-2所示。对大口径管系统，建议P92钢用于蒸汽温度620℃以下，G115钢用于蒸汽温度620～630℃，C-HRA-3耐热合金用于蒸汽温度620℃以上。对小口径管系统，可以继续选用T92、S30432和S31042，在S31042奥氏体钢管之上可以选用Sanicro25新型奥氏体耐热钢，Sanicro25耐热钢选用上限可达蒸汽温度680℃左右。中科院金属研究所研发的铁镍基耐热合金2984G的选用温度也在蒸汽温度680℃左右，是与Sanicro25奥氏体耐热钢竞争的一种新型耐热合金。C-HRA-1耐热合金可用于蒸汽温度680～760℃。

## 7.2　600～700℃超超临界燃煤电站汽轮机选材问题

在汽轮机系统，从锅炉集箱导出的超超临界蒸汽温度为700℃，因此汽轮机高温部件需要选用可在700℃蒸汽温度环境下长期稳定工作的耐热合金。欧美、日本和我国汽轮机高温部件用耐热材料选材情况列于表7-3，其中我国候选参考材料是经“国家700℃超超临界燃煤发电技术创新联盟技术委员会”多次组织冶金、机械、电力、设计部门的专家研讨后推荐的初步方案。

表7-3　各国700℃超超临界汽轮机高温部件候选耐热合金

| 部件 | 欧洲 | 日本 | 美国 | 中国 |
|---|---|---|---|---|
| 高温段转子 | Inconel 617，Nimonic 263，Inconel 625 | LTES700R，USC141，FENIX-700，IN625，IN617，12Cr Steel，TOSIX | Nimonic 105，Nimonic 263，CCA617，Haynes 282，Inconel 740 | C700R-1，C700R-2 |
| 高温气缸铸件 | Inconel 625，Inconel 617 | LTES（Cast），IN625，617（Cast），Austenitic Cast Steel，12Cr Cast Steel | Nimonic 105，Inconel 740，Haynes 282 | Inconel 625，K984 |
| 叶片 | Waspaloy，Nimonic 105 | U500，U520，IN-X750，M252，USC141 | Waspaloy Nimonic 105 | Waspaloy，Nimonic 105 |
| 螺栓 | Waspaloy，Nimonic 105 | LTES，USC141，U500，Waspaloy | U700，U710、U720，Nimonic 105、Nimonic 115 | Waspaloy，Nimonic 105、Nimonic 115 |

700℃蒸汽温度汽轮机高温转子锻件和高温气缸铸件的研制是真正的技术挑

战。根据焊接转子设计方案，高温段汽轮机转子锻件重量仍达到10～20t，而高温气缸铸件重量更是达到20～30t，这首先对目前镍基耐热合金大锭的低偏析超纯冶炼技术和冶炼设备能力提出了挑战。根据转子锻件的设计尺寸，最终工序真空冶炼锭型直径应在1000mm以上。迄今世界上投入实际使用的最大吨位真空冶炼炉为12t，我国抚顺特钢虽然已装备了20t真空冶炼炉，但还没有投入使用。实际上，冶炼装备是相对容易解决的问题，难以突破的是镍基耐热合金大锭的低偏析超纯冶炼技术。其次，要求高温转子锻件700℃×$10^5$h持久强度达到100MPa。考虑10t级镍基耐热合金转子锻件的可成型性和可焊接性等要求，目前尚无成熟耐热合金材料可以满足上述要求，需要在已有耐热合金的基础上进行优化改进，这也是非常困难的。高温气缸铸件由于重量要求已超出双真空冶炼设备的容量极限，需要探索研究适合这类耐热合金铸件制造的新的生产制造流程，这也是很大的技术挑战。目前，欧美和日本在汽轮机耐热合金部件研究领域走在前面，但也尚未取得关键性技术突破。在国家能源局的领导和经费支持下，"国家700℃超超临界燃煤发电技术创新联盟技术委员会"2014年起组织联盟成员单位开展700℃蒸汽温度汽轮机高温转子锻件和高温气缸铸件研制工作，目前这些研究工作正在有序推进中。700℃超超临界汽轮机耐热合金材料优化研究已经纳入新材料国家重大科技专项申报范围，以期从根本上解决耐热合金材料优化及其部件制造技术问题，为我国最高端装备制造技术跃居世界领先水平奠定坚实基础。

刘正东教授分析和总结了我国高参数超超临界汽轮机高温转子各温度段耐热材料选材，如图7-4所示，在蒸汽温度620℃及以下可选用FB2耐热钢，在蒸汽温度630℃可选用G115F耐热钢，在蒸汽温度650℃可选用完全固溶强化型耐热合金C-HRA-2，在蒸汽温度680℃可选用固溶强化型耐热合金C-HRA-3，在蒸汽温度700℃及以上可选用固溶强化型耐热合金C700R1或C700R2。我国630～700℃超超临界汽轮机高温转子耐热材料成分列于表7-4，其持久强度绘制于图7-5。

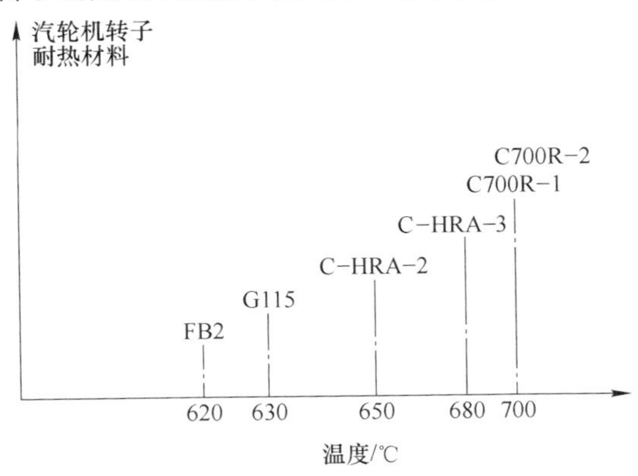


图7-4 我国630～700℃超超临界汽轮机转子耐热材料体系

**表 7-4　我国 630～700℃超超临界汽轮机转子耐热材料成分**

（质量分数，%）

| 钢号 | C | Cr | Mo | Co | W | Nb | V | Ti | Al | N | B | Cu | Zr | Ni | Fe |
|---|---|---|---|---|---|---|---|---|---|---|---|---|---|---|---|
| G115 | 0.06～0.09 | 8.5～9.5 | — | 2.8～3.2 | 2.8～3.2 | 0.03～0.09 | 0.16～0.24 | — | — | 0.005～0.015 | 0.012～0.022 | 0.7～1.0 | — | — | 余 |
| C-HRA-2 | 0.05～0.07 | 22.0～24.0 | 8.3～8.8 | 12.0～14.0 | 0.5～1.0 | ≤0.1 | — | — | — | — | 0.003～0.005 | — | 0.05～0.12 | 余 | — |
| C-HRA-3 | 0.045～0.07 | 21.0～23.0 | 8.5～9.5 | 11.0～13.0 | ≤1.0 | ≤0.1 | ≤0.1 | 0.3～0.5 | 1.0～1.3 | — | 0.003～0.005 | — | ≤0.1 | 余 | — |
| C700R-1 | 0.04～0.06 | 19.0～21.0 | 8.6～9.0 | 11.0～13.0 | 0.4～0.8 | 0.2～0.5 | — | 1.2～1.4 | 1.1～1.3 | — | 0.003～0.005 | — | ≤0.1 | 余 | — |
| C700R-2 | 0.04～0.06 | 19.0～24.0 | 8.6～9.0 | 11.0～15.0 | 0.4～0.8 | 0.2～0.5 | — | 1.2～1.8 | 1.1～1.7 | — | 0.0035～0.005 | — | ≤0.1 | 余 | — |

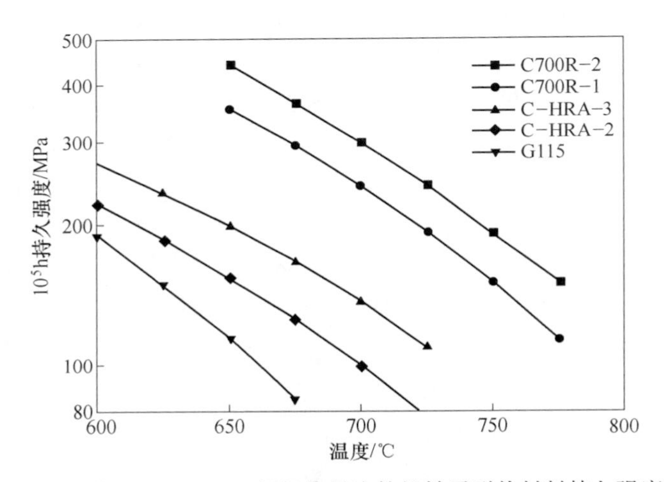


图 7-5　我国 630～700℃超超临界汽轮机转子耐热材料持久强度

我国在汽轮机高温转子和高温气缸用耐热合金部件研制方面才刚刚起步，还有很长的路要走。即使 FB2 马氏体耐热钢转子锻件，我国目前也不能制造。我国超超临界汽轮机耐热材料攻关团队需要静下心来，制订周密计划，产、学、研、用紧密结合，在国家有关部委的支持和指导下，一步一个脚印地解决工程实际问题。这个攻关过程需要十年，或许更长。

## 7.3　关于 630～700℃超超临界燃煤电站建设可行性问题

中国电力企业极具创新精神，在 700℃ 超超临界燃煤发电技术未商业化之前，在现有可用耐热材料的基础上，不断探索电站蒸汽参数的上限。2015 年中电工程华东电力设计院完成了630℃超超临界燃煤电站的设计方案。2016年华能集团提出了建设650℃超超临界燃煤电站可行性问题，国家能源局委托电力规划总院2016年5月24日在北京组织召开专题会议，对我国现阶段建设650℃超超临界燃煤电站的可行性进行了技术和经济性论证。

如前所述，P92、S30432和S31042耐热钢似已用于623℃以下参数超超临界锅炉大小口径管，至于P92是否真可以用于623℃蒸汽参数，尚需要长时实践考核，目前中国建成的623℃超超临界燃煤电站运行积累的时间还不足够。在ASME规范中，P92耐热钢的使用温度上限是649℃（金属温度）。由于G115马氏体耐热钢的研发成功，其最高可用于669℃（金属温度），可以满足630℃超超临界锅炉大口径管的设计和使用要求。通过对FB2转子耐热钢的适当改进，可以满足630℃超超临界汽轮机转子设计和使用要求，即我国开工建设630℃超超临界燃煤示范电站是具备条件的。

对于650℃蒸汽参数超超临界燃煤电站，其锅炉用大小口径锅炉管可按700℃超超临界锅炉管对应温度段选材即可，瓶颈问题是汽轮机高温转子和高温气缸用耐热材料尚未开展研制。由于650℃超超临界电站热效率低于700℃超超临界电站，为保障电站的性价比或经济可行性，应专门研发适用于650℃温度段的耐热合金，而不是简单地把700℃温度段的耐热合金移用。最近国内有人提出可以考虑采用奥氏体不锈钢来制作650℃温度段的大口径厚壁管和其他高温厚壁构件，理由是近年来我国冶金工艺技术水平有很大的提升，生产的奥氏体耐热钢冶金质量比几十年前有很大的提升。然而，几十年前的工程实践结果表明奥氏体耐热钢不能用于高温厚壁管或其他高温厚壁构件的根本原因是与铁素体型耐热钢相比，奥氏体耐热钢具有较大线膨胀系数和较低的导热系数。线膨胀系数和导热系数是材料的固有特性，与材料冶金质量提升的关系不大。采用奥氏体耐热钢制作650℃温度段的大口径厚壁管和其他高温厚壁构件需要实验考核，不能贸然选用。因此，可以认为目前尚没有性能满足设计需求且经济性好的耐热材料可以支撑650℃蒸汽参数超超临界燃煤电站的工程建设。

迄今，中国大陆之外尚没有超过600℃超超临界燃煤电站投运，只是欧美、日本、韩国和印度等主要国家都在研发700℃超超临界燃煤发电技术。对700℃超超临界燃煤发电技术近20年的研发实际，就是对可用于600~700℃温度段的耐热钢和耐热合金的研发，目前中、日、欧美均已基本完成了这个温度段大小口径锅炉管耐热材料的研制和工业制造，尤其是中国和日本已经具备了整台700℃超超临界锅炉管的工业制造能力。但是，目前世界各国尚不能制造700℃超超临界汽轮机高温转子、高温气缸等高温部件，甚至连基础耐热合金也没有完全确定，可以预计在未来5~8年内难以完成700℃超超临界汽轮机高温转子和高温气缸用新型耐热合金的研制，据此可推算世界首台700℃超超临界燃煤示范电站的建设可能在2030年左右开始建设，比20世纪90年代欧盟预想的示范电站建设时间要推迟10年以上。

## 参考文献

[1] 刘正东，程世长，王起江，等. 中国600℃火电机组用锅炉钢进展［M］. 北京：冶金工业出版社，2011.

[2] 刘荣藻. 低合金热强钢的强化机理［M］. 北京：冶金工业出版社，1981.

[3] Viswanathan R, Bakker W T. Materials for boilers in Ultra Supercritical power plants［J］. Proc. of 2000 International Joint Power Generation Conferences, Miami Beach, Florida, July, 23-26, 2000, IJPGC2000-15049, 1～22.

[4] 刘正东. 630～700℃超超临界燃煤锅炉耐热材料系统研发：理论与实践［J］. 中国工程院化工、冶金材料工程第十一届学术年会，浙江宁波，2016.

# 后　　记

“电站为人类提供光明，为人类提供动力，驱动人类更快地进步。从某种意义上讲，电站技术是工业文明的最重要体现形式之一。对电站技术的不懈追求有效地促进了人类材料技术及其工艺技术的不断进步。在技术创新一浪高过一浪的21世纪，由电站提供的动力就和水与粮食一样是构成人类一切需求的最基本的因素之一。支撑生产单位动力的直接成本和间接成本的多少是决定一个民族工业技术是否有成本竞争力的重要指标。材料技术及其工艺是支撑电站技术发展的物质基础，是材料技术的实际水平限制了电站技术的进一步发展。电站苛刻的运行环境在不断挑战已知材料的性能极限，并不断地把材料技术的前沿向外拓展。电站材料的研发需要材料研制和产品应用两个考核周期，因此电站材料研发周期很长，需要巨额资金支撑，同时还需要产、研、用、市场相结合。”这是在2011年7月出版的《中国600℃火电机组用锅炉钢进展》一书中写在后记部分的话，整整5年后的今天把这段话写在我这部新书的后记部分仍然是合适的。

从2001年到2015年这段时间是中国超超临界燃煤发电技术迅猛发展和后来居上的关键时期，这段时间中国火电装机容量翻了三番，火电总装机容量已达10亿千瓦，其中具有世界领先水平的600℃超超临界燃煤发电机组装机超过200GW，占世界同期同类机组的90%以上，且已开始批量建设世界最先进的623℃两次再热百万千瓦超超临界燃煤电站。这些电站锅炉用关键耐热材料已经全部实现了自主化，国内冶金企业可以批量供货。同期，我国已完成630~700℃超超临界燃煤电站整套锅炉管用新型耐热材料的实验室研究及其典型产品的工业化研制。我国用15年的时间完成了超超临界燃煤电站用关键耐热材料技术从仿制跟踪到自主创新的技术飞跃，目前正处于走向超越领先的关键阶段。作为这段时间我国超超临界燃煤电站耐热材料技术的主要研发人之一和技术研发活动的主要组织者，每当我回想这15年充满忙碌、艰辛与欣慰的时光的时候真是感慨万千，是伟大祖国的经济发展促进了对能源的强劲需求，是伟大祖国的富强为能源科技发展提供了强大的资金支持，是包括冶金、机械、电力行业在内的强大科研团队的共同努力实现了包括耐热材料技术在内我国超超临界燃煤发电技术的后来居上和技术领先，我国已成为世界燃煤电站技术领先的国家。

2004年钢铁研究总院（CISRI）刘正东教授作为倡议者与日本国立材料研究院（NIMS）和韩国科学技术研究院（KIST）达成协议，由中国、日本和韩国这三家国建立研究机构，定期联合举办超超临界机组用钢及合金技术国际研讨会。该研讨会定位于电站耐热材料技术领域的高端专业会议，仅邀请电站耐热材料技术领域内国际上比较有成就的学者和工程师参加，其目的是交流和沟通该技术领域研究和应用的最新进展。迄今，由 CISRI-NIMS-KIST 联合组办的超超临界机组用钢及合金技术国际研讨会已经成功举办 5 届：第一届于 2005 年 4 月在中国北京举行，第二届于 2007 年 7 月在韩国首尔举行，第三届于 2009 年 6 月在日本筑波举行，第四届于 2011 年 4 月在中国北京举行，第五届于 2013 年 5 月在韩国首尔举行。2014 年中国金属学会（CSM）与美国矿物金属材料学会（TMS）经协商达成协议：从 2014 年起，CSM-TMS 将每三年联合举办能源材料国际会议。超超临界燃煤电站用耐热钢和耐热合金技术是该国际学术会议的主要内容之一，即由 CISRI-NIMS-KIST 联合组办的超超临界机组用钢及合金技术国际研讨会将纳入能源材料国际会议之中。2014 年 11 月在中国西安成功举办了第一届能源材料国际会议，来自 21 个国家的 350 名代表参加这次盛会。2017 年 2 月，将在美国加州圣迭戈举办第二届能源材料国际会议。通过上述高效率高水平国际技术交流活动，中国超超临界燃煤电站用耐热材料技术研发团队已成功融入国际电站材料技术研发大家庭，并已成为其最重要和最活跃成员之一。这些国际学术交流也见证了过去 15 年中国超超临界燃煤电站耐热材料技术不断进步的历程。

在本书即将出版之际，作者衷心感谢中国工程院干勇院士，中国金属学会赵沛，中国钢铁工业协会姜尚清，中国机械工程联合会陆燕荪、孙昌基、徐英男、张科，钢铁研究总院翁宇庆院士、王海舟院士、田志凌、杜挽生、董瀚，宝钢股份公司张丕军、黄伟良、施胜洪、张忠铧、吕卫东、王起江，宝钢特钢公司徐松乾、华文杰、赵海燕，太钢集团公司王一德院士，抚顺特殊钢公司张玉春、王志刚、杨玉军、张鹏，扬州诚德钢管公司张怀德、李进，内蒙古北方重工业集团公司雷丙旺、周仲成，上海锅炉厂徐雪元、王炯祥、王崇斌、王建泳，哈尔滨锅炉厂谭舒平，东方锅炉厂毛世勇、杨华春，上海汽轮机厂沈红卫、梅林波，东方汽轮机厂杨功显，哈尔滨汽轮机厂彭建强，国家电网公司黄其励院士，电力规划总院孙锐、崔占忠，神华国华电力研究院梁军，上海电力设备成套研究院林富生，西安热工研究院周荣灿，北京科技大学谢建新院士，太原科技大学左良，清华大学刘伟、杨志刚，上述专家的指导和合作是作者成功写作本书的保障。感谢冶金工业出版社卢敏编辑为本书出版付出的努力。

作者也感谢过去 15 年中由我指导并与我一起成长专研超超临界燃煤电站用耐热材料技术方向的博士研究生包汉生、曹金荣、王敬忠、石如星、王斌、崇严、严鹏、陈正宗、田仲良、姜森宝、马龙腾、白银、王鲁、李其等人。

尽管我国在超超临界燃煤发电用耐热材料技术领域已经取得了长足的进步，但未来仍有艰巨的任务等待着我们去完成、去创新。我国超超临界燃煤发电用耐热材料技术联合研发团队将继续保持和发扬“团结、合作、拼搏、进取”精神，一如既往，不断前行，不断攀上新的高峰！